# 光网络实用组网技术

乐孜纯　张　明　全必胜　编著

西安电子科技大学出版社

2008

## 内容简介

本书比较详尽地描述了光网络组网涉及的各个关键单元技术，并侧重于以设计实例的形式来阐述相关技术的应用。在保证内容系统性和先进性的同时，着意突出了实用性。

本书共10章，主要内容包括光纤通信网络概述、光纤通信网络纵览、光纤通信网技术基础、光网络组网的核心网元、光网络的规划与设计、光网络逻辑拓扑优化设计、波长路由光网络中的路由与波长分配、光网络的生存性、光网络的网络管理，以及光网络应用实例，书末附缩略语对照表。

本书可作为从事信息技术，特别是通信与计算机网络技术研究和应用的研发人员、工程技术人员和高等院校相关专业本科生、研究生和教师的参考书。

**图书在版编目(CIP)数据**

**光网络实用组网技术**/乐孜纯，张明，全必胜编著. 一西安：西安电子科技大学出版社，2008.7

ISBN 978-7-5606-2030-5

Ⅰ. 光…　Ⅱ. ①乐…　②张…　③全…　Ⅲ. 光纤通信—通信网　Ⅳ. TN929.11

**中国版本图书馆CIP数据核字(2008)第055456号**

策　　划　云立实
责任编辑　曹　昳　云立实
出版发行　西安电子科技大学出版社(西安市太白南路2号)
电　　话　(029)88242885　88201467　　邮　编　710071
http://www.xduph.com　　E-mail：xdupfxb001@163.com
经　　销　新华书店
印刷单位　陕西天意印务有限责任公司
版　　次　2008年7月第1版　2008年7月第1次印刷
开　　本　787毫米×1092毫米　1/16　印　张　23
字　　数　543千字
印　　数　1～4000册
定　　价　35.00元

ISBN 978-7-5606-2030-5/TP・1051

**XDUP 2322001-1**

# 前　言

由于在低损耗光纤和激光光源方面研究的突破性进展，1970 年被许多人称为光纤通信元年。若以此来计算，光纤通信的发展已经经历了 30 多年的历史。光纤通信所提供的大容量、高速度、长距离的信息传送能力已经使我们获取和传递信息的能力和灵活性等得到了飞速的改善。将点到点的光纤链路联网，构成信息传送和交换的基础平台也已成为通信网发展的必然趋势。光纤通信网主要由光节点、光纤链路、网络控制和管理单元等共同构成。这样的网络避免了电子瓶颈带来的性能限制，具有更好的透明性、更高的可靠性和生存性、更强的可扩展性和可重构性，是实现数据、语音、图像等多媒体信息实时高速传输和交换的必由之路。

本书共 10 章，第 1 章在简要介绍电信网络结构的基础上，重点介绍了光网络中的分层概念和分层结构、光学层的用户层(包括 SDH、IP、ATM 等)；最后回顾并展望了光网络的发展历程和未来的发展趋势。第 2 章首先介绍了全光网络的概念；接着根据近年来光网络发展的脉络，介绍了从光学层角度发展的光传送网络、将智能控制和管理与光网络相结合的智能光网络、将 IP 技术和光网络相结合的光分组交换网络和光互联网络；最后介绍了光纤通信技术在接入网领域的应用——光纤接入网。第 3 章首先描述了作为信息传输载体的光纤的物理特性(包括损耗、色散、非线性)；之后探讨了与点到点光纤通信链路性能相关的调制技术、编码技术、光信道多路复用和多址技术。第 4 章首先对用于光纤链路的器件进行了论述。有源器件包括了各种不同类型的光发射器件和光放大器，本书将用于把光信号还原成电信号的光检测器也放在有源器件中介绍。无源器件主要包括耦合器、光开关、光滤波器及复用器等。之后论述了用于光节点的主要的光网络关键网元，包括光线路终端(OLT)、光分插复用器(OADM)和光交叉互联器(OXC)。最后讨论波长转换器，它将光信号从一种波长转变成另一种波长，通常用在光网络的外围。第 5 章简要介绍了光网络规划的基本原则、光网络的参数以及光网络规划和设计的基本步骤。第 6 章较详尽地论述了光网络逻辑拓扑设计问题的提出及其基本概念和光网络逻辑拓扑设计问题的求解方法，包括混合整数线性规划(MILP)方法、启发式算法及求解优化目标的理论边界的问题；最后通过一个光网络逻辑拓扑设计的实例来论述技术方法的应用。第 7 章较详尽地论述了波长路由光网络的概念和结构、路由与波长分配(RWA)问题的提出及其基本概念、求解静态 RWA 和动态 RWA 问题的主要算法、RWA 问题的理论边界等问题；最后通过一个 RWA 问题的求解实例给出所讨论技术的实际应用。第 8 章介绍了光网络生存性的基本概念，分类阐述了现有光网络的保护和恢复技术，按照电信网典型的四层结构分别描述了 SDH 层、光层、IP 层和 ATM 层的生存性技术；最后介绍了网络的多层生存性问题。第 9 章首先介绍了光网络网络管理系统的基本功能；其次描述了以简单网络管理协议(SNMP)、通用管理信息协议(CMIP)、电信管理网络(TMN)和公共对象请求代理架构(CORBA)为代表的典型的网络管理体系结构；然后分别介绍和讨论了SDH、WDM、OTN和ASON的网络管理系统；最后讨论了网管分层结构与多厂商网管互操作性问题。第10章首先简要介绍了国内外光网络示范网的发展和现状；然后通过引用两个个案研究——长距离光网络个案研究和城域环网的个案研究，介绍光网络在实际应用中的规划思路和相关的影响因素。

本书作者力图在体现内容系统性和完整性的同时，着意突出先进性和实用性。本书侧重在光纤通信网的组网技术方面，全书除第3章和第4章外，其余8章都是关于网络技术方面的内容。涵盖了从光网络的基本知识到网络结构、拓扑设计、波长分配、网络生存性策略、网络管理系统等各方面的技术内容。这8章内容自成系统，可供已具备光纤通信原理和技术方面知识的师生和工程技术人员参考和使用。

本书作者长期从事光通信网络及光通信器件方面的研究与开发工作，本书是作者及其课题组研究工作的体会与结晶。本书获得了浙江工业大学专著与研究生教材出版基金的资助(基金编号20070204)，在此特致谢忱。课题组中付明磊同学为本书的编写完成做了很多工作，华剑浩、陆敏、金琦峰和其他研究生也为本书的编写完成提供了帮助，在此向他们致以衷心的感谢。同时也感谢西安电子科技大学出版社编辑的支持和帮助以及作者的家人在本书编写过程中给予的理解和支持。

鉴于作者水平有限，书中难免有不妥之处，恳请读者批评指正。

编　者

2008年5月于浙江工业大学理学院

# 目　录

# 第 1 章　光纤通信网络概述

网络是在一个确定的地理区域内利用链路将许多终端相互连接起来的通信系统。光纤通信网络(简称光网络)是指以光纤作为传输介质，以光波承载信息来实现终端间信息传递和交换的网络。在过去的几十年里，光纤传输技术不断发展，提供了越来越高的比特速率和越来越长的传输距离。目前，不仅骨干网中用作传输介质的铜线已经基本被光纤替代，而且光纤更是逐步应用到了本地网中。随着光纤通信技术的不断发展和完善，光网络将在通信和信息技术领域发挥出越来越大的作用。

本章将在简要介绍电信网络结构的基础上，重点介绍光网络中的分层概念，最后回顾并展望光网络的发展历程和未来的发展趋势。

## 1.1　电信网络结构

电信系统是用电信号(或光信号)传输信息的系统。要实现多用户间的通信则必须将多个点到点的通信系统有机地组成一个整体，使它们能够协同工作，即形成电信网络，简称电信网。

按照电信网各部分功能的不同，电信网可分为基础网和支撑网。

**1. 基础网**

基础网是电信网最基本的承载平台，是各种电信业务和支撑网的承载部分。一个完整的基础网包括它的硬件和软件，硬件一般由终端设备、传输系统和转接交换系统等三部分构成，如图 1-1 所示。

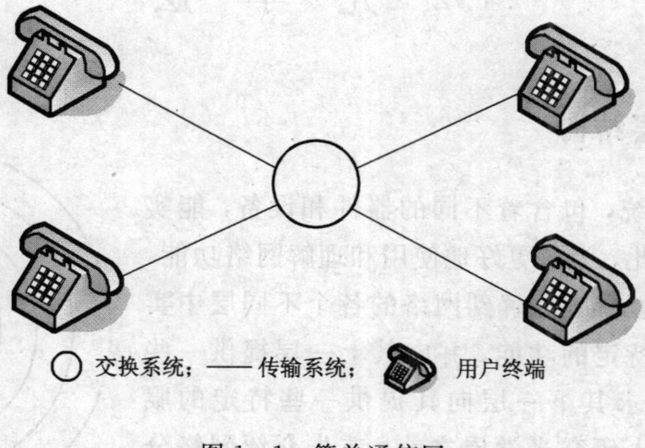


图 1-1　简单通信网

终端设备是用户与通信网之间的接口设备，它有三项主要功能：

(1) 将用户信息和传输链路上传送的信号相互转换；

(2) 将信号与传输链路相匹配；

(3) 产生和识别信令，以完成对信息传送的一系列控制。

传输系统是信息传递的通道，它将用户终端设备和转接交换系统连接起来，形成网络。从传输系统的角度，网络可以被分成本地网和长途网。本地网是位于大城市或地区的网络的一部分，长途网则将不同的城市和地区连接起来。本地网包括城区接入网络和城区局间网络。城区接入网络从一个中心局向外扩展连接到商业或个人用户，收集客户传入的信息，并将其连入运营商的网络，接入网的范围一般为几千米；城区局间网络则负责连接城区或地区内的中心局，该网络覆盖的工作范围，即中心局之间的距离，一般为几千米到几十千米。长途网，就是电信网中的核心骨干网，它连接不同的城市或地区，其覆盖的工作范围，即长途中心局之间的距离，一般为几百到几千千米。

转接交换系统的基本功能是完成接入到交换节点的链路的汇集、转接接续和分配。传统的电话网采用电路交换方式，用于计算机通信的数据业务采用存储转发方式。

电信网的软件是指电信网为能很好地完成信息的传递和转接交换所必需的一整套协议、标准等。

**2. 支撑网**

支撑网是为保证电信基础网正常运行，增强网络功能，提高全网服务质量而形成的网络。按支撑网功能的不同，可分为信令网、同步网和管理网。

信令是指挥、控制交换机动作的指令。完成控制信号的产生、发送、接收的硬件及操作程序的整体称为信令系统，即信令网。信令传送必须遵守的规定称为信令方式。

同步是指发送端和接收端信号之间频率相同，相位要保持严格的特定关系，这样才能使通信正常进行。同步网是为电信网中所有电信设备的时钟(或载波)提供同步控制(参考)信号的分配网络。

管理网的基本概念是提供一个有组织的网络结构，以取得各种类型的操作系统之间、操作系统与电信设备之间的互连。它把所有的电信网管理功能都纳入到这个统一的网络中，以提高网络运行效率和服务质量。

# 1.2 光 学 层

## 1.2.1 网络的分层结构

网络是复杂的系统，包含着不同的器件和设备，能实现各种不同功能。因此，为了更好地使用和理解网络功能，有必要将网络的不同功能，分解到网络的各个不同层中实现。每一层完成一些特定的功能，并向其上一层提供一些特定的服务，同时要求其下一层向其提供一些特定的服务。因此在提出和深入研究光学层之前，首先介绍网络分层结构的概念。

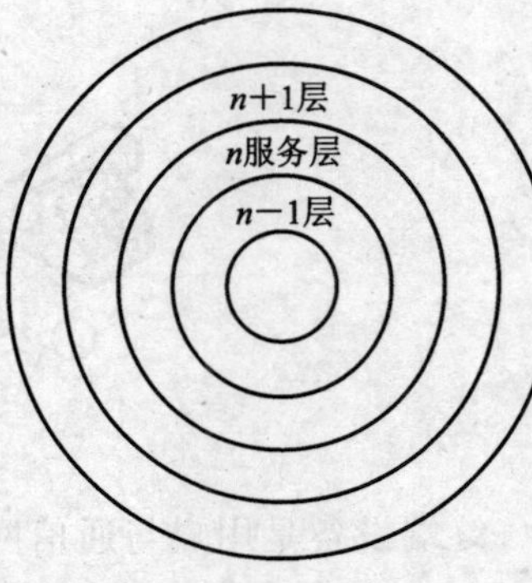

图 1-2 一般分层结构

在图 1-2 所示的一般分层结构中，$n$ 层是 $n-1$ 层的用户，又是 $n+1$ 层的服务提供者。$n+1$ 层虽然只直接使

用了 $n$ 层提供的服务，实际上它通过 $n$ 层还间接地使用了 $n-1$ 层以及以下所有各层的服务。

层次结构一般以垂直分层模型来表示，如图 1-3 所示。在大多数情况下，网络向用户提供连接。一个连接是源节点到目标节点的通道。一个网络单元中的数据信息，利用网络间的某一个连接来传输。传输过程是从发送单元的最高层开始依次向下，经过传输通道，到接收单元的最低层后再依次向上。传输通道的每一个中间网络单元包含了从最低层到层结构中某一层的多个层(未必包含全部层)。

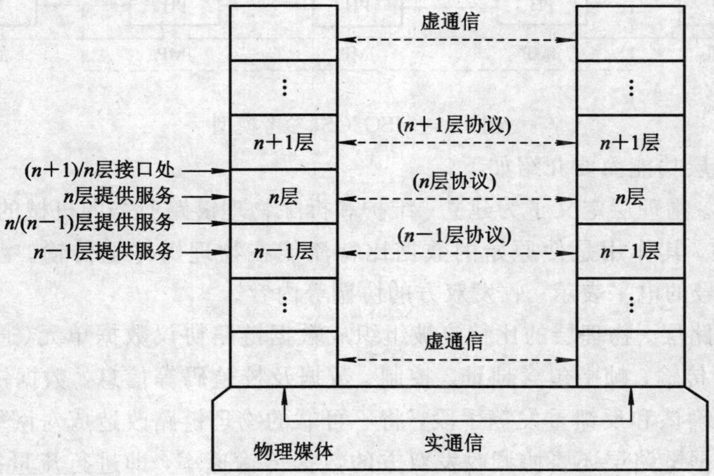


图 1-3　网络的层次模型

除了在物理媒体上进行的是实通信之外，其余各对等实体间进行的都是虚通信。$n$ 层的虚通信是通过 $n/(n-1)$ 层间接口处 $n-1$ 层提供的服务以及 $n-1$ 层的通信(通常也是虚通信)来实现的。对等层的虚通信必须遵循该层的协议。

定义每一个层和层间的接口功能是很重要的，也是最基本的。因为这便于设备厂商制造出各种硬件和软件产品来完成一些(但不是所有)层的功能，并提供合适的接口与其他产品互连。这里，其他产品是指用来完成其他一些层功能的产品。

图 1-4 给出了国际标准化组织(International Organization for Standardization，IOS)提出的一种经典的网络层结构细分图——开放系统互连(Open System Interconnection，OSI)基本参考模型。OSI 七层模型从下到上分别为物理层(PHysical Layer，PH)、数据链路层(Data Link Layer，DL)、网络层(Network Layer，N)、运输层(Transport Layer，T)、会话层(Session Layer，S)、表示层(Presentation Layer，P)和应用层(Application Layer，A)。如图 1-4 所示，整个开放系统环境由作为信源和信宿的端开放系统及若干中继开放系统通过物理媒体连接构成。一般只有在主机(信源和信宿)中才可能需要包含所有七层的功能，而在通信子网中的节点机一般只需要最低三层，甚至只要最低两层的功能就可以了。在 OSI 中有两个十分重要的概念：协议和服务。协议是指如何进行通信的一系列约定，即用一整套规则和格式对每一层的功能进行描述和规定，以便在不同系统对等层实体之间可以进行通信；服务是指同一系统中某一层向上一层所能提供的功能。

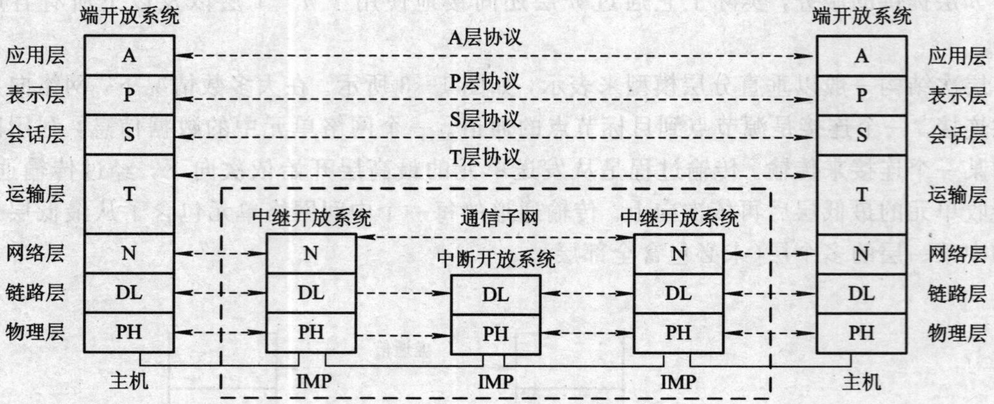


图 1-4 ISO/OSI 参考模型

OSI 模型各层功能简要介绍如下：

（1）物理层。物理层定义了为建立、维护和拆除物理链路所需的机械的、电气的、功能的和规程的特性，其作用是使原始的数据比特流能在物理媒体上传输。涉及接插件的规格，“0”、“1”信号的电平表示，收发双方的协调等内容。

（2）数据链路层。物理层的比特流被组织成数据链路协议数据单元（通常称为帧），并以其为单位进行传输，帧中包含地址、控制、数据及校验码等信息。数据链路层的主要作用是通过校验、确认和反馈重发等手段，将不可靠的物理链路改造成对网络层来说无差错的数据链路。数据链路层还要协调收发双方的数据传输速率，即进行流量控制，以防止接收方因来不及处理发送方发来的高速数据而导致缓冲器溢出及线路阻塞。

（3）网络层。数据以网络协议数据单元（分组）为单位进行传输。网络层关心的是通信子网的运行控制，主要解决如何使数据分组跨越通信子网从源传送到目的地的问题，这就需要在通信子网中进行路由选择。另外，为避免通信子网中出现过多的分组而造成网络阻塞，需要对流入的分组数量进行控制。当分组要跨越多个通信子网才能到达目的地时，还要解决网际互连的问题。

（4）运输层。运输层是第一个端到端，也即主机到主机的层。运输层提供的端到端的透明数据运输服务，使高层用户不必关心通信子网的存在，用统一的运输原语书写的高层软件便可运行于任何通信子网上。运输层还要处理端到端的差错控制和流量控制问题。

（5）会话层。会话层是进程到进程的层，其主要功能是组织和同步不同的主机上各种进程间的通信（也称为对话）。会话层负责在两个会话层实体之间进行对话连接的建立和拆除。在半双工情况下，会话层提供一种数据权标来控制某一方何时有权发送数据。会话层还提供在数据流中插入同步点的机制，使得数据传输因网络故障而中断后，可以不必从头开始，而仅重新传送最近一个同步点以后的数据。

（6）表示层。表示层为上层用户提供共同的数据或信息的语法表示变换功能。为了让采用不同编码方法的计算机在通信中能相互理解数据的内容，可以采用抽象的标准方法来定义数据结构，并采用标准的编码表示形式。表示层管理这些抽象的数据结构，并将计算机内部的表示形式转换成网络通信中采用的标准表示形式。数据压缩和加密也是表示层可提供的表示变换功能。

(7) 应用层。应用层是开放系统互连环境的最高层。不同的应用层协议为特定类型的网络应用提供访问 OSI 环境的手段。不同主机间的文件传送、访问和管理，传送标准电子邮件的文电处理系统，使不同类型的终端同主机间通过网络交互访问的虚拟终端协议等都属于应用层的范畴。

OSI 层次结构模型中数据的实际传送过程如图 1-5 所示。图中发送进程传送给接收进程的数据，实际上是经过发送方各层从上到下传递到物理媒体，通过物理媒体传输到接收方后，再经过从下到上各层的传递，最后到达接收进程。

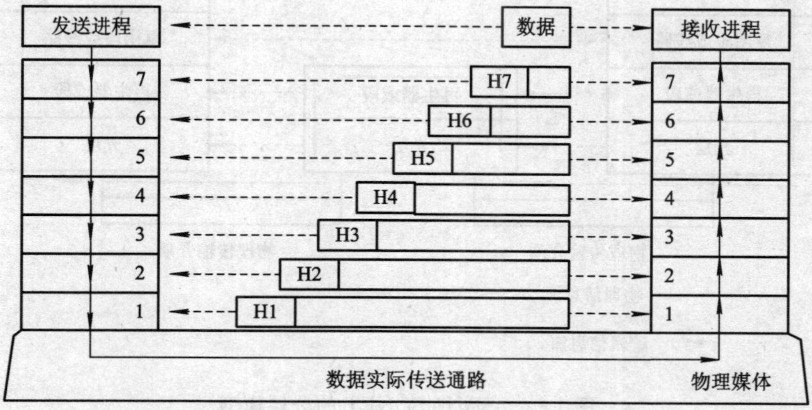


图 1-5　数据的实际传递过程

在发送方从上到下逐层传递的过程中，每层都要加上适当的控制信息，即图 1-5 中的 H7、H6、……、H1，统称为报头(Header，或称首部)。到最底层成为由“0”或“1”组成的数据比特流，然后再在物理媒体上传输至接收方。接收方在向上传递时过程正好相反，要逐层剥去发送方相应层加上的控制信息。

因为接收方的某一层不会收到底下各层的控制信息，而高层的控制信息对于它来说又只是透明的数据，所以它只阅读和去除本层的控制信息，并进行相应的协议操作。发送方和接收方的对等实体看到的信息是相同的，就好像这些信息通过虚通信直接给了对方一样。

## 1.2.2　光学层概述

### 1. 光网络的分层

正如当今的大多数通信系统一样，光网络也可采用分层模型来描述。光学层这个概念最早出现在同步数字体系(SDH)/同步光网络(SONET)(Synchronous Digital Hierarchy，SDH；Synchronous Optical Network，SONET)的分层模型中，如图 1-6 所示。SDH 的四个层为光(学)层、再生段层、复用段层和通路层。光学层对应于 OSI 模型的物理层，只用于信息传输，因此实际上只利用了光纤容量方面的优势。再生段层、复用段层和通路层对应于数据链路层。

目前，国际电信联盟远程通信标准化组(International Telecommunication Union Telecommunication Standardization Sector，ITU-T)又提出了新一代光网络的分层模型，如图 1-7 所示。该模型将 SDH/SONET 的分层模型中的光学层进行了扩展，设计了多个子层。

图中光信道层(Optical Channel Layer,OCh)、光复用段层(Optical Multiplexer Section layer,OMS)、光传输段层(Optical Transmission Section layer,OTS)和一种复用操作(如光信道复用)组合成光传送体系,也就是扩展了的光学层。网络中的一些智能功能,如路由选择、交换等已移向了光学层。

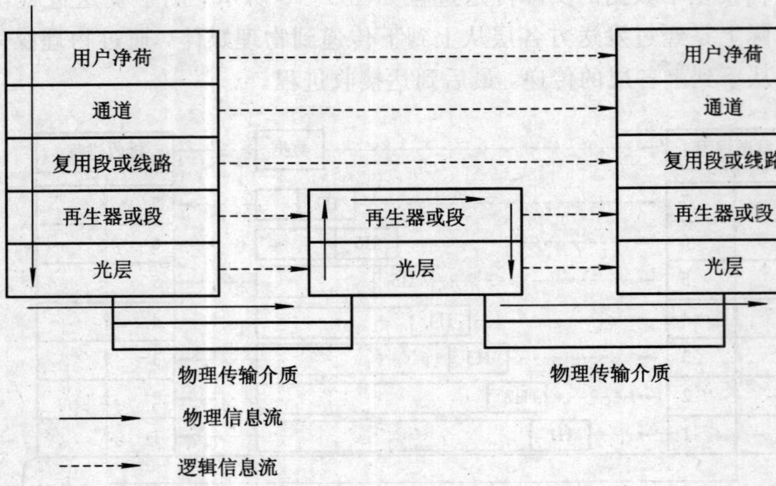


图 1-6 SDH/ SONET 的分层模型

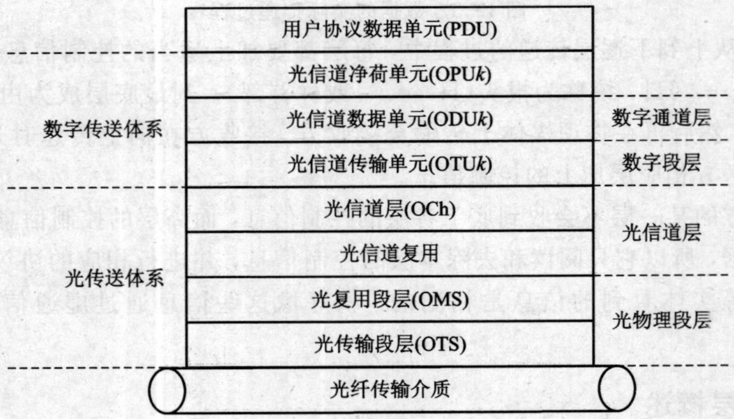


图 1-7 新一代光网络的分层模型

光学层中的各子层功能介绍如下:

(1) 光信道层。光信道层为透明传送各种不同格式的客户层信号提供端到端的光通路联网功能,这一层也产生和插入有关光通道配置的开销,如波长标记、端口连接性、载荷标志(速率、格式、线路码)以及波长保护能力等。此层包含光交叉互联器(Optical Cross Connector,OXC)和光分插复用器(Optical Add-Drop Multiplexer,OADM)相关功能。

(2) 光复用段层。光复用段层为多波长光信号提供联网功能,包括插入确保信号完整性的各种段层开销,并提供复用段层的生存性。波长复用器和高效交叉连接器属于此层。

(3) 光传输段层。光输送段层为光信号在各种不同的光媒体(如各种光纤)上提供传输功能。光放大器所提供的功能属于此层。

从用户的角度来看，光网络所具有的功能主要属于物理层。然而，光网络自身所包含的几个子层则可以完成经典层状结构中属于数据链路层和网络层的功能。

一个光信道就是一个支持光学信道传输单元(Optical Channel Transport Unit, OTUk)信号的光载波。OTUk 的比特率由 k 表示(k=1，2.5 Gb/s；k=2，10 Gb/s；k=3，40 Gb/s)。光学层以上几层组成了数字传送体系，也叫数字封装层。这些层包括以下功能。

• 光信道净荷单元(Optical Channel Payload Unit，OPUk)：包括客户信号净荷和将客户信号映射到净荷单元所需要的开销。任意类型的客户信号都可封装到净荷单元，最常见的如 SDH/SONET、网际协议 IP(Internet Protocol，IP)、异步传输模式 ATM(Asynchronous Transfer Mode，ATM)以及以太网(Ethernet)等。

• 光信道数据单元(Optical Channel Data Unit，ODUk)：包括 OPU 和提供连接保护和监控功能的相关开销。这一层也叫数据通道层。

• 光信道传输单元(Optical Channel Transport Unit，OTUk)：包括 ODU 结构，附加的前向纠错(Forward Error Correction，FEC)和开销。OTU 提供错误检测、校正和段层连接监控功能。

从上述网络分层结构可见，光学层是一个服务层，向其他的用户层提供服务。如图 1-8 所示，光学层为各种用户层提供光学通道。比如，光网络可以为 SDH 和 IP 网络单元提供其所需要的光学通道，如图 1-9 所示。SDH 层将低速电路交换数据流复用进高速数据流，并经由光学通道传输。IP 层则利用统计复用技术将分组交换数据流复用进高速数据流，也经由光学通道传输。光学层自身也是一种复用结构，多个波长或光学通道被联合在一起形成波长带。波长带又被联合形成复合的波分复用(Wavelength Division Multiplexing，WDM)信号传入一根光纤。网络本身可以包含多根光纤以及光纤束，每组光纤束包含多根光纤。

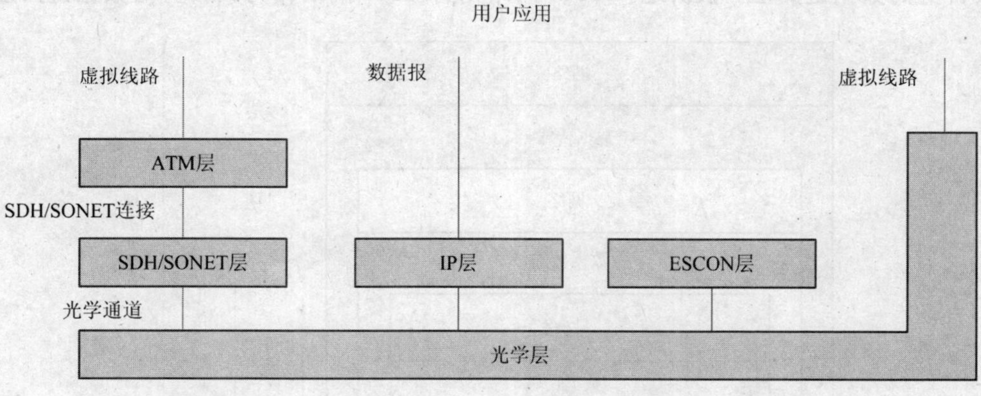


图 1-8 光学层为各种用户层提供光学通道

位于光网络层之上的用户层除了 IP 层、SDH/SONET 层，还包括其他种类的协议，如 ATM 层、千兆位以太网(Gigabit Ethernet)、企业系统互连(Enterprise System CONnection，ESCON，它是一种用于计算机与存储设备以及其他计算机互连的协议)或光纤信道(Fiber Channel，通常以更快的速度完成与 ESCON 相同的功能)。随着光网络的进一步发展，光学层还可以提供一些其他的服务，如分组交换虚电路或数据报服务等。

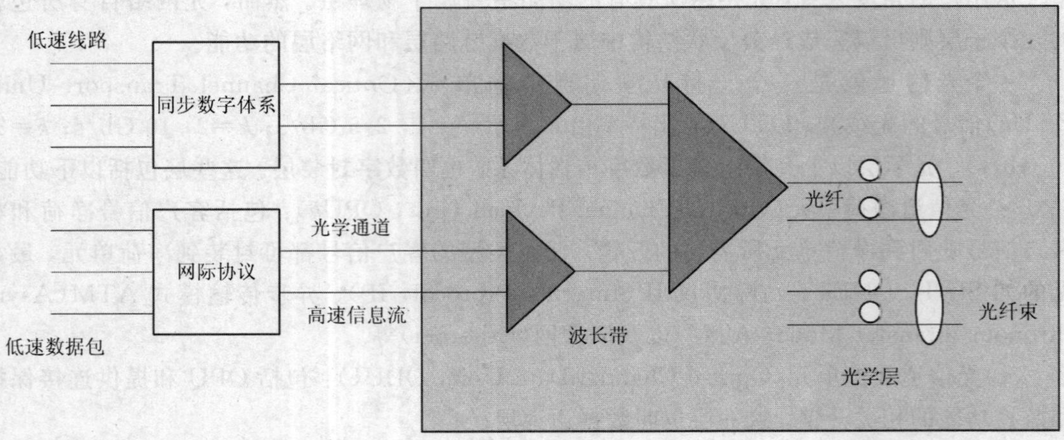


图 1－9 光学层为 SDH 和 IP 提供其所需的光学通道

**2. 协议块层叠**

随着网络和协议种类越来越多，经典的层状网络结构的运作也变得越来越复杂。对于今天的网络，更实际的层状结构应该是使用多种协议块依次层叠的结构。结构中的各协议可以分别完成与传统的物理层、数据链路层和网络层相似的功能。每一协议块又包含有自己的几个子层。比如前文所述的位于光网络协议上的 SDH 和 IP 协议。

此类层状结构的另一个更复杂的例子是 SDH 上的 ATM 传输上的 IP 传输网络。一些服务提供商正是利用一个运作于 SDH 网络之上的 ATM 网络向 IP 用户提供服务。在这样一个网络中，IP 数据报将在网络的外围被转换为 ATM 信元，ATM 的开关器件则通过 SDH 结构连接。图 1－10 给出了此类层状结构网络的简图。在此，IP 网络将 ATM 网络作为其自身的数据链路层，依次地，ATM 网络则将 SDH 网络作为其自身的数据链路层。

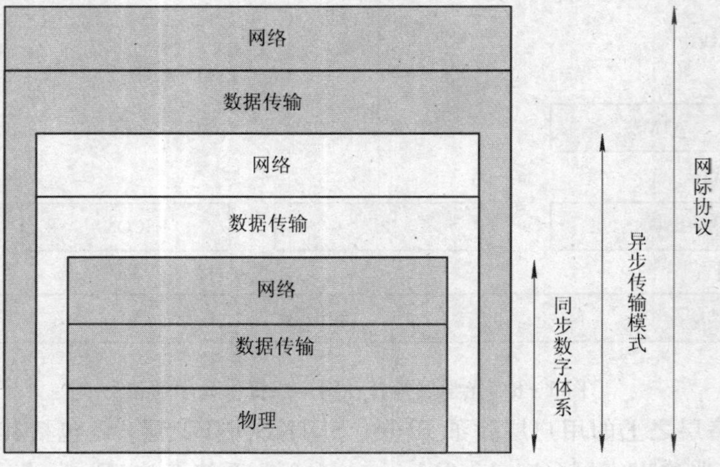


图 1－10 SDH 网络之上的 ATM 网络向 IP 用户提供服务

网络中之所以要包含很多个执行相似功能的层，是因为这种层状结构可以大幅度降低网络设备费用。对于不同比特率的信息，同样的层在实现相应功能时的效率是不同的。例如，目前 SDH 层能够更有效地(指造价上)对高达 2.5 Gb/s 的数据流进行交换和传输。然而，利用它处理传入 WDM 系统的 100 个 10 Gb/s 的数据流时，造价却非常高。相反，光学层在处理数据流时，若采用逐个波长处理的方式，就显得特别有效。然而它在处理低量化度的数据流时(如 155 Mb/s 的数据流)，则毫无优势可言。因此，首先可以利用光学层粗略地处理大带宽，再利用 SDH 层较精确地处理小带宽。

相似的情况也出现在网络修复功能方面。光学层在修复一些网络功能方面有优势，而 SDH 层或 IP 层在处理另一些情况时有优势。

### 1.2.3　网络透明性

完全透明的网络是指任何用户的业务都能够通过该网络完成，而不会受网络本身的任何限制。比如，电话网络就具有一定的透明性，一旦一条话路被接通，即提供 4 kHz 的带宽，可以用来传输声音、数据或传真等各种不同类型的信息。光网络的透明性是指在光网络中传输的实际数据不受网络提供的光学通道的限制。透明性已经成为新一代光网络的一个最有用的特性。

网络的透明性具有两个优点。第一，一种网络可以利用同一底层结构提供各种不同的服务，这就是服务透明性；第二，底层结构的构建一定程度上支持网络将来的应用。在协议和比特率发生变化时，网络中的应用设备还可以支持新的协议或比特率，而不需要对整个网络进行全面大修，甚至重建。因此网络能够在提供那些传统服务的同时，还可以快速和有效地提供新的服务。

实现网络完全透明比较困难，其中原因之一是即使在光网络中，也总是包含有大量的电子器件。首先，电子器件在网络的智能控制和管理方面起着主要作用。其次，即使在数据传输方面，大部分情况下也需要电子器件在网络外围先对信号进行调制，再将其传入光网络，而且信号也不能一直以光学形式在网络中传输，还需要中继，亦即对信号再生；另一方面，传输的信号可能还需要从一个波长转换为另一个波长。在所有这些情况下，通常都需要先将信号从光学形式转换为电学形式，然后再由电信号转换回光信号。

大量的电子器件的使用降低了网络的透明性。例如，在信号传输途中加入电子再生器(中继器)。高性能的再生往往需要对信号时钟和信号形状进行处理，而提取时钟必须首先获得比特率和成帧协议两方面的具体信息，因此这种技术在某种程度上抵消了网络在比特率和成帧协议方面的透明性。

一个完全透明的光网络可能会在全光网络中实现。在全光网络中，数据流从源到目的端的传输均为光学形式，中间不经过任何光—电—光转换。在理想状态，这种网络对传输速率、数据格式和调制方式具有完全透明性，可以提供多种协议业务，可不受限制地提供端到端的业务。与全光网络相对的另一个极端，是构建一个基本上只处理单个比特率和单个协议的数据信息流的网络(如 2.5 Gb/s 的 SDH 网)，这是一种完全不透明的网络。介于透明网络和不透明网络之间的是处理一定范围比特速率的网络，目前大多数实际应用的光网络均属于这一类。例如，可以先规定最大和最小的比特率限制，则光网络的光学通道服务可以接收在此限制内的任何比特速率和任何协议的数据流，当然也包括模拟信号。

表 1 - 1 给出了网络透明性一览表。透明性类型的一端是处理固定比特率和成帧协议的网络，另一端是完全透明的网络，支持模拟信号以及任意比特率和成帧协议的数字信号。目前构建的网络实际上支持预先规定的最大比特率和特定成帧协议的各种数字信号。

SDH/SONET 具有一定的透明性，它支持通过准同步数字体系(Plesiochronous Digital Hierarchy，PDH)传输的语音、ATM、帧中继、IP 等，但 SDH/SONET 带宽有限，且帧长固定为 125 μs，不适合许多新的业务。WDM 网络具有更好的透明性，其传输波长与协议和速率无关，对协议和速率具有透明性，从而能支持更多的功能。并且通过开放的光接口，现有的和将来的业务不需要适配改造就可以直接连接到光网络中。

**表 1-1 光网络中不同类型的透明性**

| 参 数 | 透明性类型 | | |
|---|---|---|---|
| | 完全透明 | 实用系统 | 不透明 |
| 模拟/数字 | 二者均可 | 数字 | 数字 |
| 比特率 | 任意 | 预置最大比特率 | 固定 |
| 成帧协议 | 任意 | 预置几类成帧协议 | 单个 |

# 1.3 工作于光学层之上的用户层

在光域中实现的网络结构更多的是作为光学层为使用电信号的用户层服务。光学层为这些用户层提供光学通道。对于用户层而言，光学通道与用户层网络单元之间的物理链路非常相似。这些用户层聚集并传输各种低速的声音信息、数据信息和专线业务信息进入网络。它们可以基于点到点的光纤链路工作，也可以基于更为复杂的光学层工作。

骨干网中的用户层主要有同步数字体系/同步光网络(SDH/SONET)、网际协议(IP)以及异步传输模式(ATM)。SDH/SONET 特别适用于处理低速的时分复用信息流，而 IP 和 ATM 则特别适用于处理统计复用的分组信息流。在许多情况下，IP 和 ATM 将 SDH/SONET 作为其基本的传输机制。随着在 IP 和 ATM 设备上出现了高速接口，IP 和 ATM 可以直接位于光学层上，而不需要单独的 SDH/SONET 设备。在城域网中，快速涌现出了几种新类型的用户层，如千兆位以太网、企业系统互联(ESCON)以及光纤信道。城域网中的许多网络都用于互联计算机或者与其周围的存储区域网络(Storage-Area Network，SAN)相连。

本节将主要定性地概述各种这样的网络，介绍与光学层相关的一些特性。例如，本节中比较详细地描述了 SDH/SONET 网络，而事实上光学层的很多功能与 SDH 层的那些功能很相似。

## 1.3.1 SDH

1985 年，美国贝尔通信研究所提出了同步光网络(SONET)的概念及相应的标准，并在 1986 年成为美国数字体系的新标准。ITU-T 的前身国际电报电话咨询委员会(Consultative Committee of International Telegraph and Telephone，CCITT)在 1988 年接受了 SONET 概念，同时与美国国家标准协会(American National Standards Institute，ANSI)的 T1 委员会达成协议，将 SONET 修订后重新命名为同步数字体系(SDH)。在北美各国，SONET 被用来作为运营商网络的底层结构，是当前对于高速信号进行传输和复用的标准网络结构。SDH 则被我国、欧洲各国和日本所采用，并被用于大多数的海底系统中。因此，在接下去的文字中，将采用 SDH 中的用语，并在适当的地方介绍 SONET 中的用语。

在 SONET 和 SDH 网络出现之前，网络底层结构基于准同步数字体系(PDH)，那时人们主要致力于复用数字音频电路的开发。一个带宽为 4 kHz 的模拟音频可以用 8 kHz 的频率采样，并且每个采样点用 8 比特来量化。这就产生了一个比特率为 64 kb/s 的数字音频电路。而高速信息流则被定义为多个这样的 64 kb/s 的基本信息流的组合。对于这些高速的信息流，在世界上不同的地方拥有其不同的标准，如表 1-2 所示。在北美各国，该 64 kb/s 的信号被称为 DS0(Digital Signal 0，即 0 级数字信号)，类似地，1.544 Mb/s 的信号被称为 DS1，44.736 Mb/s 的信号被称为 DS3 等。而在欧洲各国，该体系则被标记为 E0、E1、E2 和 E3 等，不过只有其中的 E0 与 DS0 的比特速率相同。通常此类网络承载的是声音信息，而不是数据信息。

**表 1-2　异步和准同步信号的传输速率**

| 级别 | 北美各国 | 欧洲各国与中国 | 日本 |
|---|---|---|---|
| 0 | 0.064 Mb/s | 0.064 Mb/s | 0.064 Mb/s |
| 1 | 1.544 Mb/s | 2.048 Mb/s | 1.544 Mb/s |
| 2 | 6.312 Mb/s | 8.448 Mb/s | 6.312 Mb/s |
| 3 | 44.736 Mb/s | 34.368 Mb/s | 32.064 Mb/s |
| 4 | 139.264 Mb/s | 139.264 Mb/s | 97.728 Mb/s |

20 世纪 80 年代后期，人们发现 PDH 存在有几个问题，如：缺乏网络拓扑的灵活性、没有统一的世界性标准、高速等级信号必须采用异步复用等，使得运营商和(设备)供应商共同寻找新的传输和复用标准，从而促进了 SONET/SDH 标准的出现，解决了许多与 PDH 相关的问题。现代 SDH 技术与光纤技术或微波技术结合起来，形成了同步数字传输网，它是一个集复接、线路传输及交换功能于一体，由一个统一网管系统来管理、操作的综合信息网络。通过该网管可实现网络的有效管理、动态网络维护、业务的性能监视等功能。这样有效地提高了网络资源的利用率，满足了各种话音、图像和数据等信息传输和交换的要求，因而 SDH 技术已经成为电信、广播、电力、运输等部门传输技术方面的发展和应用热点。

在 1.2 节中已经介绍了 SDH 的体系结构和分层模型，本节将主要介绍复用技术、帧结构和网络单元。关于 SDH 的生存性和管理将在第 8 章和第 9 章中详细介绍。

**1. 复用**

对于 SDH 系统，基本的比特率为 155 Mb/s，被称为同步传送模块 1(Synchronous Transport Module-1，STM-1)。更高速率的信号(STM-$N$)是通过交错 $N$ 个 STM-1 中的字来实现的。一个较低速率的信息流可以非常方便地从一个复用的信息流中提取出来。

对于 SONET 系统，基本的信号比特率是 51.84 Mb/s，称为同步传送信号(Synchronous Transport Signal，STS)等级 1(STS-1)。更高比特率的信号的定义类似于 SDH。SONET 比特率与通常使用的异步信号，即 DS1 和 DS3 信号相匹配。而 SDH 比特率则与通常使用的 PDH 信号，即 E1、E3 和 E4 信号相匹配。SDH/SONET 标准的传输速率如表 1-3 所示。

**表 1－3　SDH/SONET 的传输速率**

| SONET 信号 | SDH 信号 | 比特率(Mb/s) |
|---|---|---|
| STS－1 | | 51.84 |
| STS－3 | STM－1 | 155.52 |
| STS－12 | STM－4 | 622.08 |
| STS－24 | | 1244.16 |
| STS－48 | STM－16 | 2488.32 |
| STS－192 | STM－64 | 9953.28 |
| STS－768 | STM－256 | 39，814.32 |

SDH 使用虚容器(Virtual Container，VC)来适配低速非 SDH 信号。虚容器被定义了 5 个尺寸：VC－11、VC－12、VC－2、VC－3 和 VC－4，如图 1－11 中所示。这些虚容器被设计用来分别承载 1.5 Mb/s(DS1)、2 Mb/s(E1)、6 Mb/s(E2)、45 Mb/s(E3 和 DS3)以及 140 Mb/s(E4)的异步/准同步信息流。

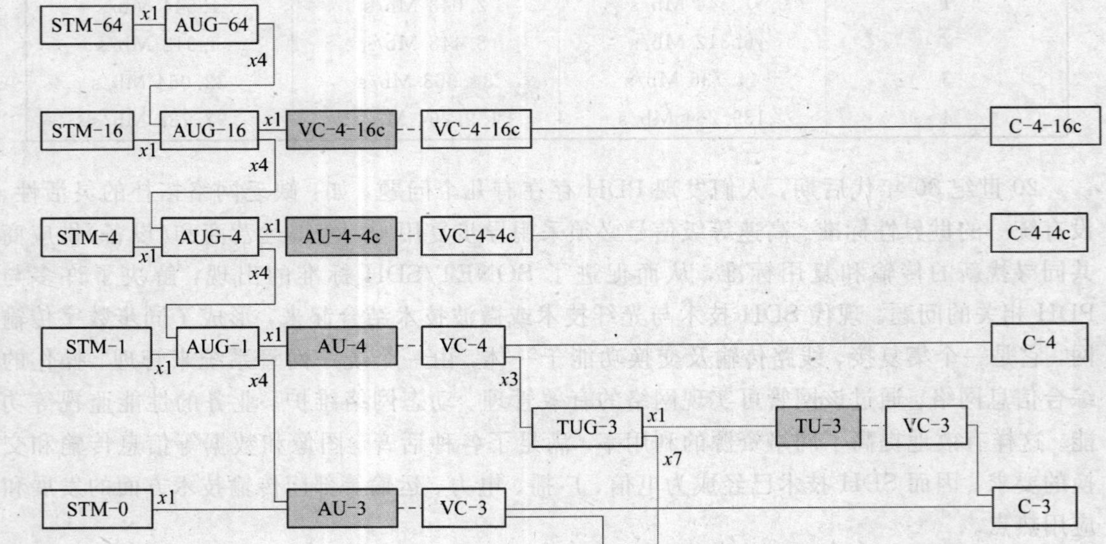


图 1－11　SDH 数字复用体系

复用过程从右到左。在最低等级，SDH 标准包括各种容器 C(1.544～139.214 Mb/s)。容器 C 首先映射进虚容器 VC，其目的是要形成一个标准的 VC 净荷包络。然后，VC 与支路单元(Tributary Unit，TU)进行对准(C-4-4c 和 C-4-16c 除外，这二者是 SDH 标准修正后新加入的容器)。这种校准采用比特缓冲的方法，调整后，所有输入信号都具有相同的比特速率。接着 VC 被调整进 TU，并通过指针处理操作来指示支路信号在净荷包络中的位置。

通过以上步骤，最终将业务净荷装入到支路单元组(Tributary Unit Group，TUG)中，×N 表示复用的阶数。下一步就是 TUG 复用进更高一级的 VC 中。TUG2 和 TUG3 复用成 VC-3 和 VC-4。这些 VC 通过比特填充形成管理单元(Administrative Unit，AU)，进而形成管理单元组(Administrative Unit Group，AUG)。最后这些净荷经过 N 倍(偶数)复用，形成同步传送模块(STM)。

**2. SDH 层**

SDH 层包括 4 个子层，分别是通道层、复用段层、再生段层和物理层，如图 1-6 所示。图 1-12 给出了连接中上面 3 个层的示意图。除物理层之外的每一层都包含了一组相关的开销字节。无论何时一个层被建立或取消，或者在一个网络单元中一个层被终止，那么相应的开销字节都将改变。在下文中，当讨论帧结构和与每一层相关的开销信息时，将会使这些层的功能清晰起来。

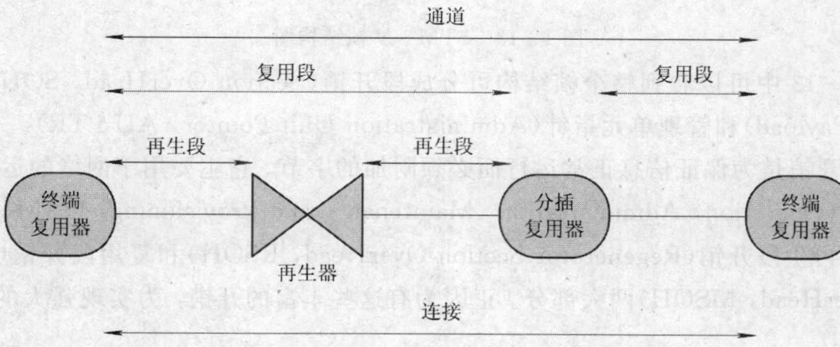


图 1-12　通过终端复用器和分插复用器连接的例子

SDH 中的通道层主要完成节点之间端到端的连接，并且仅在 SDH 连接的端部被终止。中间的节点有可能完成对通道层信号的监控功能，但是通道开销信息本身是在源节点处被插入，而在目的节点处被终止的。

每一个连接都跨越了一组链路和网络中的多个中间节点。复用段层在两个节点之间将多个通道层连接复用进一条单个的链路。这样，该复用段层在每一个中间的线路终端复用器(Terminal Multiplexer，TM)，或者是一个分插复用器(Add-Drop Multiplexer，ADM)处被终止。该复用段层也完成一定类型的保护开关的功能，并且在线路失效的情况下恢复网络的服务。

每一条链路包括了多个阶段，相应于再生器之间的链路段。再生段层在网络中的每一个再生器处被终止。最后，物理层完成实际的比特信息在光纤中的传输。

**3. SDH 帧结构**

SDH 帧结构的基本要求是既能够对支路信号进行同步数字复用、交叉连接和交换，又能使支路信号在一帧内的分布均匀、规则和可控，以便于接入与取出。

SDH 的帧结构与一般信息的帧结构不同，为块状帧结构，如图 1-13 所示。每一帧为 $N\times9\times270$ 个字节，在传输时是由左到右、由上到下顺序成串地传输。传输一帧的时间为 125 μs，每秒共传 8000 帧。对 STM-1 来说，它的传输速率是 $1\times8\times9\times270\times8000=155.520$ Mb/s。对更高阶的 STM-N，只要用 N 代替 1，就能计算出它的传输速率。

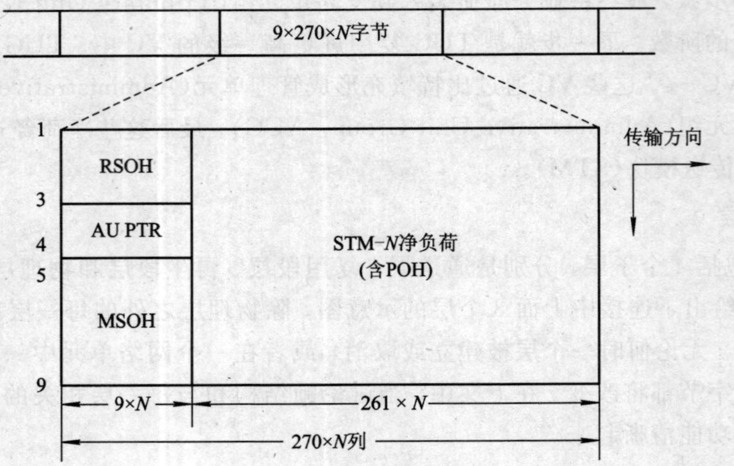


图 1-13 STM-N 帧结构图

从图 1-13 中可以看到整个帧结构可分成段开销(Section OverHead，SOH)、STM-N 净负荷(Payload)和管理单元指针(Administration Unit Pointer，AU PTR)。

(1) 段开销是为保证信息正常运行而必须附加的字节。它主要用于网络的运行、管理、维护和支配(Operation，Administration，Maintenance and Provisioning，OAM&P)。段开销又可分为再生段开销(Regenerator Section OverHead，RSOH)和复用段开销(Multiplex Section OverHead，MSOH)两大部分。正因为有这些丰富的开销，为实现强大的网络管理奠定了基础。

(2) STM-N 净负荷区域是真正用于电信业务的比特，如 STM-1 中每帧有 18 792 bit 位于净负荷区域，可用于业务的传输。另外在该区域内还存放了少量用于通道维护管理的通道开销(Path OverHead，POH)字节。

(3) 管理单元指针位于帧结构左边第 4 行，是一组特别编码，用来指示净负荷区域内信息首字节在 STM-N 帧内的准确位置，以便在接收时能正确地分离净负荷。采用这种指针处理方式是 SDH 的重要创新，它消除了常规 PDH 系统中由于采用滑动缓冲器所引起的延迟和性能损伤。

**4. SDH 结构中的单元**

图 1-14 显示了在网络中应用的不同类型的 SDH 设备。SDH 被应用于 3 种类型的网络配置中：环形、线形配置以及点到点链路。其早期的应用采用点到点链路的形式，这样的拓扑结构在当今的许多应用中仍被采用。在这种情况下，链路端部的节点被称为终端复用器(TM)，负责所有信号的复用和解复用。终端复用器有时也被称为线路终端设备(Line Terminating Equipment，LTE)。在很多情况下，需要从一个高速信息流中取出一个或多个低速信息流。类似的，也可以将一个或多个低速信息流加入到一个高速信息流中，这个

功能靠一个 ADM 来实现。ADM 现在已经被广泛地应用于 SDH 结构中。ADM 可以插入到两个终端复用器之间的一个点到点链路的中间，以形成一个线状的网络配置。

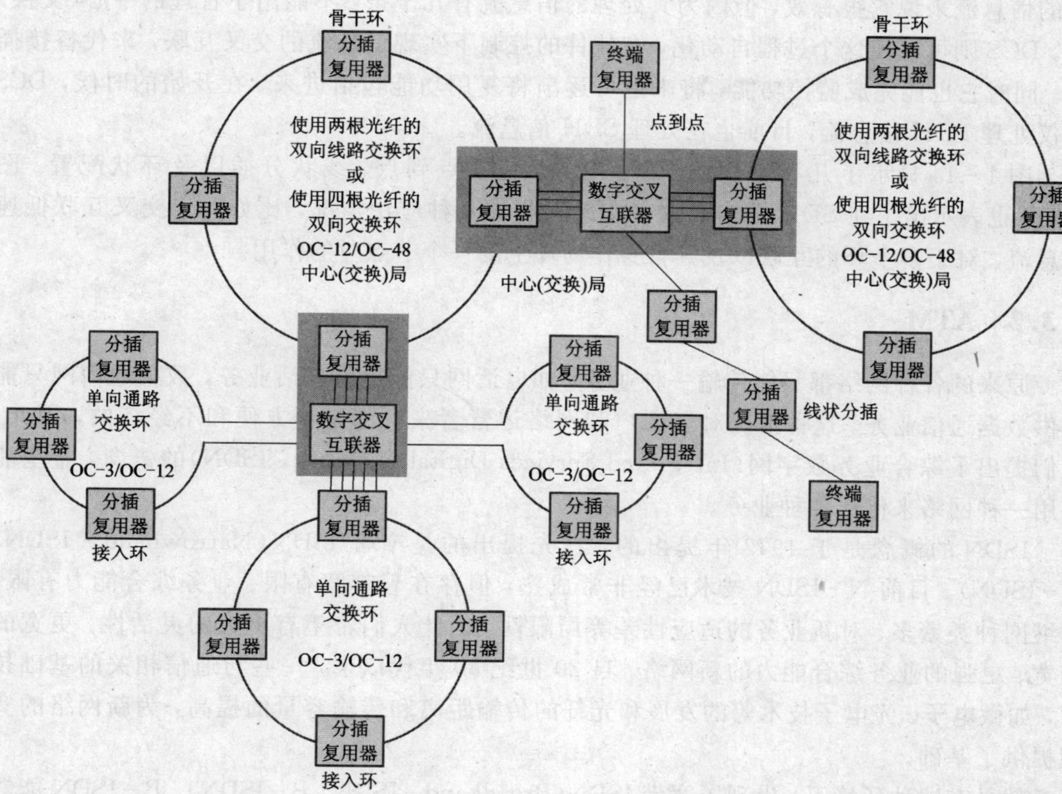


图 1-14　一个 SDH 结构的单元

在存在失效的情况下，保证提供服务已经成为使用 SDH 网络的主要动机。用于此目的的最通用的拓扑结构是环状拓扑。环状拓扑在链路或节点失效的情况下可为传输的信息提供一条替换的路由，同时拓扑结构也很简单。环状拓扑由完成复用和解复用功能的 ADM 组成，同时包含了处理失效的保护机制。

环状拓扑既被用于网络的接入部分，也被用于网络的骨干(局内)部分来与中心(交换)局互联。今天，大多数的接入环运行在 155 Mb/s 或 622 Mb/s 速率，而局内环则运行在 622 Mb/s、2.5 Gb/s 或 10 Gb/s 速率。这些环的速率在将来还会增加，速率为 40 Gb/s 的环不久就将在实际中应用。对于当今网络的容量需求，通常需要使用多个覆盖环，特别是在骨干网络中更是如此。每个环工作在不同的波长。

SDH 采用具有交叉连接功能的终端组成环状网络，使网络具有了自愈功能，同时又采用相应的网络保护措施，使 SDH 网的可靠性得到了大大提高，这是 SDH 的优势。自愈是指网络具有在极短时间内，对其局部所出现的故障无需人为进行干预就能自动选择替代传输路由，重新配置业务，并重新建立通信的能力。SDH 的自愈功能不仅提供光缆切断保护，也能提供节点设备失效的有效保护。目前，SDH 使用的自愈环保护主要有 4 类：二纤单向通道保护、二纤单向复用段保护、二纤双向复用段保护和四纤双向复用段保护。

SDH 结构中的另一个主要设备是数字交叉互联器(Digital CrosSconnect，DCS)。一个数字交叉互联器被用于对中心(交换)局内的所有传输设备进行管理。在DCS出现之前，在中心(交换)局内的DS1和DS3需要利用一个接插板通过手动拼接在一起。虽然对于小数量的信息流来说它很有效，但因为其处理的信息流有几千条，不能用于管理的中心(交换)局。DCS则可以使这个过程自动化，在软件的控制下实现信息流的交叉互联，来代替接插板。同时它也能完成监控功能，将来也可逐渐将复用功能包括进来。在开始的时候，DCS仅仅处理PDH信息流，目前也在处理SDH信息流。

图1-14显示了几种不同的SDH配置，包括点到点、线状分插以及环状配置。图1-14也表示出了在SDH结构中数字交叉互联的几种应用情况，比如对于交叉互联低速信息流、对于多个环的互联以及其自身作为环上的一个节点时的作用。

### 1.3.2 ATM

原来的各种网络都只能传输一种业务，如电话网只能提供电话业务，数据通信网只能提供数据通信业务。这种情况对于用户和网络运营者来说都是不方便和不经济的，因此，人们提出了综合业务数字网(Integrated Services Digital Network，ISDN)的概念，希望能够用一种网络来传送各种业务。

ISDN的概念是于1972年提出的，首先提出的是窄带ISDN(Narrowband - ISDN，N - ISDN)。目前N - ISDN技术已经非常成熟，但存在着带宽有限、业务综合能力有限、中继网种类繁多、对新业务的适应性差等局限性，因此人们希望有更大的灵活性、更宽的带宽、更强的业务综合能力的新网络。自20世纪80年代以来，一些与通信相关的基础技术，如微电子、光电子技术等的发展和光纤的传输距离和传输容量的提高，为新网络的实现提供了基础。

就是在这种环境下，出现了宽带ISDN(Broadband - ISDN，B - ISDN)。B - ISDN能够满足3个要求：提供高速传输业务的能力；网络设备与业务特性无关；信息的转移方式与业务种类无关。为了研究开发适应B - ISDN的传输模式，人们提出了很多种解决方案，如多速率电路交换、帧中继、快速分组交换等。最后得到了一个最适合B - ISDN的传输模式——ATM。

ATM技术作为B - ISDN的核心技术，已经由ITU - T于1992年规定为B - ISDN统一的信息传输模式。ATM技术克服了电路模式和分组模式的技术局限性，采用光通信技术，提高了传输质量，同时，在网络节点上简化操作，使网络时延减小，而且采取了一系列其他技术，从而达到了B - ISDN的要求。

**1. ATM信元(Cell)**

ATM信元是ATM传送信息的基本载体。ATM信元采用了固定长度的信元格式，只有53字节，其中5个字节为信头(或称信元首部)，其余的48个字节为信元净荷。信头的主要功能是确定虚连接，并完成相应的路由控制。

ATM信元的格式如图1-15所示：

信头内容在用户网络接口(User-to-Network Interface，UNI)和网络节点接口(Network -to-Network Interface，NNI)略有区别，主要由以下几部分构成。

• GFC：一般流量控制，4 bit，只用于UNI接口，因而它只能控制本地用户网络接口上的信元流。

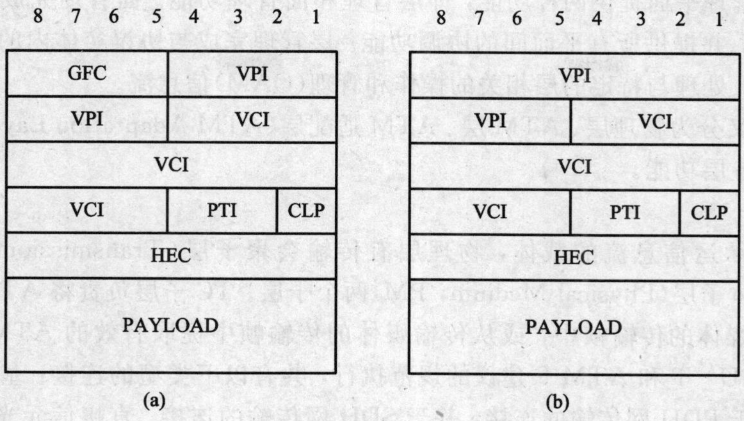

(a)　　(b)

图 1-15　ATM 信元

(a) UNI 信头格式；(b) NNI 信头格式

• VPI：虚通道标识，其中 NNI 为 12 bit，UNI 为 8 bit。

• VCI：虚通路标识，16 bit，标识虚通道内的虚通路，VCI 与 VPI 组合起来标识一个虚连接。

• PTI：净荷类型指示，3 bit，用来指示信元类型。

• CLP：信元丢失优先级，1 bit。用于信元丢失级别的区别，CLP 为 1，表示该信元为低优先级；为 0 则表示高优先级，当传输超限时，首先丢弃的是低优先级信元。

• HEC：信头差错控制，8 bit，用来监测信头的错误，可以纠正信头中 1 bit 的错误。HEC 还被用于信元定界。

ATM 信元中信头的功能比分组交换中分组头的功能大大简化了，不需要进行逐链路的差错控制，只进行端到端的差错控制。HEC 只负责信头的差错控制，另外只用 VPI、VCI 标识一个连接，不需要源地址、目的地址和分组序号，信元顺序由网络保证。

**2. B-ISDN 参考模型**

B-ISDN 的协议参考模型如图 1-16 所示。它包括一个用户平面、一个控制平面和一个管理平面。用户平面主要提供用户信息流的传输，以及相应的控制（如流量控制、差错控制）。控制平面主要是完成呼叫控制和连接控制的功能，通过处理信令来建立、管理和释放

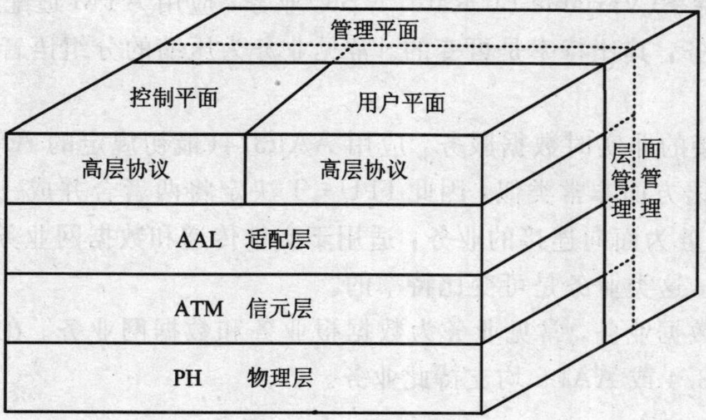


图 1-16　B-ISDN 协议参考模型

呼叫与连接。管理平面提供两种功能，即层管理和面管理功能。面管理完成与整个系统相关的管理功能，并提供所有平面间的协调功能。层管理完成与协议实体内的资源和参数相关的管理功能，处理与特定的层相关的操作和管理(OAM)信息流。

用户平面又分为物理层、ATM 层、ATM 适配层(ATM Adaptation Layer，AAL)及高层，下面介绍各层功能。

1) *物理层*

物理层是承运信息流的载体，物理层有传输会聚子层(Transmission Convergence，TC)和物理媒体子层(Physical Medium，PM)两个子层。TC 子层负责将 ATM 信元嵌入正在使用的传输媒体的传输帧中，或从传输媒体的传输帧中提取有效的 ATM 层信元。PM 子层主要由 ITU-T 和 ATM F 建议的规范执行，共有以下类型的连接：基于直接信元传输的连接、基于 PDH 网传输的连接、基于 SDH 网传输的连接、直接信元光纤传输、通用测试和运行物理接口(Universal Test and Operation Physical Interface for ATM，UTOPIA)及 OAM 传输接口。

2) *ATM 层*

ATM 层利用物理层提供的信元(53 字节)传送功能，向外部提供传送 ATM 业务数据单元(48 字节)的功能。ATM 业务数据部分是任意的 48 字节长的数据段，它在 ATM 层中成为 ATM 信元的负载区部分。

3) *AAL 层*

AAL 层的主要作用是将高层的用户信息分段装配成信元，吸收信元延时抖动和信元丢失，并进行流量控制和差错控制。网络只提供到 ATM 层为止的功能，AAL 层的功能由用户本身提供，或由网络与外部的接口提供。

AAL 用于增强 ATM 层的能力，以适合各种特定业务的需要。这些业务可能是用户业务，也可能是控制平面和管理平面所需的功能业务。在 ATM 层上传送的业务可能有很多种，若根据 3 个基本参数来划分，可分为 4 类业务。这 3 个参数是：源和目的之间的定时要求、比特率要求和连接方式。业务类划分为 A、B、C、D4 类。

A 类：固定比特率(Constant Bit Rate，CBR)业务，应用 ATM 适配层 1(AAL1)，支持面向连接的实时业务，其比特率固定。常见业务为 64 kb/s 话音业务，固定码率非压缩的视频通信及专用数据网的租用电路。

B 类：可变比特率(Variable Bit Rate，VBR)业务，应用 ATM 适配层 2(AAL2)，支持面向连接的实时业务，其比特率是可变的。常见业务为压缩的分组语音通信和压缩的视频传输。

C 类：面向连接的非实时数据服务，应用 AAL3/4(最初规定的 AAL 类型 3 和类型 4 在格式和功能性术语方面非常类似，因此 ITU-T 决定将两者合并成一个协议规约，即类型 AAL3/4)。该业务为面向连接的业务，适用于文件传递和数据网业务，其连接是在数据被传送以前建立的。这类业务是可变比特率的。

D 类：无连接数据业务，常见业务为数据报业务和数据网业务。在传递数据前，其连接不会建立。AAL3/4 或 AAL5 均支持此业务。

**3. ATM 交换的特点**

在 ATM 中一个物理传输通道被分成若干的虚通道(Virtual Path，VP)，一个 VP 又由上千个虚通路(Virtual Channel，VC)所复用。ATM 信元的交换既可以在 VP 级进行，也可以在 VC 级进行。虚通道(VP)和虚通路(VC)都是用来描述 ATM 信元单向传输的路由。每个 VP 可以用复用方式容纳多达 65 536 个 VC，属于同一 VC 的信元群拥有相同的虚通路识别符(VC Identifier，VCI)，属于同一 VP 的不同 VC 拥有相同的虚通道识别符(VPI)。VCI 和 VPI 都作为信元头的一部分与信元同时传输。传输通道、虚通道(VP)和虚通路(VC)是 ATM 中的 3 个重要概念，其关系如图 1－17 所示。

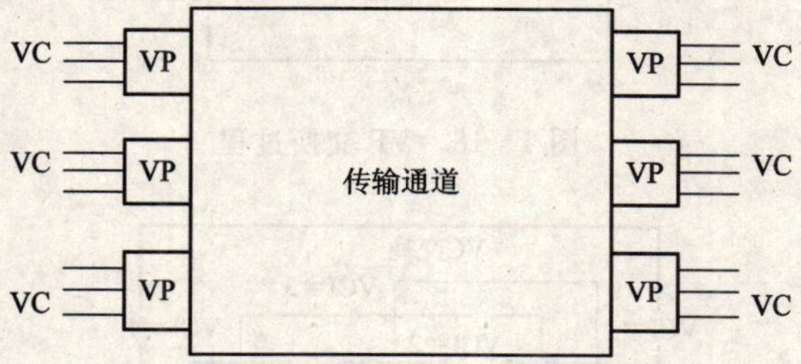


图 1－17　传输通道、虚通道(VP)和虚通路(VC)之间的关系

ATM 的呼叫接续不是按信元逐个进行选路控制的，而是采用分组交换中虚呼叫的概念，也就是在传送之前预先建立与某呼叫相关的信元接续路由，同一呼叫的所有信元都经过相同的路由，直至呼叫结束。其接续过程是：主叫通过 UNI 发送一个呼叫请求的控制信号，被叫通过网络收到该控制信号并同意建立连接后，网络中的各个交换节点经过一系列的信令交换后就会在主叫与被叫之间建立一条虚电路。虚电路是用一系列 VPI/VCI 表示的。在虚电路建立过程中，虚电路上所有的交换节点都会建立路由表，以完成输入信元 VPI/VCI 值到输出信元 VPI/VCI 值的转换。

虚电路建立起来以后，需要发送的信息被分割成信元，经过网络传送到对方。若发送端有一个以上的信息要同时发送给不同的接收端，则可建立到达各自接收端的不同虚电路，并将信元交替送出。

在虚电路中，相邻两个交换节点间信元的 VCI/VPI 值保持不变。此两点间形成一条 VC 链，一串 VC 链相连形成 VC 连接(VC Connection，VCC)。一个虚通道连接(VP Connection，VPC)是一群具有相同端点的 VCC，因此，流经所有属于某个 VPC 中的 VCC 上的所有信元都是在一起进行交换的。

VCI/VPI 值在经过 ATM 交换节点时，该 VP 交换点根据 VP 连接的目的地，将输入信元的 VPI 值改为新的 VPI 值赋予信元并输出，该过程称为 VP 交换。可见 VP 交换完成将一条 VP 上所有的 VC 链路全部送到另一条 VP 上，而这些 VC 链路的 VCI 值保持不变(如图 1－18 所示)。VP 交换的实现比较简单，往往只是传输通道的某个等级数字复用线的交叉连接。

VC 交换要和 VP 交换同时进行，因为当一条 VC 链路终止时，VP 连接(即 VPC)就终止了，这个 VPC 上的所有 VC 链路将各自执行交换过程，加到不同方向的 VPC 中去。如图 1－19 所示。

**4. 服务质量**

服务质量在 ATM 网络中是一个重要的话题，因为 ATM 网络都是用作实时传输的，比如音频和视频。当一条虚电路建立时，传输层(典型的为主机中的一个进程，即“客户”)

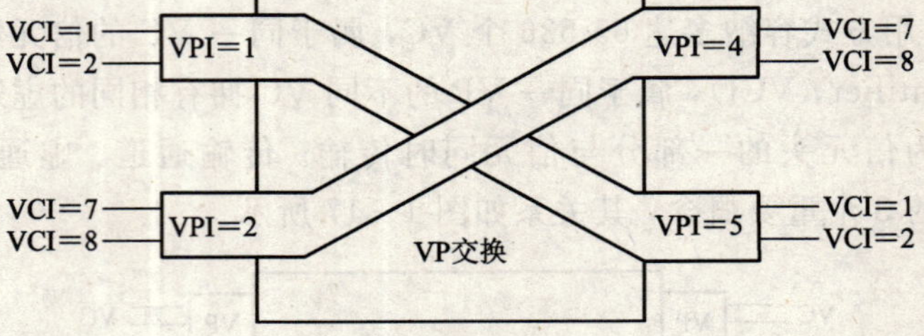


图 1-18 VP 交换过程

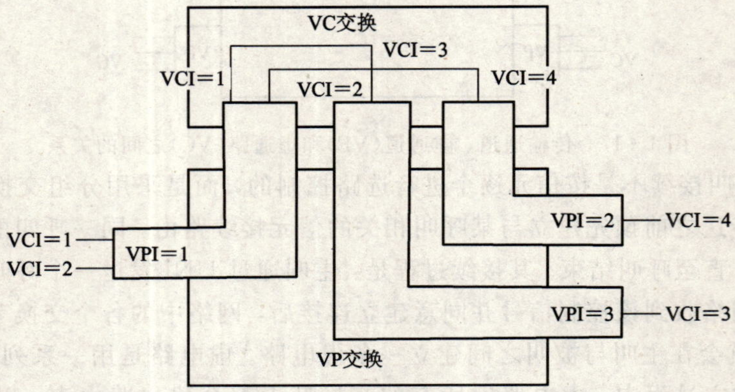


图 1-19 VC 交换过程

和 ATM 网络层(即"运载提供者")都要遵守一个定义服务的协定。

协定的第一部分是通信量描述符(traffic descriptor),它描述要提供的载荷。协定的第二部分指定客户所要求的和通信提供者同意的服务质量。无论是载荷还是服务,都是要以可度量的数量来描述的,这样约定就可以被客观地决定。

为了使具体的通信量协定成为可能,ATM 标准定义了一系列的服务质量(Quality of Service, QoS),客户和通信提供者可以协商这些参数的值。对于每一个服务质量参数,其最差情况下的值被指定了,要求通信提供者必须要达到或者超过该值。在某些情况下,参数是一个最小值,而在另外一些情况下它是一个最大值。服务质量在每个方向上都是单独指定的。

### 1.3.3 IP

网际协议(IP)是当今应用最广泛的广域网络技术,是应用于互联网的基本网络协议。IP 是一种联网技术,从经典层状网络结构观点来看,它属于网络层。IP 被设计工作于各种各样的更低层之上,这是它获得广泛成功的原因之一。

图 1-20 给出了在层状结构框架中的 IP。工作于一些传统的数据链路层之上的 IP,不仅与通用的局域网(如以太网和令牌环)相关,也工作于低速串行线路以及高速光纤线路之上。工作中将使用众所周知的数据链路层协议,例如高级数据链路控制协议(High-level Data Link Control, HDLC)或者点到点协议(Point-to-Point Protocol, PPP)。

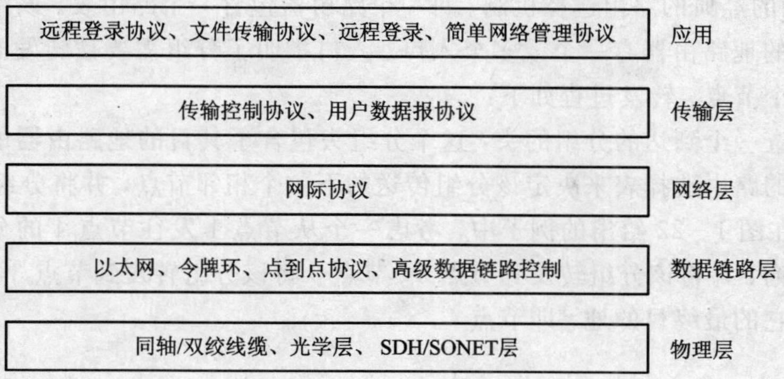


图 1-20　层状体系中的 IP

有几种层状结构可以将 IP 映射到光学层。术语“IP over WDM”通常被用来指各种可能的映射，如图 1-21 所示。图 1-21(a)给出了一种实施步骤，在此 IP 分组被映射成 ATM 信元，然后使用 SDH 成帧技术来编码。然后 SDH 帧信号被以一种波长发射。图 1-21(b)给出了 SDH 上的分组(Packet Over SDH，POS)实施方案。这里，IP 分组被映射成了 PPP 帧，然后被编码进 SDH 帧，并通过一个波长传输。图 1-21(c)给出了另一种实施方案，它使用千兆位或 10 千兆位以太网作为媒体访问控制层和物理层，用于对 IP 分组编码并通过一个波长传输。

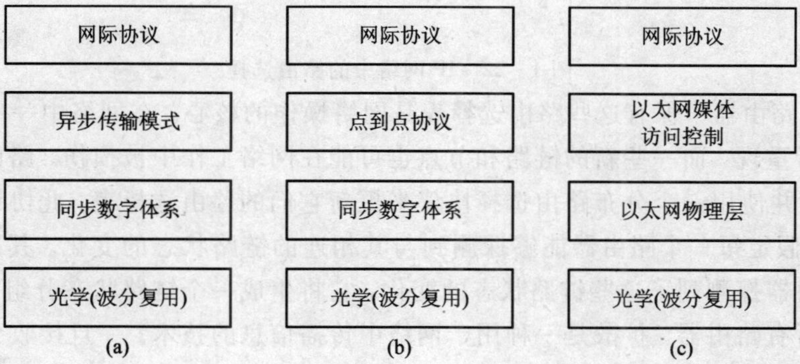


图 1-21　各种位于 WDM 之上的 IP 网的实施步骤

作为一个网络层协议，IP 并不保证可靠性以及数据从源到目的地传送的顺序性。该工作由一个传输协议来完成，典型的是传输控制协议(Transmission Control Protocol，TCP)和用户数据报协议(User Datagram Protocol，UDP)。TCP 是面向连接的传输方式，具有差错控制、流量控制的手段；UDP 是一种无连接的协议，它的错误检测功能要弱得多，但这有助于提高传输的高速率性。TCP 协议被广泛使用，比如远程登录协议(Telnet)和文件传输协议(File Transfer Protocol，FTP)。一些自行检测错误或不用错误检测的应用程序，如简单网络管理协议(Simple Network Management Protocol，SNMP)则使用 UDP 协议。

**1. 路由选择和转发**

IP 是最早使用的分组交换协议之一，IP 以不同长度的分组发送信息。在一个 IP 网络中，IP 路由器是关键的网络单元。一个路由器将分组从一个进入的链路转发到出去的链路。图 1-22 显示了分组是如何在一个 IP 网络中转发的。路由选择是 IP 的基础。这里描述了被 IP 使用的经典的路由选择机制。每一个路由器包含一个路由表。该路由表对于网络中的每一个目的地路由器有一个或多个入口。入口指明了分组需要被转发的、与这个路由器相邻的下一个节点。转发过程如下：

路由器考查一个到达的分组的头，这个分组头包含了其目的地路由器的标识。然后路由器会查询它的路由选择表来决定该分组传送的下一个相邻节点，并将分组转发到指向该节点的链路。在图 1－22 给出的例子中，考虑一个从节点 1 发往节点 4 的分组。节点 1 在其路由表中查询，并将该分组转发到节点 5，节点 5 将该分组转发到节点 3，节点 3 然后将该分组转发到它的最终目的地，即节点 4。

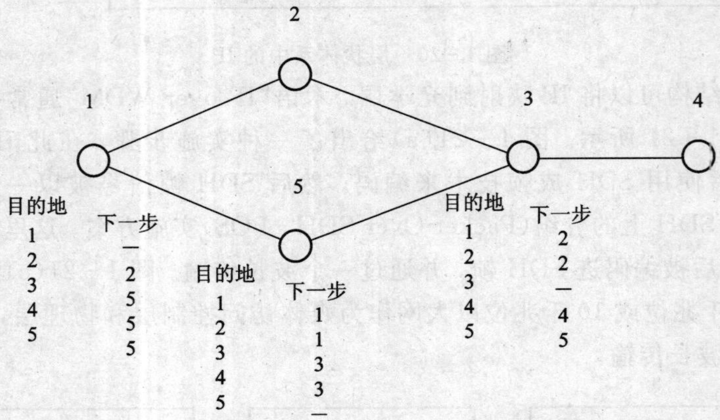


图 1－22 IP 网络中的路由选择

显然，在路由器中保有这些路由选择表是网络操作的核心。在网络中一些链路和节点可能失效或者重现，而一些新的链路和节点也可能在网络工作中被损伤。路由器将自动探测这些变化，并使用一个分布路由选择协议来更新它们的路由选择表。此协议按以下方式工作：首先，假定每一个路由器能够探测到与其相连的链路状态的变化。其次，无论何时只要一个路由器探测到了这些链路状态的变化，它将生成一个链路状态分组，并将其扩散到网络中的所有路由器。扩散是一种用于网络中传播信息的技术。一旦接收到了一个扩散的分组，每一个节点都将转发这个分组到除了发送它的链路之外的所有相邻链路。这样，这些分组最终到达了网络中的所有节点。一个接收到了链路状态分组的节点将基于新的信息来更新它的路由选择表。随着时间的推移，网络中的所有节点都将更新它们的路由选择表，以便反映当前的网络拓扑信息。

这里需要几种手段来保证扩散过程更可靠。例如，链路状态分组可以通过不同的路径在网络中发送，并会经历不同程度的延时。结果，一个老版本的链路状态分组有可能比更新的版本到得更晚。为了防止这种现象发生，链路状态分组带有序列号。假如一个路由器接收到了一个链路状态分组，而它的序列号低于先前收到的链路状态分组的序列号，则它会简单地丢弃这个分组。在网络中分组有可能被丢失，因此链路状态的更新会定期进行。

利用这些链路状态分组，每一个路由器都会构建起整个网络拓扑的视图。对于这样的拓扑，每一个路由器都能够计算出从它自己到所有其他的路由器的最短路径，并且在它的路由选择表中对每一个目的节点，都存储着这个最短路径中下一个节点的标识。用于该目的的一个典型的最短路径算法是 Dijkstra 算法。

上面描述的这个路由选择协议是域内路由选择协议(Intradomain Routing Protocol，IRP)的一个例子。在互联网中最常使用的一个域内路由选择协议，即开放最短路径优先(Open Shortest Path First，OSPF)协议，其工作方式正如上文所述。

互联网是一个很大的网络，期待每一个路由器保有整个网络的拓扑信息是不实际的。出于此目的，网络被分成了多个互联的域，每一个域被称为一个自主系统(Autonomous System，AS)。一个分立的域间路由选择协议被用于在一个大的网络中进行域间路由。一个这样的协议的例子是边界网关协议(Border Gateway Protocol，BGP)。

**2. 服务质量**

传统上，IP网络提供"尽力"服务。IP尽最大的努力将一个分组从它的源传到目的地。然而，不同的分组可能选择不同的路由在网络中传输，并且会经历随机时延。假如网络中存在拥塞，一些分组将被丢弃。为了对网络的用户提供一些服务质量(QoS)的保证，人们尽了很大的努力来改善这种状态。在IP中，已经设计了一种被称为区分服务(Differentiated Services，DS)的机制。在DS中，分组被分成不同的等级，等级的类型在该IP头中指明。等级类型指定了在每一个路由器中分组是怎样被处理的。比如，标记着加速转发(Expedited Forwarding，EF)的分组在一个分立的队列中将被尽可能快地进行路由选择。

当DS试图处理QoS时，它不提供任何的端到端方法来保证QoS。例如，它不能事先判定在一个网络中是否有充足的带宽可用来处理一个有实时需求的新的传输信息流。

## 1.3.4　其他类型的用户层

**1. 存储区域网络**

存储区域网络(SAN)用于计算机系统之间的互联，以及计算机系统与外部设备，如磁盘驱动器、打印机和磁带驱动器之间的互联。这些网络由企业建立，它们拥有向大的数据中心传输信息的媒介。图1-23给出了一个互联多个计算机和各种类型的外部设备的典型的存储区域网络。SAN的关键部分是一个交换机，它在各种附加设备之间提供连接的重新配置。在下面所考虑的SAN中全部使用电路交换方案，因此可以根据需要，在附加设备之间快速地建立和取消连接。

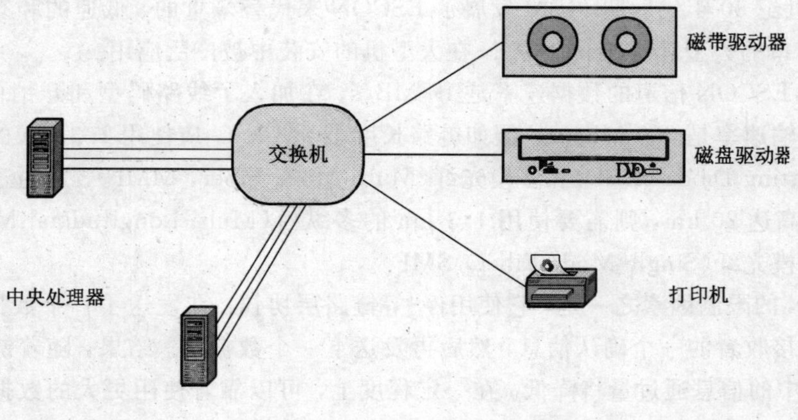


图1-23　一个存储区域网络的结构

在早期的构架中，整个存储区域网络(SAN)被置于一个建筑物或者一个园区中。但是，当今此类网络则分布于更广的城域中，并有一些链路连进远程网络。这样做的原因之一是为网络提供一定的强度使其能够对抗失效。一种常用的技术是保持有两个数据中心，一个数据中心的数据可以备份到另一个数据中心。

今天，SAN典型工作于200 Mb/s～1 Gb/s的比特率范围，并且在大多数情况下基于光纤链路工作。当今的两个主要SAN技术是ESCON和光纤信道，在新构建的网络中，光纤信道占有主要的地位。此外，一个旧的标准，即所谓的高性能并行接口(HIgh Performance Parallel Interface，HIPPI)被广泛地用于巨型计算机和高端计算设备。

表1-4归纳了ESCON、HIPPI和光纤信道的突出特性。这些协议都在数据中加入了开销信息，然后使用线路码型对光纤信号进行编码。对每一种情况，都已经指明了通过光纤的数据速率以及实际的传输速率，它们是在加入了开销信息和线路码型之后获得的。

**表1-4 不同的存储区域网络**

| 网 络 | 数据速率/(MB/s) | 传输速率/Mbaud | 物 理 接 口 |
|---|---|---|---|
| ESCON | 17 | 200 | LED/MMF<br>MLM/SMF |
| HIPPI | 100 | | 并行铜线 |
| HIPPI(串行的) | 100 | 1200 | MLM/SMF |
| 光纤信道 | 100 | 1063 | MLM/SMF或者铜线 |
| | 50 | 531 | MLM/SMF或者铜线 |
| | 25 | 266 | MLM/SMF或者铜线 |
| | 12.5 | 133 | MLM/SMF或者铜线 |
| | 200 | 2126 | MLM/SMF |
| | 400 | 4252 | MLM/SMF |

注：光纤接口可使用发光二极管(LED)和多模光纤(MMF)，或者使用多纵模激光器(MLM)发射机和标准单模光纤(SMF)。

**2. ESCON**

在20世纪80年代后期，IBM发展了ESCON来代替笨重的、低速的和有限数目的铜线基I/O接口的大型计算机。ESCON在大型机的安装中被广泛应用。

每一个ESCON信道的数据速率是17 MB/s。在加入了线路码型和开销信息之后，在光纤中的传输速率是200 Mbaud。假如链路长度小于3 km，应使用1.3 μm的发光二极管(Light Emitting Diode，LED)和多模光纤(Multi-Mode Fiber，MMF)。而对于更长的传输距离，比如高达20 km，则需要使用1.3 μm的多纵模(Multi-Longitudinal Mode，MLM)激光器和单模光纤(Single-Mode Fiber，SMF)。

ESCON的限制因素之一是，它使用停-等链路层协议。在发送了一个数据块之后，发送者将等待接收者的一个确认信息，然后再发送下一个数据块。结果，随着链路长度的增加，在链路中的信息通过量将降低。在一定程度上，可以靠着使用更大的数据块尺寸对此进行补偿。因此，很多的ESCON设备都标明了它与其他设备之间最大的互联距离。

**3. 光纤信道**

光纤信道是20世纪90年代早期发展的一种标准，与ESCON拥有相同的应用领域。与ESCON相似，光纤信道结构应用在计算机上的I/O接口和外部设备之间，也包括电子交换机。光纤信道现在已经得到了广泛的应用，该标准允许以各种数据速率传输，当今最常用的速率是“全速”100 MB/s，已经定义的更高的速率如表1-4所示。

**4. HIPPI**

高性能并行接口(HIPPI)是一个100 MB/s的并行电子I/O接口标准。由于时钟存在时滞，最大的传输距离被限制在25 m。对于更长的距离，HIPPI是串行的，并使用单模光纤传输。出于这样的目的，已经定义了一个包括一个1.2 Gbaud的光学接口的、称为串行的HIPPI的修订标准。该标准也支持使用两个并行的100 MB/s串行接口构成的200 MB/s串行接口。

HIPPI先于光纤信道被广泛应用于巨型计算机设备。类似于ESCON和光纤信道，一个HIPPI网络包括通过HIPPI交换机连接的主机和外部设备，在很多情况下是串行的光纤链路。

**5. 千兆位和10千兆位以太网**

以太网是当今最流行的局域分组交换网络。最初的以太网工作于10 MB/s，然后被升级至100 MB/s。以太网基于一个总线结构，其中所有的节点被连接到一根单个的总线。这些节点使用一个简单的媒体访问控制协议，被称为载波侦听多路访问/冲突检测(Carrier-Sense Multiple Access with Collision Detect，CSMA/CD)。一个打算发送分组的节点侦听总线，以便得知它是否空闲，一旦发现它是空闲的就发送分组。假如另一个节点碰巧在同时侦听总线，并发送一个分组，两个分组发生冲突而引发损毁。在这种情况下，两个分组都被延迟，在等待了一个随机的延迟期间后，试着再次发送。对于更高的速度和更长的总线长度，该协议的效率下降。出于这个原因，以太网也被应用于总线上只有两个节点的点到点结构。一个以太网交换机被用于互联多个这样的总线。

千兆位以太网是同一标准扩展到1 GB/s时的情况，可以工作于铜缆以及光纤接口。使用光纤的千兆位以太网已经成为城域网的通用选择，用于互联多个企业网络，并且也扩展进了远程网络。

将以太网标准扩展进10 GB/s的工作已经展开。该标准是为了实现远程互联的目的而发展的，为了与广域传输更好地兼容，其数据速率将依据STM-64的SDH速率来规定。

## 1.4 光网络的演化发展

光网络是伴随着光纤通信技术的进步而发展的。光纤传输的历史，就是关于怎样以最高的传输容量和最长的传输距离来传输信息的历史，其发展速度是惊人的。随着阻碍光网络发展的技术难题不断被解决，光网络传输容量和传输距离一直在持续增长，同时，将1 bit信息传输1千米所耗费的造价越来越低。

在本章的最后，以光纤和光器件的发展为线索，概括出了光纤传输系统和光网络的发展过程，以及影响其发展的因素。图1-24给出了光网络发展的概况图，关于光纤和光器件的详细介绍将在后面的章节中给出。

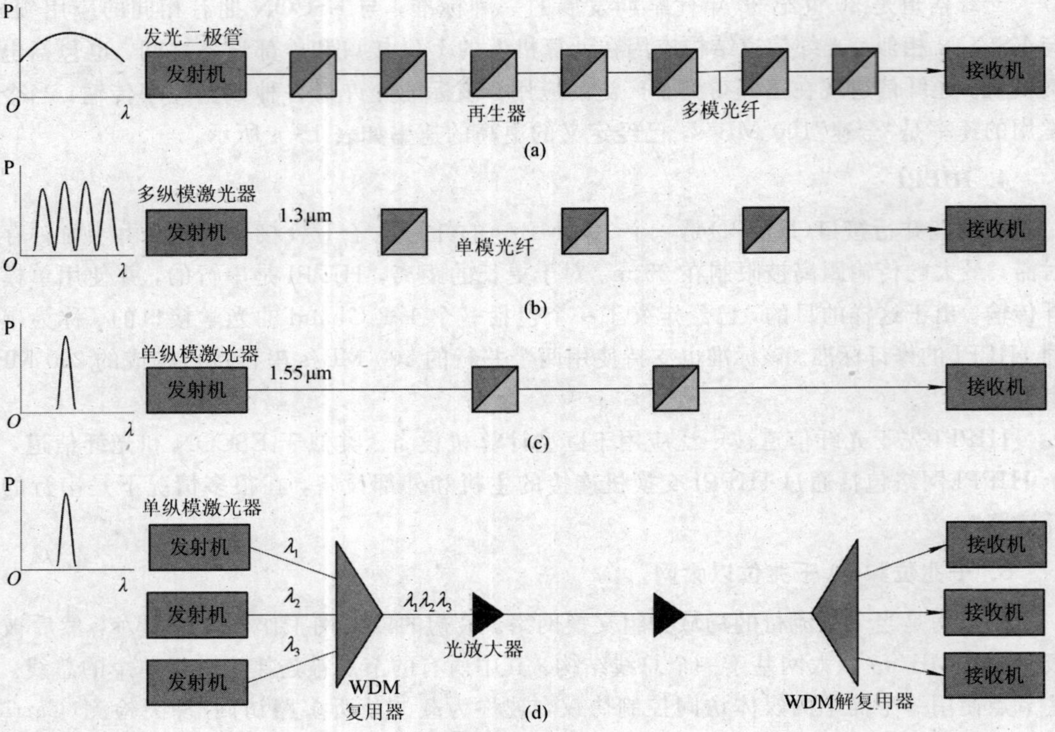


图 1-24　光网络发展的概况

**1. 多模光纤和多纵模激光器**

早在20世纪60年代中期，实验已经证明，光信号上的信息编码可以通过玻璃纤维进行波导传输并被正确读取。直至20世纪70年代初期，在发明了低损耗的光导纤维后，光纤通信系统才变得真正可行。光纤是非常细的柱状玻璃波导，由两部分构成，包括内部的光纤芯材料和外部的光纤包层材料。光纤芯与包层的设计应该满足使光信号保持在光纤内部传导，同时允许光信号在其质量退化之前能在光纤中传输一定的距离的要求。这就使传输的信息可以在另一端接收时被读取出来。这种基于二氧化硅($SiO_2$)的光纤在红外波段有3个低损耗窗口，分别为0.8 μm，1.3 μm和1.55 μm。最低损耗出现在1.55 μm附近，损耗约为0.25 dB/km，而在1.3 μm附近，损耗约为0.5 dB/km。

早期的光纤是多模光纤。所谓多模光纤，指光信号在纤芯中向前传播时包含有多条光线，每一条光线可沿着不同的路径在光纤中传播，不同路径的长度有所不同，每一条不同的路径相应于一个传播模式。多模光纤的纤芯直径约为50～85 μm，比光波波长大得多。

在光纤传输系统中，其他两个关键器件是光源和接收机。半导体激光器和发光二极管(LED)被用来作为光纤传输系统中的实用光源，可以方便地通过控制它们的开关来实现数字(二元)数据的传输。发光二极管的发射功率相当低，且发射光谱很宽，约为几纳米至几十纳米，其光谱是连续的。而激光器可以提供比发光二极管高得多的输出功率，因此系统的中继距离更长。早期的半导体激光器是多纵模的F-P激光器。多纵模激光器发射光谱很宽，也有约几纳米到几十纳米，但它的光谱不是连续的，而是包含有多条分立的光谱线，这些光谱线代表着不同的纵模，因此被称为多纵模激光器。应当注意的是，这里所说的激光纵模和光纤中传播的模式是不同的。

在光纤链路的接收端，接收器将光信号转换为电信号。接收器包括光电探测器和电子元件。在光纤通信技术中，只有微型半导体光电二极管被用来检测光信号。

对于早期的电信系统(20世纪70年代后期到80年代前期)，人们使用多模光纤以及发光二极管或激光发射机来构建0.8 μm和1.3 μm工作波长的传输系统。早期的光纤通信系统中光信号在不加再生器的情况下仅能传输几十千米，因此不得不每隔几千米就设置一个再生器(中继器)对信号再生。再生器将接收到的光信号转换为电信号，复原后再转换为光信号继续传输。再生器是很昂贵的设备，直至今天依然很昂贵，因此增大两个再生器之间的中继距离，亦即减少系统中所使用的再生器的个数，一直是人们渴望达到的目标。

对于多模光纤，光纤的模间色散限制了系统的传输距离，成了影响系统性能的主要因素。在多模光纤中，光脉冲的能量以不同的模式传输，每一个模式有不同的传播速度。这就意味着，不同的模式到达光纤的接收端的时间也有所不同，因此导致了信号模糊。这种信号模糊通常被称为色散，由于模式不同而造成的色散被称为模间色散。早期光通信系统传输的比特率一般从32～140 Mb/s，每隔10 km加一个中继站。目前，这样的系统仍被用于造价较低的计算机之间的互联，可以在几千米范围之内传输每秒几百兆比特的信息。

**2. 单模光纤和单纵模激光器**

约在1994年，光纤通信系统开始使用单模光纤，同时使用1.3 μm波段的多纵模F-P半导体激光器作为光源。单模光纤的纤芯直径非常小，约8～10 μm，只比光纤中传输的波长大几倍。光信号在单模光纤中只能以单一模式传播。因此在光纤通信系统中使用单模光纤可以有效地消除模间色散，并且可以使传输的比特率和传输距离大幅度增加。单模光纤通信系统的中继距离一般约为40 km，传输的比特率为每秒几百兆比特，中继距离主要由所使用的光纤的损耗决定。

与1.3 μm窗口相比，1.55 μm窗口有更小的损耗，在20世纪80年代后期出现了1.55 μm工作波长的传输系统。更小的损耗使得该系统的中继距离得到了大幅度的增加。但随着系统信息比特率的增加，另一个限制因素——模内色散(或叫色度色散)，逐渐成为影响系统性能的主要限制因素。上文中已经介绍了光纤的模间色散的概念，模内色散是光纤色散的另一种形式。就像模间色散产生的效果一样，模内色散也会引起输出光脉冲模糊。光纤中的模内色散与光纤中传输的光信号的波长有关。光脉冲的光谱越宽，由模内色散引发的信号模糊程度越大。对于标准的基于二氧化硅的光纤而言，在1.3 μm波段几乎没有模内色散，但在1.55 μm波段模内色散则较大。因此，对于早期的1.3 μm光纤通信系统，模内色散基本不需要考虑。

后来，研究人员成功地将模内色散为零的位置移到了1.55 μm波长处，使得在1.55 μm波长窗口的色散和损耗均为最低，这就是色散位移光纤。当使用色散位移光纤时，就不必再受色散的困扰。不过，在当前的光纤通信系统中，底层结构已经使用了大量的标准单模光纤，将其全部换成色散位移光纤是不现实的。但是有一些运营商，特别是日本的NTT和美国的MCI(目前Worldcom的一部分)确实曾使用过色散位移光纤。

由于上述原因，在不得不继续使用标准光纤的基础上，研究人员开始寻找减小模内色散的方法。其中主要的方法是使用单纵模(Single-Longitudinal Mode，SLM)半导体激光器。前面已经讲到，发射光脉冲的光谱越宽，由色散所引入的信号模糊就越严重。多纵模F-P激光器发射的光谱相当宽，最小也有几纳米(等效于几百吉赫兹)。单纵模激光器发射的光谱中仅包含一条光谱线。单纵模激光器方面的技术突破使得传输的比特率进一步增大，已经超过了1 Gb/s。如今，技术最成熟的单纵模激光器是分布反馈式(Distributed-Feedback，DFB)激光器。

**3. 光放大器和波分复用**

光纤通信系统发展的另一个里程碑是20世纪80年代末90年代初掺铒光纤放大器(Erbium-Doped Fiber Amplifier，EDFA)的发明。掺铒光纤放大器一般包括一段光纤，典型长度为几米到几十米，该光纤材料掺杂了稀土元素——铒。首先，光纤中的铒原子被一个泵浦源从基态泵浦到更高能级的激发态。然后，入射的信号光子触发激发态的铒原子返回到其基态。在这一过程中，每个原子发射出一个和入射信号光子一模一样的光子，因此导致了光放大。由于铒材料独特的自然特性，其原子态的能级差(即其发射的光子波长)刚好与光纤1.5 μm低损耗窗口吻合。

光放大器的泵浦光源应由辐射波长更短的激光器来充当，也就是说，泵浦光源波长比信号光子波长短。这是因为短的辐射波长具有更高的能量，而能量只能从高能量光子转换到低能量光子。掺铒光纤放大器的概念早在20世纪60年代就已经提出，但是直到20世纪80年代末90年代初，泵浦用的高能半导体激光器实用之后，掺铒光纤放大器才制作出来并得以商用。

掺铒光纤放大器的出现促进了新一代WDM光纤通信系统的发展。在WDM系统中，使用多个载波波长同时传输，如果没有掺铒光纤放大器，那么在每个中继站都需要放置一整套昂贵的阵列中继器，分别对各个波长再生。而掺铒光纤放大器的主要优点是其在1.5 μm波长窗口处的几十纳米范围内都具有较平坦的增益，能够同时对很多波长进行相同的放大。掺铒光纤放大器可以说是支撑波分复用系统发展最强的催化剂。

波分复用和掺铒光纤放大器的使用使得长距离、大容量的光纤通信系统的造价大幅度降低。这方面最强有力的证明是：当今几乎每一个长距离通信运营商都已经广泛地采用了光学放大的WDM系统。此外，WDM技术能够快速提高信息传输的容量，而应用新型光纤来提高系统容量通常需要几个月，甚至几年的时间。使用掺铒光纤放大器的波分复用系统在20世纪90年代中期开始运营，目前单根光纤已经可以传输超过1 Tb/s的信息。同时，单信道传输的比特率也已经上升到了10 Gb/s。

表1-5给出了单模光纤可用的各个传输波段。早期的波分复用系统使用C-波段，主要原因是EDFA工作于该波段。目前，已经研制出了可以工作于L-波段的掺铒光纤放大器，因此可以构建使用C-波段和L-波段的波分复用系统。目前，一些其他类型的放大器(如喇曼放大器)也被用来与EDFA互补使用，因此可以使WDM系统在其他波段，如S-波段和U-波段得以应用。同时，新型光纤的发展还开辟了一个新的窗口，即所谓的E-波段。以前由于在该波长范围光纤的损耗很高，因此E-波段不能使用，现在已经成功地研制出了在该波段低损耗的全波光纤。但是，在这一波段还没有性能优良的放大器，因此E-波段主要被用于短距离传输情况。

**表1-5　光纤中的不同波段(波段范围为近似值)**

| 波　段 | 定性特征 | 波长范围/nm |
|---|---|---|
| O-波段 | 原有 | 1260～1360 |
| E-波段 | 扩展 | 1360～1460 |
| S-波段 | 短波 | 1460～1530 |
| C-波段 | 传统 | 1530～1565 |
| L-波段 | 长波 | 1565～1625 |
| U-波段 | 超长 | 1625～1675 |

随着掺铒光纤放大器的广泛应用，模内色散再一次成为影响光纤通信系统性能的主要问题。由于使用了掺铒光纤放大器，不需要每隔40 km或80 km就要对信号进行2R或3R再生(Reamplify(再放大)，Reshape(再整形)，Retime(再定时)；2R仅指前二者)，因此模内色散所引起的信号模糊也由于传输距离变长而变得严重得多。研究人员通常使用几种技术来解决这一问题。

第一种技术是进一步减小光源发射光谱宽度。使用的方法是：利用外调制来控制激光器，取代原来的直接调制激光器的方法。利用外调制技术以及分布反馈激光器和掺铒光纤放大器，可以使一个工作波长为1.55 μm，使用标准单模光纤的光波系统达到中继距离为600 km，传输比特率为2.5 Gb/s的系统性能指标。

第二种技术是采用色散补偿技术。各种色散补偿器已经被研制出来，并用以补偿光纤所引入的色散。这些色散补偿器可以使得所有残余的色散被尽可能减小。这些技术已经使商用的光纤通信系统的中继距离达到了几千千米，每条信道的比特率高达10 Gb/s。

此外，为了提高光信号的传输距离，要应用光放大器提高光信号的入纤功率，当入纤功率达到一定值之后，光纤开始出现非线性效应。在光纤通信中光纤的非线性效应既有有利的作用，比如制作喇曼放大器；又是要避免的特性，比如在长距离传输的40 Gb/s密集波分复用系统中，小的信道间隔和大的光功率会使光纤中出现四波混频、自相位调制和交叉相位调制等非线性效应，导致系统的传输质量下降。以四波混频为例，三个相同或相近波长的光信号在光纤中相互作用生成了第四个光信号，第四个光信号的波长可能与原有的一个光信号的波长相同，该信号与传输的数据信号相干涉并可以使其转换到新的波长，结果使接收机无法解读信号。为克服非线性效应的影响，往往选用新型的大有效面积光纤或采用相对大色散的光纤作为传输线，来降低非线性发生几率或影响程度。

今天，光纤通信系统已经发展成为包含几百条传输信道，每条信道传输容量达10 Gb/s，信道间隔低至50 GHz，中继距离达到数千千米，总传输容量高达Tb/s量级的光放大光纤传输系统。当前，实验室中的光纤通信系统的单信道传输容量已经达到40 Gb/s，毋庸置疑，不久将看到此类系统的商用。同时，最近的实验已经证明，当传输容量高达Tb/s量级时，中继距离可以达到几千千米，或者对短一些的传输距离实现传输总容量超过10 Tb/s。

**4. 从传输链路到网络**

光网络发展至今已经经历了两代。对第一代光网络而言，光学技术及器件只用于信息传输中，因此只利用了容量方面的优势。与铜缆相比，光纤提供了更低的误码率和更高的容量。但所有的交换以及其他的网络智能功能则仍由电子器件来实现。第一代光网络的例子有 SONET 和 SDH 网络。这两类网络分别构成了北美以及欧洲、亚洲的电信底层结构的核心。

第二代光网络的主要优点是在网络中用光学交换和光学路由来替代原来用电子学器件实现的交换和路由功能。当通信系统中数据传输速率越来越高时，使用电子器件来处理这些高速数据就变得越来越困难。假如交换和路由功能在光域中进行，则在该节点处的底层电子器件的负担将会大大减轻，这是促进第二代光网络发展的一个关键因素。

基于上述构想的光网络目前正在发展之中，称为波长路由光网络，网络结构如图 1-25 所示。这样的网络向它的用户提供光学通道，光学通道是一些光学连接，这些光学连接提供从源节点到目标节点之间的端到端的连接，对每一个中间连接采用一个不同的波长。在网络的中间节点处，利用路由选择和交换技术，这些光学通道可以从一个连接转接到另一个连接。某些时候，光学通道也可以在依然使用原路由的情况下从一个波长转到另一个波长。在一个波长路由光网络中，只要不使用相同的连接，不同的光学通道可以使用相同的波长。这允许相同的波长在网络的不同部分重复使用。例如，图 1-25 中有 6 个光学通道，其中 B 和 C 之间的光学通道、D 和 E 之间的光学通道以及 E 和 F 之间的一条光学通道在网络中并不共用任何连接，因此可以使用相同的波长 $\lambda_1$。同时，A 和 F 之间的光学通道与 B 和 C 之间的光学通道共用一个连接，因此必须使用不同的波长。同样道理，E 和 F 之间的两条光学通道也必须使用不同的波长。需要注意的是，所有这些光学通道在其经过的链路中的每一次连接均使用相同的波长。

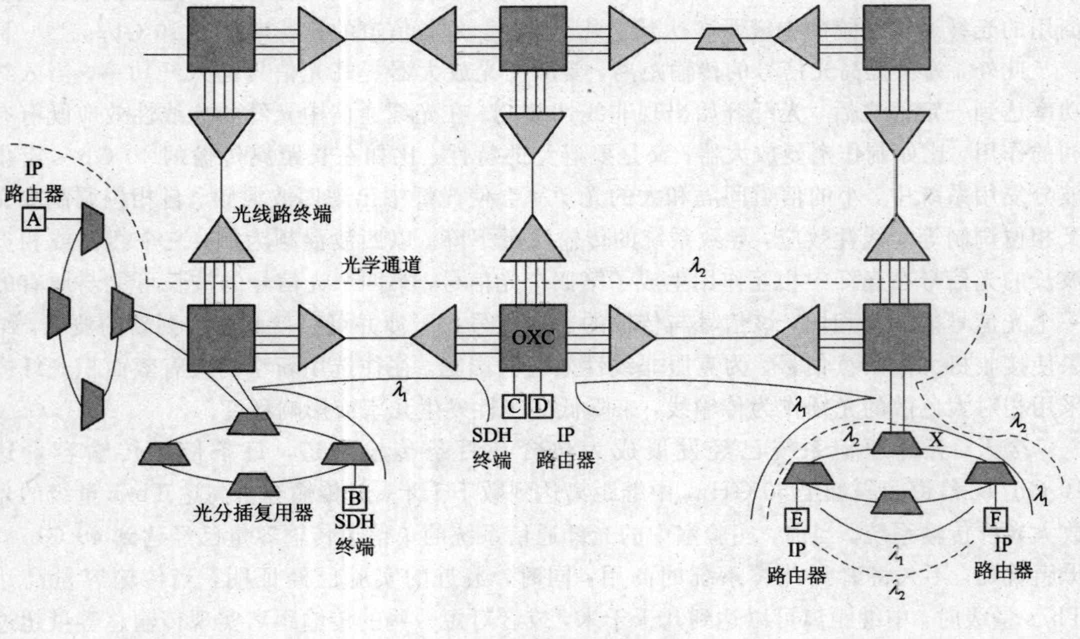


图 1-25　波长路由光网络

对于这样一个网络系统而言，如果不能进行波长转换，则面临着一个重要的限制。假如在图 1-25 所示的网络中只有两个可用波长，而又想要在节点 E 和 F 之间建立一个新的光学通道，这在没有波长转换器的情况下是无法达到目的的。反过来，如果在中间节点 X

处可以进行波长转换，那么就可以建立新的光学通道，即使用 $\lambda_2$ 在节点 E 和 X 之间传输信息，使用 $\lambda_1$ 在节点 X 和 F 之间传输信息。

如图 1 - 25 所示，光网络系统的关键器件有光线路终端(Optical Line Terminal, OLT)、光分插复用器(OADM)和光交叉互联器(OXC)。一个光线路终端复用多个波长并使其在单根光纤中传输，同时又可以将单根光纤中传输的多个波长解复用后，再传输进一组分立的光纤中。光线路终端通常被安装于点到点波分复用链路的端部。光分插复用器接收多波长的信号，其功能是有选择地从多波长信号中去掉某些波长成分，而让其他的波长信号通过；或是选择加入某些新的波长成分，与原来的多波长信号组成复合信号向前传输。光分插复用器通常有两个线路端口，供输入/输出信号使用，同时还有一定数量的本地端口留给插入或分下的波长分量使用。光交叉互联器基本上完成与光分插复用器相似的功能，但功能更全。光交叉互联器有大量的端口(范围从几十到几千)，可以在任意一对输入/输出端口之间进行波长交换。光分插复用器和光交叉互联器也可以同时拥有波长转换功能。

光线路终端被广泛用于点到点连接，光分插复用器目前被用于长距离传输和城域网中。由于长距离网络具有高容量的特点，因此，光交叉互联器首先被应用于长距离网络中。

上面主要讨论的是核心传送网，还应该提到的是，20 世纪 80 年代末 90 年代初期，另一个主要的研究焦点是光纤到户和光纤到路边这样的光接入网。然而这种想法面临着两个问题：一是基础建设造价高；二是客户未必都愿意为由此带来的新服务付费，如视频到户等，亦即基础建设的投资回报率难以预测。然而，随着宽带服务和视频传输需求的增长，已经加速了此类网络的研发。电信运营商和有线服务提供商正进一步地将光纤用于接入网中，并使其更接近于末端用户。同时，无源光网络近年来的快速发展，已经使其成为向住户和小型商家提供高速服务的优先选择的网络结构之一。

# 第 2 章　光纤通信网络纵览

毫无疑问，光网络具有巨大的性能优势和广泛的应用前景，而且由于其还处于起步阶段，在许多方面都有待开发完善，因此，如今光网络的发展呈现出四面开花、多头并进的趋势。现在可以看到各种各样的光网络概念，这些不同名称的网络既有自己独特的发展重点和相关技术，又在某些方面和其他网络概念相交叉。本章将对常见的、重要的光网络进行简要介绍。

本章首先介绍全光网络的概念。全光传输和交换的新型网络是下一代网络模式，如今人们正在从不同的研究、应用方向向这个目标努力，比如从光学层角度发展的光传送网络、将智能控制和管理与光网络相结合的智能光网络、将 IP 技术和光网络相结合的光分组交换网络和光互联网络。最终的全光网络必然是这些技术有机融合的产物。本章最后将介绍光纤通信技术在接入网领域的应用。

## 2.1 全光网络

### 2.1.1 全光网的特性

通信网传输容量需求的增加促进了光纤通信技术的发展，光纤近 30 THz 的巨大潜在带宽容量使光纤通信成为支撑通信业务量增长最重要的技术。光的复用技术——波分复用、时分复用、空分复用等越来越受到人们的重视。但在以这些技术为基础的现有通信网中，网络的各个节点要完成光—电—光的转换，其中的电子器件在适应高速、大容量的需求上，存在着诸如带宽限制、时钟偏移、严重串话、高功耗等缺点，由此产生了通信网中的“电子瓶颈”现象。为了解决这一问题，人们提出了全光网络(All-Optical Network，AON)的概念。

所谓全光网络，就是指业务信号的上传、下载及交换过程均以光波的形式进行，而没有任何的光—电及电—光转换，全部过程都在光域范围内完成。电—光转换与光—电转换仅仅存在于信源端(发送端)和接收端。在全光网络中，由于没有光—电转换的障碍，所以允许存在各种不同的协议和编码形式，信息传输具有透明性，且无需面对电子器件处理信息速率难以提高的困难。

现阶段全光通信网的研究与试验以波分复用技术为核心，即主要对波分复用传输、交换和联网技术进行研究与试验，构成波分复用全光通信试验网。在传输方面，掺铒光纤放大器加波分复用，再加上光纤色散补偿技术是走向全光通信网的合理途径。带光放大的波分复用技术已经成熟，并已投入商用。在交换技术方面，波长路由选择的引入使波分复用全光网在交换节点上具有独特的优势：可以实现光层上的信息交换，克服了电子交换瓶颈现象，且结构简单灵活，易于网络升级。预计在全光通信网中，波分复用光交换技术将会得到广泛应用。

在联网技术方面，近几年波分复用传输技术已经进入实用化和商用阶段，许多国家已经开始利用波分复用技术和现有的以及即将敷设的光纤联网进行全光通信网试验，以寻求一个具有透明性、可扩性、可重构性的全光通信网的全面解决方案，为实现未来的宽带通信网奠定坚实的基础。

基于波分复用的全光通信网能比传统的电信网提供更为巨大的通信容量，可使通信网具备更强的可管理性、灵活性、透明性。全光网具备如下以往通信网和现行光通信系统所不具备的优点：

(1) 全光网通过波长选择器来实现路由选择，即以波长来选择路由，对传输码率、数据格式以及调制方式均具有透明性，可以提供多种协议业务，可不受限制地提供端到端业务。由于全光网中信号的传输全在光域中进行，信号速率、格式等仅受限于接收端和发射端，因此全光网对信号是透明的。

(2) 全光网可以与现有的通信网络兼容。光学层作为新的网络分层加入到了传统网的结构中，对IP、SDH、ATM等业务，均可将其融合进光层，从而满足各种速率、各种媒体带宽综合业务服务的需求。

(3) 全光网具备可扩展性，可以支持未来的宽带综合业务数字网以及网络的升级。加入新的网络节点时，不影响原有网络结构和设备，降低了网络成本。

(4) 全光网可根据通信业务量的需求，动态地改变网络结构，充分利用网络资源，具有网络的可重构性。

(5) 全光网结构简单，端到端采用透明光通路连接，网络中许多光器件都是无源的，可靠性高、可维护性好。

由于全光网具有以上优点，因此成为宽带通信网未来发展的目标。这一目标的实现可分两个阶段完成：

(1) 全光传送网。在点到点光纤传输系统中，整条线路中间不需要作任何光—电和电—光的转换。这样的长距离传输完全靠光波沿光纤传播，称为发送端与接收端之间点到点全光传输。当整个光纤通信网中任一用户地点设法做到与任一其他用户地点实现全光传输时，就组成了全光传送网。

(2) 完整的全光网。在完成上述用户间全程光传送网后，有不少的信号处理、储存、交换以及多路复用/分接、进网/出网等功能都要由电子技术转变成光子技术完成，整个通信网将由光实现包括传输在内的许多重要功能，完成端到端的光传输、交换和处理等，这就形成了全光网发展的第二阶段，这将是更完整的全光网。

### 2.1.2　全光网的结构

全光网的基本结构从功能上可以分为光网络层和电网络层。光链路相连的部分称为光网络层。该层引入了WDM技术，可在一个光网络中传送几个波长的光信号。在网络节点之间采用OXC，通过对光信号进行交叉连接，能够灵活有效地管理光纤传输网络。电网络层中的ADM为电子分插复用器，用于把高速STM-N光信号直接分纤成各种PDH支路信号，或作为STM-1信号的复用器。数字交叉互联设备(Digital Cross Connection，DXC)相当于自动数字配线架，用于对各种端口速率进行可控的连接和再连接。

利用波分复用技术的全光网将采用3级体系结构。0级(最低一级)是众多单位各自拥有的局域网(Local Area Network, LAN),它们各自连接若干用户的光终端(Optical Terminal, OT)。每个0级网的内部使用一套波长,但各个0级网多数也可重复使用同一套波长。LAN光网络解决校园或局域范围主要Web或数据服务器节点、存储网络(SANs)的互连。1级可看做许多城域网(Metropolitan Area Network, MAN),它们各自设置波长路由器连接若干个0级网。城域光网络着眼于网络的透明性、可扩充性、动态配置。2级可以看做全国或国际的骨干网,它们利用波长转换器或交换机连接所有的1级网。骨干网络着眼于提高单光通道的速率和单光纤的总容量。

光网络的结构从网络位置分则由两部分组成,即光核心网络和光边缘网络。

光核心网络主要由光传送系统、混合ADM/ DXC系统、光分插复用器(OADM)、智能光交换系统、太比特路由器等网络单元组成,具体功能如下。

- 光传送系统通过光通道传送多种信号。
- 混合ADM/DXC系统存在于边缘网络和核心网络的边界,是宽带DXC和SDH的集成,但增加了时分复用(Time Division Multiplex, TDM)和分组交换/疏导的功能,提供SDH/SONET层到光层的直接过渡。
- 光网络中的光分插复用器(OADM)节点直接分插光通道,无须进行信号的光一电转换。
- 智能光交换系统作为一种网络单元,把光交换器件的功能和SDH ADM、DXC和数据交换系统的部分特征结合在一起,用于运营商骨干网络的主要节点。

对不同的运营商来说,光边缘网络存在许多不同的定位。运营商网络的多样性导致了光边缘网络设备的多样性,但光边缘网络的目标和应用是一致的,这些目标包括:

- 网络单元设计为一个系统而不是单一目的的器件。
- 网络层次的平展化,即打破以前明显的网络层次,形成单层网络。
- 网络从提供基于TDM的业务到提供基于IP的业务的转变。
- 通过一个统一的软件平台来进行多业务的管理和业务提供。
- 解决企业LAN和核心光网络间的带宽差距。

光边缘网络可以分为以下几类:下一代SDH传输系统(多业务提供平台)、多业务城域(Dense WDM, DWDM)、城域光IP平台、光接入系统。

# 2.2 光传送网络

## 2.2.1 光传送网概述

光网络到目前已经历了两代,第一代是以SDH/SONET为基础的,第二代虽然在业界还未建立起一个完整的标准体系,但往往被称为光传送网(Optical Transport Network, OTN)。这两代光网络的主要特征如表2-1所示。光传送网一般专门指OTN,但是SDH/SONET不仅是第一代光网络,更是20世纪80年代中后期至今电信网络中核心网的主要传送网模型,OTN也是从SDH/SONET中发展而来的,因此本节中讨论这两代传送体系。

**表 2-1　两代光网络的基本特征**

| 网络技术 | SDH/SONET | OTN |
|---|---|---|
| 网络体系 | 第一代 | 第二代 |
| 设计目标 | 支持话音业务，非 BOD*，静态分配 | 支持话音、图像和数据业务、支持可剪裁的 QoS、BOD、动态分配 |
| 复用交换 | TDM/O—E—O | WDM/O—O—O** |
| 传输媒质 | 铜缆、光纤(20 世纪 80 年代中期) | 光纤(20 世纪 90 年代末期至今) |
| 传输容量 | Gb/s(吉比特每秒) | Tb/s(太比特每秒) |
| 载荷特征 | 固定长度 | 固定或可变长度 |
| 网络协议 | 部分协议，如 PPP、IP、ATM | 众多协议，如 PPP、IP、ATM、MPLS*** 等 |

注：* Bandwidth On Demand，按需带宽分配；** O—E—O 指交换节点接收光信号(O)，然后转换为电信号(E)处理，再转换为光信号(O)后发送；O—O—O 则是指接受、处理和发送均为光信号；*** Multiprotocol Label Switch，多协议标记交换。

对于光传送网 OTN，表 2-1 中所列的功能尚未完全实现。部分功能，如 BOD、WDM 和太比特传输速率等已经实现，而其他功能仍处于开发阶段。比如，全光(O—O—O)处理远未达到大规模商用的程度。目前这两代传送产品还都主要采用 O—E—O 技术来实现。

如表 2-1 所示，传送系统中主要采用两种复用机制：TDM 和 WDM。这两种技术并不矛盾，事实上，大多数光网络恰恰是综合采用了 TDM 和 WDM，即将特定的波长信道划分为若干固定时隙，如图 2-1 所示。光网络允许多个用户分时共享一个 WDM 波长信道的容量。

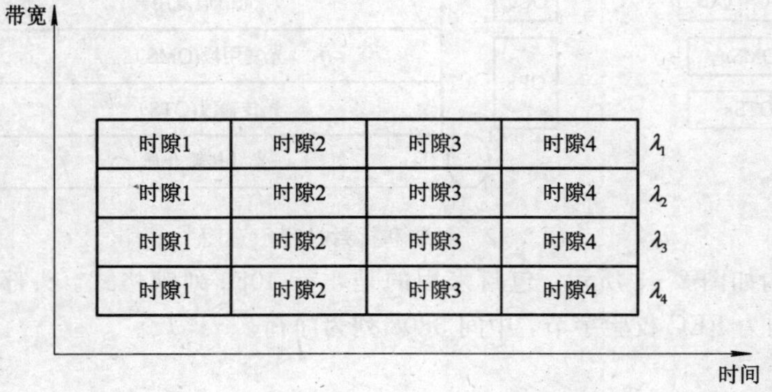


图 2-1　光网络综合采用了 TDM 和 WDM

目前传送网中的一个大问题是 O—E—O 技术和 WDM 之间的矛盾。由于现在还只能对信号进行电处理(如交换机、路由器等)，无法适应与其相连的 WDM 光纤链路的 Tb/s 传输速率。因此业界迫切期待全光交换(Photonic Crossconnection，PXC)的实现。

### 2.2.2 光传送网的体系结构

所谓网络体系结构(Network Architecture)，是一个网络系统(从物理连接到应用)的总体结构，包括协议描述和通信机制设计原则的选择。网络系统结构是基于对网络各种应用的深入了解后抽象出来的设计原则。在此基于ITU-T的G.709和G.873等建议，讨论OTN体系结构中的数字包封技术和SDH以及OTN的数字传送体系。

**1. 数字包封技术(Digital Wrapper)**

通常，诸如话音、图像、数据等用户业务在网络中的传送，都是通过将它们的业务单元(用户业务比特流)封装进适合于网络传送的业务单元中来实现的。

数字包封方法源于封装的基本思想：首先将用户业务打包，添上报头(或是添加报文尾部)，然后将其放入网络中传送。ITU于2001年2月推出了G.709，该建议核心内容就是OTN的数字包封技术，在第1章中曾介绍了其建议的光网络分层模型(参见图1-7)。它定义了一种特殊的帧格式，将客户信号封装入帧的载荷单元，在头部提供用于OAM&P的开销字节，并在帧尾提供了FEC字节。

图2-2是封装和拆封过程的示意图。箭头向下代表发送侧的处理(封装)，箭头向上表示接受侧的处理(拆封)。

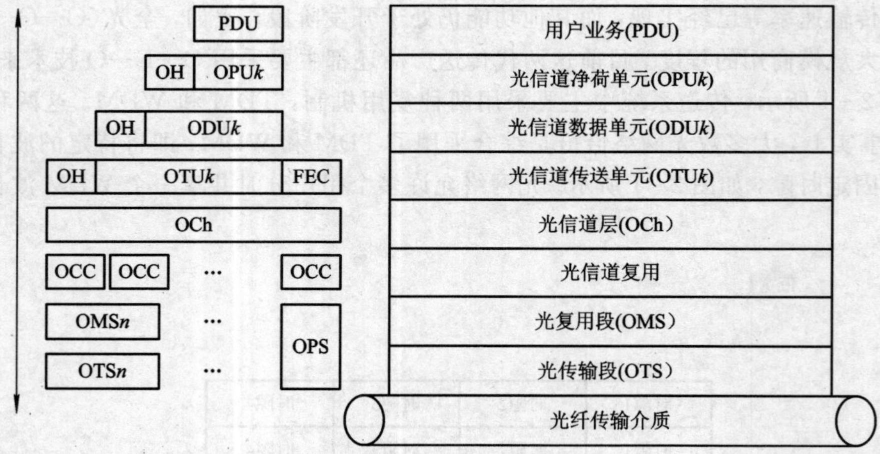


图2-2 封装和拆封过程示意图

标准帧结构如图2-3所示。包封采用的是4行4080列帧格式。头部16列为开销字节，尾部255列为FEC校验字节，中间3808列为净荷。

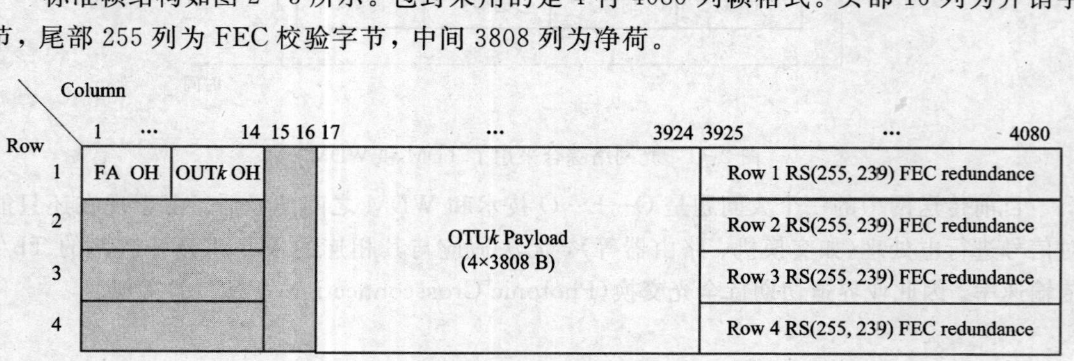


图2-3 标准帧结构

头部开销字节的定义如图 2-4 所示。其中，第一行 1～7 列为帧定位字节，8～14 列为 OTU$k$ 开销字节，第 2～4 行 1～14 列为 ODU$k$ 开销字节，第 15、16 列为 OPU$k$ 开销字节。

- OPU$k$ 由客户信号映射进的净荷与其相关开销组成。
- ODU$k$ 开销提供级联连接监测、端到端的通道监测和通过 OPU$k$ 提供客户信号适配。
- OTU$k$ 开销字节提供了 OTN 中 3R 再生节点之间传输信号状态的监测功能。

在数字包封的标准帧中采用的是 16 字节比特间插 RS(255，239)码的前向纠错技术(FEC)，它是一种线性循环码。FEC 处理使线路速率增加了 7.14%，可纠正的突发误码为 8 字节，检测能力为 16 字节。采用的是带外 FEC 编码，即 RS($n$，$k$)码，单个分组中最大纠错突发误码为 $r=(n-k)/2$。RS(255，239)纠错能力为 $r=8$，简称 RS-8。

<table>
<tr><th>Rov # \ Column #</th><th>1</th><th>2</th><th>3</th><th>4</th><th>5</th><th>6</th><th>7</th><th>8</th><th>9</th><th>10</th><th>11</th><th>12</th><th>13</th><th>14</th><th>15</th><th>16</th></tr>
<tr><td>1</td><td colspan="7">Frame Alignment overhead</td><td colspan="3">SM</td><td colspan="2">GCCO</td><td colspan="2">RES</td><td colspan="2" rowspan="4">OPUk overhead</td></tr>
<tr><td>2</td><td colspan="3">RES</td><td>TCM ACT</td><td colspan="3">TCM6</td><td colspan="3">TCM5</td><td colspan="3">TCM4</td><td>FTFL</td></tr>
<tr><td>3</td><td colspan="3">TCM3</td><td colspan="3">TCM2</td><td colspan="3">TCM1</td><td colspan="3">PM</td><td colspan="2">EXP</td></tr>
<tr><td>4</td><td colspan="2">GCC1</td><td colspan="2">GCC2</td><td colspan="4">APS/PCC</td><td colspan="6">RES</td></tr>
</table>

图 2-4　头部开销字节

**2. 当前的光网络传送体系**

数字传送网的一个重要思想就是复用，即多个低速率带宽的业务(称为支路或容器)汇集成高速率的(更大业务带宽)支路业务流。这种操作的优势在于允许用较低的带宽来支持普通用户的一般带宽需求，而用更大的带宽去支持特定的需求。同时，由于低速率业务可以复用到大容量的传输媒质中传送，所以其成本比单支路分开传送小得多。较高速率的支路业务也能解复用再传送到用户那里。

第一代光网络 SDH/SONET 的出现解决了原来因国家地区不同而互不相同的数字复用机制，它允许不同等级、不同体制的数字信号共存于同一个传送系统中。第 1 章中的图 1-11 即为 SDH 数字复用体系。

图 2-5 所示为新一代 OTN 的复用体系。其复用过程与图 2-2 的数字封装过程相对应。图中 OCC 是光载波(Optical Channel Carrier)，OCG 是光载波组(Optical Carrier Group)，它们两者合起来形成图 1-7 中的“光信道复用”。这就是所谓的 OTN 的完全功能协议栈，用 OTM-$n.m$ 表示。另外还有一种简化功能协议栈 OTM-$nr.m$ 和 OTM-0.$m$，它以物理段层取代光传输段层(OTS)，使 OTN 支持物理段层的连接。其中 $n$ 和 $nr$ 表示复用的阶数，0 表示没有复用，只有一路 OCC 支路；$m$ 表示 OCG 中 OCC 支路之间间隔的大小。

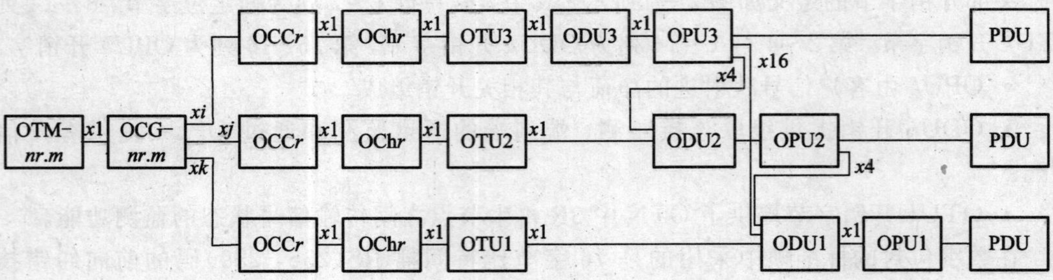


注：OTM、OCC、OCG 的复用功能可以变化，具体取决于*nr*、*r* 和 *m*。

图 2-5 OTN 的复用体系

## 2.2.3 光传送网的主要网元

关于光网络中主要网元的具体工作结构和工作原理将在第 4 章中详细介绍，在此先介绍各网元在光网络中的配置情况，如图 2-6 所示。这里采用环形拓扑结构，当然也可以采用其他网络拓扑结构，如点对点、点到多点乃至网状结构。不过在大多数大型网络中，一般采用双环结构——工作于两根或多根光纤，一环是主业务环，另一环是备用业务环。双环拓扑结构允许网络在光纤链路、节点或接口失效的情况下自动地恢复业务。

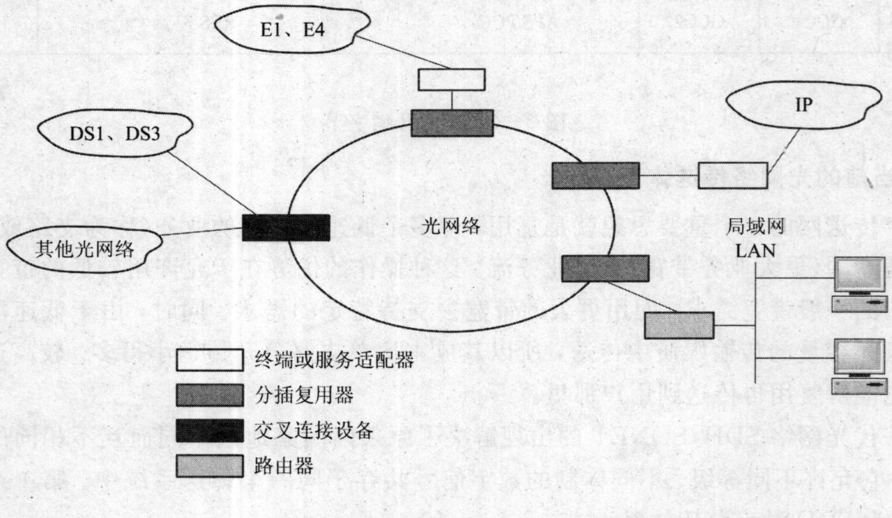


图 2-6 各网元在环形拓扑结构光网络中的配置情况

局域网(LAN)终端用户设备和低速数字传输系统(如 E1 等)通过一个业务适配器连到网络上。该业务适配器通常也叫做接入节点、终端设备或终端复用器，它负责为最终用户提供网络接口，以便接收和发送来自 LAN、E1、ATM 等网络节点的业务流。在发送方向上，它实际是一个集中器，将多个业务流放进一个业务单元后再发送到光网络。在接收方向上，则是一个相反的处理过程。诸如 E1、ATM 这样的信号，被称为支路信号，它们被转换为 SDH/SONET 的同步传送信号 STM(STS)，然后 STM(STS)再被终端适配器变换为光信号，即光载波(Optical Carrier，OC)信号。

终端或业务适配功能也可以在分插复用器(ADM)中实现。ADM 能够从光纤链路上取下或插入用户业务，同时原来的业务可以直接通过该节点而不需做任何处理。ADM 能将多个 STM(STS)信号流复用到光纤上，也能实现 OC 信号流的复用和解复用。

交叉互联设备(CrossConnector，XC)在光网络中通常可看做一个集线器。它不仅能取下或插入用户业务，还能工作于不同的速率，如 E1，OC－$n$($n$ 级光载波信号)等。它能实现业务信号的双向交叉连接，并能组合和分解不同类型的业务信号。比如，将多个低速率支路信号复用成一个高速率支路信号，或完成相反操作。

在 SDH/SONET 网络中终端复用、分插复用、交叉互联设备等主要是电气设备，如 ADM、DXC 等，而对 OTN 则要逐步在光域中实现这些功能，如 OADM、OXC 等。

两个光网络的互联如图 2－7 所示。

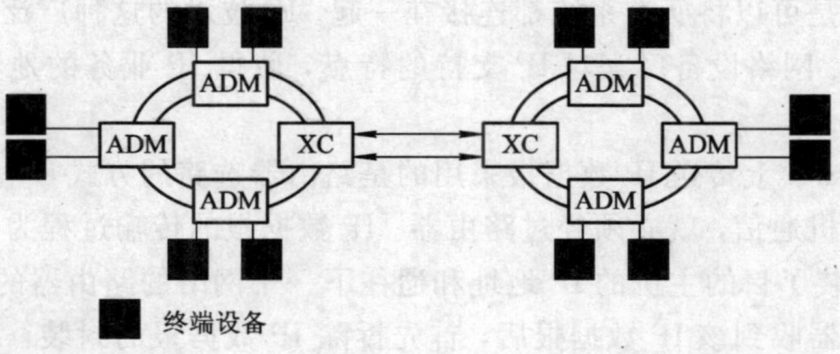


图 2－7　两个光网络的互联

接下来以点到点的传输为例，给出更详细的光网络节点结构及其组件配置图，如图 2－8 所示。首先激光器产生光脉冲，并调谐至特定波长，如 1550 nm。接着，光调制器接收电信号(输入比特流)，用以调制激光脉冲，以光信号的有、无来表示数字信号“1”、“0”。复用器将不同 TDM 时隙或是 WDM 波长组合在一起后，送到功率放大器中放大，然后送入光纤中传输。在光信号的传输过程中，功率会损耗，因此需要采用线路放大器来增加信号功率。链路中可能还会存在 XC 设备将信号交换到正确的目的地。在光纤链路的另一端，先采用前置放大器来重新放大输入信号，然后通过解复用器将复用信号分别分离出来，最后经光电探测器将光信号转换成电比特流信号。在接收机处往往还需要采用色散补偿模块来减少信号在光纤中传输时所带来的色散(图 2－8 中未示出)。

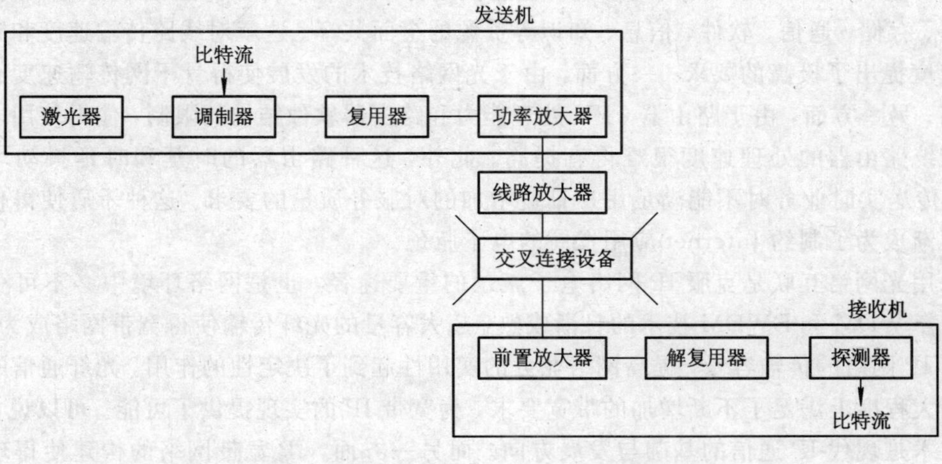


图 2－8　光网络节点结构及其组件配置图

# 2.3 光互联网络

## 2.3.1 传统 IP 网络的局限性

IP 是与支撑它的下层物理网络无关的网络层协议，基于 IP 协议组建的网络，统称为 IP 网络。IP 网络是一个面向无连接的网络，信息流在网络上是以数据报形式传输的。这种网络支持的各种应用业务，统称为 IP 业务，而实现这些业务的技术，即为 IP 技术。IP 技术最吸引人的特点是可以将所有系统都连接在一起。IP 技术的这种广泛的物理网络适应能力，以及各计算机、网络设备厂家对 IP 支持的特点，使得 IP 业务的地域范围和应用业务领域十分广泛。

早期，在 Internet 上传送 IP 数据报采用的是路由器选路的方式，一台计算机若要和网络号码不同的计算机通信，就必须经过路由器。IP 数据报的传输过程为：IP 数据报从发送主机出发，同时封装了目的主机的 IP 地址和通往下一个网络的路由器的物理地址。当物理地址所指向的路由器收到该 IP 数据报后，首先拆除 IP 数据报的封装，从中读出目的主机的 IP 地址，然后根据这个 IP 地址查询自身携带的路由表，得出数据报下一次要到达的路由器的物理地址，接着根据查询所得的路由器的物理地址和目的主机的 IP 地址重新封装 IP 数据报，并把封装好的 IP 数据报转发出去。IP 数据报经过路由器的若干次转发，最终到达目的主机。

路由器既负责完成数据报转发等实时业务，也负责路由计算、路由表的建立和修改、管理网络界面以及支持网络管理等系统功能。传统路由器在 20 世纪 90 年代中期以前完全可以满足数据网络通信的需求。这是因为，20 世纪 90 年代初 Internet 骨干网的流量、路由节点和链路数目均不很大，可以通过人工修改路由矩阵来进行流量控制，所以使用这种路由器可以满足需求。

20 世纪 90 年代中期以后，Internet 商业化获得巨大成功，人们希望将整个互联网上的各种资源整合成一个强大的网络环境，通过使用标准的、开放的、通用的协议和接口，实现计算、存储、通信、软件、信息、知识等资源的全面共享。这就对线路传输速度和路由器处理速度提出了极高的要求。一方面，由于光网络技术的发展使得骨干网传输速度有了极大提高；另一方面，由于路由器 CPU 处理能力和路由器软件结构的限制，使得使用电子器件的传统路由器的处理速度很难再有提高。此外，这种路由器的时延和时延抖动均比较大，在传送实时业务时不能满足用户日益增加的对服务质量的要求。这种矛盾使得传统路由器逐渐成为了制约 Internet 应用发展的电子瓶颈。

采用光网络互联是克服 IP 网络电子瓶颈的重要途径，也是网络环境中必不可少的资源。随着 WDM 和 DWDM 技术的日渐成熟，超大容量的光纤传输使得宽带网络成为现实，对提高 IP 网络的传输容量，提高网络业务的实用性起到了决定性的作用。光纤通信的飞速发展很大程度上满足了不断增加的带宽要求，为宽带 IP 的实现提供了可能。可以说，光纤通信技术是现代 IP 通信的基础与发展方向。而另一方面，IP 宽带网络的构建使得现在的各种信息网络有了统一的基础。并且，技术的发展和市场的需求又使得各种基于 IP 的应用和服务层出不穷，IP 网络最终也将会演变为一个以 IP 业务为核心的综合信息传送平台。为了实现 IP 技术和光网络的优势互补，于是，IP Over Optical 的技术应运而生，并且成为未来 Internet 技术、多媒体通信网络技术的竞争焦点和包括传统电信网在内的 21 世纪信息网的发展方向。

## 2.3.2 光网络互联

### 1. 光互联网的发展

随着 Internet 用户数量和 Web 数量的急剧增长，Internet 对带宽的需求也急剧增长。如果没有一种新的复用技术，那么仅 Internet 上的 IP 数据流量就可以占满整个单波长光纤系统的容量。此时，再用 SDH/SONET 设备来将 IP 业务和别的业务进行高速率时分复用，既没必要，也不可能。因此，人们迫切希望出现一种新的网络通信技术体制，以适应数据通信业务，尤其是 IP 业务的惊人增长。随着 WDM、千兆以太网、G 级/T 级交换机和路由器的相继问世，光互联网的概念应运而生。

IP 业务对光网络容量的需求促使了光网络互联的产生。光互联网络(Optical Internetworking)又称为 IP 优化网互联网络或 IP Over Optical 网络，其底层使用光传送网作为物理传输网络，支持各种 IP 层的数据网络业务。我们知道，在数据网络中，它的组成设备主要是 ATM 交换机、路由器等；在光传送网络中，它的组成设备主要是 WDM 终端、光放大器以及光纤等。而在光互联网络中，高性能的数据互联设备(如交换机和路由器等)通过光网络技术互联，这些设备既可能直接连接在光纤上，也可能连接在向各种客户提供光波长路由的光网络层上，这里的客户包括数据互联设备和 SDH/SONET 网络单元。在这两种情况下，交换机或路由器可以充分使用光纤或光波长的容量，对数据分组或信元进行复用。

光互联网络不致力于研究数据网络或光网络内部的问题，而致力于数据网络与光网络之间的互操作性或兼容性问题的研究。例如光互联网络不研究连接路由协议，但它研究数据网络与光网络之间交换的信息，这些交换的信息决定了两个网络层面之间应支持的功能。

光互联网的发展分为五个阶段，它指明了研究开发 IP 电信网设备的实施步骤，最后的结果是推出容量达数百 T 的光纤 IP 解决方案。第一阶段重点放在数据设备与光纤传输设备的互操作性上，目的是使服务供应商能够在数据流量开始成为网络主流后，充分利用已有的 TDM 光传输设施，增加现有投资回报。接下来的几个阶段侧重在开发完全基于通过光技术传输信息包的纯光互联网。光纤互联网发展计划的最终目标是提供容量比当今互联网高几个数量级的光纤互联网解决方案。

(1) 第一阶段：数据通过 TDM 网络来传输。

第一阶段是提供基于当今公共网络广泛使用的 SDH/SONET 标准的光传输解决方案，即 IP Over SDH/SONET(POS)与 SDH/SONET 基础设施相连接，可直接使所有服务供应商提高数据基础设施容量。目前这一阶段的目标已经实现。

(2) 第二阶段：数据通过 DWDM 光纤网传输。

第二阶段是将互联网络设备直接与 DWDM 设备以及其他被引入网络的光纤互联网络

部件相连接。由于此技术将 SDH/SONET 设备功能包括在了网络互联设备内，因而大大降低了设备成本。

(3) 第三阶段：TDM 集成。

第三阶段的重点是增强现有 TDM 网络的功能，以支持更大容量的数据流，旨在满足许多原有服务供应商的需求。一方面他们必须提高在现有 TDM 上的投资回报，另一方面要逐步转向有利于数据传输的光纤互联网方案。第一阶段的目标是使数据流量通过 SDH/SONET 电路在现有 TDM 基础设施上传输，第三阶段的目标则是将两者集成起来，方法是将网络互联和 TDM 功能在既能支持电路又能支持数据流量的平台上进行结合。这包括集成了网络互联和 SDH/SONET ADM 功能的新型产品以及 TDM 网络和光纤互联网之间的增强接口。

(4) 第四阶段：光集成。

光纤互联网计划第四阶段的任务是推出全新的骨干网联网方案，具体做法是直接耦合网络互联和光传输技术。第四阶段还须完成光传输技术和光部件的一些革命性的改进，并把包括 DWDM 在内的下一代光技术集成到光纤互联网络平台中。

(5) 第五阶段：光纤互联网。

第五阶段将全面实施光纤互联网的构想，包括能通过光交换和增强的光集成，从而实现数百 T 容量的新产品和新技术。

**2. 全光互联网络的设计**

全光互联网络主要涉及如下几个问题。

1) 光互联网的基本结构

图 2 - 9 给出了典型的光互联网的基本结构。利用合波器将波长耦合进光纤或从光纤中解耦，然后再将有关波长携带的信息送给路由器或 SDH 设备。这种结构可以带来许多有用的特性。

首先，靠 WDM 的波长配置，光互联网业务量工程设计可以与非对称的互联网业务量相匹配。如图 2 - 9 所示，共有 9 个波长，5 个在工作光纤上，4 个在保护光纤上。其中工作光纤上有两个波长用于 SDH 设备，保护光纤上有两个保留波长作为 SDH 保护。去掉 SDH 设备上所用的两对波长后，总共从右向左有 3 个波长，从左向右有 2 个波长，可以支持比例为 3∶2 的非对称业务量，适应因特网的非对称特性。

其次，可以利用光纤环中保护光纤上的空闲带宽来吸收突发业务量。通常，互联网上平均业务量负荷远小于工作光纤或保护光纤总带宽的一半，因而保护光纤上的空闲带宽可以用来吸收突发业务量且不会产生抖动、延时和数据报丢失。

再有，光互联网可以在 IP 层上实现复杂的恢复方法，而不必局限于物理层恢复方法。这样，可以为不同的业务提供不同的恢复能力。例如，对实时性要求很高的语音业务可以优先恢复，而对于多数非实时性业务，由于可以容忍较长的恢复时间，所以可以靠缓存和重选路由等方式恢复。

最后，利用工作光纤和保护光纤可以配置直通波长或旁路波长，而不必担心采用 ATM 或 IP 的直通方法时在交换机或路由器中由于缓存所带来的延时。其缺点是非动态配置，必须预先设计。

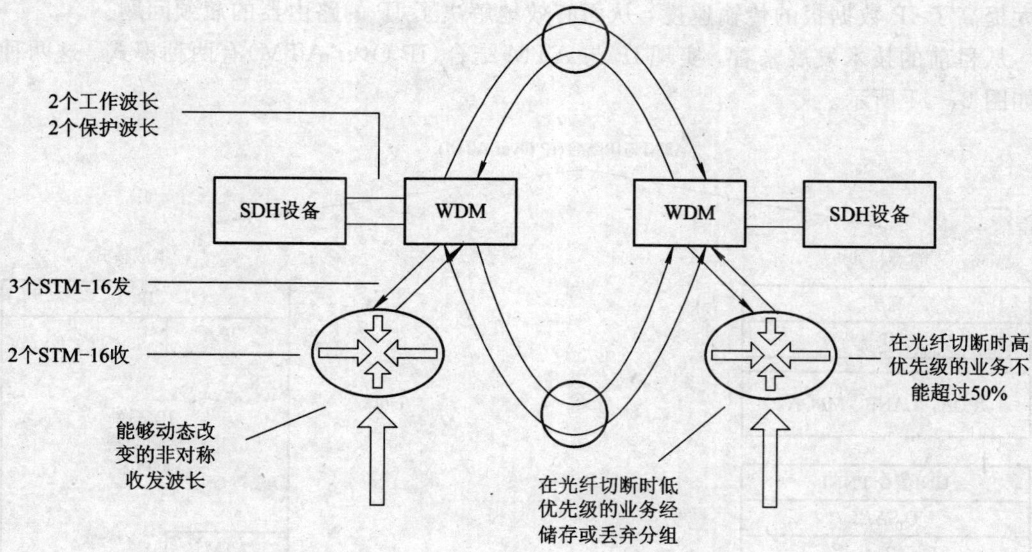


图 2－9　光互联网的基本结构

2）光互联网的参考模型

（1）光互联网络的重叠模型。图 2－10 给出了光互联网络的重叠模型，在该模型中，从左至右表示出了光互联网的发展趋势：采用光互联网技术实现 IP 数据报最终可以略过中间各层，直接在光路上传输。这样就可以减少网络各层之间的中间冗余部分，减少 SDH/SONET、ATM、IP 等各层之间的功能重叠，减少设备操作、维护和管理费用。

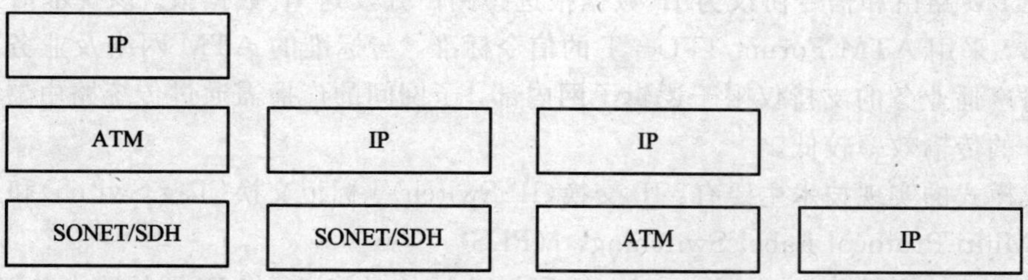


图 2－10　光互联网络的重叠模型

• IP Over ATM

IP Over ATM 技术是将 IP 数据报在 ATM 层全部封装为 ATM 信元，以 ATM 信元形式在信道中传输。当网络中的交换机接收到一个 IP 数据报时，它首先根据 IP 数据报的 IP 地址进行路由地址处理，按路由转发。随后，按已计算的路由在 ATM 网上建立虚通路

(VC)。IP 数据报将在此虚通路(VC)上以直通(Cut-Through)方式传输而不再经过路由器，大大提高了 IP 数据报的传输速度，从而有效地解决了 IP 的路由器的瓶颈问题。

从目前的技术发展来看，实现 IP 与 ATM 结合(IP Over ATM)有两种模式。这两种模式如图 2-11 所示。

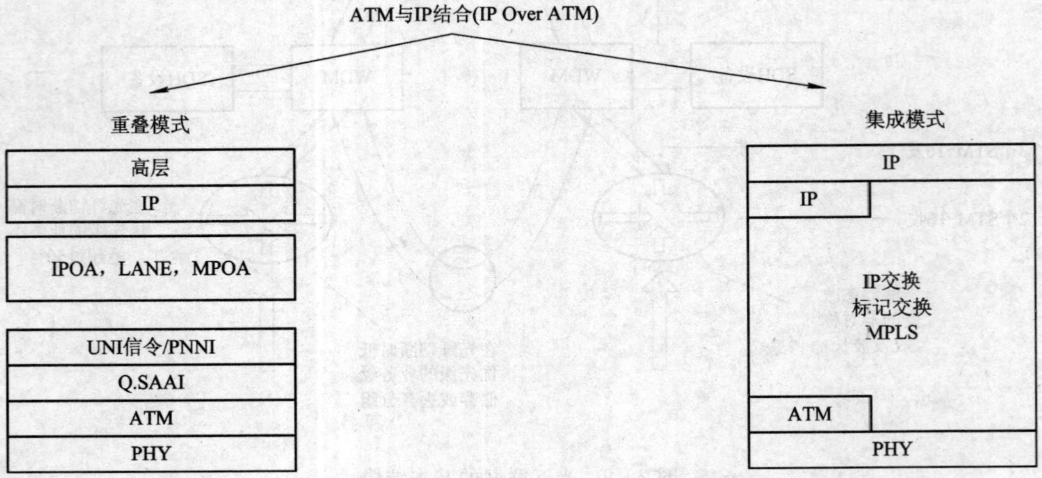


图 2-11 IP 与 ATM 结合(IP Over ATM)有两种模式

重叠模式的实现方式主要有：IPOA(Classic IP Over ATM)、LANE(LAN Emulation)和 MPOA(Multi-Protocol Over ATM)。

重叠模式的主要思想是：IP 的路由功能仍由 IP 路由器来实现，需要地址解析协议(Address Resolution Protocol，ARP)实现介质存取控制(Medium Access Control，MAC)地址与 ATM 地址的映射，或 IP 地址与 ATM 地址的映射。在逻辑子网内使用基于 ATM 地址的 ATM 路由和信令协议为 IP 数据报选择路由并发送 IP 数据报。该技术信令标准已完善成熟，采用 ATM Forum/ITU-T 的信令标准，与标准的 ATM 网络及业务兼容。但该技术对广播业务的支持仅限于逻辑子网内部，子网间的广播需通过传统路由器，因而对广播业务的传输效率较低。

集成模式的实现技术主要有：IP 交换(IP Switch)、标记交换(Tag Switch)和多协议标记交换(Multi-Protocol Label Switching，MPLS)。

集成模式的主要思想是：将 ATM 层看成 IP 层的对等层，将 IP 层的路由功能和 ATM 层的交换功能结合起来，使 IP 网络获得 ATM 的选路功能。在 ATM 端只需使用 IP 地址标识，而不需要地址解析协议，这样 ATM 交换机就变成了多协议的路由器。该技术传输 IP 数据报效率较高，但目前标准还未完成，与标准的 ATM 技术结合不是很好。

- IP Over SDH

IP Over SDH 技术是以 SDH 网络作为 IP 数据网络的物理传输网络。它使用链路协议及 PPP 协议对 IP 数据报进行封装，把 IP 数据报根据 RFC 1662 规范简单地插入到 PPP 帧中的信息段。然后再由 SDH 通道层的业务适配器把封装后的 IP 数据报映射到 SDH 的同步净荷中，再经过 SDH 传输层和段层，加上相应的开销，把净荷装入一个 SDH 帧中，最后到达光层，在光纤中传输。其示意图如图 2-12 所示。

- IP Over WDM

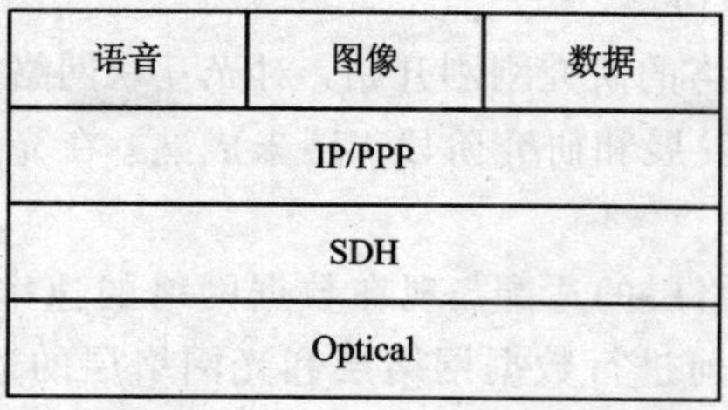


图 2-12　IP Over SDH 技术

IP Over WDM 技术是利用波分复用技术，将 IP 数据报直接放在光路上传输，它省掉了中间的 ATM 层和 SDH 层，减少了网络设备，减轻了网管的复杂性。IP Over WDM 是一个真正的链路层数据网。在这种系统中，高性能路由器(千兆位线形路由交换机)通过 OADM 或 WDM 耦合器直接连至 WDM 光纤，由它控制波长接入、交换、选路和保护。

采用 IP Over WDM 技术，由于同时省去了中间的 ATM 层和 SDH/SONET 层，因此其传输效率最高，而且可以大大节省网络运营商的成本，从而间接降低用户获得多媒体通信服务的费用。这是一种最直接、最简单、最经济的 IP 网络体系结构，非常适用于超大型 IP 骨干网。

(2) 光互联网的分层模型。图 2-13 给出了光互联网的分层模型。光互联网包括数据网络层、光网络层和层间适配层及层间通道管理。数据网络提供数据的处理和传送，光网络层提供传送通道，二者相互独立。层间适配和通道管理用于适配数据网络和光网络。

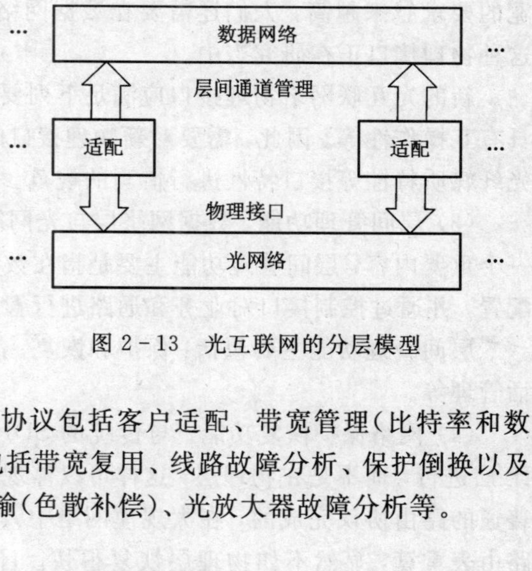


图 2-13　光互联网的分层模型

(3) 光互联网协议栈及功能模型。图 2-14 给出了光互联网的协议栈及功能模型。在这个模型中，客户层协议包括 IPv4、IPv6 等协议。IP 适配层协议用于 IP 多协议封装、分组定界、差错检测以及 QoS 控制等。光通路协议包括客户适配、带宽管理(比特率和数字格式透明)和连接性证实等。光复用层功能包括带宽复用、线路故障分析、保护倒换以及其他传送网维护等。光传输层功能包括高速传输(色散补偿)、光放大器故障分析等。

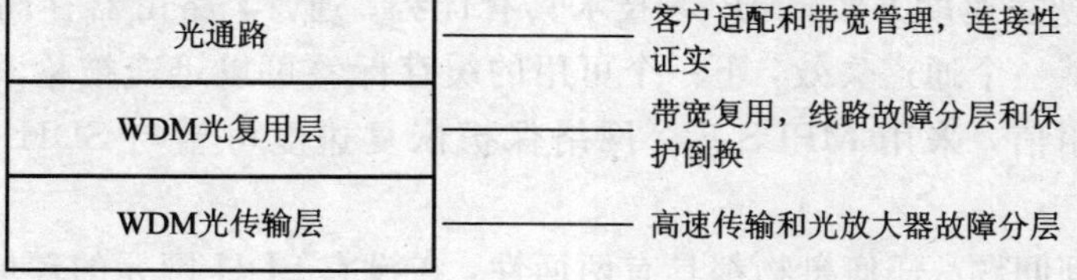


图 2-14　光互联网的协议栈及功能模型

3) 光互联网有待解决的问题

目前国际上对光互联网络的研究刚刚开始，对光互联网络的技术细节尚未做出明确规定，实际上许多技术都处于发展和研究阶段，还未成熟。在光互联网络的研究中，存在以下几个有待解决的问题：

(1) 数据网络层与光网络层的适配。现在数据网络的速率远远低于光传送网络速率。光互联网的关键技术在于如何进行数据网络层和光网络层的适配，另外IP数据以何种方式成帧在WDM网络上传输，也是ITU-T和光互联网论坛(Optical Internet working Forum，OIF)正在研究的问题。具体的适配功能包括：数据网的OAM信元可以适配到光网的OAM信元，数据网中特定协议呼叫可映射到相应的信令消息等，而且适配功能可以单独实现，也可以在数据网或光网络中同时实现。

当前，可以使用的适配功能包括ATM/SDH适配、信元适配、PPP/SDH适配以及SDL/SDH适配等(参见图2-10)，这里SDL是指简单数据链路(Simple Data Link，SDL)。

(2) 物理接口的规范。光互联网络的物理接口可以使用现有的物理接口，如SDH/SONET接口、ATM信元接口、千兆位以太网接口以及并行接口等。其中，SDH/SONET接口速率可以高达STM-16/OC-48或STM-64/OC-192。随着数据设备对光网络层带宽的要求越来越高，人们还需要在数据网络层和光网络层之间定义新的多通路物理接口，这种物理接口正在研究当中。

新的光互联网络物理接口应满足下列要求：成本低廉、速率高、数据传输效率高以及具有互操作性等。因此，需要对新物理接口的比特率、协议、帧结构、开销字节、同步以及光纤媒质特性等接口特性进行恰当的规范。

(3) 层间管理功能。数据网络层与光网络层之间的层间管理功能是光互联网络研究的一个重要内容，层间管理功能主要是指在数据网络层和光网络层之间进行状态交换和信息配置，并通过控制接口对业务和通路进行管理。

层间管理功能主要包括：保护和恢复、故障管理、性能管理、配置管理、连接管理和会话管理等。

(4) 网络保护恢复功能。与传统的SDH保护恢复相比，光互联网保护恢复倾向于在IP层进行，而不是在物理层，这样可以体现第三层恢复的诸多优点。然而，IP层恢复是靠普通的路由协议完成的，在大规模网络中，可能需要几秒钟时间才能完成新网络配置后的路由表重算，显然不如物理层恢复得快。目前已经有不少方法可以改进第三层恢复的速度，但都未经大规模网络的实际验证。此外，如果将保护恢复功能分别在IP层和物理层完成，如何分工和协调则又是需要研究的课题。

在解决网络恢复速度方面，MPLS技术具有优势。通常，路由器存储着所有邻近路由器的标签，一旦某一个通道失效，下一个可用的缓存标签可以迅速被检索到，以提供可选的通道。很多人相信，采用MPLS后，网络保护恢复速度可望与SDH保护恢复速度相媲美。

(5) 网络管理问题。任何事物都具有两面性，在没有SDH网元的环境下，光网络节省了SDH、ATM的开销，大大提高了效率及速率，但是光网络将无法充分享受SDH丰富的开销字节所带来的强大管理功能。在这种情况下，怎样才能有效实施光网络层的性能监视和故障隔离等问题仍然需要研究，特别是 WDM 光网络层本质上是模拟系统，其性能的度量和管理本身就有相当的难度。

# 2.4　智能光网络

## 2.4.1　智能光网络概述

### 1. 智能光网络的概念

WDM 和 IP 技术传统上分别归属于通信和计算机领域。但近年来，电信设备制造商在发展其擅长的光技术和 WDM 设备外，还引入 IP 技术。同样，擅长 IP 和软件技术的计算机领域的设备制造商则大力向通信领域发展。IP 网络是未来的发展方向，它优化网络运营的每一个环节，实现基于全 IP 的信令和网管以简化网络管理、实现基于 IP 的应用服务以增加新的赢利机会。将 IP 技术和智能与光技术相结合，实现在光网络上传送 IP 业务，这就是智能光网络产生的技术背景。

近几年，随着 IP 业务的快速增长，对网络带宽的需求不仅变得越来越高，而且由于 IP 业务量本身的不确定性和不可预见性，对网络带宽的动态分配要求也越来越迫切。传统的方法主要靠人工配置网络连接，耗时、费力、易出错，不仅难以适应现代网络和新业务拓展的需要，也难以适应市场竞争的需要。一种基于光传送网的能够自动完成网络连接的新型网络概念——自动交换传送网(Automatic Switched Transport Network，ASTN，主要从高层描述)或自动交换光网络(Automatic Switched Optical Network，ASON，主要从相对细节的结构描述)应运而生。这是一种利用独立的 ASTN/ASON 控制面，通过各种传送网(包括 SDH/SONET 或 OTN)来实施自动连接管理的网络，这种具有独立控制面的光网络称为智能光网络(Intelligence Optical Network，ION)。许多地方直接将上述三个概念(ION、ASON 和 ASTN)作为一个概念。

智能光网络是从 OTN 的智能化和自动化发展而来的。智能光网络最大的特点就是可进行动态分配网络带宽和它的高性价比。

智能光网络将 SDH/SONET 的故障管理、性能监视和恢复功能，DWDM 的容量，以 IP 为基础的联网规约，与先进的配置软件、创新的系统以及管理软件有机地结合在一起，形成了一个更具伸缩性的以数据为中心的基础平台，从而把光层从一种静态的传输媒体变成了一种智能的光网络结构，并使运营商可以直接从光域提供各种灵活的高速增值业务。

智能光网络是以软件为核心的，其优势集中表现在组网应用的动态、灵活、可靠、高效和智能方面。它的出现使光网络从传统的“管道网络”向“服务网络”演变，这种演变不是对以前所建网络的抛弃，而是一个无缝融合的革新过程，在很大程度上保护了用户的原有投资。

### 2. 智能光网络的技术特点

智能光网络吸取了 IP 网的智能化特点，在现有的光传送网上增加了一层控制平面，这层控制平面不仅用来为用户建立连接、提供服务和对底层网络进行控制，而且具有高可靠性、可扩展性和高有效性等突出特点，并支持不同的技术方案和不同的业务需求。智能光网络有两项关键技术：硬光技术和软光技术。硬光技术指物理层的光技术及其硬件设备；软光技术指控制光通路的建立和提供服务所需的软件，即网络智能，这是发挥光层潜能使静态光网络变为动态的智能光网络的关键。

在技术方面智能光网络具有以下特点：

(1) 智能光网络的基石是智能光交换。智能光交换使光网络的核心开始从以环状网为基础的结构向以网状网为基础的智能结构发展。网状组网和虚拟交换环网状组网是智能光网络的主要组网方式，具有灵活、易扩展的特性，和数据网络的组网特点接近。

(2) 智能光网络中采用的先进的基于IP的光路由和控制算法使得光路的自动配置、选路和快速恢复成为可能。同时，具有智能决策和动态调节能力的智能光交换设备可以使传统上复杂而耗时的操作自动化，一个光交换设备能够完成几个设备所具有的功能，并且还能为构建一种具有高度弹性和伸缩性的网络基础设施打下基础。这样，使得组网简单，维护方便。

(3) 智能光网络交换粒度小，并具有疏导功能，这两个特点为智能光网络实现任意级联、虚拟容量、虚拟环保护和网状恢复等提供了基础。

(4) 智能光网络的分布式智能完全依赖于光路由和信令协议，以替代传统的采用集中网络管理实现的智能。自动配置等是分布式智能的主要体现。光路由起到线路的配置作用，当线路形成以后，只是路径的管理和控制。

(5) 虚拟容量使光网络服务应用脱离了物理平台的变化和特征的限制，将虚拟内存概念扩展到了光网络中，允许光网络服务在任何跨度下，利用全部可获得的容量，而不管实际传输容量的限制。带宽是一个共享池，可优化分配到光服务中，在智能光网络中主要采用疏导等技术实现。

## 2.4.2 自动交换光网络

### 1. ASON的体系结构

在传统传送网中，网络仅仅由传送面和管理面组成，ASON中第一次引入了单独的控制面，从而使光网络具备了智能。其体系结构主要表现在ASON的三种平面和三种连接类型上。

1) ASON的三种平面

目前，ITU将自动交换光网络体系结构分为三个层面，图2－15所示为ASON的体系结构图，包括控制平面、管理平面和传送平面。

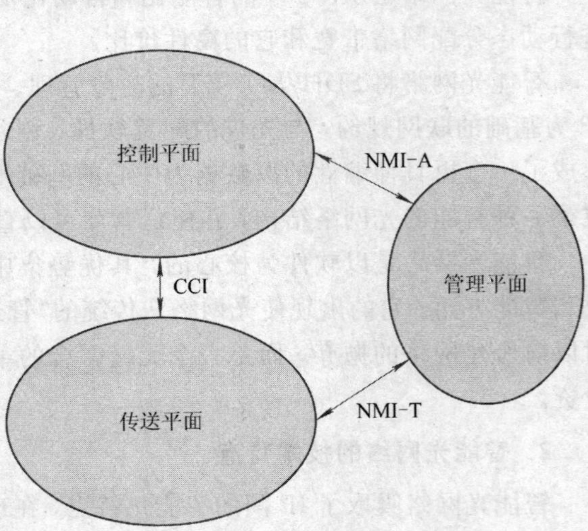


图2－15 ASON的体系结构图

(1) 控制平面。

在ASON的功能结构中，引进了基于IP的信令协议，加强了网络的控制功能，并将其作为一个独立的平面从传统的电信管理功能中剥离了出来，使之同时具备了电信网管理的可靠性和IP网控制的灵活性。由此可实现 DWDM 技术所带来的丰富的带宽资源的按需动态配置，提高了连接提供能力。

因此，ASON 网络控制平面实质上是一个能对下层传送网进行控制的 IP 网络，因此符合标准 IP 网络层次结构。ASON 的控制平面负责连接的提供、维护以及网络资源的管理。理想地说，为了实现连接的动态建立，应该能自动发现网络的拓扑和可用资源，以完成发现邻居和终端系统的请求机制以及信息在网络中的路由。这就要求控制平面应具有如下主要功能：

• 邻居发现和业务发现：在自动连接提供中，必须最低限度地明确接入网络的终端系统和相互邻接网元，这一过程称为邻居发现。这是减少连接提供时间的重要一环。这样的信息在执行信令请求的网络中也是必要的。业务发现的概念与邻居发现紧密相关。通过业务发现，邻居网元能够发现什么业务是相互可用的，并决定接口的选项和限制。

• 路由功能：光网络的路由包括单独连接的路由计算、拓扑信息的发现和分发、资源状态信息的分发以及可达性信息。通过路由计算可以为连接请求找到一条由源端到目的端的穿越网络的路由。拓扑和资源状态信息的发现和分发是指通过链路状态路由协议为网元之间提供一个标准的拓扑信息的交换方式，这样可使每个网元对网络的其他部分都有一个全面的了解。

• 信令功能：标准化的信令系统将为光网络提供一种通用的语言和机制去传送相关的连接信息。信令系统的首要部分是连接请求的能力、相关连接属性、信令功能传输协议和承载信令信息使用的信道。通过信令系统可以根据需要进行连接的请求和拆除，在连接保持时可进行状态查询和属性的调整。在光网络内，当连接请求被接受后，则首先要根据路由协议进行路由选择，而后把连接建立信号送到这一路由上，实现连接的建立。

(2) 管理平面。

在关注网络控制平面的同时，ASON 并没有丢弃管理功能，而是把两者放在了平等的地位，使两种技术互为补充，实现对网络资源的动态配置、性能监测、故障管理以及路由规划等功能。管理平面与控制平面之间通过网络管理接口 A(Network Management Interface - A，NMI - A)进行相关的信息交换，实现管理平面与控制平面之间功能的协调。

管理平面负责监视传送面上所传业务的性能以及传送面本身功能的管理；完成传送平台、控制平面和整个系统的维护功能；主要面向网络管理者，着重对网络运行情况的掌握和网络资源的优化配置，负责所有平面间的协调和配合。管理平面对于整个网络拥有比控制平面更高的权限，管理平面可以划分管理平面和控制平面各自使用的网络资源。在某些情况下，管理平面可以强制拆除控制平面建立的连接。

对于 ASON 网络管理功能有如下具体的要求：

• 管理能力：ASON 应能跨越任何域和任何网络运营者边界，在任意客户接入点间建立光通路(光通路可以是点到点、点到多点连接的分支或部分非对称连接等)；可以维持光通路的性能达到规定的水平；可以连续监视和记录所分配光通路的性能；当性能限制被突破时，网络恢复行动应立即激活；当发生网络故障时，网管系统应能进行故障通告；网管系统应能提供网络结构的简单远端维护。

• 路径管理功能：在 ASON 管理层网络内，主要的管理功能是建立、确认和监视路径，并在需要时进行保护和恢复。这些管理功能可以利用不同的子网或在不同运营商控制的网络内实施。为了在多运营商环境下实施上述管理功能，必须统一规范路径建立、光通路建立控制结构、域内光通路建立、域间光通路建立以及段的建立等。

• 命名和寻址：命名和寻址要求涉及在用户域名和业务提供者域名（例如业务提供者识别符）之间，以及层网络名之间的翻译和转换。在 ASON 环境下的命名和寻址要求主要有名的独立性、名的唯一性和名的翻译，这些特性既适用于客户－服务层关系，又适用于用户－业务提供者关系。

(3) 传送平面。

传送平面负责数据业务的传送。传送平面与控制平面及管理平面都有通信接口，其中连接控制接口（Connection Control Interface，CCI）连接控制平面和传送平面，用于传递控制信息和同步传送资源状态信息；网络管理接口 T（NMI－T）是管理平面和传送平面之间的接口，分别实现管理平面对控制平面和传送平面的管理。通过这些接口，管理平面和控制平面就可对传送资源进行控制和管理。传送平面还可以提供控制平面和管理平面的通信信道。

2）ASON 的三种连接

在 ASON 中存在着三种不同类型的连接：永久连接（Provisioned Connection）、软永久连接（Soft-Permanent Connection）、交换连接（Switched Connection），如图 2－16 所示。

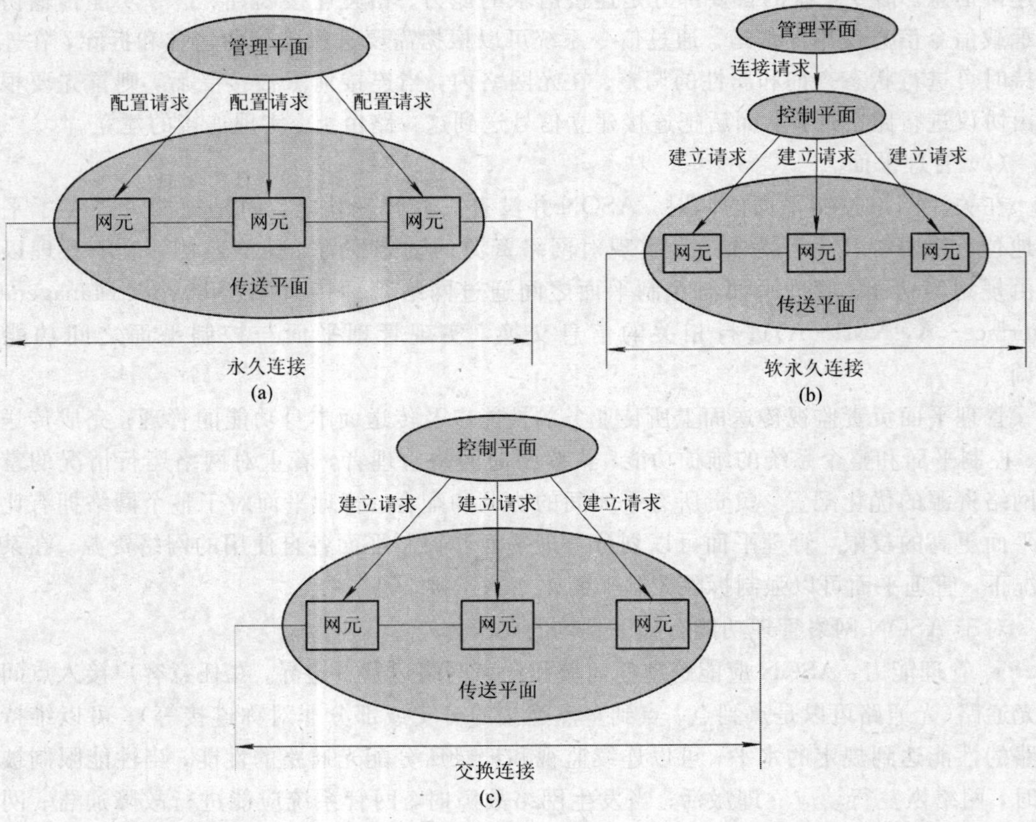


图 2－16　ASON 中的三种不同类型的连接

永久连接是从管理面直接配置传送面资源来建立连接的，这种连接的发起者和配置者都是管理平面，一旦建立连接，在没有管理平面的相应拆除命令情况下连接就一直存在。

和永久连接相反，交换连接的建立是由控制平面的请求来产生的，对传送平面资源的配置也是由控制平面来完成的。这种连接是应用户的请求而建立的，一旦用户拆除请求，那么这条连接就在控制面的控制下自动拆除了。交换连接的引入是整个 ASON 的核心所在。正是由于有了交换连接的引入，光网络才有了智能，从而可以根据用户的要求自动提供所需的光通道。

软永久连接介于这两种连接之间，这种连接建立的请求也是从管理平面发出的，但对传送网资源的配置却是由控制平面完成的。这种连接的拆除也是在管理平面的命令下完成的。

**2. ASON 的网络结构模型**

根据底层光传输网络与电子交换设备相互关系的不同，ASON 中定义了两种网络模型，即层叠模型和对等模型。

1) *层叠模型*

层叠模型也被称作客户—服务器模型。在这个模型中，底层光传输网络作为一个独立的"智能"网络层，起到一个服务者的作用，而电子交换设备被看作是客户。光网络层和客户层被明确地区分开来，它们相互独立，分别选用不同的路由、信令方案及地址空间。客户层和光网络层之间只能通过 UNI 接口交换非常有限的控制信息。光网络内部的拓扑状态信息对客户层是不可见的。对于更高层的网络服务来说，底层光传输网络就好比一个有着若干接口(UNI 接口)的黑箱子。通过这些接口，多种业务接入设备(如 IP 路由器、ATM 交换设备和 SDH 数字交叉设备等)可以动态向光网络申请带宽资源。

从本质上说，目前很多对客户—服务器模型所做的工作就是要确定一个在光网络层和客户层之间的接口协议，为多种业务接入设备提供数据传输服务。

客户—服务器模型典型的光通道带宽通常可以提供 2.5 Gb/s 以上的传输容量，这个带宽足够在 WDM 上进行 IP 数据传输。客户—服务器模型的主要优势在于它可以很容易地投入到商用，使网络运营商可以拥有自己的 UNI，参与市场竞争。

2) *对等模型*

在对等模型中，IP、ATM、SDH 等电层设备和光层设备的地位是平等的。在这个模型中，为电层设备和光层设备建立了一个统一的控制平面。产生这个想法的原因是希望将现有在 Internet 网络中使用的成熟的电层控制平面技术扩展到光层控制平面中。同时这个扩展需体现光层控制平面的特性。由于同时作用于电层设备和光层设备的统一控制平面的引入，电层设备和光层设备之间不存在明显的界限，因此，层叠模型中的 UNI 接口在对等模型中没有存在的必要。

在对等模型中，对于每一个电层设备(例如 IP 路由器、ATM 交换设备和 SDH 数字交叉设备等)都清楚地了解全网中所有设备的拓扑情况。通过这种机制允许一个电层设备独立计算一个贯穿整个网络的完整的端到端路由。这种对等模型通过开放设备市场以增加网络运营商之间的竞争。通过设置一个统一的控制平面，每个网络运营商可以使用其他网络运营商的基站设备。对等模型的好处是避免了用不同的方法管理一个不统一的光网络所带来的复杂性。

对于对等模型来说，实现它最大的困难就是光网络服务和IP服务不同，它需要支持诸如“线路出租”之类的服务。因此它较其他网络模型来说需要更长的标准制定期。除此之外，在对等模型中，每个电层设备都需要维护一个巨大的链路状态数据库，而在层叠模型中光层的拓扑信息对电层设备来说是没有任何意义的。

除上述两种模型外，还有一种混合模式。该模式是层叠模式和对等模式的组合。在此模式中，一些边缘客户设备作为网络的对等体与核心网络共享同样的通用控制平面。而另外的一些设备有自己的控制平面，或与核心光传送网络有分离的控制平面，与核心网络之间的操作通过UNI来实现。这一模式为运营商提供了极大的灵活性，运营商可根据最佳成本效益来配置网络，选用层叠模式、对等模式或是混合模式。

## 2.4.3 通用多协议标记交换智能光网络

### 1. 通用多协议标记交换

为了传输数据业务，现有的传输网络采用四层结构的方式，如图2-17(a)所示。其中IP层用于承载业务；ATM层用于集成多种业务，并为每种业务提供相应的服务质量保证；SDH层用于细粒度的带宽分配，并为业务的传输提供可靠的保护机制；WDM层用于提供大容量的传输带宽。这种四层结构的传输方式虽然可保证数据业务的传输，但在使用中却存在诸多问题。

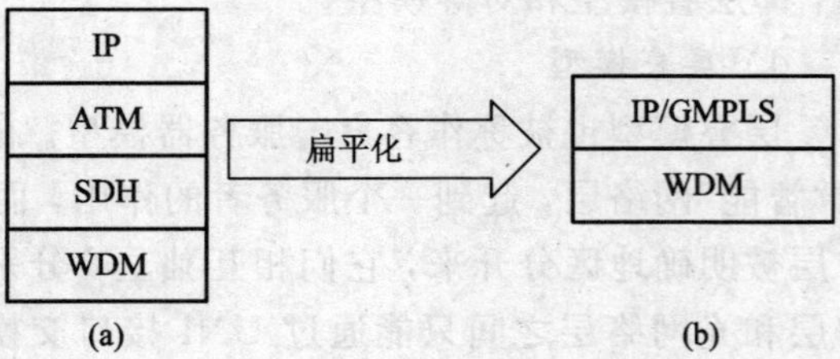


图2-17 数据业务传输网络的扁平化

(a) 网页网络模型；(b) 两层网络模型

首先，四层结构方式存在“瓶颈”效应。在这种结构中，带宽的指配非常麻烦。不仅需要很长的人工配置时间，而且带宽的指配受限于每一层设备的可用带宽。即使绝大多数设备有空闲带宽可用，但任意一层的任意一个设备的带宽瓶颈，都可能限制整个网络的带宽或容量的扩充。同时，任何一层设备出现故障都会影响整个网络的稳定性。其次是传输效率低下。由于ATM和SDH都有大量的帧头开销，直接影响到数据业务的传输效率。例如，对于一个10 Gb/s的STM-16(净负荷容量为9.6 Gb/s)，采用四层结构承载IP业务时，大约有2.4 Gb/s的带宽要用于传输各种开销字节，实际传输的业务只有7.2 Gb/s，传输效率只有75%，可见效率之低。第三、四层结构带宽颗粒度过多，功能重叠。四层结构的带宽分配采用四种完全不同的方式，即IP包、ATM信元、SDH帧、WDM波长，而实际使用时，完全不需要如此多的带宽颗粒。而在功能上，每一层都带有相邻层的功能，特别是保护和恢复功能，造成十分复杂甚至相互冲突的局面。总之，现有四层网络的结构已无法适应数据业务发展的需要，必须开发新的技术手段。

近几年迅速发展的多协议标记交换(MPLS)已被证明是一种非常适合于在电网络中传输数据业务的技术。MPLS采用基于约束的路由技术可以实现流量工程和快速重新选路，可以满足业务对服务质量的要求。所以，采用MPLS的基于约束的路由技术完全可以在流量工程中取代ATM。同样，快速重新选路作为一种保护/恢复技术也完全可以取代SDH。由此可见，使用IP/MPLS控制平台提供的流量工程和快速重新选路，将使未来的传输网络完全可以跨过 ATM 和 SDH 两层(见图 2-17(b)),直接实现 IP Over WDM。无疑,这种 IP via MPLS over WDM 的网络将是一个操作更简单、花费最低、最适合数据业务传输的网络。

然而,MPLS 毕竟是一种位于 OSI 七层模型中第三层和第二层之间的 2.5 层技术,而 WDM 属于光层,是第一层物理层的技术。因此,要让 MPLS 跨过数据链路层直接作用于物理层,则必须对其进行修改和扩展。在此情况下,互联网工程工作组(Internet Engineering Task Force, IETF)适时地推出了可用于光层的通用多协议标记交换技术(Generalized Multi-Protocol Label Switching, GMPLS)。

MPLS 通过在 IP 报头添加 32 bit 的"shim"标签,可使原来面向无连接的 IP 传输具有面向连接的特性,可极大地加快 IP 包的转发速度,其工作原理如图 2-18 所示。MPLS 网络由核心部分的标记交换路由器(Label Switching Router, LSR)和标记边缘交换路由器(Label Edge Router, LER)组成。LER 的作用是分析 IP 报头,用于决定相应的传送级别和标记交换路径(Label Switched Path, LSP),LER 接收 IP 包并给 IP 包加上标记。LSR 可以看做是 ATM 交换机和传统路由器的组合,它依据分组上的标记进行转发,LSR 是读标记而不是读分组的报头,从而可进行快速准确的路由选择。在 MPLS 出口处的 LER 上,再将分组中的标记去掉后按常规转发 IP 包。

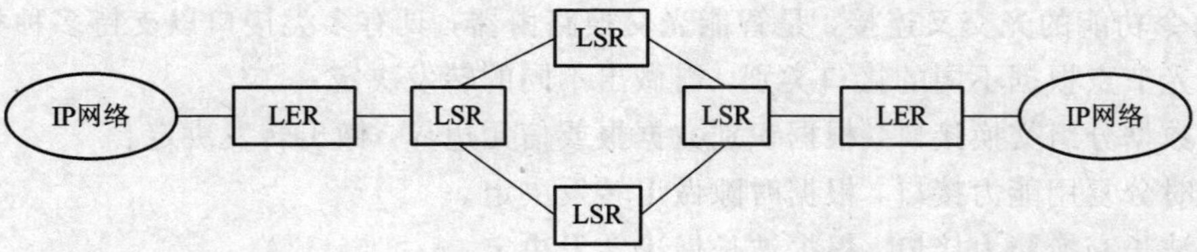


图 2-18　MPLS 工作原理

为了实现 IP 与 WDM 的无缝结合,GMPLS 对 MPLS 标签进行了扩展,使得标签不但可以用来标记传统的数据报,还可以标记 TDM 时隙、光波长、光波长组、光纤等,使得 GMPLS 不但可以支持 IP 数据报和 ATM 信元,而且可以支持面向话音的 TDM 网络和提供大容量传输带宽的 WDM 光网络,从而实现了 IP 数据交换、TDM 电路交换(主要是 SDH)和 WDM 光交换的统一标记。为了充分利用 WDM 光网络的资源,满足未来一些新业务的开展(如光虚拟网、光波长租用等),实现光网络的智能化,GMPLS 还对信令和路由协议进行了修改和补充。为了解决光网络中各种链路的管理问题,GMPLS 设计了一个全新的链路管理协议(Link Management Protocol, LMP)。为了保障光网络运营的可靠,GMPLS 又对光网络的保护和恢复机制进行了改进。

**2. GMPLS 智能光网络的结构**

GMPLS 光网络结构示意图如图 2-19 所示。用户端经由路由器网络接入光交叉连接组网的全光网络,通用控制平台对光网络进行控制,并对传统的路由器网络进行控制,同时对光层和数据业务实现协调的智能控制,最终实现用户端到端的控制。

通用控制平台将分布的数据业务与光网络资源自动联系起来,动态配置光通道,在网络中利用流量工程,实现服务质量保证。

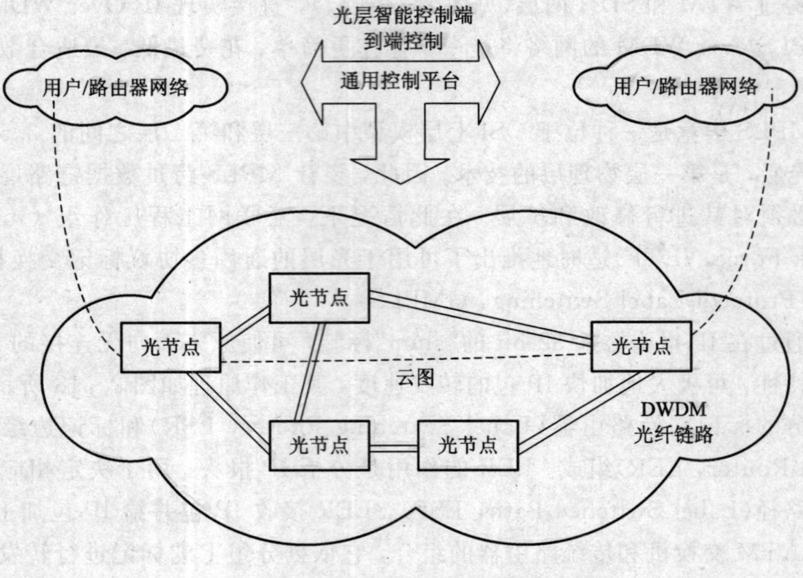


图 2-19 GMPLS 光网络结构示意图

GMPLS 智能光网络的光节点结构如图 2-20 所示，由具有光交换能力的 OXC、光标记交换控制、多种接口转换及 IP/MPLS 路由器等组成。该光节点是一种具有 GMPLS 光层控制信令功能的光交叉连接，是智能光交换路由器，具有多类接口以支持多种类型的交换粒度。光节点根据不同的接口类别，需做出不同的转发决定：

(1) 数据分组交换接口，根据识别数据报或信元边界，做出转发决定。

(2) 时分复用能力接口，根据时隙做出转发决定。

(3) 波长交换能力接口，根据波长做出转发决定。

(4) 波带交换能力接口，根据波带作做转发决定。

(5) 光纤交换能力接口，根据光纤的物理空间进行交叉连接。

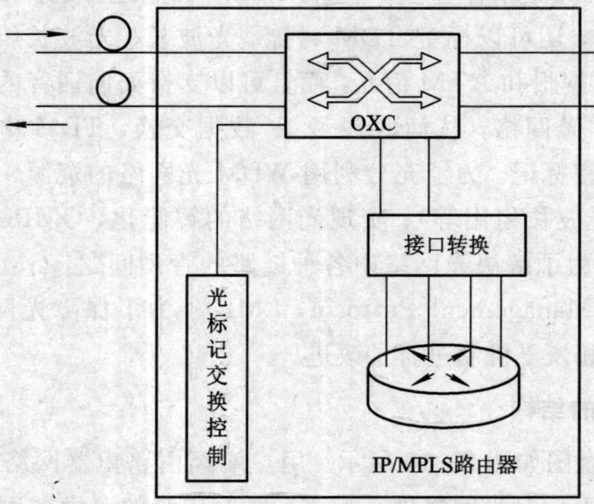


图 2-20 GMPLS 智能光网络的光节点结构

光节点的主要功能有：收集链路信息、动态测量光网络资源、交换控制信息、路由选择、建立光路径、光信道检测、故障处理、光信道恢复。

# 2.5 光交换网络

## 2.5.1 光分组交换网络概述

自20世纪90年代初以来，互联网业务一直在迅猛增长。数据业务总量将越来越多地超过电话业务总量。传统的电话通信网采用的是电路交换方式，而 Internet 是基于 IP 协议的分组数据业务，因此，基于电路交换的电信网必然要升级到以数据为重心，以分组为基础的新型通信网。正如在2.3.2节所描述的，近期 IP 层将主要工作于由 WDM 和 OXC 组成的使用电路交换的光层上面。

为了处理剧增的分组业务，路由器厂商提供的 IP 核心路由器规模越来越大、速度越来越快，它们都基于光接口和电交换矩阵。但是，使用电交换矩阵的 IP 路由器越来越不能适应光层上不断提高的 WDM 传输能力。估计在今后几年内，路由器的能力将难以在太比特(Tb/s)范围跟上 WDM 的发展速度。

要实现与 WDM 带宽相适应的数据交换，必须进行光域的信号处理，以克服网络节点的电子速率"瓶颈"。光信号处理可以是线路级的、分组级的或比特级的。WDM 光传输网属于线路级的光信号处理，类似于现存的电路交换网，是粗粒度的信道分割；光时分复用(Optical Time Division Multiplexing，OTDM)是比特级的光信号处理，由于对光器件的工作速度要求很高，尽管国内外的研究人员做了很大努力，但距实用还有相当的距离；光分组交换(Optical Packet Switch，OPS)网属于分组级的光信号处理，和 OTDM 相比对光器件工作速度的要求大大降低，与 WDM 相比能更加灵活、有效地利用带宽，提高带宽的利用率。

光分组交换网络分为三层，它们对应于网络基础设施演进的三个主要步骤。第一层对应于已普遍使用的接入网和核心网的标准，如 ATM、SDH 及其他常用的标准分组和基于帧的业务。为了简单起见，整个网络用一层来表示，把它称作电交换层。第三层为透明光传输层，对应于地域上更广阔的 WDM 光传输网，透明的路由是基于在波长域和空间域里的透明光交叉互联(OXC)，允许网络在较长的时间内重构，该层在电交换层的下面。由于在相对低速的电交换层和大粒度的信道分割的 WDM 光传输层之间存在代沟，需要在低速信道和高速信道之间进行适配，所以在这两层中间引入第二层，即比特率和传输方式透明的光分组交换网络层，使在 WDM 光传输网中的高速波长信道和电交换网之间架起一座桥梁，从而大大改进了带宽的利用率和网络的灵活性。该层延伸了光的透明性的优点，它可作为电接入网和核心网的大容量的承载交换网，也可以作为基于相同的分组格式的光城域网的骨干网。

在 OPS 中，分组是在光域上直接进行交换的，通过 OPS 节点把分组从任一输入端口交换到任一输出端口。OPS 的交换过程有两种方式：固定分组长度的同步方式(时隙型)和可变分组长度的异步方式(非时隙型)。迄今，大多数研究工作集中在固定长度 OPS 上。

光分组交换网是下一代全光网络技术，其应用前景广阔。光分组交换具有大容量、数据率和格式的透明性、可配置性等特点，这对未来支持不同类型的数据是非常重要的。光分组交换能够提供端到端的光通道或者无连接的传输。光分组交换的主要优点是带宽利用效率高，而且能提供各种服务，满足客户的需求。光分组交换能实现交换容量与 WDM 的传输容量相匹配，同时实现光分组技术与 MPLS 等新兴技术的结合，实现网络的优化与资源的合理利用。

## 2.5.2 光分组交换网络

### 1. 光分组交换网络结构

光分组交换网络的网元与其他类型的光网络相同，包括光节点、光纤链路和网络管理，但其具体结构和功能是不同的。光分组交换网络的光节点是光路由器/光交换机。按其在网络中的位置和作用，有边缘路由器和核心路由器。光分组交换网络的构成如图 2－21 所示。

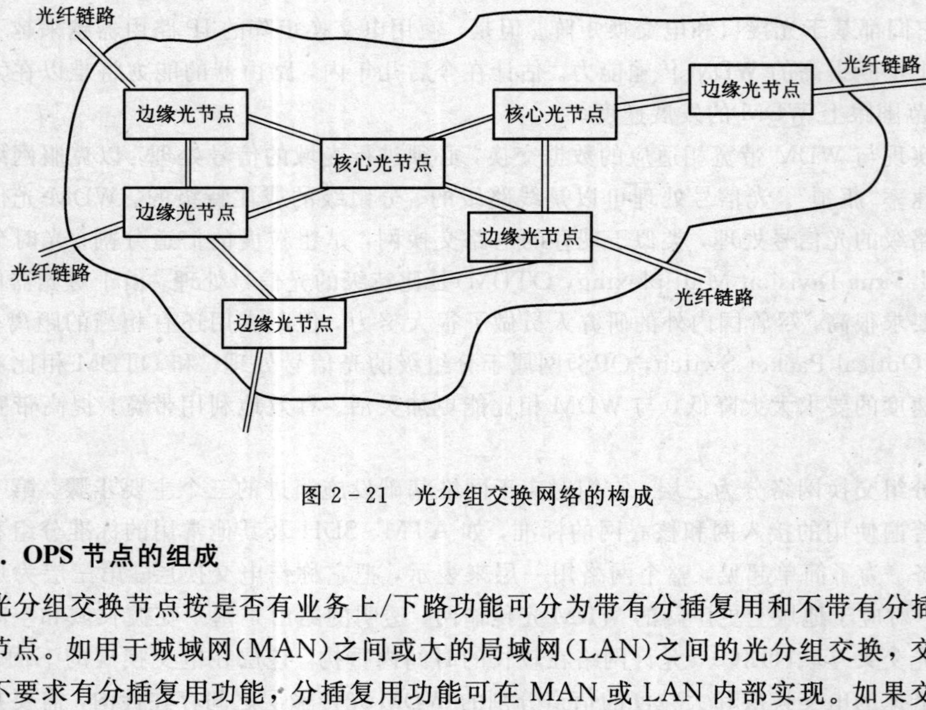


图 2－21 光分组交换网络的构成

### 2. OPS 节点的组成

光分组交换节点按是否有业务上/下路功能可分为带有分插复用和不带有分插复用功能的节点。如用于城域网(MAN)之间或大的局域网(LAN)之间的光分组交换，交换节点可以不要求有分插复用功能，分插复用功能可在 MAN 或 LAN 内部实现。如果交换节点是本地网络(MAN 或 LAN)的组成部分，则要求有分插复用功能。这两种交换节点的基本构成模块相同。

如果按控制信号的类型来分，可分为全光型和光电混合型，对于全光型分组交换节点，数据和控制信号从源到目的地均是在光域里。但由于目前高速光学控制器件很少，短期内实现较困难，因此，迄今为止国际上的研究项目基本上是采用光电混合型分组交换节点。光电混合型分组交换是让数据在光域进行交换，而控制信息在交换节点被转换成电信号进行处理，用于分组路由和控制，这样可充分利用微电子技术的灵活控制能力，实现数据分组的透明高速交换。

图 2－22 是一个光电混合型 OPS 核心节点的通用功能框图。它包括复用器/解复用器、输入接口、交换矩阵、输出接口和控制单元。每一部分的功能随采用同步交换还是异步交换而有所不同。这里主要考虑目前研究较多的同步交换。

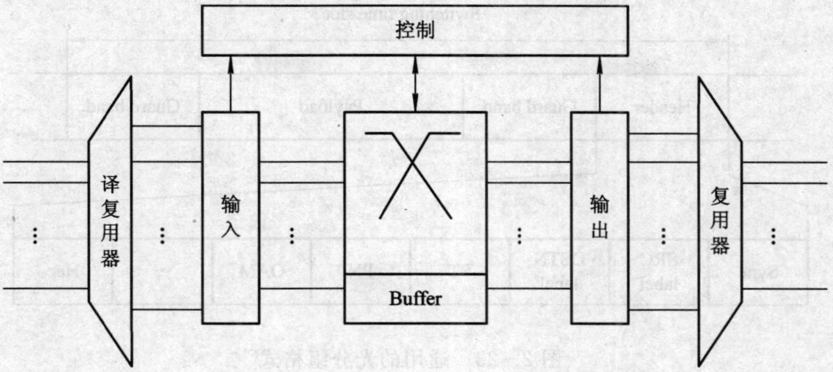


图 2-22　光电混合型 OPS 核心节点的通用功能框图

(1) 输入接口完成以下功能：

① 对输入数字信号进行 3R 再生，以便在后面的处理和交换之前恢复信号质量；

② 漂移和抖动的提取；

③ 分组描述(delineation)，以识别每一分组的头尾以及报头与净负荷；

④ 分组同步，使它们与交换的时隙对准；

⑤ 把报头分开，并转发给控制单元，以便处理。

⑥ 把分组的外部波长(WDM 传输波长)变换为在交换矩阵中使用的内部波长。

(2) 控制单元处理报头信息和发布所有指令，对交换矩阵进行配置。为了执行此功能，它要询问保存在每一节点的转发表。这些表则要借助网管系统(Network Management System，NMS)不断予以更新。控制单元还要完成报头更新和向输出接口转发新报头的工作。新报头将标识出分组路径中的下一节点。目前，控制功能是用电子电路来完成的。

(3) 交换矩阵根据控制单元的指令来完成净负荷的交换操作。

(4) 输出接口的功能包括：

① 3R 再生，以便在由于交换矩阵中元件不完善和串扰引起信号失真之后重新恢复信号质量。

② 把新报头附加在相关的净负荷上；

③ 分组描述和再同步；

④ 把内部波长变换为外部波长；

⑤ 输出功率均衡(因为信号功率电平随不同路径和交换矩阵插入损耗而变)。

图 2-23 所示为通用的光分组格式。保护带(Guard Band)用来对付定时的不确定性。净负荷是用户数据，占有分组长度的大部分。报头长短是一个最优化问题，因为它一方面要服务于所需的多种控制功能，另一方面它是一种开销，一定不能太长。

报头由如下几个字段组成：

- 描述和同步比特(Sync)；
- 识别入口边缘节点地址的源标记(SRC label)；
- 识别出口边缘节点地址的目的地标记(DSTN label)；
- 识别业务性质和优先权的分组型字段(PT)；
- 如果发生分组不按序到达的情况，记录数据用的分组序列号(PN)；

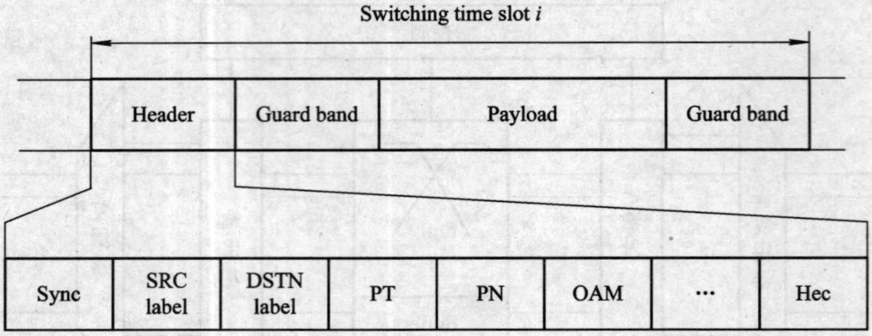


图 2-23 通用的光分组格式

- 运行管理维护字段(OAM);
- 报头纠错字段(Hec)。

**3. 光分组交换的关键技术**

光分组交换的关键技术有光分组的产生、同步、缓存、再生、光分组头重写及分组之间的光功率均衡等。

1) 光分组的产生

光分组的产生必须具有码速提升的功能，即分组压缩，这样才能在连续的用户信息(如 ATM 信元或 IP 分组)中加入必需的分组头部分和保护带(即交换节点光器件调整所需的时间)，这可由光分组边缘交换机来完成。光分组头中包含路由信息和控制信息，分组中保护带越长，则对分组对准要求就越低，分组越长则可在分组中有更多的保护带而不致牺牲链路的利用率。但分组要考虑与现有的 ATM 信元、IP 分组等兼容。分组和分组头的大小需要优化，分组较小时，具有较高的灵活性，但信息传输效率低，影响网络吞吐量。而当分组较大时，信息传输效率高，但需要大的光缓存并且灵活性变差，因此需要根据分组丢失率在载荷和分组头之间进行折中。在光分组交换时，传输高速载荷(2.5 Gb/s 以上)采用低速的分组头，以便于电子电路处理。一方面可以减小处理延时，对电路要求降低，另一方面由于路由和控制信息比特数较少，也不必用太高的速率传输(如 622 Mb/s 以下)。

2) 光分组同步

在光分组交换网中，由于不同的分组到达同一个节点入口的时间不同，按照光分组在进入交换节点之前是否需要使分组对准，可把光分组交换分为同步光分组交换和异步光分组交换两类。目前，对于同步光分组交换研究的较多，同步光分组交换网是采用固定时间长度的光分组时隙，所有的分组大小相同，要求所有光分组到达交换节点的入口时与本地参考时钟相位对准，即分组同步。

对同步光分组交换节点，到达交换节点的分组在进入节点之前，先用光耦合器分出一小部分光功率，经光—电(O—E)转换后送入分组头处理电路，将分组头信息和定时信息读出，以便进行分组同步(使分组同步器在分组进入交换节点之前将分组对准)和交换控制。这个处理过程必须在分组进入输入同步器之前完成，因此在输入同步器之前需加入延时大小等于处理时间的光纤延时线。对于异步分组交换，光分组的大小可以相同也可以不同，分组到达和进入交换节点时无需对准。

光分组穿越一定长度的光纤所需的时间取决于光纤长度、色散和温度的变化，不同的光分组经不同的路径到达同一节点的延时不同，但这种延时变化相对较慢，可用静态补偿来减小或消除，比如用输入粗同步器来实现。每个分组在节点内的延时变化取决于交换节点的结构和解决竞争的方案，分组在交换节点内穿过不同的路径，带来分组的延时变化。另外不同波长之间的色散引起快速时间抖动，因此需要采用快速细同步器补偿这种节点内的延时变化，温度变化的影响较慢，易于在节点内控制。

3）解决竞争的方法及光缓存

在同一时间里，可能有两个或两个以上的分组要从同一出口离开光交换节点，即出现了分组竞争，采用不同的竞争裁决方法会对网络的性能有很大影响。常见的解决竞争的方法有：光分组缓存、偏射路由和波长转换。

在光分组交换中，由于没有可用的光随机存取存储器（Random-Access Memory，RAM），只能采用光纤延时线（Fiber Delay Line，FDL）与其他光器件（如光开关、光耦合器、光放大器等）结合来实现光分组缓存。光子不能像电子一样可以捕捉与存储，目前的研究方向是设法把它们延迟一个固定的时间周期，光纤延时线的延时长度等于光分组时隙的整数倍。实际上，这相当于某种形式的虚拟缓存，现在一般都用 FDL 作为缓存工具，但比较笨重且不能扩展。把一组 FDL 与光交换结合在一起，可以形成一个时延可变组件，能使用的 FDL 数量最多为几十个。如果对缓存器进行反馈再循环则可以减少光纤数。此时，时延是环路长度与循环次数的乘积。但是，为了补偿因过多循环引起的损耗，需要另外使用光放大，这将产生自发辐射噪声被放大的问题。设计光分组缓存器时要考虑分组丢失率、网络延时、硬件成本、控制电路的复杂性、分组重新排序、网络大小、业务负荷和类型等。

采用偏射路由解决竞争的方法是：如果有两个或两个以上的分组需要占用同一出口链路，将只有一个分组沿所希望最小路径链路发送，而其他分组将沿着非最小路由被转发。因此，对于每个源和目的节点对，一个分组的跳数不再是固定的。

波长变换是解决争用问题的另一个重要工具。通过在节点的输入和输出接口作波长变换，可将产生竞争的多路信号实现波分复用，从而解决竞争。波长变换可以通过 O—E—O 的方式来实现，但在 OPS 中希望全光波长变换。在这一领域中的大部分研究工作都是基于利用交叉增益调制（Cross Gain Modulation，XGM）或交叉相位调制（Cross Phase Mmdulation，XPM）的半导体光放大器（Semiconductor Optical Amplifiers，SOA）。波长变换还可基于混频技术。其具体的物理机制将在第 3 章和第 4 章中详细介绍。

光缓存在时域里，偏射路由在空间域里，而波长变换则在波长域里，光缓存提供高的网络吞吐量，但需要较多的硬件和复杂的控制，偏射路由较容易实现，但不能提供理想的网络性能，当上述二者再与波长转换结合时，它们的缺点可以被克服或最小化。研究表明：波长转换可减少光缓存器的数量或减小分组丢失率，抑制噪声和信号再整形。因此在全光分组交换网中，将光缓存、波长转换与偏射路由结合，可以得到实现光分组交换节点的较佳方案。

4）光分组再生

光信号对衰耗、噪声、色散、串扰、抖动和非线性效应造成的损伤是十分敏感的。由于传输距离、每光纤波长数、每波长比特率的提高，传输损伤变得更加严重，导致明显的幅度下降、脉冲形状畸变和定时漂移。为了在网络中连续传输和交换，通常要求恢复原信号形状和清除所有损伤。这一过程就是 3R 再生。

光放大只放大信号幅度，并不纠正畸变的脉冲形状。色散补偿可以弥补因色散造成的脉冲宽度展开，从而减小脉冲成形问题。再定时则是通过时钟提取和同步来完成的。对同步网需分组级同步，对异步网需比特级同步。为了对信号进行再定时，必须让再生器知道数据速率和格式，再生器必须能够按比特率灵活操作。用得最多的 3R 再生技术涉及光—电(O—E)转换，再生是在电域进行的。全光 3R 再生是简化 OPS 的一个重要使能技术。有些再生操作，如再定时迄今难以在光域进行。因此，全光 3R 再生目前仅限于实验室。图 2-24 所示为全光 3R 再生器的一个简化框图，它主要由放大器、时钟恢复系统和阈值检测单元组成。先把时钟从被放大的信号中提取出来，然后再与信号混合，产生时间重对脉冲(time-realigned pulses)，在阈值检测单元的输出端形成再生信号。迄今大多数全光 3R 再生器都是在基于 SOA 的马赫-曾德尔干涉仪(Mach-Zehnder Interferometer，MZI)的基础上开展研究的。

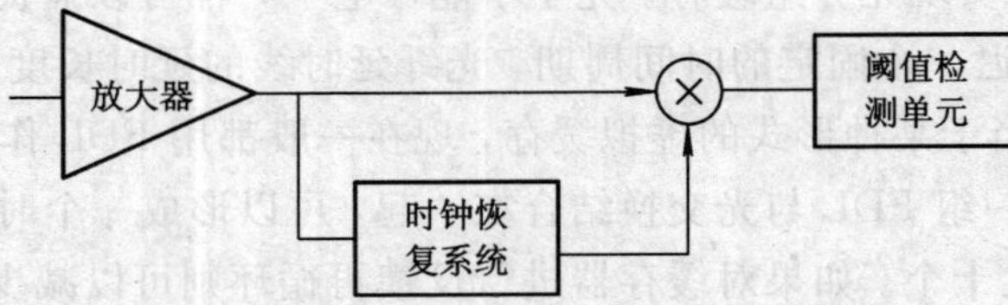


图 2-24 全光 3R 再生器

5) 分组报头处理

分组报头含有在 OPS 网中交换和转发净负荷所必需的信息。现今实用的方法都是先经过 O—E 转换再在电域内对报头进行处理。早期的报头处理技术都使用比特率低于净负荷的串行报头。这种方法虽然比较容易实现，但处理速度较慢。另一种方法使用副载波复用(SubCarrier Modulation，SCM)，对报头进行副载波调制再与净负荷复用，报头在频谱上处于高于净负荷带宽的位置。两者虽然都在同一时隙予以处理，但报头的提取较快，处理速度高于串行报头法。不过，随着比特率的提高，相关的射频分量可能碰上高的报头频率，使此法受到限制。报头的电处理，其速度限于每秒几十吉比特。因此，为了满足今天 OPS 的需要和未来的期望，必须要变为光的报头处理。自 20 世纪 90 年代初以来，全光报头处理一直是研究热点，但至今仍处在早期阶段。全光报头处理需要光校正器，目前研究中有使用光纤延迟线的，也有基于光半导体放大器的。

6) 光空分交换技术

在 OPS 中，交换矩阵必须把分组一个个地从任一输入端口送到任一输出端口，故迅速地重新配置和非常高的交换速度是十分关键的。例如，在一个 10 Gb/s 系统中，分组长度为 125 Byte(1 kbit)的一个分组要完全离开输入端口到达交换矩阵需要大约 100 ns。两个相继分组到达时间的间隔也是极短的。交换矩阵在必须重新配置以便处理后面分组之前，在交换时隙内要保持一定的配置，所以重新配置和交换时间必须是纳秒级的。当今，SOA 光开关和基于铌酸锂($LiNbO_3$)的光波导开关是两种候选的光空分交换技术。关于光开关的详细介绍见第 4 章。

## 2.5.3 光标记交换网络

光标记交换(Optical Label Switch，OLS)是光分组交换 OPS 的实现形式，国外在 OLS

的关键技术方面的专利不断涌现，其中主要集中在光标记脉冲的产生技术、光标记复用/解复用技术以及光时钟提取技术等方面。尽管目前 OLS 技术还不成熟，构成 OLS 系统的许多关键器件还处于实验室研究阶段，但该技术正成为世界范围内的研究热点，OLS 从器件、系统、网络诸方面正以惊人的速度向前发展，并逐步向实用化迈进。

从光标记交换实现技术方面来看，光标记交换技术与宽带网络技术、光计算机技术、WDM 技术、OTDM 技术、光集成与光电集成技术、超大规模集成电路技术等紧密相关并以此为推动力量。

**1. 光标记交换**

所谓光标记，是指利用各种方法在光分组上打上标记，也就是把光分组的报头地址信号用各种方法加在光分组净负荷上形成光分组，这样在交换节点上根据光标记来实现全光交换。基于这种原理来实现的光交换称为光标记交换。

光标记的产生和提取是光标记交换的核心技术。光标记信号一般是低速率信号，一般在 Mb/s 量级上，而光分组净负荷的传输速率都在 Gb/s 量级上，如何把低速的标记信号加在高速的光分组净负荷信号上，可以根据不同的机制采用不同的方法。一般来讲，光调制有调幅、调频和调相三种方式，目前光标记的产生大多数也从调幅、调频和调相三个方面入手。光标记的提取本质上就是把光标记从复用信号中分离出来。基于调幅产生的光标记多用半导体光放大器(SOA)和普通光纤的交叉相位调制、交叉增益调制和混频等非线性效应来提取；基于调频产生的光标记一般采用载波解复用方法；基于调相产生的光标记方法可以利用光的干涉原理来提取光标记信号。

**2. 光标记交换的技术优势**

将光标记交换技术引入以 OXC 和 OADM 为基础的 WDM 系统后，OXC 和 OADM 不再以波长为单位进行交叉连接和分插复用，而是以光分组为单位进行交叉连接和分插复用，实现以光分组为单位的路由转发功能。光网络的面貌因此将大为改观。

首先，由于光的标记交换不必将光信号变成电信号，并能够改善信号的质量，在实现透明的 3R 的同时直接进行光分组转发，使得路由器的负荷大大降低，大量的交换绕过了路由器电子瓶颈，从而有效地克服了光交换中的电子瓶颈。其次，由于光分组不再与波长捆绑，光分组可灵活出入上下各节点，网络在线数据量减少(节点越多越为明显)，全光网络资源的利用潜力增加。最后，由于在波分复用上加入了光分组的统计时分复用，一个波长链路可通过时分复用连接更多的节点，从线路角度来看，在全光网线路的任意一点都可不加限制地加入节点，这一点可使接入网技术更为简单、灵活，同时也使全光网络的出路问题得到更好的解决。因此可以说，光标记交换技术的引入可以解决或改善路由器电子瓶颈问题、光网络资源合理利用问题以及光网络的接入和出路问题。

**3. 实现光标记交换的几种方法**

下面总结目前提出的几种实现光标记交换的方法。

1) *微波副载波光标记交换方法*

在几种全光的标记交换解决方案中，副载波复用(SCM)技术已经引起了广泛的注意。在这种方法中，数据头和净荷信息被复用在同一个波长上，数据调制在基带，而报头信息承载于一个合适的副载波上。

具体来说，光标记和有效负载占有相同时间段，并且同时传输。分组负载的数据与光标记保持同步操作，两者的数据源由相同的时钟控制。光标记与副载波混合后，再与基带负载相结合，然后用它调制一个激光器。在保证基带信号误码率要求的情况下，控制光标记的光功率，保证基带信号的调制深度。

至于光标记的提取，可以把输入到节点的光信号用 1∶9 的双锥光纤分束器分成两束，10％的一束光经光—电转换后，通过微波解复用器后就可提取低速率的光标记信号。

这种光标记交换的优点是光标记的产生、提取和识别较容易，且不占用信道资源。采用 SCM 技术，分组头可很容易被提取和刷新，但通常要求副载波频带要很窄，而且间隔较宽，因而副载波的数量受限。另外，如果净荷数据速率上升的话，基带的频带展宽问题会覆盖掉副载波频段。

2）宽脉冲标记方法

宽脉冲标记方法的光分组由低速率的报头（光标记段）和高速率的有效负载（信息段）构成，标记置于有效负载的前面，两者之间由保护带分隔。保护带的设置一方面是为了给光分组对齐留有余量，另一方面是为了与电子电路兼容。光标记的速率是兼容电子电路的，可直接采用电子学方法来处理。

这种光标记分组的有效负载和报头分别由不同的激光器产生，然后通过光耦合器将这两束光耦合在一起就形成了光分组。至于光标记的提取和识别只需附加一个报头探测器即可，其余全部交给电子电路处理。

这种光标记交换法的优点是光标记的产生、提取和识别均较容易，缺点是光标记占用信道资源较多。

3）高强度脉冲标记交换方法

高强度脉冲标记变换方法中的光分组由高速率低强度的有效负载（最高可达 40 Gb/s）和同样速率但高强度的光标记构成，两者来自相同的时钟并占有不同的时间段。光标记和负载可以由同一激光器产生，这可通过控制激光器的偏置电流做到。另外，光标记和有效负载也可先分别由两个不同的激光器产生，然后再将两路光信号通过光耦合器合在一起。

利用非线性光学介质在强场作用下的 Kerr 效应或增益非线性效应，可以实现非线性门控作用。通过非线性门控作用就可以把强度不同的光脉冲很好地分离开来，从而提取光标记。目前使用过的非线性介质有单模光纤和 SOA 两种。但是为识别光标记，需要处理高达数个吉比特甚至数十吉比特速率的光标记信号，电子方法是很难实现的，这已接近或达到它的处理极限，因此迫切需要一种在光域进行识别和处理的方法，即全光的光标记识别技术。SOA 作为逻辑处理器可以实现光标记的识别，但有一定的难度。

这种光标记交换的优点是光标记的产生和提取较容易，可以不占用信道资源；缺点是光标记的识别较困难。

4）电光调制光标记交换法

电光调制光标记交换法是利用电光晶体的电光效应实现光标记的产生，利用光的干涉原理来实现光标记的提取。光标记的产生过程是：光分组的负载信息调制半导体激光器，形成光包信号，同时从信号源产生出光标记的电信号，用来调制电光晶体，当光包经过电光晶体时使包头编码脉冲调制光包信号脉冲，这样光包上就打上了光标记。然后，带光标记信号的光包经 OADM 送入主干光纤上。光信号的提取过程为：将入射光信号一分为二，使其中一束光包相应的光脉冲相位改变 180°，显然这束光与另一束光是相干的，通过光耦合器使这两束光进行干涉。干涉的结果是，凡不带光标记的光脉冲，它们的相位相差 180°，它们相干相消；凡带光标记的光脉冲，它们的相位相差 360°或 0°，它们相干相长，光标记脉冲被提取出来了。

这种光标记交换的优点是光标记的产生、提取和识别较容易，且不占用信道资源；缺点是光标记的同步要求比较高。

## 2.6 光纤接入网络

### 2.6.1 光纤接入网络概述

从整个电信网的角度来看，可以将全网划分为公用网和用户驻地网(Customer Premises Network，CPN)两大块，其中 CPN 属用户所有，因而，通常意义的电信网指公用电信网部分。公用电信网又可以划分为长途网、中继网和接入网(Access Network，AN)三部分。长途网和中继网合并称为核心网。相对于核心网，接入网介于本地交换机和用户之间，主要完成使用户接入到核心网的任务，如图 2-25 所示。

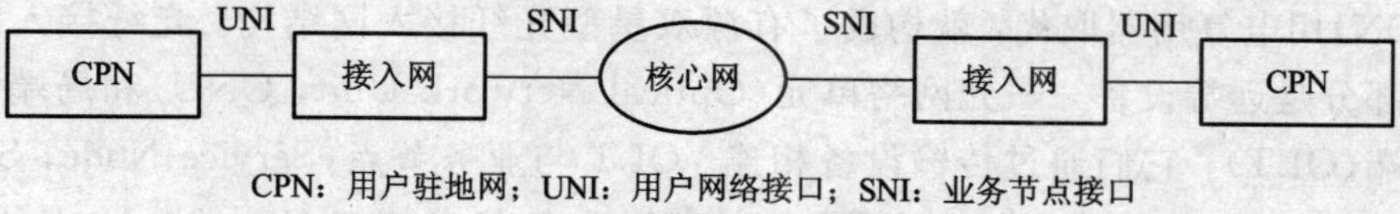


图 2-25　接入网的定界

#### 1. 光接入网的优点与缺点

接入网处于整个电信网的网络边缘，用户的各种业务通过接入网进入核心网。近年来，核心网上的可用带宽迅速增长，用户侧的业务需求也由于互联网业务的爆炸式增长而急剧增加，作为用户与核心网之间桥梁的接入网则由于入户媒质的带宽限制而跟不上骨干网和用户业务需求的发展，成为用户与核心网之间的接入“瓶颈”。骨干网上的巨大带宽如果得不到充分利用，也是一种投资的浪费。因而，接入网的宽带化成为亟待解决的问题。

宽带接入网的技术实现手段有多种，包括光纤接入网、铜线上的 DSL(Digital Subscriber Line，数字用户线路)和以太网技术、同轴电缆上的 HFC(Hybric of Fiber and Coax，光纤同轴电缆混合网)技术以及无线上的宽带接入技术等。当前各种宽带接入技术都在发展和应用。

光纤接入网(Optical Access Network，OAN)是指用光纤作为主要的传输媒质，实现接入网的信息传送功能。与其他接入技术相比，光纤接入网具有如下优点：

(1) 光纤接入网能满足用户对各种业务的需求。人们对通信业务的需求越来越高，除了打电话、看电视以外，还希望有高速计算机通信、家庭购物、家庭银行、远程教学、视频点播以及高清晰度电视等。这些业务用铜线或双绞线是比较难实现的。

(2) 光纤可以克服铜线电缆无法克服的一些限制因素。光纤损耗低、频带宽，解除了铜线线径小的限制。此外，光纤不受电磁干扰，保证了信号传输质量，用光缆代替铜缆，可以解决城市地下通信管道拥挤的问题。

(3) 光纤接入网的性能不断提高，价格不断下降，而铜缆的价格在不断上涨。

(4) 光纤接入网提供数据业务，有完善的监控和管理系统，能适应将来宽带综合业务数字网的需要，打破接入"瓶颈"，使信息高速公路畅通无阻。

显然，随着光纤在长途网、城域网的大量应用，发展趋势必将是光纤继续向接入网部分延伸，采用光纤接入网是光纤通信发展的必然趋势。尽管目前各国发展光纤接入网的步骤各不相同，但光纤到户是公认的接入网的发展目标。问题是推进速度有多快，这将取决于多种因素，包括市场的需求、竞争的需要、应用的刺激、技术的进步、成本的下降以及配套运维系统的开发等。

与其他接入网技术相比，光纤接入网也存在一些缺点。最大的问题是成本还比较高；尤其是光节点离用户越近，每个用户分摊的接入设备成本就越高。现在，影响光纤接入网发展的主要原因不是技术，而是成本。另外，与无线接入网相比，光纤接入网还需要管道资源。这也是很多新兴运营商看好光纤接入技术，但又不得不选择无线接入技术的原因。

**2. 光纤接入网的基本构成**

光纤接入网的基本结构如图 2-26 所示。图中的参考配置以无源光纤接入网为例，但原则上也适用于其他配置结构，例如将图中的无源光分配网(Optical Distribution Network，ODN)用电复用器取代，就构成了有源双星型光纤接入网结构。光纤接入网系统的主要组成部分是远端设备——光网络单元(Optical Network Unit，ONU)和局端设备——光线路终端(OLT)，它们通过传输设备相连。OLT 与业务节点(Service Node，SN)相连，ONU 与用户连接，它们在整个接入网中完成从业务节点接口(Service Node Interface，SNI)到用户网络接口(UNI)间有关信令协议的转换。

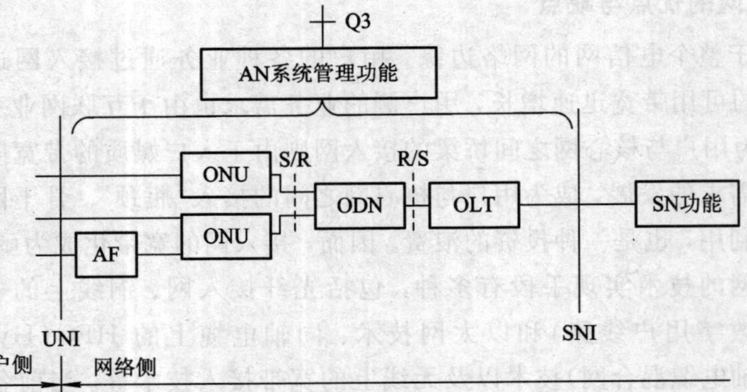


AF：适配功能；R/S：参考点

图 2-26　光纤接入网的基本结构

OLT 的作用是为接入网提供与本地交换机之间的接口，并通过光传输与用户端的 ONU 通信，它将交换机的交换功能与用户接入完全隔开。OLT 提供对自身和用户端的维护和监控，它可以直接与本地交换机一起放置在交换局端，也可以设置在远端。

ONU 的作用是为接入网提供用户侧的接口，它可以接入多种用户终端，同时具有光—电转换功能以及相应的维护和监控功能。ONU 的主要功能是终结来自 OLT 的光纤，处理光信号并为多个小企业、事业用户和居民住宅用户提供业务接口。ONU的网络端是光接口，而其用户端是电接口，因此，ONU具有光—电和电—光转换功能，同时它还具有对话音的数/模和模/数转换功能。ONU通常放在距离用户较近的地方，其位置具有很大的灵活性。

ODN位于ONU和OLT之间，为OLT与ONU之间提供光传输手段，其主要功能是完成光信号功率的分配任务。ODN可以由无源器件构成。图2-26中S表示光发送参考点，R表示光接收参考点。

接入设备本身还具有组网能力，可以组成多种形式的网络拓扑结构。同时接入设备还具有本地维护和远程集中监控功能，通过透明的光传输形成一个维护管理网，并通过相应的网管协议纳入网管中心统一管理。

**3. 光接入网的分类**

1) PON和AON

光纤接入网从技术上分为有源光网络(Active Optical Network，AON)和无源光网络(Passive Optical Network，PON)两类。无源光网络与有源光网络之间的区别在于它在OLT和ONU之间没有任何有源电子设备。两者可采用的传输协议也各不相同，有源光网络采用PDH或SDH传输协议，而无源光网络则必须采用时分多址接入(Time Division Multiple Access，TDMA)或时间压缩复用(Time Compression Multiplexer，TCM)方式。因此，无源光网络的传输距离及容量必然受到一定限制。另外，有源光纤网络还有技术简单、易于实现、组网能力强的特点。无源光纤网络的优越性在于不需机房，降低了维护的工作量与费用。

2) FTTx

根据ONU在OAN中所处位置的不同，OAN又可分为光纤到大楼(Fiber To The Building，FTTB)、光纤到路边(Fiber To The Curb，FTTC)、光纤到户(Fiber To The Home，FTTH)、光纤到小区(Fiber To The Zone，FTTZ)、光纤到办公室(Fiber To The Office，FTTO)、光纤到桌面(Fiber To The Desk，FTTD)等。其中最主要的是FTTC、FTTB和FTTH三种形式。

在FTTC结构中，ONU设置在路边或电线杆的分线盒边，即用户住宅附近。从ONU出来的电信号再传送到各个用户，ONU到各个用户之间采用双绞线/同轴电缆，一般用同轴电缆传送视频业务，用双绞线传送电话业务。FTTC的主要特点之一是引入线部分仍可采用现有的铜缆设施，可以推迟引入线部分的光纤投资。从目前来看，FTTC在提供2 Mb/s以下窄带业务时是OAN中最现实、最经济的方案。但如需提供窄带与宽带的综合业务，则这一结构不甚理想。

在FTTB结构中，ONU被直接放到楼内的配线箱处，再经多对双绞线分送各用户。FTTB与FTTC相比，光纤化程度进一步提高，因而更适用于高密度以及需提供窄带和宽带综合业务的用户区，主要用于综合大楼、远程医疗、远程教育及大型娱乐场所，为大中型企事业单位及商业用户服务，提供高速数据、电子商务、可视图文等宽带业务。

FTTO和FTTH结构均在路边设置无源光分路器，并将ONU移至用户的办公室或家中，是真正全透明的光纤网络。它们不受任何传输制式、带宽、波长和传输技术的约束，是OAN发展的理想模式和长远目标。但是每一用户都需一对光纤和专用的ONU，因而成本昂贵，实现起来非常困难。

## 2.6.2 无源光网络

无源光网络是指在OLT和ONU之间没有任何有源电子设备。无源光接入网的优势具体体现在以下几方面：

(1) 无源光网络体积小，设备简单，安装维护费用低，投资相对也较小。

(2) 无源光设备组网灵活，拓扑结构可支持树型、星型、总线型、混合型、冗余型等网络拓扑结构。

(3) 安装方便。无源光分路器有室内型和室外型两种。其室外型可直接挂在墙上，或放置于"H"杆上，无须租用或建造机房。而有源系统需进行光—电、电—光转换，设备制造费用高，要使用专门的场地和机房，远端供电问题不好解决，日常维护工作量大。

(4) 无源光网络适用于点对多点通信，仅利用无源分光器实现光功率的分配。其光发送机和光纤由用户共享，因而线路成本较其他点到点通信方式(SDH和以太网有源接入方式均是点到点通信)低。特别是随着光纤向用户日益推进，其综合优势越来越明显。

(5) 无源光网络是纯介质网络，彻底避免了电磁干扰和雷电影响，减少了线路和外部设备的故障率，提高了系统可靠性，极适合在自然条件恶劣的地区使用。

(6) 从技术发展角度看，无源光网络扩容比较简单，不涉及设备改造，只需将设备软件升级，硬件设备一次购买，长期使用，节省了维护成本，使用户投资得到保证，为光纤入户奠定了基础。

PON的主要缺点是一次性投入成本较高，因为局端光线路终端(OLT)很昂贵，光纤和分路器等无源基础设施又必须一次到位，这样当用户数较少或用户分布超过某一限定距离时，单用户成本就很高。另外，其树型分支拓扑结构使用户不具备保护功能或保护功能成本较高，影响了其大规模发展。

目前，PON主要包括基于ATM的APON(ATM Passive Optical Network)、基于以太网的EPON(Ethernet Passive Optical Network)和千兆无源光网络GPON(Gigabit Passive Optical Network)。

### 1. ATM无源光网络和宽带无源光网络

早期的窄带PON是基于TDM的，性能价格比较低，已经自然消亡。APON可以利用ATM的复用功能，再结合无源分路器对光纤和光线路终端的共享作用，使性能价格比有很大改进，目前在美国和日本等国已经开始商用，在日本已经敷设了约50万线。

然而，目前实际APON的业务适配提供却很复杂，业务提供能力有限，数据传送速率和效率不高，成本也较高，其市场前景由于ATM的衰落而变得很不确定。从长远的业务发展趋势看，APON的可用带宽仍然不够。以FTTC为例，尽管典型主干下行速率可达622 Mb/s，但分路后实际可分到每个用户的带宽将大大减小。按32路计算，每一个分支的可用带宽仅剩19.5 Mb/s，再按10个用户共享计算，则每个用户仅能分到约2 Mb/s。显然，这样的性能价格比无法满足网络和业务的长远发展需要。

### 2. 以太网无源光网络

近几年随着IP的崛起和发展，有人提出了以太网无源光网络(EPON)的概念，即在与

APON 类似的结构和 G.983 的基础上，设法保留其精华部分——物理层 PON，而以以太网代替 ATM 作为链路层协议，构成一个可以提供更大带宽、更低成本和更宽业务能力的新的结合体——EPON。这一思想在以太网界得到了积极响应，在 IEEE 802.3 的旗帜下已经形成了初步标准千兆以太网无源光网络(GEPON)。在实际中，EPON 和 GEPON 的基本差别就是标准化，前者往往指非标设备，后者指符合 IEEE 802.3ah 规范的设备。另外，GEPON 的传输距离和分路比均比 EPON 有所减小。

从 EPON/GEPON 的结构看，其关键优点是极大地简化了传统的多层重叠网络结构，主要特点有：

(1) 消除了 ATM 和 SDH 层，从而降低了初始成本和运行成本；

(2) 下行业务速率高达 1 Gb/s，允许支持更多用户，每用户带宽可以更高，并能提供视频业务能力和较好的 QoS；

(3) 硬件简单，无须室外电子设备，使安装部署工作得以简化；

(4) 改进了电路的灵活指配以及业务的提供和重配置能力。

IEEE 802.3ah 规范的 GEPON 技术的规范性好，上、下行波长分别是 1310 nm 和 1490 nm，上、下行速率为 1.25 Gb/s，传输距离是 10/20 km，分路比是 16，主要业务是数据和语音，增加一个 1550 nm 电视广播波长后，可提供语音、数据和电视三合一的所谓"triple-play"宽带业务捆绑服务，而这将是未来家庭业务的"杀手锏应用"。

EPON/GEPON 的主要缺点是效率低和难以支持以太网以外的业务。前者是由于采用 8B/10B 的线路编码，有 20% 的带宽损失，而 APON 和 GPON 都采用非归零(Non－Return to Zero，NRZ)扰码为线路码，因此没有带宽损失。再加上承载层、传输汇聚层、业务适配效率等原因，使得 EPON 总的传输效率很低，大约仅为千兆无源光网络(GPON)的一半。

**3. 千兆无源光网络**

2001 年，在 IEEE 积极制定 EPON 标准的同时，全业务接入网络(Full Service Access Network，FSAN)组织开始发起制定速率超过 1 Gb/s 的 PON 网络标准——GPON。随后，ITU-T 也介入到这一新标准的制定工作中来，并于 2003 年 1 月通过两个有关 GPON 的新标准 G.984.1 和 G.984.2(速率提高到 2.5 Gb/s)。按照这一最新标准的规定，GPON 可以提供 1.244 Gb/s 和 2.488 Gb/s 的下行速率以及所有标准的上行速率，传输距离至少达到 20 km，具有高速、高效传输的特点。而且，GPON 还在传输汇聚层采用了一个全新的标准通用成帧协议(Generic Framing Procedure，GFP)，这是一种可以透明高效地将各种数据信号封装进现有网络的、开放的、通用的标准信号适配映射技术，可以适应任何用户信号格式和任何传输网络制式，全面体现了业务提供商对业务提供的灵活性要求，而 APON 和 EPON/GEPON 对每种特定业务都需要提供特定的适配方法。由于采用 GFP 映射，GPON 的传输汇聚层本质上是同步的，并使用标准 SDH 的 125 μs 帧，因而使得 GPON 可以直接支持 TDM 业务。

从提供的业务看，GPON 不仅可以提供 10/100 Mb/s、1 Gb/s 的业务，而且可以提供虚拟局域网业务和语音业务，事实上可以适应任何现有业务和未来新业务的适配要求。GPON 不是制造商驱动的技术标准，而是一种运营商驱动的标准，因此具有更周到的运营利益考虑，速率更高，可达 2.4 Gb/s；具有通用的映射格式，可适应任何新老业务；具有丰富的运行、管理、维护和指配(OAM&P)特点；对各种业务均具有很高的传输效率，即便对于TDM业务也能高效无开销地传送。

由于三种PON技术的主要成本都是来自光接口的成本，因而其硬件成本相差不多，传输效率是关键。GPON在扰码效率、传输汇聚层效率、承载协议效率和业务适配效率等方面都是最高的，因此其总效率最高，等效系统成本最低。例如，假设TDM业务占10%，数据业务占90%，则GPON的总效率为94%，而APON和EPON分别为72%和49%。总的来看，GPON似乎应该具有更广阔、更长远的应用前景。

GPON和EPON/GEPON面临的共同挑战有：首先，怎样才能在以太网/GFP上有效承载TDM业务并能提供电信级的服务质量；其次，由于GPON和EPON/GEPON是点对多点的星型或树型网络，需要通过一个"1+1"并经过不同路由的光网络来实现电信级的保护恢复要求，网络成本将非常高；第三，目前GPON和EPON/GEPON设备的成本主要受限于突发光发送/接收模块以及核心的控制模块/芯片。这些模块要么是技术不成熟无法商用，要么就是价格昂贵难以适应市场需要；第四，GPON和EPON/GEPON的一次性投入成本较高，不太适合逐步投资扩容的传统电信建设模式，最适合完全新建或改建的密集用户区域。

## 2.6.3 有源光网络

有源光网络主要包括以下三种。

**1. 宽带数字环路载波系统**

有源光接入网以前主要指第二代数字环路载波系统(Digital Loop Carrier，DLC)，即综合的数字环路载波(Integrated Digital Loop Carrier，IDLC)系统。随着宽带的发展，DLC也在进一步改进，以支持DSL等宽带接入业务，构筑统一的宽/窄带综合接入平台，支持向FTTC/FTTH的演进，国际上将其看做第三代DLC系统或宽带数字环路载波(Broadband-DLC，B-DLC)系统。其中又分为两种：一种是在原有IDLC的基础上加宽带背板总线，支持独立DSL接入；另一种是新设计的系统，所有用户接口都是普通老式电话业务(Plain Old Telephone Service，POTS)加DSL，而成本几乎没有明显变化，设备往往还集成了基于IP的语音传输(Voice over IP，VoIP)媒体网关，具有h.248控制协议和信令，可以由软交换直接控制，适合网络在从传统电话网端局向软交换统一控制的宽带网过渡时期应用。

B-DLC可以增加DSL的可用性，在所有有业务需求的地区都可以按需提供DSL业务。B-DLC也是推动接入网灵活点(交接箱处)融合的理想平台，可以按需以用户线为基础逐步实现向软交换的平滑过渡。然而，B-DLC技术作为有源设备仍然无法完全摆脱电磁干扰和雷电影响以及有源设备固有的维护问题，尽管会有发展，但不是接入网的长远解决方案。

**2. 点到点同步数字系列/多业务传送平台系统**

在各种宽带光纤接入网技术中，采用了SDH技术的接入网系统是应用最普遍的。其传输技术是骨干网中已大量采用的SDH技术。SDH技术自从20世纪90年代引入以来，至今已经是一种成熟、标准的技术，在骨干网中被广泛采用，而且价格越来越低。在接入网中应用SDH技术，可以将SDH技术在核心网中的巨大带宽优势和技术优势带入接入网领域，充分利用SDH同步复用、标准化的光接口、强大的网管能力、灵活网络拓扑能力和高可靠性带来的好处，在接入网的建设发展中长期受益。

但是，干线使用的机架式大容量SDH设备不是为接入网设计的，如直接搬到接入网中使用还比较昂贵，接入网中需要的SDH设备应是小型、低成本、易于安装和维护的，因此应采取一些简化措施，降低系统成本，提高传输效率，更便于组网。并且，接入网中的SDH已经靠近用户，对低速率接口的需求远远大于对高速率接口的需求，因此，接入网中的新型SDH设备应提供STM-0子速率接口。目前，一些厂家已经研制出了专用于接入网的SDH设备，有着很好的发展前景。

接入网用SDH的最新发展方向是对IP业务的支持。这种新型SDH设备配备了LAN接口，将SDH技术与低成本的LAN技术相结合，提供灵活带宽。解决了SDH支路接口及其净负荷能力与局域网接口不匹配的问题，主要面向商业用户和公司用户，提供透明LAN互联业务和因特网服务供应商(Internet Service Provider，ISP)接入，很适合目前数据业务高速发展的需求。

SDH对以太网等业务的支持，使得SDH逐渐发展成为多业务传送平台(Multi Service Transport Platform，MSTP)。其基本思路是将多种不同业务直接或经过处理后再通过虚电路(Virtual Connection，VC)级联等方式映射进不同的SDH时隙，而将SDH设备与二层乃至三层分组设备在物理上集成为一个实体，构成业务层和传送层一体化的SDH多业务节点，定位于网络的边缘。具体实施时相当于将SDH复用器、数字交叉连接器、WDM终端、二层交换机乃至IP边缘路由器等多个独立的设备集成为一个MSTP网络设备，统一控制和管理。当然，这种融合不是一步到位的，随着业务的发展和技术的进步，近期可以首先实现物理融合，中长期再走向完全的功能融合，成为名副其实的融合节点。特别是集成了VC级联、通用成帧协议(GFP)、动态链路容量调整机制(Link Capacity Adjustment Scheme，LCAS)三种标准功能的新一代MSTP，不仅能大大增强自身灵活有效支持数据业务的能力，而且可以将核心智能光网络的智能特征扩展到网络边缘，增强整个网络的智能范围和效率。

最新的发展则是将具有很好汇聚特性和优化数据接入能力的弹性分组环(Resilient Packet Ring，RPR)功能集成进来，最适合于城域网的接入层应用，特别是以太网业务带宽需求占绝对优势的场合。然而，由于RPR没有跨环标准，独立组大网的能力较弱，若利用与MPLS相结合的方法可以使跨环业务流配置成同一个MPLS的标记交换通道，从而实现多个RPR环业务的互通和端到端业务调度。利用MPLS还能提供基于全网的流量工程，实现空间重用和带宽保证，提供有QoS保证的端到端的业务连接，加强了支持数据灵活联网的能力，应用范围则可以扩展到网状网等复杂的拓扑结构。鉴于这种方案基于同步工作，抖动要求严格，设备成本较高，而且灵活生成业务的能力不足，因此主要适用于局间或汇接点间，以及大型企事业用户的点到点通信。

SDH技术在接入网中的应用虽然已经很普遍，但仍只是FTTC、FTTB的程度，光纤的巨大带宽仍然没有到户。因此，要真正向用户提供宽带业务能力，单单采用SDH技术解决馈线、配线段的宽带化是不够的，在引入线部分可分别采用FTTB/C+xDSL、FTTB/C+Cable Modem(Cable Modem技术是在混合光纤同轴网(HFC)上发展起来的。它在配线段使用光纤，使用有线电视的同轴电缆作为用户接入的引入线。目前有线电视运营者利用 Cable Modem 在 HFC 上进行数据传输，提供 Internet 接入等业务）、FTTB/C+LAN 接入等方式分别为居民用户和企业用户提供业务。

**3. 点到点有源以太网系统**

另外一种有源接入方式是以太网接入。传统以太网技术不属于接入网范畴，而属于用户驻地网(CPN)领域。然而其应用领域却正在向包括接入网在内的其他公用网领域扩展。历史上，对于企事业用户应用环境，以太网技术一直是最流行的方法，目前已成为仅次于供电插口的第二大住宅和办公室公用设施接口。采用以太网作为企事业用户接入手段的主要原因是：已有巨大的网络基础和长期的经验知识，目前所有流行的操作系统和应用都与以太网兼容，性能价格比好，可扩展性强，容易安装开通以及可靠性高等。

对于公用网住宅用户应用环境，点到点有源以太网系统采用有源业务集中点，使传输距离可以扩展到 160 km。主要优点是：专用接入，带宽有保证，每用户可以独享 100 Mb/s 的接入速率，局端设备简单，传输距离长，成本随用户数的实际增长而线性增加，投资风险低，在低密度用户分散地区成本较低。缺点是光纤设施专用，当需求快速增长且用户很密集时，空间需求和成本也随之迅速增加，因而不太适合高密集用户区域。

由于计费、质量、管理、安全等多种因素，以太网作为公用网接入方式尚需进一步改进，主要是因为以太网技术的固有机制不提供端到端的包时延、包丢失率和带宽控制，难以保证实时业务的服务质量，缺乏安全机制保证等。

# 第 3 章　光纤通信网技术基础

在光纤传输系统中，当传输波长更多，传输距离更长，传输比特率更高时，光纤的色散和非线性效应成为了重要的限制因素。色散是指信号的不同成分在光纤中以不同速率传输的一种现象。色散将导致信号脉冲展宽，因而造成邻近比特的光脉冲间的干扰。光纤非线性效应是光和光纤介质相互作用的一种物理效应，主要是由介质材料的三阶极化率引起的。色散与非线性因素的相互作用是非常复杂的。

调制是用数字或模拟信号改变载波波形的幅度、频率或相位的过程。光通信系统中的光调制有直接调制和外调制两种。前者是信号直接调制光源的输出光强，后者是信号通过外调制器对连续输出光进行调制。编码指的是用一组组合方式不同的二进制码来表示量化后的输入信号取样值的处理过程。编码输出的二进制码要适合于光纤传输。信道复用是为了便于光纤传输，把多个低容量信道以及开销信息，复用到一个大容量传输信道的过程。

目前，以电子数字程控技术为主的交换方式已经很难满足光纤宽带、高速传输的特性，对光交换的研究也已经全面展开。所谓光交换，是指对光纤传送的光信号直接进行交换，无需在光纤传输和交换机之间设置光端机进行光—电—光转换，充分发挥光信号的高速、宽带和无电磁干扰的优点。

本章将首先介绍光纤的色散和非线性效应，然后讨论光纤系统中常用的调制、编码和复用方式的原理和特点，最后介绍光交换的最新成果和各种光交换系统。

## 3.1　光　　纤

### 3.1.1　光纤的类型

光纤是由中心的纤芯和外围的包层组成的同轴圆柱形石英细丝，如图 3-1 所示。纤芯的折射率比包层稍高，损耗比包层稍低，光能量主要在纤芯传输。包层为光的传输提供反射面和光隔离，并起一定的机械保护作用。

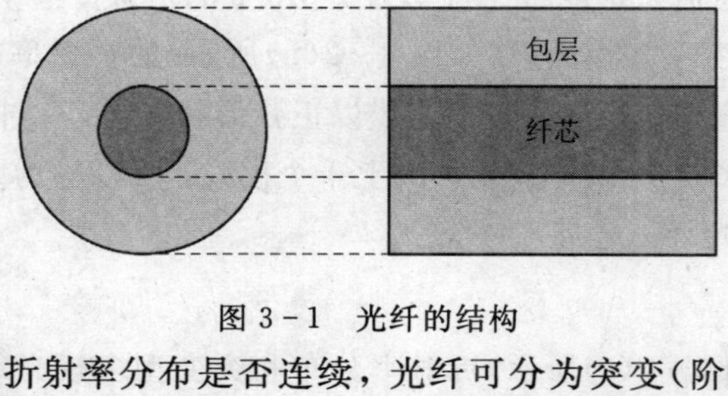


图 3-1　光纤的结构

按照纤芯和包层的折射率分布是否连续，光纤可分为突变(阶跃)型(Step Index，SI)和渐变(梯度)型(Graded Index，GI)；按照光纤中传播模式的多少，实用光纤有多模和单模两种类型。图 3-2 所示为光线在纤芯传播的路径和由于色散引起的输出脉冲相对于输入脉冲的畸变，以及光纤横截面的折射率分布。设纤芯和包层的折射率分别为 $n_1$ 和 $n_2$，光能量在光纤中传输的必要条件是 $n_1 > n_2$，纤芯和包层的相对折射率差 $\Delta = (n_1 - n_2)/n_1$，单模光纤典型值为 0.3%～0.6%，多模光纤典型值为 1%～2%。$\Delta$ 越大，把光能量束缚在纤芯的能力就越强。

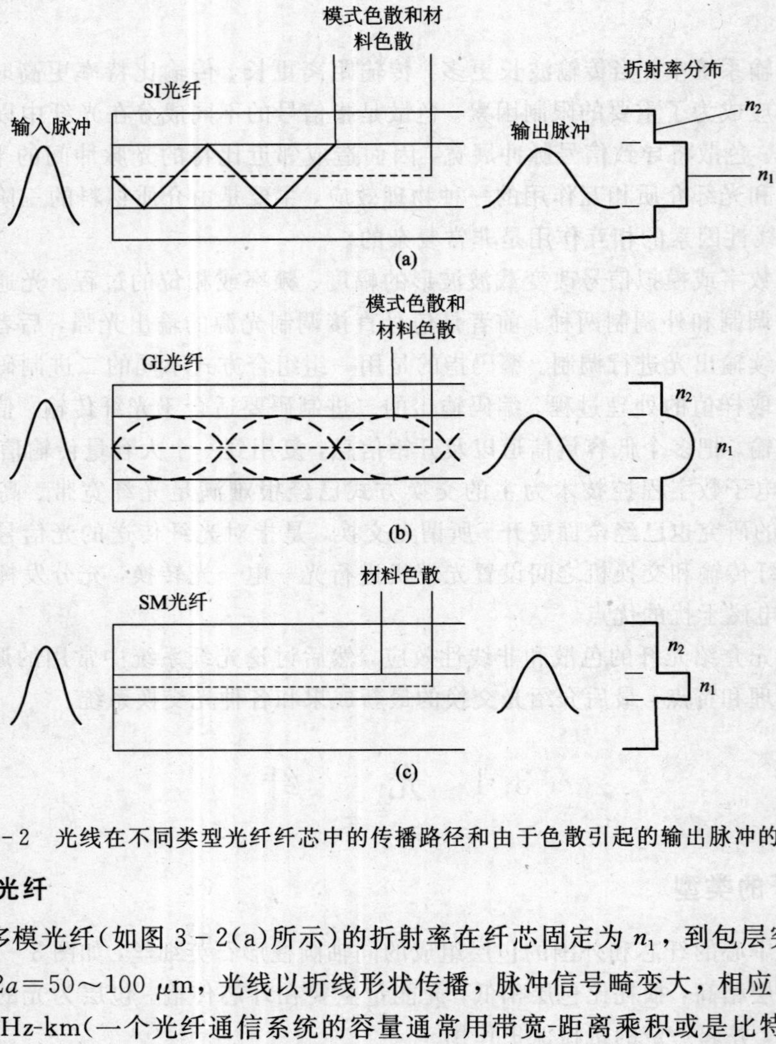


图 3-2　光线在不同类型光纤纤芯中的传播路径和由于色散引起的输出脉冲的畸变

**1. 多模光纤**

突变型多模光纤(如图 3-2(a)所示)的折射率在纤芯固定为 $n_1$，到包层突变到 $n_2$。一般纤芯直径 $2a = 50 \sim 100\ \mu m$，光线以折线形状传播，脉冲信号畸变大，相应的带宽小，只有大约 10 MHz-km(一个光纤通信系统的容量通常用带宽-距离乘积或是比特率-距离乘积来衡量。比如一个光纤通信系统能将比特率为 $x$ Mb/s 的信息传输 $y$ km，比特率-距离乘积为 $xy$( Mb/s-km))。渐变型多模光纤(如图 3-2(b)所示)的折射率在纤芯中心最大为 $n_1$，沿径向向外逐渐变小，直到包层变为 $n_2$。光线以正弦形状传播，脉冲信号畸变小，可达 1～2 GHz-km。SI 和 GI 光纤中可以传播几百到上千个模式，所以称为多模光纤。如今使用的多模光纤几乎都是渐变光纤。

**2. 单模光纤**

标准单模光纤(如图 3-2(c)所示)折射率分布和突变型多模光纤相似，只是纤芯直径更小，模场直径只有 9～10 $\mu m$，光线沿轴线直线传播，信号畸变很小。这种光纤只能传播一个模式。

## 3.1.2　光纤的色散和损耗

### 1. 色散

色散泛指发射信号中的不同成分(模式、频率或是能量分布位置)在光纤中以不同的速度传播，从而引起各成分到达接收端的时间不同的效应。色散会使得数字信号脉冲展宽。在此将定性地介绍各种色散的物理机制，以及它们对脉冲展宽的定量的贡献，至于定量的物理分析和数学推导请读者参考相关书籍。

光纤色散包括了模间色散(或称模式色散)和模内色散(或称群速色散，或直接简称色散)，后者又包括了材料色散和波导色散。在多模光纤中模式色散是主要的，材料色散比较小，波导色散一般可以忽略。在单模光纤中，由于只有基模(最低阶的模式)可以传输，因此没有模式色散，主要是材料色散，波导色散相对较小。接下来对这三种色散一一介绍。

1) 模间色散

模间色散是由于不同模式在光纤中传输的时间延迟不同而产生的。光是一种电磁波，假设电磁波(也就是光)的传播方向为 $z$，并假设光纤纤芯直径以及纤芯和包层的折射率等特性均与 $z$ 无关。那么，与 $z$ 有关的每一个光纤模式的电场和磁场具有 $e^{j\beta z}$ 的形式。其中，$\beta$ 被称为模式的传播常数。每一个光纤模式拥有不同的传播常数 $\beta$(这对于非简并模式是成立的)。传播常数的单位是单位长度上的弧度值，它决定了由模式所承载的脉冲能量在光纤中的传播速度。在光纤中传输的光能量被光纤中承载的不同的模式所分割，由于不同模式传播的速度不同，在输入端以窄脉冲输入的能量将会在输出端展宽，因此人们希望设计一种只支持单模传输的光纤，这样的光纤就是单模光纤，它所支持的模式被称为基模。

为了更好地理解模式的传播常数，考虑电磁波在折射率为 $n$ 的均匀介质中的传输。更进一步地，假设该电磁波是单色的，也就是所有的能量集中在一个单个的角频率 $\omega$ 上。在这种情况下，传播常数为 $\beta=\omega n/c=2\pi n/\lambda$。波数 $k$ 被定义为 $k=2\pi/\lambda$，表示空间频率(单位长度的周期数)。按照波数的定义，传播常数为 $kn$。当仅考虑波在纤芯中传输时，传播常数是 $kn_1$，而只在包层中传播时，传播常数表示为 $kn_2$。当光纤模式的一部分在纤芯中传播，一部分在包层中传播时，其传播常数满足 $kn_2<\beta<kn_1$。除了模式的传播常数，也可以用模式的有效折射率 $n_{\text{eff}}=\beta/k$ 来表征模式。可见，模式的有效折射率介于纤芯和包层的折射率之间。如果单色波在单模光纤中传输，则有效折射率与折射率非常相似，这样的传输波的速度表示为 $c/n_{\text{eff}}$。

对于模式还可以更直观地理解为，同一个输入光纤的窄脉冲(对时间而言)在多模光纤中会沿不同传输路径传播，这些不同的传播路径可称为不同的模式，而在单模光纤中，则只有一种模式(一条路径)能够传播。由于不同的路径有不同的长度，窄脉冲的能量(分布在不同模式中)将以不同的时间到达光纤的输出端，造成较大的时间展宽。这种时间展宽，就是模间色散。可以用在光纤中传播最快与最慢的两条光线到达光纤输出端的时间差 $\delta T$ 来度量。通过合理地设计光纤，模间色散可以被大幅度减少(如采用渐变折射率光纤)甚至消除(如采用单模光纤)。

2) 材料色散和波导色散

由于制作光纤的材料——二氧化硅的折射率与频率有关，所以不同频率的光在光纤中以不同的速度传播，从而造成同一脉冲中不同频率的光到达接收端的时间不同，这一色散成分被称为材料色散。如果发射光源是完全的纯单色光，那就不会有材料色散存在，但事实恰恰相反。因此材料色散取决于材料折射率的波长特性和光源的谱线宽度。

波导色散是另一种模内色散。我们知道，一种光模式在传播时，它的能量一部分在纤芯中，一部分在包层中。另外，一种模式的有效折射率介于纤芯和包层的折射率之间。有效折射率的具体取值取决于光的能量在纤芯和包层中的比例。如果大部分能量集中在纤芯中，有效折射率与纤芯的折射率接近。如果大部分能量在包层中，有效折射率与包层的折射率接近。一个模式的光能量在纤芯和包层中的分布是波长的函数。更精确地说，波长越长，在包层中的能量越多。因此，即使不考虑材料色散，即纤芯和包层的折射率都与波长无关，如果波长变了，能量的分布也会随着波长的改变而变化，并进而导致了这一模式的有效折射率或者是传播常数的变化。这就是波导色散的物理解释。

材料色散和波导色散不像模间色散那样是由不同的传播常数所造成的，它们即使在单模光纤中也能存在，是由传播常数的二阶微分 $\beta_2=\frac{d^2\beta}{d\omega^2}$引起的。$\beta_2$ 被称为群速色散(Group Velocity Dispersion，GVD)参数。而 $\beta_1=\frac{d\beta}{d\omega}$，$1/\beta_1$ 是脉冲在光纤中传播的速度，称为群速度 $V_g$。显然 $\beta_2$ 与群速度随频率的变化率有关，即 $\beta_2=\frac{d^2\beta}{d\omega^2}=\frac{d}{d\omega}\left(\frac{1}{V_g}\right)=-\frac{1}{V_g^2}\frac{dV_g}{d\omega}$，因此，模内色散又被称为群速色散，往往用 $D=-\frac{2\pi c}{\lambda^2}\beta_2$ 表示。假如一个初始脉宽为 $\tau_0$ 的脉冲在光纤中传输了距离 $L$，那么由于群速色散 $D$ 的存在，其脉宽会展宽为 $\tau(L)=\tau_0\sqrt{1+\left(\frac{1.47DL\lambda^2}{\tau_0}\right)^2}$。而参数 $D$ 又可以进一步表示为 $D=-\frac{\lambda}{c}\left[\left(\frac{\partial^2 n}{\partial\lambda^2}\right)_m+\left(\frac{\partial^2 n}{\partial\lambda^2}\right)_w\right]$，中括弧中前面一项表示材料色散，后面一项表示波导色散。可见正是这两项色散导致了脉冲的展宽。关于色散计算更具体的推导可参见参考文献[8]。

在没有色散的情况下，$\beta_2=0$。在这样的理想状况下，所有传输的脉冲形状将不会变化。一般来说，不仅 $\beta_2\neq0$，而且它还是光的频率，或者说光波长的函数。对大部分光纤，有一个所谓的零色散波长，对这一波长，群速度参数 $\beta_2=0$。如果 $\beta_2>0$，则被称为正常色散；而当 $\beta_2<0$ 时，被称为反常色散。

3）偏振模色散

除了上述三种色散外，还有一种色散是和光的偏振有关的，即偏振模色散。

光是一种电磁波，它在介质中的传播可以用相关电场和磁场矢量在空间和时间上的演化来描述，分别表示为电场矢量 $\boldsymbol{E}(r,t)$和磁场矢量 $\boldsymbol{H}(r,t)$。这里 $r$ 代表位置向量，$t$ 代表时间。对任意一个矢量，比如电场矢量 $\boldsymbol{E}(r,t)$，都可被分解为 $\boldsymbol{E}(r,t)=E_x\hat{\boldsymbol{e}}_x+E_y\hat{\boldsymbol{e}}_y+E_z\hat{\boldsymbol{e}}_z$，其中 $\hat{\boldsymbol{e}}_x$、$\hat{\boldsymbol{e}}_y$ 和 $\hat{\boldsymbol{e}}_z$ 分别代表沿 $x$、$y$ 和 $z$ 方向的单位矢量。一般而言，$E_x$、$E_y$ 和 $E_z$ 都与 $x$、$y$ 和 $z$ 有关。对于一个时变电场，其电场矢量幅度值和方向都会随时间变化。假如一个时变电场的方向是恒定不变的，并且幅值与时间无关，则称其是线性偏振的。

单模光纤中的基模正是由沿着 $x$ 和 $y$ 方向两种线性偏振的电场叠加而成的。由于这两个方向是相互垂直的，因此被称为正交偏振。光能在这两个偏振模式中的分布被称为偏振态(State Of Polarization，SOP)。光纤仍然被看作是单模光纤的原因是这两个偏振模式是简并的，也就是说，至少在理想的、精确圆对称的光纤中它们有相同的传播常数。因此，虽然脉冲的能量分布在两个偏振模式上，但并没有因色散而产生脉冲的展宽，因为其传播常数是相同的。

但实际上，光纤并不是精确圆对称的，两个正交偏振模的传播常数稍有不同，也就是说，实际的光纤是弱双折射的(双折射是指一种介质对正交偏振的两种光具有不同的折射率，从而导致这两种光可能具有不同的速度和传播方向)。因为在光纤中传播的脉冲的能量分布在两个偏振模式上，故双折射会导致脉冲展宽。这种现象被称为偏振模色散(Polarization-Mode Dispersion，PMD)。原理上，这与多模光纤的脉冲展宽很相似，但是影响却弱得多。

图 3－3 描绘了偏振模色散引起的脉冲展宽。这里所做的假设是：在整个光纤长度范围内，两个偏振方向上的传播常数保持不变。如果传播常数的差别用 $\Delta\beta$ 表示，当脉冲传播了一个单位光纤长度后，由于偏振模色散的存在所引起的时间展宽，或差分群时延(Differential Group Delay，DGD)由式 $\Delta\tau=\Delta\beta/\omega$ 给出。差分群时延的典型值是 $\Delta\tau=0.5$ ps/km，这表明在光纤中传输 100 千米后，累积的时间展宽是 50 ps，相当于一个 10 Gb/s 系统中的 100 ps 比特周期的一半。这意味着，由于偏振模色散的影响，将 10 Gb/s 的信息传输一个理想的距离是不可能的。

图 3－3　偏振模色散引起的脉冲展宽

然而，假定每种偏振模式具有固定的传播常数是不现实的，因为光纤的双折射将沿着光纤的长度方向改变(由于温度和环境的变化，它也会随着时间而变化)。当然，偏振模色散的实际影响并不像上文表述的那样糟糕，因为在光纤不同部分的时延变化是随机的，可以互相抵消。这导致了差分群时延与传输线路的长度的平方根成反比关系，而不是与传输线路的长度成反比关系，其典型值在 0.1～1 ps/$\sqrt{\text{km}}$之间。

**2. 损耗**

光纤衰减损耗的影响可以被简单地定义为：在一根长为 $L$ 的光纤的输出端的输出能量 $P_{out}$ 与输入端的入射能量 $P_{in}$ 的关系可表述为 $P_{out}=P_{in}e^{-\alpha L}$。这里，参数 $\alpha$ 代表光纤的衰减，其单位为 $km^{-1}$，但一般习惯将衰减表述为 dB/km，所以 $\alpha_{dB}$ dB/km 即意味着在 $L=1$ km 处的 $P_{out}/P_{in}$ 满足 $10\lg(P_{out}/P_{in})=-\alpha_{dB}$ 或者 $\alpha_{dB}=(10\lg e)\alpha\approx4.343\alpha$。

在光纤中有两类衰减机制：材料吸收损耗和瑞利散射损耗。材料吸收既包括二氧化硅的吸收，又包括光纤中杂质的吸收。在光通信系统所使用的 0.8～1.6 $\mu$m 波段中，纯净二氧化硅的材料吸收都是可以忽略的。因此，在制造光纤的过程中，减少杂质所引起的材料吸收是非常重要的。如今，在光通信所关注的波长处的材料损耗已经减少到可以忽略的程度。而由于瑞利散射引入的损耗则对当今使用的所有的三个工作波长，即 0.8 μm、1.3 μm 和 1.55 μm，都起着主要的作用。图 3-4 给出了二氧化硅的衰减损耗与波长的关系曲线。从图 3-4 中可以看到，在上述的三个波段损耗都达到了极小值，分别是 2.5 dB/km、0.4 dB/km 和0.25 dB/km(在一个典型的光通信系统中，信号在损耗达到大约 20～30 dB 前是不需要被放大或再生的。在衰减系数为 0.25 dB/km 时，相应的传输距离是 80～120 km)。波长 1400 nm 附近衰减峰的存在主要是由于玻璃光纤中残余的水蒸气的影响，所以又称为“水峰”。

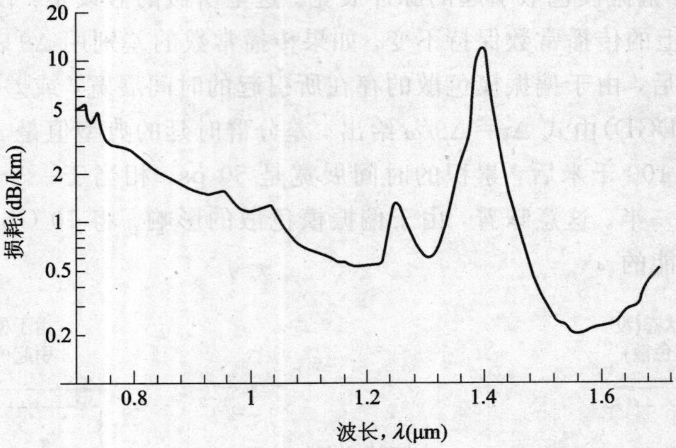


图 3-4　二氧化硅的衰减损耗与波长的关系

带宽可以依据波长差 $\Delta\lambda$ 或者是频率差 $\Delta f$ 来测量，它们之间的关系可描述为 $\Delta f\approx\frac{c}{\lambda^2}\Delta\lambda$。这个等式是通过对关系式 $f=c/\lambda$ 微分得到的。考虑当今光通信系统使用的 1.3 μm 波段和 1.55 μm 波段，带宽定义为相应波段最低损耗处左右两边损耗分别增加到最小值的 2 倍之间的波长差，在这些波段，光纤的可用带宽分别近似为 80 nm(1.3 μm 处)和 180 nm (1.55 μm 处)。将其转换为频率，相应于带宽为 35 000 GHz。试想，当今大部分用户的应用所涉及的比特率不超过每秒几十兆比特，这的确是一个巨大的带宽。

正如前面所提到的，在光纤中占据主要地位的损耗是瑞利散射损耗。瑞利散射损耗是由介质(二氧化硅)微观不均匀性所引起的。由于瑞利散射损耗引起的衰减系数 $\alpha_R$ 与波长 $\lambda$ 的关系可表示为 $\alpha_R=A/\lambda^4$，其中 $A$ 被称为瑞利散射系数。值得注意的是，由于因子 $\lambda^{-4}$ 的存在，瑞利散射损耗将随着波长的增大迅速减小。目前还没发现在 1.55 μm 处具有更低的瑞利衰减系数的玻璃材料。为了在目前 0.25 dB/km 的基础上进一步减小光纤的损耗，其中一种方法是增大波长，从而减小瑞利散射的影响。然而，长波长会使二氧化硅的材料吸收变得很严重。也许可以通过使用其他的材料，如氟锆酸盐，来实现在目前这些波长上的更低损耗。

同上述两种与光纤材料本身相关的衰减机制不同，光纤的弯曲损耗是光纤在其使用过程中不可避免的一种损耗，特别是用于仪器中时，可能会由于众多的原因被弯曲。弯曲导致能量从纤芯向包层泄漏，进而导致了附加损耗。弯曲使用弯曲半径来表征，弯曲半径是指弯曲的曲率半径。越弯曲，曲率半径越小，损耗就越大，为了保证有较低的损耗，弯曲半径应为厘米量级。另外，在 1550 nm 处的弯曲损耗比 1310 nm 处的大。弯曲损耗随着光纤类型的不同有所变化，ITU－T 标准规定了在 1550 nm 处由弯曲引起的附加损耗必须限制在 0.5～1 dB 之内。当弯曲半径是 4 cm 时，所引入的弯曲损耗小于 0.01 dB。但当弯曲半径进一步减小时，损耗将快速增加。所以要注意防止严重的弯曲，特别是当光纤用于仪器中时。

### 3.1.3　光纤的非线性

光纤的非线性效应严格地说应该是强光效应，“线性”指的是低入射功率时光信号的光频是始终不变的。光纤在强光入射时会出现新的频率的光信号或在原频率处出现相位漂移等现象，这就是光纤的非线性效应。当光通信系统运行于中等能量(几毫瓦)，并且其比特率在 2.5 Gb/s 以下时，光通信系统是线性的。然而在更高的比特率(如 10 Gb/s)或者是更高的传输能量的情况下，考虑非线性效应是非常必要的。对于波分复用系统，即使在中等能量和比特率的情况下，非线性效应也可能是很重要的。

非线性效应有两类。第一类源于光波与二氧化硅介质中声子(由分子振动引起)的相互作用，是一种受激散射。前文中提到的瑞利散射是一种弹性散射，散射光的频率保持不变，而这种受激散射是非弹性散射，散射光频率要降低。这一类型中两个主要的非线性效应是受激布里渊散射(Stimulated Brillouin Scattering，SBS)和受激喇曼散射(Stimulated Raman Scattering，SRS)。第二类的非线性源于介质折射率的非线性，折射率不再是一个固定不变的值，而是依赖于作用电场的强度，即与作用电场的幅值平方成比例。在这一类型中，最重要的非线性效应主要有自相位调制(Self-Phase Modulation，SPM)和四波混频(Four-Wave Mixing，FWM)。

在散射效应中，能量从一个光波(泵浦光波)转移到另一个波长较长，或者说能量较低的光波(被称为斯托克斯波(Stokes wave))上。损失的能量被介质中的分子振动或声子吸收。随着泵浦光波在光纤中的传输，它将损失能量，而斯托克斯波获得能量。对于受激布里渊散射情况下，泵浦波是信号波，而斯托克斯波是在散射过程中产生的无用波。而在受激喇曼散射情况下，泵浦波是一个高能量波，斯托克斯波是以泵浦波能量损耗为代价而得到能量放大的信号波。

一般而言，散射效应用增益系数 $g$ 和谱宽 $\Delta f$ 表征，增益系数 $g$ 的单位是米/瓦特。增益系数被用来度量非线性的强度。

在自相位调制中，发射脉冲产生了啁啾(“啁啾”是指光脉冲中不同时间位置上的光频率不同)。当有啁啾存在时，色散所引入的脉冲展宽会变得更严重。自相位调制所引入的啁啾将大幅度增加系统中色散引起的脉冲展宽。对于高比特率系统，即使在中等能量范围内，自相位调制所引入的啁啾也有可能大幅度增加系统中色散引起的脉冲展宽。

在一个拥有多个信道的波分复用系统中，一个信道中的啁啾依赖于其他信道中信号强度所引起的折射率的变化。这种效应被称为交叉相位调制(Cross-Phase Modulation，CPM)。当一个信道中的啁啾是由同一信道中信号强度引入的折射率变化所引起时，则被称为自相位调制。

在波分复用系统中，另外一种重要的非线性效应是四波混频。如果该波分复用系统包

含有 $f_1, \cdots, f_n$，那么四波混频会引入一些新的频率信号，如 $2f_i - f_j$ 和 $f_i + f_j - f_k$。这些信号对原有载波信号形成了干扰，尤其当信道的间隔比较小时，干扰更加严重。色散的减少增强了四波混频引起的干扰。所以，使用色散位移光纤的系统比使用标准单模光纤的系统更容易受到四波混频的影响。

接下来对光纤中的各种非线性效应做进一步的探讨。

**1. 有效长度和面积**

非线性相互作用与信号传输的长度和光纤的横截面积有关。长度越长，相互作用越强，非线性效应越严重。然而，在信号沿通信线路传输的过程中，其能量由于光纤的衰减损耗而减少。所以，对于光纤通信系统，非线性效应多发生在传输之初，并且随着信号的传播而减小。

要完全弄清这种非线性效应是很复杂的。但事实上，假设能量在一定的有效长度 $L_e$ 之内是常数，则可以使物理模型变得简单。而且，对于理解非线性效应，这种简单模型已经被证明是足够精确的。假设 $P_0$ 代表光发射机输入光纤的能量，则 $P(z) = P_0 e^{-\alpha z}$ 代表通信线路上 $z$ 处的光能量，其中 $\alpha$ 代表光纤的衰减。用 $L$ 表示实际的通信线路的长度，则有效长度 $L_e$（如图 3-5 所示）被定义为 $P_0 L_e = \int_{z=0}^{L} P(z)\,dz$，得出 $L_e = (1 - e^{-\alpha L})/\alpha$，典型地，在1.55 μm 处，$\alpha_{dB} = 0.22$ dB/km，对 $L \gg 1/\alpha$ 的较长的通信线路，得到 $L_e \approx 20$ km。

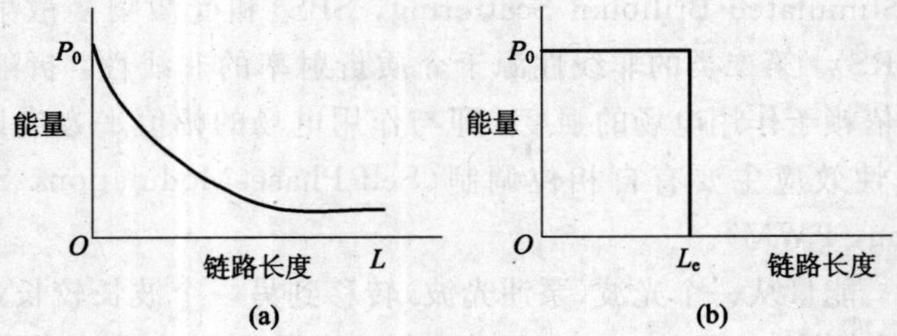


图 3-5 通信线路的长度 $L$ 与有效长度 $L_e$

除了传输长度外，非线性效应也将随着光纤中传输光强度的增大而增大。对于一个给定的能量，光强度与纤芯的面积成反比。由于能量在光纤的横截面上的分布并不是均匀的，使用一个参数，有效横截面积 $A_e$（如图 3-6 所示）将是非常方便的。$A_e$ 与实际面积 $A$ 以及基模（在此只讨论单模光纤）的横截面分布有关，表示为

$$A_e = \frac{\left[\int_r\int_\theta |F(r,\theta)|^2 r\,dr\,d\theta\right]^2}{\int_r\int_\theta |F(r,\theta)|^4 r\,dr\,d\theta} \tag{3-1}$$

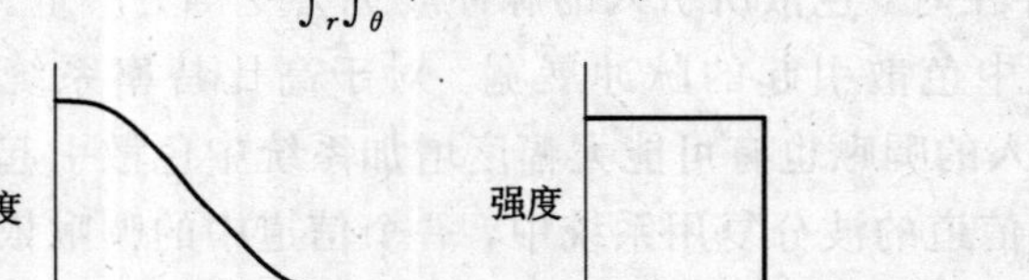


图 3-6 光纤的有效横截面积 $A_e$

其中，$r$ 和 $\theta$ 表示极坐标参量。上面定义的有效面积的意义在于：在大部分的非线性效应中，可以用给定类型光纤中所传输的基模的有效面积来表示。比如，为了计算特定的非线性效应，如自相位调制，脉冲的有效强度可以被表示为 $I_e=P/A_e$，其中 $P$ 是脉冲能量。比如，普通单模光纤的有效面积约为 85 $\mu m^2$，而色散位移光纤的有效面积约为 50 $\mu m^2$。

**2. 受激布里渊散射**

受激布里渊散射和介质宏观弹性性质有关，参与散射作用的声子是声学声子，光波与二氧化硅介质中声子的相互作用发生在 1.55 $\mu$m 附近的一个非常窄的带宽 $\Delta f_B=20$ MHz 上。并且斯托克斯波和泵浦波沿相反的方向传播。因此，只要波长之间的差异大于 20 MHz（这一条件一般都满足），受激布里渊散射不会引起任何不同波长之间的相互作用。然而，受激布里渊散射有可能在一个信道中引发严重的畸变。受激布里渊散射会在信号传输的反方向上，或者说是朝向源的方向上产生增益，因此，它一方面会削弱发射信号，另一方面还会向发射机反馈一个相当强的信号，这个信号必须用隔离器隔离掉。受激布里渊散射的增益系数 $g_B$ 与波长无关，大约是 $4\times10^{-11}$ m/W。

泵浦波能量 $P_p$ 和斯托克斯波的能量 $P_s$ 有如下关系：

$$P_s(0)=P_s(L)e^{-\alpha L}e^{\frac{g_B P_p(0)L_e}{A_e}} \tag{3-2}$$

以及

$$P_p(L)=P_p(0)e^{-\alpha L} \tag{3-3}$$

应该注意的是，由于泵浦波和斯托克斯波是反向传播的，因此泵浦波的输出是在 $z=L$ 处，而斯托克斯波的输出则在 $z=0$ 处。

**3. 受激喇曼散射**

与受激布里渊散射不同，受激喇曼散射的情况与介质光学性质有关，参与散射作用的声子是频率较高的光学声子。

假如两个或者多个不同波长的光信号输入光纤，受激喇曼散射会引起能量从短波长信道转换到长波长信道（见图 3-7）。一个波长为 $\lambda$ 的光子的能量表示为 $hc/\lambda$，其中 $h$ 是普朗克常量，所以，短波长的光子有较大的能量。能量从短波长信号转变为长波长信号，相当于高能量光子引起了低能量光子的发射。这种能量从短波长信号到长波长信号的耦合也是光学放大器和激光器工作的基本原理。

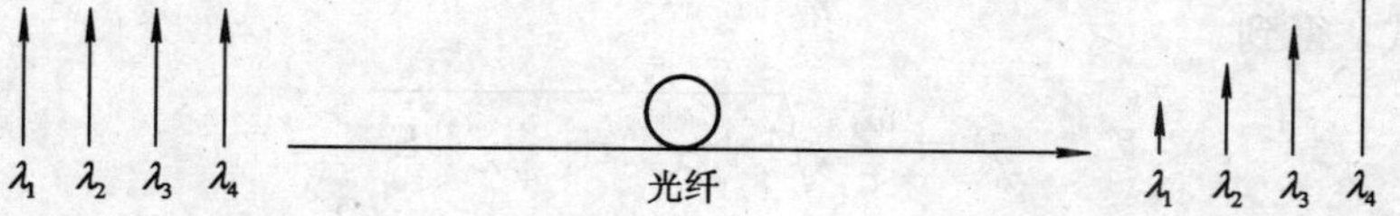


图 3-7　受激喇曼散射引起的能量从短波长信道转换到长波长信道

受激喇曼散射是一种宽带效应。图 3-8 显示了其增益系数 $g_R$ 与波长间隔的函数关系。在 1.55 $\mu$m 处的增益系数 $g_R$ 的峰值约为 $6\times10^{-14}$ m/W，比受激布里渊散射的增益系数小得多。另外，受激喇曼散射引起了在传播方向同向和其反方向两个方向上的耦合。

尽管在波分复用系统中，信道间的受激喇曼散射对系统是有害的，但仍然可以利用受激喇曼散射对信号进行放大，这对系统的总体性能是有益的。

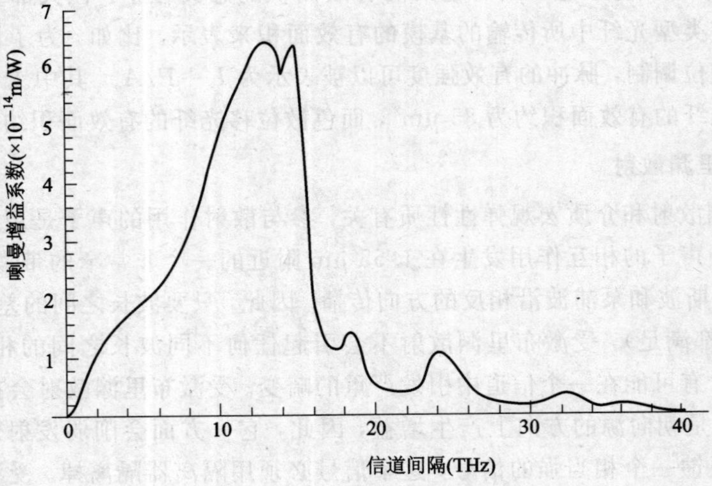


图 3-8　受激喇曼散射增益系数 $g_R$ 与波长间隔的关系

**4. 自相位调制**

自相位调制是由折射率中与强度有关的一项分量所引起的。这种非线性折射率造成了感应脉冲漂移，该漂移与脉冲的强度成比例。所以，脉冲的不同部分有不同的相位漂移，从而造成了脉冲的啁啾。脉冲啁啾又会加剧色散引入的脉冲展宽。这种啁啾效应与传输信号的能量成比例，导致在高能量系统中自相位调制更为严重。自相位调制引起的啁啾影响色散带来的脉冲展宽，因此，对已经被色散严重限制的高比特率传输系统，考虑其影响是非常重要的。对一个比特率为 10 Gb/s 或 10 Gb/s 以上的系统，或者是有着高能量的低比特率系统来说，自相位调制会大幅度增加色散带来的脉冲展宽。

为了理解自相位调制的影响，考虑一个电场为 $E(z, t)=E\cos(\omega_0 t-\beta_0 z)$ 的单信道系统。

非线性电介质极化可以写成：

$$\begin{aligned}P_{NL}(r, t) &= \varepsilon_0\chi^{(3)}E^3\cos^3(\omega_0 t-\beta_0 z)\\ &= \varepsilon_0\chi^{(3)}E^3\left(\frac{3}{4}\cos(\omega_0 t-\beta_0 z)+\frac{1}{4}\cos(3\omega_0 t-3\beta_0 z)\right)\end{aligned} \tag{3-4}$$

$\chi^{(3)}$ 是三阶非线性极化率。为了将非线性电介质极化效应考虑进来，针对 $\beta_0$ 求解非线性电介质极化公式，得到

$$\beta_0=\frac{\omega_0}{c}\sqrt{1+\tilde{\chi}^{(1)}+\frac{3}{4}\chi^{(3)}E^2}$$

根据 $n^2=1+\tilde{\chi}^{(1)}$，有

$$\beta_0=\frac{\omega_0 n}{c}\sqrt{1+\frac{3}{4n^2}\chi^{(3)}E^2}$$

因为对于玻璃光纤，$\chi^{(3)}$ 非常小，得到近似公式：

$$\beta_0=\frac{\omega_0}{c}\left(n+\frac{3}{8n}\chi^{(3)}E^2\right) \tag{3-5}$$

所以，电场 $E(z, t)=E\cos(\omega_0 t-\beta_0 z)$ 变成了一个相位变化为 $E^2 z$ 的正弦波。这种现象就是自相位调制。以上结果的具体推导，可参见参考文献[9]。

对于振幅为 $E$ 的平面波，其电场的强度是 $I=0.5\varepsilon_0 cnE^2$。所以，由自相位调制引起的相位变化与电场的强度成正比。注意，相位变化将随着传输距离的增大而增大。由于在线性范围内 $\beta$ 和折射率 $n$ 的关系遵循 $\beta=\omega n/c$，在非线性效应存在的情况下，公式(3-5)可以解释为光纤的折射率对强度有依赖关系，即：

$$\hat{n}(E) = n + \bar{n}I \tag{3-6}$$

式(3-6)中电场的强度是 $I=\frac{1}{2}\varepsilon_0 cn|E|^2$，单位为 $W/\mu m^2$。$\bar{n}=\frac{2}{\varepsilon_0 cn}\frac{3}{8n}\chi^{(3)}$ 被称为非线性折射率系数(Nonlinear Index Cofficient，NIC)，对于玻璃光纤，其值在 $2.2\sim3.4\times10^{-8}\ \mu m^2/W$ 的范围内变化。

在光通信系统中传输的脉冲，在时间上是有限带宽的，所以是非单色光。而且也不是平面波，亦即其电场的横向分布($(x, y)$平面)不是常数，而是由光纤的几何形状决定的。然而，自相位调制对这些脉冲产生的影响是相同的。

由于自相位调制效应的存在，电场的相位中包含了一个与电场的强度成正比的分量。然而，由于有限的时间带宽，这些脉冲相对应的电场强度并不是常量。因此，脉冲不同部分引入的相位漂移也是不同的。注意，由自相位调制产生的相位漂移是负的，因为在相位的表达式中其符号是负的，即 $\omega_0 t-\beta_0 z$。脉冲的峰值处对应绝对值最大的相位漂移，脉冲的前沿和后沿对应较小的相位漂移。由于频率是相位的导数，脉冲的后沿有负的频率漂移，而其前沿有正的频率漂移。由于啁啾与频率的导数成正比，这意味着啁啾因子 $\kappa$ 是正的，所以自相位调制使脉冲产生了正的啁啾。

由于在光纤中非线性极化率 $\chi^{(3)}$ 的值非常小，只有当使用大功率时(即 $E^2$ 很大时)，自相位调制效应才较为重要。对那些已经被色散严重影响的短脉冲(即高比特率)来说也是很有必要的。

正的脉冲啁啾究竟对脉冲展宽产生什么影响取决于群速度色散(GVD)参数 $\beta_2$ 的符号。当 $\beta_2>0$ 时，是正常色散；而当 $\beta_2<0$ 时，是反常色散(如图 3-9 所示)。如果乘积 $\kappa\beta_2>0$，啁啾将大幅度增加色散引起的脉冲展宽。由于自相位调制产生的啁啾是正的，因此自相位调制在正常色散范围中引发了单调增强的脉冲展宽。而在反常色散范围中，自相位调制的影响则依赖于色散的量值。当自相位调制和色散的影响差不多，但色散还占主导地位时，自相位调制实际上有可能降低色散引入的脉冲展宽。这种现象可以在图 3-10 中看到，即一个正的啁啾脉冲在反常色散范围内首先是压缩的。脉冲压缩后并没有快速展宽的原因是由于在整个脉冲中啁啾因子并不是常数，而是会随着脉冲振幅或强度发生变化的。这种啁啾因子对强度的依赖关系导致了在反常色散范围中脉冲展宽行为的差别，当然也与存在的色散有关。当色散和自相位调制的影响相同时，脉冲保持稳定，亦即在最初的展宽之后不再进一步展宽。当色散可以忽略，即在零色散波长附近时，自相位调制导致了脉冲的幅度调制。

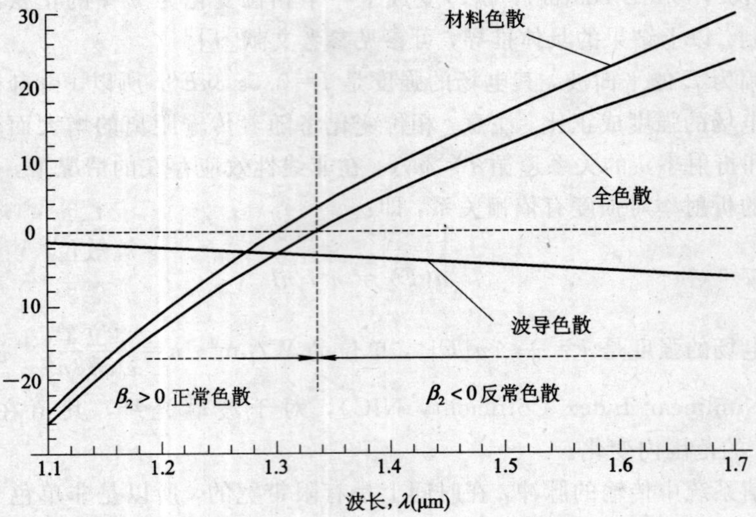


图 3－9　标准单模光纤的材料色散、波导色散和全色散

图 3－10　当 $\kappa\beta_2<0$ 时，由于色散引入的脉冲压缩

(a) 一个 $\kappa=-3$，$z=0$ 处的啁啾高斯脉冲；(b) 图 3－10(a)所示的脉冲在 $z=0.4L_D$处的情况

**5. 交叉相位调制**

在波分复用系统中，非线性效应的影响更严重，因为即使每个信道都是中等功率，但所有信道联合的信号可能相当强。所以强光所致的相位漂移以及仅由 SPM 感应的啁啾，由于其他信道信号强度的影响而增加了。这种现象称为交叉相位调制(CPM)。

为了理解交叉相位调制的影响，考虑一个包含两个信道的波分复用系统已经足够了。对于这样的系统，$E(r, t)=E_1\cos(\omega_1 t-\beta_1 z)+E_2\cos(\omega_2 t-\beta_2 z)$。现仅考虑 $\omega_1$，在 $\omega_1$ 频率处的非线性电介质极化的分量表示为：

$$\frac{3}{4}\varepsilon_0\chi^{(3)}(E_1^2+2E_2^2)E_1\cos(\omega_1 t-\beta_1 z) \tag{3-7}$$

通过计算可知，此时的电场有一个在 $\omega_1$ 频率处的正弦分量，其相位变化与$(E_1^2+2E_2^2)z$成正比：第一项是由自相位调制产生的，而第二项的影响则被称为交叉相位调制。注意，假如 $E_1=E_2$，也就是两个场具有相同的强度，交叉相位调制对系统的影响将是自相位调制的两倍。定性地说，交叉相位调制的影响与自相位调制相似，交叉相位调制将加剧啁啾。

事实上，在使用标准单模光纤的波分复用系统中，交叉相位调制的影响可以通过增大信道间隔而大幅度减小。由于光纤的色散，这些信道的传播常数 $\beta$ 很不相同，因此不同信道的脉冲在光纤中空间上分离，不能相互作用。只要光纤有很小的色散(1～2（ps/nm-km)），脉冲离散现象就会发生，只有在光纤的零色散波长附近才会例外。由于这种脉冲离散现象，在开始时间重合在一起的脉冲传输了一段距离后就分开并且不再相互作用了，因此交叉相位调制的影响就减小了。例如，对于运行在 1550 nm 波段，使用标准单模光纤，具有 100 GHz 信道间隔的系统中，交叉相位调制的作用可以忽略。一般来说，在光纤中的所有非线性效应都是很弱的，但会随着相互作用长度的增加而变得严重，因此，任何减小相互作用的方法都会减小非线性效应。然而，值得注意的是，在色散位移光纤中，不同信道的脉冲在传播过程中并不离散，因为它们传播的群速度非常接近。因此，对于用色散位移光纤构建的高速(比特率 10 Gb/s 或更高)波分复用系统，交叉相位调制已经成为了一个严重的问题。

**6. 四波混频**

如果有三个频率分别为 $\omega_1$，$\omega_2$，$\omega_3$ 的光场同时在光纤中传输，由于三阶非线性极化率 $\chi^{(3)}$ 的存在(这一点是和 SPM、CPM 相同的)，将会引起频率为 $\omega_4=\omega_1\pm\omega_2\pm\omega_3$ 的第四个光场。这种现象称为四波混频(FWM)。从形式上看，式中“±”决定的几个光场都可能存在，但实际上多数“±”组合的光场都不能产生，这是因为四波混频过程还需要满足相位匹配条件。

与自相位调制(SPM)和交叉相位调制(CPM)不同的是，SPM 和 CPM 在高比特率系统中影响严重，而四波混频效应与比特率无关，却严重依赖于信道间隔和光纤的色散。减小信道间隔和减小色散都会增加四波混频。因此，当信道间隔变窄或者是使用了色散位移光纤时，即使是中等比特率系统，仍然需要考虑四波混频。

为了理解四波混频效应，考虑一个由 $n$ 个单色平面波组成的波分复用信号。该信号的电场可以写成

$$E(r,\ t)=\sum_{i=1}^{n}E_i\cos(\omega_i t-\beta_i z)$$

由于光纤的非线性极化，在频率 $\omega_i\pm\omega_j\pm\omega_k$($i$，$j$，$k=1$，2，…，$n$，$\omega_i$、$\omega_j$ 和 $\omega_k$ 可以相同也可以相异)处产生了新的波分量或场分量。当频率间隔相等，并且对于选定的特定的 $i$、$j$ 和 $k$ 的值，第四个波会破坏原来频率的波。例如，假定选择的 $\omega_1$、$\omega_2$ 和 $\omega_3$ 是相连的频率值，频率间隔为 $\Delta\omega$，也就是说有 $\omega_2=\omega_1+\Delta\omega$ 以及 $\omega_3=\omega_1+2\Delta\omega$。那么可得到 $\omega_1-\omega_2+\omega_3=\omega_2$ 和 $2\omega_2-\omega_1=\omega_3$。

在合适的条件下，包含 $\omega_i+\omega_j-\omega_k$(其中 $i$，$j\neq k$ 且 $\omega_i$ 和 $\omega_j$ 不必相异)的所有项，相位匹配的条件可以大致上满足。例如，如果波分复用系统中的波长间隔较小，或者是在光纤的零色散附近被分隔，在这些频率处 $\beta$ 值近似为一个常数，因此相位匹配的条件也就近似地满足了。这样，在这些频率处光信号的功率就相当重要了。

有一种表示 $\omega_i+\omega_j-\omega_k$($i$，$j\neq k$)处四波混频的简洁方法，这种方法在相关文献中频繁使用。定义 $\omega_{ijk}=\omega_i+\omega_j-\omega_k$，以及简并因子 $d_{ijk}=\begin{cases}3, & i=j,\\ 6, & i\neq j,\end{cases}$。所以 $\omega_{ijk}$ 处的非线性电介质极化可以写成：

$$P_{ijk}(z,\ t)=\frac{\varepsilon_0\chi^{(3)}}{4}d_{ijk}E_iE_jE_k\cos((\omega_i+\omega_j-\omega_k)t-(\beta_i+\beta_j-\beta_k)z) \tag{3-8}$$

如果假设光信号以平面波的形式在光纤的有效横截面 $A_e$ 内传播(如图 3-6 所示)，利用公式(3-8)可以得出，当在光纤中传播了 $L$ 距离之后，频率 $\omega_{ijk}$ 处产生的信号的功率是 $P_{ijk}=\left(\frac{\omega_{ijk}d_{ijk}\chi^{(3)}}{8A_e n_{\text{eff}}c}\right)^2 P_iP_jP_kL^2$。其中 $P_i$、$P_j$ 和 $P_k$ 是在频率 $\omega_i$、$\omega_j$ 和 $\omega_k$ 处的输入功率。注意：这里用基模的有效折射率 $n_{\text{eff}}$ 代替了折射率 $n$。考虑到非线性折射率 $\bar{n}$，频率 $\omega_{ijk}$ 处产生的信号的功率可以写成：

$$P_{ijk}=\left(\frac{\omega_{ijk}\bar{n}d_{ijk}}{3cA_e}\right)^2 P_iP_jP_kL^2 \tag{3-9}$$

现在来考虑一个具体的例子。假设在频率 $\omega_i$、$\omega_j$ 和 $\omega_k$ 处的每个光信号的功率为 1 mW，光纤的有效横截面积 $A_e=50\ \mu m^2$。另外假设 $\omega_i\neq\omega_j$，所以 $d_{ijk}=6$。使用 $\bar{n}=3.0\times10^{-8}\ \mu m^2/W$，传输距离 $L=20$ km，计算得到在由四波混频产生的频率 $\omega_{ijk}$ 处的信号的功率 $P_{ijk}$ 约是 9.5 μW。注意：这个结果只比输入信号功率 1 mW 低大约 20 dB。在一个波分复用系统中，如果有另外一个信道正好落在 $\omega_{ijk}$ 处，四波混频效应有可能使这个信道的性能严重退化。

事实上，由于缺乏理想的相位匹配，以及由于光纤损耗带来的信号衰减，四波混频产生的信号的功率是很低的。

# 3.2 光调制技术

## 3.2.1 光调制的原理和特性

调制(Modulation)是利用承载了信息的数字或模拟信号来改变载波波形的过程，调制设备称为调制器(Modulator)。接收端将调制信号还原的过程称为解调(Demodulation)，解调设备就称为解调器(Demodulator)。用于调制的信号可以是模拟的，也可以是数字的。

光调制就是将一个携带信息的信号叠加到光载波上，表征发射光的特性并用来传送信息的参数(被调制参数)，包括光波的振幅(或功率)、频率、相位和偏振态等。如果用于调制的信号是模拟形式，则有幅度调制(Amplitude Modulation，AM)、频率调制(Frequency Modulation，FM)和相位调制(Phase Modulation，PM)等调制方式，如图 3-11(a)所示。其中用于调制的信号为 $\cos\omega_m t$，$\omega_m$ 为该信号角频率。光源输出的光信号为 $E\cos\omega_0 t$，$\omega_0$ 是光频，初始相位为零。调制就是把 $\cos\omega_m t$ 的影响按照相应调制方式作用于 $E\cos\omega_0 t$ 的相应参数上，比如 AM 方式，调制就作用在了原光信号的振幅中。如果用于调制的信号是数字形式，则有幅移键控(Amplitude-Shift Keying，ASK)、频移键控(Frequency-Shift Keying，FSK)和相移键控(Phase-Shift Keying，PSK)，如图 3-11(b)所示，调制的作用方式类似于模拟信号调制时的情形。

调制的实现有直接调制和外调制两种方式。直接调制是通过控制注入电流来改变光源的输出光特性(强度、相位等)，使其直接随承载信息的信号而变化。比如，少量电流的变化就可以调制激光器的光频(波长)，大约是 1 nm/mA。这就提供了实现 FM 和 FSK 的简单而有效的方法。

使用外调制器可以把激光的产生和调制过程完全分开，可以避免啁啾等有害效应。这

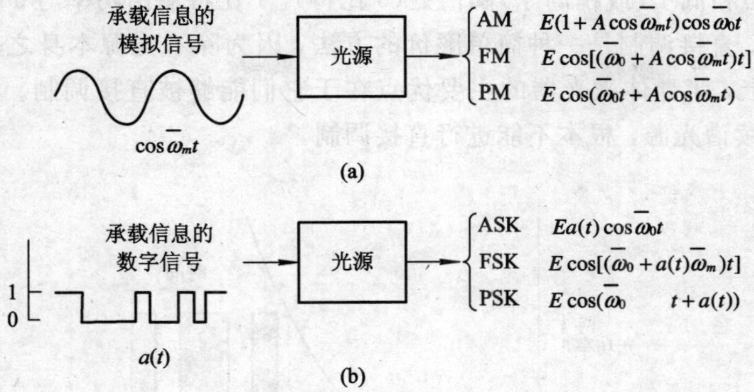


图 3－11　光的调制方式

时激光器按连续波工作，外调制器插在激光器和输出节点之间，如图 3－12 所示。这里要防止调制器的反射对激光器的影响，因此通常在两者之间还要加入光隔离器。

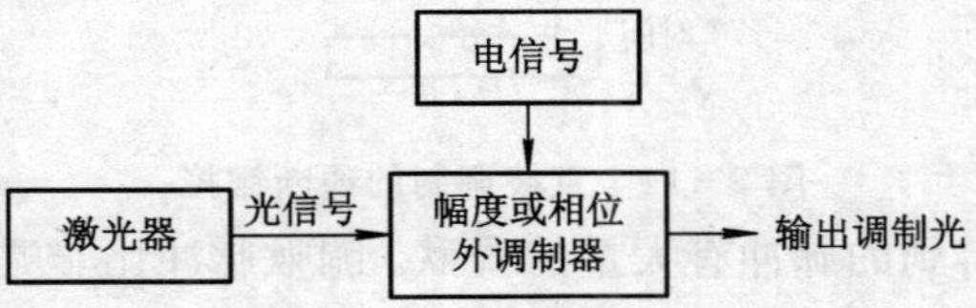


图 3－12　激光的外部调制

由于大部分光纤系统都是数字系统，因此光调制更多是指将具有电形式的数字信号转换成可以在光纤上传输的光信号的过程。

最简单和最常用的光调制方法是通断键控(On-Off Keying，OOK)，这其实是 ASK 的一种特殊形式，通断键控方式如图 3－13 所示，根据传输的数据比特是 1 或者是 0，光流被简单地开通或者切断。在这种调制机制中，一个“1”比特用比特周期中出现光脉冲，或者是用打开光源(激光器或发光二极管)来编码；一个“0”比特用比特周期中无光脉冲，或者是把光源关闭来编码。所谓比特周期，是指单个比特传输所需要的时间。例如，如果比特率是 1 Gb/s，则比特周期是 1 ns。

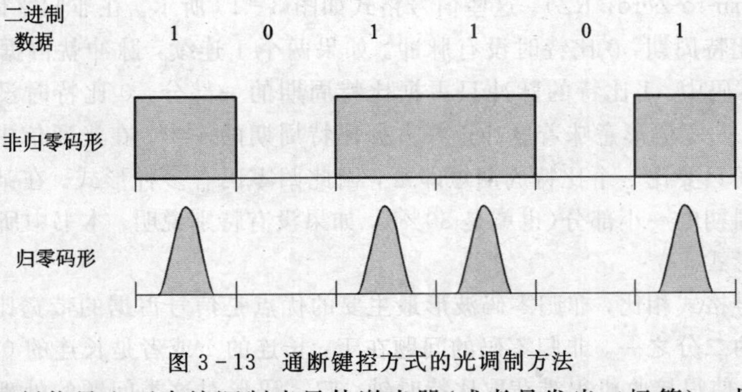


图 3－13　通断键控方式的光调制方法

通断键控调制信号也可直接调制半导体激光器(或者是发光二极管)，或者使用一个外部调制器。直接调制方法如图 3－14 所示。注入半导体激光器的驱动电流被设置在远高于激光阈值(1 比特)和低于(或稍高于)阈值处(0 比特)。1 比特输出功率与 0 比特输出功率的比值称为消光比。直接调制是一种简单廉价的方法，因为除了光源本身之外，不需要任何其他器件。事实上，半导体激光器的主要优点在于它们能够被直接调制。相反地，许多其他的激光器是连续谱光源，根本不能进行直接调制。

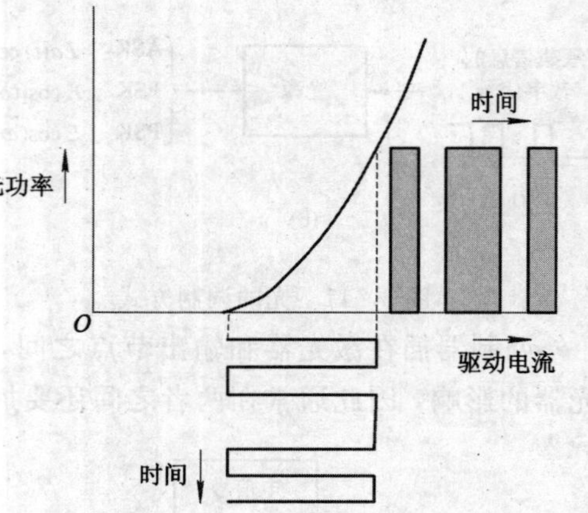


图 3-14 直接调制的通断键控

直接调制的缺点是得到的脉冲有大量的啁啾。啁啾脉冲比非啁啾脉冲有差得多的色散限制。通过增加 0 比特的功率可以减小啁啾，缺点是这样减小了消光比，从而使系统性能恶化。事实上，当适当地保持一定的啁啾时，可以得到 7 dB 左右的消光比。啁啾脉冲所引入的增强的脉冲展宽，使得在高速率、色散限制的通信系统中非常有必要使用外部调制器。

一个通断键控外部调制器被置于一个光源的前端，并根据发射的数据信息来决定光信号的通与断。光源本身是连续工作的。这样做的优点在于减少了不期望的影响，特别是啁啾效应。几种类型的外部调制都已经商用，并且越来越多地跟激光器一起被集成在一个单个的包中以减少封装的开销。将一个激光器、外部调制器和波长稳定电路封装在一起的发射机，在波分复用(WDM)系统的应用中即将商用。

通断键控调制机制可以用多种不同的信号格式，最常用的信号格式是非归零码(NRZ)和归零码(Return-to-Zero，RZ)。这些信号格式如图 3-13 所示。在非归零码格式中，1 比特占据了整个比特周期，0 比特时没有脉冲。如果两个 1 连续，脉冲就占据两个连续的比特周期。在归零码中，1 比特的脉冲只占据比特周期的一部分，0 比特时没有脉冲。在电(数字)通信中，归零码形意味着脉冲正好占据比特周期的一半。在光通信中，归零码中的光脉冲持续时间只要比一个比特周期短即可，因此归零码有多种形式。在某些形式中，脉冲占据了比特周期的一小部分(也就是 30%)。如果没有特别说明，本书中所称的归零码往往指的是这种形式。

与其他信号格式相比，非归零码波形最主要的优点是信号占据的带宽比较小，大约只是归零码带宽的二分之一。非归零码的问题在于，长连的 1 或者是长连的 0 将会导致完全失去过渡过程，使得接收机很难获取比特时钟。归零码形对这类问题的处理有所改进，因为如果是长连 1 的话(注意，对长连 0 不适用)它仍然会有过渡过程。然而，为了实现归零码中每个比特的功率与非归零码一致，进而实现与非归零码的误码率一致，归零码形需要比较高的发射功率。

这两种信号格式的共同缺点是缺少直流平衡。在通断键控机制中，如果所有可能要传输的比特流的平均功率是一个常数，那么该机制被认为是直流平衡的。在通断键控机制中实现直流平衡是非常重要的，实现直流平衡有利于在接收端设置“0”和“1”的判决门限。

为了使信号有充足的过渡过程，并且提供直流平衡，系统可以采用线路码型或加密编码。线路码型是将 $k$ 个数字比特编成 $n$ 个比特($n>k$)，接着再调制并发送到光纤上。在接收端，$n$ 比特变换回到 $k$ 比特(假设没有错误)。通过设计线路码型可以实现编码比特序列的直流平衡，并且提供充分的过渡过程，这种变换与输入数字比特序列无关。线路码型的一个例子是用在光纤信道标准中的(8，10)编码，对于这种编码，$k=8$，$n=10$。光纤数据分布式接口(Fiber Distributed Data Interface，FDDI)用(4，5)编码，它比(8，10)编码简单得多，但是它的直流平衡效果不太好，在最糟糕的情况时，直流不平衡度达到 10%。

另外一种线路码型的方案是加密编码。加密编码是在数据流发射入链路之前将它变换为另外一组数据流。在发射端有一个扰频器，扰频器接收输入进来的比特流，与另外一组经过精心选择的比特流进行异或(EXOR)操作。后一组比特流是经过选择的，以减少发射流中的长连 0 和长连 1 情况。在接收端，解频器将数据从加密编码中提取出来。与线路码型相比，加密编码的好处是它不需要任何额外的带宽。它的缺点是不能保证直流平衡，同时也不能保证连 0 和连 1 的最大长度。但是通过选择不同的变换技术，直流不平衡和长连的可能性是非常小的，所以即使输入比特流中有长连，它也可以被变换成具有较短长连的比特流。

事实上，非归零码形应用在大多数的高速通信系统中，速度从 155 Mb/s 到 10 Gb/s。加密编码广泛应用于从个人计算机调制器到高速电信传输线的通信设备。高速计算机数据链路(例如，工作于 800 Mb/s 的光纤信道和工作于 1 Gb/s 的千兆位以太网)采用线路码型。

归零码形被应用于一些高比特率的通信系统。在此类系统中，脉冲大约占据了比特周期的一半。用归零码也可以减少色散的影响。脉冲持续时间比比特周期短得多的归零调制用于光孤子通信系统中。在这样的系统中，因为脉冲需要有很大的间隔(大约是它们宽度的五倍)，所以脉冲必须很短，这是为了实现光孤子系统的无色散传输特性。

此外，虽然光纤最初的推广应用就已经包括了数字链路，但许多时候以模拟形式传送信息比转化为数字格式后再传送信息具有更多的优点。例如，微波多路复用信号、使用光纤/同轴电缆(HFC)传送的用户业务和视频分配等，就需要用到光信号的模拟调制。模拟调制最简单的形式就是直接强度调制，这种调制方式通过简单地改变注入电流以使光源发出的光强度与信息信号电平成比例，信号直接以基带方式实现传输。

一种较复杂但更为有效的方法是，先将信号调制到微波频率范围内的电载波上，微波频率的范围一般是 10 MHz～10 GHz，如图 3-15 所示。载波频率的上限取决于发射机提供的调制带宽，然后调制过的微波载波再调制光波的发射。如果发射机是直接调制的，微波载波幅度的变化将体现在发射的光功率包络的变化上，如图 3-15 所示。微波载波自身有许多的调制方式，包括幅度调制、相位调制和频率调制，而且它们对模拟和数字调制技术都适用。图 3-15 给出了微波载波被二进制数字信号进行幅度调制的例子。该微波载波称为副载波，光载波称为主载波，因此这种调制方式称为副载波调制。

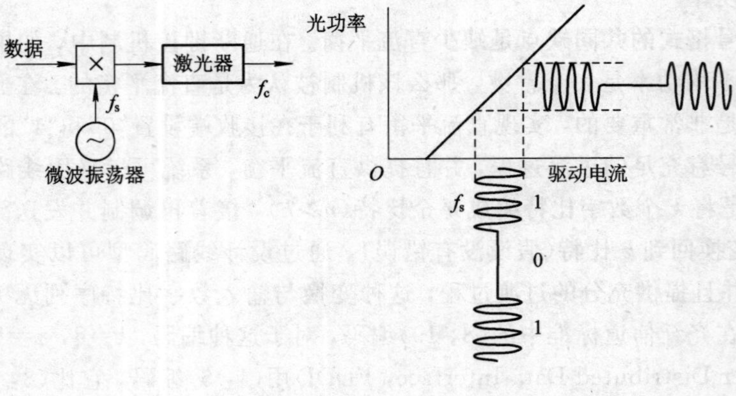


图 3-15 副载波调制

副载波调制的主要目的是将多路数据流复合成单一的光信号。这可以通过联合不同频率的多个微波载波，再用联合的信号去调制光发射信号来实现。在接收端，信号的检测与其他任何信号的检测一样，接下来的过程，也就是分离副载波以及从每一个副载波中提取数据的过程，这可以纯粹用电子学技术来实现，这种复用形式称为副载波复用(SCM)。

### 3.2.2 光调制的器件技术

这里光调制的器件是指外部光调制器。当今有两种外部调制器得到了广泛的使用，即铌酸锂调制器和半导体电吸收(Electric absorb)调制器。

铌酸锂调制器利用了电光效应，电光效应是指晶体在低频外电场及光场作用下，其折射率发生改变的一种效应。在铌酸锂的实际应用中，为获得最大的电光效应，光偏振方向应沿晶体的光轴方向(一般表示为 $Z$ 方向)，其折射率变化 $\Delta n$ 和外加电场 $E_z$ 的关系可表示为 $\Delta n=-\frac{n_z^3}{2}\gamma_{33}E_z$，由于 $\Delta n$ 引起的相位变化为

$$\Delta\phi=\frac{2\pi}{\lambda}\Delta nL=-\frac{\pi}{\lambda}n_z^3\gamma_{33}\left(\frac{V}{G}\right)L$$

其中，$n_z$ 为未加电场时 $Z$ 方向的折射率，$\gamma_{33}$ 为最大的线性电光系数，$L$ 为光场和电场的相互作用长度，电场 $E_z$ 约等于$\frac{V}{G}$，$V$ 是电极间所加电压，$G$ 是两个电极之间的间隙。所以，电光相移与长度和电极间所加电压的乘积成正比。调制器越长就可以使用越低的电压来获得相同的相移，反之亦然。因此，调制器一般使用要达到 $\pi$ 相移所需要的电压与长度的乘积作为其品质因数。

铌酸锂调制器可以构造成方向耦合器或者是马赫－曾德尔干涉仪(MZI)。铌酸锂中波导的形状是通过光蚀刻的方法获得的。然后既可以通过钛扩散方式，也可以通过离子交换方法来提高波导部分的折射率(相对于没有经过处理的铌酸锂)，从而形成单模波导。钛扩散方式是用一条宽度为 8 μm，厚度为 50 nm 的钛条，通过热内扩散过程，在波导处引入约 1.5%的钛，扩散分布厚度约为 4 μm，从而将折射率提高了 0.009。在离子交换时，铌酸锂试样被浸入一种含有高质子浓度的熔体中，用掩模方法避免一些区域受到扩散。用质子来代替衬底表面附近铌酸锂中的锂，从而提高折射率。离子交换过程形成的波导仅传播与 $Z$ 轴平行的偏振光，而钛扩散方式制造的是偏振无关的调制器，但是前者可以得到更大的折

射率变化(近似为 0.12)，从而为调制器设计提供更大的灵活性。

图 3-16 给出了基于方向耦合器的结构。在耦合区使用一个作用电压将会改变折射率，并进而决定了有多少光功率从图中的输入波导 1 耦合进输出波导 1。

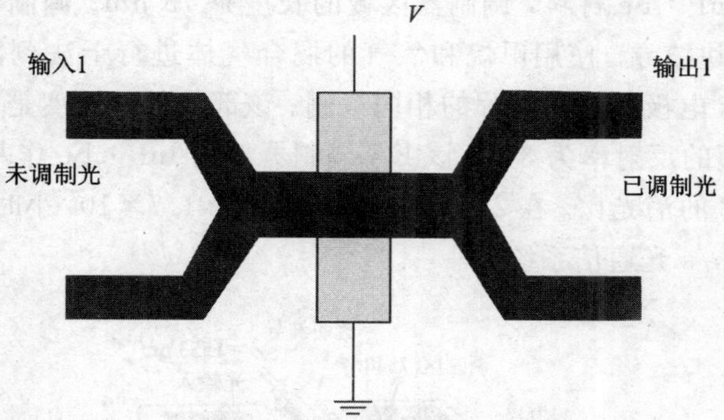


图 3-16　铌酸锂调制器构成的方向耦合器

图 3-17 所示为基于马赫-曾德尔干涉仪的结构。其工作原理如下：假设只有一个输入端有信号，记为输入 1。在第一个定向耦合器后，输入信号的能量被平均分配到马赫-曾德尔干涉仪的两个干涉臂。在一种状态(电压)下，马赫-曾德尔干涉仪的两个干涉臂中的信号是相位匹配以及相干相长的(相位相差 2π 的整数倍)，光信号从输出端输出。在另一种状态(电压)下，所使用的电压使马赫-曾德尔干涉仪的两个干涉臂的相位相差 π，因此导致了相干相消，这时没有输出光信号。

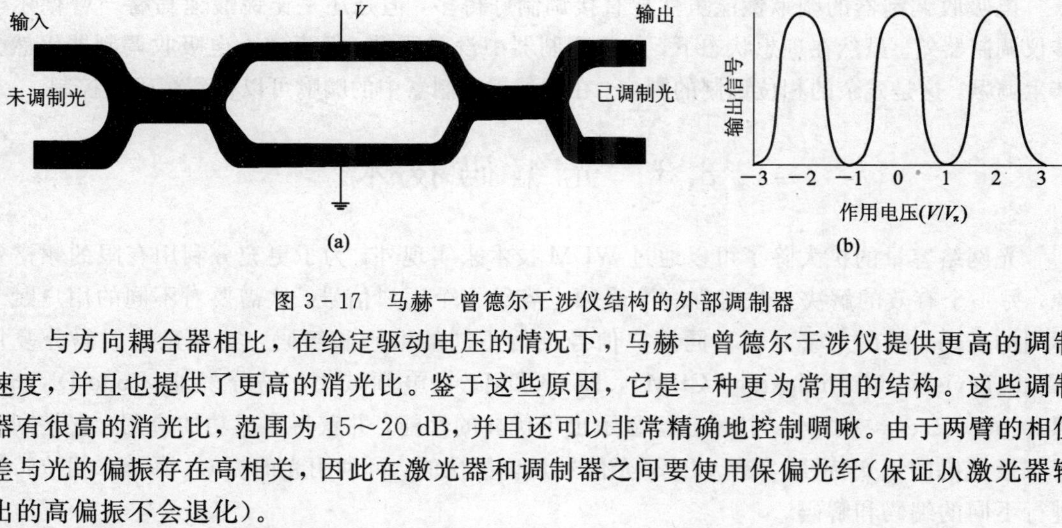


图 3-17　马赫-曾德尔干涉仪结构的外部调制器

与方向耦合器相比，在给定驱动电压的情况下，马赫-曾德尔干涉仪提供更高的调制速度，并且也提供了更高的消光比。鉴于这些原因，它是一种更为常用的结构。这些调制器有很高的消光比，范围为 15～20 dB，并且还可以非常精确地控制啁啾。由于两臂的相位差与光的偏振存在高相关，因此在激光器和调制器之间要使用保偏光纤(保证从激光器输出的高偏振不会退化)。

相对于铌酸锂调制器来说，电吸收调制器是一种具有吸引力的选择。因为它可以使用与制造半导体激光器相同的材料和技术来制造。这使得电吸收调制器可以与一个分布反馈式(DFB)激光器集成在一起。与外部铌酸锂调制器相比，它是一种结构非常紧凑、造价低廉得多的方法。

一般情况下，电吸收调制器采用的材料的带隙比入射光信号的光子能量要高，这使得光信号可以通过。当在调制器上加上一个电场时将导致材料带隙的缩小，从而引起入射光子被材料吸收。这种效应被称为弗朗兹-凯尔迪什效应或者是斯塔克谱线磁裂效应。该效应的响应时间是足够快的，能够制作出 2.5 Gb/s 和 10 Gb/s 的调制器，目前高可靠 40 Gb/s 电吸收调制器也已经制作出来了。

电吸收调制器的结构如图 3-18 所示。吸收层由磷砷镓铟多量子阱（InGaAsP-MQW）结构组成。基片用 InP：Fe 材料，调制器区域的长度是 75 μm。调制器区域的两边装了两个透明的 InGaAsP 块波导。使用甲烷和氧气的混合气体进行干法刻蚀可以制作出峰脊波导结构。P 电极和 N 电极都做在基片的相同一侧。该部件的总长度是 300 μm。设备表面涂有防反射薄膜。两面的反射率为 3%。该 EA 调制器使用 InP：Fe 作基片后，得到 40 GHz 的截止频率和 15 dB 的消光比。在 25℃时的估计寿命为 $1.7\times10^{7}$ 小时以上，可用于需要高可靠性产品的 40 Gb/s 光通信系统。

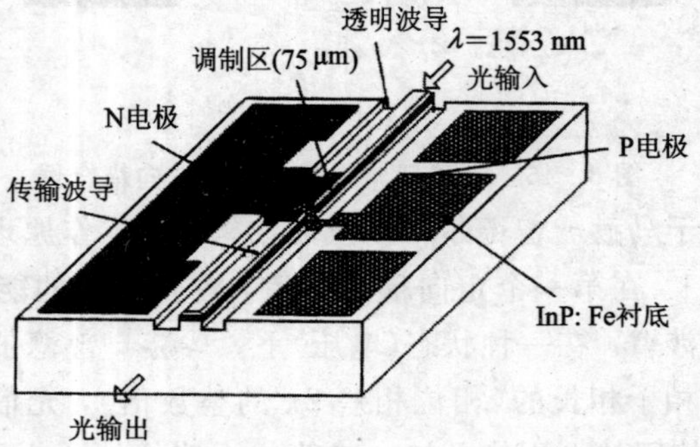


图 3-18　电吸收调制器的结构

电吸收调制器的啁啾性能虽然比直接调制好得多，但是还是比铌酸锂马赫一曾德尔干涉仪调制器差。虽然在理想状态下，外部调制器中没有啁啾，但事实上电吸收调制器仍然会产生啁啾，这是残余的相位调制的影响。在铌酸锂调制器中的啁啾可以得到精确的控制。

## 3.3　光编码技术

光网络容量的扩大除了可以通过 WDM 技术来实现外，为了更充分利用有限的频谱资源，另一个有效的解决方法是在一个光频上容纳多个用户信号，这需要对不同的用户赋予不同的光码，即在光域上对不同用户信号进行不同的编码和解码，实现光域的码分复用（Code Division Multiplexing，CDM），即 OCDM。在电领域中，码分多址（Code Division Multiple Access，CDMA）技术已经显示出了优异的性能，并获得了成功的应用，它是利用了双极性码的正交特性。在光域中，光信号是单极性的，可利用光的振幅、频率、相位特性进行不同的编码和解码。

编/解码技术及其实现方式有着丰富的内容，可以采用不同的技术按照码字进行编/解码。正交码利用了正交性构造光码，虽然光正交码的最小相关限制是 1，而不是 0，准确地应称为光准正交码，但由于其具有良好的相关特性和容量大等优点，适合于光的码分复用通信系统及网络。时域编/解码技术是对用户信号在时间域上按不同的码字给予不同的时间排序，带来了信号频谱的扩展，是扩频通信系统。频域编/解码技术是对用户信号在频谱上按不同码字给予不同的频率排序，造成了时域上的扩展，是扩时通信系统。本节就一一介绍这三种编/解码技术。

## 3.3.1　光正交码

目前，光码分多址系统中，扩频编码的选择直接影响到系统的容量和性能。光正交码是光码分多址(Optical Code Division Multiple Access，OCDMA)系统中最直接的正交码型，对它的研究开始于OCDMA设想刚提出之时。光正交码同时也是研究探索其他适用于OCDMA系统码型的基础。光正交码有良好的自相关和互相关特性，但它并不是真正的“正交”，而是一种伪正交，因为它只能在二值域(0，1)上取值，所以光正交码并不多。

光正交码的命名包括两层含义，“光”表示非负性，“正交”表示其弱的互相关性，它是具有良好的自互相干特性的一族(0，1)序列。

**1. 基本概念**

一个($F$，$K$，$\lambda_a$，$\lambda_c$)光正交码$C$是一个长度为$F$，码重为$K$，满足自相关和互相关特性，自相关及互相关约束分别为$\lambda_a$，$\lambda_c$的(0，1)序列族。$K$是序列中1的个数，$F$是序列的长度，$\lambda_a$是每个码字的自相关函数旁瓣的最大值，$\lambda_c$是任意两个码字的互相关最大值，对接收机来说，它是形成多址干扰的因素，应尽量减小。严格的正交性应满足$\lambda_a=\lambda_c=0$，但实际上很难满足严格的正交，只能使$\lambda_a$、$\lambda_c$尽可能小于$K$。当$\lambda_a=\lambda_c=\lambda$时，该正交码被称为等重对称光正交码，故将($F$，$K$，$\lambda_a$，$\lambda_c$)记为($F$，$K$，$\lambda$)；当$\lambda_a\neq\lambda_c$时，该正交码被称为等重非对称光正交码；当$K$可变(取不同的整数值)时，称为可变重光正交码。

同电域的码分多址扩频序列不同，光码分多址通信系统是采用强度调制、直接检测的非相干通信系统，光信号只能在非负的值域取值(0或1)，即：有光信号通过表示为1，无光信号通过表示为0。这与电通信中的电压和电流信号可取1或−1是有本质区别的。因此，在电领域的码分多址通信中所使用的扩频序列，如GOLD序列，M序列等，因取值可为+1或−1，其正、负信号可相互抵消，故可具有良好的自相关性和互相关性，但当信号只能取0或1时，没有了正负信号的相互抵消，上述序列就不再能保持良好的相关性了。因此，在电领域码分多址通信中使用的扩频序列一般不适合于光码分多址通信系统。

光正交码满足以下两个特性：

• 自相关特性：

$$|z_{x,x}(l)|=\left|\sum_{n=0}^{F-1}x_n x_{n+l}\right|=\begin{cases}K & l=0\\ \lambda_a & 1\leqslant l\leqslant F-1\end{cases}\tag{3-10}$$

• 互相关特性：

$$|z_{x,y}(l)|=\left|\sum_{n=0}^{F-1}x_n y_{n+l}\right|\leqslant\lambda_c\qquad 0\leqslant l\leqslant F-1\tag{3-11}$$

自相关特性使每个序列容易从它本身时间偏移不为零的不同偏移序列中区分出来；互相关特性能使每个序列容易从其他用户的地址序列码中区分出来。

**2. 光正交码的表示方法**

下面以一个简单的例子来介绍光正交码。现在假设有$A$，$B$两组光正交码元，如图3-19所示，其码长和码重分别为32和4，即$F=32$，$K=4$，$\lambda_a=\lambda_c=1$。$T$为每个信息比特的持续时间(比特周期)，将其分成32个相等的时间段，即为时间片$T_c$，也就是$F=T/T_c=32$。

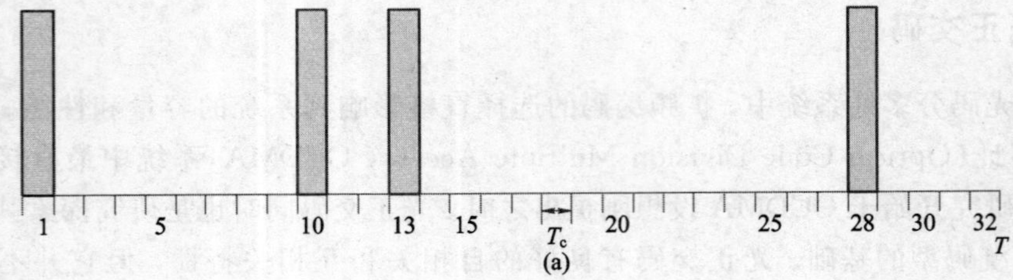


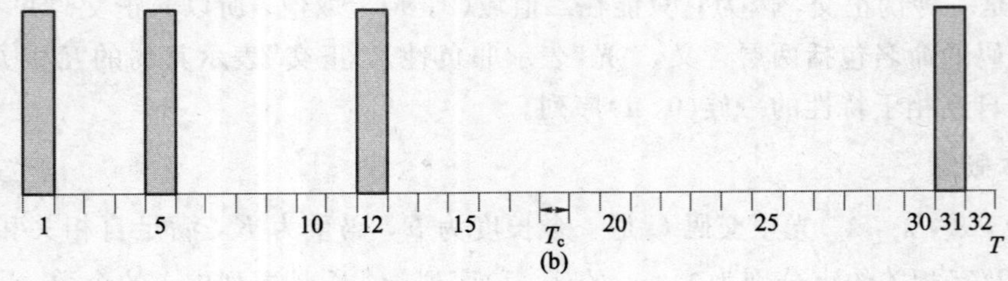


图 3-19 两个光正交码

(a) 光正交码 $A$；(b) 光正交码 $B$

光正交码元 $A$ 由在第 1，10，13，28 时隙上的脉冲表示，而光正交码元 $B$ 则由在第 1，5，12，31 时隙上的脉冲表示。光正交码的基本性质保证了光正交码 $A$ 和 $B$，无论有任何形式的时间位移，都仍然满足其自相关峰值($K$)以及较低的相关值(小于 $\lambda_a$)(其时间位移一定是以 $T_c$ 为基本时间单元的)。若以集合的概念来表示，则光正交码元 $A$、$B$ 的等效形式为

$$A=\{\tau_1^A,\ \tau_2^A,\ \tau_3^A,\ \tau_4^A\} \tag{3-12}$$

和

$$B=\{\tau_1^B,\ \tau_2^B,\ \tau_3^B,\ \tau_4^B\} \tag{3-13}$$

$\tau_1^A$ 表示光正交码元 $A$ 的周期序列中第 1 个脉冲与第 2 个脉冲之间的相对时延，而 $\tau_2^B$，$\tau_3^B$，$\tau_4^B$，则分别对应第 2 个脉冲与第 3 个脉冲之间的相对时延，第 3 个脉冲与第 4 个脉冲之间的相对时延，第 4 个脉冲与第 1 个脉冲之间的相对时延。同理，在光正交码元 $B$ 中，$\tau_1^B$，$\tau_2^B$，$\tau_3^B$，$\tau_4^B$ 的定义方法与 $\tau_1^A$，$\tau_2^A$，$\tau_3^A$，$\tau_4^A$ 相同。

集合 $A$ 的扩展序列，记为 $A_{EXT}$，由所有相邻时延经过不同长度的线性组合构成。

第一步：$A_{EXT}$ 中的前 4 个元素，也就是前 $K$ 个元素，由集合 $A$ 中(公式(3-12))的 4 个时延元素组成，即 $\tau_1^A$，$\tau_2^A$，$\tau_3^A$，$\tau_4^A$。

第二步：$A_{EXT}$ 中接下来的 4 个元素，也就是 $K$ 个元素，分别由相邻的两个时延元素之和组成，如 $\tau_1^A+\tau_2^A$，$\tau_2^A+\tau_3^A$，$\tau_3^A+\tau_4^A$，$\tau_4^A+\tau_1^A$。但是，不相邻的两个时延元素之和并不是 $A_{EXT}$ 中的元素，因为它们不可能独立地发生。

第 $K-1$ 步：$A_{EXT}$ 中第($K-1$)组 $K$ 个元素(在该例中 $K=4$)，分别由相邻的($K-1$)个时延元素之和组成(在该例中，$K-1=3$，即由相邻的三个时延元素之和组成)，如 $\tau_1^A+\tau_2^A+\tau_3^A$，$\tau_2^A+\tau_3^A+\tau_4^A$，$\tau_3^A+\tau_4^A+\tau_1^A$，$\tau_4^A+\tau_1^A+\tau_2^A$。

但是，$K$ 个时延元素之和并不是 $A_{EXT}$ 中的元素。如上例中，$\tau_1^A+\tau_2^A+\tau_3^A+\tau_4^A$ 就不属于 $A_{EXT}$。因此，上例中 $A_{EXT}$ 可以表示为

$$A_{EXT}=\{\tau_1^A,\ \tau_2^A,\ \tau_3^A,\ \tau_4^A,\ \tau_1^A+\tau_2^A,\ \tau_2^A+\tau_3^A,\ \tau_3^A+\tau_4^A,\ \tau_4^A+\tau_1^A,$$

$$\tau_1^A+\tau_2^A+\tau_3^A,\ \tau_2^A+\tau_3^A+\tau_4^A,\ \tau_3^A+\tau_4^A+\tau_1^A,\ \tau_4^A+\tau_1^A+\tau_2^A\} \tag{3-14}$$

从公式(3－14)中可以看出，$A_{EXT}$中元素的总数是12，记为$|A_{EXT}|$。

总之，对于一个$(F, K, 1, 1)$光正交码元，其扩展序列的构造过程可以分成$K-1$步，每个步骤可以构造$K$个元素。当$\lambda_a=\lambda_c=1$时，扩展序列中元素的总个数为$K(K-1)$。

同理，光正交码$B$的扩展序列$B_{EXT}$可以表示为

$$B_{EXT}=\{\tau_1^B,\ \tau_2^B,\ \tau_3^B,\ \tau_4^B,\ \tau_1^B+\tau_2^B,\ \tau_2^B+\tau_3^B,\ \tau_3^B+\tau_4^B,\ \tau_4^B+\tau_1^B,$$
$$\tau_1^B+\tau_2^B+\tau_3^B,\ \tau_2^B+\tau_3^B+\tau_4^B,\ \tau_3^B+\tau_4^B+\tau_1^B,\ \tau_4^B+\tau_1^B+\tau_2^B\} \tag{3-15}$$

并有$|B_{EXT}|=12$。当$\lambda_a=1$时，光正交码$A$满足自相关特性，因此其扩展序列中没有重复的元素，即在$A_{EXT}$中不存在任意两个或两个以上的相同元素。类似地，在$B_{EXT}$中也不存在任意两个或两个以上的相同元素。

除了自相关特性外，光正交码$A$，$B$还要满足互相关特性，如公式(3-11)所示。当$A$，$B$两个序列码长($F$)相同，码重($K$)相同，且$\lambda_c=1$时，其扩展序列的交集一定为空，即

$$A_{EXT}\cap B_{EXT}=\varnothing \tag{3-16}$$

其中，$\varnothing$表示空集。

从图3-19(a)和图3-19(b)中可以看出，

$$A=\{9, 3, 15, 5\} \tag{3-17}$$

$$B=\{4, 7, 19, 2\} \tag{3-18}$$

而

$$A_{EXT}=\{9, 3, 15, 5, 12, 18, 20, 14, 27, 23, 29, 17\} \tag{3-19}$$

$$B_{EXT}=\{4, 7, 19, 2, 11, 26, 21, 6, 30, 28, 25, 13\} \tag{3-20}$$

从公式(3-19)中可以清楚地看出$A_{EXT}$中不存在两个或两个以上的相同元素。同样，$B_{EXT}$中也不存在两个或两个以上的相同元素。这说明，光正交码$A$和$B$在$K=4$，$\lambda_a=1$的情况下均满足自相关特性。从公式(3-19)和(3-20)中还可以看到，在$A_{EXT}$与$B_{EXT}$中没有一个共同的元素，即$A_{EXT}\cap B_{EXT}=\varnothing$，所以，在$\lambda_c=1$时，光正交码$A$和$B$同时也满足互相关特性。

综上所述，对于已知的码长为$F$，码重为$K$，且$K(K-1)\leqslant F-1$，$\lambda_a=\lambda_c=1$，最多可以构造出$N$个光正交码字，其对应的扩展序列为$A_{EXT}^i$($1\leqslant i\leqslant N$)，而

$$|A_{EXT}^i|=K(K-1) \tag{3-21}$$

式(3-21)中，$|A_{EXT}^i|$表示第$i$个扩展序列的元素总和，且有$A_{EXT}^i\cap A_{EXT}^j=\varnothing$，其中，$1\leqslant i, j\leqslant N$，$i\neq j$，$N$的上限是$N\leqslant\left[\dfrac{F-1}{K(K-1)}\right]$，符号$[x]$表示取实数$x$的整数部分。

### 3.3.2 光时域编码

光时域编码是指在时间域上对光信号进行编码，将输入光信号脉冲在时间上分成若干码片，或称为切谱(chip)切割，用切谱脉冲的不同排列的波形来表示各个地址码。

光时域编码一般是通过光纤延时线来实现的。地址码可用单极性的光正交码，单极性是指地址码码组中的码字光脉冲只有正的，为1或为0，其中，1用切谱脉冲来表示，0则不发送切谱脉冲。双极性光编码工作也得到了极大关注，双极性是指地址码组中的码字，用+1和－1来表示。由于光系统中没有－1脉冲，因此需要特殊处理，一种方法是将－1、

1 分成两个等长序列，比如要表示“1 －1 1 －1”，就分成“1 0 1 0”和“0 1 0 1”两个序列，合并后再发送，在接收端进行相关检测，重整切谱序列码组而获得原有信息。

**1. 光纤延迟线编/解码器**

1978 年，Marom 等人提出在光信号处理中采用光纤延迟线，这被认为是大部分 OCDMA 实现和应用的基础，光纤延迟线编/解码器的研究一度成为热点。光纤延迟线编码器是由并行的几束不同长度的光纤和两个 $1\times N$ 星型耦合器构成的，作用是将输入的一个短光脉冲分成几份，每一份称为一个切谱。根据给定的地址码进行不同的延时，在输出端得到由这些不同延时的短光脉冲合成的脉冲序列。在接收端，解码器结构与编码器相匹配，其功能是把输入信号与解码器包含的标志序列作相关运算，进行相关识别，直接探测，通过阈值判断，从而在混有众多用户信号的接收信号中识别并拣出某用户的数据。

图 3－20 所示为利用光纤延迟线构成的时域编码器(高码速时也可用集成光波导)，假如第 $i$ 个用户的地址码是(1，3，11)。当用户信息为 1 时，编码器将输入的单位光脉冲一分为三，分别延迟 1、3 和 11 个单位时间，正好与所规定的地址码相对应。

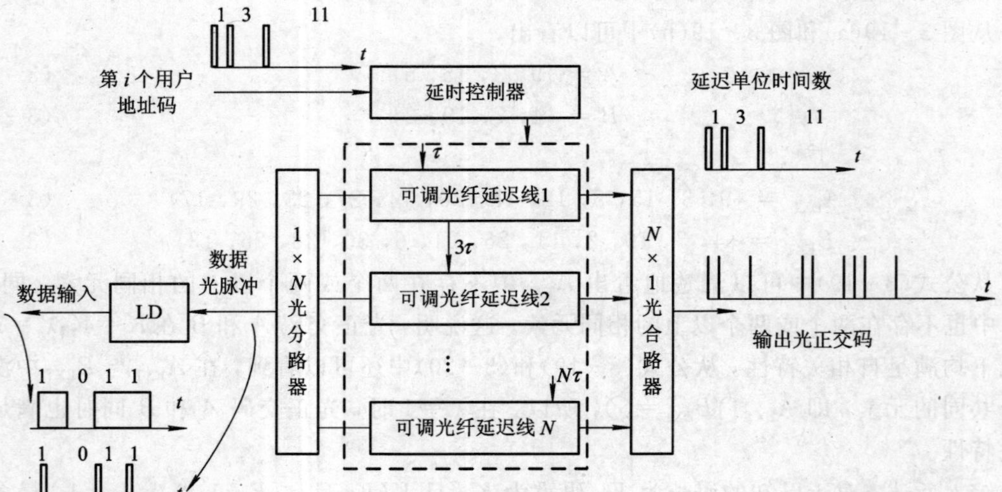


图 3－20 光纤延迟线时域编码器

图 3－21 表示一个使用包含 7 个比特(1 0 0 1 1 0 1)的地址码对数据的每个比特进行编码。由于这种编码有效比特率扩大了 7 倍，因此其结果是频谱展宽了，但所有的用户共享同一个光带宽。

光纤延迟线的长度由 OCDMA 系统的传输速率及系统选用的地址码码长及具体的地址码共同决定，即

光纤长度＝码位序数×切谱(chip)宽度×光脉冲的群速率

假定系统的传输速率为 $R_b$，选用的码长为 $n$，则有切谱宽度＝$1/(n\times R_b)$。取光正交码 OOC-(25，3，1)，其码长为 25，码重为 3，互相关值和自相关值均为 1，码容量为 $\frac{25-1}{3\times(3-1)}=4$，即码字(0，1，6)、(2，4，11)、(3，6，14)和(4，8，17)。下面对不同速率下的光纤长度作计算和比较，如表 3－1 所示。

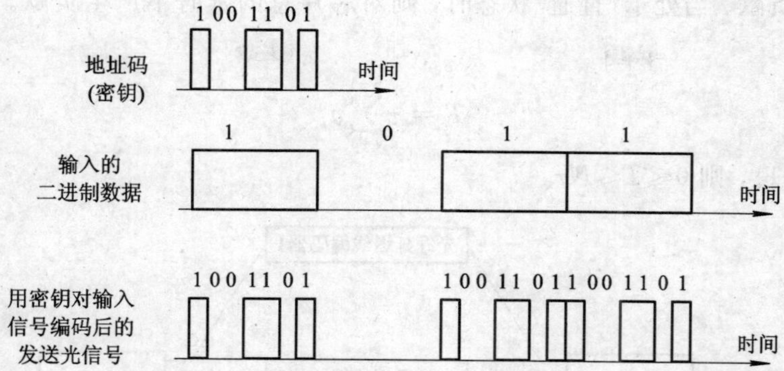


图 3-21　使用包含 7 个比特(1 0 0 1 1 0 1)的地址码对数据进行编码

**表 3-1　不同速率下的光纤长度**

| 码字 | $L_1^{(1)}$ | $L_2^{(1)}$ | $L_3^{(1)}$ | $L_1^{(2)}$ | $L_2^{(2)}$ | $L_3^{(2)}$ |
|---|---|---|---|---|---|---|
| (0, 1, 6) | 0 | 124.921 | 749.523 | 0 | 0.003 | 0.019 |
| (2, 4, 11) | 249.841 | 499.682 | 1374 | 0.006 | 0.013 | 0.035 |
| (3, 6, 4) | 374.762 | 749.524 | 1749 | 0.010 | 0.019 | 0.045 |
| (4, 8, 17) | 499.682 | 999.364 | 2124 | 0.013 | 0.026 | 0.054 |

注：(1) 数据速率为 64 kb/s，chip 速度为 1.6 Mb/s，chip 脉宽为 0.625 μs。

(2) 数据速率为 2.5 Gb/s，chip 速度为 62.5 Gb/s，chip 脉宽为 16 ps。

通过比较可知，对于相同的码组，数据速率越高，则切谱脉宽越窄，光纤延迟线的长度越短。同样地，对于不同的码组，码长越长，切谱脉宽越窄。对于码位序数是零的延迟线，为了方便，可以把所有的延迟线都加上一定的长度来实现。

**2. 可调光纤延迟线编/解码器的设计**

OCDMA 作为一种多址技术，要求其编/解码器具备变址灵活的特性，因此，设计并实现变址灵活、性能可靠的可调编/解码器对 OCDMA 系统的实际应用具有重要价值。

1) *并行光纤延迟线变址方案*

图 3-22 所示为典型的并行光纤延迟线变址方案。在这种方案中，对每个不同的码字分别设计制作出光纤延迟线编码器，然后由光开关矩阵来选择应输出哪个编码器的信号。解码器和编码器结构一样，对每个不同的码字分别设计制作出光纤延迟线解码器，然后由光开关矩阵来选择应输出哪个解码器的信号。这种方案可实现变址，但随着码字数增多，编/解码器的个数也越多，光开关矩阵也越大，不便于系统集成。

2) *串行光纤延迟线变址方案*

串行可调光纤延迟线由电子控制的 2×2 光交换单元和光纤延迟线组成，如图 3-23 所示。交换单元通过电控制可以在两种状态间转换。当控制线为 0 时，交换单元处于直通状态；当控制线为 1 时，交换单元则为交叉状态。组成方法有两种：

(1) 由 $N$ 个相同的交换单元和相同的延迟线组成，如图 3-23(a)所示。图中 $\tau$ 为切谱的宽度，集成时，可由芯片外部控制 $\tau$ 的大小。当某个交换单元处于“交叉”状态时，对芯片

总的延时产生贡献。当处于“直通”状态时，则对芯片总的延时不产生贡献。这种结构产生的总延时为

$$T=\tau\sum_{i=0}^{N-1}a_i \tag{3-22}$$

式中，$a_i=\{0, 1\}$，则 $0\leqslant T\leqslant N\tau$。

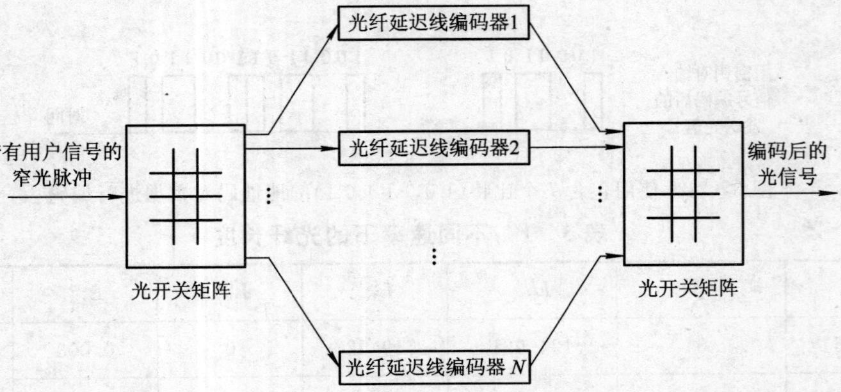


图 3-22 并行光纤延迟线变址方案

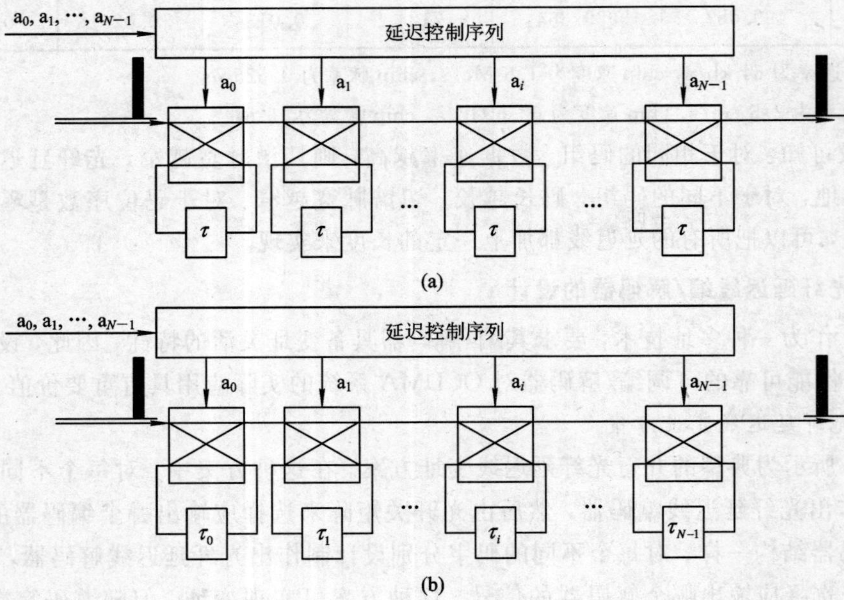


图 3-23 串行光纤延迟线变址方案

(2) 另一种改进型的结构由 $N$ 个相同的交换单元和 $N$ 根不同的延迟线组成，如图 3-23(b)所示。图中 $\tau_i=2^i\tau$(其中 $i=0, 1, 2, 3, \cdots, N-1$)。这种结构产生的总延时为

$$T=\tau\sum_{i=0}^{N-1}a_i\cdot 2^i \tag{3-23}$$

式中，$a_i=\{0, 1\}$，则 $0\leqslant T\leqslant(2^N-1)\tau$。

图 3 - 23(a)所示方案的特点在于基本延时单元相同，一致性好，便于集成。但延时较大时，所需要的基本延时单元数较多。图 3 - 23(b)所示方案的特点是内部延时单元不相同，当延时较大时，它所需要的基本延时单元数较少。

串行方案比并行方案更简洁，但是当可用的码字增多时，会导致不同长度的光纤延迟线随之增多，光开关数目增大，光路损耗增大，控制电路也会随之复杂，变址实现起来困难。同时，随着系统速率的提高，光开关的速度也要不断提升，这显然会使成本有所提高。

### 3.3.3　光频域编码

光频域编码即是在频谱域上对光信号进行编码。在 OCDMA 光通信系统中，对不同的光信号给予不相同的频谱，以不同的频谱代表各信号特有的地址码。

光频域编/解码就是首先对携带了已经过编码的用户信息的光脉冲进行傅里叶变换，转化成频谱成分，然后对其进行频谱编码，接着对编码后的频谱序列进行傅里叶逆变换，转换为时域信号输出到光纤中，通过 OCDMA 光纤通信系统和网络传输到达接收端，进行相关解码，获得所传递的用户信息。经过光编码后的脉冲频谱成分相对于未编码时减少了，对应于编码后的脉冲相对于编码前在时间上展宽了。解码过程与此相反，时域内的已编码信号通过傅里叶变换转为频域信号，通过相关解码去掉地址码序列，然后再进行傅里叶逆变换恢复为时域信号。

在频域编/解码中，可采用强度调制编/解码，这时地址只能采用具有 0、1 的单极码，地址码序列选用光正交码序列。采用强度调制的方法多址干扰大，但实现比较容易。也可采用相位编/解码，地址码为具有＋1 和－1 的双极性码。采用相位调制的方法多址干扰小，但实现复杂。

频域编/解码器有多种形式，但其基本原理是相同的，即对信号光的频谱成分进行有选择地编排组合，一种排列组合形成一种编码，每个编码代表一个地址码，分配给不同的用户，从而通过编码来达到多址通信的目的。

**1. 光谱幅度编/解码器**

光谱幅度编/解码(Spectral Amplitude Coding)是一种新的光谱编/解码方案，它可以利用单极性编码来实现双极性码，整个映射过程如图 3 - 24 所示，其基本思想是：

(1) 根据系统所需容量、通信速率与同时通信的用户数目等选择一种适合的双极性码 $X$；

(2) 采用映射关系，将双极性码映射为相应的单极性码 $U$，即 1 不变，－1 变为 0；

(3) 在 $U$ 后添上 $\overline{U}$(即把 $U$ 中的－1 变为 1，1 变为 0)，使码变为长度是 $2N$ 的单极性码 $J$，这样的单极性码保留了原来双极性码的相关特性。

与此方案相对应的编码器和解码器可以通过修改图 3 - 25 中的掩模版得到。把掩模版刻成条形梳状，和地址码 1 相对应的光谱通过，而和地址码 0 相对应的光谱不通过。

和光纤延时线编码相比，该系统性能稳定，无需短光脉冲和高速光探测器，对光源变化不敏感。此外，由于采用光谱成分编码，所选光源要有一定带宽，反而不需昂贵的窄线宽甚至单频激光器，降低了系统的成本。

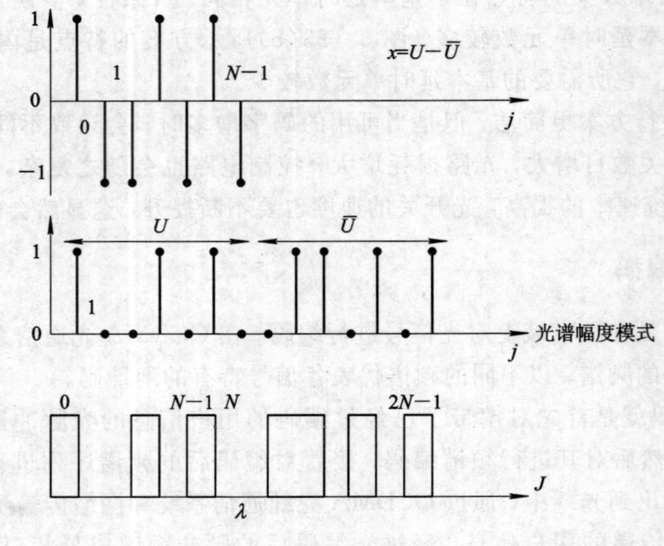


图 3-24 光谱幅度编/解码

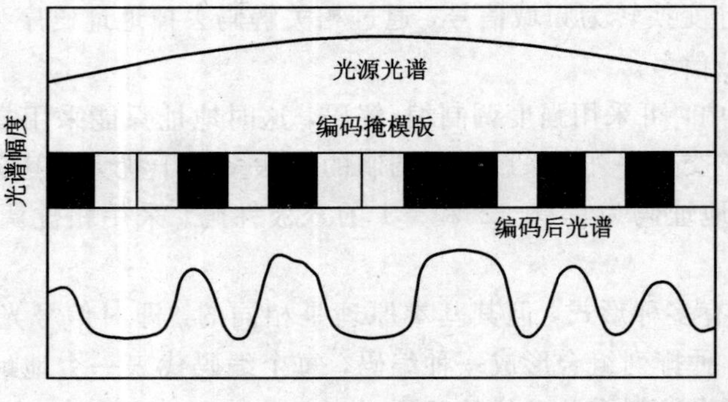


图 3-25 光谱幅度编/解码器的掩模版

**2. 光栅—掩模版频域编/解技术**

利用光栅—掩模版的全光频域编/解码的结构示意图如图 3-26 所示。光源采用中心波长为 1.55 $\mu$m 的超短光脉冲，当光脉冲经过光栅 1 和第一个透镜后，信号脉冲的频谱分布在掩模版——空间滤波器上，这实际上完成了一个从时域到频域的傅里叶变换。掩模滤波放置在两透镜之间的焦平面上，通过它可以提取信号的一级谱(衍射信号)对其进行频域编码，第二个透镜和光栅 2 把经过编码的频谱成分重新组合成输出脉冲信号。光栅和透镜使光源发出的光(具有一定带宽)在谱面上展开，从而使投射到谱面上的光斑直径扩大，便于解码。此装置的对称性可以消除色散，且经过掩模后的信号在时域得到了展宽。这里选用的反射型光栅的零级谱是无色散的，高级谱的谱密度太小，可选择用一级谱。

作为空间滤波器的掩模版用于对频谱信号进行空间调制。调制可分为幅度调制和相位调制。幅度调制能量损失很大，但实现方便；而相位调制唯一能量损失来源于每个像素边缘的光能量散射。可采用液晶空间调制器作为相位掩模。

利用光栅—掩模版的频域编/解码方法具有地址码易调谐的优点，可通过计算机编程控制空间滤波器的地址码序列，达到实时传输。但实际上，由于光谱分辨率的限制，光栅

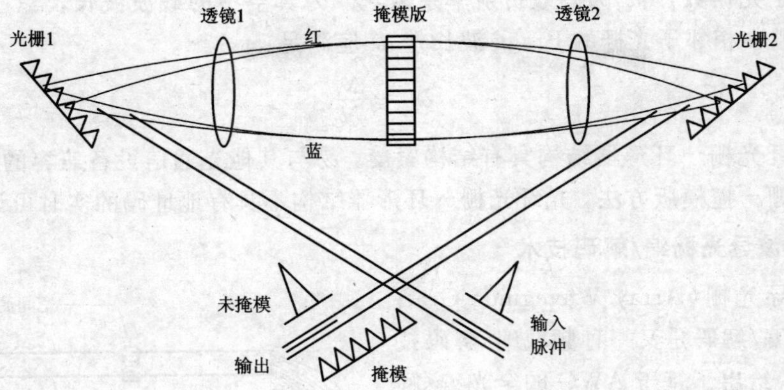


图 3－26　基于光栅和掩模版的全光编/解码器

一掩模方法在输入脉冲为亚皮秒量级时性能最好；另外，较大的自由空间、大体积透镜的应用与通信工业中紧凑的封装要求不相容。因此，目前趋向于利用能够提供与光栅一掩模法相似功能的集成光学装置，如光纤光栅一环形器编/解码设计和阵列波导光栅编/解码设计。

**3. 光纤光栅一环形器频域编/解码技术**

全光纤光谱编/解码方法是基于 Bragg 光纤光栅(Fiber Bragg Grating，FBG)瞬态色散和重组思想设计的。其基本的设计思路源于光栅掩模版的设计原理。

图 3－27 显示了一个步进啁啾 FBG 对全光纤结构编/解码示意图。该装置包括一对顺序排列的步进啁啾 FBG。步进啁啾光栅包括空间毗连的子光栅，每个子光栅对应的空间周期为常数，但毗连的子光栅之间的空间周期是逐级递增的。当一脉冲信号入射到第一个周期光栅时，波长在时域色散，反射脉冲瞬态扩展。当这个扩展的脉冲从第二个具有与第一个光栅相反的色散梯度的 FBG 反射后，波长成分重新同步，脉冲重新组合成初始脉冲形状。然而，如果第二光栅沿长度方向加入相移成分，则信号携带相移信息成分输出。同样地，通过改变子光栅的反射率可进行幅度编码。

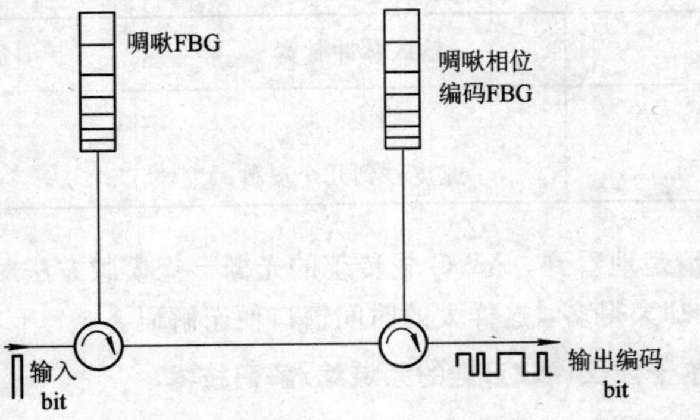


图 3－27　步进啁啾 FBG 光谱编/解码示意图

为了确保每个子光栅控制其中一个独立谱带的后向衍射，也就是子光栅中心反射谱带宽必须等于级间 Bragg 波长差，整个光栅长度必须满足：

$$L = \frac{n^2 \lambda_0^2}{2 N_{\mathrm{eff}} \Delta\lambda} \tag{3-24}$$

式中，$N$ 为子光栅数，$N_{eff}$ 为有效折射率系数，$\lambda_0$ 为真空中的载波波长，$\Delta\lambda$ 为输入光波带宽，光纤光栅中相邻子光栅的 Bragg 波长差 $\delta\lambda$ 应满足：

$$\delta\lambda \approx \frac{\Delta\lambda}{N} \tag{3-25}$$

虽然光纤光栅一环形器结构具有结构紧凑，易与其他光通信设备兼容的优点，但相对于传统的光栅一掩模版方法，光纤光栅一环形器结构不具有地址码的实时可调谐性。

**4. 阵列波导光栅编/解码技术**

阵列波导光栅(Array Waveguide Grating，AWG)编/解码是又一种频域编/解码技术。图 3-28 给出了基于 AWG 的全光编/解码示意图。输入脉冲信号经输入波导进入 AWG 中，通过 AWG 中的色散元件色散后会聚在焦平面上，形成瞬态光谱，完成信号脉冲波形的时一空转换。用一个位于焦平面上的空间滤波器对其进行调制，然后这个被调制的信号经第二个波导阵列输出，形成携带有相位信息的扩时脉冲信号，从输出波导输出，完成信号的空一时转换。

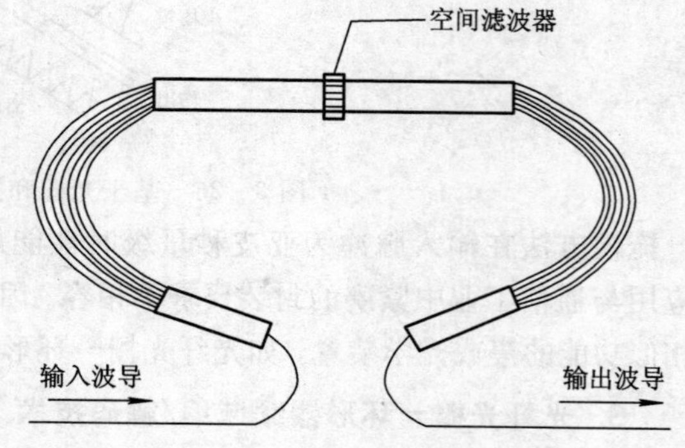


图 3-28　基于 AWG 的全光编/解码示意图

对一般的光栅一掩模版的设计来说，脉宽 $\tau$ 通常为空间滤波器的尺寸 $H$ 所限制，衍射级 $m$ 通常被限制在很小的数值范围内，典型的为 $m=1$。而对于 AWG 来说，由于阵列波导中相邻波导的路程差可以做得很大，因此其衍射级可以取很大的值，一般可达到 30～200。因为衍射级与能获得的最大时间窗口成正比，这意味着能得到很大的时间窗口，且脉宽 $\tau$ 仅由衍射级决定，表 3-2 分别给出了 AWG 和光栅一掩模版编/解码设计对脉宽的要求和所对应的时间窗口。

**表 3-2 在 1.55 μm 波长处 AWG 和光栅—掩模版编/解码比较**

| | 输入脉冲脉宽 $\tau$ | 扩时后信号脉冲脉宽 $T_0$ |
|---|---|---|
| 光栅掩模版 | 约 100 fs | <30 ps |
| AWG | 亚皮秒到几个皮秒 | 约 1 ns |

从表 3-2 中可清楚地看到，AWG 较传统的光栅一掩模版方法对超短脉冲的要求大大降低了，而时间窗口却大得多，这样大的时间窗口便于解码。

**5. 马赫一曾德尔干涉仪(MZI)链的频域编/解码技术**

以上三种频域编/解码技术通常采用超短光脉冲，采用的光源通常为锁模激光器，但锁模激光器价格昂贵。马赫一曾德尔干涉仪链的频域编/解码技术则利用了宽带光源——发光二极管(LED)的频域编/解码技术，这种技术能够使 OCDMA 通信系统的成本大大降低。

对于宽带光源的 OCDMA 系统，对信号通常采用强度调制，为了获得真正的正交码，必须使用平衡检测：发射机包括一对平衡连接的宽带光源，输入数据差动调制两个平衡光源的强度。从宽带光源出来的信号谱通过双信道互补光谱强度编码器。当发送 0 bit 时发射机对信号进行直接编码输出；当发送 1 bit 信号时则进行补码编码输出，通过星型耦合器，强度编码信号谱传输到接收端，平衡接收机采用相同的谱编码器恢复数据。通过计算直接谱和互补谱之间的差动信号，对于一个与接收机匹配的发射机，平衡接收机将根据发射的是 0 数据还是 1 数据检测出正的或负的输出。对于和接收机不匹配的发射机发出的信号，将在接收机滤波器两端口均匀分配输出，在平衡检测输出端口被滤去，这样就获得了真正的正交性。

马赫－曾德尔干涉仪链可用作双信道光谱滤波器，这里链长为 7 级。从任意一个入口进去的信号将在两个输出端输出，且这两个输出端出来的信号频谱是互补的。当信号从一个输入端口切换到另一个端口时，则在 MZI 的两个输出端口的互补的光谱信号互换位置。马赫－曾德尔干涉仪链编/解码示意图如图 3－29 所示。

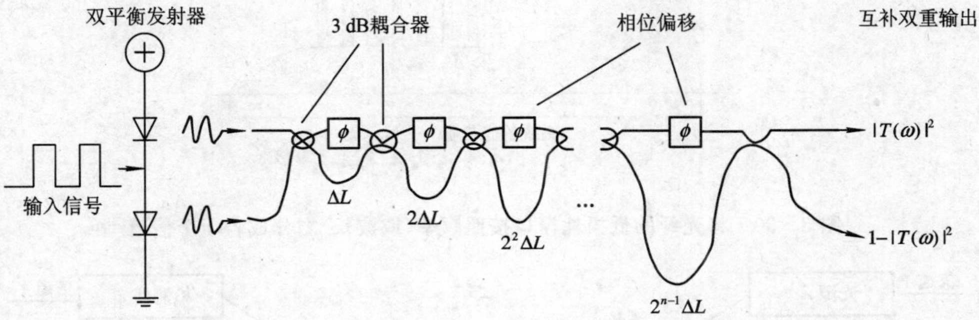


图 3－29　马赫—曾德尔干涉仪链编/解码示意图

在 MZI 的每一级链上加入一个薄膜加热器用于改变相移，在每一级上适当设置相移可产生不同的码序列，因此这种编码器是可调谐的。

# 3.4　光信道多路复用技术和多址技术

光复用技术是在一根光纤上实现多路光信号的合路传输，是在光域上进行信号的复用来提高光系统的传输容量。光的多路复用方式主要有：光波分复用（WDM）、光时分复用（OTDM）和光码分复用（OCDM），其他常用技术还有副载波复用、偏振复用和光混合复用等。

## 3.4.1　光波分复用技术

### 1. WDM 技术原理

在模拟载波通信系统中，通常采用频分复用方法提高系统的传输容量，充分利用电缆的带宽资源，即在同一根电缆中同时传输若干个信道的信号，接收端根据各载波频率的不同，利用带通滤波器就可滤出每一个信道的信号。同样，在光纤通信系统中也可以采用光的频分复用的方法来提高系统的传输容量，在接收端采用解复用器（等效于光带通滤波器）将各信号光载波分开。由于在光的频域上信号频率非常大，一般采用波长来表示频率上的差别，相应的复用方法就称为波分复用。WDM 技术就是充分利用了单模光纤低损耗区带来的巨大带宽资源，将光纤的低损耗窗口按照频率（或波长）的不同划分成若干个信道，如图 3-30 所示。由于不同波长的光载波信号可以看做是互相独立的（不考虑光纤非线性时），因此在一根光纤中可实现多路光信号的复用传输。在发送端采用波分复用器（合波器）将不同规定波长的信号光载波合并起来送入一根光纤进行传输，在接收端，再由一个波分解复用器（分波器）将这些不同波长承载不同信号的光载波分开。其系统组成如图 3-31 所示。

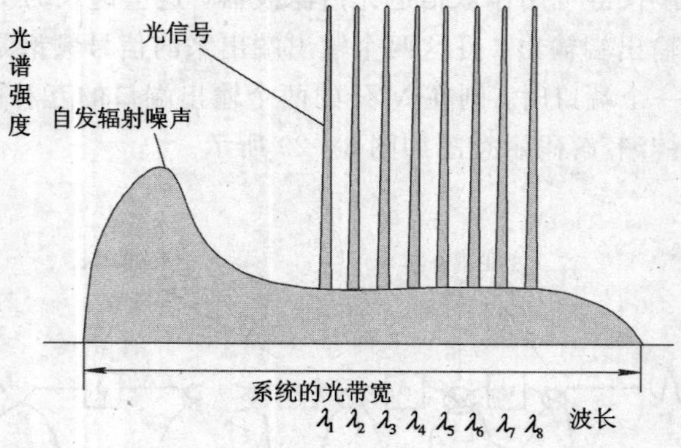


图 3-30 将光纤的低损耗窗口按照频率（或波长）划分成若干个信道

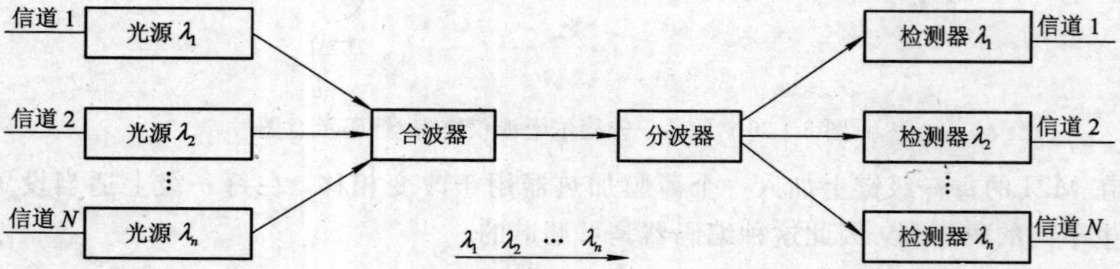


图 3-31 WDM 系统的工作原理与实现

将两个方向的信号分别安排在不同波长传输即可实现双向传输，如图 3-32 所示。

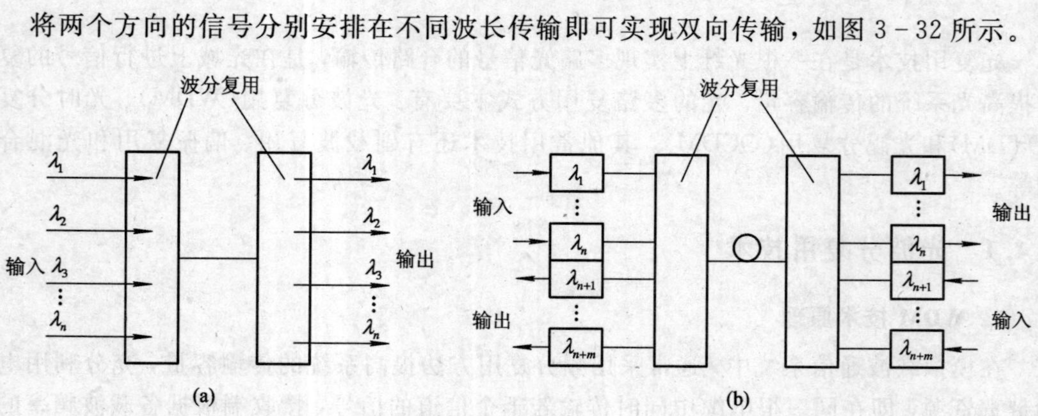


图 3-32 单、双向 WDM 的工作原理

(a) 单向 WDM；(b) 双向 WDM

人们在谈论 WDM 系统时，有时会谈到 DWDM(密集波分复用)系统。其实，WDM 和 DWDM 应用的是同一种技术，WDM 系统是指波长间隔为数十纳米的系统，是早期对波分复用系统的称呼，当时的技术无法做到“密集”的程度，例如 1310 nm/1550 nm 两波长系统(间隔达 200 多纳米)。DWDM 的波长间隔小多了，只有 0.8～2 nm，甚至小于 0.8 nm，这是目前研究的热点。图 3-33 所示为 DWDM 传输系统的示意图。

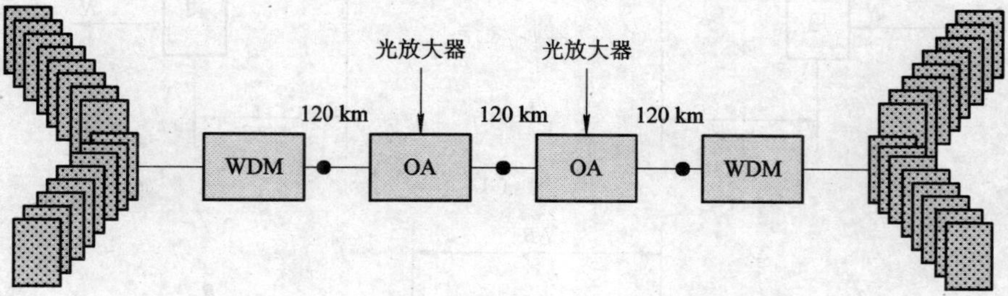


图 3-33　DWDM 传输系统

同普通的单波长单纤单信道系统一样，DWDM 系统除了波分复用/解复用器之外，也需要光放大器。事实上正是光放大器的发展，才进一步推动了 WDM 技术的进步。但是，一些重要光器件的不成熟仍将直接限制 DWDM 网的发展，如可调谐激光器等。通常光网络中需要采用 4～6 个能在整个网络中进行调谐的激光器，但目前这种可调谐激光器还很难商用化。关于 DWDM 系统中的光电器件将在第 4 章中详细介绍。

**2. WDM 技术的主要特点**

WDM 技术具有很多优势，如：可利用光纤的带宽资源，使一根光纤的传输容量比单波长传输增加几倍至几十倍，可大量节约光纤；对于早期安装的光缆，芯数较少，利用波分复用无需对原有系统作较大的改动即可进行扩容操作。由于同一光纤中传输的信号波长彼此独立，因此可以传输特性完全不同的信号，完成各种电信业务信号的综合与分离，包括数字信号和模拟信号，以及 PDH 信号和 SDH 信号的综合与分离。波分复用通道对数据格式透明，即与信号速率及电调制方式无关。

波分复用系统近些年有了飞速的发展，全球实际敷设的 WDM 系统已超过 3000 个，目前实用化系统的最大容量已达 320 Gb/s，实验室的最高水平已达到 10.92 Tb/s。

### 3.4.2　光时分复用技术

我们知道，单个光载波携带多个电时分复用信道也可以扩大光纤的传输容量，目前已有 40 Gb/s 的系统投入使用。但当比特率超过 10 Gb/s 或 40 Gb/s 时，因为高速电子器件和半导体激光器的直接调制能力的限制，这种方式实现起来就变得非常困难。解决问题的方法就是光时分复用(OTDM)。

需要注意的是，电时分复用加光纤通信的方式和光时分复用是不同的，如图 3-34 所示。图 3-34(a)所示为电时分复用系统。对于 $N$ 个基带信道，每个信道比特率为 $B$，复用比特率为 $NB$。如果 $B$ 很高，或者 $B$ 虽不高，但是 $N$ 却很多，此时复用后的比特率 $NB$ 就很高，在复用器和电—光转换器(E—O)中就存在电子瓶颈问题。在光—电转换和解复用端，电子设备必须在复用后的比特率下工作，也存在电子瓶颈问题。

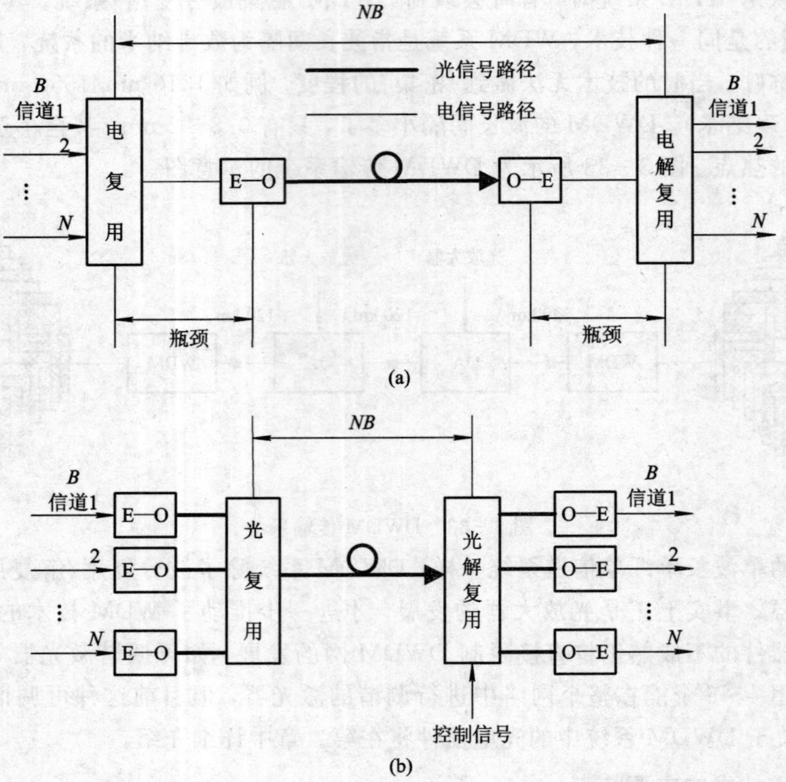


图 3-34 电时分复用和光时分复用系统比较
(a) 电时分复用；(b) 光时分复用

电子瓶颈来源于：

(1) 数字集成电路的限制；

(2) 在 E—O 和 O—E 转换器中，驱动激光器或调制器的高功率、低噪声线性放大器的速度限制；

(3) 激光器和调制器调制带宽的限制。至今，这些问题已经限制电复用系统的最大比特率为 40 Gb/s。

图 3-34(b)所示为光时分复用系统。光时分复用利用不同的时隙，将多个光信道信号复用在一根光纤中传输，将多个相对低速的信道变为一个高速信道。

该系统的 E—O 和 O—E 转换器(即光发射机和接收机)已变成基带信号，与信号处理有关的所有电子设备均工作在基带比特速率下，不存在电子瓶颈问题。

光时分复用的关键技术介绍如下。

**1. 超窄光脉冲的产生**

光时分复用要求光源提供 5～20 GHz 的占空比相当小的超窄光脉冲输出，实现的方法有增益开关法、LD 的模式锁定法、电吸收连续光选通调制法及光纤光栅法、超连续(Supercontinuum)光脉冲。增益开关法可以产生脉宽为 5～7 ps、脉冲重复频率在 10 GHz 左右可任意调整的光脉冲，其优点是很容易与其他信号同步。增益开关法已用于各种高速光传输实验中的脉冲源产生和光测量中。SC 光脉冲宽度可小于 1 ps，最窄达 0.17 ps。另外，利用调整线性调制光纤光栅的色散值可对电吸收调制器输出的光脉冲形状进行修正，也可以产生脉宽为 5.8 ps、占空比为 6.3%的 10 GHz 的光脉冲。

**2. 全光复用/解复用技术**

光纤延时线型技术是最简单的光时分复用器，它由 $N$ 路具有不同长度的光纤延时线和合路器构成，如图 3－35 所示。$N$ 个光信道的信号通过 $N$ 路光纤延时线分别获得不同的时延，经合路器合路后，形成一定时隙排列的高速光信息流。在超高速系统中，最好将光纤延迟线及合路器集成在一个平面硅衬底上，形成平面光波导回路作为光复用器。全光解复用器在光接收端对 OTDM 信号进行解复用。目前已研制出 4 种形式的器件作为解复用器：光克尔开关矩阵光解复用器、交叉相位调制频移光解复用器、四波混频开关光解复用器和非线性光纤环路镜式光解复用器。无论采用何种器件，都要求其工作性能可靠稳定，控制用光信号功率低，与偏振无关。

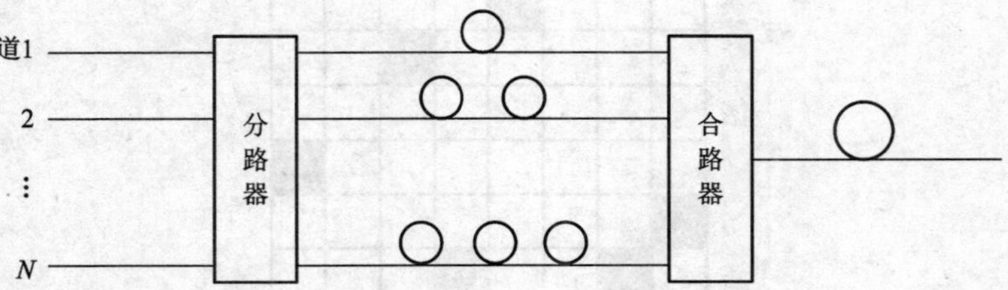


图 3－35　光纤延时线型的光时分复用器

**3. 光定时提取技术**

光定时提取要求超高速运转、低相位噪声、高灵敏度以及与偏振无关。目前已研制出一种采用高速微波混频器作为相位探测器构成的锁相环路，另外使用法布里－珀罗干涉光路构成的光振荡回路也可以完成时钟恢复功能。

### 3.4.3　光码分复用技术

光码分复用技术是给每个信道分配唯一的光码作为该信道的地址码，对要传输的数据信息用该地址码进行光编码，将多路正交的光编码信号合在一起，实现多路复用；在接收端用与发端相应的地址码进行光解码，获得不同用户的信号，如图 3－36 所示。

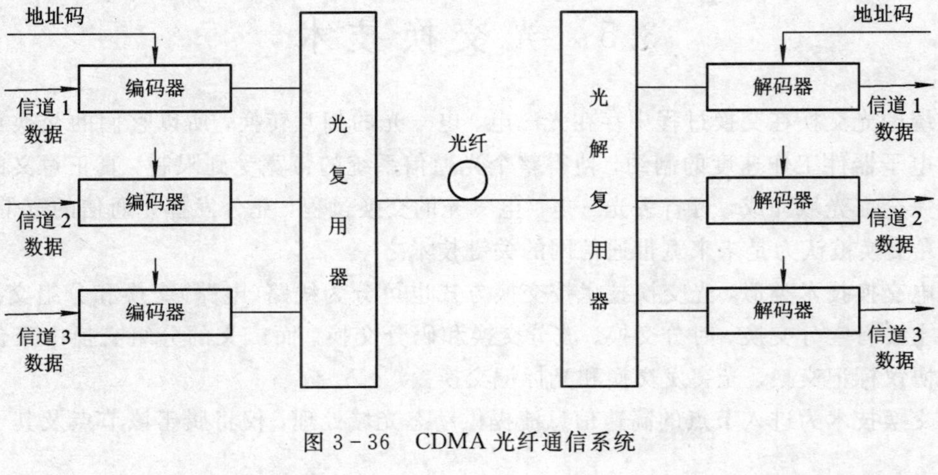


图 3－36　CDMA 光纤通信系统

输出光正交码编/解码技术是光码分多址网络的关键技术，在3.3节已经介绍了多种一维编/解码技术，在此再介绍一种二维技术——跳频编码。这种技术同时利用时间扩展和频率跳变：当有1的光脉冲输入时，一方面对脉冲从时域上进行切谱，另一方面在频域上对脉冲频谱进行切割。

跳频信号可用图3-37表示的矩阵形式表示，列表示对分配给信道的频率的切割，行表示切谱。根据预先分配的正交码，不同的用户分配不同的跳频形式(即地址码)，比如图3-37中地址码为(3 2 0 7 2 6 1 4)，则在相应的时隙选择相应的频率，以便确保在同一时隙内两个用户不会以相同的频率发送自己的信息。它与FDM不同，OCDM的每个信道没有分配固定的频率，所有的信道在不同的时间，根据密钥规则使用不同的载波频率，但共享整个带宽。

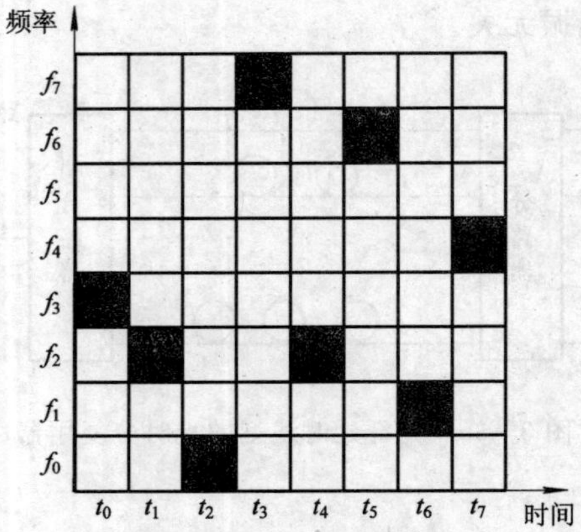

填充的方块表示对应指定时隙的频率
图中所示的跳频码是(3 2 0 7 2 6 1 4)

图3-37 跳频编码OCDM系统

CDM光纤网络中的用户可采用同一工作波长，所用设备可规格化，便于制造和维护；无须采用高选择性的滤波器或相干检测；不会产生四波混频，对光放大器的增益平坦性要求不高；网络接口协议简单，具有潜在的应用前景，是实现未来全光通信网络的重要技术之一，但是信道间串扰比较大。虽然CDM光波系统受到人们的关注，但是离实用化还相差很远。

## 3.5 光交换技术

传统的光交换在交换过程中存在光—电、电—光的相互转换，所以它们的交换容量都要受到电子器件工作速度的制约，使得整个光通信系统的带宽受到限制。真正意义的光交换应该完全在光域完成，可省去光—电、电—光的交换过程，充分发挥光通信的宽带优势。因此，光交换被认为是未来宽带通信网的关键技术之一。

和电交换技术类似，光交换技术按交换方式也可分为线路(电路)交换和分组交换。线路交换主要有空分交换、时分交换、波分交换和码分交换。而广义的分组交换中又包括了通用多协议标记交换、光突发交换和光标记交换。

光交换技术为进入节点的高速信息流提供动态光域处理，仅将属于该节点及其子网的信息上下路并交由电交换设备继续处理，这样具有以下两个优点：可以克服纯电子交换的容量瓶颈问题；可以大量节省建网和网络升级成本。如果采用全光网技术，将使网络的运行费用节省 70%，设备费用节省 90%；可以大大提高网络的重构灵活性和生存性，以及加快网络恢复的时间。

分组交换的方式在第 2 章已经述及，在此只讨论线路交换方式。

### 3.5.1　空分光交换

空分光交换(Space-Division Phontonic Switching，SDPS)是指不同信道的光信号通过改变光的传输路径来实现交换，它需要通过改变并建立两个或多个点之间的光物理通道来完成。这个通道既可以是波导，也可以是自由空间的波束。

空间光开关是光交换中最基本的功能开关，它可以直接构成空分光交换单元，也可以与其他功能开关一起构成时分光交换单元和波分光交换单元。根据光信号在光开关中通过媒质的不同，空间光开关可以分为光纤或波导型光开关和自由空间型光开关两类。前者有机械光开关、电控光开关(包括电光开光、磁光开关和热光开关)、基于铌酸锂的集成光开关、半导体光开关等多种类型。但是，由于普通的机械光开关的体积大、控制复杂，波导型光开关又有损耗大、串扰大等缺点，采用这些光开关构成的光交换单元都很难达到很大的容量(256×256 以上)。自由空间型光开关是指在输入/输出端之间光信号是在自由空间中传输。光束在自由空间传输的特点决定了这类光开关具有低损耗、低串扰的优点，在构成大型交换模块时具有优势。微光电机系统(Micro-Opto-Electro-Mechanical System，MOEMS)使空间光开关技术得到很大发展。它能在单片半导体材料上集成大量光开关元件，同时使光信号在自由空间传播。具体的光开光技术将在第 4 章中更详细地介绍。

光开关最基本的形式是 2×2，即入端和出端各有两条光纤，可以完成平行连接和交叉连接两种连接状态。这样的光开关有三种实现方案，如图 3-38 所示。

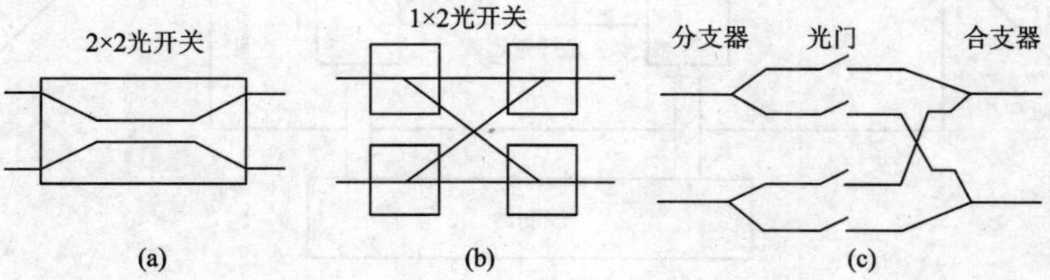


图 3-38　2×2 空间光开关的实现方案

(1) 1 个 2×2 光开关，如图 3-38(a)所示，比如基于铌酸锂的方向耦合器和机械光开关；

(2) 4 个 1×2 光开关用光纤互连起来，如图 3-38(b)所示。1×2 光开关可用 Y 分支型 InP 数字光开关。

(3) 4 个 1×2 光耦合器加 4 个门型光开关构成，如图 3-38(c)所示。门型光开关可用半导体光放大器或其他类型的门型光开关。

前两种光开关在交换信号时，除了其本身的插入损耗外，将把所有的信号功率交换到输出端去。而第三种光开关将把一半的光能浪费掉，从而引入附加损耗，且交换的路数越多，损耗越大，用光放大器作门型光开关可以解决这个问题。但是空间光开关多级互连成大型交换单元时，光放大器引入的放大的自发辐射和通带变窄等问题难以解决。另外，第三种光开关具有广播发送能力，这在提供点到多点和广播业务时非常有用。

### 3.5.2 时分光交换

时分复用是通信网中普遍采用的一种复用方式。光时分复用和电时分复用类似，也是把一条复用信道划分成若干个时隙，每个基带数据光脉冲占用一个时隙，$N$ 个基带信道复用成高速光数据流信号进行传输。

要完成时分光交换，必须有时隙交换器实现将输入信号一帧中任一时隙交换到另一时隙输出的功能。完成时隙交换必须有光缓存器，把时分复用信号按一定顺序写入储存器，然后按一种顺序读出来，这样便完成了时隙交换。双稳态激光器可用作光缓存器，但它只能按位输出，而且还需解决高速化和扩大容量问题。光纤延时线是一种比较适用于时分交换的光缓存器。利用光纤延时线的光时分交换的工作原理是：首先把时分复用的光信号经过光分路器，使它的每条输出线上同时都只有某一时隙的光信号；然后让这些信号分别经过不同的光延时器件，使其获得不同的时间延迟；最后，再把这些信号经过一个光合路器重新复合起来，就完成了时分交换。目前的时分交换器都是用 $1\times N$ 和 $N\times1$ 的空间开关和一组光纤延迟线构成的。图 3-39 所示的时分交换系统就是利用了 $1\times4$ 和 $4\times1$ 两个光开关，完成了 4 个时隙中的 1、2 两个时隙的交换。

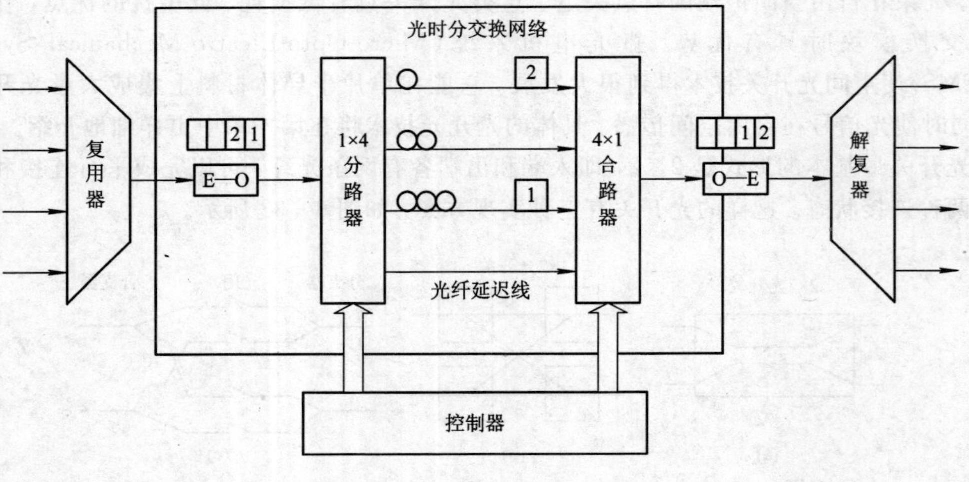


图 3-39 光时分交换系统

### 3.5.3 波分光交换

波分复用技术在光传输系统中已经得到广泛应用。一般来说，在光波复用系统中其源端和目的端都采用相同的波长来传递信号，否则在多路复用中每个终端都将增加终端设备的复杂性。这就要求在传输系统中间节点上采用光波分交换，采用这样的技术不仅能满足光波分复用终端的互通，而且还能提高传输系统的资源利用率。

光波分交换网络的结构如图 3-40 所示。波分光交换所需波长交换器是先用波分解复用器将光波分信道空间分割开，对每个波长信道分别进行波长变换，然后再把它们复用起来，经由一条光纤输出。

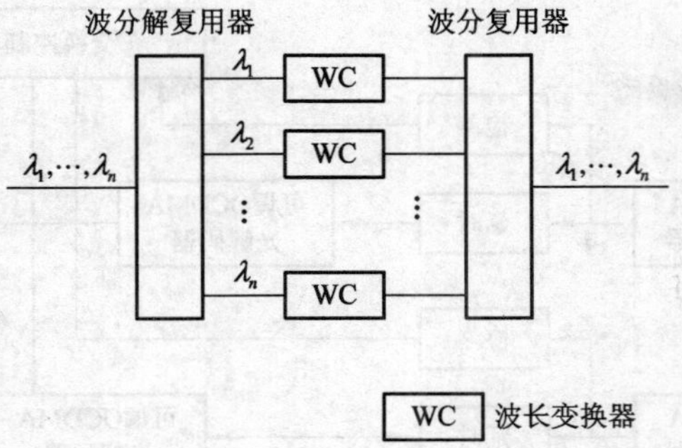


图 3-40　光波分交换网络结构

波长变换器是波分交换系统的核心，有多种原理可以实现。现在常用的波长变换器还是用光—电—光的方式，也就是将要转换波长的光信号转换为电信号，再重新调制到另一个特定的波长上，完成波长变换的任务。这种方法简单可行，但不是真正的全光交换，同样存在着“电子瓶颈”。

全光波长变换大多利用了光纤的非线性效应，也将在第 4 章中给予介绍。

### 3.5.4　码分光交换

光码分复用是根据不同的地址码来区别各路光信号的，码分光交换就是把一种地址码变为另一种地址码，来实现交换功能。要实现交换，首先要对传输至光交换机的各个光路信号(已经过编码)进行解码，再按所给予的路由以及不同路由被配给的地址码重新编码，完成光信号从一个地址码到另一个地址码的变换，实现码分交换。图 3-41 给出了 $N$ 个输入和 $N$ 个输出的 $N\times N$ 光交换机。

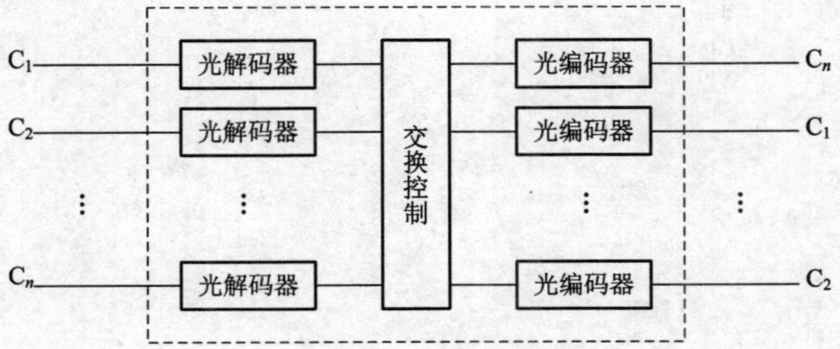


图 3-41　$N$ 个输入和 $N$ 个输出的 $N\times N$ 光交换机

利用码分复用光信号中的地址码，码分光交换可以用来实现光的分组交换。如图 3-42 所示，$N$ 路输入数据，经光解码器解码后，得到光信号，然后分成两路，一路送往由光电检测器等组成的检测部分，提取其中的地址信息，然后将结果送到交换控制单元，交换控制单元根据此结果得到该路数据在下一个网络的地址码。另一路经由光纤延迟线延时，延时时间与以上地址分析所需时间相对应。交换控制单元根据所得到的地址码对该路光信号进行光编码，最后再输出，完成光码分分组交换。

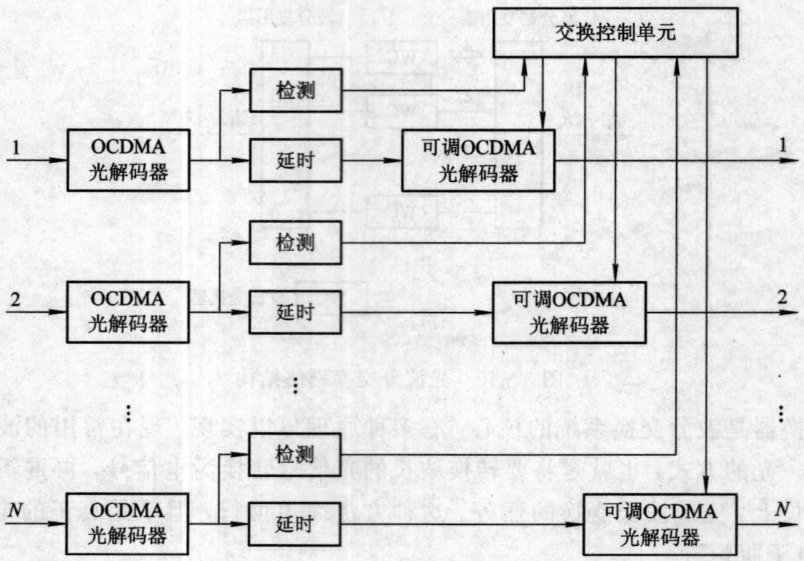


图 3-42 利用码分复用光信号中的地址码实现光的分组交换

# 第 4 章　光网络组网的核心网元

现代光网络中应用的主要元器件可以粗略分为光有源器件和光无源器件。光有源器件主要包括各种不同类型的光发射器件和光放大器。光发射器件包括各种半导体激光器和发光二极管，其中半导体激光器是光通信系统中的主要光源。光放大器是补偿光纤和各种元器件损耗的重要器件，通常可以对多个波长的光信号同时放大。在本书中，用于将光信号还原成电信号的光检测器也放在光有源器件中介绍。光无源器件主要包括耦合器、光开关、光滤波器及复用器等。耦合器是一种用于联合或分离光信号的简单器件。在波分复用系统中，复用/解复用的滤波器和复用器对不同波长的光信号进行处理。光开关在当今越来越快捷和灵活的光网络中起着关键的作用。

将分立的光器件合理地组合在一起就构成了光网络中重要的网络单元。网络由通过光纤链路互连着的光线路终端(OLT)、光分插复用器(OADM)以及光交叉互联器(OXC)组成。目前光线路终端已被广泛采用，而光分插复用器相对来说用得少一些，光交叉互联器则刚刚开始被使用。

本章将介绍光通信系统中最重要的一些元器件的物理机理及其工作原理。对每一种器件，首先进行简单的描述，进而给出更详细的基于数学的处理方法。此外，还将介绍各网络单元的构造，最后讨论波长转换器。

## 4.1　光网络有源器件

### 4.1.1　光发射器件

**1. 激光器**

光网络使用的光发射器中最重要的是激光器，而激光器又有许多不同的类型。激光器被用作光通信系统的发射机，也被用于泵浦掺铒光纤放大器和喇曼放大器。

1) 工作原理

(1) 受激辐射。

根据量子力学原理，任何物理系统(比如一个原子)都只能处于一组离散能级中的某一个能级上。一个原子有 $E_1$ 和 $E_2$ 两个能级，并有 $E_2>E_1$。一个频率为 $f_c$，且满足 $hf_c=E_2-E_1$ 的电磁场将触发原子在能级 $E_1$ 和 $E_2$ 之间跃迁，其中 $h$ 是普朗克常量，跃迁过程如图 4-1 所示。$E_1$ 到 $E_2$ 的跃迁伴随着对输入电磁场的光子的吸收，而从 $E_2$ 到 $E_1$ 的跃迁则伴随着能量为 $hf_c$ 的光子的辐射(与入射光子具有相同的能量)，被称为受激辐射。如果受激辐射占主导地位，即入射信号引起的从 $E_2$ 到 $E_1$ 的跃迁大于从 $E_1$ 到 $E_2$ 的跃迁，则能量为 $hf_c$ 的光子数目就有了净增加，从而达到了放大光信号的效果。

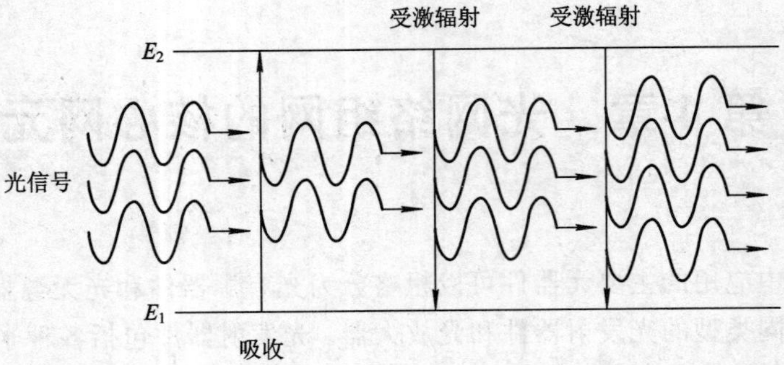


图 4-1 一个双能级原子系统中的受激辐射和吸收

根据量子力学理论可知：每个原子发生从 $E_1$ 到 $E_2$ 跃迁的几率等于从 $E_2$ 到 $E_1$ 跃迁的几率。用 $r$ 表示这一共同的几率，如果在能级 $E_1$ 和 $E_2$ 上的原子数分别是 $N_1$ 和 $N_2$，相应地，单位时间内能量就有 $(N_2-N_1)rhf_c$ 的净增长。显然，为了产生光放大，必须有 $N_2>N_1$，这就是粒子数反转条件。为了产生光放大，必须使能级 $E_1$ 和 $E_2$ 的粒子数关系反转。通过以适当的形式提供额外的能量(泵浦能量)，将电子泵浦到高能级就可以实现粒子数反转。这一额外的能量可以是光形式的(光泵浦)，也可以是电形式的(电泵浦)。

(2) 自发辐射。

再以之前所讨论的两个能级的原子系统为例。即使没有外部的辐射存在，在 $E_2$ 能级的原子也将跃迁到低能级 $E_1$ 上，并发射能量为 $hf_c$ 的光子，这就是自发辐射。每个原子从 $E_2$ 能级到 $E_1$ 能级的自发辐射几率是该原子系统的一个特性，用 $\tau_{21}$ 来表示，称为自发辐射寿命。因此，如果 $E_2$ 能级上有 $N_2$ 个原子，则自发辐射几率是 $N_2/\tau_{21}$，自发辐射的能量是 $hf_cN_2/\tau_{21}$。

自发辐射的过程对放大器的增益没有贡献。虽然发射的光子与入射光信号有相同的能量 $hf_c$，但是自发辐射的光子的方向、偏振态以及相位都是随机的，它不同于受激辐射的过程，在受激辐射过程中，发射的光子不仅具有与入射光子相同的能量，而且也有相同的传播方向、相位和偏振状态。这种现象通常被称为：受激辐射过程是相干的，而自发辐射过程是不相干的。

自发辐射对系统有不利的影响。原子系统会把自发辐射当成是频率为 $hf_c$ 的另一个电磁场，因此除了对入射光信号放大之外，自发辐射也被系统放大。这种放大的自发辐射(Amplified Spontaneous Emission，ASE)在光放大器中体现为噪声。

2) 激光器结构

简单地说，激光器是由三个部分组成的：增益介质(它的作用正如之前所讨论的两个能级的原子系统，比如，半导体激光器用半导体作为增益介质，而光纤激光器用掺铒光纤作为增益介质)、谐振腔和泵浦源(它的作用就是使得增益介质实现粒子数反转)。

最简单的谐振腔是图 4-2 所示的 F-P 谐振腔，谐振腔的两个端面是平面并且相互平行，称为反射端面。将增益介质置于 F-P 腔内部的结果是，增益介质辐射出的光波中只有满足腔的谐振波长的光才能获得较高增益。这与 F-P 滤波器的情况相同(参见 4.2 节)。

在一束光横穿谐振腔一次后，有一部分光从右边的反射端面射出谐振腔，而另一部分光则被反射。反射波的一部分又被左边的反射端面反射到右边的反射端面。对于该腔的谐

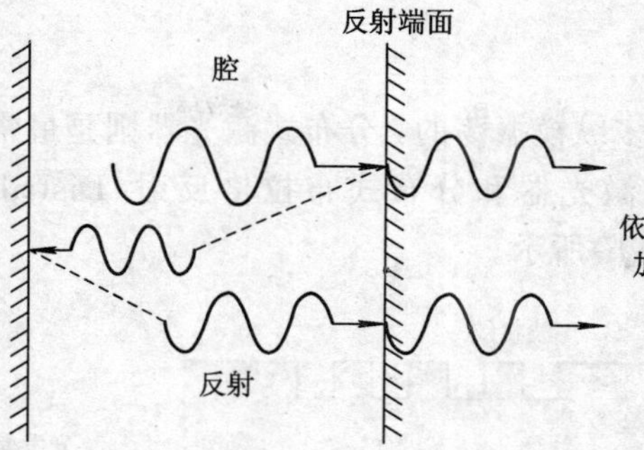


图 4－2　在 F－P 腔端面的反射和透射

振波长来说，由于满足相位匹配条件，与其他波长相比，谐振波长的振幅被大幅度增加，而其他波长在振荡过程将逐渐被抑制掉。因此只有很窄的带宽内的光才能获得输出。

如果放大器增益和反射端面反射率的联合作用足够大，激光器就开始振荡，或者说产生光输出，即使在没有输入信号的情况下也是如此。这是由于腔内存在着自发发射的杂散光，而部分杂散光的波长恰恰落在增益介质带宽内，这样它就可以被放大，并以发射光的形式输出。对于一个特定的器件而言，开始振荡的点被称为激光发射的阈值。由于放大过程是基于受激发射过程而产生的，因此激光器的输出光是相干的。

3）纵模

激光器能否在某个特定的波长处发生振荡，取决于两个条件：第一，该波长必须是在所使用的增益介质的带宽内；第二，腔的长度必须是该波长的二分之一波长的整数倍。对于一个给定的激光器来说，所有符合第二个条件的波长都被称为该激光器的纵模。

上述 F－P 腔激光器通常会在几个纵模处同时振荡，这种激光器称为多纵模（MLM）激光器。多纵模激光器有较大的频谱宽度，一般在 10 nm 左右。典型的多纵模激光器的输出谱如图 4－3（a）所示。我们知道为了使色散效应最小化，光源的谱宽应尽可能地窄。此外，为了使波分复用系统中的串扰最小化，同样需要窄的谱宽度。所以，有必要设计一种只有单纵模（SLM）振荡的激光器。单纵模激光器的输出谱如图 4－3（b）所示。单纵模激光器的一个重要性质是它的边模抑制比（边模抑制比决定了其他纵模与主模相比受到抑制的程度），对于实际的单纵模激光器，这个比值一般超过 30 dB。

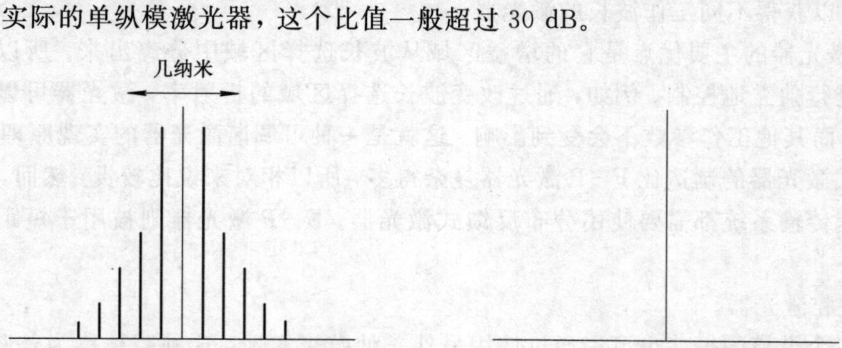


图 4－3　多纵模激光器和单纵模激光器

4）常见的半导体激光器

(1) 分布式激光器。

普通的半导体激光器多是多纵模振荡的，分布式激光器则是最常见的单纵模半导体激光器，包括分布反馈(DFB)式激光器和分布式布拉格反射(Distributed Bragg reflector，DBR)激光器，如图 4-4(a)和(b)所示。

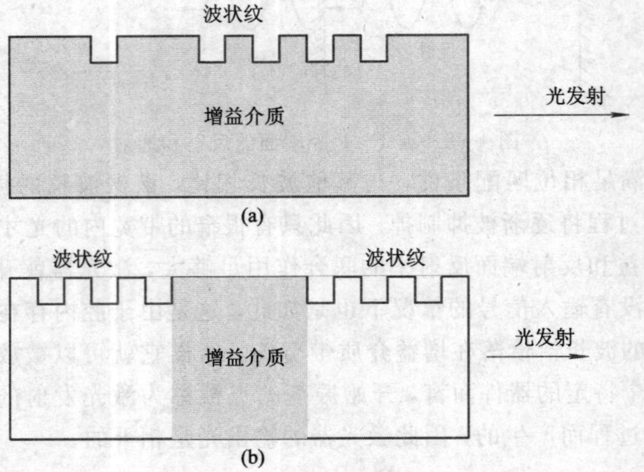


图 4-4　分布式激光器的结构

(a) 分布反馈式激光器的结构；(b) 分布 Bragg 反射激光器的结构

在一个 DFB 激光器中，增益和波长的选择(波纹状部分)在同一区域内实现，而在 DBR 激光器中，波长的选择区域在增益区域的外面。在腔的波纹状部分，入射波经历了一系列的反射。只要波纹的周期是腔中波长的二分之一波长的整数倍(此条件被称为布拉格条件)，那么每个反射波都能在输出端获得相干叠加。虽然许多波长都满足布拉格条件，但是最强的输出波发生在波纹周期等于其二分之一波长的波长处。这个波长在以牺牲其他波长为代价的前提下得到优先放大。通过合理地设计器件，这种效应能够被用来抑制其他纵模，以实现单纵模振荡，单纵模的波长是波纹周期的两倍。通过在制造过程中改变波纹的周期，就可以获得不同工作波长的激光器。

DBR 激光器的主要优点是它的增益区域从波长选择区域中分离出来，所以它可以对两个区域进行独立地控制。例如，通过改变波长选择区域的折射率，激光器可以被调到不同的波长，而其他工作参数不会受到影响。这就是一种可调谐激光器的实现原理。

分布式激光器的制造比 F-P 激光器复杂得多，所以相对来说比较贵。然而，当今几乎所有的高速传输系统都需要使用分布反馈式激光器。F-P 激光器则被用于短距离数据通信应用。

(2) 外腔激光器。

抑制多个纵模的振荡也可以通过使用另外一种腔来实现，这种腔被称为外腔，它跟随在产生增益的主腔的后面，如图 4-5 所示。像主腔一样，外腔也有谐振波长。例如，通过在外腔中使用反射端面，可以使得外腔有自己的谐振波长。使用外腔的结果在于，激光器只有在主腔和外腔共同的谐振波长处才能振荡。这样通过合理地设计这两个腔，可以确保在主腔的增益带宽内只有一种波长(单纵模)满足这个条件。

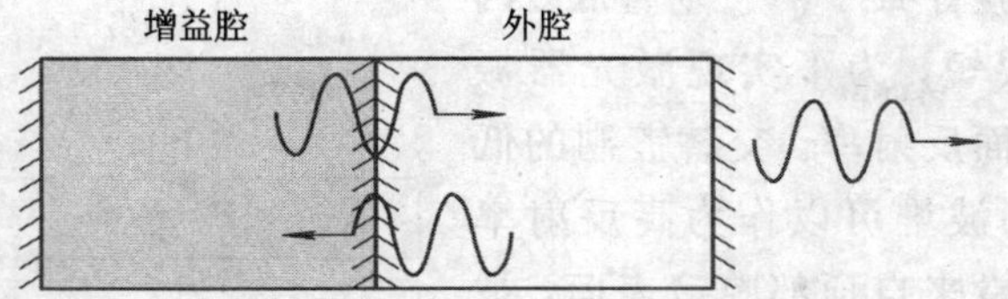


图 4-5　外腔激光器的结构

外腔激光器中一般使用一个波长选择镜来代替波长平坦镜(波长平坦镜在一定波长范围内反射率与波长无关，通常使用高度抛光的或者镀金属膜的端面)。波长选择镜的反射率是波长的函数，只有某些波长会经历高反射并能够发出激光。如果波长选择镜选择恰当，那么在增益带宽中只有一个波长满足上述条件，使得激光器的振荡限制在一个单纵模。

波长选择镜可以是 F-P 滤波器，也可以是衍射光栅(被称为光栅外腔激光器)，如图 4-6 所示。在这种情况下，原半导体激光器的输出腔面往往要使用一层增透膜。被衍射光栅反射回半导体增益腔的波长由光栅栅距、离开增益腔的距离和它的倾斜角决定。

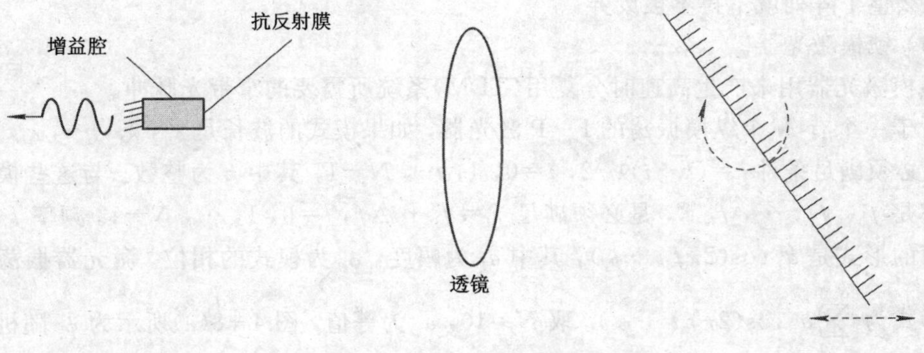


图 4-6　光栅外腔激光器的结构

如果光栅或者其他类型波长选择镜的中心波长可以改变，外腔激光器就可以被调谐。图 4-6 中给出的光栅外腔激光器，通过调节倾角和衍射光栅与增益腔的距离(参看图中的虚线箭头)，激光器的波长可以被改变。这是一种慢速调谐方法，因为衍射光栅的倾角和位置必须用机械方法调整。使用这种方法，半导体激光器可以达到非常宽的调谐范围，大约是 100 nm。这种调谐方法适用于测试装置，但不适合用作通信系统的小型化的光源。

有一种外腔激光器已显示出用于传输系统的良好前景，即把一个光纤 Bragg 光栅置于传统的 F-P 激光器之前，F-P 激光器的前端面涂敷一层增透膜，这样它就可以被用作单纵模分布 Bragg 反射激光器了。与分布反馈式激光器相比，它的造价比较低，并且由于光纤光栅的较低的温度系数，它的波长有较高的温度稳定性。

外腔激光器的一个缺点是不能对其进行高速的直接调制，这与腔的长度比较大有关。

(3) 垂直腔面发光激光器。

多纵模激光器不同模式之间的频率间隔是 $c/2nl$，其中 $l$ 表示腔的长度，$n$ 是折射率。如果把腔的长度做得足够小，模式间隔就会增加，结果使得激光器增益带宽中只有一个纵模。如图 4-7 所示，如果非常薄的有源层被沉积于半导体衬基上，而腔镜被置于半导体基片的顶端和底部，这就导致了一个垂直腔。因为增益区域的长度很短，为了实现激光器振荡，需要非常高的镜面反射率。交替镀制的低折射率和高折射率的波堆可以作为高反射率镜。激光器的输出通常来自顶部腔镜表面，被称为垂直腔面发光激光器（Vertical-Cavity Surface Emitting Laser，VCSEL）。迄今为止，我们讨论的其他激光器均可以被称为边发射激光器。

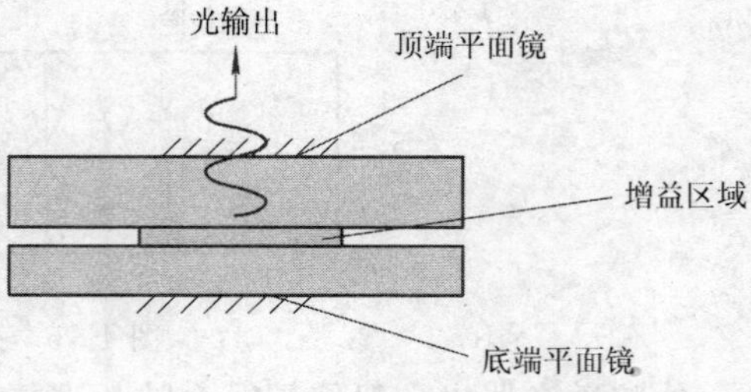


图 4-7　垂直腔面发光激光器的结构

与边发射激光器相比，垂直腔面发光激光器的优点是能够更简单和更有效地与光纤耦合，更容易封装和测试，能够被集成到多波长阵列。垂直腔面发光激光器的缺点是入射电流要遇到较大的欧姆电阻。这将导致器件的大量发热，需要有效的热冷却。此外，面发射激光器的应用使得制作二维激光器阵列成为可能，与边发射激光器相比，可获得更高的阵列封装密度，只是从阵列激光器将光耦合进光纤比较困难，因为需要工作于二维空间的复用器。同时，它与其他阵列激光器存在着同样的问题，即如果其中一个激光器不能达到要求，那么整个阵列就不得不被废弃。

(4) 锁模激光器。

锁模激光器用来产生高速时分复用(TDM)系统所需要的窄带光脉冲。

对于一个有 $N$ 个纵模振荡的 F-P 激光器，如果模式的波长是 $\lambda_0$，$\lambda_1$，…，$\lambda_{N-1}$，腔的长度 $l$ 必须满足条件 $l=(k+i)\lambda_i/2$，$i=0$，1，…，$N-1$，其中 $k$ 为整数。与这些模式相应的频率是 $f_0$，$f_1$，…，$f_{N-1}$，是必须满足 $f_i=f_0+i\Delta f$，$i=0$，1，…，$N-1$。频率 $f_i$ 处产生的振荡的形式是 $a_i\cos(2\pi f_i t+\phi_i)$，其中 $a_i$ 为幅度，$\phi_i$ 为模式的相位。激光器振荡输出的表达形式为 $\sum_{i=0}^{N-1} a_i\cos(2\pi f_i t+\phi_i)$。取 $N=10$，$a_i$ 为等值，图 4-8(a)所示为 $\phi_i$ 随机选取一组不同值的输出，图 4-8(b)所示为 $\phi_i$ 取等值的输出。

从图 4-8(a)可见，如果模式不锁定，一个多纵模激光器的输出振幅将随时间快速变化。由于相邻纵模之间的频率间隔是 $c/2nl$，取典型值和 $n=3$ 和 $l=200\ \mu$m，那么频率间隔为 250 GHz，因此这些振幅起伏发生极快(在时域内为几个皮秒的数量级)。从图 4-8(b)可以看出，当选择每个 $\phi_i$ 值都相同时，激光器的输出振荡产生一系列周期性的窄脉冲，以这种方式工作的激光器称为锁模激光器，它是生成窄的光脉冲的最常用的方法。

一个锁模激光器的两个脉冲的时间间隔是 $2nl/c$，如图 4-8(b)所示。对于一个典型的半导体激光器来说，相应于几个皮秒，正如前面讲到的那样。在 1～10 GHz 范围内的调制，脉冲之间的间隔应该在 0.1～1 ns 的范围内。为了使锁模激光器的脉冲间隔位于这个范围内，腔的长度 $l$ 需要在 1～10 cm 的量级(假设 $n=1.5$)。使用光纤激光器可以达到这样的腔长度。

实现锁模最常用的方法是调制激光腔的增益，幅度调制和频率调制均可以使用。采用幅度调制的模式锁定如图 4-9 所示。腔的增益用一个与脉冲间隔相等的周期($2nl/c$)来调制。调制的幅度要经过选择，以实现平均增益不满足任何单模振荡。当许多模式彼此相位匹配时，在腔内的能量就会足够大，从而使激光器在瞬间的高增益处发生振荡。

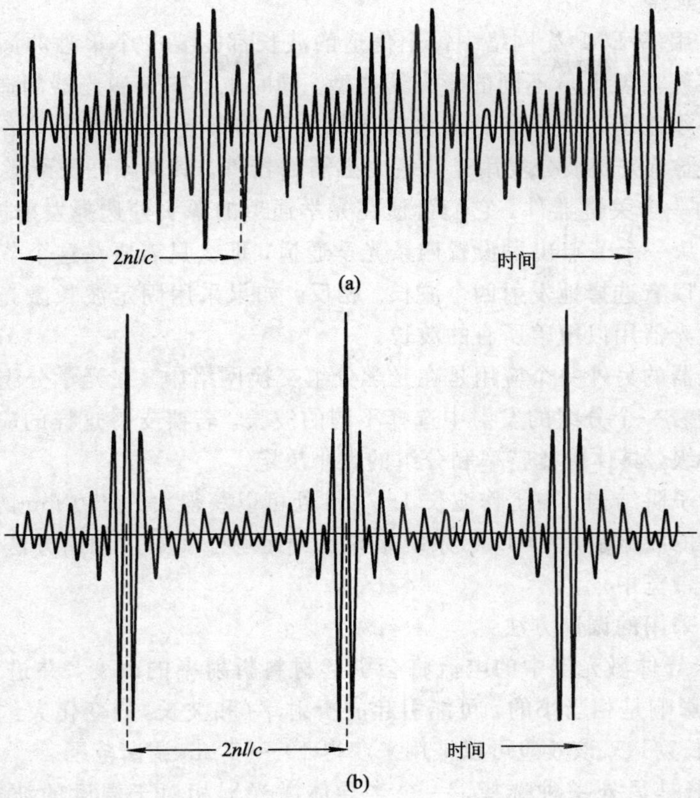


图 4－8　一个同时在 10 个纵模处振荡的激光器的振荡输出

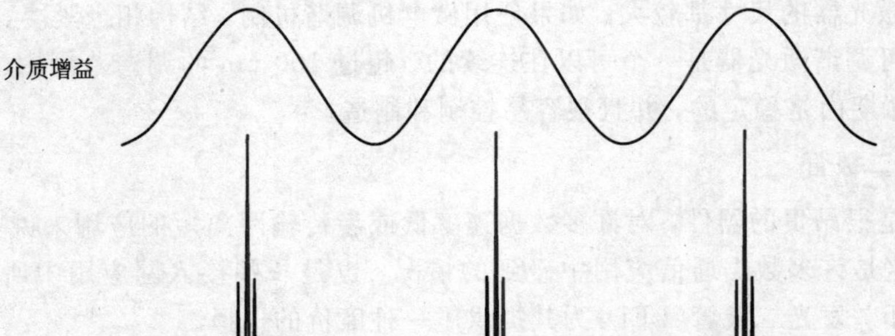


图 4－9　通过对腔增益的幅度调制来实现锁模的示意图

(5) 调谐激光器。

如果波分复用(WDM)光网络中每个信道的波长都需要一个单独的激光器，就意味着构建波分复用系统需要大量不同的激光器类型。同时也意味着激光器制造商、设备供应商和网络运营商必须制造、供应和备用大量不同类型的激光器以维持网络的正常运营。因此，可调谐激光器首先是波分复用光网络中必需的器件。其次，可调谐激光器也是设置可调的光网络中的一个关键器件。它们可使在光学通道的源头处选择发射波长时更为灵活。例如，假如想要从一个节点出发设置四条光学通道，那么只需要在这个节点处放置一个可调谐激光器就可以有选择地发射四个波长。相反，如果采用固定波长激光器，就需要在节点处放置四个激光器用以覆盖所有的波长。

可调谐激光器的另外一个应用是在光学分组交换网络中。在光学分组交换中，数据需要在一个分组接着一个分组的发射中选择不同的波长。若要支持这样的应用，调谐时间要在纳秒或微秒量级，具体由比特率和分组的大小决定。

通过使用量子阱结构，在工作波长 1.5 μm 处可以获得大约 250 nm 的总增益带宽，该增益带宽对目前的波分复用(WDM)系统来说已经足够了。不过调谐方法可能会将调谐范围限制在更小的带宽中。

下面是通常采用的调谐方法：

① 入射到半导体激光器中的电流将会引起材料折射率的改变，并进而改变激光器的发射波长。这种影响是相当小的，可能引起的折射率(和波长)的变化大约是 0.5%～2%。对于 1.5 μm 波长窗口，该效应可以被用来获得 10～15 nm 调谐范围。

② 温度调谐是另外一种选择。一个半导体激光器相对于温度的波长灵敏度大约是 0.1 nm/℃。但如果让激光器工作在比室温高得多的温度下，将引起激光器的老化。

③ 机械调谐可以为一个使用独立的外腔机制的激光器提供较宽的调谐范围，但大部分此类调谐激光器的尺寸都较大。如果使用微电机调谐机制，结构相当紧凑，尺寸较小。

理想的可调谐激光器是一个可以在连续的、超过 100 nm 的调谐范围内快速调谐的器件，它在寿命期内是稳定的，并且很容易控制和制造。

**2. 发光二极管**

激光器是很昂贵的器件，对许多数据速率低或者传输距离短的应用来说，激光器显然造价太高。这是许多数据通信应用中碰到的情况，也是一些接入网应用中所碰到的情况。在这种情况下，发光二极管(LED)为其提供了一种廉价的选择。

发光二极管是一个前向偏置的 PN 结。在其中注入的少数载流子(在 P 型区域中的电子和在 N 型区域中的空穴)的重新复合经由自发辐射过程会引起发光(不期望出现的非辐射复合也是可能存在的，它是影响发光二极管性能的重要因素)。因为自发发射发生在增益介质的整个带宽内(与一个发光二极管中价带和导带之间的所有能量差相对应)，所以发光二极管的光输出有较宽的谱，这与激光器不同。发光二极管可以大致地看成是谐振腔反射端面的反射率不高的激光器，增加泵浦电流可以增加自发发射。由于反射端面的反射率较低，产生受激辐射是不可能的，因此，发光二极管也不可能产生像激光器那样高的输出功率，其典型的输出功率一般只有 −20 dBm。在数据速率高于几百 Mb/s 时，它们不能被直接调制。

分布反馈式(DFB)激光器能够提供窄谱宽度，但对于某些低速、低预算，却要求使用窄谱宽度光源的应用来说可能过于昂贵。在这种情况下，发光二极管提供了一种更廉价的选择：将窄带带通光学滤波器置于发光二极管的前面，光学滤波器选择发光二极管辐射的一部分来实现窄带输出。不同的滤波器可以被用来选择发光二极管中(几乎)不重叠的谱段，所以一个发光二极管可以被许多用户共用。

### 4.1.2　光放大器件

在光纤通信系统中，发射机发射的光信号在沿着光纤传输的过程中会衰减。还有其他的一些光学元器件，如复用器和耦合器，也会引入损耗。经过一段距离的传输，光信号的累计衰减将使得信号太弱而难于检测。为了防止这种情况发生，必须要恢复信号的强度。在尚未使用光学放大器之前，唯一的办法是再生信号，这个过程可用再生器实现。再生器首先将光信号变成电信号，经过对信号整形，再将其转变回光信号，然后再继续传输。

较之于再生器，光放大器有其自身的优点。再生器必须针对通信系统中特定的比特率和特定的调制格式工作，而光放大器则不受比特率和信号格式的限制。因此，使用光放大器的系统更易于升级，比如，对于更高的比特流，无须重新配置光放大器。相反，对于使用再生器的系统而言，这种升级必须更换所有的再生器才能实现。再者，光放大器有相当大的增益带宽，因此，一个单个的放大器能同时放大多个波分复用(WDM)信号，但若使用再生器，则需要用多个再生器放大不同的波长。因此，光放大器越来越成为高性能光通信系统中的重要器件。

然而，光放大器也不是完美的器件。它们会引入附加噪声，而且由于放大器的模拟特性，这些噪声将随着信号通过沿途的多个放大器而累积起来。放大器的增益谱形状、输出功率以及其瞬态特性对于系统应用也是重要的考虑因素。在理想情况下，希望其拥有足够高的输出功率以满足网络应用的需求。同时希望在整个工作波长范围内，其增益是平坦的，并且要求增益对输入信号功率的变化不敏感。

下面将讨论三种不同类型的放大器：掺铒光纤放大器，喇曼放大器和半导体光放大器。

**1. 掺铒光纤放大器**

图 4-10 所示为一个掺铒光纤放大器(EDFA)的示意图。它由一段石英光纤构成，其光纤芯中掺入了稀土元素铒的离子 $Er^{3+}$。该光纤被一个从激光器发出的泵浦信号所泵浦，泵浦信号的典型波长是 980 nm 或 1480 nm。为了将激光器输出的泵浦光信号与输入信号联合起来，在掺铒光纤之前需要放置一个波长选择耦合器。

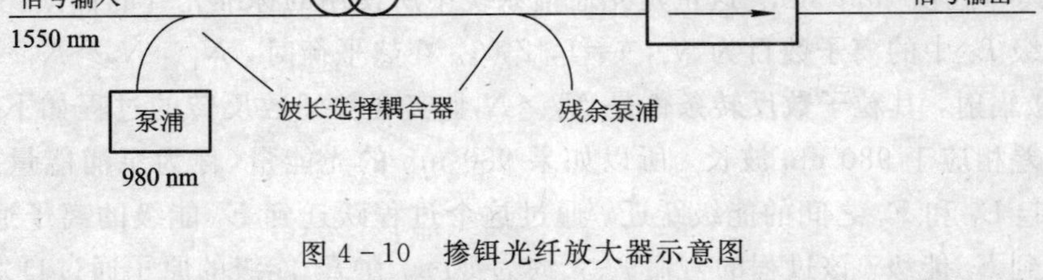


图 4-10　掺铒光纤放大器示意图

在输出端，若想将放大的信号从残留的泵浦光信号中分离出来，需要用到另一个波长选择耦合器。通常，任何放大器的输入和(或)输出端都需要一个隔离器，以阻止反射光信号进入放大器。因为反射光可以使放大器变成激光器，因而使其不能用于光放大。

1）工作原理

光放大器中信号放大的关键物理机制是在电磁场中原子的受激辐射，这一点和激光器的工作原理一样，(注意：这种说法是针对于EDFA和半导体光放大器(SOA)的，但对于光纤喇曼放大器或光纤布里渊放大器来说是不确切的，因为它们是利用光纤的非线性效应)。这里所谓的电磁场指的就是光信号。

石英玻璃中的铒离子的三能级图如图4-11所示，按照能量的递增，三个能级分别用$E_1$、$E_2$和$E_3$来表示。铒离子的其他几个能级没有在图中画出。在一个孤立的铒离子中，每个能级用直线来表示，这些能级在铒离子掺入石英光纤芯后将分成多个能级。这个过程称为斯塔克裂距(Stark splitting)。斯塔克裂距具有将铒离子的各个离散的能级扩展成连续能带的作用。对光放大器来说，这种能级扩展是很有用的特性，因为它可以扩展所能放大的信号的频率或波长范围。在每个能带内，因热化过程铒离子不均匀地分布在能带内的各个能级上。正是由于这种热化过程，放大器才能同时对多个波长放大。这里应该注意的是，斯塔克裂距表征这样一种现象：当铒离子掺入石英玻璃时，自由铒离子的能级被分裂成一系列的能级或能带。而热化指的是铒离子分散到各个分裂的能级上，并组成能带的一种过程。

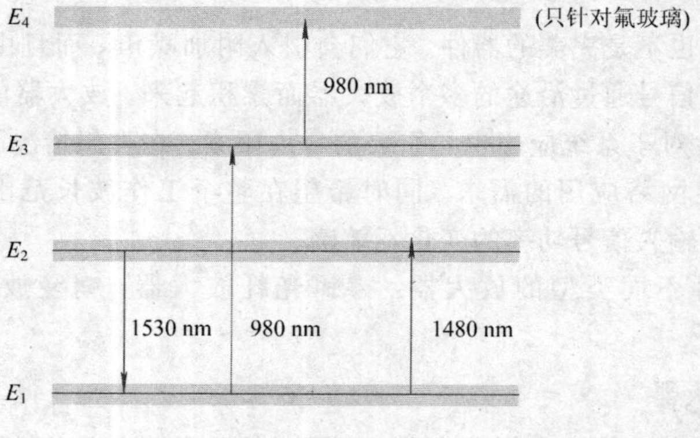


图4-11 在玻璃光纤中$Er^{3+}$离子的三能级图

回顾前面讨论过的两能级原子系统，在那种情况下，只有频率$f_c$满足$hf_c=E_2-E_1$的光信号才能被放大。如果能级扩展成能带，则能带$E_2$中的一些能量与能带$E_1$中的一些能量的差别满足上述条件的所有频率都能被放大。在掺铒石英玻璃中，通过从$E_2$能带到$E_1$能带的受激辐射能使一系列的频率被放大。相应的波长范围在1525～1570 nm，带宽约为50 nm，其峰值在1532 nm。这正是光通信系统中所使用的标准光纤的低损耗窗口。

定义能级$E_i$中的离子数目为$N_i$，$i=1, 2, 3$。在热平衡时，$N_1>N_2>N_3$。对于从$E_2$到$E_1$的受激辐射，其粒子数反转条件是$N_2>N_1$。实现粒子数反转的过程如下：$E_3$和$E_1$之间的能量差相应于980 nm波长，所以如果980 nm的光能量(称为泵浦能量)输入放大器，它将引起$E_1$和$E_3$之间的能级跃迁。通过这个过程跃迁到$E_3$能级的离子通过自发辐射很快跃迁到$E_2$能级。该过程的寿命$\tau_{32}$大约为1 $\mu$s。在$E_2$能级的原子通过自发辐射也将跃迁到$E_1$能级，但其寿命$\tau_{21}$大约为10 ms，远大于$E_3$到$E_2$能级之间跃迁过程的寿命。更进一步，如果泵浦能量足够大，跃迁到 $E_1$ 能级的离子很快又会跃迁到 $E_3$ 能级，然后再跃迁到 $E_2$ 能级。其最终的结果使得大多数离子分布在 $E_2$ 能级，这样就得到了 $E_2$ 与 $E_1$ 能级之间的粒子数反转。因此，如果同时将 1525～1570 nm 能带间的信号注入光纤，它将因 $E_2$ 到 $E_1$ 之间的受激辐射而放大。

另一个可供选择的泵浦波长是 1480 nm，它相应于从 $E_1$ 能带的最底层的亚能级到 $E_2$ 能带的最上层的亚能级的吸收。1480 nm 泵浦的效率没有 980 nm 泵浦的效率高。其次，1480 nm 泵浦所能达到的粒子数反转的水平也较低。粒子数反转的水平越高，放大器的噪声系数就越低，因此，980 nm 更适用于低噪声的放大器。然而，与 980 nm 波段相比较，1480 nm 波段拥有更高能量的激光器，因此 1480 nm 泵浦可以在设计需要高输出能量的放大器时获得应用。1480 nm 泵浦还有另一个优点，那就是泵浦光能量也可以像光载波一样，在二氧化硅玻璃光纤中低损耗地传播。因此，泵浦激光器可以被置于距放大器较远的地方。利用这种特性可以避免在中间链路中放置任何的有源器件，这在一些系统中是很重要的。

2）增益平坦

由于一个能带中各个不同能级上的粒子数水平各不相同，掺铒光纤放大器(EDFA)的增益就成了波长的函数。在图 4－12 中，对于不同的泵浦能量值，画出了一个典型的 EDFA 的增益随波长变化的曲线。当这样一个 EDFA 被用于波分复用(WDM)通信系统中时，不同 WDM 信道的信号被不同程度地放大，这是一个严重的问题。

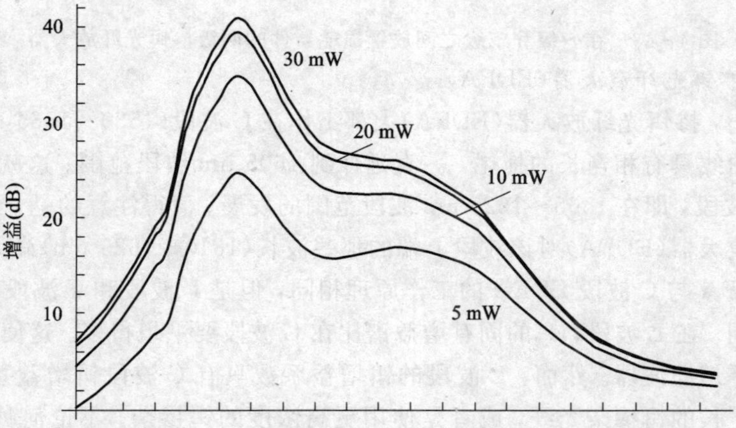


图 4－12　典型的 EDFA 增益随波长变化的曲线

有一种方法可以改善放大器的增益平坦特性，就是用掺铒的氟玻璃光纤代替掺铒的二氧化硅玻璃光纤。这种放大器被称为掺铒氟光纤放大器(Er-Doped Fluoride Fiber Amplifier，EDFFA)。氟玻璃相对于二氧化硅玻璃具有更平坦的增益谱。然而，掺铒氟光纤放大器的噪声特性比掺铒光纤放大器的噪声特性差。原因是它必须使用 1480 nm 泵浦，而不能使用 980 nm 泵浦。这是因为氟玻璃在 $E_3$ 能级之上还有一个更高的能级 $E_4$，如图 4－11 所示，这两个能级之间的能量差相应于波长 980 nm，这引起了 980 nm 的泵浦能量会被从 $E_3$ 到 $E_4$ 的跃迁过程吸收，因而不能产生有效增益。这种现象被称为激发态吸收。除了这个缺点之外，氟化物光纤本身是很难控制的，它很脆，很难和普通光纤接合且易受潮。

另一种使 EDFA 达到增益平坦的方法是在放大器中使用滤波器。在 1532 nm 处 EDFA 具有相当高的增益，在放大器中针对该波长范围使用陷频滤波器会使其增益减少。

3）多级设计

实际上，用于大多数实际系统中的放大器结构要复杂得多。图 4-13 所示的就是一个更为普遍使用的放大器的二级设计方案，它的两级采用不同的优化方式。第一级被设计用来获得高增益和低噪声，第二级被设计用来获得高输出功率，因此这种两级结构就构成了一种低损耗、高输出功率的高性能放大器。另一个在设计中要着重考虑的问题是提供冗余，以便应付泵浦失效的情况。图中放大器的设计使用了两个泵浦，因此当其中一个泵浦失效时，对系统性能的影响很小。两级设计的另一个特性是，在两级之间可以放置损耗器件，而其几乎不会对放大器性能产生任何影响。这个损耗器件可以是一个增益平坦滤波器、简单的光分插复用器或者是一个色散补偿模块，以用来补偿沿着传输链路累积的色散。

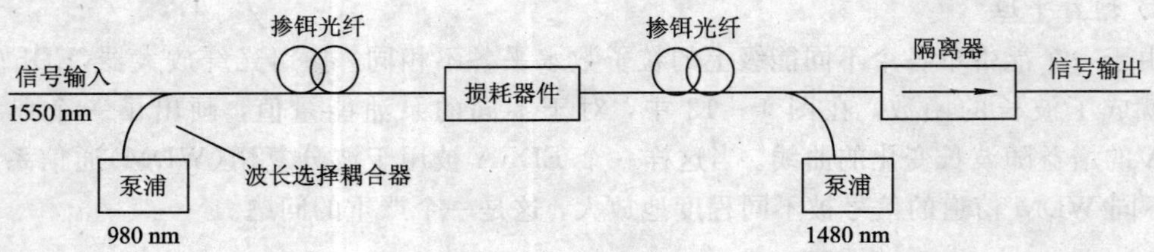


图 4-13　在一级和二级之间放置损耗器件的两级掺铒光纤放大器

4）L 波段掺铒光纤放大器(EDFA)

到目前为止，掺铒光纤放大器(EDFA)大都工作在 C 波段(1530～1565 nm)。然而，掺铒光纤的增益曲线具有相当长的拖尾，一直延伸到 1605 nm 波段范围。这就刺激了通信系统在所谓的 L 波段，即在 1565～1625 nm 波段范围的发展。值得注意的是，到目前为止，L 波段掺铒光纤放大器(EDFA)对该波段上端的那些波长(1610～1625 nm)尚无能为力。

L 波段 EDFA 与 C 波段 EDFA 的工作原理相同，但是 L 波段和 C 波段 EDFA 在设计上有显著的不同。在 L 波段，铒的固有增益谱比在 C 波段要平坦得多。这使得在 L 波段更易于设计增益平坦滤波器。然而，L 波段的铒增益系数只有 C 波段铒增益系数的 1/3，这就必须要使用更长的铒掺杂光纤，或者是使用更高浓度的铒掺杂。不论何种情况，L 波段 EDFA 所需要的泵浦能量都比 C 波段要高得多。此外 L 波段的放大器还具有较高的放大自发辐射(ASE)。最后，放大器中使用的很多其他器件，如隔离器和耦合器，具有与波长相关的损耗，因此也使得 L 波段和 C 波段的 EDFA 很不相同。

由于 C 波段和 L 波段放大器有显著的不同，这些放大器在制作时通常都被制成各个分立的器件，而不是制成一个器件。在实际应用的系统中，光纤的 C 波段和 L 波段的波长首先被解复用器分离，然后被各个独立的放大器放大，最后再将它们重新联合在一起。

**2. 喇曼放大器**

第 3 章介绍了一种非线性效应——受激喇曼散射(SRS)，一方面它是一种限制因素，会影响信号在光纤中的传播，但是同时这种非线性效应也可以被用来提供对信号的放大。

从图 3－8 中可以看到，喇曼增益谱是非常宽的，其增益的峰值位于低于泵浦信号频率 13 THz 位置处。在近红外区，相应于 100 nm 的波长间隔，也就是说只要泵浦功率足够，就能够在任意波长处，得到比泵浦波长长 100 nm 左右的信号光。例如，使用 1460～1480 nm 波段的泵浦可以获得 1550～1600 nm 窗口的喇曼增益。

有一些重要的特性可以区分喇曼放大器和掺铒光纤放大器(EDFA)。不同于 EDFA，喇曼放大器可以利用喇曼效应在任何波长处获得增益。而 EDFA 只能在 C 波段和 L 波段获得增益。因此，喇曼放大器具有开发适于在波分复用(WDM)中使用的其他波段的潜能，比如 1310 nm 窗口或者所谓的 S 波段(略低于 1528 nm)。另外，也可以同时使用多个不同波长和能量的泵浦，以形成总的喇曼增益曲线。

其次，喇曼放大器所采用的泵浦方法很简单。它可以用来制作集中式和分布式放大器。集中式放大器是将喇曼放大器与传输线路分开，作成独立元件，因此要求其具有较高的增益，一般采用高掺锗、低损耗、小有效面积的光纤作为增益介质。色散补偿光纤(Dispersion Compensating Fiber，DCF)具有较高的掺锗浓度和较小的有效面积，因而在较低的泵浦功率下就可以得到较大增益，补偿自身在链路中引起的损耗，同时 DCF 光纤是现阶段最成熟的色散补偿技术，因而有关集中式喇曼放大器研究比较多的是它的色散补偿特性。但由于集中式喇曼放大器的增益和 EDFA 相比有一定的差距，并且需要较长的光纤(几千米左右)，因此主要用于放大一些 EDFA 不能放大的特殊波长，如 1.3 μm 窗口。分布式喇曼放大器是以传输光纤作为增益介质的放大器。由于 EDFA 技术已经相当成熟，和喇曼放大器相比各有所长，因此目前最好的方法就是将两种放大器结合起来，用 EDFA 放大传统的 C 波段，用分布式喇曼放大器放大 L 或 S 波段，以获得较大增益。不过由于两种放大器的增益谱叠加后平坦性不好，一般要再加上增益均衡器，如图 4－14 所示。

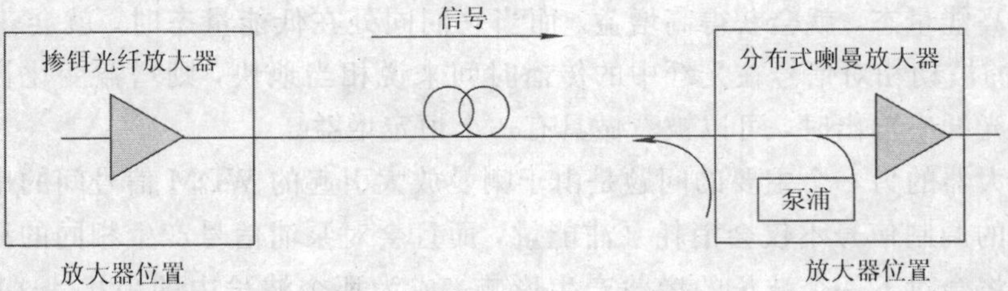


图 4－14　利用背向传播泵浦的分布式喇曼放大器，与离散的掺铒光纤放大器一起工作

实现喇曼放大的最关键的问题源于泵浦源本身，因为在光纤中的喇曼效应只有在很高的功率时才出现，为了提供有效的放大，泵浦功率需要在几瓦的数量级。

实现高功率泵浦源的一种方法是联合多个高功率半导体泵浦光源。一个半导体泵浦激光二极管的功率被限制在几百毫瓦。利用波长和(或)偏振复用联合的方法，可以将多个半导体泵浦激光二极管联合在一起，以此获得一个有足够高功率的复合泵浦。

另一种引起人们注意的方法是级联的喇曼激光器，可以用它来获得更长的泵浦波长，如图 4－15 所示。从一个高功率泵浦激光器出发，通过顺序级联一系列谐振结构，利用光纤本身的喇曼效应获得更高波长处的泵浦源。在图 4－15 中，一个 1100 nm 的泵浦源作为输入，一对光纤 Bragg 光栅(用来作为光学滤波器)形成光纤中的 F－P 谐振腔。最内层的谐振腔将最初的泵浦信号转换成一个波长 1155 nm 处的泵浦信号。下一个振荡器将波长为

1155 nm 的泵浦转换成波长为 1218 nm 的泵浦。在原理上，通过适当地级联一系列振荡器，可以获得任何所需要的泵浦波长。图 4－15 给出了一系列的级联振荡器以获得波长 1455 nm 的泵浦输出的情况。在末端的光纤 Bragg 光栅设被计成低反射率的，从而允许波长 1455 nm 的泵浦信号输出。该泵浦信号然后被用来提供 1550 nm 附近的喇曼增益。由于光纤的低损耗特性以及光纤 Bragg 光栅的高反射率，80％的输入光可以被转换成输出光。

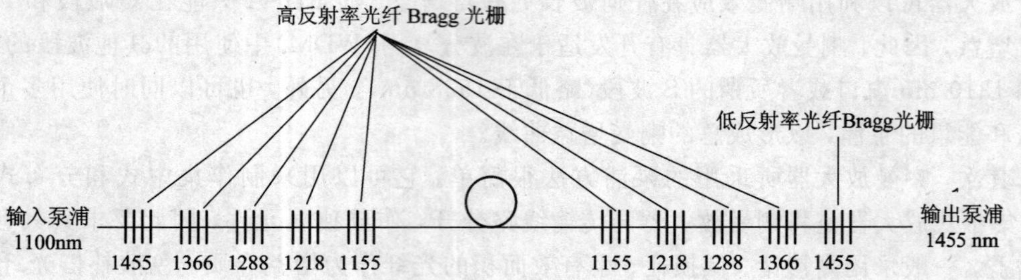


图 4－15　利用级联振荡器获得的一个高功率泵浦激光器

喇曼放大器的噪声源与 EDFA 有些不同。喇曼增益对泵浦能量的响应是瞬时的。因此，泵浦能量的波动将引起增益的改变，并对有用的信号产生串音干扰，而在 EDFA 中就没有这样的现象。因此，对于喇曼放大器，保持恒定的泵浦能量是非常重要的。从信号传输的反方向泵浦比同方向泵浦更好，因为这有助于减小泵浦能量的波动影响。要理解这一点，首先来考虑泵浦与信号沿同一方向传播的情况。这两种信号大约以相同的速率传播，在这种情况下，当在输入端泵浦能量很高时，信号获得了较高的增益，而当能量降低时，信号获得了较低的增益。现在来看信号和泵浦沿相反方向传播的情况，为了使其简单化，假设泵浦能量在高能量和低能量两种状态下变化。当信号在光纤中传播时，一旦它与泵浦信号同处在高能量态，就会获得高增益。而当它们同处在低能量态时，就会获得较低的增益。如果泵浦波动相对信号在光纤中的传播时间来说相当地快，则增益变化被平均了。那么当信号从光纤中输出时，可以被看做具有一个恒定增益。

喇曼放大器的另一个主要的问题是由于喇曼放大引起的 WDM 信号间的串扰。在一个特定波长处的调制信号不仅会消耗泵浦能量，而且会对泵浦信号产生相同的调制。这种对泵浦的调制将会对下一个波长的增益产生影响，成为那个波长中的串扰。这里需要重申，泵浦信号与传输信号沿反方向传输将大幅度地消减这种作用。由于上述原因，大多数喇曼放大器使用逆向传播泵浦结构。

另一个噪声源是由于泵浦信号的背向反射，是由光纤中的瑞利散射引起的。在喇曼放大器中，自发辐射噪声是相当低的。通过仔细设计，可以消除其他大多数的噪声源，因此背向反射通常是喇曼放大器的主要噪声源。

**3. 半导体光放大器**

半导体光放大器（SOA）实际上要早于掺铒光纤放大器（EDFA），只不过 SOA 的性能并没有 EDFA 好。SOA 还可以被应用于光开关和波长转换器。

图 4－16 所示为半导体光放大器（SOA）的模型图。SOA 的基本结构是 PN 结，结中形成的耗尽层将作为作用区。光在传播通过作用区时，因受激辐射而被放大。对于一个放大器，作用区的两侧镀有增透膜，用以减少作为波长函数的放大器增益的波动，也可通过轻

微地改变作用区两侧的角度来减少反射，而半导体激光器是没有增透膜的。

半导体光放大器(SOA)在形成粒子数反转的方式上不同于掺铒光纤放大器(EDFA)。首先，粒子不是那些在各个不同能级状态的离子，而是半导体材料中的载流子——电子或空穴。半导体包括两个含不同电子能级的能带，一个在下部，是包含活动能级的价带，另一个在上部，是包含活动能级的导带。这两个能带之间有一个能量差，称为带隙，表示为 $E_g$，在带隙中没有能级存在。考虑一个 P 型半导体材料，当处在热平衡时，只有少量的电子聚集在导带，如图 4-17(a)所示。参照之前讨论的 EDFA，可以方便地将导带看成是高能带 $E_2$，而将价带看成是低能带 $E_1$。这里所谓的高与低是指电子在这些能带中的能量。(这里应该注意，倘若考虑的是 N 型半导体材料，则所讨论的是空穴而非电子的能量，这时导带是低能带 $E_1$，而价带是高能带 $E_2$)。在粒子数反转条件下，集中在导带的电子数目多了很多，如图 4-17(b)所示。这种粒子数目增大的意义在于：当一个合适的光信号存在时，因受激辐射过程从导带跃迁到价带的电子要多于因吸收过程从价带跃迁到导带的电子。

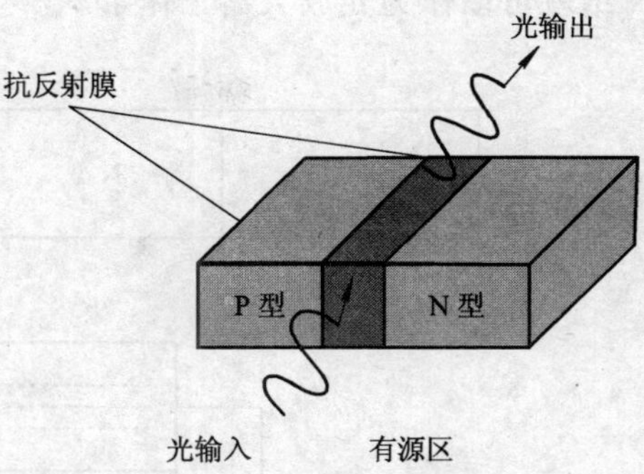


图 4-16　半导体光放大器的模型图

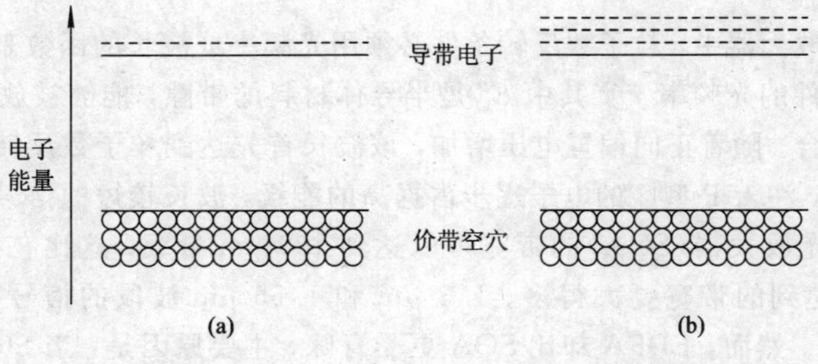


图 4-17　P 型半导体中的能带

(a) 热平衡时电子的浓度；(b) 粒子数反转时电子的浓度

半导体光放大器(SOA)中的粒子数反转可以通过使用一个正向偏置的 PN 结来获得。PN 结由 P 型和 N 型两种半导体组成，P 型半导体靠着掺入适量的其他原子来获得高浓度的空穴，N 型半导体具有高浓度的电子。当将这两种半导体结合起来时，如图 4-18(a)所示，空穴从 P 型半导体向 N 型半导体扩散，而电子则从 N 型半导体向 P 型半导体扩散。这就在 P 型半导体中产生了一个净负电荷区域，在 N 型半导体中产生了一个净正电荷区域，如图 4-18(b)所示。这些区域没有了自由载流子，被称为耗尽区。当 PN 结上不加偏置电压时，少数载流子(如 P 型区中的电子和 N 型区中的空穴)的浓度仍然保持其在热平衡状态时的值。当 PN 结正向偏置时，即对于 P 型加正偏压，而对于 N 型加负偏压，如图 4-18(c)所示，耗尽区的宽度变窄，电子从 N 型区向 P 型区漂移。这种漂移使得 P 型区的导带中的电子更加集中。同样，当空穴从 P 型区向 N 型区漂移时，N 型区的价带中就会聚集更多的空穴。当正向偏置电压足够高时，这些增加的少数载流子的浓度将会导致粒子数反转。这时

PN 结就可以作为光放大器工作了。

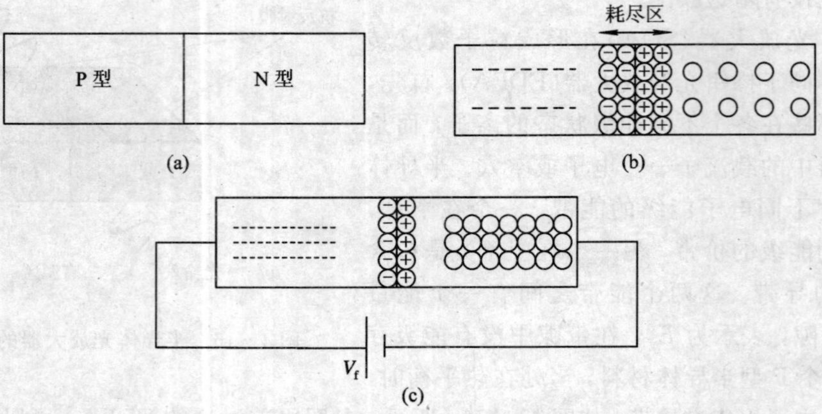


图 4-18 一个用作放大器的正向偏置 PN 结

实际上，一个简单的 PN 结是不大被使用的，使用的是在 P 型区和 N 型区之间夹一层其他半导体材料薄层的结构。这样的器件被称为异质结构。中间所夹的半导体材料就构成了有源区或有源层。用作有源层的材料比其周围的 P 型区和 N 型区材料的带隙稍小一些，而折射率较高。这种稍小的带隙可以使得载流子注入有源区(指电子从 N 型区，空穴从 P 型区注入有源区)。而较高的折射率可以在放大时起到限制光的作用，因为这种结构形成了一个介质波导。

在半导体光放大器中，粒子数反转条件必须用光频率或波长的函数来衡量。考虑一个满足 $hf_c > E_g$ 条件的光频率 $f_c$，其中 $E_g$ 是半导体材料的带隙，能够被放大的最低光频率与这个带隙相吻合。随着正向偏置电压增加，该波长首先达到粒子数反转。当正向偏置电压进一步增加时，注入 P 型区的电子逐步占据高的能级，波长较短的信号可以被放大。在实际中，半导体光放大器(SOA)的带宽可以达到 100 nm 量级，这比在掺铒光纤放大器(EDFA)中所能达到的带宽要大得多。1.3 μm 和 1.55 μm 波段的信号甚至可以用一个 SOA 被同时放大。然而，EDFA 却比 SOA 更受青睐，主要原因是，当 SOA 被用在 WDM 系统中时，引入了严重的串扰。另外，EDFA 可获得的增益和输出功率更高，同时耦合损耗和偏振相关损耗也更低。由于 SOA 有更高的输入耦合损耗，因此相对于 EDFA，它也有更高的噪声系数。最后，SOA 在两端面上需要质量非常高的增透膜(反射率要小于 $10^{-4}$)，这是很难达到的。而反射率越高，增益谱中的波动就越大，将导致增益随温度波动而变化。

接下来讨论 SOA 中的串扰问题。考虑一个半导体光放大器(SOA)，其输入是两个不同波长的光信号。假设两个波长都在该 SOA 的带宽范围之内。一个信号的存在就将在其受激辐射过程中耗尽少数载流子，这样另一个信号所能达到的粒子数反转就会减少。因此，另一个信号就不会被相同程度地放大，而且如果少数载流子的浓度不够大，甚至还会被吸收。因此，对 WDM 网络，在一个信道中信号所获得的增益将随着另一个信道中的信号的存在与否而改变。这种现象称为串扰，会引起系统性能下降。

另一方面，串扰现象与 SOA 的增益和输入信号能量大小有关。SOA 的增益与高能级到低能级的自发辐射的寿命有关，如果与输入信号的能量波动相比较，其寿命足够长的话，则不会引起串扰。而 SOA 的寿命为纳秒量级，对于以 Gb/s 调制的信号能量的波动，电子能很轻易地响应，这导致了因串扰引起的系统限制。相反，在一个 EDFA 中，自发辐射的寿命大约是 10 ms，因此，除非输入信号的调制速率低于几千赫兹，否则不会引入串扰。因此，EDFA 比 SOA 更适于用在 WDM 系统中。

减少 SOA 串扰的方法有多种，其中一种方法是让放大器工作在小信号范围，在这样的小信号范围，增益与输入信号的功率相对独立。另一种方法是通过多种技术来控制放大器的增益，使其对于更高功率的信号增益仍然保持相对稳定，并且不依赖于输入信号。当然，假如大量不同波长的信号同时存在，虽然每个信号的能量不同，但输入放大器的总的信号功率仍然是个常数。

串扰效应也不是没有用处，它可以被用来制作波长转换器。

## 4.1.3　光检测器件

光信号通过光检测器件转换成电信号，光检测器生成了一个与输入光功率成正比的电流。光检测器由半导体材料制成，其基本原理如图 4-19 所示。在半导体上的入射光子被价带中的电子吸收，这些电子获得了更高的能量，并被激发到导带，同时在价带中留下一个空穴。当半导体上作用了一个外部电压时，这些电子一空穴对产生了电流，称为光电流。

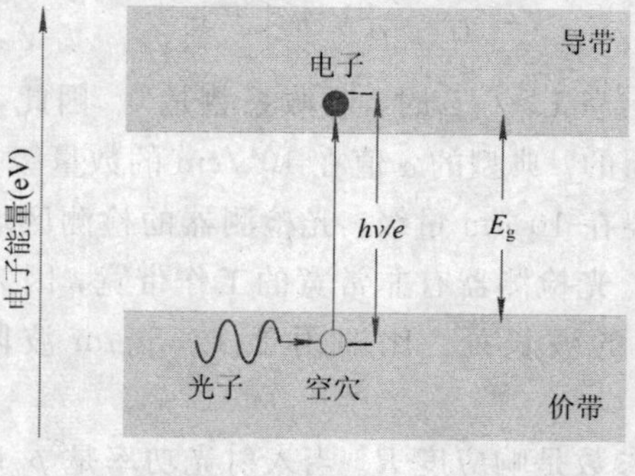


图 4-19　用半导体材料制作的光检测器的基本原理

根据量子力学原理，每个电子只能吸收一个光子以实现在能级之间的跃迁。所以为了产生光电流，入射光子的能量必须大于等于带隙能量。因此，带隙为 $E_g$ 的半导体材料能够被用作光检测器的限制条件是频率 $f_c$ 或者是波长 $\lambda$ 必须满足下面的公式：

$$hf_c = \frac{hc}{\lambda} \geqslant eE_g \tag{4-1}$$

式中，$c$ 是光速，$e$ 是电子电荷量。$E_g$ 在此和表 4-1 处的单位是电子伏特。

**表 4-1　多种半导体材料的带隙能量和截止波长**

| 材料 | 带隙能量 $E_g$(eV) | 截止波长($\lambda_{cutoff(\mu m)}$) |
|---|---|---|
| 硅 | 1.17 | 1.06 |
| 锗 | 0.775 | 1.6 |
| 砷化镓 | 1.424 | 0.87 |
| InP | 1.35 | 0.92 |
| $In_{0.55}Ga_{0.45}As$ | 0.75 | 1.65 |
| $In_{1-0.45y}Ga_{0.45y}As_yP_{1-y}$ | 0.75～1.35 | 1.65～0.92 |

注：$In_{1-x}Ga_xAs$ 是一个三元半导体化合物材料，其中砷化镓中$(1-x)$的镓原子被铟原子所取代。$In_{1-x}Ga_xAs_yP_{1-y}$是一个四元半导体化合物材料，其中，$(1-y)$的砷原子被磷原子取代。通过改变 $x$ 和 $y$，带隙能量和截止波长可以被改变。

满足公式(4-1)的最大波长 $\lambda$ 的值被称为截止波长，用 $\lambda_{cutoff}$ 来表示。表 4-1 列出了多种半导体材料的带隙能量以及相应的截止波长。从表中可以看出，半导体材料硅(Si)和砷化镓(GaAs)在 1.3 μm 和 1.55 μm 波段处不能被用作光检测器材料。虽然锗(Ge)在这两个波段处都可以用来制造光检测器，但是其某些缺点会降低实现这一目的的有效性。化合物 InGaAs 和 InGaAsP 被广泛用于制造 1.3 μm 和 1.55 μm 波段处的光检测器。硅材料光检测器广泛用于 0.8 μm 波段。

被吸收并产生光电流的那部分光信号的能量被称为光检测器的效率 $\eta$。对于在长距离上的高比特率传输来说，光能量是不足的，所以有必要将光检测器的效率 $\eta$ 设计成尽可能地接近于 1。可以通过使用一个厚度足够大的半导体板来实现。一个厚度为 $L$μm 的半导体板吸收的功率是：

$$P_{abs} = (1 - e^{-\alpha L})P_{in} \tag{4-2}$$

式中，$P_{in}$是入射光信号功率，$\alpha$ 是材料的吸收系数，因此效率 $\eta$ 可被表示为

$$\eta = \frac{P_{abs}}{P_{in}} = 1 - e^{-\alpha L} \tag{4-3}$$

吸收系数与波长有关，当 $\lambda > \lambda_{cutoff}$ 时，吸收系数是 0。因此，对于大于其截止波长的那些波长来说，半导体是透明的。典型的 $\alpha$ 值在 $10^4$/cm 的数量级，因此为了得到 $\eta > 0.99$ 的效率，半导体板的厚度需要在 10 μm 量级。光检测器的检测区域要选得足够大，以便所有入射光功率都可以被捕获。光检测器有非常宽的工作带宽，因为用于某个波长处的光检测器也可以工作在所有更小的波长处。比如用于 1.55 μm 波段的光检测器也可以用在 1.3 μm 波段。

光检测器另一个重要参数是响应度 $R$。当入射光功率是 $p_{in}$时，光检测器产生一个平均值为 $I_P$ 的电流，则响应度是 $R=I_P/P_{in}$。因为入射光功率 $P_{in}$ 相应于平均每秒入射的 $P_{in}/hf_c$ 个光子数，而入射光子中有 $\eta$ 部分被吸收并在外部电路中产生了一个电子，响应度可以被表示为 $R=\frac{e\eta}{nf_c}$。因为响应度通常用波长 $\lambda$ 表示，所以又有 $R=\frac{e\eta}{hf_c}=\frac{n\lambda}{1.24}$。

**1. 光电二极管**

实际中，仅用一块半导体板作为光检测器不能实现高效率。因为许多导带中产生的电子在到达外部电路之前，会与价带中的空穴复合。所以有必要将生成的导带中的电子快速输运到半导体的外面。这可以通过在电子生成区域加一个足够强的电场来实现。最好是用一个半导体 PN 结代替均匀半导体板来实现，并将反偏电压应用其上，如图 4-20 所示。这样的光检测器被称为光电二极管。

PN 结的耗尽区产生了一个内建电场。耗尽区和内建电场都可以通过应用一个反偏电压而增强。这种情况下，在耗尽区内部或者附近光子的吸收所产生的电子，在它们与 P 型半导体中的空穴重新复合之前将进入 N 型半导体。这个过程被称为漂移，并在外部电路产生一个电流。相似地，由于电场的存在，在耗尽区内部或者附近生成的空穴漂移到了 P 型半导体内。

远离耗尽区处产生的电子—空穴对主要是以扩散的方式运动的，两者的复合可能不会对外部电路的电流做出贡献。这就降低了光检测器的效率 $\eta$。更重要的是，因为扩散过程的速度比漂移慢得多，由电子—空穴对产生的扩散电流对入射光信号的强度的变化响应速度很慢，这样就减小了光电二极管的频率响应。

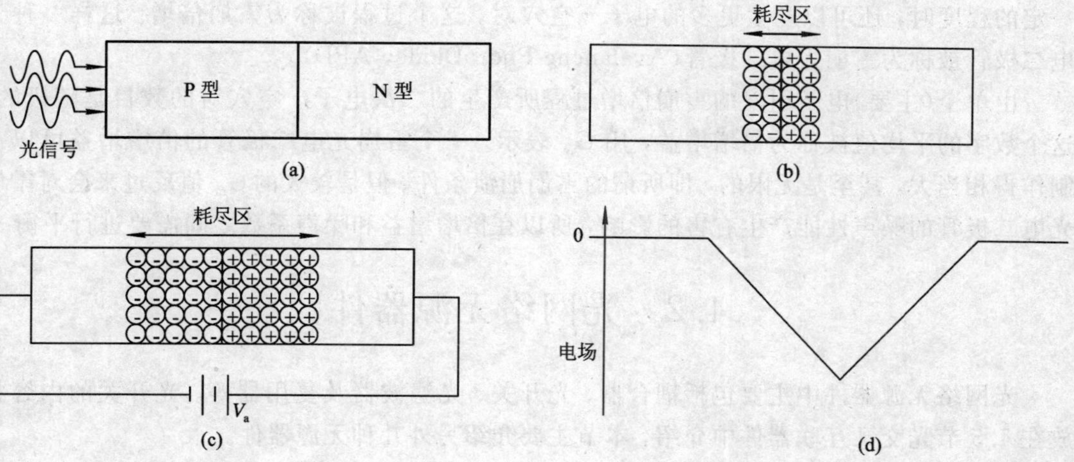


图 4-20　反偏的 PN 结用作光检测器

(a) 一个 PN 结光电二极管；(b) 没有偏置电压的耗尽区；

(c) 应用一个反偏电压 $V_a$ 的耗尽区；(d) 反向偏置上的内建电场

**2. PIN 光电二极管**

为了改善光检测器的效率，在 P 型半导体和 N 型半导体之间引入了轻度掺杂的本征半导体。这样的光检测器被称为 PIN 光电二极管，其中 PIN 中的 I 代表本征。在这种光电二极管中，耗尽区完全占据了本征半导体区域。P 型半导体区域和 N 型半导体区域的宽度与本征区域相比小得多，因此大部分光吸收发生在这个区域，或者说大部分的光吸收发生在了耗尽区。这样漂移过程相对扩散过程就占据了优势，从而增加了效率，并进而增加了光电二极管的响应度。

通过选择适当的 PIN 光电二极管中的 P 型和 N 型半导体材料，让它们对要检测的光不产生吸收，就可以进一步改善光检测器的效率。如图 4-21 所示，材料 InP 被用在 P 型和 N 型半导体区域，InGaAs 被用在本征区域。这样的 PIN 光电二极管结构称为双异质结或者是异质结，因为它包含完全不同的两种半导体材料制成的两个结。从表 4-1 中可以看出 InP 的截止波长是 0.92 μm，砷镓化铟的截止波长是 1.65 μm，所以 P 型和 N 型区域在 1.3～1.6 μm 波长范围内是透明的，光电流的扩散成分完全被消除了。

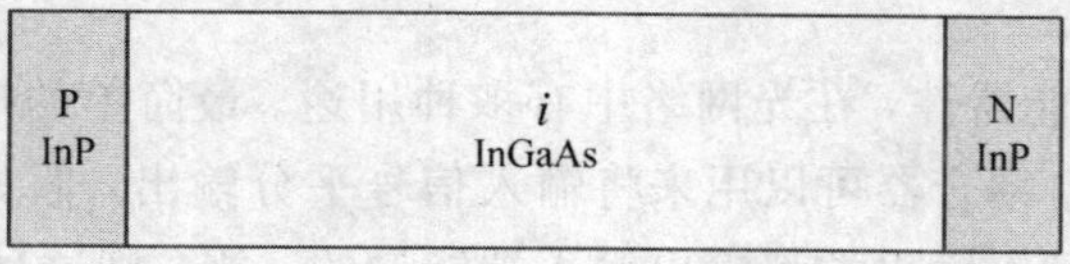


图 4-21　基于异质结的 PIN 光电二极管

### 3. 雪崩光电二极管

以上描述的光检测器的响应度受到这样一个事实的严重限制，即一个光子被吸收时只能产生一个电子。如果光产生的电子受到很强的电场的作用，就能够获得足够的能量，从而可以使得更多的价带上的电子跃迁到导带。当这些二次产生的电子－空穴对再被加速到一定的程度时，还可以产生更多的电子－空穴对。这个过程被称为雪崩倍增。这样一种光电二极管被称为雪崩光电二极管(Avalanche PhotoDiode，APD)。

由单个(主要)电子引发的雪崩倍增过程所产生的二次电子－空穴对的数目是随机的，这个数字的平均值被称为倍增增益，用 $G_m$ 表示。一个雪崩光电二极管的倍增增益可以被制作得相当大，甚至是无限的，即所谓的雪崩崩溃条件。但是较大的 $G_m$ 值反过来会对雪崩光电二极管的噪声性能产生有害的影响，所以在倍增增益和噪声系数之间需要进行平衡。

# 4.2 光网络无源器件

光网络无源器件中主要包括耦合器、光开关、光滤波器及复用器等。光开关的内容将放在4.5节光交叉互联器件中介绍，本节主要介绍另外几种无源器件。

## 4.2.1 耦合器

### 1. 耦合器的结构

定向耦合器在光网络中被用来联合或分离光信号。一个 2×2 的耦合器由两个输入端口和两个输出端口组成，如图 4－22 所示。最常用的耦合器是通过将两根光纤在中间熔接制成的，被称为熔锥光纤耦合器。耦合器也可以利用集成光学中光波导来制作。对于图 4－22 所示的 2×2 耦合器，将输入端 1 输入的一部分能量 $\alpha$ 传输到输出端 1 输出，而将剩余的能量 $1-\alpha$ 从输出端口 2 输出。同理，若是输入端 2 输入能量的一部分 $1-\alpha$ 在输出端口 1 输出，则将剩余的能量 $\alpha$ 从输出端口 2 输出。$\alpha$ 称为耦合系数。

图 4－22 定向耦合器示意图

耦合器可以设计成波长可选的，也可以设计成在某一可用波长范围与波长无关的(有时也称为波长平坦的)。在与波长无关的耦合器件中，$\alpha$ 与波长无关，而在波长可选的耦合器件中，$\alpha$ 由波长决定。

耦合器是一种多功能器件，在光网络中有多种用途。最简单的应用是在网络中联合或分离光信号。比如，一个耦合器可以用来将输入信号平分输出，假如图 4－22 所示的耦合长度 $l$ 可以调节，使得每一输出端都输出输入端能量的一半，则这种耦合器叫做 3 dB 耦合器。一个 $n\times n$ 的星型耦合器是 3 dB 的 2×2 耦合器的推广。它是一个包含了 $n$ 个输入端和 $n$ 个输出端的器件，具有将每个输入端能量在输出各端平分输出的功能。如图 4－23 所示，

一个 $n \times n$ 星型耦合器可以用一定数量的 3 dB 耦合器互连构成。星型耦合器在多个信号耦合和多端口输出的时候非常有用。当然，也可以利用集成光学技术构建其他结构的 $n \times n$ 星型耦合器。

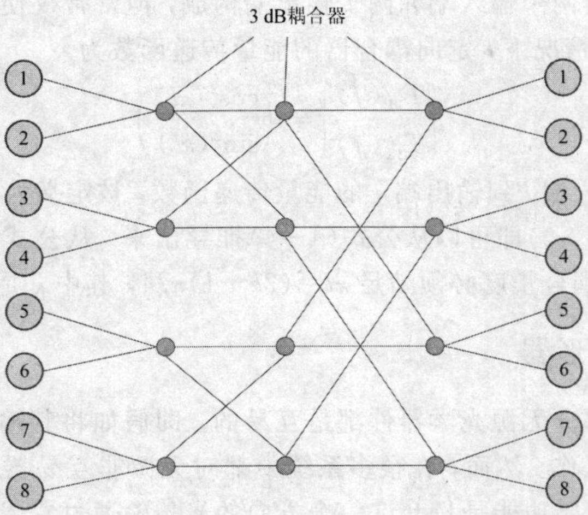


图 4-23　一个由 8 个输入端口和 8 个输出端口组成的星型耦合器

出于监控或其他原因，耦合器也可以被用来从一束光中分出很小一部分能量。这种耦合器也被称为分接头，其 $\alpha$ 值接近 1，典型值是 0.9～0.95。

如前文所述，耦合器也可以设计制作成波长可选的，亦即其耦合系数依赖于信号光波长。这种耦合器被广泛用于对 1310 nm 和 1550 nm 波长的光信号进行无损耗合波，并将二者耦合到单一光纤中。在这种情况下，从输入端口 1 输入的 1310 nm 的光信号将通过输出端口 1 输出，而从输入端口 2 输入的 1550 nm 的光信号也通过输出端口 1 输出。同样，该耦合器也可以用于将同一根光纤中传输的两个信号分开。波长可选耦合器也被用来对 980 nm 或1480 nm 的泵浦信号和 1550 nm 光信号进行合波，并将其耦合进掺铒光纤放大器中，如图 4-10 和图 4-13 所示。

在组网中选用耦合器时，除了要参考耦合系数 $\alpha$，还要考虑其他几个参数。例如，附加损耗是指除了由耦合系数 $\alpha$ 引入的基本损耗之外，耦合器具有的损耗。另一个参数是指由于制造误差以及波长依赖所引起的耦合系数 $\alpha$ 与其标称值之间的差异。此外，在大多数应用中，还需要保持较低的偏振相关损耗(Polarization-Dependent Loss，PDL)。

**2. 耦合器的工作原理**

当参与耦合的两个波导非常接近时(如图 4-22 所示)，光可以从一个波导耦合到另一个波导。这是因为，由于另一个波导的存在，组合波导中的传播模式和单一波导中的传播模式大不相同。当这两个波导完全相同时(本书只考虑这种情况)，在一个波导中传播的光将完全耦合到另一个波导中，而后又耦合回原来的波导，这一过程周而复始。这种耦合现象的定量分析必须使用耦合模式理论。定向耦合器的两个输出端的电场值 $E_{o1}$ 和 $E_{o2}$ 可以借助其两个输入端的电场值 $E_{i1}$ 和 $E_{i2}$ 表示如下：

$$\begin{bmatrix} E_{o1}(f) \\ E_{o2}(f) \end{bmatrix} = e^{-i\beta l} \begin{pmatrix} \cos(\kappa l) & i\sin(\kappa l) \\ i\sin(\kappa l) & \cos(\kappa l) \end{pmatrix} \begin{bmatrix} E_{i1}(f) \\ E_{i2}(f) \end{bmatrix} \tag{4-4}$$

式中，$l$ 表示耦合长度、$\beta$ 为定向性耦合器中每一波导传播模式的传播常数。而 $\kappa$ 被称为耦合系数(和前面所述的 $\alpha$ 不同)，是波导宽度、波导的导波区(芯)和衬基的折射率、以及两波导的接近程度的函数。

虽然定向耦合器由两个输入端和两个输出端构成，但常常仅使用单个输入端，即仅使用输入端口 1。在这种情况下，定向耦合器的能量传递函数为

$$\begin{pmatrix} T_{11}(f) \\ T_{12}(f) \end{pmatrix} = \begin{pmatrix} \cos^2(\kappa l) \\ \sin^2(\kappa l) \end{pmatrix} \tag{4-5}$$

其中，$T_{ij}(f)$代表从输入端 $i$ 到输出端 $j$ 的能量传递函数，被定义为 $T_{ij}(f)=|E_{oj}|^2/|E_{ii}|^2$。只需设 $E_{i2}=0$，公式(4-5)即可以从公式(4-4)推导出来。从公式(4-5)可以看出，对于一个 3 dB 耦合器，其耦合长度必须满足 $\kappa l=(2k+1)\pi/4$，其中 $\kappa$ 是非负整数。

### 4.2.2　隔离器和环形器

耦合器和其他大部分无源光学器件都是互易的，即假如将其输入、输出对换时，器件仍以完全相同的方式工作。然而，在很多系统中都对无源非互易器件有所需求，隔离器就是其中的一种。它的主要功能是只允许一个方向的光传输通过它，而阻挡相反方向上的所有的传输。隔离器被用于光放大器和激光器的输出端，主要起阻止反射进入器件的作用。隔离器的两个主要参数是它的插入损耗和隔离度。插入损耗是指在传输可通过方向上的损耗，其值越小越好，隔离度是指与可通过方向反方向的损耗，其值越大越好。典型的插入损耗值约为 1 dB，隔离度大约为 40～50 dB。

环形器和光隔离器一样，但它是多端口的，一般有 3 个或 4 个端口，如图 4-24 所示。对于一个 3 端口的环形器而言，端口 1 的输入信号从端口 2 输出，端口 2 的输入信号从端口 3 输出，而端口 3 的输入信号则从端口 1 输出。环形器对于构建光分插复用器件非常有用。环形器和隔离器的工作原理相同，因此在下文中仅对光隔离器是如何工作的给出详细介绍。

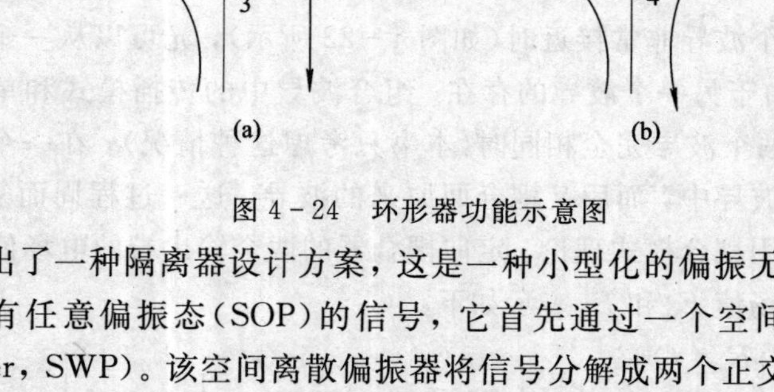


图 4-24　环形器功能示意图

图 4-25 给出了一种隔离器设计方案，这是一种小型化的偏振无关的隔离器。输入端输入的是一个具有任意偏振态(SOP)的信号，它首先通过一个空间离散偏振器(Spatial Walk-off Polarizer，SWP)。该空间离散偏振器将信号分解成两个正交的偏振分量。这种空间离散偏振器可以用双折射晶体来制作，双折射晶体对于不同偏振分量的折射率是不同

的。当具有任意偏振态的光入射到这种晶体上时，两个正交偏振分量被以不同的角度折射。两个偏振分量都通过法拉第旋转器，并被旋转 45°。法拉第旋转器的后面放置的是半波片，半波片(一种互易器件)将从左到右传播的光线的偏振态以顺时针方向旋转 45°，而将从右到左传播的光线的偏振态以逆时针方向旋转 45°。因此，联合法拉第旋转器与半波片可以将水平偏振态转化为垂直偏振态，反之亦然。而后，在输出端的两个信号由另一个空间离散偏振器合波。对于相反方向的反射信号，半波片和法拉第旋转器的作用刚好相互抵消，通过这两个器件后信号的偏振态保持不变，因此并不会在输入端被空间离散偏振器(SWP)合波。

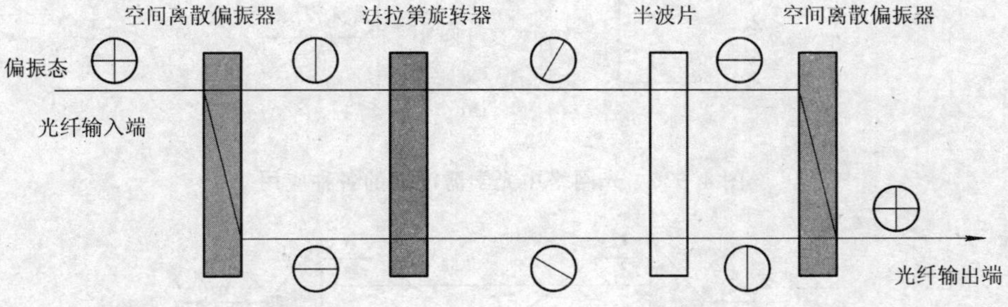


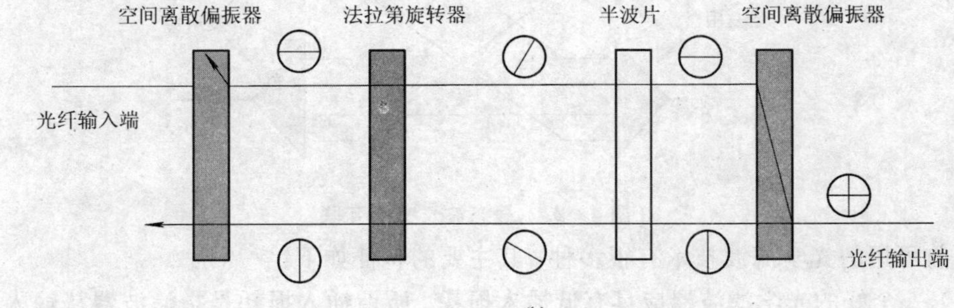


图 4 - 25　一个偏振无关隔离器
(a) 光从左到右传播；(b) 光从右到左传播

### 4.2.3　复用器和滤波器

接下来讨论各种波长选择技术的工作原理。光学滤波器是光纤传输系统中的基本元器件，至少有两种应用：一是在波分复用系统中复用和解复用波长，相应的元器件称之为复用和解复用器；二是在光学放大器中提供均衡的增益以及过滤噪声。

从图 4 - 26 中可见光学滤波器的各种不同的应用，一个简单的滤波器是二端口器件，用于选择一种波长的光，而过滤掉所有其他各种波长的光。它可以拥有额外的第三个端口，用于提取那些被过滤掉的波长的光。复用器在其输入端联合各种不同波长的信号，并将其在同一输出端口输出。而解复用器则执行与复用器相反的功能。复用器和解复用器被用于波分复用系统的终端，也被用于大型的波长交叉互联和波长分插复用器件中。

复用器和解复用器能够级联使用，以实现静态波长交叉互联。静态波长交叉互联是指互联的模式在交叉互联器制成的时候就已经固定，不能够动态更改。图 4 - 27 所示就是一个静态波长交叉互联的例子。该器件将信号从输入端口根据波长导入到相应的输出端口，而动态波长交叉互联则可以通过将光开关和复用/解复用器组合起来完成其功能。由于静态波长交叉互联在其功能上是非常有限的，因此更令人感兴趣的是动态波长交叉互联器件。在4.5节中将探讨各种不同的动态波长交叉互联器件的构造。

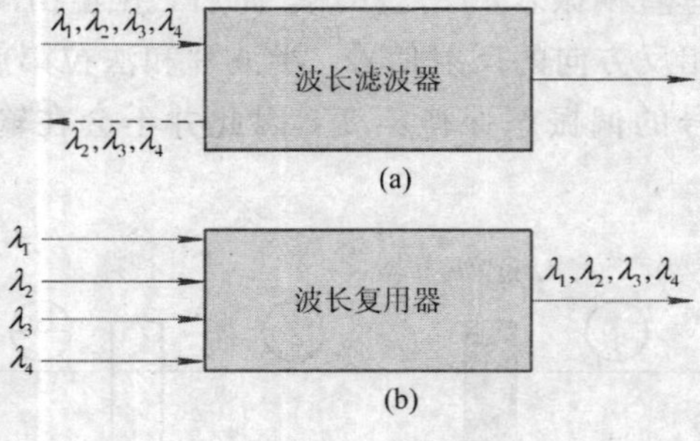


图 4-26 光网络中光学滤波器的各种应用

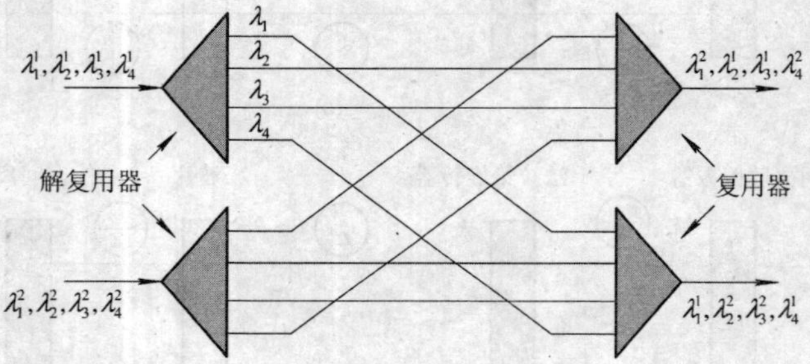


图 4-27 静态波长交叉互联

目前可用的光学滤波技术有很多种，其主要的特征如下：

(1) 一个好的光学滤波器应具有低插入损耗。所谓插入损耗是指滤波器从输入到输出的损耗。

(2) 插入损耗应该与输入信号的偏振态无关。在大多数系统中，偏振态随时间随机变化，如果该滤波器的损耗与偏振态有关，则输入能量也将随着时间的变化而变化，这是不期望出现的。

(3) 滤波器的通带对周围环境的变化应该不敏感，温度系数由每单位温度变化引起的波长变化来表征。系统要求：在整个工作温度范围内(典型值约为100℃)，波长的变化应该比波分复用系统中相邻信道的波长间隔小得多。

(4) 在波分复用(WDM)系统中，随着越来越多的滤波器级联在一起，通带变得越来越窄。为了确保在级联的末端还保留有合理的通带宽度，每个滤波器都应该具有平坦的通带，以便可以容纳激光器工作波长随时间的小变化。可以用1 dB的带宽来衡量，如图4-28所示。

(5) 同时，通带后缘要陡直，以减少能量从邻带漏出。该能量被视为串扰，它将使系统性能变差。滤波器的串扰抑制或隔离度也是一个重要参数，定义为通过相邻信道的相对能量。

这里讨论的所有的滤波器和复用器都利用了光波干涉的特性。另外，一些光学滤波器，比如光栅，利用了光衍射的特性。表4-2给出了不同滤波技术的性能比较。

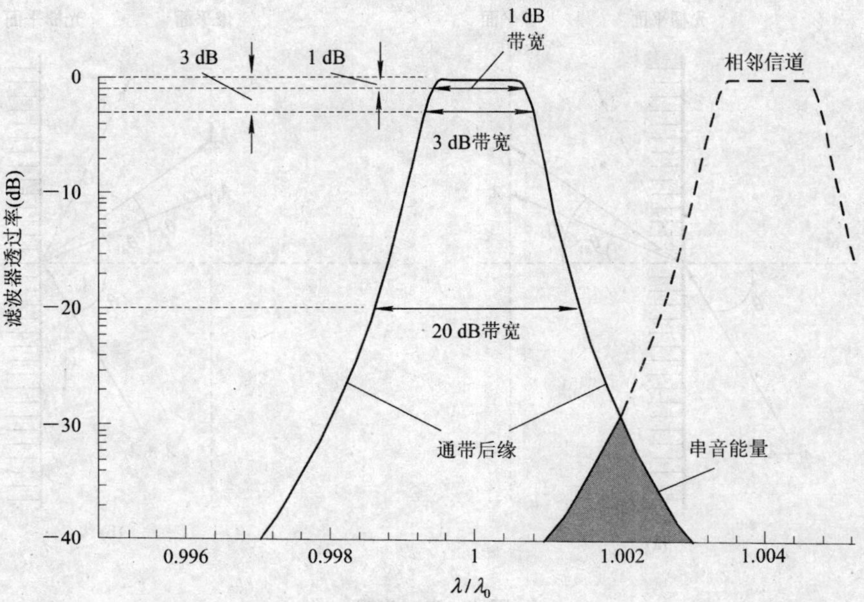


图 4-28 光学滤波器的一些重要的频谱形状参数表征

**表 4-2 无源波长复用/解复用技术对比**

| 滤波器特性 | 光纤 Bragg 光栅 | 介质薄膜多腔滤波器 (TFMF) | 阵列波导光栅 (AWG) | Stimax 光栅 |
|---|---|---|---|---|
| 1 dB 带宽(nm) | 0.3 | 0.4 | 0.22 | 0.1 |
| 隔离度(dB) | 25 | 25 | 25 | 30 |
| 损耗(dB) | 0.2 | 7 | 5.5 | 6 |
| 偏振相关损耗(PDL) | 0 | 0.2 | 0.5 | 0.1 |
| 温度系数(nm/℃) | 0.01 | 0.0005 | 0.01 | 0.01 |

假定系统有 16 个信道，信道间隔为 100 GHz。对于光纤 Bragg 光栅和阵列波导光栅而言，可以利用无源温度补偿将温度系数降至 0.001 nm/℃。光纤 Bragg 光栅是一个简单的信道滤波器，需要将多个滤波器级联来对 16 个信道的信号解复用。另外还需要考虑中心波长的精度和可制造性等。

**1. 光栅**

关于光栅的两个例子如图 4-29(a)和图 4-29(b)所示。光栅已被广泛应用，其功能是将不同波长的光分开。在波分复用(WDM)通信系统中，光栅可被用作解复用器，用于分离各个波长的光，或是用作复用器将各个波长的光波联合起来。表 4-2 中的 Stimax 光栅就是一种此类的光栅。

考察图 4-29(a)所示的光栅，从光栅一侧的光源发出的光入射到光栅上，穿过光栅上的每一条狭缝的光将向着各个方向衍射。因此每个狭缝可以被看成是次光源。穿过光栅的所有狭缝的光将在与光栅平面平行的那些平面上发生干涉，称其为像平面。考虑像平面上的任意一点，当参与干涉的具有一定波长的光波之间相位匹配时，则会在这些波长上产生

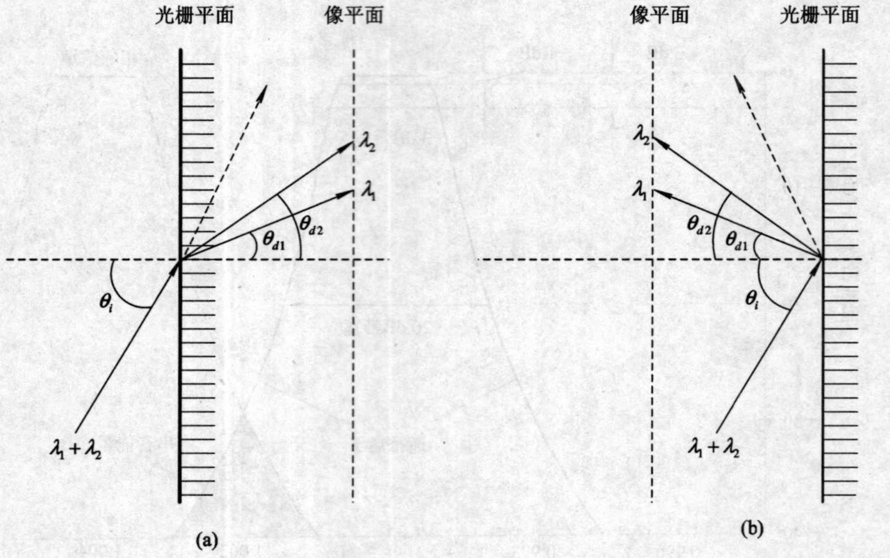


图 4-29　光栅

(a) 透射光栅；(b) 反射光栅

相干相长干涉，使得光强增强。对于其他波长，在这一点上的干涉并不是相干相长的，因此，在这一点上其他波长的光强很弱。因为不同波长产生的相干相长干涉对应于像平面上不同的点，所以光栅就能有效地将波分复用信号在空间上分离为不同的波长分量。在光纤系统中，光纤可以被放置在不同的像点来收集不同波长的光。

注意，如果没有衍射，光将沿着图 4-29(a)和(b)中所示的虚线方向传播或反射，因此，衍射现象是这些器件得以实现的关键。由于图 4-29(a)所示的光栅有多光束透过光栅，因此被称为透射光栅。假如用窄的反射面取代透射狭缝，并使得其余的光栅表面无反射，即得到图 4-29(b)所示的反射光栅，其工作原理与透射光栅相同。实际应用的光栅大多为反射光栅，因为它更易于制作。除平面光栅外，也可以制作凹面光栅。对于凹面光栅，狭缝(对透射光栅来说)沿着圆弧线排布。在很多应用中，光栅的凹面几何结构可以省去一些辅助的器件，比如透镜或平面镜。波分复用(WDM)的解复用器就是这样的器件，因此凹面结构很受欢迎。

Stimax 光栅是一个反射光栅，与凹面镜以及输入和输出光纤集成在一起，其特性见表 4-2。Stimax 光栅已经被用于商用的波分复用通信系统中，但它是一个体器件，不易制作，因此相对来说较贵。虽然在光波导技术中已经尝试制作相似的光栅，但这些器件还不能获得与体器件相比拟的损耗、偏振相关损耗(PDL)和隔离度的要求。

**2. Bragg 光栅**

Bragg 光栅被广泛应用在光纤通信系统中。一般来说，传播介质的任何周期性扰动都可以看作是 Bragg 光栅，这种扰动通常是指介质折射率的周期性变化。如 4.1.1 中所述，用 Bragg 光栅来制作激光器就可以使得激光器工作于单一频率状态。在这种情况下，Bragg 光栅是被刻写在光波导(激光的增益介质)上的。而将 Bragg 光栅刻写在光纤上则可以用来制作各种元器件，如滤波器，分插复用器以及色散补偿器。在下文中还将看到，

Bragg 光栅还是声光调谐滤波器的基本工作机制。

假设两个沿相反方向传播的波，其传播常数分别是 $\beta_0$ 与 $\beta_1$。如果它们满足 Bragg 相位匹配条件 $|\beta_0-\beta_1|=2\pi/\Lambda$，则能量将从一个波耦合到另一个波。其中 $\Lambda$ 是光栅的周期。因此，在 Bragg 光栅中，能量可以从一个合适波长的前向传播模式耦合到后向传播模式中。设想一束传播常数是 $\beta_0$ 的光波从左到右传播，则 $-\beta_0$ 表示一个波长相同但从右到左传播的波，如果 $|\beta_0-(-\beta_0)|=2\beta_0=2\pi/\Lambda$ 成立，则这个波的能量会被耦合到同一波长而反方向传播的散射波上。令 $\beta_0=2\pi n_{\text{eff}}/\lambda_0$，其中 $\lambda_0$ 是真空中波长，$n_{\text{eff}}$ 是光波导或光纤的有效折射率。假如满足条件 $\lambda_0=2n_{\text{eff}}\Lambda$，则入射光波将被反射，这个波长 $\lambda_0$ 被称为 Bragg 波长。实际上，当入射波长与 Bragg 波长失调时，反射效率将会降低。如图 4－30(a)所示。因此，如果有好几个波长的光在光纤 Bragg 光栅中传输，Bragg 波长的光将被反射而其他波长的光会继续传播。

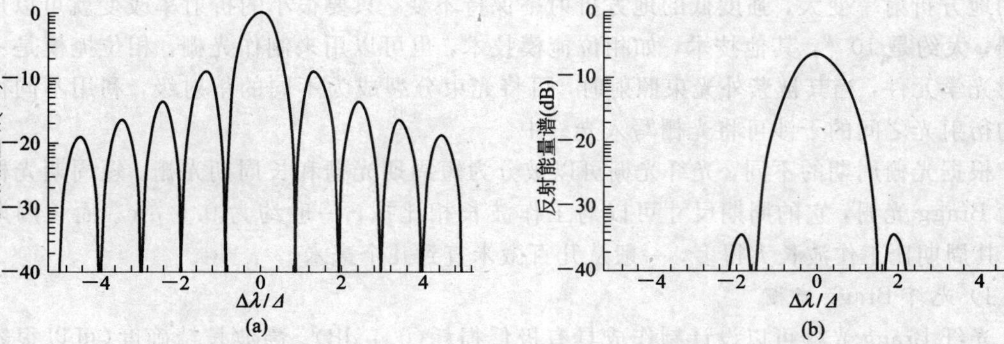


图 4－30　Bragg 光栅的反射谱

Bragg 光栅的工作原理可参考图 4－31，图中同时标明了折射率的周期性变化，入射波将在每个光栅周期被反射。当波长 $\lambda_0$ 在每一光栅周期的反射光路径长度都是入射波长 $\lambda_0$ 的一半时，反射光叠加。这等同于 $n_{\text{eff}}\Lambda=\lambda_0/2$，亦即满足 Bragg 条件。

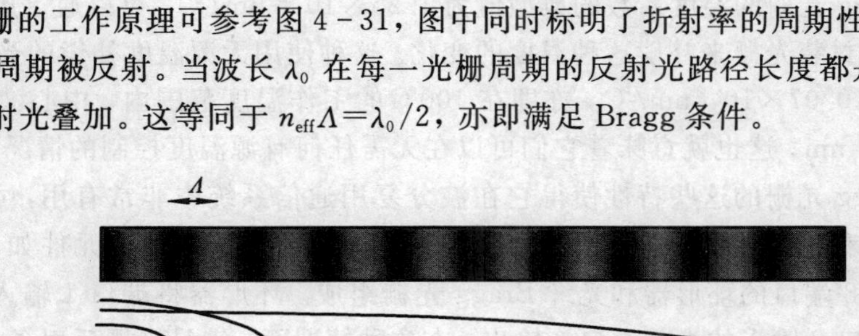


图 4－31　Bragg 光栅的工作原理

图 4－30(a)所示为在光纤长度方向上折射率均匀变化的光栅的反射光谱。为了消除那些不期望的旁瓣，可以制作切趾光栅，其折射率的变化越靠近光栅的边界处越小。一个切趾光栅的反射谱如图 4－30(b)所示。对切趾光栅而言，旁瓣的显著降低是以增加主瓣宽度为代价的。

Bragg 光栅沿光纤长度的折射率的分布与普通光栅结构非常相似，反射谱可以由折射率分布的傅里叶变换求得。一个均匀折射率周期分布的光栅的反射谱的旁瓣的产生，源于光栅结构在开始端和结束端的跃变，其结果可以用 sinc(·)函数来描述，这就解释了旁瓣的行为。切趾可以通过使得光栅结构在开始端和结束端逐步变化来得到，这种技术与数字通信系统中用来减少信号透射谱中旁瓣的脉冲整形技术很相似。

光栅的带宽可以通过测量主瓣的宽度得到，它与光栅的长度成反比。一般来说，为了得到 1 nm 的带宽，光栅大约需要几毫米长。

**3. 光纤光栅**

光纤光栅在光纤通信系统中有多种应用，包括滤波器，分插复用器，还可以补偿系统中累积的色散。作为一种全光器件，其主要优点是损耗低、易于与其他光纤耦合、偏振不敏感、温度系数低、容易封装等。总之，光纤光栅有可能成为价格非常低廉的器件。

对于特定类型的光纤，可以利用光纤的感光性将光栅写入光纤。掺锗的传统玻璃光纤就具有非常好的光敏特性。利用两束相互干涉的紫外光对此类光纤芯曝光就能引起光纤芯折射率的变化，从而可以将光栅写入光纤。辐射强度沿光纤的长度方向周期性变化，强度高的地方折射率变大，强度低的地方折射率保持不变。只要很小的折射率改变就可以形成光栅，大约是 $10^{-4}$，其他技术，如相位掩模技术，也可以用来制作光栅。相位掩模是一种衍射光学元件，当其被紫外光束照射时，可将光束分裂成为不同的衍射级，利用不同衍射级的衍射光之间的干涉可将光栅写入光纤中。

根据光栅周期的不同，光纤光栅可以被分为短周期光栅和长周期光栅。短周期光栅又称为 Bragg 光栅，它的周期尺寸可以与工作波长相比拟，一般约为 0.5 μm。而长周期光栅，其周期比工作波长大得多，一般从几百微米直到几个毫米。

1）光纤 Bragg 光栅

光纤 Bragg 光栅可以设计制作成具有极低损耗(0.1 dB)、高波长精确度(可以很容易达到±0.05 nm)、高相邻信道串扰抑制(40 dB)以及平顶等特性的器件。

光纤 Bragg 光栅的温度系数的典型值为 $1.25\times10^{-2}$ nm/℃，可以通过用具有负的热膨胀系数的材料封装光栅来补偿这种温度的变化。这种使用无源温度补偿的光栅的温度系数可降低到大约 $0.07\times10^{-2}$ nm/℃，亦即在 100℃ 的工作温度范围内，中心波长的漂移非常小，只有 0.07 nm，这也就意味着它们可以在无需任何有源温度控制的情况下工作。

光纤 Bragg 光栅的这些特性使得它在波分复用通信系统中非常有用，可用作滤波器、光分插复用器和色散补偿器等。基于光纤 Bragg 光栅的光信号分下元件如图 4-32(a)所示，它由一个 3 端口的环形器和光纤 Bragg 光栅组成。环形器将端口 1 输入的光从端口 2 输出，而将端口 2 输入的光从端口 3 输出。在这种情况下，满足光栅反射条件的波长 $\lambda_2$ 的光从端口 3 输出，而其余的三个波长的光则都将直接传过。如图 4-32(b)所示，通过使用耦合器插入与分下光波相同波长的光，则可以在同一线路中执行光分插复用的功能。通过将光栅和耦合器、环形器组合在一起，可以有多种方案来构建此类简单的光分插复用器件。

光纤 Bragg 光栅也可以被用来补偿传输线路中累积的色散，这样的器件如图 4-33 所示。该光栅本身是线性啁啾的，即光栅的周期会随着位置的改变而线性地变化。这就使得光栅沿着它的长度方向在不同的位置点反射不同的波长(频率)。因此，一个啁啾光纤 Bragg 光栅在不同的频率处有效地引入了不同的延迟。

在一个规则的光纤中，色散对一个脉冲的低频分量引进了较大的延迟。为了补偿这种影响，可以设计啁啾光栅来对高频分量引入较大的延迟。换句话说，就是压缩脉冲。延迟作为频率的函数也在图 4-33 中画出，其相应的光栅就是图中所列举的光栅。

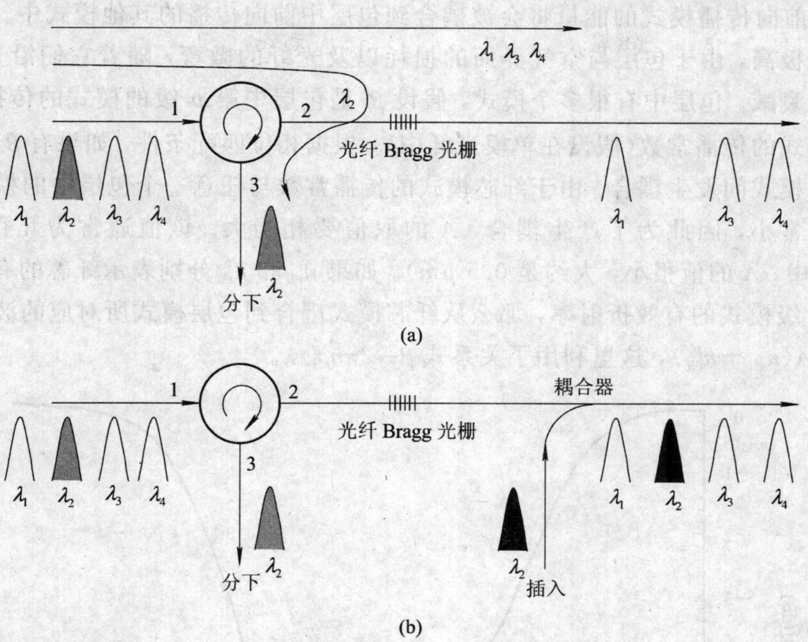


图 4-32　基于光纤 Bragg 光栅的光分插复用器件

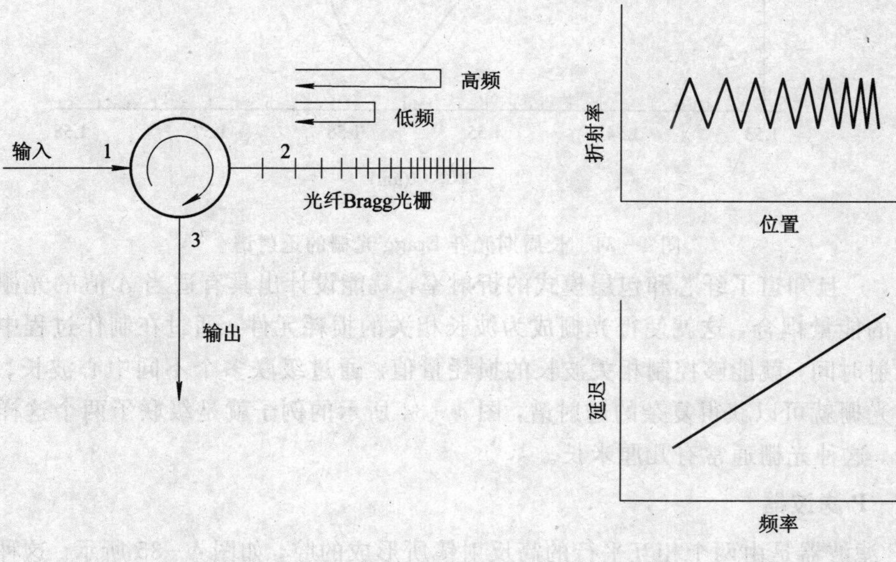


图 4-33　啁啾光纤 Bragg 光栅补偿色散

2）长周期光纤光栅

长周期光纤光栅的制作方法和光纤 Bragg 光栅是一样的，目前它主要被用作滤波器，在掺铒光纤放大器中补偿其不平坦的增益谱。这种器件是非常有效的带阻滤波器，能对铒增益谱做精确的均衡处理。图 4-34 显示了其透射光谱。此类光栅保留了光纤光栅所有的优点，可望在几种滤波技术中得到广泛应用。

长周期光纤光栅的工作原理与 Bragg 光栅有所不同。在光纤 Bragg 光栅中，对于适当的波长，纤芯中前向传播模式的能量会被耦合进入后向传播的模式中。而在长周期光栅中，纤芯中前向传播模式的能量将会被耦合到包层中前向传播的其他模式中。这些包层中的模式损耗极高，由于包层与空气界面的损耗以及光纤的微弯，随着它们沿光纤的传播，其能量迅速衰减。包层中有很多个模式，假设 $\beta_{cl}^{p}$ 是包层中第 $p$ 级的模式的传播常数，而 $\beta$ 是纤芯中模式的传播常数(假设在单模光纤中)，根据相位匹配条件，如果有 $\beta-\beta_{cl}^{p}=2\pi/\Lambda$，则两个传播模式间发生耦合。由于纤芯模式的传播常数与任意一个包层中的模式的传播常数相差都非常小，因此为了产生耦合，$\Lambda$ 的取值要相当大。该值通常为几百微米(而在 Bragg 光栅中，$\Lambda$ 的值很小，大约是 0.5 μm)。如果 $n_{eff}$ 和 $n_{eff}^{p}$ 分别表示纤芯的有效折射率和包层中第 $p$ 级模式的有效折射率，那么从纤芯模式耦合到包层模式所对应的波长就可以这样计算 $\lambda=\Lambda(n_{eff}-n_{eff}^{p})$，这里利用了关系式 $\beta=2\pi n_{eff}/\lambda$。

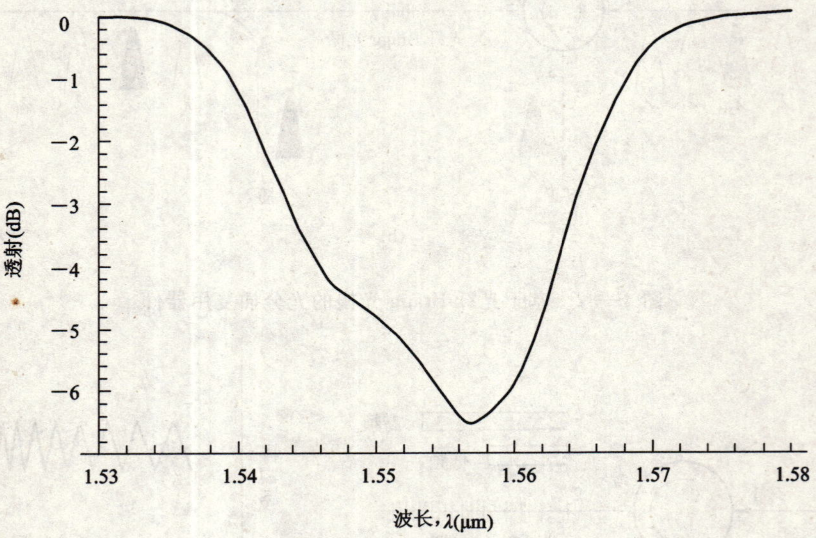


图 4－34　长周期光纤 Bragg 光栅的透射谱

因此，一旦知道了纤芯和包层模式的折射率，就能设计出具有适当 $\Lambda$ 值的光栅来完成所需波长的能量耦合，这就使得光栅成为波长相关的损耗元件。通过在制作过程中控制紫外光的照射时间，就能够控制相关波长的损耗量值。通过级联多个不同中心波长、不同曝光时间的光栅就可以获得复杂的透射谱，图 4－34 所示的例子就是级联了两个这样的光栅而获得的。这种光栅通常有几厘米长。

**4. F－P 滤波器**

F－P 滤波器是由两个相互平行的高反射镜所形成的腔，如图 4－35 所示。这种滤波器也叫做 F－P 干涉仪或标准具。入射到滤波器的光垂直于第一面镜子的表面，而滤波器的输出光从第二面镜子射出。

F－P 滤波器的应用非常广泛。比如将在下面介绍的薄膜共振多腔滤波器，就可以看成是反射镜的反射率具有波长相关特性的 F－P 滤波器。F－P 腔也被用于激光器中，此外还在多个光网络试验平台中用于在 WDM 系统中通过调谐来选择不同的信道。

F－P 滤波器的工作原理见图 4－35。输入信号入射到腔的左表面。在腔中一次往返后，一部分的光从腔右侧的镜面射出，而另一部分被镜面反射。那一部分被反射的光将再

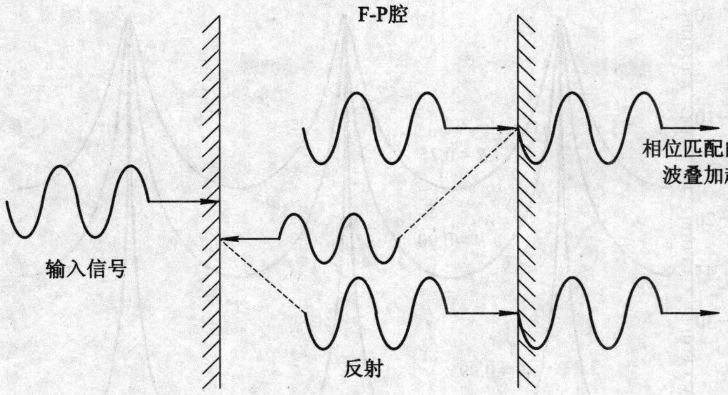


图 4-35　F-P 滤波器

一次被左侧镜面反射到右侧镜面。对某些特定波长，腔的长度是其半波长的整数倍，这样在腔内一次往返的路径是波长的整数倍。所有的通过右侧镜面射出的波都被相位匹配地叠加了起来。这样的波长被称为腔的共振波长。

滤波器的能量传递函数是光波频率 $f$ 或波长的函数。对于 F-P 滤波器，这个函数表示为

$$T_{\mathrm{FP}}(f)=\frac{\left(1-\dfrac{A}{1-R}\right)^2}{1+\left(\dfrac{2\sqrt{R}}{1-R}\sin(2\pi f\tau)\right)^2} \tag{4-6}$$

依据光在自由空间的波长 $\lambda$，也可以表示为

$$T_{\mathrm{FP}}(\lambda)=\frac{\left(1-\dfrac{A}{1-R}\right)^2}{1+\left(\dfrac{2\sqrt{R}}{1-R}\sin(2\pi nl/\lambda)\right)^2} \tag{4-7}$$

式中，$A$ 表示每个镜子的吸收损耗，是入射光被镜子吸收的部分。$R$ 代表每个镜子的反射率(假设每个镜子的反射率是相同的)，是入射光被镜子反射的部分。$\tau$ 是横越腔的单程传输时延。腔的折射率是 $n$，长度是 $l$，因此有 $\tau=nl/c$，其中 $c$ 是光在真空中的速度。传递函数的表达式是在假设传播光波在滤波器腔中传输了单程的奇数倍，并将这些波叠加起来而推导得出的。

F-P 滤波器的能量传递函数在图 4-36 中给出，使用的参数为：$A=0$，$R$ 分别为 0.75、0.9 和 0.99。注意，为了获得相邻信道间好的隔离度，反射镜需要有非常高的反射率。

能量传递函数 $T_{\mathrm{FP}}(f)$是 $f$ 的周期函数，当 $f$ 满足 $f\tau=k/2$ 时(其中 $k$ 为正整数)，传递函数达到其峰值，同时可以得到其通带。在一个波分复用系统中，只要某几个波长恰好与不同的通带吻合，那么尽管波长相对于传递函数的通带宽度来说已经相隔得足够远，滤波器仍有可能传输几个频率或波长。滤波器的两个连续通带之间的光谱范围称为自由光谱范围(Free Spectral Range，FSR)。每个通带的带宽定义为传递函数峰值一半处的两个点之间的宽度，通常称为半高全宽(Full-Width Half-Maximum，FWHM)。在波分复用(WDM)系统中，为了减小串音，两个相邻的波长的间隔不得小于半高全宽。因此，自由光谱范围和半高全宽的比率(FSR/FWHM)可以用来近似地度量系统可容纳的波长数。这个比率就

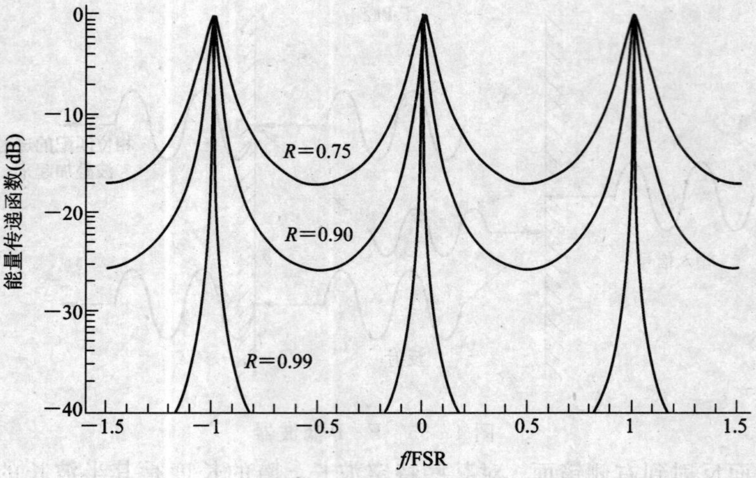


图 4－36　F－P 滤波器的传递函数

称为滤波器的精细度，用 $F$ 来表示，可用下列公式计算：

$$F = \frac{\pi\sqrt{R}}{1-R} \tag{4-8}$$

一个 F－P 滤波器可以以多种方式选择波长。最简单的方法是改变腔的长度，改变腔内介质的折射率也可以取得同样的效果。滤波器的机械调节的工作原理是移动一面反射镜来改变腔的长度，它的调节在几毫秒内完成。对于机械调节滤波器，需要有一个精确的机械装置保证两块反射镜即使在其相对移动时仍保持两者的平行。这种装置的可靠性相对来说较差。

另一种调节方式是在腔内使用压电材料，加上电压后压电材料就会压缩，因此填充了这种材料的腔长度可以通过改变电压实现。然而，压电材料也引入了一些副作用，如热不稳定性和滞后，使得此类滤波器难以用在实际系统中。

**5. 多层介质薄膜滤波器**

一个薄膜共振腔滤波器就是一个 F－P 干涉仪，只是构成腔的反射镜是多层反射介质薄膜。该器件的功能类似于一个带通滤波器，使某一特定波长通过而反射其他波长，而这个特定波长由腔长度决定。

一个薄膜共振多腔滤波器(Thin-Film Multicavity Filter，TFMF)由两个或多个腔组成，腔之间由反射介质薄膜隔开，见图 4－37。多腔滤波器相应的作用如图 4－38 所示。腔越多，通带的顶就越平，缘就越陡直，这都是滤波器最需要的特性。

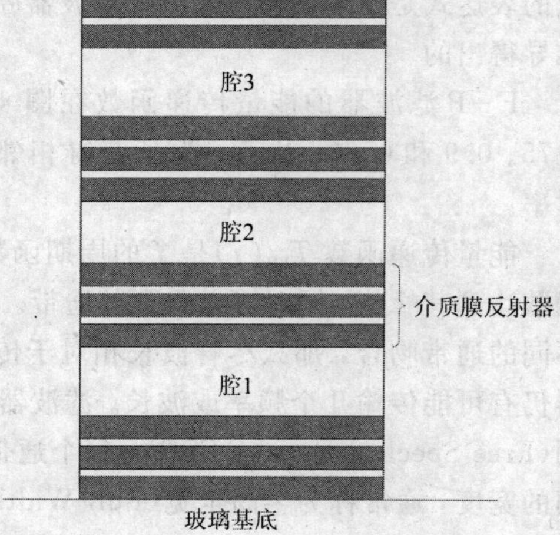


图 4－37　三腔薄膜共振介质薄膜滤波器

为制作复用器和解复用器，可以将多个滤波器级联，如图 4－39 所示。每个滤波器有不同的通带波长，并都反射除通带波长之外的所有波长。当滤波器被用作解复用器时，级联结构中的第一个滤波器将使它的特定波长通过，而将其他波长反射到第二个滤波器，第二个滤波器又通过另一个波长而反射了所有剩余的波长，由此类推，完成解复用功能。

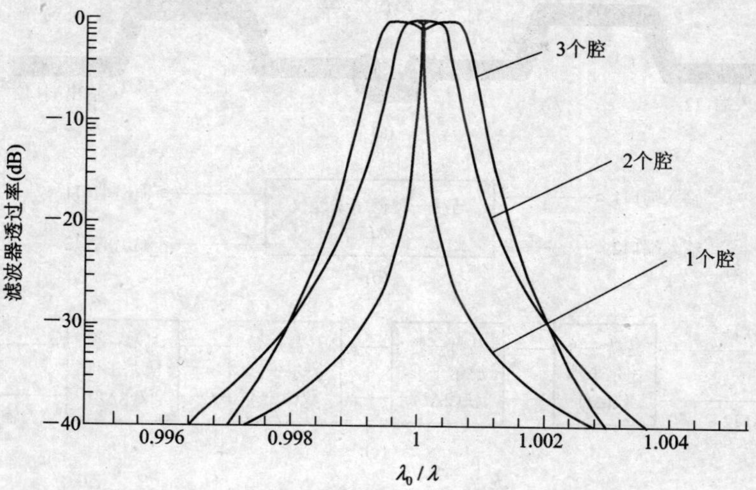


图 4－38　单腔、双腔和三腔介质薄膜滤波器的传递函数

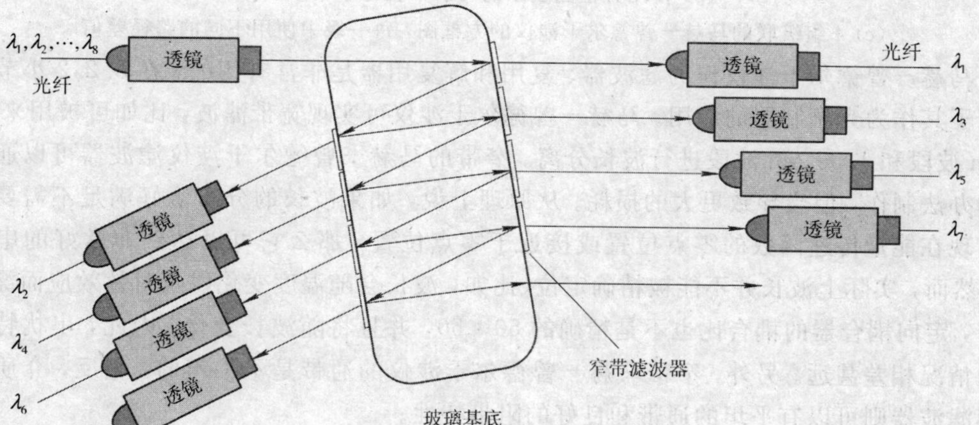


图 4－39　使用多层介质薄膜滤波器的波长复用和解复用器

该器件可以具有非常平滑的通带的顶以及非常陡直的边缘，对温度变化有极好的稳定性，损耗低，对信号的偏振也不敏感。对于一个 16 信道复用器的典型的参数值见表 4－2。

### 6. 马赫－曾德尔干涉仪

马赫－曾德尔干涉仪是利用两条不同长度的干涉路径来分辨不同波长的干涉仪器。现在，马赫－曾德尔干涉仪主要利用集成光学方法来制造，如图 4－40(a)所示，它可由两个 3 dB 的定向耦合器通过两个不同长度的路径互连。其衬底通常是硅，而波导和包层部分为二氧化硅。

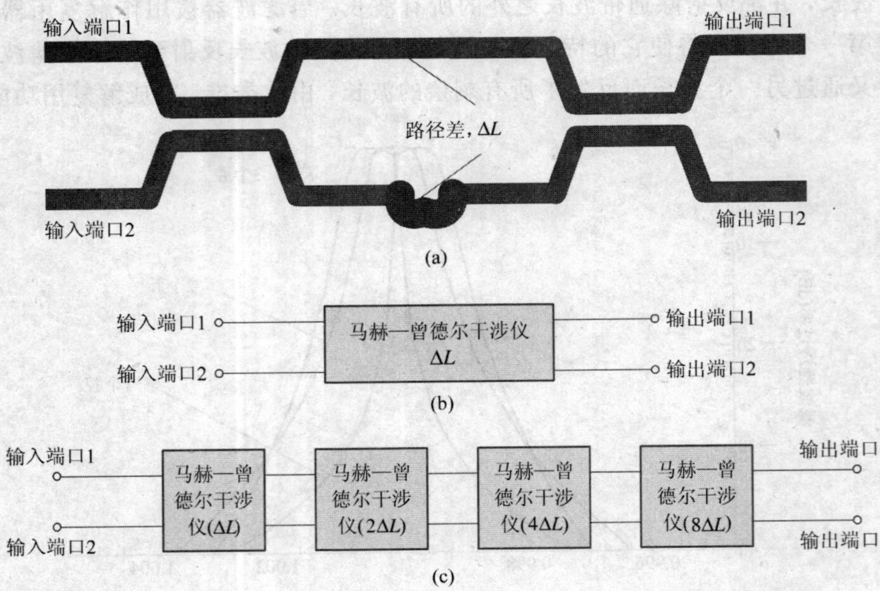


图 4-40 马赫—曾德尔干涉仪

(a) 由互连的两个 3 dB 方向耦合器构成的马赫一曾德尔干涉仪；

(b) 使用方框图表示的马赫一曾德尔干涉仪；

(c) 4 组级联的马赫一曾德尔干涉仪的方框图，每一级中使用不同的路径差值

马赫一曾德尔干涉仪作为滤波器、复用和解复用器是非常有用的，在 3.2.2 小节中还介绍了其作为光调制器的应用。马赫一曾德尔干涉仪可实现宽带滤波，比如可被用来对 1.3 μm 波段和 1.55 μm 波段进行波长分离。窄带的马赫一曾德尔干涉仪滤波器可以通过级联的办法制作，但会导致更大的损耗。从原理上说，如果波长的分布恰好满足不需要的波长出现在能量传递函数的零点位置或接近于零点位置，那么它可以达到非常好的串扰特性。然而，实际上波长并不能被精确定位(比如，波长会随温度变化以及时效效应而漂移)。还有，定向耦合器的耦合比也不是精确的 50：50，并且将随波长变化。因此，串扰特性与理想情况相差甚远。另外，窄带马赫一曾德尔干涉仪的通带是不平坦的，相反，介质多腔薄膜滤波器则可以有平坦的通带和良好的阻带特性。

马赫一曾德尔干涉仪作为双输入、双输出的复用器和解复用器是非常有用的。它们也可用作调谐滤波器，调谐的功能通过调节其中一个干涉臂的温度来完成。其机理是温度的改变引起该干涉臂的折射率的变化，进而影响两干涉臂的相位关系，并据此将不同的波长耦合出去，调节所需的时间多为几个毫秒。对于更高通道数的复用器和解复用器，目前已有更好的技术。其中一种技术就是后面要介绍的阵列波导光栅(AWG)。由于弄清楚马赫一曾德尔干涉仪的物理机理是理解阵列波导光栅工作原理的基础，因此，先来介绍马赫一曾德尔干涉仪的工作原理。

马赫一曾德尔干涉仪作为解复用器的工作原理为：假设只有一个输入端有信号，记为输入 1(如图 4-40(a))。在第一个定向耦合器后，输入信号的能量被平均分配到马赫一曾德尔干涉仪的两个干涉臂，但是下臂的信号要比上臂的信号滞后 $\pi/2$。由于两干涉臂之间有 $\Delta L$ 的长度差，因此在下臂的信号中将会再引入 $\beta\Delta L$ 的滞后相位。在第二个定向耦合器

中，对于向第一个输出端输出的信号而言，从下臂传输的信号相对上臂的信号还将引入 $\pi/2$ 的滞后相位。因此，在第一个输出端口，两个信号的总的相对相位差是 $(\pi/2)+\beta\Delta L+(\pi/2)$。在输出定向耦合器中，对于向第二个输出端输出的信号而言，从上臂传输的信号相对下臂的信号滞后 $\pi/2$ 相位。因此，在第二个输出端口或称下部的输出端口，两个信号的总的相对相位差是 $(\pi/2)+\beta\Delta L-(\pi/2)=\beta\Delta L$。

如果 $\beta\Delta L=k\pi$，$k$ 是奇数，那么输出端口 1 的两信号依相位匹配叠加，而输出端口 2 的信号因为相位相反而抵消。可见，那些满足 $\beta\Delta L=k\pi$，其中 $k$ 是奇数的波长才可以从输入端口 1 输入，并从输出端口 1 输出。同时，那些满足 $\beta\Delta L=k\pi$，其中 $k$ 是偶数的波长则从输入端口 1 输入，从输出端口 2 输出。这可以从马赫－曾德尔干涉仪的传递函数公式(4－9)中方便地推导出来。

假设路径差是 $\Delta L$，且只有输入端口 1 有效，可以证明马赫－曾德尔干涉仪的能量传递函数可以表示为

$$\begin{pmatrix} T_{11}(f) \\ T_{12}(f) \end{pmatrix}=\begin{pmatrix} \sin^2(\beta\Delta L/2) \\ \cos^2(\beta\Delta L/2) \end{pmatrix} \tag{4-9}$$

可见，两干涉臂的路径差 $\Delta L$ 是表征马赫－曾德尔干涉仪的传递函数的主要参数，可使用方框图(见图 4－40(b))将图 4－40(a)所示的马赫－曾德尔干涉仪表示出来。对于 $k$ 个级联的马赫－曾德尔干涉仪，如图 4－40(c)所示($k=4$)。级联中第 $k$ 个马赫－曾德尔干涉仪的路径差假设为 $2^{k-1}\Delta L$。图 4－41 给出了该多级马赫－曾德尔干涉仪中每个马赫－曾德尔干涉仪的传递函数以及整个滤波器的能量传递函数。

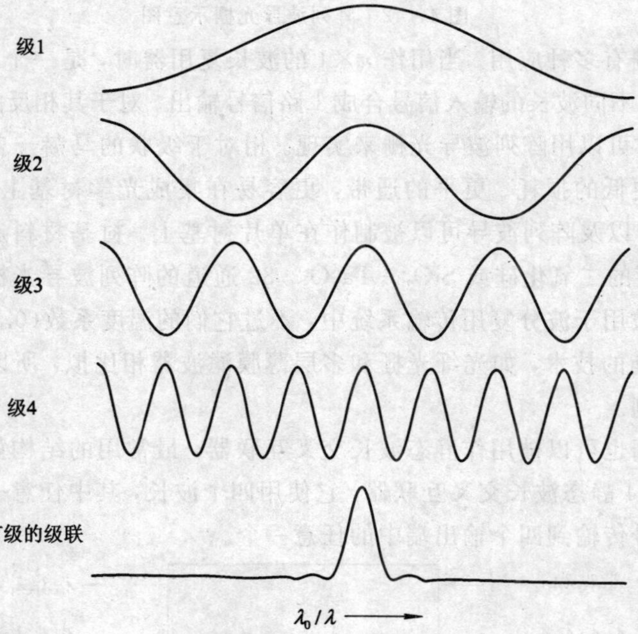


图 4－41　多级马赫－曾德尔干涉仪中每一级的传递函数

现在来描述马赫－曾德尔干涉仪是如何被用作 1×2 的解复用器的(该器件是互易的，只要将输入输出互换，就可以被看作一个 2×1 的复用器)。对于一个有固定路径差值 $\Delta L$ 的单个马赫－曾德尔干涉仪，取一个输入端口(比如输入端口 1)作为波分复用信号的输入

端。假设传输常数 $\beta=2\pi n_{\mathrm{eff}}/\lambda$，其中 $n_{\mathrm{eff}}$ 是波导的有效折射率。入射波长 $\lambda_i$ 应满足条件 $n_{\mathrm{eff}}\Delta L/\lambda_i=m_i/2$，$m_i$ 为正整数。对于 $m$ 是奇数时所对应的那些波长 $\lambda_i$，将在输出端口 1 输出(因为传递函数是 $\sin^2(m_i\pi/2)$)；对于 $m$ 是偶数时所对应的那些波长 $\lambda_i$，将在输出端口 2 输出(因为传递函数是 $\cos^2(m_i\pi/2)$)。如果只有两种波长，其中一个波长对应的 $m_i$ 是奇数，而另一个是偶数，就得到了 1×2 的解复用器。

**7. 阵列波导光栅(AWG)**

可以说，阵列波导光栅是马赫－曾德尔干涉仪的推广，该器件如图 4-42 所示。它由输入/输出波导、两个输入/输出平板波导(实际上是输入/输出的两个星型耦合器)和两个平板波导之间的阵列波导组合而成。以上器件均集成在一块衬底上，一般成对称结构。马赫－曾德尔干涉仪是将两路相同的输入信号分别经历不同的相移之后，再将它们合为一路输出。阵列波导光栅则是让多路相同的信号分别经历不同的相移后，再将它们合在一起输出。

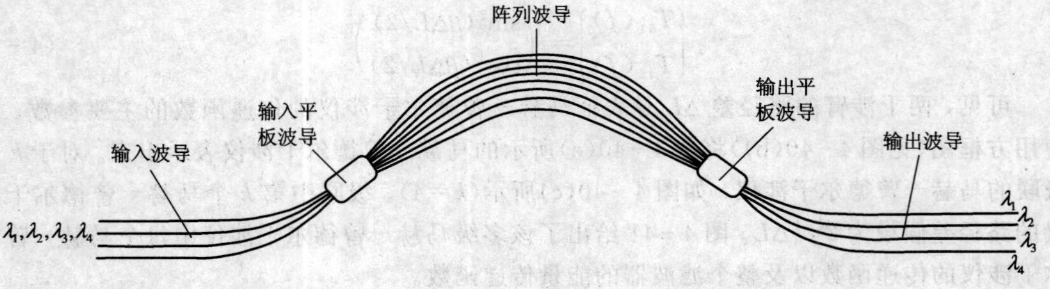


图 4-42　阵列波导光栅示意图

阵列波导光栅有多种应用。当用作 $n\times1$ 的波长复用器时，是一个 $n$ 端输入，1 端输出的器件，它将 $n$ 路不同波长的输入信号合成 1 路信号输出。对于其相反的功能，即称为 $1\times n$ 解复用器，也同样可以用阵列波导光栅来实现。相对于级联的马赫－曾德尔干涉仪链，阵列波导光栅具有更低的损耗、更平的通带，更容易在集成光学衬基上实现。输入/输出波导、多端口耦合器以及阵列波导可以被制作在单片衬基上。衬基材料通常是硅，波导则是纯二氧化硅、掺锗的二氧化硅或 $SiO_2-Ta_2O_5$，32 通道的阵列波导光栅已经商用。更小的阵列波导光栅则被用于波分复用传输系统中，不过它们的温度系数(0.01 nm/℃)还不能与其他完成类似功能的技术，如光纤光栅和多层薄膜滤波器相比拟，所以这类器件不得不使用有源的温度控制。

阵列波导光栅也可以被用作静态波长交叉互联器，最常用的结构如图 4-43 所示。该图给出了一个 4×4 静态波长交叉互联器，它使用四个波长，其中任意一个波长都可以从一个输入端将光信号传输到四个输出端中的任意一个。

图 4-43　阵列波导光栅构成的一个静态波长交叉互联器

接下来来看阵列波导光栅的工作原理。图 4 - 44 所示为输入/输出平板波导与阵列波导光栅详细的几何关系。阵列波导的端点都位于圆弧上，称其为光栅圆，光栅圆的圆心与输入(或输出)波导的中心波导的端点相重合。该圆的半径为 $R$。输入(输出)波导位于一个直径为 $R$ 的圆弧上，该圆被称为罗兰圆。阵列波导在垂直方向上的间隔被设定为常数。

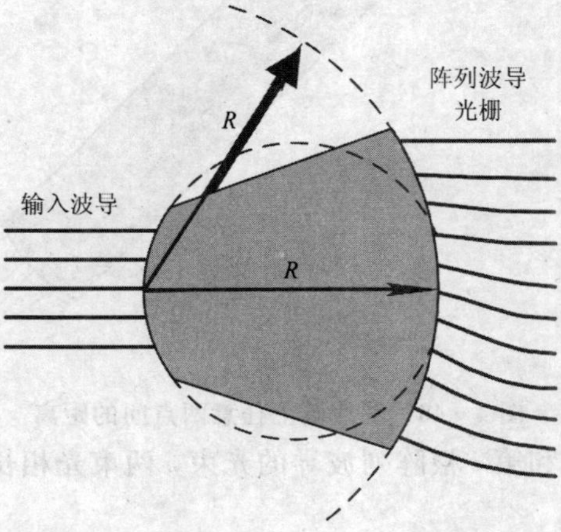


图 4 - 44　用于阵列波导光栅(AWG)的耦合器的罗兰圆结构

图 4 - 45 所示为输入/输出平板波导的放大图。对于对称型 AWG，设平板波导的聚焦半径(也就是罗兰圆的直径)为 $f$，阵列波导之间的最小间隔为 $d$，输入/输出波导之间的最小间隔为 $D$。如图 4 - 45(a)所示，设某一波长光束从距离输入波导中心 $x_1$ 处入射($x_1$ 以顺时针方向为正)，聚焦于距输出波导中心 $x$ 处($x$ 以顺时针为正)，如图 4 - 45(b)所示。

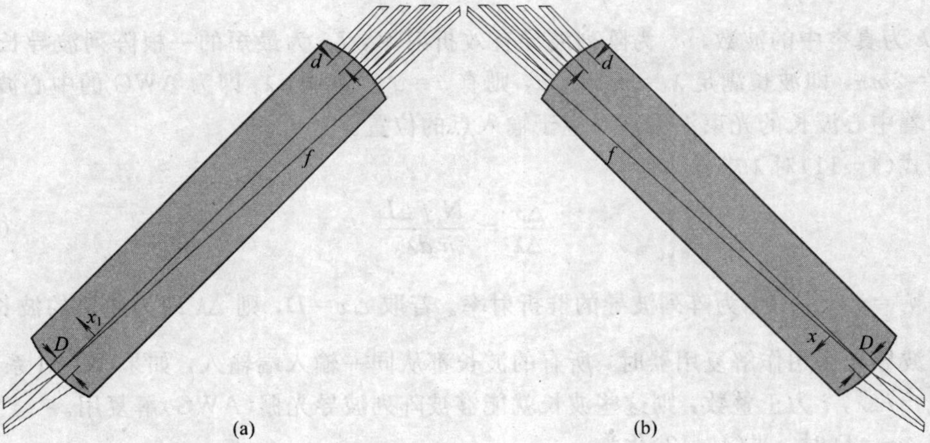


图 4 - 45　输入/输出平板波导放大图

下面通过追踪其中的两根相邻光线来导出 AWG 参量的重要关系式。在图 4 - 46 中，$o$ 是阵列波导中中心波导的端点，$q$ 是输入(出)波导中中心波导的端点，两束相邻波导中出来的光汇聚于 $t$ 点($qt=x$)。在罗兰圆结构中，$\angle oqp=op/f=-s/f$，其中 $s$ 以 $o$ 为起点，顺时针方向为正，表示阵列波导端口上离开 $o$ 点的距离。在 $\triangle pqt$ 中，$pt=\sqrt{f^2+x^2-2fx\cos(\pi/2-\angle oqp)}$，因为 $x\ll f$，所以上式中忽略掉 $x^2$，并将其按级数展开，取前两项得到 $pt=f+xs/f$。这样就可以求得罗兰圆上任意两点间的距离。

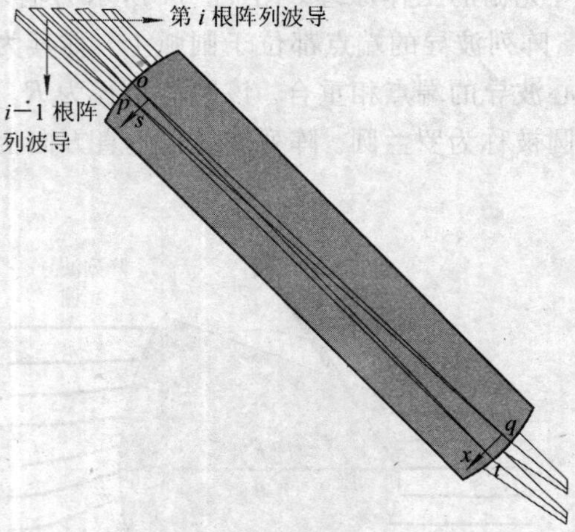


图 4-46　罗兰圆上任意两点间的距离

现在考虑经过第 $i-1$ 和第 $i$ 根阵列波导的光束，两束光相长相干的条件是二者的相位差为 $2m\pi$，即

$$n_s k\left(f-\frac{x_1 s}{f}\right)+n_c k[L_0+(i-1)\Delta L]+n_s k\left(f+\frac{xs}{f}\right)+2m\pi$$
$$=n_s k\left[f-\frac{x_1(s+d)}{f}\right]+n_c k[L_0+i\Delta L]+n_s k\left[f+\frac{x(s+d)}{f}\right] \tag{4-10}$$

化简后得到：

$$-\frac{n_s k x_1 d}{f}+n_c k\Delta L+\frac{n_s k x d}{f}=2m\pi \tag{4-11}$$

式中，$k$ 为真空中的波数，$n_c$ 为阵列波导有效折射率，$L_0$ 为最短的一根阵列波导长度。若 $n_c k\Delta L=2m\pi$，即波长满足 $\lambda_0=n_c\Delta L/m$，则有 $x=x_1$。其中，$\lambda_0$ 即为 AWG 的中心波长。也就意味着中心波长的光束汇聚点对应于输入点的位置。

将式(4-11)对 $\lambda$ 求导，有

$$\frac{\Delta x}{\Delta\lambda}=\frac{N_c f\Delta L}{n_s d\lambda_0} \tag{4-12}$$

式中，$N_c=n_c-\frac{\lambda \mathrm{d}n_c}{\mathrm{d}\lambda}$，为阵列波导的群折射率。若取 $\Delta x=D$，则 $\Delta\lambda$ 即为通道的波长间隔，当阵列波导光栅用作解复用器时，所有的波长都从同一输入端输入，如果 WDM 系统中的波长 $\lambda_0\pm i\Delta\lambda$，$i$ 为正整数，则这些波长就能够被阵列波导光栅(AWG)解复用。

当 $\Delta x=D$ 时，式(4-12)化为

$$\Delta L=\frac{n_s \mathrm{d}\lambda_0 D}{N_c f\Delta\lambda} \tag{4-13}$$

这就是相邻阵列波导间的长度差。

**8. 声光可调谐滤波器(AOTF)**

声光可调谐滤波器是一种有着多种用途的器件，可以说是唯一的能够同时选择几种波长的可调谐滤波器。它的这种功能可以使它被用来构建波长交叉互联器。

声光可调谐滤波器(Acousto-Optic Tunable Filter，AOTF)是基于声光相互作用原理

的光学元器件之一。从本质上说，声波在光波导中产生布拉格光栅，而光栅对波长进行选择。图 4 - 47 所示为一个简单的声光可调谐滤波器(AOTF)的结构图，从图中可以看出这种 AOTF 的工作原理依赖于输入信号的偏振状态。而图 4 - 48 所示的 AOTF 是用集成光学技术实现的一种与偏振状态无关的、更实用的声光可调谐滤波器(AOTF)的结构。

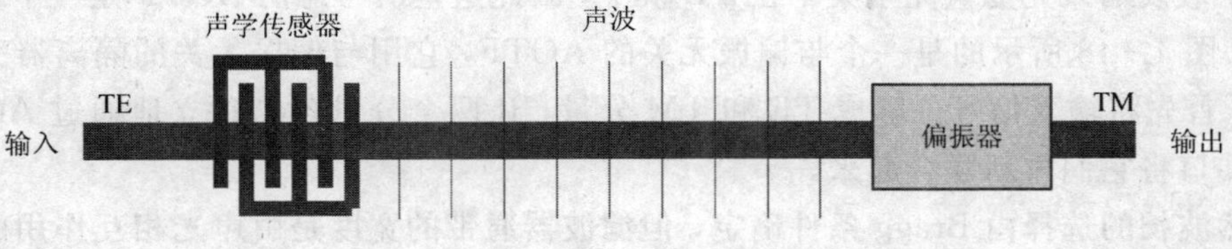


图 4 - 47　一个简单的声光可调谐滤波器(AOTF)

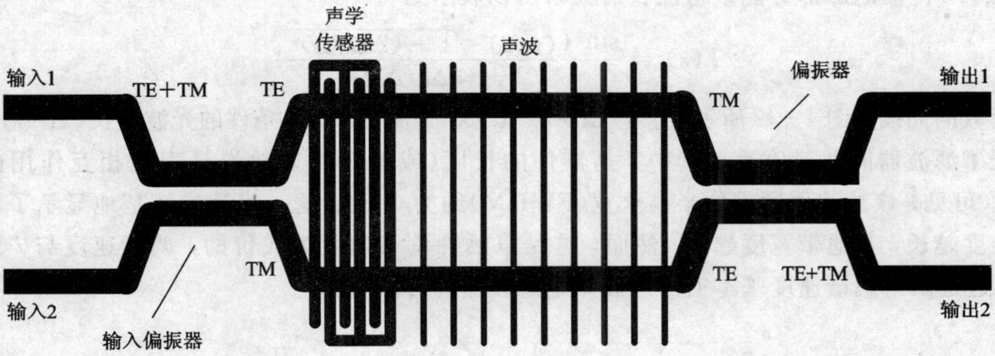


图 4 - 48　一个偏振无关的集成光学声光可调谐滤波器(AOTF)

以图 4 - 47 所示的声光可调谐滤波器(AOTF)为例，它由波导组成，其中的波导是双折射材料，只支持低阶 TE 模和 TM 模的传播。假设输入的光能量全部集中在 TE 模中，一个被置于波导信道的另一端的偏振器只用于选择 TM 模中的光能。假如由于某种原因，宽带输入信号中的很窄光谱范围内的光能量被转移到了 TM 模，而剩余的光能仍集中在 TE 模，就得到了一个波长选择滤波器。AOTF 中这种光能量的转换正是受到沿着光波传播方向或与之反向的声波的影响。

这种声波传播的结果，是使介质的密度产生了周期性的变化。密度变化的周期与声波的波长相等。这种密度周期性变化的作用如同一个 Bragg 光栅。如果折射率 $n_{TE}$ 和 $n_{TM}$ 满足 Bragg 条件：

$$\frac{n_{TM}}{\lambda}=\frac{n_{TE}}{\lambda}\pm\frac{1}{\Lambda} \tag{4-14}$$

则光从一种模式耦合到另一种模式。这样，以满足公式(4—14)的波长 $\lambda$ 为中心的很窄的光谱范围内的光能量将从 TE 模转移到 TM 模。因此，当只有 TE 模的光输入，而输出只选择 TM 模的光时，AOTF 就相当于一个窄带滤波器，如图 4 - 47 所示。

在 $LiNbO_3$ 材料中，TE 模和 TM 模的折射率 $n_{TE}$ 和 $n_{TM}$ 相差 0.07。如果用($\Delta n$)表示该折射率差，公式(4 - 14)的 Bragg 条件可以写成：

$$\lambda=\Lambda(\Delta n) \tag{4-15}$$

这样产生模式转移的波长位于 AOTF 的通带内，通过选择适当的声波波长 $\Lambda$，该波长可以被选择或者被调谐。对于$(\Delta n)=0.07$的情况，为了选择1.55 μm的波长，利用公式(4-15)计算得到声波波长应为22 μm。由于声波在$LiNbO_3$材料中的传播速度大约是3.75 km/s，所以相应的射频(RF)频率约为170 MHz。由于RF频率可以方便地调谐，因此滤波器所选择的波长也能够被方便地调谐。典型的插入损耗值约为4 dB。

由于假设输入光能量完全集中在TE模中，因此这里所考虑的AOTF是一个偏振相关的器件。图4-48所示的是一个与偏振无关的AOTF，它用与偏振无关的隔离器完全类似的方式，首先将输入信号分解成TE和TM分量，让两个分量各自独立地通过AOTF，再在输出端口将它们重新联合起来。

虽然波长的选择由Bragg条件确定，但滤波器通带的宽度是由声光相互作用的长度决定的。这种相互作用长度越长，器件的通带宽度就越窄。可见，通过声光可调谐滤波器(AOTF)传输的那部分能量与波长的关系可以表示为

$$T(\lambda)=\frac{\sin^2\left((\pi/2)\sqrt{1+(2\Delta\lambda/\Delta)^2}\right)}{1+(2\Delta\lambda/\Delta)^2}$$

该函数的曲线如图4-49所示。这里$\Delta\lambda=\lambda-\lambda_0$，$\lambda_0$是满足Bragg条件的光波波长，$\Delta=\lambda_0^2/l\Delta n$表征了滤波器的通带宽度。其中$l$是器件的长度(或者更确切地说是声光相互作用的长度)。可见，该滤波器通带的半高全宽(FWHM)约为$0.8\Delta$。这一表达式清楚地显示了器件的长度越长，其通带宽度越窄。然而，这是以牺牲调谐速度为代价的，调谐速度与$l$成反比，这是因为调谐速度基本上由声波穿越滤波器的时间所决定。

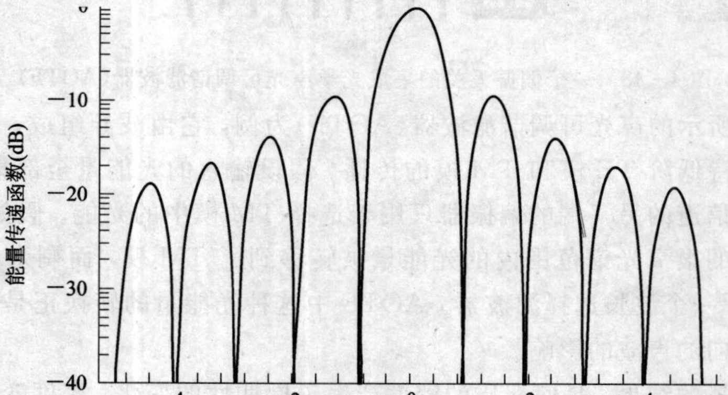


图4-49 声光可调谐滤波器的能量传递函数

图4-48所示的与偏振无关的声光可调谐滤波器(AOTF)可以被用作双输入双输出的动态波长交叉互联器。满足Bragg相位匹配条件，即公式(4-15)的波长上的光能量会在两个端口之间交换。这可用图4-50(a)来表明，其中$\lambda_1$满足Bragg条件，在两个端口之间交换。

AOTF有一个显著的，不同于其他任何一种可调谐滤波器结构的特点，即通过同时发送多个声波，多个光波波长有可能同时满足Bragg条件。因此，在如图4-48所示的单个器件的两端口之间可以实现多个波长的同步交换，如图4-50(b)所示，$\lambda_1$和$\lambda_4$在两个端口之间同步交换。因此，这种器件可以完成与图4-27所示的静态交叉互联相同的路由功能。然而，AOTF是一个完全普适化的双输入、双输出的动态交叉互联器，这是因为可以

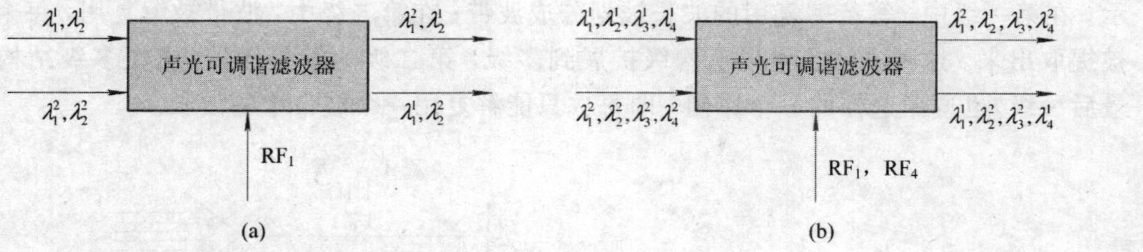


图 4－50　利用声光可调谐滤波器的波长交叉互联结构

通过改变器件发射的声波频率而轻易改变路由方式，或者说是改变被交换的波长的设置。原理上，更多维度的动态交叉互联(有更多的输入、输出端口)，可以通过以合适的方式级联多个 2×2 交叉互联器来实现。

阻碍声光可调谐滤波器(AOTF)成为多功能可调滤波器，或者作为波长交叉互联器功能的一个原因是该器件中存在较高的串扰。正如在图 4－49 中看到的那样，在其能量传递函数中的第一边带与峰值相比，甚至不低于峰值 10 dB。通过级联两个这样的滤波器可以在一定程度上减轻这个问题。事实上，级联可以在单个基片上实现。可是尽管如此，第一边带也只能低于峰值 20 dB，而更多级的级联是很难实现的，因为会引入其他问题，比如传输损耗高到了不能接受的程度。目前 AOTF 比较失败的另一个原因是，其通带宽度相当大(100 GHz 或更大)，即便是在声光相互作用长度有 1 英寸的时候也是如此。这使得它不适用于密集波分复用(DWDM)系统。

**9. 高信道数的复用器结构**

随着波长数的增加，设计处理众多波长的复用器和解复用器已经成为一个重要的课题。下面介绍几种构造方法来设计高信道数的解复用器。

1) 串行结构

在这种方法中，一次只针对一个波长解复用。解复用器由 $W$ 级滤波器串行构成，每个滤波器针对 $W$ 个波长中的一个波长工作。每一级滤波器解复用一个波长而让其他波长通过，图 4－39 所示的介质薄膜解复用器就是一个例子。这种结构的一个优点就是当有新波长加入时，滤波器的级数每次加一个即可，即所谓的“依照增长来支付”的方法。

串行结构方法通常对于相对较小数目的信道的解复用有效，而不适于处理大数量信道的情况，这是因为解复用器的插入损耗随着解复用信道数的增加接近于线性增加。而且，不同信道随着解复用的顺序的不同会有不同的插入损耗，这是不希望发生的。

2) 单级结构

单级结构是指所有的波长都在一级里完成其解复用功能，图 4－42 所示的阵列波导光栅(AWG)就是这种结构的一个例子。与串行结构相比，这种结构有更低的损耗和更好的损耗均匀性。然而，解复用的波长数受单个器件所能处理的最大信道数量的限制，不方便增加信道数目。目前商用的基于 AWG 的单级结构解复用器的典型值是 40 信道。

3) 多级分带输出

上面已经讨论了串行结构和单级结构的限制，可见要完成对更多信道数量的系统的解复用就要使用多级解复用。目前通用的方法是将波长分成几个波带，例如，总数 32 个波长可以被分成 4 个波带，每个波带中包含 8 个波长，解复用过程被分成两级，如图 4－51 所示。在第一级中，等待解复用的波长被划分成波带；在第二级中，波带被解复用，每个波长被提取出来。这种方法也可以从两级扩展到多级。第二级的解复用器(或在多级结构中的最后一级)也遵循这样的一个原则，即每次只能解复用一个波带中的波长。

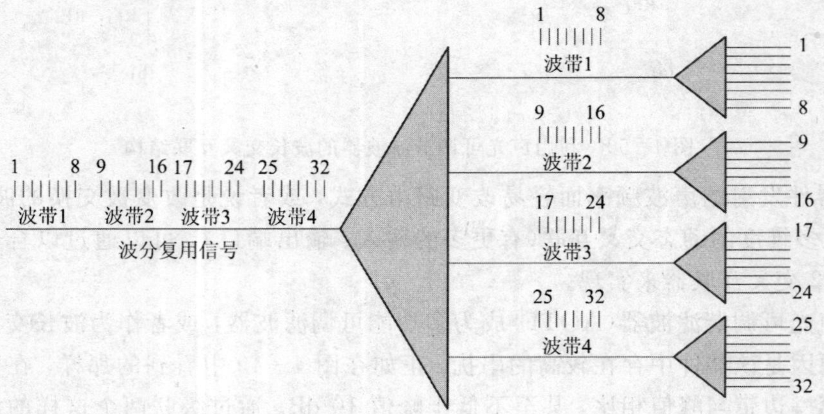


图 4－51　利用波带的两级解复用结构

分带输出方式有一个缺点，那就是必须在每个波带之间预留一个保护间隔，如图 4－51 所示。保护间隔使得第一级滤波器被设计成可以提供充足的串扰抑制，并同时保持较低的插入损耗。

4) 多级交叉存取

交叉存取是另一种实现多信道解复用器的方法。一个两级的交叉存取器如图 4－52 所示。在这种方法中第一级将波长分成两组。第一组由 1，3，5…的奇数波长组成，第二组由 2，4，6…的偶数波长组成。第二级则将各组波长解复用成单个的波长。这种方法遵循的原则是，最后一级的解复用器可以根据需要增加被解复用的波长。如果需要也可以使用多于两级的结构。

这种方法的一个重要优点是，最后一级中的滤波器的通带可以比信道宽度宽得多。例如，如果要解复用间隔为 50 GHz 的 32 信道系统，在第一级解复用后，信道的间隔是 100 GHz，如图 4－52 所示。所以在第二级解复用中，所有可以对大于 100 GHz 带宽解复用的解复用器都可以被使用。相反，单级或者串行结构则需要使用能够对信道间隔为 50 GHz 信号解复用的解复用器，而这在构建时是比较困难的。在此例的基础上，也可以将第二级再分成两级。第一级分解每个 100 GHz 的信道，使得每个信道间隔变成 200 GHz。最后一级可以使用更宽带宽的滤波器来分解出单个信道信号。这种方法的另一个优点是无须预留保护间隔。

交叉存取方法的难点在于解复用器的构建，它要在除了最后一层的其他各层上实现交叉存取。从原理上来说，任何一个周期性滤波器都可以用作交叉存取器，只要它的周期与所需求的信道间隔相匹配。例如，马赫－曾德尔干涉仪就是一个常用的选择。这些器件现在都已经商用化，交叉存取正日益成为实现高信道数的复用/解复用器的通用方法。

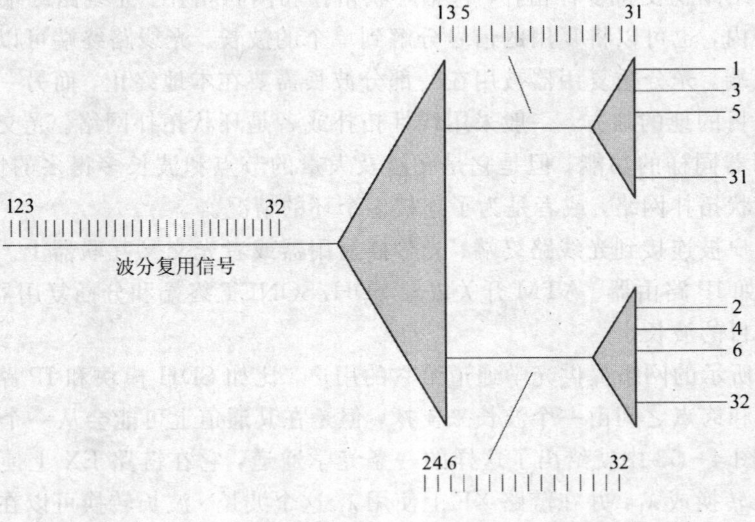


图 4-52　两级交叉存取器

## 4.3 光线路终端

在本节以及后面的 4.4 和 4.5 两节中，将介绍作为波分复用（WDM）网络组成部分的网络单元的构造，这样一个网络的结构如图 4-53 所示。网络由通过光纤链路互连着的光线路终端（OLT）、光分插复用器（OADM）以及光交叉互联器（OXC）组成。图 4-53 中未给出的器件是光线路放大器，它按一定周期的距离置于光纤链路上，用来放大光信号。另外，光线路终端、光分插复用器和光交叉互联器自身可带有光学放大器以补偿损耗。

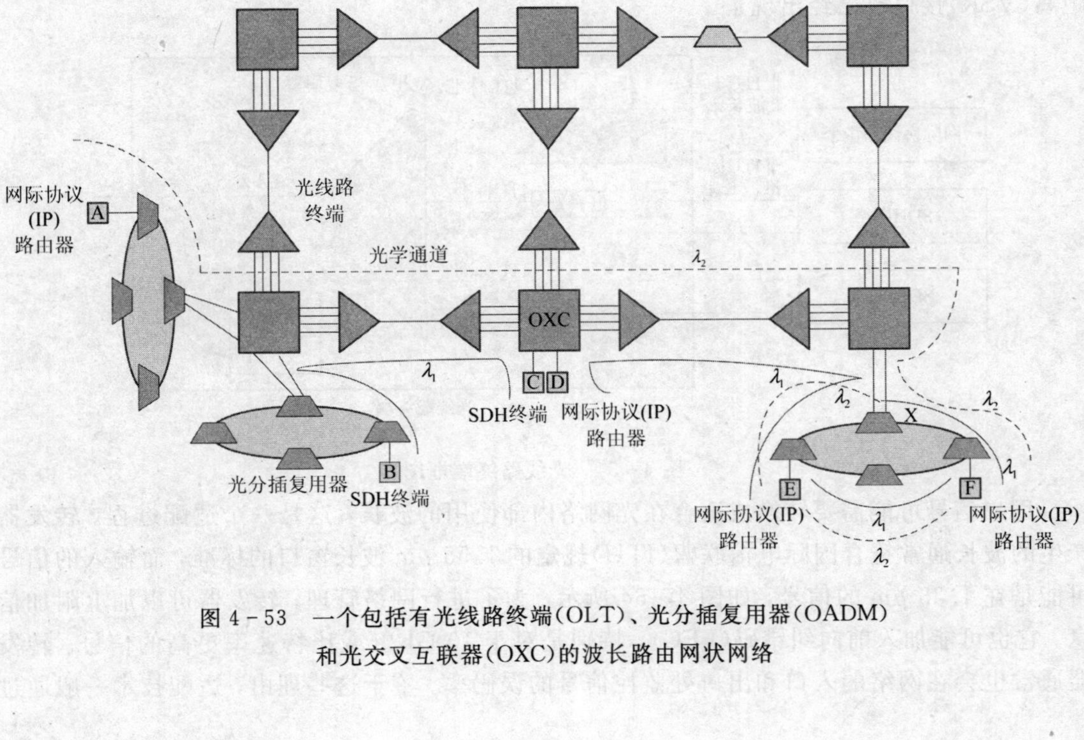


图 4-53　一个包括有光线路终端（OLT）、光分插复用器（OADM）
和光交叉互联器（OXC）的波长路由网状网络

这样的网络结构支持多种拓扑，包括环状拓扑和网状拓扑。光线路终端将多个波长复用进单根光纤内，也可以将复用的信号分解到单个的波长。光线路终端可以被用在点到点链路的任何一端。光分插复用器被用在一部分波长需要在本地终止，而另一部分波长需要被路由到其他目的地的地方，一般采用线性拓扑或者是环状拓扑网络。光交叉互联器执行与光分插复用器同样的功能，但是它是在涉及大量的节点和波长多得多的情况下使用的，所以被用于网状拓扑网络，或者是为了连接多个环的情况。

网络的用户被连接到光线路终端、光分插复用器或者光交叉互联器上。网络支持各种用户类型，比如 IP 路由器、ATM 开关以及 SDH/SONET 终端和分插复用器。每个链路能够支持一定数目的波长。

图 4-53 所示的网络提供光学通道给它的用户，比如 SDH 模块和 IP 路由器。光学通道在它的源头和终点之间由一个波长来支撑，但是在其通道上可能会从一个波长转换到另一个波长上。图 4-53 中就给出了这样的一条光学通道，它在链路 EX 上使用波长 $\lambda_2$，在节点 X 处波长转换成 $\lambda_1$，并在链路 XF 上使用 $\lambda_1$ 这个波长。波长转换可以在网络内部提高波长的利用率，我们将在 4.6 节研究这个问题。网络的边界处同样需要波长转换，使得从网络外部来的信号变成适合网络内部使用的波长。

本节首先介绍光线路终端。从构造的角度来看，光线路终端是相对比较简单的网络单元，被用于点到点链路的任意一端，用来复用和解复用波长。图 4-54 给出了光线路终端中的三个功能性器件：转发器、波长复用器以及任选器件。转发器将那些从光网络的用户传来的信号转换成适合在光网络内部使用的信号。类似地，反过来它也将光网络的信号转换成适合用户使用的信号。用户与转发器之间的接口根据用户、比特率、传输距离和(或)用户与转发器之间的损耗的不同而有所变化。最常用的接口是同步数字体系/同步光网络(SDH/SONET)短距离(SR)接口。现在，比特率为 10 Gb/s 或者更高的、比较便宜的超短距离(VSR)接口也已经出现了。

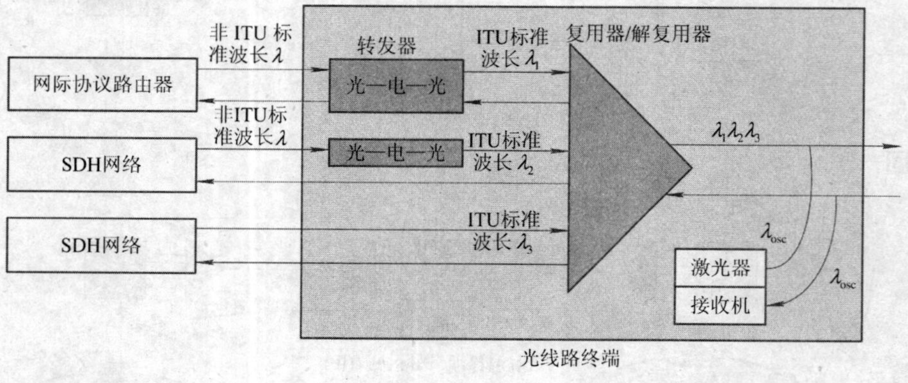


图 4-54 光线路终端框图

用户信号可能需要转换成适合在光网络内部使用的波长，这是一个适配过程。转发器产生的波长通常符合国际电信联盟(ITU)规定的 1.55 μm 波长窗口的标准，而输入的信号可能是在 1.33 μm 的信号，如图 4-54 所示。为了进行网络管理，转发器可以加上附加信息。它也可能加入前向纠错码(FEC)，特别是对于 10 Gb/s 或比特速率更高的信号。转发器通常也会在网络的入口和出口处监控信号的误码率。鉴于这些理由，适配技术一般通过一个光—电—光(O—E—O)转换器来实现。现在也在研究一些全光波长转换技术以便用于转发器。

在某些情况下，只对来自用户的输入信号使用适配技术，对输出信号则不采用适配技术，而是将 ITU 波长信号直接送往用户设备，适配功能由用于光网络的用户设备自身实现。比如一个 SDH 网络器件，就可以不使用转发器(如图 4-54 底部所示的波长 $\lambda_3$)，这可以降低费用，并成为一种更简单和更有效的解决方法。然而问题是，波分复用(WDM)接口的规格取决于每个 WDM 供应商，并没有统一的标准。转发器通常占据了光线路终端的大部分费用、并确定其作用范围和功率消耗，因此减少转发器的数量有助于使所采用设备的费用和尺寸最小化。

通过使用一个波长复用器，从转发器输出来的信号与不同波长的信号一起被复用到一根光纤上。比如阵列波导光栅(AWG)、介质薄膜滤波器或者光纤 Bragg 光栅，都可以被用来实现这个目的。此外，如果需要，光学放大器可以被用来增大信号的功率。在另一个方向，如果需要，WDM 信号在通过解复用器之前，也有可能被再次放大。解复用后的波长在转发器(如果存在)中被终止，或者直接在用户设备中被终止。

最后，光线路终端(OLT)也用来终止光监控信道(Optical Supervisory Channel，OSC)。光学监控信道被一个单独的波长所携带，该波长与携带实际信息的波长不同。它被用于监控链路上的放大器的性能，以及各种其他的管理功能。

## 4.4　光分插复用器件

为了理解光分插复用器件(OADM)的优越性，考虑一个包含 A、B、C 三个节点的网络，如图 4-55 所示，IP 路由器被置于节点 A、B 和 C 处。这个网络支持 A 和 B、B 和 C 以及 A 和 C 之间的信息传输。根据网络的拓扑结构，A 和 C 之间的信息传输将通过节点 B。假设该网络是全双工的链路和全双工的连接，这样，图 4-55 所示的网络实际上是由一对双向光纤组成的。

假设信息传输的要求为：在 A 和 B 之间有一个波长，在 B 和 C 之间有一个波长，而在 A 和 C 之间有三个波长。假设采用点到点波分复用(WDM)系统来支持网络需求，其解决方法如图 4-55(a)所示。两个点到点系统被采用，一个是在 A 和 B 之间，另一个则是在 B 和 C 之间。正如先前在 4.3 节中看到的那样，每一个点到点系统都需要在链路的每一端使用一个光线路终端(OLT)。OLT 包括复用器、解复用器和转发器，而转发器占据了系统费用的大部分。

在图 4-55(a)所示的解决方案中，节点 B 有两个 OLT。每一个 OLT 终止四个波长，因此需要四个转发器。然而，四个波长中只有一个被指定传到节点 B。剩下的转发器则被用来支持 A 和 C 之间直通的业务量，这些转发器以背靠背的形式实现此功能。因此，在节点 B 处的八个转发器之中的六个转发器被用于处理直通的传输信息，这是一种非常昂贵的方案。

考虑图 4-55(b)所示的采用光分插复用器(OADM)的方案，它使用一个波长路由网络代替点到点 WDM 系统。该网络在节点 A 和节点 C 处使用一个光线路终端(OLT)，而在节点 B 处用一个 OADM。这个 OADM 将四个波长中的一个波长分下，被分下的波长在 B

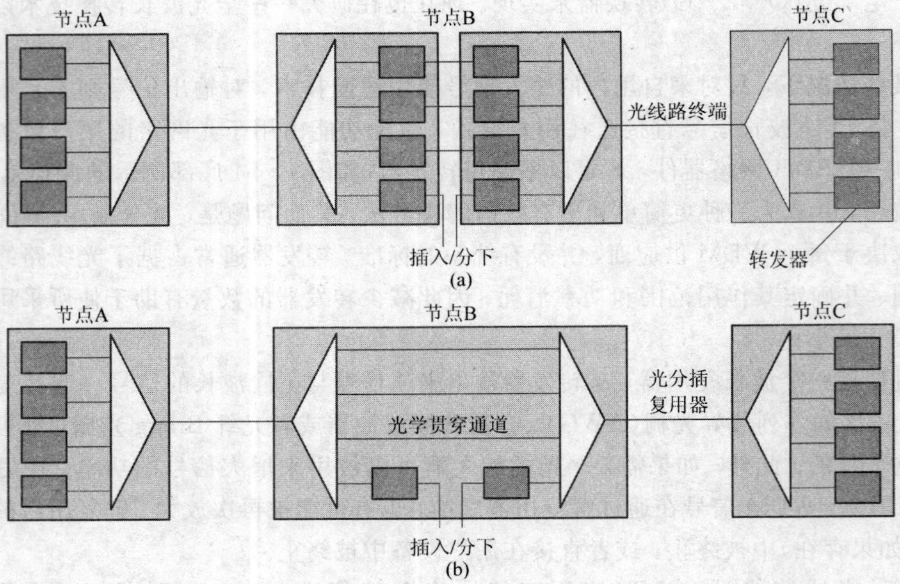


图 4-55 一个三节点的线性网络实例

(a) 使用点到点 WDM 系统的解决方法；(b) 在节点 B 处使用一个 OADM 的解决方法

处的转发器中被终止，其余的三个波长在光域中直接穿过。因此，在节点 B 处只需要两个转发器，而不像图 4-55(a)给出的方案，需要八个转发器。

对于典型的运营商的网络，在许多的网络节点处直通的业务量有可能是相当大的，这样分插复用器就以一种廉价的方法实现了业务量直通的关键功能。

## 4.4.1 光分插复用器的结构

光分插复用器(OADM)使用一个或者多个在前文中探讨过的复用器或者滤波器。大多数实际的 OADM 使用光纤 Bragg 光栅、介质薄膜滤波器或者是阵列波导光栅。在此，我们不再细究其内部的工作原理，而将 OADM 看成是一个有两个线路端口以及许多本地端口的黑箱。每一个线路端口承载一组波长，每一个本地端口分下或者插入一个特定的波长。

在 OADM 中需要关注的主要属性如下：

(1) 可以支持的波长总数是多少。

(2) 在 OADM 中能够被分下或者插入的波长的最大数目是多少。某些结构允许分下或者插入的波长数，仅为波长总数的一部分。

(3) 对于特定波长的分下或者插入有没有限制。一些结构只允许某些波长，而不是任意的波长被分下或者插入。这个限制范围从分下/插入一个单个波长到分下/插入一组波长，再到分下/插入任意波长。这将对传输信息如何在网络中进行路由选择有很大的影响。

(4) 分下或者插入附加的信道的难易度如何。为了插入/分下一个附加的信道，是否有必要采用服务瞬断(服务瞬断会干扰当前的信道)。某些结构确实存在这样的情况。

(5) 从费用与分下的信道的数目成正比这个意义出发，结构是否是标准化的(易于扩展的)。这对运营商来说很重要，因为他们更愿意随着需求的增长而增加投资，而不是在前期一下投入很多。换言之，运营商在开始的时候通常在网络中使用很少的信道，当业务量需求增加时，再增加附加的信道。

(6) 与 OADM 相关的物理层(传输)通道设计的复杂性在哪里。增加新信道或者节点是如何影响该设计的。基本说来，如果信道经受的总的直通传输损耗与分下或者插入的信道数目无关，那么插入或者分下附加的信道，就可以在对已经存在的信道产生最小影响的前提下实现了。这是在设计中需要密切关注的一个重要方面。

(7) OADM 是否可以重新配置。或者说被选择的信道是否能够在远程软件控制的情况下被分下/插入。这是与最小化手动干预相关的一个特性。

图 4－56 给出了三种主要的 OADM 的结构，它们的主要属性比较如表 4－3 所示。

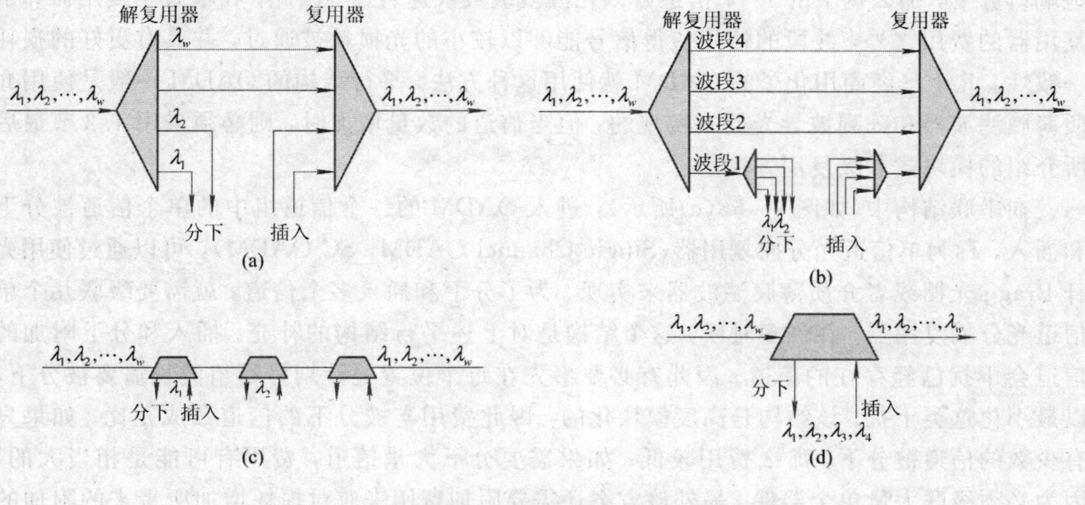


图 4－56　不同的光分插复用器(OADM)的结构

(a) 平行结构：所有波长被复用/解复用；(b) 平行结构的模块化方案

(c) 串联结构：每一次只分下和插入一个波长；(d) 波段分下或插入

**表 4－3　不同光分插复用器(OADM)结构的比较**

| 特征 | 平行结构 | 串联结构 | 波段分下 |
|---|---|---|---|
| $D$ | ＝W | ＝1 | $\ll W$ |
| 信道限制 | 无 | 在规划阶段确定信道 | 固定信道组 |
| 传输信息通量变化 | 无瞬时干扰 | 需要瞬时干扰 | 部分瞬时干扰 |
| 波长规划 | 最小化 | 需要 | 高度受限 |
| 损耗 | 固定 | 变化 | 固定，高达 $D$ |
| 费用(少量分下) | 高 | 低 | 中等 |
| 费用(大量分下) | 低 | 高 | 中等 |

注：$W$ 表示信道的总数，$D$ 代表一个单个的 OADM 所能分下的最多的信道。

在平行结构中(如图 4－56(a)所示)，所有的进入信道都被解复用了。某些随机选取的被解复用的信道的集合可以在本地被分下，而其他的则被直接通过。因此，对哪个信道能被分下以及哪个信道能被插入并没有限制。结果是，这个结构对网络中光学通道的规划施加了最小的限制。另外，通过 OADM 的损耗是固定值，与多少信道被分下或者插入无关。然而，这种结构对处理那些只分下小数量的信道的情况来说是不经济的，因为不管有多少信道被分下，所有的信道都需要一起被解复用并被重新复用。这也会导致 OADM 的较高的损耗。然而，假如在所有信道中有大部分的信道被分下，或者对于插入和分下任何信道都需要完全的灵活性，那么这种结构就显得很经济了。这种结构的另一个影响是，因为所有的信道在所有的 OADM 中都需要被解复用和复用，所以每个光学通道在它到达其目的地之前要通过许多滤波器，这就使得复用器和激光器间的波长匹配可能变得相当严格。

使用如图 4－56(b)所示的设计模式可以降低费用。这里，解复用和复用过程是通过两级来实现的。解复用的第一级将波长分解成波段，第二级将波段分解成个别的信道。例如，一个 16 信道的系统可以用 4 个波段来执行，每个波段有 4 个信道。如果只有 4 个信道在本地端口分下，那么剩下的 12 个信道可以在波段级被快速直通。因此，在节省了复用器和解复用器的费用之外，波段的使用使得信号能够以较小的光损耗被通过，并具有更好的损耗一致性。几个已经商用化了的 OADM 就使用这种方法。平行结构的 OADM 一般是使用介质薄膜滤波器和阵列波导光栅来实现的，但当信道的数量增加时，则必须采用 4.2 节最后所介绍的模块式多级复用方法。

在串联结构中(如图 4－56(c)所示)，进入 OADM 的一个信道组中的单个信道被分下和插入，称为单信道光分插复用器(Single Channel OADM，SC-OADM)，可以通过使用光纤 Bragg 光栅或者介质薄膜滤波器来实现。为了分下和插入多个信道，就需要级联几个单信道光分插复用器。在许多时候，这个结构是对上述平行结构的补充。插入和分下附加的信道会干扰已经存在的信道。因此有必要事先在每个位置处计划好哪组波长需要被分下，以最小化这类干扰。该结构是高度模块化的，因此费用与被分下的信道数成正比。如果只有少数的信道被分下，那么费用较低；如果需要分下大量信道，费用有可能是相当大的，因为必须级联大量单个器件。另外该方案还需要附加费用来应对损耗增加所带来的附加的放大。

随着分下的信道数的增加而增加的损耗，对使用串联 OADM 的网络有重要的影响。这在图 4－57 所示的例子中已做出了说明。假设发射机和接收机之间的光学通道所允许的链路预算是 25 dB。考虑节点 B 和节点 D 之间的光学通道，在其发射机和接收机之间大约有 25 dB 损耗的情况。设想当一个被新波长支持的新的光学通道，从节点 A 连到节点 C 时，为了支持这个光学通道，在节点 C(或节点 A)必须采用一个附加的单信道光分插复用器(SC-OADM)来分下这个新的光学通道。这个 SC-OADM 对通过节点 C 的信道产生了附加的 3 dB 的损耗，因此将从节点 B 到节点 D 的光学通道的损耗增加到 28 dB，使得它无法运行。然而，若为了解决这个问题，在节点 C 对 B 到 D 的光学通道进行再生。那么，为了再生这些光学通道，需要在节点 C 将其分下，并将其送入再生器，然后再将其插入。这就需要在节点 C 处另外再设置一个 SC-OADM，它同样会对通过节点 C 的信道产生 3 dB 的附加损耗，并且可能干扰通过节点 C 的其他光学通道。因此，插入或者分下附加信道有可能对网络中所有其他的光学通道产生连锁影响。

应该注意，直通的信道不会经历任何的滤波(复用/解复用)过程。因此，每个光学通道只通过两个滤波器，一个在源节点，另一个在目的节点。这样，与平行结构相比较，复用器和激光器之间的波长允差就不再那么严格了。

在波段分下结构(如图 4－56(d)所示)中，一组固定的信道被从传输的信道中分下和插入。被分下的信道一般会在其分下之后被进一步解复用。而被插入的信道通常利用简单的

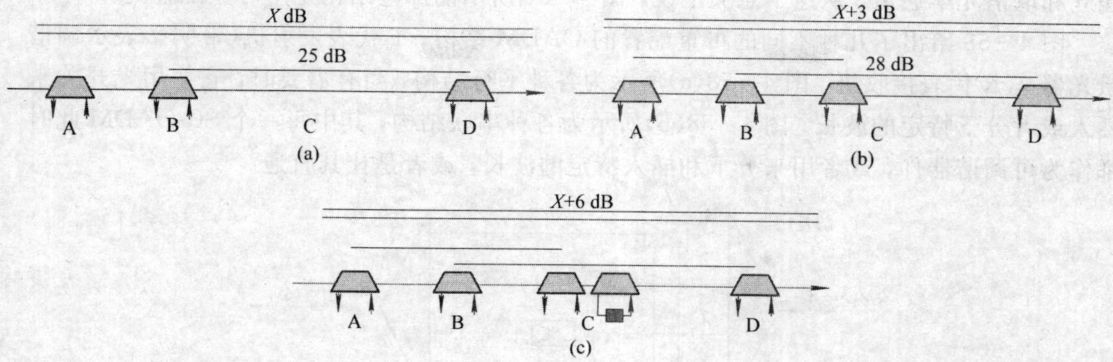


图 4－57　业务量变化对一个使用串联 OADM 结构的网络的影响

(a) 初始状态；(b) 节点 A 和 C 之间加入一条新的光学通道，引起光学通道 BD 失效；(c) 在节点 C 处加一个再生器，光学通道 BD 得到再生，然而导致其他通过节点 C 的光学通道受到影响

耦合器，被加入到直通的信道中。使用一个波段滤波器可以从 32 个信道中分下 4 个相邻的信道。

这种结构试图在平行结构和串联结构之间获得一种折中。能够被分下的信道的最大数目由所使用的波段滤波器的类型决定。在这一组信道之内，插入或者分下附加的信道不会影响网络中的其他光学通道，因为对所有不在这一组中的其他信道的直通损耗都已经得到了处理。

然而，这种结构却使得在网络中的波长规划变得复杂了，并且因为在每个位置处一组波长被分下/插入，它对波长的分配产生了诸多限制。例如，如果需要波长 $\lambda_1$ 在一个节点被插入，而在下一个节点被分下，那么与波长 $\lambda_1$ 在同一个波段的所有其他波长 $\lambda_2$、$\lambda_3$、$\lambda_4$，也会在同一个节点被插入，并在下一个节点被分下。使得这种方法不够理想的原因是，波长一旦作为波段的一部分被分下，那么在它被插入回到网络之前，很可能需要被再生。所以在这个例子中，波长 $\lambda_2$、$\lambda_3$、$\lambda_4$ 在两个节点处都需要被再生。要设计一个允许这些波长直通、而不需要再生的链路是很困难的。

一个节点的一个 OADM 只能分下/插入一组波长，这个问题可以通过在一个节点使用不同类型的 OADM，且每一个 OADM 分插不同组的波长信道来解决。可以想象得到，这会使得网络规划变得复杂。如果分下的波长可以事先被规划，并且网络保持静态，那么也许这是一个可行的选择。但是，在那些业务量随时间不断变化的网络中，是很难规划的。

以上讨论的结构都是一些基于当今技术可以实现的结构，并且所有这些结构今天都实现了商用。很明显，这些结构之中没有一个能够提供满足广泛应用的、比较完美的解决方案。构建平行结构的初始费用较高，串联和波段分下结构有着较小的初始费用，但是由于缺少处理网络中业务量变化的灵活性，它们的应用受到了限制。

### 4.4.2　可重配置的光分插复用器

可重配置性是人们非常渴望光分插复用器(OADM)具备的属性。可重配置性指的是快速选择用于插入和分下的所需波长的能力。与必须事先规划好并采用合适的设备的情况正好相反，这允许运营商在设计他们的网络时具有灵活性，并且允许根据网络的需求动态地建立和取消光学通道。从这个意义上说，图 4－56 所示的那些结构是不可重配置的。

图 4－58 给出了几种不同的可重配置的 OADM 结构，T 代表发射机(带阴影表示调谐激光器)，R 代表接收机。图 4－58(a)所示为各种平行结构，当有需要时，它使用光开关来插入或者分下特定的波长。图 4－58(b)所示为各种串联结构，其中每一个 SC-OADM 此时都作为可调谐器件，或者用来分下和插入特定的波长，或者是让其直通。

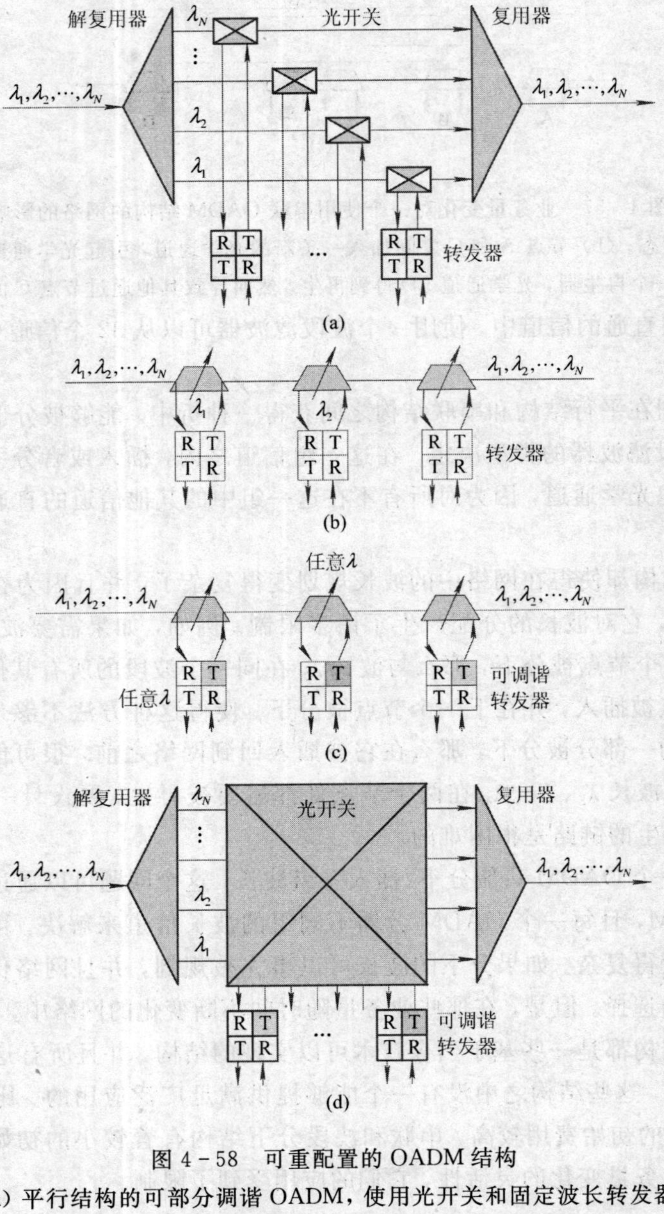


图 4－58　可重配置的 OADM 结构

(a) 平行结构的可部分调谐 OADM，使用光开关和固定波长转发器；

(b) 串联结构的可部分调谐 OADM，使用固定波长转发器；

(c) 串联结构的完全可调谐 OADM，使用可调谐转发器；

(d) 平行结构的完全可调谐 OADM，使用可调谐转发器

所有这些结构都只能部分地解决可重配置性问题，因为仍然需要转发器来提供与光学层的适配。转发器可分为两种不同的类型：固定波长转发器和可调谐转发器。固定波长转

发器可以发射和接收一个特定的固定波长。这是当今大多数转发器的情况。另一方面，可调谐的转发器可以在任何需要的波长处发射，以及在任何需要的波长处接收。一个可调谐转发器使用一个可调谐的激光器和一个能够接收任何波长的宽带接收机。

图 4-58(a)和 4-58(b)给出的可重配置 OADM，需要事先采用固定波长转发器，以保证其在需要时可行。这导致了两个问题：首先，转发器没有被充分利用。当与其对应的波长没有分下，而是直通过 OADM 时，它被闲置，这个代价是很昂贵的。但是这个费用有可能可以用通过快速建立和取消光学通道所节省的费用来抵消。其次，虽然 OADM 是可重配置的，转发器却不是。因为仍然需要预先确定哪组波长需要采用转发器，这使得网络规划受到了更多限制。

避免这些问题需要使用可调谐的转发器，使用可调谐转发器的结构更具灵活性。例如，图 4-58(c)所示的具有完全可重配置性的串联结构。每一个可调谐的 SC-OADM 能够插入/分下任何一个单个的波长，并且让其他波长通过，这与固定波长的结构正相反。适配过程通过一个可调谐的转发器来实现。这就提供了一个完全可重配置的 OADM。相似地，图 4-58(d)给出了一个有着完全可重配置性的平行结构。应该注意的是，这个结构需要使用一个大型光开关。确切地说，就是将要在下面探讨的光交叉互联器。

最后，一个理想的光分插复用器(OADM)应该具有如下特点：

(1) 能够控制可分下的最大信道数目；

(2) 能够允许用户在远程软件控制下选择什么样的特定信道被分下或者插入，什么样的特定信道通过，被控制的还包括转发器，并且不会影响已经存在的信道的工作；

(3) 不需要用户对什么样的信道可能在特定的节点处需要被分下而进行预先规划；

(4) 能够保持较低的固定损耗，而不管相对于通过的信道有多少被分下或者插入。

## 4.5　光交叉互联器件

光分插复用器(OADM)是处理简单网络拓扑，比如线状拓扑或环状拓扑，以及处理中等数量波长情况的很有用的网络器件。当需要处理更加复杂的网状拓扑以及大量波长时，则需要光交叉互联器(OXC)。在这里虽然使用了“光”这个词，但 OXC 仍然不是一个严格的全光器件，其内部既可以使用纯粹的光开关，也可以使用电开关结构。一个 OXC 是使得光网络具有可重配置性的关键的网络器件，其中光学通道可以根据需要被建立和取消，而不需要被静态地规定。

考虑一个大型的运营商中心(交换)局集线器，它可以是大城市中的一个(交换)局，供本地服务提供商使用或者是作为远程服务提供商网络上的一个大节点。此类的交换局通常终止几个光纤链路，而每一个链路都携带着大量波长。其中许多的波长可能并不需要在该位置被终止，而只是通过该节点到达另外一个节点，图 4-59 所示的光交叉互联器(OXC)就实现这样的功能。OXC 与 SDH/SONET 网络单元、IP 路由器和 ATM 开关、WDM 终端和分插复用器一起工作。典型地，一些 OXC 端口被连接到 WDM 设备，而其他的 OXC 端口则连接到终端设备，比如 SDH/SONET 分插复用器、IP 路由器或者 ATM 开关。这样，OXC 为不在该网络集线器处终止的、需快速通过的业务量提供了经济的通道，并将附带设备中的传输信息收集进入网络。

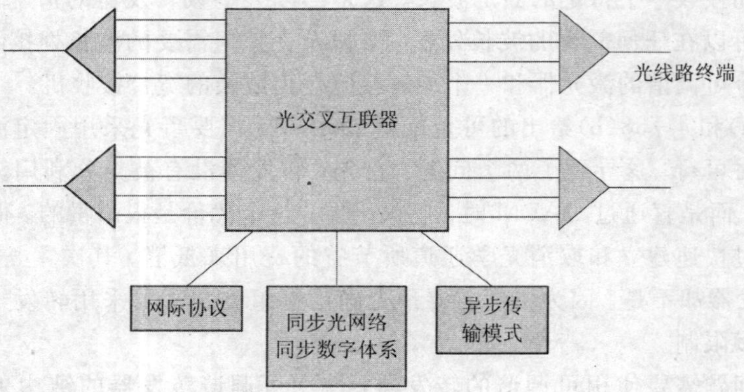


图 4-59　网络中使用一个 OXC，该 OXC 位于光学层的用户设备和光学层的 OLT 之间

光交叉互联器(OXC)在大型网络中主要提供以下功能：

(1) 服务提供。一个 OXC 能够在大型网络中以一种自动的方式提供光学通道，而不是手动连接。当需要在一个节点处处理大量波长或者是对拥有大量节点的网络进行处理时，这种自动的能力就变得很重要了。当网络中的光学通道需要被重新配置以响应业务量的变化时，这种能力也变得很重要。

(2) 保护。当网络中的光纤折断以及仪器失效时，对光学通道进行保护是对 OXC 功能的一种新要求。OXC 是一种智能化的网络器件，它可以检测网络中的失效，以及在网络失效时快速地对光学通道重新进行路由选择。OXC 使得真正的网状网络得以实际应用。

(3) 比特率透明性。以任意的比特率和帧格式来交换信号的能力是 OXC 的一个极重要的属性。

(4) 性能监控、测试入口和错误定位。OXC 在中间节点处为信号的性能参数提供了可视性。通常允许测试设备被连接到一个专门用于测试的端口上，而在这个端口处可以以非介入的方式监控通过 OXC 的信号。非介入测试接口需要输入信号的桥接。在桥接中，输入信号被分成两部分。一部分继续在 OXC 中完成交换，另一部分被送往测试入口端口。OXC 也提供反馈能力，为提供诊断结果，它允许一个光学通道从中间节点处被回送。

(5) 波长转换。除了能将信号从一个端口交换到另一个端口之外，OXC 也可以同时具有波长转换能力。

(6) 复用和填充。OXC 一般处理具有光学线路速率的输入信号和输出信号。然而，它们也可以具有复用和填充处理的能力，在内部实现更精细的间隔尺寸，比如以 STM-1 (155 Mb/s)来交换业务量。应该注意，这种时分复用必须在电域内执行，它实际上是 SDH/SONET 复用，但是被融合进了 OXC，而不是在一个单独的 SDH/SONET 模块中。

按照功能，一个光交叉互联器(OXC)可以被分为一个交换核和一个端口联合体。交换核包含实际上执行交叉互联功能的开关。端口联合体则包含端口插件，被用作与其他设备交换信息的接口。端口接口可能包括光—电(O—E)或者是光—电—光(O—E—O)转换器。

图 4-60 所示为不同类型的 OXC，以及在一个节点处将 OXC 和 OLT 或者 OADM 互联起来的不同的设备配置。主要的区别在于，在使用光—电和光—电—光转换器的情况下，实际的转换是用电来实现的还是用光来实现，以及 OXC 是如何与外部设备互联的。表 4-4 归纳了这些结构的主要区别。

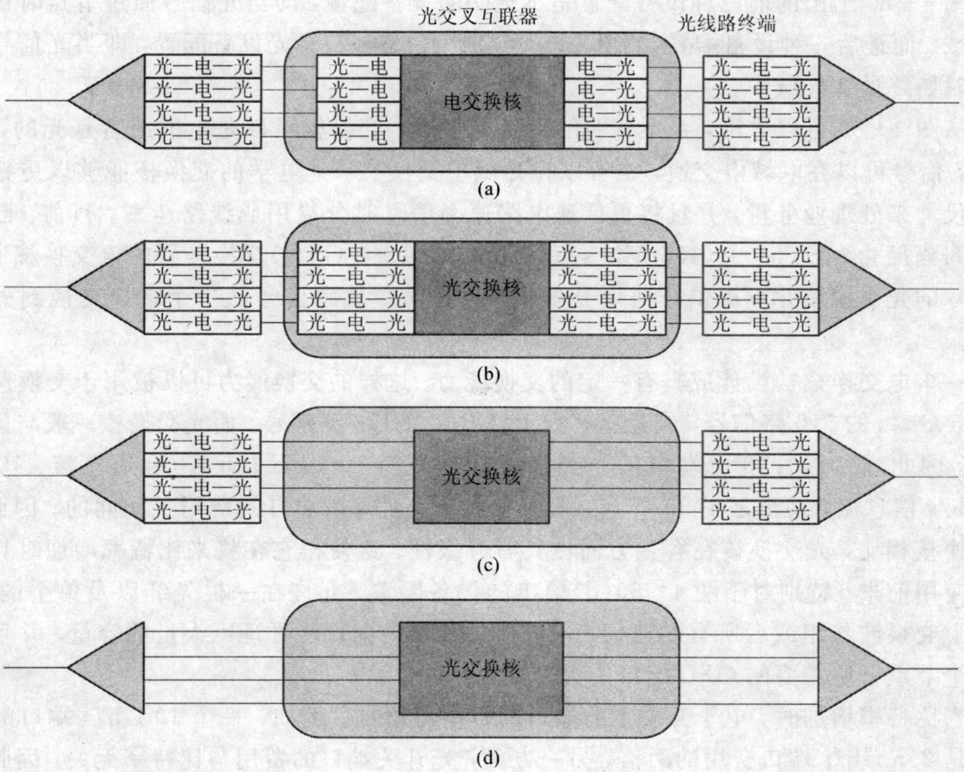


图 4-60　OXC 应用的不同方案

(a) 电交换核；(b) 被光—电—光转换器包围的光交换核；

(c) 直接连接到 WDM 设备中转发器上的光交换核；

(d) 直接连接到 OLT 中复用/解复用器上的光交换核

**表 4-4　不同 OXC 设备配置的比较**

| 特　性 | 不透明电学结构<br>图 4-60(a) | 带有光—电—光<br>转换器的不透明<br>光学结构<br>图 4-60(b) | 不透明光学结构<br>图 4-60(c) | 全光结构<br>图 4-60(d) |
|---|---|---|---|---|
| 低速填充处理 | 是 | 不是 | 不是 | 不是 |
| 交换能力 | 低 | 高 | 高 | 最高 |
| 波长转换 | 是 | 是 | 是 | 不是 |
| 交换触发器 | 误码率 | 误码率 | 光功率 | 光功率 |
| OLT 上的接口 | SR/VSR | SR/VSR | IR/串联 VSR | 特有 |
| 每个端口的费用 | 中等 | 高 | 中等 | 低 |
| 功率消耗 | 高 | 高 | 中等 | 低 |
| 覆盖区 | 高 | 高 | 中等 | 低 |

注：某些设备配置使用光—电转换器作为交叉互联的一部分，在这种情况下，它们可以测量电学层的参数，比如误码率(BER)，并且基于这种测量调用网络修复。

图 4-60 给出的前三种设备配置是不透明的设备配置，即当光信号通过节点时被转换到电域。而最后一种设备配置(如图 4-60(d)所示)是一种全光设备配置，即当光信号通过节点时始终处在光域中。

从图 4-60 可以看出，在不透明的设备配置中，交换核可以是电的或者是光的，也就是说，信号可以在电域中交换，也可以在光域中交换。一个电学的交换核能够以更精细的间隔尺寸来处理业务量，并且将更低速电路速率信息时分复用成线路速率。目前，已经拥有以间隔尺寸为 STM-1(155 Mb/s)和 STM-16(2.5 Gb/s)交换信号的电交换核 OXC。而实际的光交换核并不提供任何填充处理，只是简单地将信号从一个端口交换到另一个端口。

一个电交换核被设计成具有一定的交换能力。这样的交换能力可以被用于交换速率高达 2.5 Gb/s 的 512 路信号，或者速率为 10 Gb/s 的 128 路信号。而光交换核一般与比特率无关。因此，一个 1000 个端口的光交换核能够交换 1000 个 2.5 Gb/s 信息流、1000 个 10 Gb/s 信息流，甚至是 1000 个 40 Gb/s 信息流，而每个端口的费用是相同的。因此，与电交换核相比，光交换核在容量方面更具有升级性。这使得它在将来比特率增加时具有更好的应用前景。特别对于图 4-60(d)给出的设备配置，允许在一根光纤以及单个的 OXC 端口上交换波长组或者所有的波长。这使得这种设备配置能处理巨大量的容量，并且减少了一个节点上所需要的 OXC 端口的数目。

当比特率增加时，电学开关上的端口的费用将增加。例如，一个 10 Gb/s 端口的费用可能是 2.5 Gb/s 端口费用的两倍。另一方面，光开关端口的费用与比特率无关。因此对于更高的比特率，使用光学核 OXC 交换信号比使用电学核 OXC 交换信号更经济。

光交换核是透明的，与交换的是速率为 10 Gb/s 的以太网信号还是速率为 10 Gb/s 的 SDH 信号无关。相反地，电交换核要求对每一种接口类型采用分立的端口插件，接口类型将输入信号转换成一种适用于开关结构的形式。

图 4-60(a)给出了一个具有被光一电转换器包围着的电交换核的 OXC。这个 OXC 与 OLT 相互作用。该 OLT 具有一个典型的工作于 1310 nm 的标准的非波分复用的短距离(SR)光学接口。OLT 通过转发器将非波分复用信号转换成适合的 WDM 波长。另外，OXC 本身可能拥有特定波长的激光器，它与 OLT 一起工作，因而在它们之间不需要转发器。

图 4-60(b)、图 4-60(c)和图 4-60(d)所示为带有光交换核的 OXC。它们之间的区别在于它们是如何与波分复用设备相互作用的。在图 4-60(b)中，相互作用的实现与图 4-60(a)有几分相似，即相互作用是通过在 OXC 和 OLT 之间，使用具有短距离或者超短距离光学接口的光一电一光转换器来实现的。在图 4-60(c)中，没有光一电一光转换器，并且光交换核直接与 OLT 中的转发器接合。在图 4-60(d)中，OLT 中没有转发器，并且光纤中的波长在被复用或者解复用后，将被 OXC 中的光交换核直接交换。图4-60(b)、图 4-60(c)和图 4-60(d)的费用、功率和总的节点覆盖区都增加了。与光交换核方案相比较，电交换核方案一般使用更高的功率，并且占据更大的覆盖区。

在图 4-60(a)和图 4-60(b)中的 OXC 都具有到电域中的信号入口，因此它们能够实现广泛的信号性能的监控(信号识别和误码率测量)。误码率测量也可以用于触发保护开关。此外，通过使用嵌于数据信息流中的带内附加信道，它们可以发信号到其他网络。

在图4-60(c)和图4-60(d)中的OXC没有观测信号的能力，因此不能实现广泛的信号性能的监控，比如说它们不能调用基于误码率监控的保护交换。这些OXC需要一个带外信令信道，以实现与其他网络单元交换控制信息的目的。根据图4-60(c)所示的设备配置，附加的设备需要拥有能够处理光开关产生的损耗的光学接口，并且通常要求是单模光纤接口。另外，串联接口(单个光纤对)比平行接口(多个光纤对)更受欢迎，因为每个光纤对在光开关上将占据一个端口。

图4-60(d)所示的全光设备配置提供了一个真正的全光网络的模型。然而，它需要更加复杂的物理层设计，因为在这种情况下，信号从其源到目的地始终保持在光域中，并且在中间节点处也需要进行光交换。考虑到链路工程的复杂性，并且通常不同的供应商又具有一定的专用性，因此在这种设备配置中，并不容易使得一个供应商的OXC与另一个供应商的OLT相兼容。

值得注意的还有，图4-60(b)、图4-60(c)和图4-60(d)中的设备配置类型能够被结合在一个单个的OXC中，也就是可以在某些端口配置光一电一光转换器，而另一些端口则直接连接到具有光一电一光转换器的OLT上，还有其他的一些未配置光一电一光转换器的端口直接连接到不带有光一电一光转换器的OLT上。

将OXC和OLT集成在一个设备上是可能的，而且很有好处。它消减了在多个网络单元中使用冗余的光一电一光转换器，实现了两个器件之间紧密的耦合，以支持有效的保护。并且使得利用OLT中提供的光学监控信道，在网络中的多个OXC之间发射信号变得很容易。例如，在图4-60(a)中，可以直接将WDM接口置于OXC上，去掉局内短距离接口，也可以将图4-60(b)所示的设备配置移植到图4-60(c)所示的设备配置中。

然而，这种集成也有缺点。为了实现这样的简化，网络运营商必须从一个设备供应商那里购买所有的WDM设备，包括OLT和OXC。可是某些运营商更喜欢通过联合不同设备供应商的最优等的设备来建造他们的网络。另外，这种方案也不能解决原有设施的问题，比如在原有设施中OLT已经使用，而OXC必须被后加上去等。

### 4.5.1　全光连接器结构

现在讨论与图4-60(d)所示的全光设备配置相关的一些问题。与其他设备配置相比，这种设备配置可能是非常经济的，但是缺少三个主要的功能：低速填充处理、波长转换和信号再生。低速填充处理被用来集合较低速率的传输信息流，使其适合在光纤中传输。此外，一旦光信号已经通过了多个光纤跨度和其他损耗器件，则信号需要被再生。

波长转换用来提高网络的利用率，用图4-61所示的简单的例子来说明。在三节点网络中的每个链路可以携带三个波长。目前在这个网络中的每一条链路上建立了两个光学通道。如果要在节点A和节点C之间建立一条新的通道，图4-61(a)所示的情况是，节点B无波长转换功能。那么尽管在B到C中有空闲波长，但A到C和B到C两个链路中只能使用相同的波长，结果是无法建立所需的新的光学通道。另一方面，如果节点B可以转换波长，则能够建立如图4-61(b)所示的新的光学通道。

应该注意的是，图4-60(a)、(b)和(c)所示的设备配置全都提供了波长转换和信号再生功能，上述功能要么在OXC自身中实现，要么是使用附带转发器的OLT来实现。图4-60(a)所示的设备配置也能提供低速填充处理。为了提供填充处理、信号再生和波长转

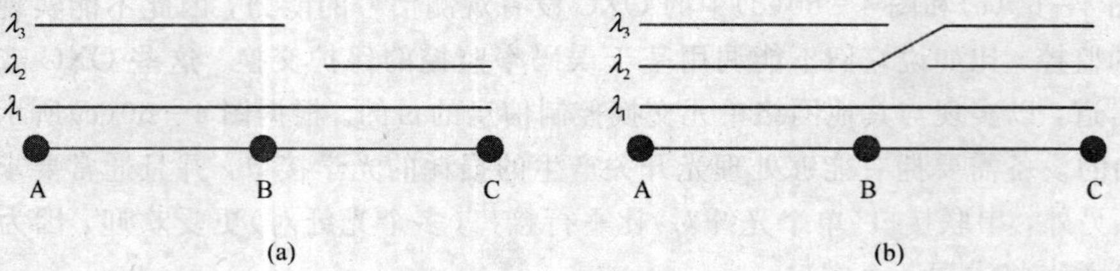


图 4-61 波长转换的必要性

(a) 节点 B 不转换波长；(b) 节点 B 可以转换波长

换功能，图 4-60(d)中的设备配置被改造成如图 4-62 所示的包括一个电交换核的交叉互联器。这种设备配置允许大多数信号在光域中被交换，并进而使得费用最小化以及网络容量最大化，同时允许在任何需要的时候将信号路由交换到电学层。

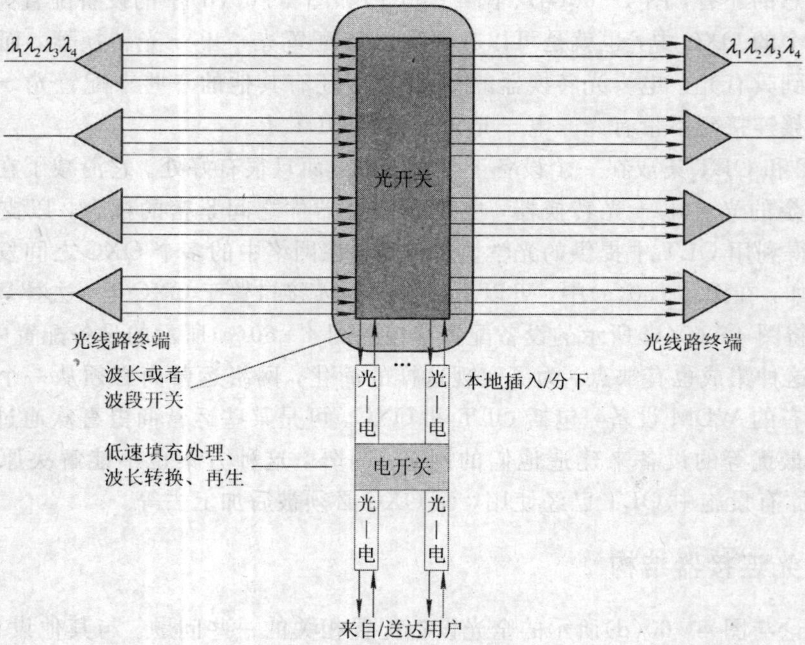


图 4-62 联合光学核 OXC 和电学核 OXC 的实际的全光网络节点

图 4-63 所示为波长平面 OXC，从不同的光纤对中输入的信号首先被 OLT 解复用。在一个给定波长处的所有信号被送往专门为该波长设置的开关，从开关的输出端输出来的信号被 OLT 重新复用在一起。在拥有 $F$ 个 WDM 光纤对，每个光纤对上有 $W$ 个波长的节点处，此结构使用 $F$ 个 OLT 和 $W$ 个 $2F\times2F$ 开关。这就允许在任何输入波长处的任何信号或者全部信号能够在本地被分下。而图 4-62 的设备配置则使用 $F$ 个 OLT 和一个 $2WF\times2WF$ 开关提供相同的功能。假设 $F=4$，$W=32$(实际应用时的典型数据)，图 4-63 所示的设备配置使用 4 个 OLT 和 32 个 $8\times8$ 开关。而图 4-60(b)需要 4 个 OLT 和一个 $256\times256$ 的开关。在下一小节中将看到，与小型光开关相比，大型光开关是相当难建造的。

在图 4-62 和图 4-63 所示的方案中，并没有考虑如何优化插入或者分下的终端数目(终端是电开关核心中的转发器或者是光—电转换接口)，只是假设有足够的端口用于终止所有的 WF 个信号。虽然这种情况几乎不可能存在，因为一般情况下只有一小部分业务量需要被分下，而且终端是很昂贵的。假如在一个电开关上确实需要 $WF$ 个终端，最好的方法是采用图 4-60(a)所示的电交换核设备配置，而并不需要配置波长平面开关。

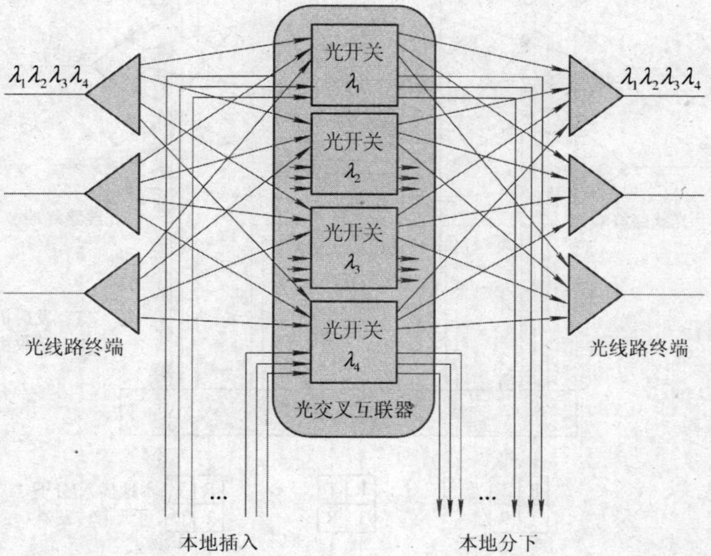


图 4-63　光学核波长平面 OXC

如果总共有 $T$ 个终端，每个终端都拥有可调谐激光器，并且要分下 $WF$ 个信号中的任意信号，这需要在波长平面开关和终端之间配置一个附加的 $T\times WF$ 的光开关，如图 4-64 所示。若使用一个大型的非阻塞开关(关于开关的阻塞特性将在 4.5.2 节中介绍)，则可以简单地将 $T$ 个终端连接到开关的 $T$ 个端口上，从而产生一个$(WF+T)\times(WF+T)$的开关。但这种情况或多或少减少了波长平面方法的吸引力。

总而言之，波长平面方法在设计时需要考虑光纤的数目、插入/分下的业务量的多少、终端的数目以及作为分立参数的调谐能力。

## 4.5.2　光开关

如前所述，在光核心的 OXC 中光开关是一个重要组成部分，用于实现波长的重新配置以支持新的光学通道。在 OXC 应用中，开关代替了手动光纤接线板。对于该应用，要求开关器件具有毫秒量级开关时间，此应用的难点在于如何实现大型开关。

光开关的应用并非仅限于此，在光网络中的光开关有许多种应用，不同的应用需要不同的开关时间和不同的开关端口数目，表 4-5 进行了归纳。开关的另一个重要应用是用作保护开关，在这里开关被用来在主光纤失效时，将信息流从主光纤倒换到另一根光纤中。整个过程一般必须在几十毫秒内完成。这个时间包括检测失效的时间、将失效传达给合适的网络单元以便启动开关的时间，以及实际倒换时间。开关的倒换时间在几个毫秒的数量级。当用作波长交叉互联网络的保护开关时，所需要的开关端口可能在两个到几百个(甚至几千个)的范围变化。

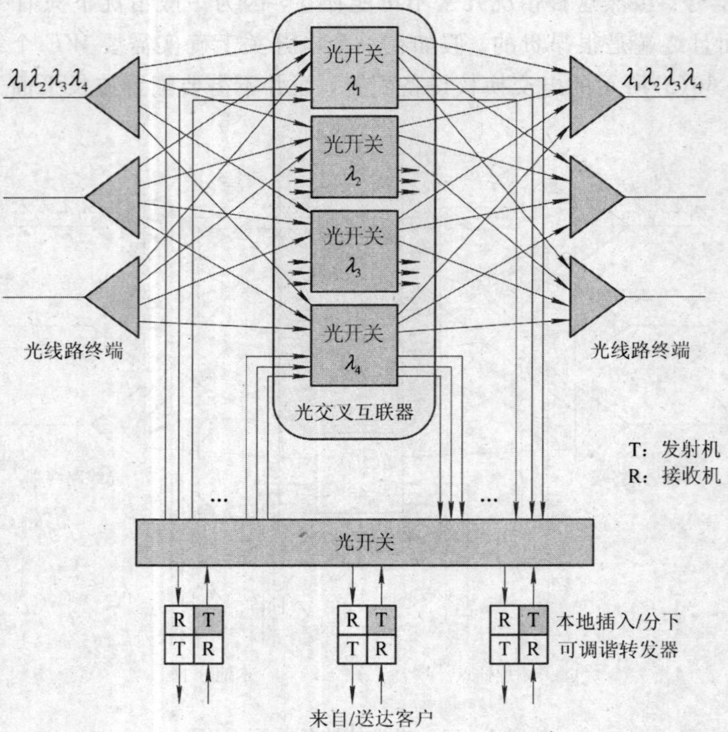


图 4-64　波长平面方案中处理插入/分下终端

**表 4-5　光开关的应用和它们需要的开关时间和端口数**

| 应　用 | 所需要的开关时间 | 端 口 数 目 |
|---|---|---|
| 预留(给 OXC) | 1～10 ms | >1000 |
| 保护开关 | 1～10 ms | 2～1000 |
| 分组交换 | 1 ns | >100 |
| 外部调制 | 10 ps | 1 |

开关也是高速光分组交换网络中的重要元器件。在这些网络中，开关被用来基于一个包、一个包地交换信号。对于这样的应用，开关时间必须比一个包的持续时间小得多，需要使用大型的开关。例如，速率为 10 Gb/s 的一个 53 字节的包(即 ATM 网络的一个信元)的持续时间是 42 ns，因此，所需要的有效操作的开关时间在几个纳秒的数量级。

开关还有一个作用是作为外部调制器，在激光器光源的前面打开或者关闭数据流。在这种情况下，开关时间必须只占比特持续时间的一小部分。所以，对于一个 10 Gb/s 的信号(比特持续时间是 100 ps)的外部调制器必须有大约 10 ps 的开关时间。

除了开关时间和端口数目之外，用来描述光开关的其他的重要参数如下：

(1) 一个通断开关的消光比是通状态的输出功率和断状态的输出功率的比值。这个比值应该尽可能大，在外部调制器中尤为重要。简单的机械开关的消光比在 40～50 dB 范围，而高速的外部调制器的消光比趋近于 10～25 dB。

(2) 开关的插入损耗是指由于开关的存在而引入的功率消耗部分，必须尽可能地小。

一些开关对不同的输入/输出连接有不同的损耗。这是一个不期望的特征，因为它会增加网络中信号的动态范围。使用这样的开关，可能需要光可变衰减器(Variable Optical Attenuator，VOA)以均衡不同路径上的损耗。损耗一致性主要是由制造开关的过程决定的，而不是由技术本身所决定。

(3) 开关不是完全理想的。尽管输入 $x$ 名义上是与输出 $y$ 相关联的，但输入 $x$ 中的一部分功率有可能泄露到其他输出端中。对于一个给定的开关状态或者是互联模型，串扰是指从期望的输入得到的输出功率与从其他所有输入得到的输出功率的比值。通常，开关的串扰被定义成在所有输出和互联模型中的最糟情况下的串扰。

(4) 和其他器件一样，开关应该有较低的偏振相关损耗(PLD)。当用作外部调制器时，偏振相关性容易控制，因为开关置于紧跟着激光器的后面的位置，而激光器输出的偏振状态，可以通过使用一个特殊的偏保光纤，将光从激光器耦合进外部调制器而得到控制。

(5) 一个自锁开关即使是在开关关闭时也保持它的变换状态。某种程度上这是人们所期望的，因为它能够使信息流即使是在功率减退、甚至失效的情况下通过开关。

(6) 开关需要具有读出能力，以便监控它的当前状态。使用开关时，校验其连接的正确性是很重要的。

(7) 开关的可靠性是电信应用中的一个重要指标。检验可靠性的一个通用方法是，使开关无限多次，甚至是几百万次地在各种状态之间循环。然而，在前面讨论的开关预留和保护开关的应用中，开关会在一种状态保持很长时间，有时甚至是几年，然后被启动来改变状态。在这里，可靠性问题是在保持开关长期不使用之后，开关是否会发生变化的问题。如果没有长期的应用，这个特性很难确定。

**1. 大型光开关**

运营商目前正为他们的下一代网络寻找那种有着几百到几千个端口的开关。假设一个电信中心局处理多根光纤，而每根光纤承载着几十到几百个波长，那么很容易想象需要大规模的开关用以预留和保护这些波长的使用。制造大型开关应主要考虑以下几点：

(1) 所需的开关单元数目。大型开关可以通过使用多个各种形式的开关单元来构建。开关的费用和复杂性在某种程度上由所需的开关单元的数目决定。当然，这不是影响费用的唯一因素，还包括封装、拼接以及是否易于制造和控制等其他因素。

(2) 损耗一致性。开关会因为输入和输出的不同联合方式而产生不同的损耗。对于大型开关来说，这种情况会恶化。对于不同的输入和输出的联合，可以通过分别测量光路中开关单元最小数目和最大数目时的损耗来获得损耗一致性的结果。

(3) 交叉的数目。某些光开关是通过将多个开关单元集成在单个衬基上来制造的。其制作与集成电路不同，在集成电路中各种元器件的连接可以做在多个层上。而在集成光学中，所有这些连接必须通过波导做在单个层上。如果两个波导的路径相互交叉，就会产生两种不期望的影响：功率消耗和串扰。为了使开关获得可以接受的损耗和串扰性能，有必要最小化或者是完全消除这种波导间的交叉。对于自由空间的开关来说，交叉不成问题，比如本节下面将要描述的微电机系统(Micro Electromechanical System，MEMS)开关。

(4) 阻塞特性。根据可达到的开关功能，开关可分为阻塞和非阻塞两种类型。如果一个未使用的输入端口可以连接到任何未使用的输出端口上，这个开关被称为是非阻塞的。这样非阻塞开关可以在输入和输出之间实现每一种互联模式。如果某些互联模式不能被实现，开关就被称为阻塞的。大多数应用需要非阻塞的开关。

非阻塞的开关还可以进一步分类。如果任何未使用的输入端口可以连接到任何未使用的输出端口上，并且不需要对任何已存在的连接重新进行路由选择，这种开关称为广义非阻塞开关。广义非阻塞开关通常使用特殊的路由算法来对连接进行路由选择，因此，其未来的连接将不会阻塞。一个狭义的非阻塞开关允许任何未使用的输入端口连接到任何未使用的输出端口上，而不论先前的连接是如何通过开关来实现的。

一个需要对连接进行重新路由来实现非阻塞特性的非阻塞开关被称为可重排非阻塞开关。可重排非阻塞开关工作时，连接必须被中断，并将其转换到不同的通道。可重排非阻塞开关结构的优点是：与广义非阻塞开关结构相比，它们使用较少的开关来构造一个给定尺寸的大型开关。而其主要缺点是连接必须被中断，许多应用不允许在中断连接的基础上建立新的连接，即使这种中断是暂时的。

目前已有几种不同结构的大型光开关见于报道，这里仅对纵横开关、Spanke 开关和 Benes 开关给予简单介绍。

1）纵横开关

一个 4×4 的纵横开关在图 4-65 中给出。这个开关使用了 16 个 2×2 开关，输入和输出之间的连接通过合理地设置这些 2×2 开关来实现。将输入 1 和输出 3 连接起来的 2×2 开关的设置在图中给出，这个连接是 4×4 开关网络中的一条通道。注意，从输入 1 到输出 3 还有其他的通道。然而，在下面将看到，这条通道是优先选择的通道。

纵横结构是广义的非阻塞开关。为了将输入 $i$ 连接到输出 $j$ 上，采用的通道横越位于第 $i$ 行的 2×2 开关，直到它到达第 $j$ 列，然后再横越位于第 $j$ 列的开关，直到它到达输出 $j$。在这条通道上的所有 2×2 开关必须被合理设置以实现连接。采用这样的连接规则，开关是非阻塞的，并且不需要对已存在的连接进行重新路由。

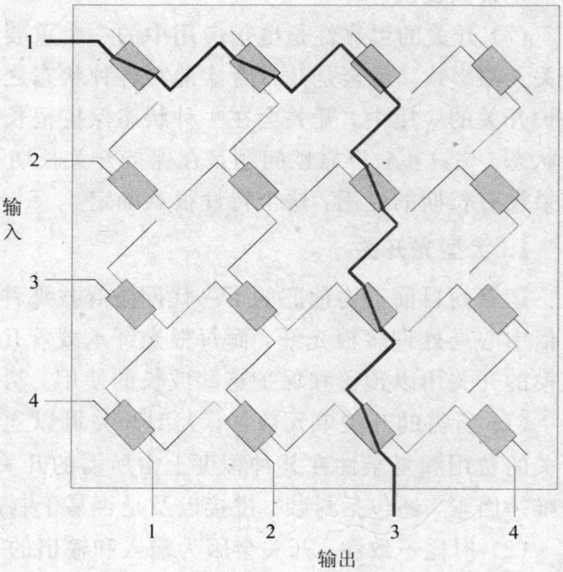


图 4-65 使用 16 个 2×2 开关实现的 4×4 纵横开关

通常，一个 $n \times n$ 纵横开关需要 $n^2$ 个 2×2 开关。最短的通道长度是 1，最长的通道长度是 $2n-1$，这是纵横开关结构的主要缺点之一。该开关的构造可以不需要任何的交叉。

2）Spanke 开关

图 4-66 给出的 Spanke 开关结构是构建大型开关的常用结构。一个 $n \times n$ 开关是通过联合 $n$ 个 $1 \times n$ 以及 $n$ 个 $n \times 1$ 的开关而制成的，这个结构是狭义非阻塞的。到目前为止，我们用构建大型开关所需要的 2×2 开关单元的数目来衡量开关的费用。Spanke 结构受欢迎的地方在于，在许多情况下，一个 $1 \times n$ 的光开关可以用单个开关单元来构造，并不需要使用 1×2 和 2×2 开关单元来制造。在本节的后面部分介绍的、光束模拟控制镜像技术的

MEMS 开关，就是这种情况。因此，构造一个 $n\times n$ 开关只需要 $2n$ 个这样的开关单元。这意味着开关费用与 $n$ 成线性关系。此外，每个连接只需要通过两个开关单元，这比其他多级结构中通道上的开关单元数目要少得多。与其他多级结构相比，这种方法提供了低得多的插入损耗。此外，所有输入/输出联合的光学路径长度基本上可以做成相同的，因而无需考虑特殊的输入/输出联合，因为其损耗都是相同的。

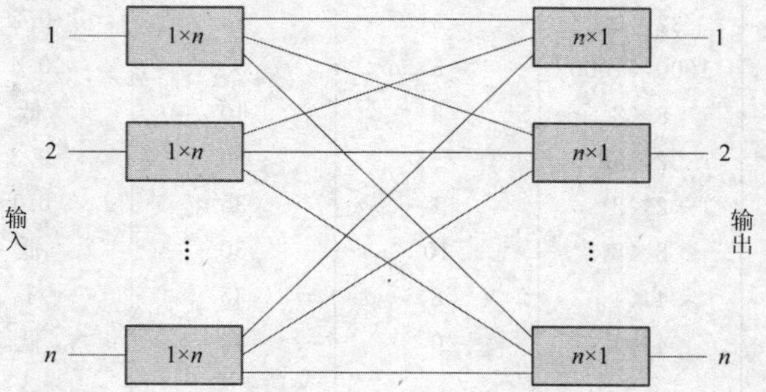


图 4-66　利用 $2n$ 个 $1\times n$ 开关在 Spanke 结构中的互联来实现的狭义非阻塞 $n\times n$ 开关

3) Benes 开关

Benes 结构是一种可重排的非阻塞开关结构。从用于构建大型开关所使用的 2×2 开关数目来看，它是最有效的开关结构之一。在图 4-67 中给出的可重排非阻塞 8×8 开关中，只用了 20 个 2×2 开关。相比较而言，一个 8×8 纵横结构开关则需要 64 个 2×2 开关。一般情况下，一个 $n\times n$ Benes 结构开关需要 $(n/2)(2\,\mathrm{lb}n-1)$ 个 2×2 开关。在开关中每条通道的损耗是相同的，每一条通道经过 $(2\,\mathrm{lb}n-1)$ 个 2×2 开关。它的两个主要缺点是：它不是广义非阻塞开关；需要一定数量的波导交叉，使得它在集成光学中很难制造。

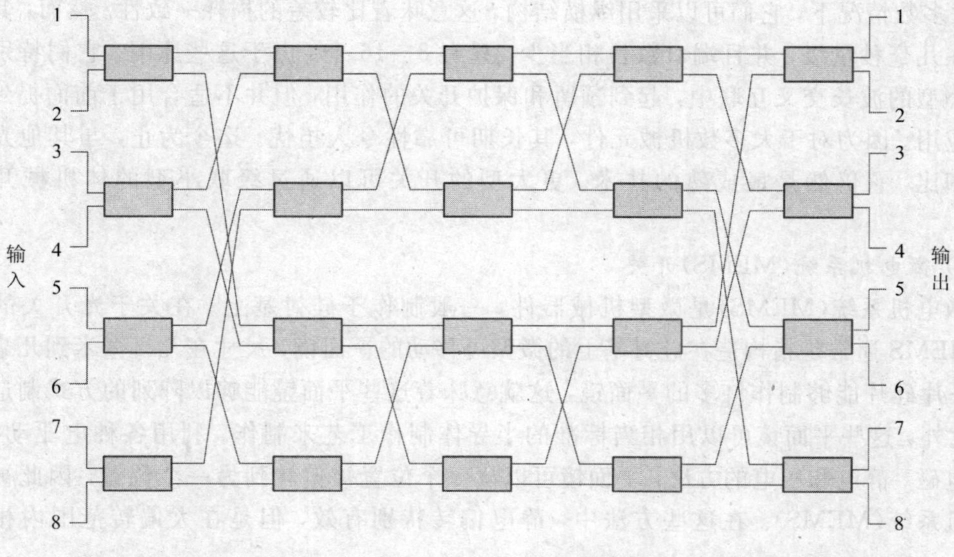


图 4-67　使用 20 个 2×2 开关在 Benes 结构中的互联来实现可重排非阻塞的 8×8 开关

**2. 光开关技术**

许多不同的技术可以被用来构建光开关。在表 4-6 中对它们进行了比较，下面仅针对几种技术进行简单介绍。除了大型的微电机系统(MEMS)开关之外，下面介绍的所有开关器件都采用纵横开关结构。

**表 4-6 各种不同的光开关技术的比较**

| 类 型 | 尺 寸 | 损耗/dB | 串音/dB | PDL/dB | 开关时间 |
|---|---|---|---|---|---|
| 体机械开关 | 8×8 | 3 | 55 | 0.2 | 10 ms |
| 二维 MEMS 开关 | 32×32 | 5 | 55 | 0.2 | 10 ms |
| 三维 MEMS 开关 | 1000×1000 | 5 | 55 | 0.5 | 10 ms |
| 热光二氧化硅开关 | 8×8 | 8 | 40 | 低 | 3 ms |
| 气泡基开关 | 32×32 | 7.5 | 50 | 0.3 | 10 ms |
| 液晶开关 | 2×2 | 1 | 35 | 0.1 | 4 ms |
| 聚合物开关 | 8×8 | 10 | 30 | 低 | 2 ms |
| 电光 $LiNbO_3$ 开关 | 4×4 | 8 | 35 | 1 | 10 ps |
| 半导体光放大器(SOA) | 4×4 | 0 | 40 | 低 | 1 ns |

注：机械开关、MEMS开关和聚合物基的开关以同样方式工作于波长 1.3 μm 和 1.55 μm，但是其他的开关仅被设计工作于其中的一个波段。这些数值代表了 2001 年初商用的开关的参数。

1) 体机械开关

在机械开关中，开关功能用一些机械方法来实现。一般利用平面镜排列来控制开关状态的改变，比如通过将平面镜移出或移入通道来控制。另一种类型的机械开关使用一个方向耦合器。在相互作用的区域弯曲或者是拉伸光纤可以改变耦合器的耦合比，从而可以将从一个端口输入的光在不同的输出端口之间转换。

体机械开关有较低的插入损耗、低偏振相关损耗(PDL)和低串扰，相对来说比较便宜。大多数情况下，它们可以采用纵横结构，这意味着比较差的损耗一致性。然而，其开关速度在几毫秒量级，并且端口数目相当少，只有 8～16 个。由于这些原因，它们特别适合用在小型的波长交叉互联中，起到预留和保护开关的作用，但并不适合用于前面提到过的其他应用。因为对于大多数机械元件，其长期可靠性令人担忧。迄今为止，与其他光开关技术相比，它仍然是最成熟的技术。更大型的开关可以通过级联小型的体机械开关来实现。

2) 微电机系统(MEMS)开关

微电机系统(MEMS)是微型机械器件，一般制作于硅衬基上。在关于光开关的文献中，MEMS 通常是指构造在硅衬基上的微型可移动的平面镜，尺寸在几百微米到几毫米范围。一片硅片能够制作许多的平面镜，这就意味着这些平面镜能够以阵列的方式制造和封装。此外，这些平面镜可以用相当标准的半导体制作工艺来制作。利用各种电驱动技术，例如电磁、静电和压电的方法，平面镜可以从一个位置被偏转到另一个位置，因此被称为微电机系统(MEMS)。在这些方法中，静电偏转特别有效，但是在大偏转范围内相当难控制。

最简单的平面镜结构称为双状态机械平面镜，或者是两维平面镜，如图 4-68 所示。在一种状态下，平面镜是平的，并且与衬基是平行的，此时光束是不会偏转的。而在另一种状态中，平面镜转到了垂直位置，如果存在光束，它就会被偏转。这种平面镜可以用在

纵横结构中实现 $n\times n$ 开关。受实际的微型开关组件的尺寸限制和工艺流程的限制，约在 $32\times32$ 左右。因为仅仅需要支持两个镜面位置，所以这些开关容易以数字方法控制。

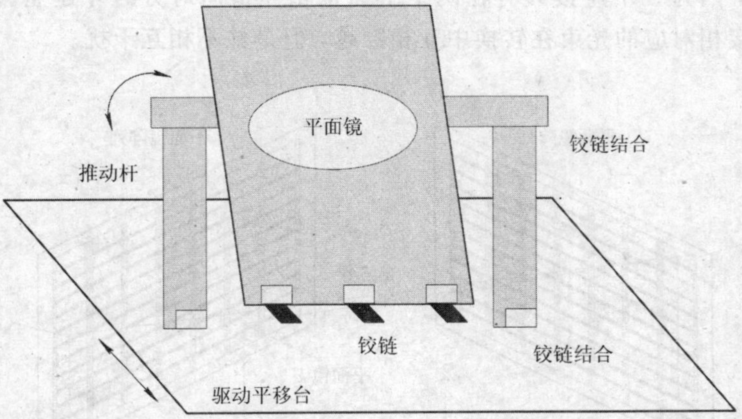


图 4-68　双状态 MEMS 平面镜

平面镜结构的另一种类型如图 4-69 所示。通过挠曲结构，平面镜被连接到内层结构，并进而再通过另外一组挠曲结构连接到外层结构上。该挠曲结构使得平面镜能够在两个不同的轴上自由地旋转。平面镜可以用模拟的方法控制，以实现偏转角度的连续性。此类平面镜称作模拟控制光束镜(或万向镜/三维平面镜)。这种类型的平面镜可以被用来构建 $1\times n$ 开关，但要将平面镜偏转到其正确位置，并保持在该位置上，需要相当成熟的伺服控制机制。

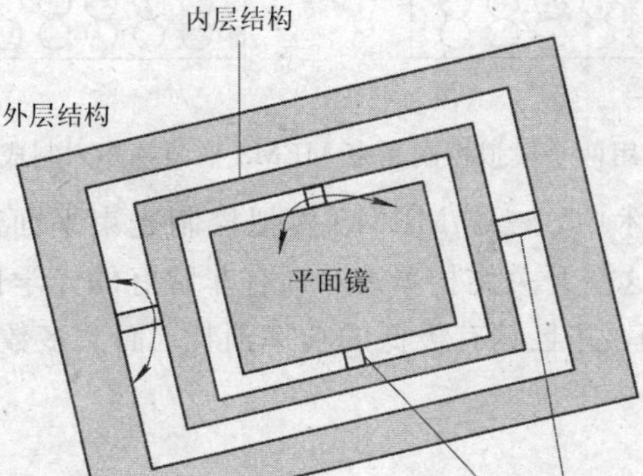


图 4-69　模拟控制光束平面镜

图 4-70 所示为用两个模拟控制光束平面镜阵列制成的大型 $n\times n$ 开关。与前面讨论的 Spanke 结构相对应。每个阵列有 $n$ 个平面镜，每个平面镜与一个开关端口相连接。通过使用适当排列的准直透镜，输入信号被耦合进第一个阵列中与之相应的平面镜。第一个平面镜可以被偏转到将光束指向第二个阵列中的任何一个平面镜。比如，为了在端口 $i$ 和端口 $j$ 之间建立一个连接，第一个阵列中的平面镜 $i$ 指向第二个阵列中的平面镜 $j$，反之亦然。为了在端口 $i$ 和另外一个端口之间建立一个连接，如端口 $k$，第一个阵列中的平面镜 $i$

和第二个阵列中的平面镜 $k$ 相互指向对方。这里需要注意，为了从端口 $i$ 到端口 $k$ 转换连接，光束被从输出平面镜 $j$ 扫描到输出平面镜 $k$，并横越通道上的其他平面镜。这样不会产生附加的串扰，因为一个连接只有在两个平面镜相互指向对方时才建立。还需要注意的是，与多个连接相对应的光束在转换中互相穿越，但是并不相互干扰。

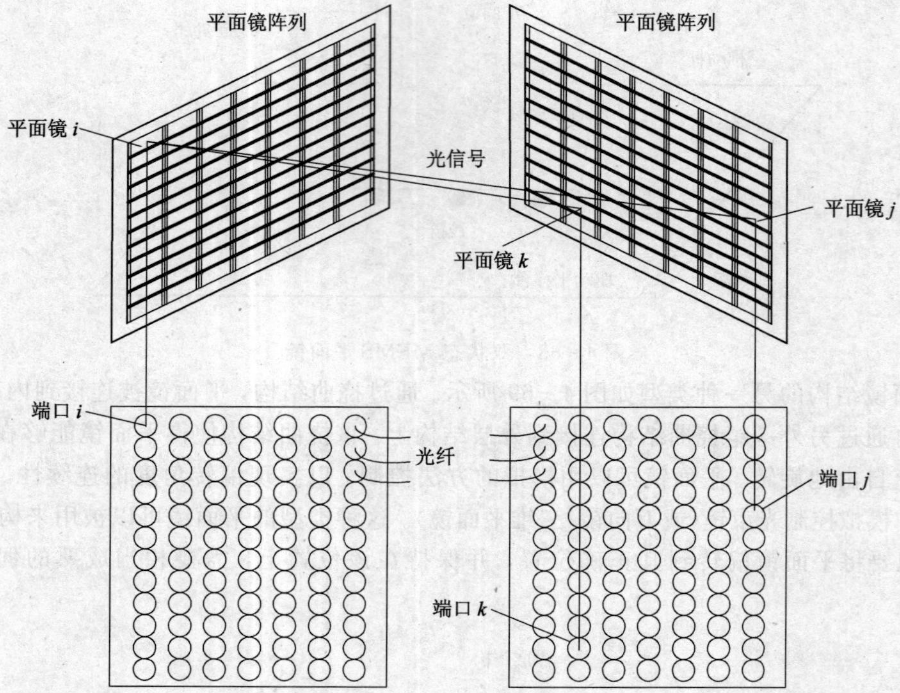


图 4-70　使用两个模拟控制光束 MEMS 平面镜阵列制成的 $n \times n$ 开关

在本节讨论的各种技术中，三维 MEMS 模拟控制光束平面镜技术为建造大规模光开关提供了最大的可能性。这些开关结构紧凑，具有非常好的光学性能(低损耗、较好的损耗一致性、色散可以被忽略)，并且具有极低的功率消耗。而大多数其他技术只能用于小型开关的制作。

3）液晶开关

液晶单元为实现小型光开关提供了另一种可能，一般利用偏振效应来实现开关功能。在一个合理设计的液晶单元上作用一个电压，可以控制通过该单元的光的偏振方向是旋转或不旋转。它可以与无源偏振光分束器和联合器相结合，生成一个与偏振无关的开关，如图 4-71 所示，其工作原理与图 4-25 中的偏振无关隔离器相似。事实上，无源偏振光分束器、联合器和有源开关器件都可以通过使用阵列液晶单元来实现。在液晶单元中的偏振旋转本质上并不一定是数字的，通过控制电压，其也可以用模拟方式控制。所以，这种技术也可以被用来实现光可变衰减器(VOA)。事实上，VOA 可以被包含在开关内部，用来控制被耦合出去的输出功率，开关时间是几毫秒量级。液晶开关是固体器件，有可能进行廉价、大批量的制造。

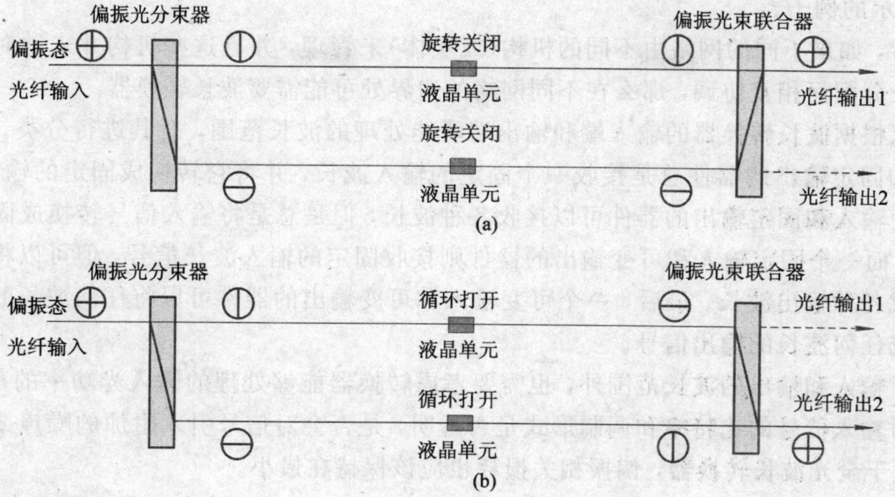


图 4-71　1×2 液晶开关

(a) 旋转关闭，光束在输出端口 1 输出；(b) 旋转打开，光束在输出端口 2 输出

4) 电光开关

一个 2×2 的电光开关可以用 3.2 节介绍的外部调制器的方案来实现。常用材料是 $LiNbO_3$。在方向耦合器结构中，耦合区材料的折射率会随着电压的变化而改变，并进而改变耦合率。在马赫－曾德尔干涉仪结构中，两个干涉臂之间的相对光程长度被改变。电光开关可以非常快地改变其状态(一般少于 1 ns)。开关时间极限由电极结构的电容决定。

与机械开关相比，铌酸锂开关允许中度集成。更大型的开关可以通过在单个衬基上集成几个 2×2 开关来实现。然而，它们有相当高的损耗和偏振相关损耗(PDL)，而且比机械开关昂贵。

5) 热光开关

这种开关本质上是 2×2 集成型马赫－曾德尔干涉仪，用波导材料制作，其折射率是温度的函数。通过改变干涉仪中一个干涉臂的折射率，两个干涉臂的相对相位差可以被改变，从而导致将输入信号从一个输出端口转换到另一个输出端口。它们通常在二氧化硅或者聚合物衬基上制成，串扰性能较差，开关速度在几毫秒的数量级。

## 4.6　波长转换器件

波长转换器是将数据信息从一个输入波长转换到另一个输出波长的器件。波长转换器是 WDM 光网络中的重要器件，理由主要有三个。

首先，数据可能以一个不适合网络需要的波长传输进网络。例如，第一代光网络通常是在 1310 nm 波段窗口发射数据，光源使用发光二极管(LED)或者是 F－P 激光器。其波长和激光器的类型与波分复用网络并不兼容。所以在网络的输入和输出端，数据必须从这些波长转换到在 1550 nm 波长范围内的窄带波分复用信号。完成这一功能的波长转换器也就是称为转发器的器件。

第二，网络内部可能需要波长转换器来提高网络链路中的可用波长的利用率。如图

4-61所示的例子。

最后，如果不同的网络由不同的机构（或实体）来管理，并且这些机构并未针对其网络中的波长分配而相互协调，那么在不同网络的边界处可能需要波长转换器。

可以根据波长转换器的输入端和输出端所能处理的波长范围，对其进行分类。一个固定输入和固定输出的器件总是接收一个固定的输入波长，并将它转换成固定的输出波长。一个可变输入和固定输出的器件可以接收各种波长，但是总是将输入信号转换成固定的输出波长。而一个固定输入和可变输出的器件则接收固定的输入波长信号，但可以将输入信号转换成各种输出波长。最后，一个可变输入和可变输出的器件可以将任何波长的输入信号转换成任何波长的输出信号。

除了输入和输出的波长范围外，也需要考虑转换器能够处理的输入光功率的范围，该转换器对输入信号的比特率和调制形式是否透明，是否会对信号引入附加的噪声或者相位跳变。对于全光波长转换器，偏振相关损耗也应该保持在最小。

有四种基本的方法可以实现波长转换：光电子式、光学选通式、干涉式和波混合式。后三种方法都是全光学的，但是目前商用还不够成熟。与全光波长转换器相比，光电转换器在造价较低的条件下提供了更好的性能。

**1. 光电子技术**

光电子技术是当今实现波长转换的最简单、最突出和最实用的技术。如图4-72所示，输入信号首先被转换成电信号形式，经再生后利用一个激光器在不同波长处再发射。这通

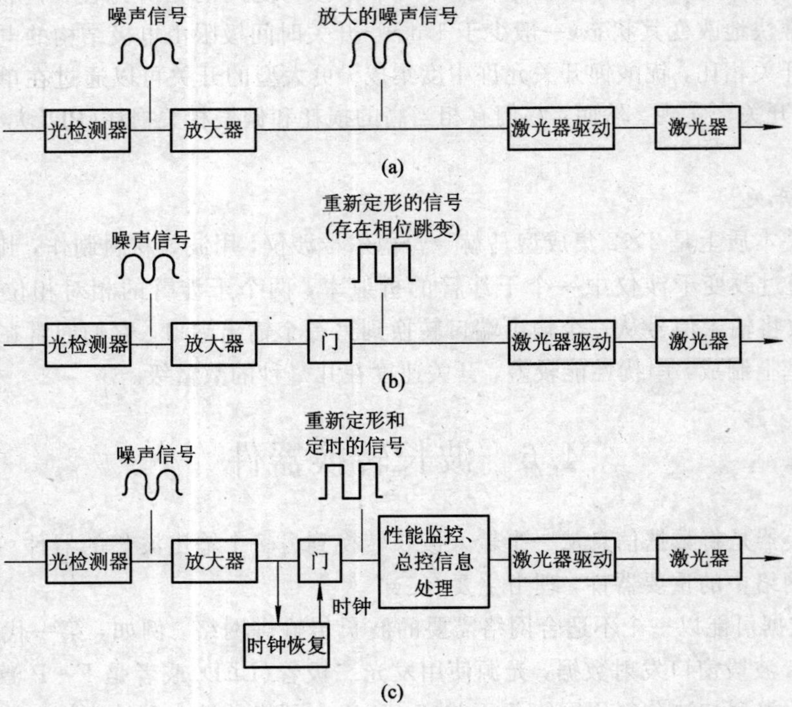


图4-72　不同类型的光电子再生技术

(a) 1R再生（没有重新定形和重新定时的再生）；(b) 2R再生（有重新定形的再生）

(c) 3R再生（有重新定形和重新定时的再生）

常是一个可变输入和固定输出的转换器。接收机通常接收在 1330 nm 和 1550 nm 波长窗口内的输入波长，激光器通常是固定波长激光器。可变输出可以使用可调谐激光器来实现。

转换器的性能和透明度由所用的再生技术的类型决定。图 4-72 给出了不同种类的再生类型。最简单的情况，接收机简单地将输入的光子转换成电子，电子用一个模拟的射频放大器进行放大，并驱动激光器，这被称为 1R 再生。这种形式的转换对于调制形式来说是真正透明的(只要用合适的接收机来接收信号)，并且可以处理模拟数据。然而，在转换器中加入了噪声，并且原信号中的非线性效应和色散的影响是无法消除的。

第二种方法是对信号形状再生，但不对信号的时间再生，被称为 2R 再生，只适用于数字数据信息。通过将信号发送过一个逻辑门，信号被重新定形，但不重新定时。这个过程引入了附加的相位跳变，并且会限制级联的再生器的级数。

最后一种方法是对信号的形状和时间都再生的 3R 再生技术，它可以消除非线性效应、光纤色散和放大器噪声，且不会引入附加噪声。然而，重新定时是对特殊比特率而言的，因此将失去透明性。

**2. 光学选通**

光学选通利用了一种特性随着输入信号的强度变化而变化的光学器件。该变化可以调制另一个通过该器件的、在不同波长处的未调制的探针信号。在输出端，该探针信号包含了输入信号的信息。像光电子技术一样，这些器件是可变输入的，但可以是固定输出的，也可以是可变输出的，由探针信号是固定的还是可调的来决定。这种方法提供的透明性是有限的，只有强度调制的信号才能被转换。

使用该原理的主要技术是交叉增益调制(Cross-Gain Modulation，CGM)，它利用了半导体光放大器(SOA)中的非线性效应。这种技术可以工作于大范围的信号和探针波长上，只要它们在放大器的增益带宽之内，增益带宽大约是 100 nm。早期的 SOA 对偏振灵敏，但是通过仔细设计，可以使其对偏振不灵敏。SOA 会将自发发射噪声加入到信号中。

CGM 利用了 SOA 的增益对输入功率的依赖性，如图 4-73 所示。当输入功率增加时，SOA 增益区内的载流子被耗尽，导致放大器增益减少。使人感兴趣的是在 SOA 中的载流

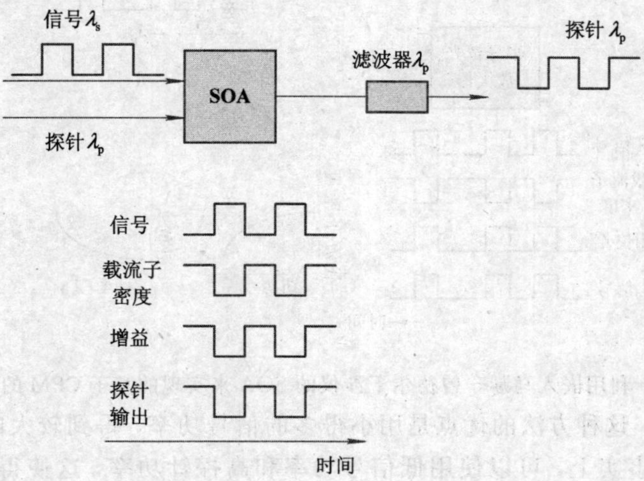


图 4-73　在一个半导体光放大器中利用交叉增益调制的波长转换器

子变化是相当快的，发生在几皮秒的时间内。这样，增益响应将随着输入功率的起伏而一个比特接一个比特地变化，可以处理高达 10 Gb/s 的比特率。如果一个在不同波长处的低功率的探针信号被输入 SOA，当输入信号为 1 比特时它经历低增益，而当其为 0 比特时，经历较高的增益。这与多个不同波长的信号被 SOA 放大时会产生串扰，是完全相同的效应。

CGM 有几个缺点。第一，可达到的消光比很小(小于 10 dB)，因为当输入 1 比特时增益并没有真正降到零。输入信号的功率必须较高(大约是 0 dBm)，以使放大器有足够的饱和产生较好的增益变化。第二，该高功率的信号必须在放大器的输出端通过一个合适的滤波器来消除，除非信号和探针是反向传播的。另外，随着 SOA 中的载流子密度的变化，折射率也会改变，进而影响了探针的相位并产生很大的脉冲变形。

**3. 干涉仪技术**

当放大器中的载流子密度随着输入信号改变时，同时引起了折射率的变化，并进而调制了探针的相位，同样可以用于实现波长转换。这种方法称为交叉相位调制(CPM)。这种相位调制可以通过使用干涉仪(如马赫－曾德尔干涉仪(MZI))转变为强度调制。图 4－74 所示为一种用 CPM 实现的波长转换器结构。马赫－曾德尔干涉仪的两个干涉臂的长度相同，每个干涉臂中装有一个 SOA。马赫－曾德尔干涉仪中的耦合器设计成不对称的耦合率($\gamma \neq 0.5$)，因此，两个放大器具有不同的信号功率。信号从一端(A 端)输入，而探针在另一端(B 端)。如果没有信号，那么探针信号未经过调制而输出；当信号存在时，在每个放大器中产生一个探针上的相位变化，这个相位变化是不同的。马赫－曾德尔干涉仪将探针的两个干涉臂之间的相对相位差转换成输出端的强度调制信号。

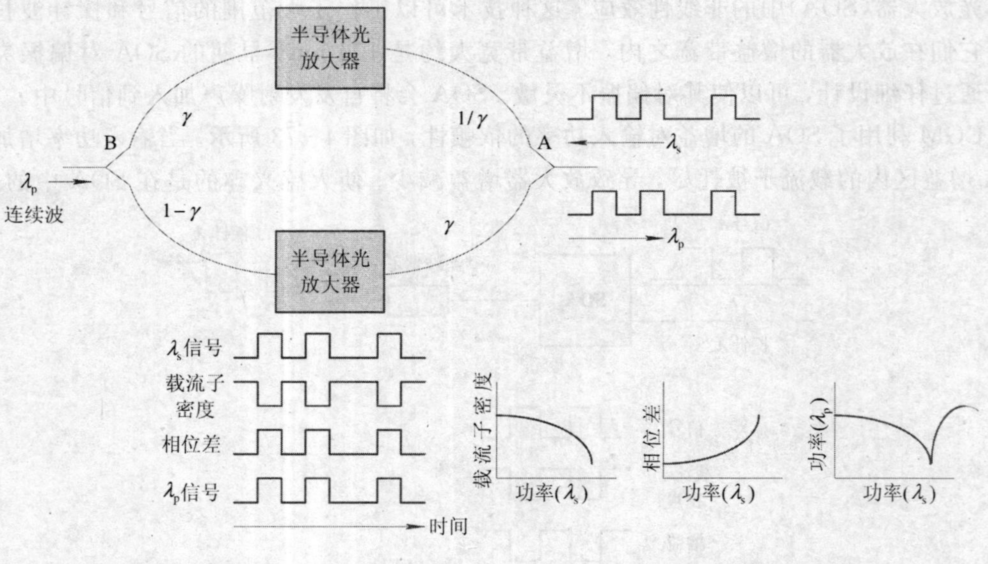


图 4－74　利用嵌入马赫－曾德尔干涉仪的 SOA 来实现的基于 CPM 的波长转换

与 CGM 相比，这种方法的优点是用小得多的信号功率，得到较大的相位漂移而不是较大的增益漂移。事实上，可以使用低信号功率和高探针功率，这使得这种方法比 CGM 更有吸引力。这种方法也有更好的消光比，因为干涉仪将相位变化转换成了一个数字幅度调制的输出信号。所以这个器件提供了脉冲的重新定形(2R)再生。根据马赫－曾德尔干涉仪工作的状态，探针可以用与输入信号相同的极性来调制，也可以用相反的极性来调制。参考图 4－74，其中画出了探针波长耦合出的功率相应于信号波长功率的曲线。信号功率的增加也可能减少在探针波长处的耦合输出功率。这种方法可以处理的最大比特率也是 10 Gb/s，同样是受到载流子寿命的限制。然而，这个方法需要非常严格地控制 SOA 的偏置电流，因为偏置电流的一个很小的变化，将引起折射率的改变，并进而严重影响通过该器件的信号的相位。

如前文所述，当 2R 再生技术已经对脉冲重新整形后，它并没有消除信号中的相位跳变，这种跳变将在每一级再生后的脉冲中累积。为了对信号脉冲完全重新整形，需要对信号脉冲的时间和形状都进行再生，即 3R 再生。图 4－75 给出了一种在光域中实现 3R 再生的方法。这种方法联合了交叉增益调制(CGM)和交叉相位调制(CPM)。假设用一个本地时钟来对输入的数据采样，那么这个时钟需要从接收数据中恢复出来。再生器由三级组成。第一级对信号采样，它使用了在 SOA 中的 CGM 技术。输入的信号用两个分立的不同波长的信号来探测，两个探针信号是同步的，调制速率是输入数据信号的速率的两倍。因

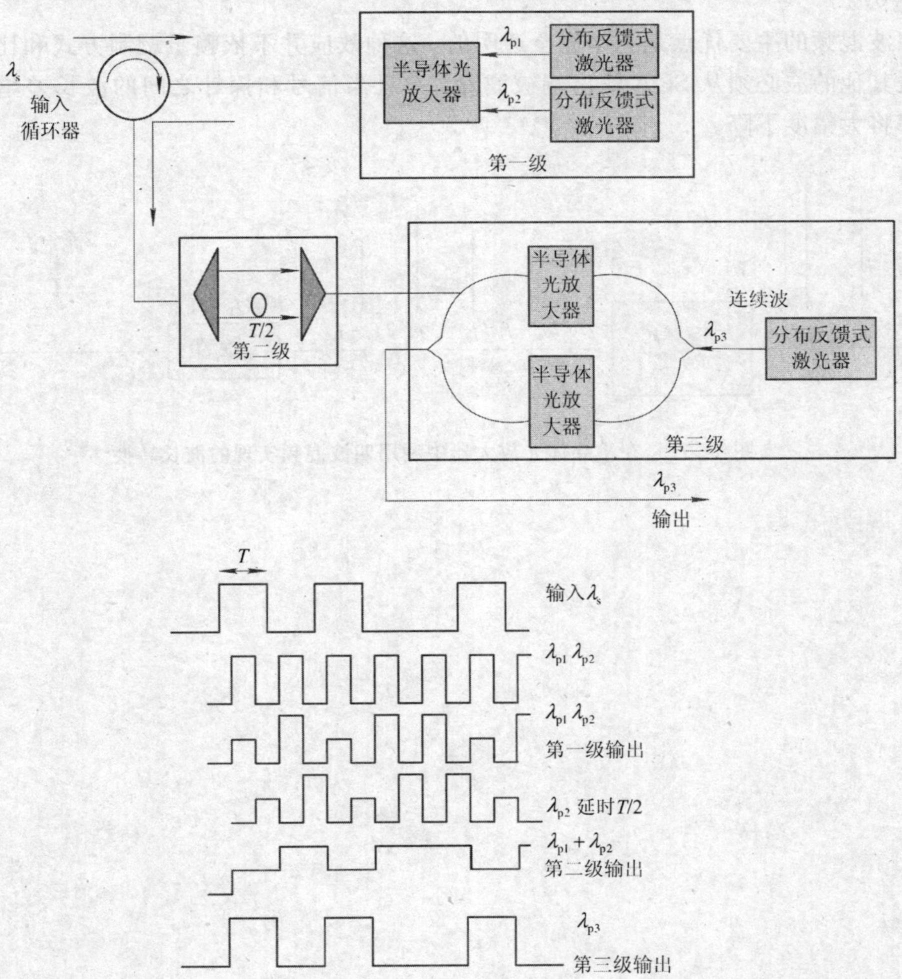


图 4－75　在 SOA 中利用联合 CGM 和 CPM 的方法对信号脉冲和时间再生的全光再生技术

为时钟是可获得的，探针信号的相位被调整到输入信号的比特间隔的中间来进行采样。在第一级的输出端，当输入信号存在时，两个探针信号将降低功率。而当输入信号不存在时，两个探针信号将有较高的功率水平。在第二级中，其中一个探针信号比另一个探针信号延迟半个比特周期。在第二级的输出端，组合信号的比特率与输入信号的比特率相匹配，并且对形状和时间都进行了再生。该信号然后被输入基于 CPM 的干涉仪转换级，再对信号进行再生和重新定形，生成一个重新再生、重新定时和重新定形的输出信号。

**4. 波混合**

由于传输介质中的非线性效应引起的四波混频现象，也可以用来实现波长转换。在四波混频中位于 $f_1$，$f_2$，$f_3$ 的三个频率的波产生了第四个频率 $f_1+f_2-f_3$ 的波。当 $f_1=f_2$ 时，就得到了一个频率为 $2f_1-f_3$ 的波。四波混频吸引人之处在于其生成的波可以与相互作用的波位于同一波段中。为了实现波长转换的目的，四波混合功率可以通过一个 SOA 得到增强。如果有一个频率为 $f_s$ 的输入信号和一个频率为 $f_p$ 的探针信号，那么四波混频将产生频率为 $2f_p-f_s$ 和 $2f_s-f_p$ 的信号，只要所有这些频率都位于放大器的带宽内(参见图 4-76)。

四波混频的主要优点是它是完全透明的，这种效应并不依赖于调制方式和比特率。其缺点是其他的波必须从 SOA 输出端被滤除，并且当信号和探针之间的波长差增加时，转换效率将大幅度下降。

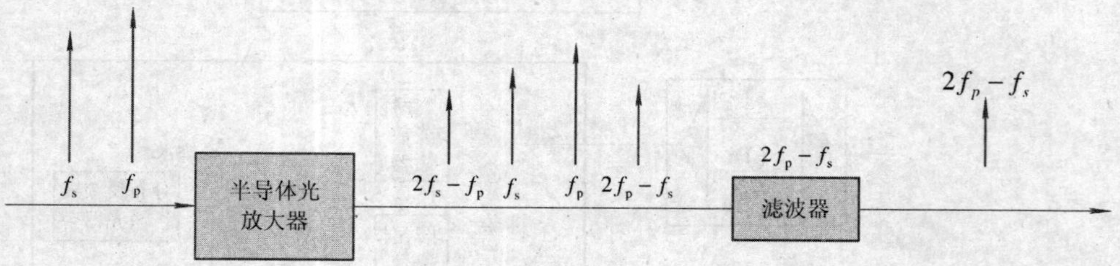


图 4-76 在半导体光放大器中利用四波混频实现的波长转换

# 第 5 章　光网络的规划与设计

## 5.1　光网络的规划与设计概述

从光纤通信技术本身的发展来看，光网络是当前最活跃的领域。然而，目前文献和口语中频繁出现的所谓“光网络”不是一个严格意义上的技术术语，而是一个通俗用语。从历史上看，光网络可以分为两代，第一代光网络中的“光”只是用来实现大容量传输的，所有的交换、选路和其他智能功能都是在电层面上实现的，同步数字系列(SDH)就是第一代光网络。而目前正在开发的光传送网(OTN)可以认为是第二代光网络，此时交换、选路和其他智能功能都将在光层面上实现。因此，简单地说，广义的光网络可以涵盖 SDH 和 OTN 两者，而狭义的光网络特指 OTN。

光网络的规划与设计，无论对网络整体性能还是对运营商来说，都具有很重要的意义。良好的规划和设计不但可以节约巨大的投资，也能保证光网络的服务质量，促进网络的发展。不但能充分利用网络资源，实现投资快速收益，而且也能及时满足社会的需要，促进社会的发展。

从一般意义来讲，规划就是为达到预定目标而事先提出的一套有系统、有根据的设想和做法。更具体地说，是根据已有数据，选择一整套参数以构成一个系统，使其达到一系列性能要求而又付出最少的代价。光网络的规划也是如此。在光网络规划时，假定不同的电信业务对带宽需求是已知的。网络传输带宽需求一般是通过对各种业务增长的预测分析得到的。网络规划过程的主要目标是：考虑网络的约束条件，并使目标函数(通常为网络成本)最小的情况下，在网络拓扑和传输带宽需求给定时，计算需要网络资源量的大小，最后给出一套优化的网络规划参数。图 5－1 简要地描述了网络规划的一般过程。

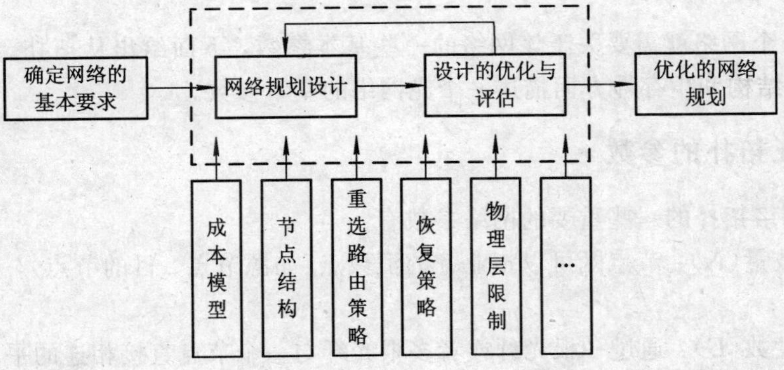


图 5－1　网络规划的一般过程

网络规划过程的输入参量一般是网络的基本要求，主要包括：

• 规划期内传输需求的预测；
• 可供选择使用的各种网络结构，包括各种网络结构的规范和工程标准；
• 设备的技术和费用信息以及传输基础。

网络规划过程的输出是优化的网络规划参数，它详细地描述网络的各种信息，主要包括：

• 传输请求实现和恢复的逻辑信息，即网络结构、工作路由、保护/恢复路由等；
• 指定地点的物理级信息和设备的配置；
• 网络成本。

一般而言，网络规划过程是一个非常复杂的过程，其复杂性随网络规模的增大而呈指数增大。如图 5-1 所示，网络规划过程的核心模块由两部分组成：网络规划设计和设计的优化与评估。在网络规划设计过程中，对网络性能和成本的优化可使用线性规划(LP)和启发式算法(比如模拟退火法、遗传算法、Tabu Search 等)。一般来说，在一定的设计基础上再适当地使用特定的启发式算法，将会获得更好的网络设计结果。根据网络的复杂度和优化目标的不同，网络设计和规划可以分步骤(一般包括分层和分块设计两种)进行，也可以集中统一设计。分步设计能够在可接受的运算量条件下完成网络的设计过程，而集中统一设计方案由于其能够通盘考虑网络的总体情况，所以设计的结果相对较优。但是两类设计方案都有各自的缺点：对于分布设计方案，当设计步骤较多时，很难控制设计的全局最优解；而对于集中统一设计方案，有可能导致设计问题具有较高的计算复杂度。

对于设计的优化与评估过程，将通过广泛的测试来评估设计结果，例如在一些突发事件发生的情况下和各种类型的业务模型输入的情况下对目前所设计的网络进行性能分析和可用性评估。通过不断变化设计过程中所使用的输入参数和限制条件，来观察网络对外界条件波动的灵敏度。优化与评估过程的结果可以反馈到原有的设计处理算法中，通过少量的参数调整进一步优化下一步设计的执行，直至获得最优的网络设计结果。

本章将从分层次规划和设计光网络的步骤出发，主要介绍光网络规划中的业务需求分析、网络结构设计、WDM 光层设计和物理层设计四个方面的规划设计方法。

## 5.2 表征光网络的参数

要设计一个网络就需要关于该网络的一些基本参数，下面给出从拓扑、物理限制、业务需求、网络结构和生存性方面描述一个光网络的基本参数。

### 5.2.1 表征拓扑的参数

表征光网络拓扑的一些重要的网络参数有：

• 节点数量($N$)：节点既可以指业务的汇聚点(如源节点、目的节点)，也可以是光通道的中间节点；
• 节点度数($D$)：通过一根光纤或者多根光纤与一个节点直接相连的平均节点数量；
• 链路长度($L$)：既可以表示光纤的实际物理传输距离，也可以是归一化节点间隔；
• 每条链路光纤数量($F$)：链路可以是单根光纤连接，也可以是多根光纤连接；
• 网络形状：指网络的物理拓扑结构，常见的有环状网、网状网等；

• 网络密度($d$)：反映一个网络提供网状网连接的程度。

网络密度($d$)的定义式为 $d=D/(N-1)$，如果给定一个网络的节点数量，则完全可以确定出由这些节点构成的全连通网状网和环状网的网络密度。对于全连通网状网，其网络密度 $d=1$，而环状网的网络密度 $d=2/(N-1)$。图 5－2 给出了三种不同网络结构的网络密度举例。

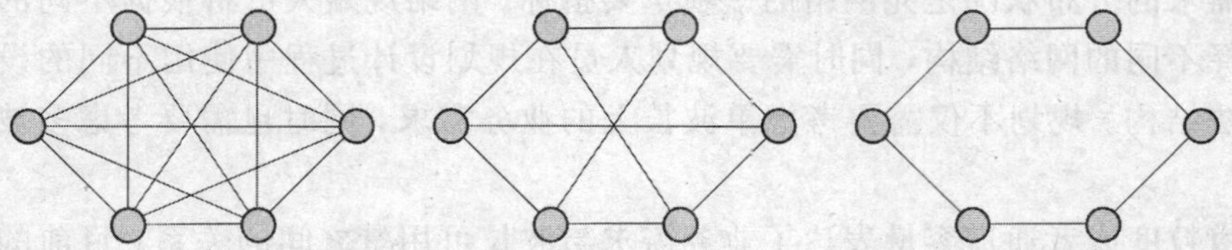


图 5－2　不同网络结构的网络密度举例

### 5.2.2　表征物理限制的参数

在光网络中传输的光信号质量也是网络规划所必须考虑的一个问题。虽然在全光网中，作为光信号发射的数据信号一直保持在光域中传输，但是每一条光连接并不能简单地被看做是一条点到点的 WDM 链路，这是因为位于不同通道的光信号在传输过程中可能经过了不同数量的网元设备，光纤中的波长数量和信号质量有可能随着链路的不同而不同。物理限制(如串扰、信号扭曲和噪声积累等)会导致信号质量的下降，因此光交叉互联器的设计和光网络节点结构的确定应该确保节点能够提供必要的功能。在保证信号质量一直处于可容忍的限度的条件下，一条光通道能够级联多少个节点仍是一个需要考虑的问题。只要信号的再生还必须在电层完成，则全光通道的长度就一定会受到限制。另外，信道间串扰和受限的放大器带宽也限制了每根光纤所能容纳的复用波长的数量。虽然这个问题可以通过波长重用部分得到解决，但波长重用又增加了选路与波长分配算法的复杂度。总之，在光网络的规划与设计过程中，必须考虑以下与信号质量密切相关的一些参数：

• 网络中平均链路长度和最大链路长度；
• 无需再生的最大级联的光交叉互联节点数量；
• 无需再生的最长的光通道长度；
• 光通道上波长转换器数量；
• 每条光纤所能承载的波长数目；
• 误码率(BER)；
• 光通道参数(如光功率水平、波长稳定性等)；
• 重构时间(重选路由时间和交换时间)。

### 5.2.3　表征业务需求的参数

业务需求状况也是网络规划与设计所必须考虑的因素之一，因为实际的业务需求状况直接决定着网络的结构、流量疏导/汇聚策略、选择路由的方针和光层的传输特性等。从原理上来讲，光层的业务需求矩阵应该由波长来表示，但是实际中通常使用客户层数据单元来衡量，这给光网络设计人员提供了更大的自由度。表征业务需求的参数主要有：

- 业务需求分布；
- 光通道的粒度；
- 链路容量；
- 业务需求的汇集和合并。

业务需求的分布状况是光网络的一项重要指标。网络规划人员将根据不同的业务需求分布来选择不同的网络结构，同时需要规划人员在规划设计过程中使用不同的设计方法和不同的算法结构。规划不仅需要考虑单波长上的业务需求，同时也需要考虑多波长上的业务需求。

光通道粒度或者通道容量表达了业务需求与波长可用量之间的关系。目前的网络规划与设计常常是基于静态业务条件来设计的，因此有许多的优化目标。在我国，目前 STM－64(10 Gb/s)的光传输系统已经获得了广泛使用，部分经济发达省市已经敷设了 STM－256(40 Gb/s)的光传输系统。Tb/s 量级的光传输系统(如 3.2 T＝80×40 Gb/s)在试验网中已经运行成功。

在 5.2.2 节曾讲到，由于物理层的限制，必须在链路容量、放大器间隔、放大器级联级数(即光链路长度)等指标间进行折中处理，以使网络的整体性能最优。

光网络可以承载各种各样的业务，例如语音、视频、数据业务以及租用线等。每一种业务所使用的比特率都不同，所以对网络的优化设计也包括对不同业务流进行汇集和合并，然后再将其承载于光层中的优化承载过程。因此，光网络的规划与设计就必须考虑流量汇集和合并对光层的影响。这种对业务需求的汇集和合并处理原理如图 5－3 所示。

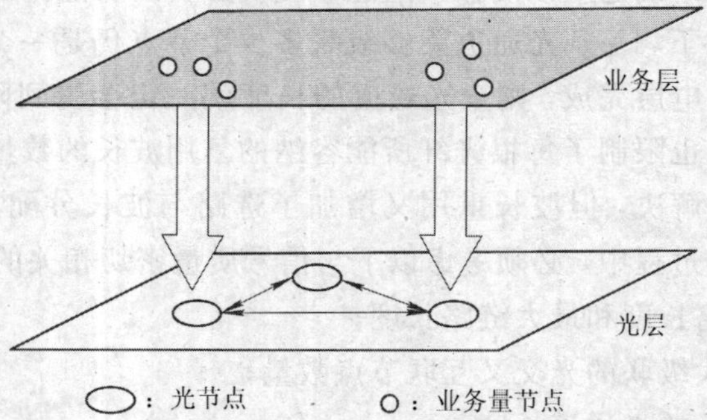


图 5－3 光层对上层业务需求的汇集和合并

## 5.2.4 表征网络结构的参数

### 1. 平面网络与分级网络

一种单层网络可以由平面网络和分级网络两种组网方式来构成。平面网络对业务路由不加任何限制，而分级网络要给业务路由增加某些限制条件。从原理上说，两个对等层节点之间的通信一般要通过一个或多个最高层(光层)节点。实际中常常将电信网络中的业务分为很多个层面来分析，例如两层、三层甚至四层网络。分层的优点是：简化选路规则并易于管理。但同时使得业务的路由距离加长了。欧洲的研究人员认为，在不久的将来，电信网将发展为两层网络结构，如图 5－4 所示。

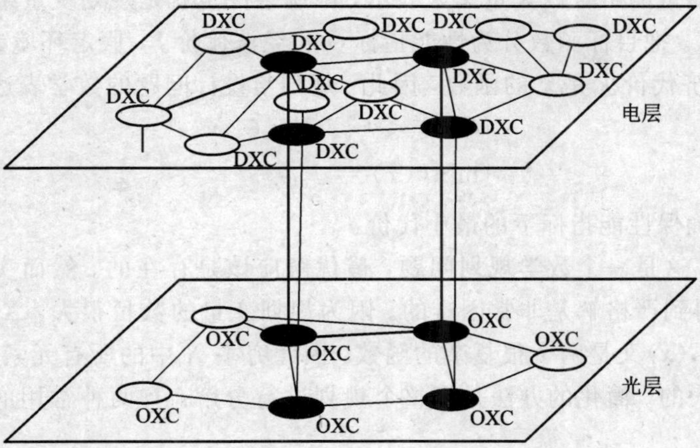


图 5-4　两层网络结构及其选路过程

**2. 每一层上的子网数量**

无论是平面网络还是分级网络都可以细分成多个子网。通常子网的划分是按照节点的连通性和生存性机制来划分的(这也就是为什么常常将子网称作生存性子网的原因)。在分级网络中同一个层面上的子网之间的互联通常只允许通过高一层来完成。一个层面中的子网数量是没有限制的，它只与网络实际的规模有关。

**3. 子网类型**

虽然子网的划分可以任意进行，但通常都是将它们划分为一些基本的网络拓扑，例如环状网或小型网状网。基本的子网类型有 WDM 环网和网状网光网络。

**4. 每个子网的传送节点数量**

除非业务无需在多个子网之间进行交叉，否则每一个子网至少有一个节点要向外部发送业务，这类节点承担着与其他子网互联的特殊功能。

### 5.2.5 表征生存性的参数

为了增加网络的抗毁能力和应付网络故障的能力，常常在网络中采用一些保护恢复机制。因此，在网络规划与设计时必须考虑表征网络生存性的参数。例如：

- 恢复时间；
- 通道长度；
- 重选路由。

## 5.3 光网络规划与设计的方法

### 5.3.1 光网络规划与设计问题分解

本章概述部分已经介绍了规划与设计问题的基本概念和一般执行过程。本节将用比较严格的数学表达式来进一步描述规划与设计问题。

令所有规划变量的组合以矢量 $\boldsymbol{x}$ 来表示，限制条件也就是规划变量组 $\boldsymbol{x}$ 必须在某一集合 $X$ 内，即 $\boldsymbol{x}\in X$。把目标函数分为性能指标 $G$ 和经济代价 $J$，假定环境参量为常量，那么性能指标 $G$ 和经济代价 $J$ 是 $\boldsymbol{x}$ 的函数，因此，规划与设计问题的数学表达式为

$$\begin{cases} G(\boldsymbol{x}) < G_0,\ \forall\, \boldsymbol{x} \in X \\ \min\limits_{x\in X} J(x) = J_0 \end{cases} \tag{5-1}$$

由此解出 $\boldsymbol{x}$ 以及确保性能指标下的最小代价 $J_0$。

从理论上说，这是一个数学规划问题，最优解应该是存在的。然而实际上，对于一个较大的网络，要得到严格解是非常困难的。因为规划变量的数目很大，$X$ 是一个十分庞大的集合，$J(\boldsymbol{x})$和 $G(\boldsymbol{x})$又是两个很复杂的函数，因此穷举 $X$ 中的所有元素并计算 $G$ 和 $J$ 的复杂度将是非常大的。简化的办法是把整个规划进行分解，有两种常用的分解法，即分层法和分块法。

分层法是串序运算的。把总规划分成若干层来进行，就是先从第一层开始优化。这一层的规划变量集 $X_1$ 是从估计以下各层的情况而规定的，优化结果是获得本层可计算的性能指标 $G_1$ 和经济代价 $J_1$。这些结果作为第二层计算的基础，进行新一轮的计算，直至最低层。至此，可计算总的性能指标和经济代价，并据此返回去调整各规划变量，以达到最优化的目的。在分层规划中，并不要求各层的规划变量均为互不相容的分割。一组变量可在各层出现，因为最后总有一些调整，以达到相互一致。

分块法可以是空间分块，也可以是功能分块。前者实际上是把一个整体的网络分成若干个子网。分块的方法要求各块的规划变量互不相同，因此可以并行运算。当块数较多时，计算量将大为减小。然而要使规划变量分割成互不相容的几类，并不容易实现。而且要使综合性能 $G$ 达到要求，如何分配每个模块的 $G$ 也是不确定的。因此，分块法虽然能并行运算，提高运算性能，但是模块之间的调整又增加了计算复杂度。

### 5.3.2 光网络的规划与设计的基本步骤

光网络的规划与设计可以分若干步来完成，下面分步骤进行描述。

步骤 1：业务需求分析。

为了使网络的设计更加有效，对未来网络主导业务类型和业务流量的正确预测是非常重要的，因此，规划人员必须要把握业务的分布和演进趋势。首先通过物理拓扑确定各节点位置信息，然后确定业务状况，包括业务矩阵（每一个节点汇集和终结的流量和节点对之间的流量关系）、业务关系的进展、新型业务区域以及重要区域的修正。这一部分内容将在 5.4 节详细介绍。

步骤 2：网络结构设计。

此步骤主要是定义网络的结构形式，确定网络结构的参数，包括：

- 物理拓扑：反映节点位置和节点间互连关系；
- 业务矩阵：反映节点间业务流量的分布。

在网络结构设计中，按照局部所采用的技术差异将网络分割成多个级或者多个管理域，以便决定下面的规划与设计内容：

- 每一级、每一层的节点划分；
- 每一级、每一层的网络拓扑；

• 针对必须通过多层执行路由的每一条端到端的业务需求，确定具体需要经过的层和需要执行层间交换的节点。

这一部分内容将在 5.5 节详细介绍。

步骤 3：分层网络设计。

这一步主要完成在以上条件下每一层的拓扑设计。在完成这一步之后，网络的所有设备需求就确定了，例如光缆、光纤、光分插复用器、光交叉互联器等设备的具体数量和配置状况。这一步可被细分为下列几个子步骤来执行：

• SDH/SONET 层设计；
• WDM 光层设计；
• 物理层设计；
• 全局优化。

其中，WDM 光层设计和物理层设计将分别在 5.6 节和 5.7 节详细介绍。

步骤 4：可用性分析。

基于端到端的连接进行可用性分析，以便确定哪一些连接在极限条件下不宜执行。一旦确定有阻塞连接，网络设计人员就可以重新设计网络、修正某些连接的路由方案，最终实现所需的网络可用性。

步骤 5：对多种结果的对比分析。

完成步骤 4 后，网络设计人员已经获得了技术上可行的、准优化的许多网络解决方案，此后需要分析和对比这些方案以获得性能最佳的设计方案。以下给出的几个指标可以作为衡量一种设计方案是否优良的标准。

• 网络成本：基于每一种解决方案所需要的网络设备数量，并计算网络成本；
• 连通性：每一条端到端连接的可用性；
• 可升级性：当某些连接的业务量增加时，分析其对网络性能的影响以得出其可升级性概况；
• 可重构性：当业务在数量和分布模式方面发生变化时，网络应该具有一定的灵活性以便能够自动地随着业务的变化作适当调整的能力。

在接下去的三节里，将对业务需求分析、网络结构设计、分层网络设计进行进一步的讨论。

## 5.4　业务需求分析

在光网络(这里特指 OTN)的规划与设计过程中，业务需求主要指传输带宽需求。业务层上的各类业务，如传统的语音业务、ATM 业务以及新兴的 IP、数据等业务都将汇聚在光层进行传输和交换。网络的规划与设计结果对传输带宽这个输入参量比较敏感。本节将主要讨论传输带宽需求的预测问题。

### 5.4.1　现有业务的带宽需求预测

目前，电信网中的带宽需求主要有以下几个方面：

• 电信运营商用来提供业务的各种业务层网络对带宽的需求，如固定电话网、移动电话网、基础数据网、IP多媒体通信网等；

- 网络运行所需的支撑网和企业运作所需要的运营支撑系统等对带宽的需求，如信令网、数字同步网、企业信息网等；
- 网络带宽出租；
- 备用带宽等其他带宽需求。

因此，在进行带宽需求预测时，可对以上几部分带宽需求分别进行预测。

对于业务层网络的带宽需求预测，应基于相应的业务层网络的用户数和业务量的发展预测，采用传统的业务流量流向的预测计算方法(如重力法、分配系数加权法和双因子平衡法等)，并结合相关业务层网络的拓扑结构，得出相应的业务流量矩阵和带宽需求矩阵表。

对于支撑网和运营支撑系统等的带宽需求预测，由于其需求量相对较小(与业务层网络的带宽需求相比)，且发展相对稳定，为了方便计算，一般以简单的比例预测法对其进行预测，即通过计算支撑网和运营支撑系统已经占用的带宽与所有业务层网络所占用的带宽的比例，推算规划期内支撑网和运营支撑系统所需带宽与业务层网络所需带宽的比例。

对于网络带宽出租部分，在目前及未来的竞争环境中，客户对于带宽的需求可以通过自建和租用两种方式来满足。租用带宽可以来自同一运营商的带宽，也可以租用多家运营商的带宽，加之运营商对客户的网络发展不可能精确把握，因此对于某个具体客户(即使是大客户)的租用带宽需求，很难依据其网络和业务的发展情况进行准确预测。所以运营商应该将对网络带宽出租部分的预测，作为一种普通的电信业务，可采用普通电信业务(如固定电话业务、互联网业务等)的预测方法进行预测，如线性回归分析预测法、时间序列外推预测法、专家预测法和类比法等。具体预测时，应根据现有的电路出租数量情况，并结合出租带宽业务的发展趋势进行。

对于其他带宽及备用带宽的需求预测，可根据现有的网络资源利用情况、以往工程和网络运行的经验，并结合分析规划期内可能导致的大量带宽需求等因素，按一定比例进行估算。

为了便于统计分析，带宽需求预测结果应尽量表现为矩阵表，矩阵表的格式应尽量与现状分析的矩阵表一致，即其纵、横坐标为传输区域或传输节点，并且节点排列顺序应保持一致，以方便查询和数据处理。另外，因各种业务可能存在对不同通信粒度的需求，例如，多媒体业务既对光波段有需求又对电层通道有需求，而语音业务、基础数据业务则一般承载在电层通道上，因此各种业务对不同粒度的需求也应以不同的矩阵表来体现，以方便将不同需求的粒度分配到相应的传输系统中。将各种传输带宽需求矩阵表进行汇总，得到传输带宽总需求矩阵表，以作为光网络规划与设计的最重要依据之一。

### 5.4.2 新业务的带宽需求预测

预测新业务带宽需求的一个主要问题是几乎没有历史数据可以参考。一些在宽带网络上应用的新业务不断涌现，如P2P(对等)视频流媒体业务，还有许多应用业务正在开发，因此很难准确地对新业务产生的需求进行预测。欧洲的RACE R2091 URSA项目对带宽需求预测进行了研究，下面简单介绍该项目提出的一种预测方法。

为了对将来电信网络中的业务量有所掌握，有必要对不同的业务分别预测其带宽需求。这些业务都有其自身的特点，因此需要对每种业务采用不同的带宽需求预测方法，然后将这些结果综合得到整体带宽需求。图 5-5 对上述方法进行了总结，该方法综合考虑了新业务和现有业务之间的相互关系，并把新业务分为三种不同的类型：附加的新业务、替代的新业务和增强的新业务。对第一种新业务的增长预测采用扩散模型，对第二和第三种新业务的增长则采用替代模型。采用新技术的增长预测可以假定服从一个 S 形曲线。根据该假设，业务增长可以用下面的数学公式来描述：

$$n=\frac{M}{2}[1+\tan(R(y-Y_{\mathrm{m}}))]=\frac{M}{1+\exp(-2R(y-Y_{\mathrm{m}}))} \tag{5-2}$$

式中，$n$ 表示在第 $y$ 年该业务的预测量，$M$ 是期望的最大值，$R$ 是新业务的相对“传播速度”。

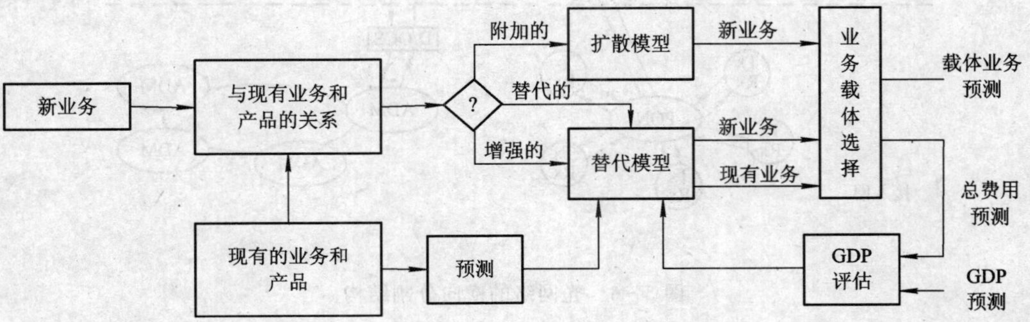


图 5-5　新业务带宽预测方法示意图

# 5.5　网络结构设计

## 5.5.1　光网络的基本结构

光网络的基本结构类型有星型、总线型和树型 3 种，可以组合成各种复杂的网络结构。光网络可横向分割为核心网、城域网/本地网和接入网，如图 5-6 所示。核心网倾向于采用网状结构，城域网多采用环状结构，接入网则是两者相接合的复合结构。从目前网络状况来看，基于 SDH 技术的环状网结构仍是主要的组网方式。但是应用大量的 SDH 系统来满足日益增长的带宽需求必将使已敷设的光纤很快耗尽，因此，无论是核心网还是城域网都引入了大容量的点对点 DWDM 系统。随着可重配置的光分插复用器(OADM)和光交叉互联器(OXC)的技术突破和商用，可以使用网络节点配置灵活的 OADM 或者 OXC 来进行波长级别的动态调度。另一方面，随着带宽需求的不断增长，环状网的配置将限制网络基础设施的进一步扩展，光网络将向能够进行灵活有效配置的全光网状网发展。因此，从组网方式来看，光网络将沿着“点到点链－环－多环－网状网”的方向发展，而光网络的灵活性将沿着“静态－半动态－动态”的方向发展。

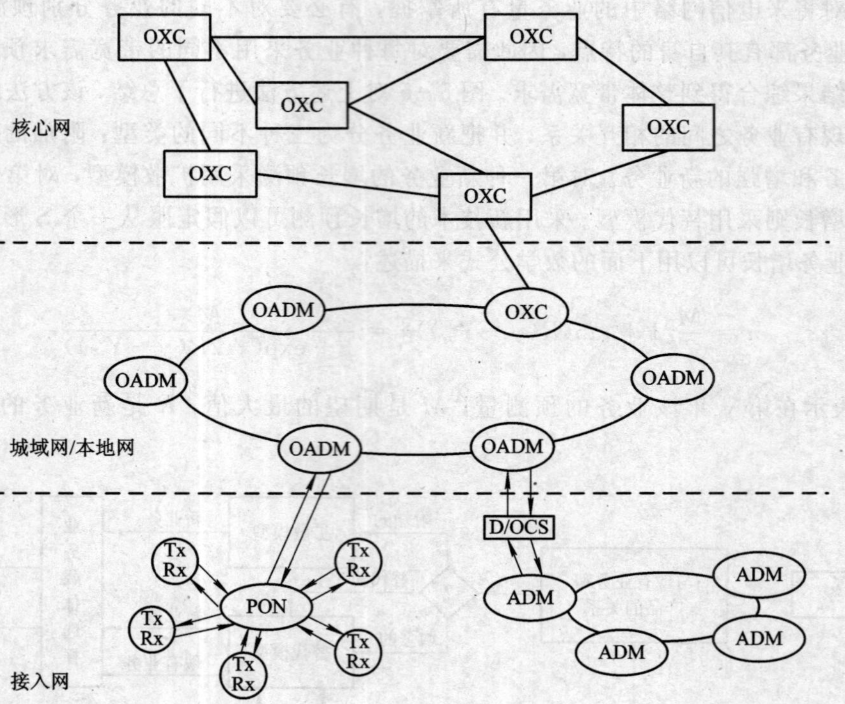


图 5-6 光网络的横向分割结构

## 5.5.2 环状网与网状网的组网技术对比分析

随着数据业务量的快速增长，SDH 环网不断暴露出其固有的缺点，特别是在业务量比较大且复杂的核心网、城域网上。因此，采用网状网进行组网这一想法日益引起人们的兴趣。本节主要从网络成本和资源利用情况、网络生存性、扩展性以及网络配置的难度、节点复杂度等几个方面对光网络中常用的两种网络结构——环状网和网状网进行对比分析。

### 1. 网络成本和资源利用率

网络的成本主要由节点成本和链路成本构成，其中节点成本主要包括光接口、光收发器、交叉处理板、业务板卡等的成本；链路成本主要包括光放大器、光纤等的成本。对于相同的电路需求，采用环状网和网状网所需的业务板卡基本是一致的。因此，对网络成本的比较，应该主要从光接口、光收发器、光放大器、光纤的成本来进行考虑，而这些都是与节点之间的链路一一对应且基本成正比的。所以，考察网络的成本可以主要从网络中的链路数目来进行比较。

下面用一个例子来说明环状网和网状网的成本情况。如图 5-7 所示，网络中有 6 个节点 A、B、C、D、E 和 F，假设网络中每条链路的容量为 STM-16，为简单起见，假定环上每段链路的 16 个 STM-1 通道中只有 8 个 STM-1 通道可以用作工作通道，链路另外一半容量留作保护资源。表 5-1 所示为预测出的两种不同的业务需求。

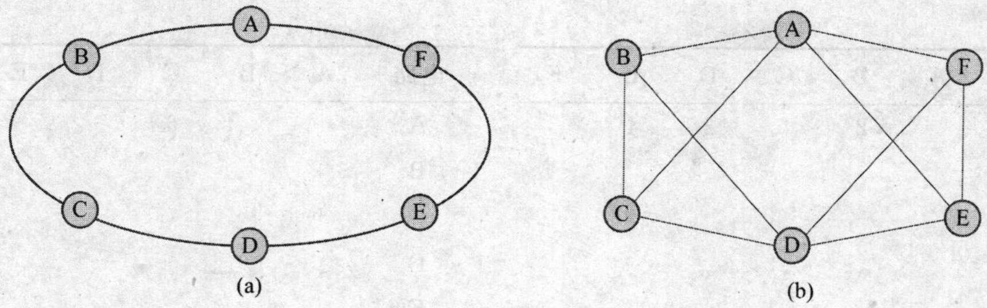


图 5-7　环状网与网状网的拓扑结构示例
(a) 环状网；(b) 网状网

**表 5-1　电路需求表**

| 电路 | A | B | C | D | E | F |
|---|---|---|---|---|---|---|
| A | | 2 | 6 | 2 | 4 | 2 |
| B | | | | | | |
| C | | | | | | |
| D | | | | | | |
| E | | | | | | |
| F | | | | | | |

(a)

| 电路 | A | B | C | D | E | F |
|---|---|---|---|---|---|---|
| A | | 2 | 6 | 2 | 6 | 3 |
| B | | | | 2 | | |
| C | | | | | | |
| D | | | | | | |
| E | | | | | | |
| F | | | | | | |

(b)

对于表 5-1(a)中的电路需求，容易看出图 5-7(a)所示的环状网可以满足其需求，但业务已经几乎占满了整个环状网的容量。而对于图 5-7(b)所示的网状网，由于结构比较复杂，不容易看出，为方便讨论，可以将其划分为两个环状网 A—B—D—E—A 和 A—C—D—F—A，如图 5-8 所示。同时，将表 5-1(a)中的电路也根据划分后的两个环状网进行分摊，如表 5-2 所示。可以看出，网状网进行分割后的两个环上的容量都只用到了 50%左右，仍有很大扩容空间。环状网所需链路数目为 6，网状网所需链路数目为 10，其资源利用率要比环状网低。

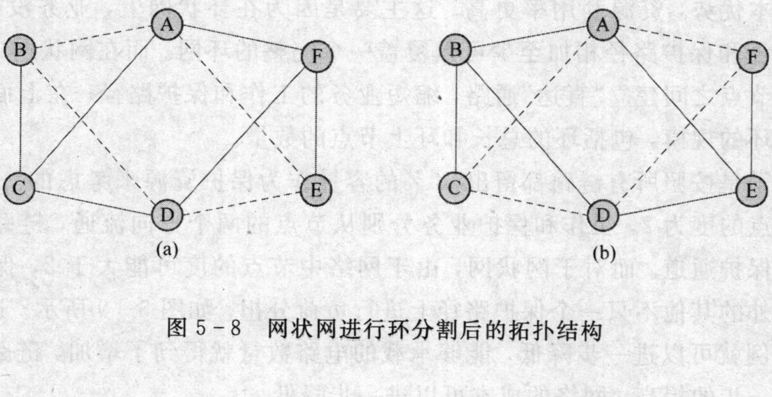


图 5-8　网状网进行环分割后的拓扑结构

**表 5-2 对表 5-1(a)电路需求的分摊**

| 电路 | A | B | C | D | E | F |
|---|---|---|---|---|---|---|
| A | | 2 | | 2 | 4 | |
| B | | | | | | |
| C | | | | | | |
| D | | | | | | |
| E | | | | | | |
| F | | | | | | |

(a)

| 电路 | A | B | C | D | E | F |
|---|---|---|---|---|---|---|
| A | | | 6 | | | 2 |
| B | | | | | | |
| C | | | | | | |
| D | | | | | | |
| E | | | | | | |
| F | | | | | | |

(b)

在电路需求有了一定增长后(如表 5-1(b)所示)，对于图 5-7(a)所示的环状网就必须新建一个环，此时所需的链路数达到了 2×6=12 个。对于图 5-7(b)所示的网状网，类似地对表 5-1(b)中的电路需求进行分割后可以看出，分割后的两个环上仍有足够的容量承载新增的电路，网状网所需链路数目仍为 10 个，如表 5-3 所示。此时，网状网要比环状网资源利用率高。

**表 5-3 对表 5-1(b)电路需求的分摊**

| 电路 | A | B | C | D | E | F |
|---|---|---|---|---|---|---|
| A | | 2 | | 2 | 6 | |
| B | | | | 2 | | |
| C | | | | | | |
| D | | | | | | |
| E | | | | | | |
| F | | | | | | |

(a)

| 电路 | A | B | C | D | E | F |
|---|---|---|---|---|---|---|
| A | | | 6 | | | 3 |
| B | | | | | | |
| C | | | | | | |
| D | | | | | | 2 |
| E | | | | | | |
| F | | | | | | |

(b)

由示例得出的数据显示：在电路需求比较小时，网络上有足够的空余容量，因此需要链路资源比较少的环状网在成本上具有优势。而在电路需求比较大时，网状网相比环状网具有更大的成本优势，资源利用率更高。这主要是因为在环状网上，业务没有捷径可走，业务的工作路径和保护路径相加至少可以覆盖一个完整的环网。而在网状网中，可以在业务量比较大的节点之间建立“直达”通路，缩短业务的工作和保护路径，在上面的例子中就体现为缩小了环的规模，包括环的总长和环上节点的数量。

上面的例子是按照所有链路都留出 50%的容量作为保护资源来考虑的。对于环状网，网络中每个节点的度为 2，工作和保护业务分别从节点的两个方向流通，链路上必须有一半的容量留作保护通道。而对于网状网，由于网络中节点的度可能大于 2，保护业务可以在除工作路径外的其他不只一个保护路径上进行负荷分担，如图 5-9 所示。这样，链路中的备用资源比例就可以进一步降低，能够承载的电路数量就得到了增加，链路的资源利用率也得到了进一步的提高，网络的成本可以进一步降低。

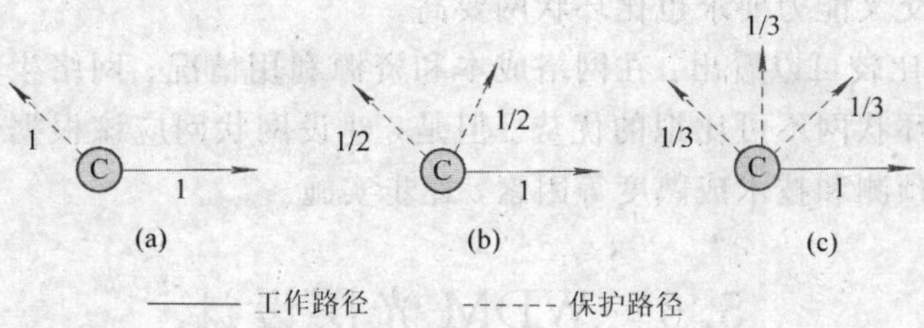


图 5－9　保护业务进行负荷分担的情况

**2. 网络生存性**

在环状网中，SDH 自愈环提供两纤单向通道倒换环(Unidirectional Path Switched Ring，UPSR)、四纤双向线路倒换环(Bidirectional Line Switched Ring，BLSR/4)以及两纤双向线路倒换环(BLSR/2)等保护方法，使得网络具有了快速的保护恢复能力，能够实现 50 ms 的业务恢复时间要求。在网状网中，由于网络结构复杂，生存性问题比环状网要复杂得多，一般是采用保护和恢复相结合的方法来保证其生存性，这样一方面可以保证故障情况下的保护时间，同时又可以保证资源的合理利用。根据重选路由的类型，又可以分为基于通道的通道保护恢复和基于链路的复用段保护恢复。根据保护资源是否可以有多个工作通道共享，又分为专用保护恢复和共享保护恢复方式。一般来说，预选路由的专用保护方法具有保护速度快的优点，但因为它的保护通道专用，导致资源利用率相对比较低。采用共享保护方式能够提高网络的性能，降低网络阻塞率，提高资源利用率。

从整体上来说，网状网在生存性上与环状网相比，有如下优点：

- 提供更多的保护恢复方式(1＋1 方式、1∶1 方式、动态恢复方式等)，可以满足不同业务等级的需要；
- 更适用于共享保护恢复方式，所需的备用资源比较少，网络资源利用率高；
- 节点间路径的增多，使得网络具有较强的抗多点失效能力，网络生存性更高。

**3. 网络扩展性**

在环状网中，当需要加入一个新节点到网络中时，必须断开环上业务，对全网业务造成影响。而在网状网中，新节点的加入只对新节点所连接的节点有影响，不需要中断网络上的现有业务，可以很方便地进行网络扩展。从上述的例子可以看出，当网络上容量不足，需要扩容时，环状网需要对整个环进行扩容，而在网状网中，只需要对相应的跨段链路进行扩容就可以了，大大节约了网络的扩容成本。此外，网状网可以分区域、分步骤地采用新技术，逐步向新一代网络演进，而环状网必须以整个环为单位，限制了网络的升级。

**4. 网络配置和节点复杂程度**

环状网网络结构单一，主要有通道倒换环和复用段倒换环两种方式，在链路中对工作通道有足够的保护资源预留，网络规划和故障后的倒换机制都比较简单，而且对节点的交叉能力要求比较低。在网状网中，网络结构复杂多样，不具有统一性，网络规划、工作路径和保护路径的选择等都需要复杂的算法，特别在 WDM 光网络中，还涉及到波长转换和分配的问题。另外，在网络中还需要一整套复杂的信令机制以实现网络中大量的控制功能，这对节点的智能性也提出了要求。而且，在网状网中，一个节点可能同时与其他多个节点相连接，对节点的交叉能力要求也比环状网要高。

从上述的分析比较可以看出：在网络成本和资源利用情况、网络生存性、扩展升级等方面，网状网具有环状网不可比拟的优势。但是，建设网状网应该根据具体情况，循序渐进，考虑市场业务预测和技术成熟度等因素，逐步实施。

# 5.6 WDM 光层设计

目前的光网络中，节点之间的链路基本上都采用基于 WDM 或者 DWDM 的传输技术。本节将讨论在基于 WDM 技术的光层设计中两种常见的网络设计——环状光网络设计和网状光网络设计。

## 5.6.1 环状光网络的设计

环状光网络的网络结构比较简单，其规划与设计过程可以分为两大步骤：

(1) 环网结构的定义以及确定环网互联方式；

(2) 环内、环间业务选路以及环网分割与功能定位。

### 1. 环网结构的定义以及确定环网互联方式

环网结构的定义主要是在单环网络与多环网络的选择上。关于单环网络的规划与设计问题已经在很多参考文献中体现出了较充分的研究。然而多环网络互联问题并不是将单环网络直接连接起来那么简单。多环互联环网的设计问题是寻找合适的环互联方案，在保证所有业务需求都可以被正确选路和保护的前提下设法使整个网络的联网成本最小化。对于多环设计，一般是使用一种启发式算法从网络的最底层开始逐步向上一层网络进行设计，当然也可以由上至下进行设计。其中一种较好的启发式算法是在某种业务量条件下逐步给网络增加环网的数量，直至所有业务需求都获得正确选路为止。另一种方案是将启发式算法分成很多步来完成，先将网络分割成各种各样的环网形式，然后在某业务量条件下对各种环网互联方案的性能进行评估，最后确定出最优的环网互联方案。也可以使用其他算法，如模拟退火法、遗传算法等搜索算法来寻找合适的环网互联方案。

### 2. 环内、环间业务选路以及环网分割与功能定位

这一部分有两个重要的问题需要解决：环承载和波长分配。其中环承载决定了业务沿环的选路方式，而波长分配则决定了环网上每一条光通道所使用的波长。

环承载的设计目标是在满足环网中节点间所有业务需求的情况下，尽可能使网络所需要使用的波长数量最少。对于光通道专用保护环网(Optical Channel-Dedicated Protection Ring，OCh-DPRing)，该环网采用 1+1 保护，环承载是个小问题，因为针对某一个业务需求的主路由和备用路由从一开始就在环网的两个方向上被建立起来了。这样每一个业务需求分别在环网的不同区段上承载着，而在共享保护环网中，每一个业务需求沿环网的工作通道既可以顺时针也可以逆时针进行选路。为了计算共享保护环网所需要的波长数量，则需要确定环网中承载业务量最多的链路。因此，环网的选路策略就是要尽可能少地使用最大承载链路，同时使网络所需要的波长数量最少。此外，在光通道专用保护环网中，对非保护业务的选路问题也同样存在路由优化问题。这样的路由优化问题在以前针对 SDH/

SONET 的环网规划中已经有大量文献进行了广泛的研究，本书不再赘述。由于环网给每一个节点到节点的业务需求所分配的路由要么沿环网的顺时针方向，要么沿环网的逆时针方向传送，中间不能进行任何业务分割，因此环网中对业务需求进行路由选择同样是 NP（非特定多项式）完全问题，因此同样需要采用整数线性规划和启发式算法来加以解决。

上述的环承载问题并没有考虑一条光路在环网中的不同段上究竟应该分配哪一个特定的波长。如果在节点处使用了波长转换技术，那么可以通过在中间节点改变某一条光路的波长来避免不同光路对波长资源的竞争和冲突。但是如果节点不具备波长转换功能，那么构成每一条光路的所有的段都必须分配相同的波长。在光通道专用保护环网中，由于工作通道和保护通道沿环网传输信息时使用相同的波长，因此这种环网结构中的波长分配问题可以直接解决，但是它却不可能在多个业务需求之间提供波长级的共享。对于共享保护环网，许多文献都研究了在某种特定的业务模型（例如标准业务模型）条件下的波长分配优化算法。大量研究表明，任何一种环网的选路策略都能够很好地解决波长冲突问题。这一点也表明，在环网中使用波长转换技术并不能降低在某种业务量条件下对波长的需求数量，即并不是在环网中引入波长转换技术就能够降低对波长数量的需求。

## 5.6.2　网状光网络的设计

与环状光网络相比，网状光网络的设计要复杂一些。一般来说，网状光网络的设计分为三大步骤：

（1）拓扑设计（即确定链路的具体使用状况）；

（2）业务路由和容量分配（即确定节点之间的业务传送状况）；

（3）空闲容量分配（即确定网络的抗毁性应对措施和资源占用状况）。

### 1. 拓扑设计

在拓扑设计阶段，主要是从光网络中所有节点之间的一系列待选链路中选择要使用的链路，这时的选择依据可以是地域上的可用性、对业务分布和流量的合理预测、结构方面的限制或者拓扑连通度。如果一些链路的成本过于昂贵就可以考虑不予采用。在实际的设计中，如果光缆的敷设成本在整个网络成本中占主导，则可以考虑采用比较稀疏的网络结构；如果容量配置成本（即终端设备成本）占主导，则可以考虑采用密度较高的网络结构。

### 2. 业务路由和容量分配

业务路由和联网设备的功能定位（或节点之间的容量分配）可看做一个问题来处理，也可以分为两个子问题分别处理。例如，可在对容量优化的条件下对业务进行选路，或先在某一虚拟网络情况下解决业务的路由问题，然后基于选路结果再确定联网设备的功能和各节点之间的容量分配。路由问题通常可以通过使用图论的一些基本原理来解决，比如著名的 Dijkstra（或者 Bellman-ford）算法可以实现最短路由算法，也可以使用 $k$ 最短路径算法计算两个节点之间的 $k$ 条最短路径。然后再进一步采用优化算法寻找最适合所设计网络需求的一条路由。

### 3. 空闲容量分配

对空闲容量的分配来说，网络中所使用的生存性策略是很重要的。因为每一种生存性策略都使用不同的空闲容量分配方案。在链路保护情况下，链路中的每一条光纤都必须有备份光纤并且要确保它们的路由路径不同。在通道保护情况下，则针对某一条业务通道在源节点和目的节点之间必须能够找到另一条与之不相交的通道作为它的保护通道。在恢复或共享保护情况下，应该使用优化算法使得所需要的共享空闲容量最小化。同样，对网络可能发生的故障情况的假定也决定了网络所需要预留空闲容量的大小。空闲容量的分配也可以使用线性模型来表述，它可以通过整数线性规划(Integer Linear Programming，ILP)理论或启发式算法来解决。

WDM网状网络与其他传统的网状网络有着本质的不同，这主要表现在光网络的节点功能受到波长转换技术的限制。例如，在波长通道(Wavelength Path，WP)网络中，恢复路由必须考虑波长连续性问题。如果接收机和发射机都不具有波长调谐能力，则恢复路由必须使用相同的波长，因此这种网络所需要的空闲容量要多于有调谐能力的网络所需要的空闲容量。另外，基于通道的恢复允许网络中空闲容量的分布比基于链路的恢复更分散，所以基于通道恢复的网络所需要的空闲容量比基于链路恢复的网络所需要的空闲容量少一些。

### 5.6.3 网状光网络设计实例

在5.6.1节和5.6.2节中分别简要地介绍了在WDM光层中的环状光网络和网状光网络的设计过程。在本节中，从实际组网角度出发，根据目前的网络状况，探讨如何在WDM光层上组建网状光网络。

**1. 设计中用到的三个概念**

(1) 系统可靠度($P$)：指系统在一段较长的观察时间$T$(通常为1年)内中断时间$D$与观察时间$T$之间的比值，即$P=1-(D/T)$。在SDH传送网中，系统可靠度$P$进一步分为链路可靠度$P_i$和节点可靠度$P_{node}$。

(2) 连通度($c$)：一个SDH节点的连通度指其在网络中存在的与其直接相连的SDH节点数目。

(3) 节点间距离($d$)：指两个SDH节点间最短的跳数。

**2. 分层的概念**

在设计一个网状光网络时，必须考虑业务层、SDH层和光纤层等不同的层面，这样才能设计出一个真正可对抗多重失效的网状光网络。

网状光网络往往存在着业务层、SDH层和光纤层(物理层)这3个不同的网络拓扑层它们彼此之间不一定完全一一对应。通常，光纤层的网格化程度最低，而业务层最高。如图5-10所示，BF之间不存在直达的光纤，但却有逻辑上的SDH链路，其真正的光纤路由可能是BEF或者BCF。所以假设BE之间的光纤发生故障，不仅会影响BE之间的SDH链路，同时也将影响BF之间的SDH链路。

**3. 网状光网络的设计步骤**

在实际的组网中，网状光网络的设计通常有以下三个步骤：

步骤1：确定业务节点。

根据网络地位的重要性确定网状光网络中的业务节点。核心节点应尽量有较多的光通道出口(连通度)，从而可以拥有更多的迂回路由，以降低所需的备份带宽的数量。图5-11

(a)所示为环状结构，由于只存在一条迂回路由，故保护带宽与工作带宽在任意保护机制下都是 1∶1。而图 5-11(b)中由于存在两条迂回路由，网络的安全性提高了，同时每条迂回路由只要预留 50%的工作电路带宽就可以了，保护带宽与工作带宽之比为 0.5∶1。推而广之，如图 5-11(c)所示，在一个网状光网络中，若某个节点有 $N$ 个光通道出口，则存在 $N-1$ 条迂回路由，保护带宽与工作带宽之比可以达到 $1/(N-1)$∶1。

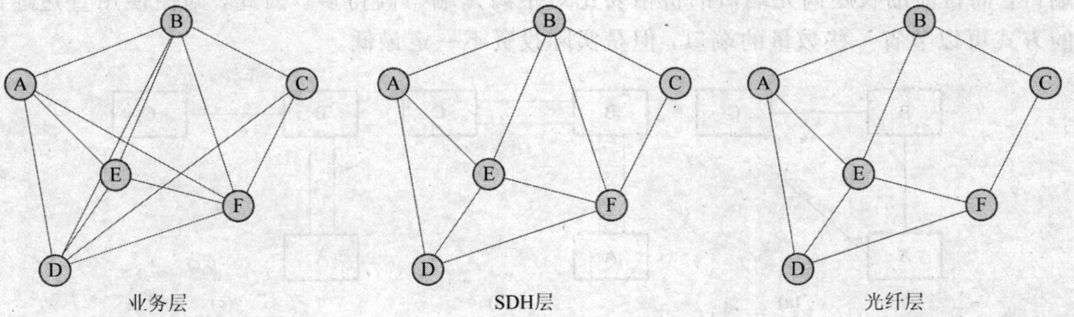


图 5-10　网状光网络的分层结构

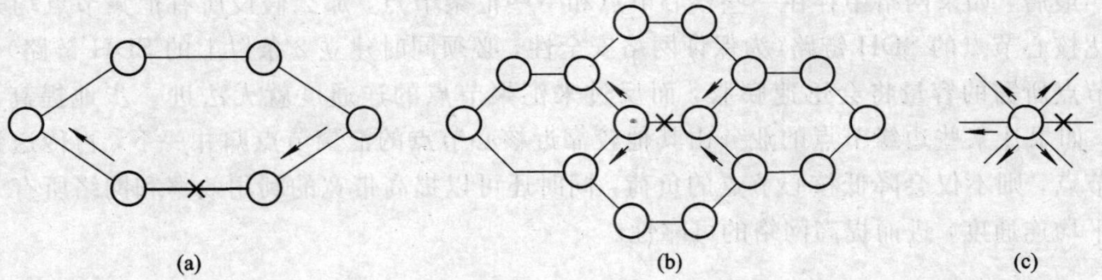


图 5-11　连通度对于备份带宽的影响

步骤 2：确定业务保护类型。

确定业务节点后，即可得到业务矩阵表。此时可以对业务矩阵表中不同类型的业务安排不同的保护类型。网状光网络区别于传统 SDH 网络的一个重要特点就在于它可以承载不同保护方式的业务。通常，对于一般性的业务(比如千兆/百兆以太网业务)，可以安排恢复的保护方式以降低保护带宽的数量。而对于较重要的业务，可以安排端到端的通道保护，甚至还可以安排保护与恢复相结合的方式(PRC，即工作电路发生故障时，首先在 50 ms 内倒换到保护通道，同时系统在网络中寻找第二条可能的备份路由。一旦保护通道再次发生故障，则倒换到第二条备份路由)。

步骤 3：确定 SDH 层网络拓扑。

SDH 层的拓扑和网络造价与网络的效率密切相关。从传送效率的角度看，任意节点间设置直达的 SDH 链路应该是最高效的做法，此时节点间距离为 1 跳(Hop)。从设备配置的角度来看，任意节点间设置直达的 SDH 链路将使整体的网络端口数降到最低。

如图 5-12 所示，图 5-12(a)中各节点之间均存在直达路由，共需 3 条 SDH 链路，对应 6 个 SDH 端口。而图 5-12(b)中 A 到 C 不存在直达路由，需经由 B 节点转接，这样总计需要 4 条 SDH 链路，对应 8 个 SDH 端口。因此，理论上在任意有业务的节点间建立直达路由是最高效、最经济的做法。但是，实际情况要复杂得多，在选择建立 SDH 链路时还必须考虑节点之间业务的数量以及节点之间的距离。如图 5-12(c)所示，假设 BC 之间的链路具有较大的空闲带宽，那么 AC 之间的业务经由 B 节点转接后可以归并到原 BC 之间的 SDH 链路上传输，这样所需的 SDH 链路数量同样是 3 条，对应 6 个 SDH 端口，与图 5-12(a)的端口数量相同。另外，假如 AC 之间距离较长(比如大于 40 km)，而 AB 之间和 BC 之间距离较短(小于 40 km)，此时 AC 之间如果要建立直达通路，就必须应用长距离光端口，而目前的长距离光端口的价格要比短距离光端口高得多。因此，即使使用直达通路的方式可以节省一些数量的端口，但是实际投资不一定最低。

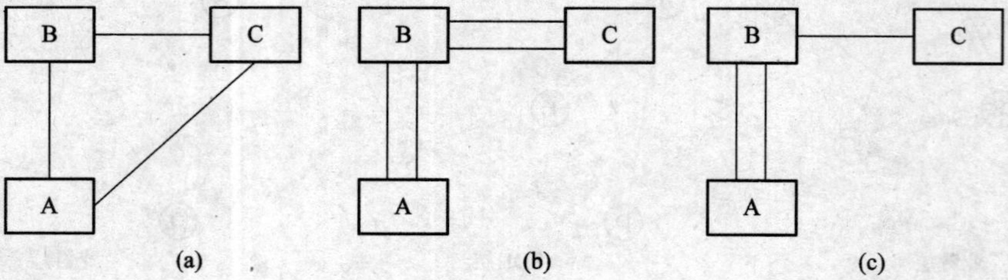


图 5-12 不同 SDH 链路组织对端口设备数量的影响

最后，如果网络中存在一些核心节点和一些汇聚节点，那么假设所有汇集节点均开设直达核心节点的 SDH 链路(为保证网络安全性，必须同时建立 2 条以上的 SDH 链路)，核心节点所需的容量将会迅速膨胀，而反过来汇聚节点的连通度就无法进一步地提高。此时，如果让某些边缘节点的业务由其他较靠近核心节点的汇聚节点归并一下，再传送到核心节点，则不仅会降低核心节点的负荷，同时还可以提高带宽的利用效率和网络所有节点的平均连通度，进而提高网络的可靠性。

## 5.7 物理层的设计

一种优化的光网络层设计同样也要考虑对底层物理层各种参数的联合优化，这种联合优化包括对物理层设备配置的优化和物理层限制因素对网络层设计的优化。这主要是因为网络层的路由问题往往要受到物理层光通信设备的地理位置等配置情况及条件的影响和限制。

例如，在 WDM 网络中，既要保持透明传送又要延长和扩展传送距离时，就需要在源节点到目的节点之间的光连接上使用光放大器，以补偿光信号传送过程中的传输损耗和分波损耗。光放大器的一个最大优点就是使用一个合适的光放大器可以放大光纤中整个波带(放大器带宽)内所有波长上的光信号。但是由于光放大器高昂的价格，要求网络设计人员在设计和规划网络时，必须考虑在保证网络正常运转的基础上应尽可能少地使用光放大器，以最大程度地降低组网费用。又比如，之前研究人员在理想的物理层假设条件下，研究了大量的选路与波长分配(Routing and Wavelength Assignment，RWA)算法来建立光通信通道。值得一提的是，必须意识到光信号通过物理层的传输必然会产生传输损伤。例如，由于信号通过交换机的交换会造成信道间的串扰，通过掺铒光纤放大器(EDFA)会引入放大器的自发辐射噪声(ASE)等。这些物理层的损伤都会导致接收机的误码率(BER)增大。由此可见，在建立一个呼叫连接时，可以将实时检测到的误码率作为选定某条备选路由和波长的一个重要的限制条件。

## 5.7.1　物理层中光信号的传输损伤模型

WDM 光网络相对于点到点光纤通信系统而言，引入了 OXC 和 OADM 节点，并广泛使用了光开关、光滤波器、EDFA 等光器件。由于目前各种光器件性能还不是很理想，节点结构设计仍有待完善，这些都将对网络性能产生不利影响，使光信号质量在传输过程中不断下降。此外，对于无中继再生的长距离传输，光纤中的偏振模色散(PMD)、非线性效应也会导致高速光信号传输性能的恶化。业界将这些传输限制称为传输损伤，造成传输损伤的因素主要有信道串扰、放大器噪声积累、群速度色散、偏振模色散、非线性效应等。这些效应所造成的传输信号的损伤，最终限制了 WDM 光网络的容量和规模。图 5-13 所示为 WDM 光网络中传输损伤积累效应示意图。

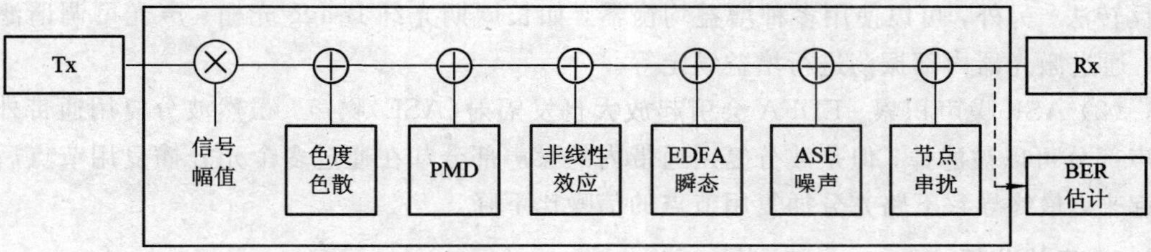


图 5-13　WDM 光网络中传输损伤积累效应示意图

## 5.7.2　物理层设备优化配置分析

### 1. 光收发器分析

光收发器集成了光发送机和光接收机的功能。光发送机的主要性能指标包括光功率、消光比和调制方式等。输出光功率取决于发送机类型，对于 DFB 激光器，输出光功率在 1～10 mW 之间，经过光功率放大器后输出功率可达 50 mW。输出光功率的最大值主要受非线性效应及安全性的限制。

设光发送机的平均输出功率为 $P$，输出“0”码和“1”码时的功率分别为 $P_0$ 和 $P_1$，$r$ 为消光比，可得

$$P_0 = \frac{2P}{r+1},\ P_1 = \frac{2rP}{r+1} \tag{5-3}$$

假定噪声与信号本身无关，那么由于消光比非理想化而造成的光功率代价(Power penalty)为

$$PP = -10\lg\frac{r-1}{r+1} \tag{5-4}$$

上式表示在平均输出光功率相同时，相比于消光比无穷大的理想系统，实际系统的信噪比(SNR)下降。直接调制型的光发送器受频率啁啾效应的影响使得输出带宽增大，将导致额外的功率代价。为了获取更好的调制特性，一般采用与光发送机相独立的外调制器。

衡量光接收机性能的主要指标是接收灵敏度和过载参数。接收灵敏度是指达到指定的误码率或信噪比时的最小接收信号光功率，一般使用长度为 $2^{23}-1$，误码率为 $10^{-12}$ 的伪随

机比特流进行测量。过载参数是指光接收机可以承受的最大输入光功率。对于工作波长在1550 nm波段，单通道速率为10 Gb/s的系统，采用雪崩光电二极管(APD)和场效应晶体管类型的光接收机时，接收灵敏度分别为－24 dBm和－18 dBm，过载参数分别为－6 dBm和－1 dBm。

**2. 光放大器分析**

掺铒光纤放大器(EDFA)是WDM技术实用化的关键，然而它仍然存在一些不理想特性，主要表现在：

(1) 增益均衡。EDFA对WDM的各波长信号产生不同增益。当EDFA在系统级联使用时，由于此功率增益不平坦性的积累，会使增益较低信道的光信噪比迅速恶化，从而影响整个系统性能。目前已提出很多技术方法提高EDFA增益谱的宽度和平坦特性，包括AI/P掺杂的EDFA、基于氟化物或碲化物光纤的EDFA和工作于1.58 μm波长处的粒子数反转法。另外，可以使用多种增益均衡器，如长周期光纤Bragg光栅、声光可调谐滤波器、通过激光器内部振荡进行增益锁定等。

(2) ASE噪声积累。EDFA会引起放大自发辐射(ASE)噪声，虽然波分复用通带外的噪声部分可以被滤掉，但是波分复用通带内的噪声部分却在通过多个光分插复用节点后积累起来，最终导致下路光分插复用节点的信噪比下降。

**3. 串扰分析**

串扰是指在WDM系统中，由于光器件隔离度的不理想或者非线性光学效应的影响，其他光通道的信号会泄漏到传输通道，形成串扰噪声，从而对系统性能造成影响。按照产生原因来划分，WDM网络中的串扰有两大类：第一类是由光纤传输链路或网络节点的各类非线性效应造成的，称为非线性串扰；第二类是由光滤波器和光开关等无源器件的不完善引起信号泄漏造成的，与非线性无关，称为线性串扰。

线性串扰在各类波长路由器件中的形成有多种机制，根据串扰信号的波长是否与主信号波长相同，又可将其分为同频串扰(带内串扰)和异频串扰(带间串扰)。其中同频串扰无法由光学窄带滤波器消除，它们在通过多个节点之后不断积累，会在接收机端和主信号发生拍频现象，对通信系统性能构成严重损伤，是值得关注的重点。

由于各类网络器件在WDM网络中要完成不同功能，器件结构各有其优缺点，作为波长选择单元的光滤波器在器件中的配置也不同，因此仅仅由于滤波器的非理想特性引入的信道串扰就有多种机制。以下针对不同的网络器件分析串扰的起因。

(1) 复用器/解复用器(MUX/DEMUX)。复用器的作用是将空间分离的单波长信号合成WDM信号。理想情况下，各波长信道中的光信号经过复用器复用后在输出端口光功率应保持不变。但是由于器件性能的不理想，某些波长信道中的信号会以一定比例泄漏至其他信道，从而形成串扰。解复用器的作用是将输入的WDM信号在空间上分离为单波长信号。理想情况下，解复用器输出端的特定端口仅有特定波长的信号，但由于器件隔离度有限，在该端口处还会有幅度较小的其他波长的信号，这部分信号即为解复用器引入的串扰，因其来自于不同波长的信道，故称之为异频串扰。

(2) 光分插复用器(OADM)。在OADM中，一般要完成对某一波长信道的下路功能，以及对同一标称波长从另一信道的上路功能。一方面，利用波长选择器件在本地将某一波长的信道信号取出，与前面所提到的 DEMUX 串扰机理完全一样，波长选择器件的不理想将会使异频加性串扰进入本地光接收机内。另一方面，如果滤波器不能全部取出该信道信号，仍有部分信号未下路，则当上路信道加入到 WDM 中时，这两个同波长的信号将混合在一起，从 OADM 输出端输出，进入 WDM 网络。可见，串扰与信号同属某一标称波长，来自不同信道，是同频非相干串扰，不可能通过在接收机前加入光滤波器的办法滤除，对系统性能的影响较大。

(3) 光交叉互联器(OXC)。在 OXC 中造成类似于 OADM 同频非相干串扰的原因，除了滤波器和解复用器之外，还有光开关隔离度的影响。此外，由于解复用器的非理想滤波特性，主信号可能从相邻信道泄漏一部分功率，不仅对相邻信道构成异频串扰，而且可能在 OXC 输出端与主信道重新汇合，这种源于同信道不同寄生路径的串扰属同频相干串扰。可见，在 OXC 中同频串扰有多种产生机制，且由于信号的拍频落在接收机带宽之内，带来的噪声强度远大于异频串扰，对系统性能影响较大。OXC 的结构复杂，串扰类型多样，特别是在 OXC 输入输出端口较多时，对其串扰的分析更显复杂。

**4. 色散分析**

为了提高多通道传输系统的传输距离，在长距离通信的 WDM 传输系统中采用了 EDFA 技术。这使得光纤衰减对传输距离的限制问题得以解决，传输距离大大增加，但同时整个传输线路的总色散也随之增加。原来的损耗限制系统变成了色散限制系统，因此光纤色散效应的影响对于高速传输系统而言是一个主要的限制因素。根据 ITU－T G. 957 建议，群速度色散对光信号的传输限制，可以用给定色散代价(Chromatic dispersion penalty)条件下光脉冲的展宽占一个比特周期的比例 $\varepsilon$ 表示。当色散代价为 1 dB 时，$\varepsilon=0.306$；当色散代价为 2 dB 时，$\varepsilon=0.491$。设 $D$ 为色散系数，$L$ 为光纤链路长度，$B$ 为比特率，$\Delta\lambda$ 为信号谱宽，那么有如下的限制条件：

$$|D|LB(\Delta\lambda)<\varepsilon \tag{5-5}$$

标准单模光纤的典型色散系数值为 $D=17$ ps/(nm·km)。取 $\lambda=1550$ nm，$\varepsilon=0.491$，由式(5－5)可得 $BL<30$(Gb/s)·km。

当采用外部调制方式时，光源谱宽一般为比特率的 2.5 倍(比如 10 Gb/s 信号的谱宽为 25 GHz)，可得

$$B\lambda\sqrt{|D|L/C}<\sqrt{0.4\varepsilon} \tag{5-6}$$

一般取 $D=17$ ps(nm·km)。假如 $\lambda=1550$ nm，$\varepsilon=0.491$，则有 $B^2L<8327(\text{Gb/s})^2\cdot\text{km}$。

式(5－5)和式(5－6)给出的限制条件相当严格，因此在高速光通信系统中需要使用单色光源(如 DFB 激光器)，并进行色散补偿，以使光链路中总色散值处于接收机的色散容限范围之内。

**5. 偏振模色散(PMD)分析**

随着单信道传输速率的提高和模拟信号传输带宽的增加，偏振模色散(PMD)问题变得十分突出。在 10 Gb/s 以上的高速光纤通信系统中，偏振模色散将导致非常严重的传输损伤，被认为是限制高速光纤通信系统传输容量和传输距离的决定性因素。

PMD 产生于单模光纤基模的两个互相垂直的偏振模之间，两偏振模的群速度由于受到外界一些不稳定因素的影响而产生差异，在传播中两偏振模的叠加使得信号脉冲展宽，

从而形成偏振模色散。通常采用两个主偏振态(Principal States of Polarization，PSP)之间的差分群时延(DGD)来表示偏振模色散，它在时间轴上的平均值满足以下关系式：

$$\langle\Delta\tau\rangle = D_{PMD}\sqrt{L} \qquad (5-7)$$

式(5-7)中，$\Delta\tau$ 为差分群时延；$L$ 为光链路长度；$D_{PMD}$ 为光纤 PMD 系数，单位为 ps/$\sqrt{km}$。对于以往所敷设的普通光纤，$D_{PMD}$ 的典型值在 0.5～2 ps/$\sqrt{km}$ 之间，但现在新敷设的光纤 PMD 系数可低于 0.1 ps/$\sqrt{km}$。

在实际系统中，DGD 随时间缓慢变化，是一个统计量，它满足麦克斯韦分布。因此，由 PMD 导致的功率代价也是随时间变化的，并且与 DGD 的平方呈正比。若系统 DGD 为 0.3$T$($T$ 代表一个时间周期)，则对于一个以热噪声为主要限制的接收机，系统功率代价约为 0.5 dB(ITU-T G.691)。

**6. 非线性效应分析**

当在高比特率系统中为了增加中继距离而提高发送光功率时，信号和光纤之间的非线性相互作用开始出现。对于大容量和无中继长距离光纤通信系统，光纤的非线性特性是影响系统性能的重要因素。光纤非线性分为两类：第一类是受激非弹性散射引起的，比如受激布里渊散射(SBS)和受激喇曼散射(SRS)；第二类是介质折射率的非线性引起的，折射率不再是一个固定不变的值，而是依赖于作用电场的强度，亦即与作用电场的幅值平方成比例，包括自相位调制(SPM)、交叉相位调制(CPM)和四波混频(FWM)。

## 5.7.3 光网络链路传输系统设计

本小节将简要介绍光网络传输中的光传输再生段距离设计，光传输再生段距离由光纤衰减和色散等因素确定等问题。在实际工程应用中，设计方式主要有以下两种情况：

- 衰减受限系统，即再生段距离由发送端(S 点)和接收端(R 点)之间的光通道衰减决定。
- 色散受限系统，即再生段距离由发送端(S 点)和接收端(R 点)之间的光通道色散决定。

计算方法一般采用最坏值计算法。

**1. 衰减受限系统**

现在光缆线路工程一般采用单模长波长光纤光缆，工作波长为 1310 nm 或 1550 nm，设计按光纤衰减计算再生段长度，其计算公式为

$$L = \frac{P_S - P_R - P_p - M_c - \sum A_c}{A_f + A_s} \qquad (5-8)$$

式(5-8)中，$L$ 表示衰减受限再生段长度(km)；$P_S$ 表示 S 点发送光功率(dBm)；$P_R$ 表示 R 点接收灵敏度(dBm)；$M_c$ 表示光缆冗余度(dB)(一般取为 3～5 dB)；$P_p$ 表示光通道功率代价(dB)(一般取为 1～2 dB)；$\sum A_c$ 表示 S 和 R 之间其他连接器衰耗之和(dB)；$A_f$ 表示光缆光纤平均每千米衰耗(dB/km)；$A_s$ 表示光纤固定接头平均每千米衰耗(dB/km)(一般取 0.04 dB/km)。

考虑到目前国内外设备供货商提供的设备性能参数，可满足再生段传输距离 140 km。

经核算后，一般工程再生段距离符合传输衰减指标要求。

**2. 色散受限系统**

色散受限系统再生段距离用下式估算：

$$L = \frac{D_{max}}{D} \tag{5-9}$$

式(5－9)中，$D_{max}$表示 S 和 R 点之间允许的最大色散值，单位为 ps/nm；$D$ 表示光纤色散系数，单位为 ps/(nm·km)。

实际设计时，应根据衰减受限式系统及色散受限式系统分别计算后取其两者最小值，此最小值即为最大再生段距离。

# 第6章　光网络逻辑拓扑优化设计

## 6.1 引　言

在光网络中，信息传输是在光通道(Lightpath)中进行的。所谓的光通道，就是节点间的透明信道，它经过若干条物理链接，在源节点到目的节点之间以光的形式传输信息。通常情况下(假设网络节点不具备波长转换功能)，一条光通道在一条物理链接中会被分配一个特定的波长，被称为光网络中的波长连续性限制(Wavelength Continuity Constraint)条件。如果两条光通道同时经过了同一条物理链接，那么这两个光通道在这条物理链接中必须被分配不同的波长，被称为光网络的不同波长限制(Distinct Wavelength Constraint)条件。但是，由于光网络中可用波长数目有限，而且网络节点处的硬件设备(节点接收器和发送器)数目有限，因此不可能在网络中每一个节点对之间都建立这样一条透明的光通道，必须以网络的物理拓扑结构为基础，组建满足网络性能要求的一系列特定的光通道集合，这就是逻辑拓扑设计(Logical Topology Design，LTD)问题。

逻辑拓扑设计的优化目标主要有网络的拥塞下限(或拥塞率)、平均时延和平均跳数，目前见于文献中的大多数算法的优化目标都选择拥塞下限。LTD的输入参量为网络的物理拓扑(包括光纤距离矩阵、收发器数目、波长数目等)和业务流量矩阵。在本章中，业务流量矩阵是事先给定的，因此属于静态条件下的LTD问题，适合流量稳定的广域网的逻辑拓扑设计。对于业务流量动态变化的情况，需要根据业务量矩阵的变化不断地添加或者拆除光通道，属于逻辑拓扑重构问题，本章不进行深入讨论。

LTD的求解方法主要分为两类。一类是通过求解混合整数线性规划(Mixed Integer Linear Program，MILP)方程组来得到优化目标的最优解，同时也能够求解优化目标的理论边界。但是这种方法随着网络规模的扩大将导致计算复杂度迅速增加，所以只适合小规模网络的求解。另一种方法利用特定的启发式算法进行求解，这种方法虽然只能得到近似优化解，但是启发式算法本身步骤简单，易于实现，所以适合对中、大规模网络的求解。因此启发式算法也得到较为广泛的研究。启发式算法也可以进一步分解为4个子问题进行求解：

(1) 拓扑子问题(确定源—目的节点对以及对应的光通道)；

(2) 光通道路由子问题(确定每条光通道由哪些光纤链路组成)；

(3) 波长分配子问题(确定每条光通道所用的波长，并满足波长约束条件)；

(4) 流量路由子问题(确定逻辑拓扑中分组流量在源－目的节点对之间的路由)。

本章内容主要包括：LTD中的基本概念；采用MILP求解LTD的方法及示例；LTD中的启发式算法；LTD中的理论边界；LTD设计实例。

# 6.2　基本概念

## 6.2.1　物理拓扑与逻辑拓扑

### 1. 物理拓扑

物理拓扑是网络节点之间的点到点光纤链路，通过光交叉互联器(OXC)等交换器和路由设备互联起来所构成的拓扑结构。它可以用图 $G_p(V, E_p)$来表示，其中图的顶点是网络的各个节点，用集合 V 来表示。实际节点可大致分为接入节点和路由节点两类，每个接入节点都有其对应的路由节点，图论中的顶点是指路由节点。图的边是节点间的光纤链路，用集合 $E_p$ 来表示。光纤链路又可叫做物理链路，为了反映每条链路的长度或者时延，可以给链路加上权重参数。在本章中，假定所有链路都是双工的。图 6－1 所示为一个具有 4 个路由节点的网络物理拓扑(图中有 B 到 A 和 D 到 B 两条逻辑路由，不同的虚线类型表示采用不同的波长)。

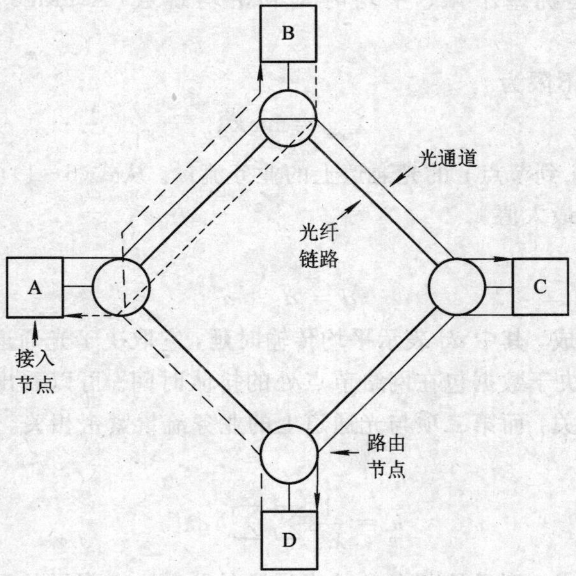


图 6－1　一个 4 节点网络的物理拓扑

### 2. 逻辑拓扑

逻辑拓扑(又称虚拓扑)是由一系列端到端的光通道构成的拓扑结构。在光层上构造逻辑拓扑的目的是改善网络性能，缓解流量拥塞现象，使网络吞吐量最大化。逻辑拓扑可以用图 $G_V(V, E_V)$来表示，其中图的顶点是网络的各个节点(指路由节点结合其对应的接入节点)，用集合 $V$ 表示。图的边是节点间的光路，用集合 $E_V$ 表示。每条光通道也可以有权重参数。通常逻辑拓扑图的边是有向的。对应图 6－1 物理拓扑的逻辑拓扑如图 6－2 所示。

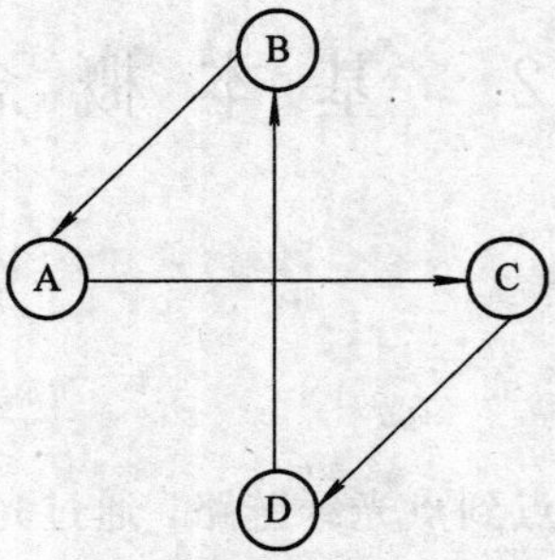


图 6-2 一个4节点网络的逻辑拓扑

### 6.2.2 逻辑拓扑设计的优化目标

在逻辑拓扑设计问题中，要根据待优化的网络性能的不同来选择不同的优化目标。比如，为了降低网络链路的最大负载，增加网络的吞吐量，应选择网络的拥塞下限(Maximum Congestion Level)(也有文献称为拥塞率)为优化目标。而为了降低网络的信息传输时延，则选择平均时延(Average Packet Delay)为优化目标。在现有文献中，最常用的优化目标有三种，分别是拥塞下限、平均时延和平均跳数(Average Weighted Number of Hops)。

(1) 网络的拥塞下限为

$$\lambda_{\max} = \max_{ij} \lambda_{ij} \tag{6-1}$$

其中，$\lambda_{ij}$ 表示从节点 $i$ 到节点 $j$ 的光通道上的业务流量。从式(6-1)可见，拥塞下限定义为所有光通道上流量的最大值。

(2) 平均时延为

$$d = d_p + d_q \tag{6-2}$$

平均时延由两部分组成，其中 $d_p$ 表示平均传输时延，它取决于光通道的物理距离；$d_q$ 表示平均排队时延，它取决于数据包在网络节点处的排队时间。可以看出，平均时延的第一项与网络的业务流量无关，而第二项与光通道上的业务流量紧密相关。

(3) 平均跳数为

$$\bar{h} = \frac{1}{\lambda_{\text{tot}}} \sum_s \sum_d h_{sd} \lambda^{sd} \tag{6-3}$$

其中，$h_{sd}$ 表示从源节点 $s$ 到目的节点 $d$ 的光通道的跳数，$\lambda^{sd}$ 表示从源节点 $s$ 到目的节点 $d$ 之间的平均业务流量。$\lambda_{\text{tot}} = \sum_s \sum_d \lambda^{sd}$ 表示网络的业务流量的总和。

由上述三个逻辑拓扑设计优化目标的定义，可知：

$$\sum_s \sum_d h_{sd} \lambda^{sd} = \sum_{ij} \lambda_{ij} \tag{6-4}$$

式(6-4)表明，最小化平均跳数同时也意味着最小化网络链路中的平均业务流量。因此，拥塞下限和平均跳数是两个关系紧密的优化目标。众所周知，通常情况下，网络的性能主要由网络瓶颈所限制。所以，在拥塞下限和平均跳数两者之间，大多数研究人员更加偏向选择前者作为优化目标。

平均时延由传输时延和排队时延两部分组成。在广域网中，平均时延中的传输时延一般是主要的，而常常忽略排队时延。但是在城域网中，当光通道的负载接近链路最大容量时，排队时延迅速增加。事实上，实时电信业务的质量就是主要受排队时延所影响的，而不是传输时延(这个时候，传输时延可以看做是不变的)。因此，在城域网中，逻辑拓扑设计优化目标在于最小化排队时延 $d_q$。由于排队时延 $d_q$ 主要取决于光通道上的负载大小，所以通过最小化 $\lambda_{max}$ 能够实现间接最小化 $d_q$。另外，最小化网络的拥塞下限能够用线性规划理论来描述，而最小化平均时延只能通过非线性方程组来表述，因为排队时延和业务流量的关系是非线性的。

由于以上原因，虽然逻辑拓扑设计中可以选择拥塞下限、平均时延和平均跳数为优化目标，但是大多数逻辑拓扑设计的启发式算法都是选择最小化拥塞下限作为其优化目标的。

## 6.3　采用 MILP 方法进行逻辑拓扑设计

混合整数线性规划(MILP)是进行逻辑拓扑设计(LTD)的一种常用的方法，尤其适合对小规模网络的精确求解。本节将首先给出一个约束条件比较完备的 MILP 数学模型，然后介绍采用 MILP 进行逻辑拓扑设计的示例。

### 6.3.1　LTD 问题的 MILP 数学模型

首先给出 MILP 方程中用到的一些符号的含义：

$$P_{lm}=\begin{cases}1, & \text{如果从节点 } l \text{ 到节点 } m \text{ 存在一条物理链路}\\0, & \text{否则}\end{cases}$$

$$P_{lm}^{(ij)}=\begin{cases}1, & \text{如果节点对}(i, j)\text{之间的光通道经过节点对}(l, m)\text{之间的一条物理链路}\\0, & \text{否则}\end{cases}$$

$$b_{ij}=\begin{cases}1, & \text{如果从节点 } i \text{ 到节点 } j \text{ 存在一条光通道}\\0, & \text{否则}\end{cases}$$

$$c_{ij}^{(k)}=\begin{cases}1, & \text{如果从节点 } i \text{ 到节点 } j \text{ 的光通道占用了波长 } k\\0, & \text{否则}\end{cases}$$

$R_i$ 表示逻辑输入度，即逻辑拓扑中从其他节点到节点 $i$ 的光通道的总数。$T_i$ 表示逻辑输出度，即逻辑拓扑中从节点 $i$ 到其他节点的光通道的总数。逻辑输入度和逻辑输出度常常相等，此时简称它们为该节点的逻辑度 $\Delta$。通常认为逻辑输出度是节点的发射机的数目，逻辑输入度是节点的接收机的数目。

$\lambda^{sd}$ 表示源节点 $s$ 到目的节点 $d$ 之间的平均业务流量。$\lambda=\lfloor\lambda^{sd}\rfloor_{N\times N}$ 表示网络的流量矩阵(业务量矩阵)，在本章中，规定业务流量矩阵在逻辑拓扑设计时已经确定，因此涉及到的是一个流量静态问题。$\lambda_{ij}^{sd}$ 表示源节点 $s$ 与目的节点 $d$ 之间的信息在节点 $i$ 与 $j$ 之间光通道上的流量大小。

$d_{ij}$ 表示节点对 $i$ 和 $j$ 之间的光通道的时延，$d^{max}$ 表示各个节点对之间时延的最大值，$\alpha d^{max}$ 表示时延的最大容限，其中 $\alpha$ 是调节因子。

$H=\lfloor h_{ij}\rfloor$ 表示各个光通道的物理跳转次数的上限，其中 $h_{ij}$ 表示从节点 $i$ 到节点 $j$ 的光路所能跨越的最大物理链路数目。

在以上符号表示的基础上，给出逻辑拓扑设计的 MILP 数学模型。其优化目标选择为最小化网络的拥塞下限。该 MILP 方程组的输入是流量矩阵 $\lambda$、跳转次数矩阵 $H$、最大波长数目 $W$、输入/输出逻辑度 $\Delta$ 和物理拓扑结构。MILP 的输出是与逻辑拓扑结构、波长分配和路由选择等有关的优化变量值，由光通道标志符 $b_{ij}$ 来描述逻辑拓扑结构；由光通道波长标志符 $c_{ij}^{(k)}$ 来表示逻辑拓扑中光路所分配的波长和每条光通道所对应的物理链接；由流量负载变量 $\lambda_{ij}$ 和 $\lambda^{sd}$ 来描述逻辑拓扑中源节点与目的节点对之间的路由。

优化目标是获取最小化网络的拥塞下限，即：

$$\text{拥塞下限} = \min \lambda_{\max} \tag{6-5}$$

下面给出该优化目标下的约束条件。

(1) 逻辑度约束条件：

$$\sum_j b_{ij} \leqslant T_i,\ \forall j \tag{6-6}$$

$$\sum_i b_{ij} \leqslant R_j,\ \forall i \tag{6-7}$$

公式(6-6)和(6-7)说明从网络中任意节点起始或者终止的光通道的数目不能超过该节点的输出或者输入逻辑度。

(2) 流量约束条件：

$$\lambda_{ij},\ \lambda_{ij}^{sd},\ \lambda_{\max} \geqslant 0,\ \forall i, j, s, d \tag{6-8}$$

$$\lambda_{ij} \leqslant \lambda_{\max},\ \forall i, j \tag{6-9}$$

$$\lambda_{ij} = \sum_{sd} \lambda_{ij}^{sd},\ \forall i, j \tag{6-10}$$

$$\lambda_{ij}^{sd} \leqslant b_{ij}\lambda^{sd},\ \forall i, j, s, d \tag{6-11}$$

$$\sum_j \lambda_{ij}^{sd} - \sum_j \lambda_{ji}^{sd} = \begin{cases} \lambda^{sd},\ s = i \\ -\lambda^{sd},\ d = i,\ \forall s, d \\ 0,\ s \neq i,\ d \neq i \end{cases} \tag{6-12}$$

公式(6-8)说明逻辑拓扑设计中的任意业务流量都是非负的；公式(6-9)说明所有光通道上的业务流量都不能超过拥塞下限；公式(6-10)说明节点对 $i$ 和 $j$ 之间的光通道上的总流量是各个节点对分布在该光通道上的流量之和；公式(6-11)说明只有某个节点对(比如$(i, j)$节点对)之间存在光通道时，源和目的节点对之间的数据才可能在$(i, j)$节点对之间形成流量，并且$(i, j)$节点对之间的光通道上的流量大小，不得超过源和目的节点对之间的流量总和，公式(6-12)为节点 $j$ 的流量守恒条件，表明网络中某节点上流出的业务量与流入的业务量之差等于该节点引入的业务量。

(3) 波长约束条件：

$$\sum_{k=0}^{W-1} c_{ij}^{(k)} = b_{ij},\ \forall i, j \tag{6-13}$$

$$c_{ij}^{(k)}(l, m) \leqslant c_{ij}^{(k)},\ \forall i, j, l, m, k \tag{6-14}$$

$$\sum_{ij} c_{ij}^{(k)}(l, m) \leqslant 1,\ \forall l, m, k \tag{6-15}$$

$$\sum_{k=0}^{W-1} \sum_l c_{ij}^{(k)}(l, m) P_{lm} - \sum_{k=0}^{W-1} \sum_l c_{ij}^{(k)}(l, m) P_{ml} = \begin{cases} b_{ij},\ m = j \\ -b_{ij},\ m = i \\ 0,\ m \neq i,\ m \neq j \end{cases},\ \forall i, j, m \tag{6-16}$$

公式(6-13)和(6-14)为波长一致性条件；公式(6-15)说明一个波长在同一条链路上只能被使用一次，以免发生波长冲突；公式(6-16)为节点 $j$ 的波长守恒条件，表明网络中某节点上流出的业务量占用的波长数与流入业务量占用的波长数之差等于该节点引入业务量占用的波长数。

(4) 跳数约束条件：

$$\sum_{lm} c_{ij}^{(k)}(l, m) \leqslant h_{ij}, \ \forall i, j, k \tag{6-17}$$

公式(6-17)说明在一条光通道上，所跨越的物理链路数之和不得超过跳数的上限。

(5) 时延约束条件：

$$\sum_{ij} \lambda_{ij}^{sd} d_{ij} \leqslant \lambda^{sd} \alpha d^{\max} \tag{6-18}$$

公式(6-18)说明任意节点对之间的平均时延不能超过时延上限。这里还需要补充说明的是，该 MILP 方程给出的约束条件分为 5 类：逻辑度约束、流量约束、波长约束、跳数约束和时延约束。在解决一个实际问题时，这些约束条件并不一定都要加上，可以按照实际情况对这些约束条件进行组合，或者放松一些约束条件。比如，网络具有波长转换功能时，波长约束条件就可以放宽。如果忽略时延，只考虑路由最优化，可以放松时延约束条件。

同时可以看到，上面的 MILP 方程组中，变量数与 $O(N^3 \times W \times E_V)$成正比，其中 $N$ 表示网络的节点数，$W$ 表示链路的可用波长数，$E_V$ 表示逻辑拓扑图中的边数。由此可见，随着网络规模的扩大，MILP 方程的计算复杂度将会迅速增大。所以该方法只适合小规模网络的求解，对于中等规模以上的网络，就会变得难以处理了。

### 6.3.2 采用 MILP 求解 LTD 问题示例

下面给出用 MILP 方程组求解一个 6 节点网络 LTD 问题的示例。

图 6-3 所示为一个 6 节点网络的物理拓扑，链路上的标出的数字表示两节点间的物理传输距离，或者对应的传输时延。

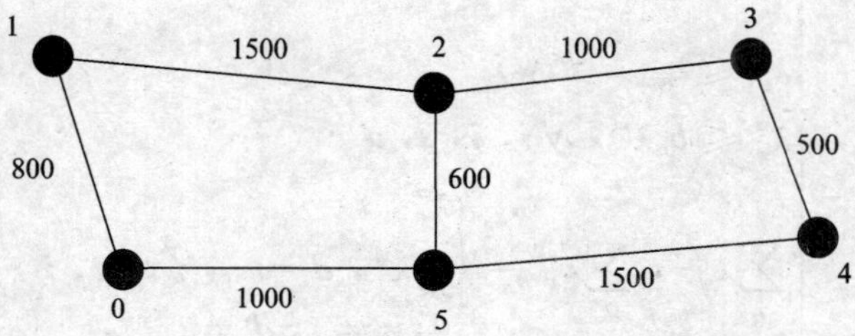


图 6-3　一个 6 节点网络的物理拓扑

表 6-1 所示为该网络的业务量矩阵，矩阵中非对角线上元素的取值满足(0，1)间的均匀分布。在此示例中，业务量矩阵是事先给定的，因此该 LTD 问题属于静态 LTD 问题。对于一般的广域网，在业务流量稳定的条件下，此示例给出的设计方法同样适用。

**表 6-1　一个 6 节点网络的业务量矩阵**

| 节点标号 | 0 | 1 | 2 | 3 | 4 | 5 |
|---|---|---|---|---|---|---|
| 0 | 0.000 | 0.537 | 0.524 | 0.710 | 0.803 | 0.974 |
| 1 | 0.391 | 0.000 | 0.203 | 0.234 | 0.141 | 0.831 |
| 2 | 0.060 | 0.453 | 0.000 | 0.645 | 0.204 | 0.106 |
| 3 | 0.508 | 0.660 | 0.494 | 0.000 | 0.426 | 0.682 |
| 4 | 0.480 | 0.174 | 0.522 | 0.879 | 0.000 | 0.241 |
| 5 | 0.950 | 0.406 | 0.175 | 0.656 | 0.193 | 0.000 |

接下来给出该 LTD 问题求解示例的 MILP 方程组，在这组方程的约束条件中，忽略了波长数限制条件和跳数限制条件。即认为可分配的波长数目是足够的，而且光通道的跳转次数不限。对于图 6-3 所示的 6 节点网络来说，由于网络规模较小，因此上述两个约束条件的忽略是允许的。

优化目标确定为最小化拥塞下限，即：

$$\text{拥塞下限} = \min\lambda_{\max} \tag{6-19}$$

(1) 逻辑度约束：

$$\begin{cases} \sum_i b_{ij} = \Delta_l, \ \forall i \\ \sum_j b_{ij} = \Delta_l, \ \forall j \\ b_{ij} \in (0, 1), \ \forall i, j \end{cases} \tag{6-20}$$

这里逻辑度约束被表述为公式(6-20)。在逻辑度约束条件中，令所有的输入、输出节点的逻辑度都相等。并且，该 MILP 方程不允许逻辑拓扑中的同一对节点之间存在多条连接。如果一定要求允许多条连接存在的话，那么最多允许 $\Delta_l$ 条连接的存在。这个时候，变量 $b_{ij}$ 要被变量 $b_{ijk}$ 所取代，其中 $k=0, 1, \cdots, \Delta_l-1$，而且要对其他的约束条件做相应的修改。

(2) 流量约束：

$$\begin{cases} \lambda_{ij}^{sd}, \lambda_{ij}, \lambda_{\max} \geqslant 0, \ \forall i, j, s, d \\ \lambda_{ij} = \sum_{s,d} \lambda_{ij}^{sd}, \ \forall i, j \\ \lambda_{ij} \leqslant \lambda_{\max}, \ \forall i, j \\ \lambda_{ij}^{sd} \leqslant b_{ij}\lambda^{sd}, \ \forall i, j, s, d \\ \sum_j \lambda_{ij}^{sd} - \sum_j \lambda_{ji}^{sd} = \begin{cases} \lambda^{sd}, \ s=i \\ -\lambda^{sd}, \ d=i, \ \forall s, d, i \\ 0, \ s\neq i, d\neq i \end{cases} \end{cases} \tag{6-21}$$

这里流量约束被表述为公式(6-21)。在该 MILP 方程组中，允许任意源-目的节点对之间的业务流量被分割，分割的业务流量可以选择多条可能的路由。同时，方程中没有给出链路所能承载的最大容量 $C$，所以必须保证 $C>\lambda_{\max}$。

(3) 时延约束：

$$\sum_{i,j} \lambda_{ij}^{sd} d_{ij} \leqslant \lambda^{sd} \alpha d^{\max} \tag{6-22}$$

公式(6－22)表示时延约束。在该 MILP 方程中，平均时延被限定为一个统一的上限，即任意源－目的节点对之间最大时延(对应着所能容忍的最差的传输情况)的 $\alpha$ 倍。这个时延上限也允许被其他时延上限所取代，比如将 $\alpha d^{max}$ 取代为 $\alpha d^{sd}$，这时的时延上限就是在物理拓扑上源－目的节点对之间传输时延的 $\alpha$ 倍。

一般情况下，希望通过对上述 MILP 方程的求解得到下面的结果。即：时延限制越严格(也就是 $\alpha$ 的取值越小)，所能得到的拥塞下限越高，而且希望时延限制越严格，逻辑拓扑中同一源－目的节点对之间的多条连接就越少，因为这样的逻辑连接会导致较大的时延。

以上面给出的物理拓扑、业务量矩阵为基础，通过改变 MILP 方程组中的 $\Delta_l$ 和 $\alpha$ 两个变量，可得到不同的逻辑拓扑结构和优化目标的求解。比如，当 $\Delta_l=1$ 时，对应 $\alpha$ 不同的取值，得到三种可能的逻辑拓扑结构以及拥塞下限(如图 6－4 所示)。当 $\alpha \geqslant 2.8$ 时，即时延约束很放松时，得到的拥塞下限为 7.078(如图 6－4(a)所示)。但是得到的逻辑拓扑中的链路分布与物理拓扑的链路分布差异很大。当 $2.5 \leqslant \alpha < 2.8$ 时，得到的拥塞下限为 7.186(如图 6－4(b)所示)。而当 $1.933 \leqslant \alpha < 2.5$ 时，得到的拥塞下限为 7.337(如图 6－4(c)所示)，在这个逻辑拓扑中，所有的链路分布都与物理拓扑相同。当 $\alpha < 1.933$ 时，则得不到可行的逻辑拓扑。可见，随着时延约束要求更加严格，拥塞下限也增加了，虽然在这个例子中增幅不是很大。表 6－2 给出了当逻辑度以及 $\alpha$ 取不同的数值的情况下，求解 MILP 方程组得到的拥塞下限的结果。其中最小流树(the Minimum Flow Tree，MFT)下限将在 6.5 节中介绍。表 6－2 中的 X 表示在当前条件下得不到可行的逻辑拓扑。

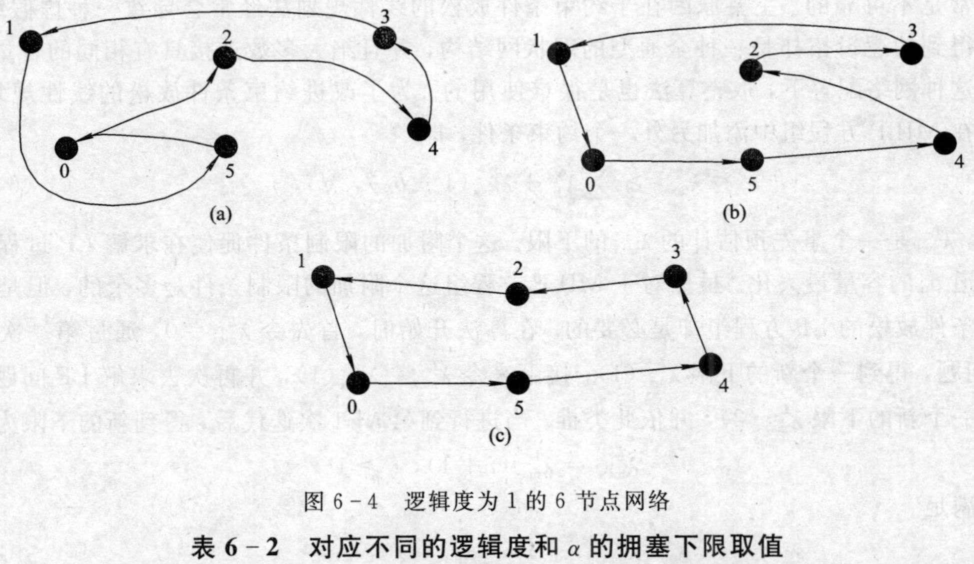


图 6－4　逻辑度为 1 的 6 节点网络

**表 6－2　对应不同的逻辑度和 $\alpha$ 的拥塞下限取值**

| $\Delta_l$→ | 1 | 2 | 3 | 4 | 5 |
|---|---|---|---|---|---|
| MFT | 5.692 | 1.673 | 0.974 | 0.657 | 0.475 |
| MILP($\alpha$=1) | X | X | 1.210 | 0.887 | 0.710 |
| MILP($\alpha$=2) | 7.337 | 2.042 | 1.183 | 0.887 | 0.710 |
| MILP($\alpha$=∞) | 7.078 | 2.042 | 1.183 | 0.887 | 0.710 |

## 6.4 求解逻辑拓扑设计问题的启发式算法

在 MILP 方程组中，变量数与 $O(N^3 \times W \times E_V)$成正比，其中 $N$ 表示网络的节点数，$W$ 表示链路的可用波长数目，$E_V$ 表示逻辑拓扑图中的边数。由此可见，随着网络规模的扩大，MILP 方程的计算复杂度将会迅速增大。所以，对于中、大规模网络的 LTD 问题，常常选择用启发式算法来求解。目前，启发式算法主要可以分为四类，分别是：

(1) MILP 问题的启发式求解法；

(2) 最大化单跳业务流量法；

(3) 最大化单跳和多跳的业务量法；

(4) 利用已有的规则逻辑拓扑，优化网络节点配置的算法。

### 6.4.1 MILP 问题的启发式求解

很多启发式算法都尝试直接去求解 LTD 问题，并且都依赖于使用一些经典的数学工具来寻找这个复杂优化问题的解决方法。比如，遗传算法(Genetic Algorithms)、模拟退火法(Simulated Annealing)、变量深度局部搜索技术(Variable Depth Local Search Techniques)以及约束条件放松的线性规划法(LP-relaxation)和取整法(Rounding)。所有的这类算法都展示了相似的特性。其主要的缺点是：对大规模网络求解时，在获得结果的过程中缺乏对求解质量的控制，尤其是使用约束条件放松的线性规划(LP)法和取整法得到的结果通常是不可靠的。主要原因在于约束条件放松的线性规划法经常会导致一种虚假结果，比如得到的逻辑拓扑是一种全通型的网状网结构，并且绝大多数连接具有相同的容量，而且在这种网络配置下，取整算法也是很难使用的。为了改进约束条件放松的线性规划法，可以在 MILP 方程组中添加另外一个约束条件，即

$$\lambda_{\max} \geqslant \sum_{s} \lambda_{ij}^{s} + \lambda_{\max}^{L}(1 - b_{ij}),\ \forall i,\ j \tag{6-23}$$

其中，$\lambda_{\max}^{L}$是一个事先预估计的$\lambda_{\max}$的下限。这个附加的限制条件促使在求解 LP 过程中使光通道 $b_{ij}$的容量最大化。虽然对于 MILP 方程组这个附加的限制条件是多余的，但是对于约束条件放松的 LP 方程组却是必要的。在算法开始时，首先令 $\lambda_{\max}^{L}=0$，通过第一次求解 LP 问题，得到一个新的下限 $\lambda_{\max}^{L}(1)$；接下来令 $\lambda_{\max}^{L}=\lambda_{\max}^{L}(1)$，并再次去求解 LP 问题，又得到一个新的下限 $\lambda_{\max}^{L}(2)$，并依此类推。当进行到第 $i+1$ 次迭代后，得到新的下限为

$$\lambda_{\max}^{L} = \lambda_{\max}^{L}(i+1),\ i \geqslant 1$$

如果满足

$$\lambda_{\max}^{L}(i+1) - \lambda_{\max}^{L}(i) \leqslant \Delta$$

那么迭代算法停止，输出当前的拥塞下限与光通道集合 $b_{ij}$。否则继续进行迭代运算，直到获得满意的结果为止，$\Delta$ 一般取值为 0.01。

其他一些算法(比如遗传算法、模拟退火法和变量深度局部搜索法等)为了能准确搜索 LTD 状态空间，需要占用大量的 CPU 计算时间。这是因为对于 LTD 状态空间中每个可能的拓扑结构，为了估计网络的拥塞下限，都要采用相应的路由算法进行求解。在有限的时段内，能够被用来测试和计算的可行的逻辑拓扑的数目也受到限制，因此有可能导致所得

到的不是最优解，而是次优解，求解的质量不能完全得到保证。一种改进方法是采用简单的路由算法进行测试，比如常用的最短路径算法。

## 6.4.2　最大化单跳业务流量法

### 1. 最大化单跳业务流量法问题表述

最大化单跳业务流量法(Single-hop Maximization Logical Topology Design Algorithm，SMLTDA)可以用一个整数线性规划问题来描述。

首先，假设对于每条属于逻辑拓扑的光通道用二进制变量 $b_{ij}\in\{0, 1\}$来表示。即当从节点 $i$ 到节点 $j$ 的光通道属于逻辑拓扑时，$b_{ij}=1$，否则 $b_{ij}=0$。定义 $f=\sum_i\sum_j b_{ij}\lambda_{ij}$，于是最大化单跳业务流量法的目标就是找到使得 $f$ 最大化的集合 $b_{ij}$。其约束条件可表述为

$$\sum_j b_{ij}\leqslant\Delta_i,\ \forall j \qquad (6-24)$$

$$\sum_i b_{ij}\leqslant\Delta_j,\ \forall i \qquad (6-25)$$

在此类 LTD 问题的数学表述中，不允许节点对之间存在并行的光通道(也就是说，不允许两条以上的光通道始于同一个源节点，并且直接指向同一个目的节点)，并且假设光通道的容量是无限的。除此之外，还放松了对拓扑连接性的限制。比如最终得到的逻辑拓扑并不保证在所有的非零业务量的源－目的节点对之间都存在至少一条(或者一跳)的光通道。现在给出一个示例来说明这个问题。表 6－3 是一个 6 节点网络的业务量矩阵，其中，$\lambda$ 和 $\varepsilon$ 表示源－目的节点对之间的业务流量，并且 $\lambda$ 远大于 $\varepsilon$。以这个业务量矩阵为输入参量，并令输入、输出度均为 2，用最大化单跳业务流量法(SMLTDA)进行拓扑设计，设计结果如表 6－4 所示。可以看到，最终结果是一个非连接的逻辑拓扑结构。因为对于业务流量为 $\varepsilon$ 的源－目的节点对，并没有建立光通道。

**表 6－3　示例的业务量矩阵**

| $\lambda^{sd}$ | $s=1$ | $s=2$ | $s=3$ | $s=4$ | $s=5$ | $s=6$ |
|---|---|---|---|---|---|---|
| $d=1$ | 0 | $\lambda$ | $\lambda$ | $\varepsilon$ | $\varepsilon$ | $\varepsilon$ |
| $d=2$ | $\lambda$ | 0 | $\lambda$ | $\varepsilon$ | $\varepsilon$ | $\varepsilon$ |
| $d=3$ | $\lambda$ | $\lambda$ | 0 | $\varepsilon$ | $\varepsilon$ | $\varepsilon$ |
| $d=4$ | $\varepsilon$ | $\varepsilon$ | $\varepsilon$ | 0 | $\lambda$ | $\lambda$ |
| $d=5$ | $\varepsilon$ | $\varepsilon$ | $\varepsilon$ | $\lambda$ | 0 | $\lambda$ |
| $d=6$ | $\varepsilon$ | $\varepsilon$ | $\varepsilon$ | $\lambda$ | $\lambda$ | 0 |

**表 6－4　示例的逻辑拓扑连接情况**

| $b_{ij}$ | $i=1$ | $i=2$ | $i=3$ | $i=4$ | $i=5$ | $i=6$ |
|---|---|---|---|---|---|---|
| $j=1$ | 0 | 1 | 1 | 0 | 0 | 0 |
| $j=2$ | 1 | 0 | 1 | 0 | 0 | 0 |
| $j=3$ | 1 | 1 | 0 | 0 | 0 | 0 |
| $j=4$ | 0 | 0 | 0 | 0 | 1 | 1 |
| $j=5$ | 0 | 0 | 0 | 1 | 0 | 1 |
| $j=6$ | 0 | 0 | 0 | 1 | 1 | 0 |

当然，类似于示例的这种情况只有在所有节点的输入、输出度都非常小(典型值为 1)，

并且业务量矩阵极不平衡的时候才会出现。

**2. $\delta$-最大权重值匹配($\delta$-MWM)法**

为了简化最大化单跳业务流量法的实现，假设输入、输出节点度都相等，即 $\Delta_i=\Delta_j=\Delta$，$\forall i, j$。在这种条件下，最大化单跳业务流量法就等价于在一个双向图上求解著名的 $\delta$-最大权重值匹配($\delta$-Maximum Weight Matching，$\delta$-MWM)问题，其中 $\delta$ 表示图中最大的输入度或者输出度，在这里 $\delta=\Delta$。该问题求解的计算复杂度可表示为 $O(\delta N^3 \lg N)$。即使节点的输入、输出度不同，也能使用修正的 $\delta$-MWM 方法进行求解。同时还可以考虑加入一个方程来解决关于并行的光通道的限制条件，这在业务量矩阵极不平衡时具有特别的意义。而且路由算法也允许区分并行的光通道上源一目的节点对之间的业务流量。对于这个附加的方程，对第 $i$ 条光通道分配一个有限的容量 $C_i$ 是很必要的，这样可以限制光通道所能承载的业务量。此处需要注意，$C_i$ 不需要等于实际波分复用信道的物理容量，当流量超过一个门限 $C_i$ 时，它有助于建立多条并行的光通道。所以最终得到的 LTD 结果主要取决于对 $C_i$ 的取值，也就是说 $C_i$ 的取值对于逻辑拓扑性能的优劣很关键。$C_i$ 的取值过大会得到没有并行光通道的逻辑拓扑(如果对于 $\forall i$，$C_i \geqslant \max\limits_{sd} \lambda^{sd}$，那么容量约束就没有用了)。而 $C_i$ 的取值过小又会使得逻辑拓扑中光通道随机产生，并且与业务量矩阵无关(比如对于 $\forall i$，选择 $C_i < \min\limits_{sd} \lambda^{sd}/\delta$ 的时候)，因为 $\delta$-MWM 法认为大多数光通道具有相同的拥塞下限。

**3. 逻辑拓扑设计贪婪算法(GLTDA)**

$\delta$-MWM 方法求解 LTD 问题的时候，有可能导致较高的计算复杂度。现在介绍另一种实现最大化单跳业务流量法的算法，这种算法的计算复杂度较低。算法允许建立多条并行的光通道，并且在网络节点间引入逻辑链路来交换大容量的业务量。此算法称为逻辑拓扑设计贪婪算法(Greedy Logical Topology Design Algorithm，GLTDA)，该算法具体执行过程如下：

步骤 1：计算 $\lambda_{\max}^{sd}=\max_{ij}(\lambda^{ij})$ 和 $\lambda_{\max}^{s'd'}=\max_{i\neq s,\, j\neq d}(\lambda^{ij})$。

步骤 2：如果 $\lambda_{\max}^{sd}=0$，那么转向步骤 4。

步骤 3：如果有 $\Delta_O^s\neq 0$ 和 $\Delta_I^d\neq 0$(即源节点的输出度和目的节点的输入度不等于 0)，则：

① 在 $s$ 和 $d$ 之间建立一条光通道；

② 降低 $\Delta_O^s$ 和 $\Delta_I^d$ 的值；

③ 更新 $\lambda^{sd}=\lambda^{sd}-\lambda_{\max}^{s'd'}$；

④ 转向步骤 1。

否则：

① 令 $\lambda^{sd}=0$；

② 转向步骤 1。

步骤 4：尽可能地随机配置剩余的光通道，直至违反节点度限制条件。

### 6.4.3 最大化单跳和多跳的业务量法

6.4.2 节给出的 LTD 方法只考虑了最大化单跳业务量，在这一节讨论同时考虑最大化单跳和多跳业务量的 LTD 算法。对于最大化多跳业务量，可以考虑两种不同方法：

(1) AL 类(Adding Lightpaths)：通过增加光通道来进行逻辑拓扑设计。这类算法开始于一个非连接的逻辑拓扑，通过添加光通道来求解新的逻辑拓扑，并且每次添加光通道都尝试最小化网络的拥塞下限。

(2) RL 类(Removing Lightpaths)：通过删除光通道来进行逻辑拓扑设计。这类算法开始于一个全连通的逻辑拓扑，通过删除那些业务流量最小的光通道来求解新的逻辑拓扑。

下面针对上述 AL 和 RL 两类方法，分别给出具体算法示例进行说明。需要注意的是，这两类算法在求解 LTD 问题的每一步中都必须解决路由问题。因此，这些算法的复杂度都主要取决于所选择的路由算法。

**1. AL 类算法示例**

AL 类算法是通过组建一个双向图来完成 LTD 问题的求解的。所述双向图有下列限制条件：

(1) 对于在逻辑拓扑中的每一个节点 $n$，在双向图中都有两个点 $i_n$ 和 $o_n$，它们分别代表这个节点作为一个源节点和一个目的节点时的情况；

(2) 对于每个源－目的节点对 $s$ 和 $d$，在 $i_s$ 和 $o_d$ 之间组成双向图的一条边，这条边的权重初始值为从 $s$ 到 $d$ 的业务流量 $\lambda^{sd}$。

I－MLTDA 算法(Increasing Multi-hop Logical Topology Design Algorithm)

步骤 1：选择任意一个非连接的逻辑拓扑，把它当作一个双向图。

步骤 2：通过在这个双向图上求解 1－MWM(最大权重值匹配)问题，建立一个光通道集合。

步骤 3：在逻辑拓扑中添加所有的在 1－MWM(最大权重值匹配)集合中的光通道。

步骤 4：采用最短路径路由算法为当前逻辑拓扑上的所有流量选择路由。

步骤 5：对于每个节点对$(s, d)$，计算 $w_{sd}=h_{sd}\lambda^{sd}$，其中 $h_{sd}$ 表示当前逻辑拓扑中 $s$ 到 $d$ 的跳数，$\lambda^{sd}$ 表示从 $s$ 到 $d$ 的业务流量。如果$(s, d)$不相连，那么 $w_{sd}=w_{\max}$，其中 $w_{\max}$ 是一个常量。

步骤 6：用计算得到的 $w_{sd}$ 值更新双向图上的边的权重。

步骤 7：对于每个节点 $s$，检查是否所有的输出度允许另外的更多的输出光通道。如果不是，则删除所有的在双向图中从 $i_s$ 输出的边，然后标记点 $i_s$ 为 UNMATCHABLE。对于每个节点 $d$，检查是否所有的输入度允许另外的更多的光通道。如果不是，则删除所有的输入到 $o_d$ 的边，然后标记点 $o_d$ 为 UNMATCHABLE。

步骤 8：如果所有的在双向图中的点都被标记为 UNMATCHABLE，那么算法停止，否则则转向步骤 2。

算法说明：常量 $w_{\max}$ 是用来避免在迭代中 1－MWM 算法匹配所有不连接的源—目的节点对，因为如果 $s$ 到 $d$ 之间没有链路，那么 $h_{sd}=\infty$。这个算法不一定保证得到的逻辑拓扑都是连接的，但是对于网络的所有节点 $i$，如果其所有的输入、输出度都大于 1，那么算法通常产生一个连接的逻辑拓扑。而且，对 $w_{\max}$ 取较高的数值也有利于保证产生一个连接的拓扑。

算法复杂度分析：对 I－MLTDA 算法，其计算复杂度可表述为 $O(\delta N^4 \lg N)$。因为每次迭代都是由 1－MWM 算法来执行的，而 1－MWM 算法的计算复杂度是 $O(N^3 \lg N)$，并且整个算法的完成至少需要 $\delta N$ 次迭代。

**2. RL 类算法示例**

接下来介绍一种属于 RL 类的算法。为了简单起见，假设所有的节点度限制都是相等的，即 $\Delta_I^n=\Delta_O^n=\Delta$，$n=1, 2, \cdots, N$。这种算法的思路是通过不断迭代删除负载最小的光通道，一直到所有的节点都满足它们的输入、输出节点度限制的时候算法结束。与上述的 AL 类算法一样，该算法的实现是基于一个与当前 LTD 问题相关的双向图。这个双向图有下列限制条件：

(1) 对于在逻辑拓扑中的每个节点 $n$，在双向图中都有两个点 $i_n$ 和 $o_n$，它们分别代表这个节点作为一个源节点和一个目的节点时的情况；

(2) 对于每个源－目的节点对 $s$ 和 $d$，在 $i_s$ 和 $o_d$ 之间组成双向图的一条边，这条边的权重初始值为从 $s$ 到 $d$ 的业务流量 $\lambda^{sd}$。

(3) 每条边对应一个布尔变量，这个变量可以被标定为 DELETABLE 或者 UNDELETABLE。

D－MLTDA 算法(Decreasing Multi-hop Logical Topology Design Algorithm)

步骤 1：选择一个完全连接的逻辑拓扑并且标记所有的光通道为 DELETABLE。

步骤 2：解决当前拓扑的路由问题并且计算每条光通道上的业务量。

步骤 3：使用计算过的光通道上的业务流量更新双向图上的边的权重。

步骤 4：通过在双向图上求解 1-最小权重值匹配(1－Minimal Weight Matching，1－mWM)问题来寻找一组边的集合。这个集合的边将从双向图中被删除，并且只有标志为 DELETABLE 的边能够在执行 1－mWM 算法时被选中。

步骤 5：在保证所得到的逻辑拓扑是连接的前提下，删除被 1－mWM 算法选中的双向图中的边，以及对应的逻辑拓扑中的光通道。如果删除的光通道将导致得到的逻辑拓扑失去连接性，则标志该光通道为 UNDELETABLE。

步骤 6：如果所有的输入、输出度限制都满足了，那么算法停止，否则转向步骤 2。

算法说明：最小权重值匹配算法与最大权重值匹配算法相似。但是它的匹配为最大尺寸(Maximal Size)和最小的权重(Minimum Weight)。这个算法保证得到的逻辑拓扑是连接的。但是当有下面的情况发生时，算法的执行有可能会陷入僵局。比如：所有的光通道都已被标志为 UNDELETABLE，但是仍有一些节点度不满足限制条件，最终的结果是得到不满足限制条件的逻辑拓扑。图 6－5 所示为 D－MLTDA 算法的设计僵局示例。在一个 11 个节点的网络中，要求节点之间建立节点度为 2 的连接的逻辑链路(即 $\Delta_I=\Delta_O=2$)，同时保证逻辑拓扑的连接性。如图 6－5 所示，逻辑拓扑中有几个节点的逻辑度大于 2(比如图中的黑色节点，其输入度为 3，输出度为 3)，这违反了节点度限制，因此 LTD 问题的求解陷入了僵局。

算法复杂度分析：该算法的计算复杂度取决于在步骤 2 中必须被执行的路由算法的复杂度。如果执行的是最短路径算法，那么算法总体复杂度上限为 $O((N-\delta)N^4 \lg N)$，因为 1－mWM 算法的复杂度为 $N^3 \lg N$，最多 $N(N-\delta)$ 条光通道必须被从初始的逻辑拓扑中删

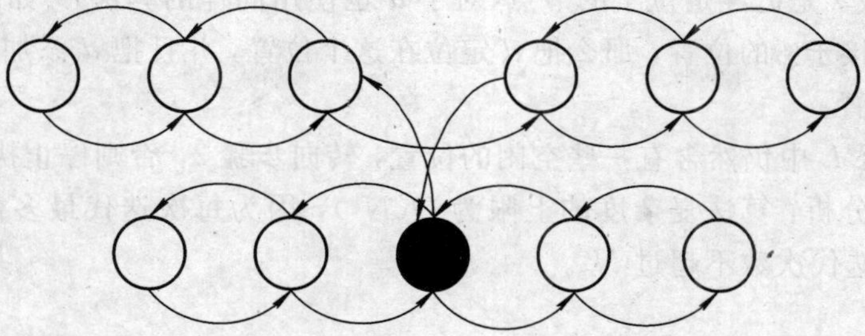

图 6-5　D-MLTDA 算法的设计僵局示例

除。由此可见：对于 D-MLTDA 算法，其路由算法复杂度越高，那么算法整体的复杂度增长越快。

### 6.4.4　优化网络节点配置算法

求解 LTD 问题的另外一个可能的方法是首先选择一个具有一些“好”的特性的规则网络拓扑(这种拓扑结构可能与物理拓扑是重叠的)，然后再根据业务量矩阵的类型来配置节点的位置。

这种方法主要的优点是：逻辑拓扑的特性是提前明确的，能够按照设计需要去选择那些具有优秀特性的逻辑拓扑，比如容错性好、对业务量变化适应性强或者路由算法简单等。

这种算法的主要缺点是：由于选中的逻辑拓扑具有规则性，它只有在业务量均匀分布的情况下才能进行优化设计。如果给出的业务量矩阵是极不平衡的，最终得到的设计结果与优化目标往往会相差甚远。

网络节点的优化配置有以下两种可选的方法：

(1) 最小化网络拥塞下限的节点配置方法；

(2) 最小化光通道上平均跳数的节点配置方法。

这两种方法都已被证明是 NP-Hard 问题。所以针对具体的拓扑结构，都比较适合提出相应的启发式算法来解决。比如针对 shuffle 类型的拓扑结构，该领域研究人员提出了一种基于 gradient 算法的启发式算法来解决节点配置问题。节点的优化配置问题也可以简化为一个最大化单跳业务量问题来求解，此类算法会优化节点位置的配置使得单跳业务量最大化。下面介绍一种类似的算法。

PLTDA 算法(Pre-established Logical Topology Design Algorithm)

步骤 1：用 $S$ 标志已经被定位了的节点集合，用 $L$ 标志在逻辑拓扑上可用位置集合，初始化 $S=\phi$，并且使 $L=\iota$，其中 $\iota$ 表示逻辑拓扑中所有节点位置的集合。

步骤 2：搜索节点 $s$ 和 $d$，条件是节点 $s$ 和 $d$ 之间的业务流量最大，即有 $\lambda^{sd}=\max_{i,j}\lambda^{ij}$，令 $\lambda^{sd}=-1$。

步骤 3：如果节点 $s$ 和 $d$ 都没有出现在 $S$ 中，转向步骤 4；否则，如果只有一个节点，$s$ 或者 $d$ 仍然要被定位，则转向步骤 5；如果两个节点都已经被定位了，则转向步骤 6。

步骤 4：如果在 $L$ 中至少存在一对邻接的位置，则将 $s$ 和 $d$ 定位在那些位置，然后在 $S$ 中添加节点 $s$ 和 $d$，并把对应于 $s$ 和 $d$ 的位置从 $L$ 中删除，转向步骤 6。

步骤 5：假设 $s$ 是已经定位了的节点(对于 $d$ 也使用同样的算法)，如果在 $L$ 中存在一个空闲的并且邻接于 $s$ 的位置，那么把 $d$ 定位在这个位置，并且把 $d$ 添加在 $S$ 中，从 $L$ 删除对应于 $d$ 的位置。

步骤 6：如果 $L$ 中仍然含有一些空闲的位置，转向步骤 2，否则停止执行算法。

算法复杂度分析：算法复杂度的上限为 $O(N^4)$，因为每次迭代最多需要 $O(N^2)$ 次操作，并且需要的迭代次数不超过 $N^2$。

## 6.5 逻辑拓扑设计中的理论边界

为了能够准确地评价启发式算法的性能，常常需要将启发式算法计算出的数值与理论上的最优解进行比较。这些理论上的最优解就是逻辑拓扑设计中的界限(Bound)。在这一节中，主要介绍拥塞下限(Bounds on Congestion)和波长数目下限(Bounds on the Number of Wavelengths)两类理论边界。拥塞下限包括最小流量树下限(Minimum Flow Tree Bound，MFTB)和独立于物理拓扑的下限(Physical Topology Independent Bound)。波长数目下限包括由物理度决定的下限和由物理链路决定的下限。

### 6.5.1 拥塞下限

**1. 独立于物理拓扑的下限**

假设网络的总体流量均匀分布在所有的光通道中，也就是说每条逻辑链路上的流量都是相同的(这个时候拥塞下限就等于每条光通道中的业务流量)。在这里考虑的是网络整体业务流量的需求，而不是整体业务流量在不同的源－目的节点对之间的分布(业务量矩阵的类型)。这样对应于任意源－目的节点对之间的流量，可以被分配到逻辑拓扑中的任意一条光通道中，这样的拥塞下限忽略了物理拓扑，因此称为独立于物理拓扑的下限。

$\overline{H}$ 表示逻辑拓扑中权值为业务流量的平均跳数，$E_l$ 表示逻辑拓扑中光路的数目，$r$ 表示网络中数据包的总体达到率，因此，独立于物理拓扑的拥塞下限为 $\lambda_{\max} \geqslant r\overline{H}/E_l$。从这个表达式可以看出：如果减小 $\overline{H}$ 的数值，就可以得到更低的拥塞下限。

**2. 最小流量树下限**

最小流量树下限的推导与独立于物理拓扑的下限类似，但是不同于独立于物理拓扑的下限，它是以节点对之间的流量分布为基础的。

假设对于一个具有 $N$ 个节点的网络，共有 $N\Delta_V$ 条分离的单跳光路，$N\Delta_V^2$ 条分离的双跳光路，$N\Delta_V^3$ 条分离的三跳光路，依此类推。最大业务流量首先分布在 $N\Delta_V$ 条单跳光路上，$N\Delta_V^2$ 条两跳光路和 $N\Delta_V^3$ 三跳光路等依次分布着越来越小的流量。在这种理想流量分布情况下，网络的拥塞概率最小。

定义 $\lambda_{ij}^{sd}$ 表示源节点 $s$ 与目的节点 $d$ 之间的数据在节点 $i$ 与 $j$ 之间光通道上的业务流量的大小，那么 $\lambda_{ij} = \sum_{sd} \lambda_{ij}^{sd}$ 表示所有源节点到目的节点对之间的分组流量在光通道$(i, j)$上的分量，则节点对$(s, d)$之间以流量大小为权重的平均跳转次数为

$$\overline{H} = \frac{1}{r}\sum_{ij}\lambda_{ij}$$

其中，$r$ 表示网络数据包总的分组到达率。对于有 $E_V$ 条光通道的网络，容易得到：

$$\lambda_{\max} \geqslant \frac{\sum_{ij} \lambda_{ij}}{E_V} = \frac{r\overline{H}_{\min}}{E_V} \tag{6-26}$$

### 6.5.2　波长数下限

一根光纤上所能复用的波长数目是有限的，因此在设计逻辑拓扑时应尽量减少所使用的波长数目。如果明确波长数下限，在优化逻辑拓扑时就有了参照的依据。

**1. 由物理度决定的波长数下限**

假定物理拓扑已经给定，即图 $G_p(V, E_p)$ 已经确定，共有 $N$ 个节点和 $E_p$ 条无向的边，节点的逻辑度是 $\Delta_V$，所有节点中最小的物理度是 $\delta_p$。设节点 $A$ 的物理度是 $\delta_p$，那么从节点 $A$ 出发的 $\Delta_V$ 条光通道必须经由这 $\delta_p$ 条光纤链路。又因为光通道数目是整数，所以每条光纤链路上的平均光通道数目为 $\lfloor \Delta_V/\delta_p \rfloor$。同一条光纤链路上的光通道必须占用不同的波长，于是记所需波长数目为 $\Lambda(G_p, \Delta_V)$，那么有 $\Lambda \geqslant \lfloor \Delta_V/\delta_p \rfloor$。其中 $\Lambda_{\min} = \lfloor \Delta_p/\delta_p \rfloor$，称为由物理度决定的波长数下限。

**2. 由物理链路决定的下限**

将物理拓扑图中的每一条无向的边用一对反向的边代替，则共有 $2E_p$ 条有向边。仍用 $h_{ij}$ 表示从节点 $i$ 出发到节点 $j$ 的光通道的跳转次数。以 $i$ 为源节点的所有 $h_{ij}$ 中的最小值记为 $h_i^{\min}$，有 $h_i^{\min} = l_i(\Delta_V)$。那么从节点 $i$ 出发的 $\Delta_V$ 条光通道至少要占用的有向边数目为 $l_i(\Delta_V)$，从 $N$ 个节点出发的 $N\Delta_V$ 条光通道至少要占用的有向边数目为 $\sum_{i=1}^{N} l_i(\Delta_V)$。因此，每条有向边(即单向光纤链路)上的平均光通道数就是波长数的下限，称为由物理链路决定的波长数下限，即 $\Lambda_{\min} = (1/E_p)\sum_{i=1}^{N} l_i(\Delta_V)$。

## 6.6　逻辑拓扑设计实例

在这一节中将介绍一个基于从网络权重方面进行逻辑拓扑设计(LTD)的实例。在已有的 LTD 设计方法中，有些研究者将启发式算法优化目标确定为最小化逻辑拓扑的拥塞下限，但是算法却将源节点到目的节点的平均时延简单地限制为不超过最小传输时延的若干倍，而且忽略了排队时延的影响。另外一些研究者将优化目标确定为最小化网络的平均时延，但是却忽略了网络的拥塞情况。然而，在逻辑拓扑设计中，网络的拥塞下限(或者吞吐量)和网络的平均时延都是非常关键的参量，二者不可或缺，尤其是目前以并发流媒体业务为代表的 IP 业务数据传输对于网络的 QoS 有明确的要求，体现在对带宽、时延、代价和损失率都有一系列严格的链路约束条件。因此，在光网络的逻辑拓扑设计中，如果只考虑单一网络指标的优化，那么研究得出的数据很有可能不能用于实际的组网中。

基于以上考虑，本节给出的 LTD 算法从业务量矩阵和时延矩阵这两个关键的输入参量出发，通过定义新的网络权重，从权重均衡的角度，考虑同时优化拥塞下限和网络时延这两个优化目标，并以此为基础提出一种光网络的逻辑拓扑设计的启发式算法。

### 6.6.1 基于业务量矩阵和时延矩阵的权重定义方式

**1. 一些参数的定义和假设**

对于一个确定的网络 $G=(V, E)$，其中 $V$ 表示光节点，$E$ 表示光链路。在这里假设：

(1) 网络的节点数为 $N$，每个节点的收发器数目相同，并且节点具备全波长转换功能。

(2) 每条链路都是单纤双向的，链路的数目为 $L$，并且每根光纤中的可用波长数 $W$ 相同。

(3) 任意源－目的节点之间的数据传输的最大跳数 $H$ 受限。

(4) $i$ 和 $j$ 分别表示光通道的起始和终止节点。

(5) $\lambda=\lfloor\lambda_{ij}\rfloor_{N\times N}$ 表示网络的业务量矩阵，$\lambda_{\max}=\max_{ij}$，$\lambda_{ij}$ 表示拥塞下限，负载均衡度通过链路负载的平均方差表示，即

$$负载均衡度=\frac{\sum(\lambda_{ij}-\lambda_{\text{ave}})^2}{L}$$

其中，$\lambda_{\text{ave}}$ 表示负载均值。

(6) $D=\lfloor D_{ij}\rfloor_{N\times N}$ 表示网络的时延矩阵，$D_{ij}$ 表示起点为 $i$，终点为 $j$ 的光通道的传输时延(不考虑节点的排队时延)。

针对(5)和(6)两个假设条件中的两个矩阵，如果只考虑优化网络的拥塞下限，那么算法的权重采用的是网络的业务量矩阵 $\lambda$；如果只考虑优化网络的平均时延，那么算法的权重采用的是网络的时延矩阵 $D$。

**2. 基于两约束条件优化的权重定义**

将网络的权重定义为

$$W_{ij}=\alpha\cdot\lambda'_{ij}+\beta\cdot D'_{ij} \tag{6-27}$$

其中

$$\lambda'_{ij}=\left\{\frac{\lambda_{ij}}{\sum\limits_{j}\lambda_{ij}}\right\},\ D'_{ij}=\left\{\frac{D_{ij}}{\sum\limits_{j}D_{ij}}\right\},\ 0<\alpha<1,\ 0<\beta<1,\ 且\ \alpha+\beta=1$$

$\lambda'_{ij}$ 是一个归一化的参量，表示从节点 $i$ 到节点 $j$ 的业务量占从节点 $i$ 到其他所有节点业务量之和的比重。同样，$D'_{ij}$ 表示从节点 $i$ 到节点 $j$ 的传输时延占从节点 $i$ 到其他所有节点时延之和的比重。从权重定义式可以看出：如果 $\alpha=1$，$\beta=0$，那么权重就相当于只考虑业务量的情况；如果 $\alpha=0$，$\beta=1$，那么权重就相当于只考虑时延的情况。所以，通过给业务量矩阵和时延矩阵分别选择合适的权值，可以来控制两个参量对网络性能影响的大小。下面两个表格给出了对 $\alpha$、$\beta$ 取不同权值后，算法在拥塞下限、拥塞概率、最大时延三个指标上的差异。

表 6－5 所示的权重取值偏重于优化网络的拥塞下限，表 6－6 所示的权重取值偏重优化网络的传输时延。表格中的数据表示：优化某个单一网络指标，虽然能够得到较理想的性能参数，但是由于另一项重要的指标性能下降，会导致得出的数据不能用于指导实际组网。

表 6-5 当 $\alpha=0.95$，$\beta=0.05$，$W=10$ 时得出的指标

| 连接请求次数 | 拥塞下限 | 拥塞概率 | 最大时延/ms |
|---|---|---|---|
| 14 | 159.96 | 0 | 18.67 |
| 56 | 543.01 | 0.01786 | 18.67 |
| 112 | 905.03 | 0.07143 | 21.33 |
| 154 | 995.53 | 0.09742 | 21.33 |
| 196 | 1001.84 | 0.1021 | 21.33 |

表 6-6 当 $\alpha=0.05$，$\beta=0.95$，$W=10$ 时得出的指标

| 连接请求次数 | 拥塞下限 | 拥塞概率 | 最大时延/ms |
|---|---|---|---|
| 14 | 191.952 | 0 | 15 |
| 56 | 581.64 | 0.08929 | 15 |
| 112 | 1163.28 | 0.1531 | 15 |
| 154 | 1396.72 | 0.1607 | 15 |
| 196 | 1456.93 | 0.1623 | 15 |

**3. 基于链路代价的权重定义**

将网络的权重考虑为 $W_{ij}=\lambda_{ij}/D_{ij}$ 或者 $W_{ij}=D_{ij}/\lambda_{ij}$ 的形式。这是一个链路代价的思想，比如对于公式 $W_{ij}=\lambda_{ij}/D_{ij}$，可以理解为单位时延内的通信信息流量，计算单位为 bit/s(或 Mbit/s)；而对于公式 $W_{ij}=D_{ij}/\lambda_{ij}$，可以理解为单位通信信息流量内的网络时延，计算单位为 ms/bit。这两个参量组合的选取决定于网络的规模。如，对于规模较大的网络，网络的节点数目较多(一般节点数大于 10 个)且较分散，此时为了保证网络数据的传输质量，在保证一定通信量的条件下，需要将网络传输的平均时延最小化，因此权重选择为 $W_{ij}=D_{ij}/\lambda_{ij}$ 的形式。

**4. 链路权值门限矩阵的定义**

在光网络逻辑拓扑设计的过程中，当按照某种路由算法(如最短路径)为光通道寻找路由时，由于权重的限制，有可能会造成一些链路的负载过重，而一些链路处于空闲状态的情况。这对于网络负载的均衡分布非常不利。如果这些负载过重的链路遇到网络故障，将在很大的程度上影响网络的整体通信质量。因此，在逻辑拓扑设计启发式算法中，需要对网络的负载均衡给予考虑，并通过定义链路的权值门限矩阵来解决链路负载均衡的问题。

$L=\lfloor l_{ij}\rfloor$ 表示链路权值门限矩阵，$l_{ij}$ 表示从节点 $i$ 到节点 $j$ 的光通道对应的权值门限。其中 $l_{ij}$ 的取值为

(1) 当 $W_{ij}\geqslant\dfrac{\sum_j W_{ij}}{N-1}$ 时，$l_{ij}=\mathrm{Max}W_{ij}$；

(2) 当 $W_{ij}<\dfrac{\sum_j W_{ij}}{N-1}$ 时，$l_{ij}=\dfrac{\sum_j W_{ij}}{N-1}$。

通过权重门限的设置，若某一光通道的权值超过了平均权重，则链路的权值门限取最大权重，反之取平均权重，这样就可以在一定程度上保证链路的负载均衡分布。

## 6.6.2　基于权重均衡的光网络逻辑拓扑优化算法

### 1. 两种典型的逻辑拓扑设计启发式算法

如上文所述，拥塞下限和网络时延是大多数启发式算法选择的优化目标，因此首先介绍从权重角度实现这两个优化目标的启发式算法。

(1) 优化目标选择为优化拥塞下限的启发式算法(MH算法)。

6.5节介绍了当业务量在网络中均匀分布状态下的最小流量树下限(MFTB)，即 $\lambda_{max} \geqslant r\overline{H}_{min}/E_l$，其中 $r$ 表示数据包的平均分组到达率，$E_l$ 表示逻辑链路的通道数，$\overline{H}$ 表示源到目的节点的数据包的跳数。该公式表示最小化源－目的节点对之间数据包的跳数相当于最小化拥塞下限。因此，在优化目标选择优化拥塞下限的启发式算法中，路由算法选择最小跳数算法(Minimum Hops Algorithms，MH)，算法具体执行步骤如下：

步骤1：初始化程序变量，文件读入业务量矩阵、时延矩阵和跳数矩阵。

步骤2：根据连接请求，寻找源－目的节点对之间的最小跳数路由，写入路由表。

步骤3：根据物理拓扑中链路的实际连接(邻接矩阵)，将路由表转换为链路表。

步骤4：根据链路表，计算每条链路上的业务量，并叠加源－目的节点对之间的时延。

步骤5：输出链路表中的最大业务量(拥塞下限)和源－目的节点对之间的时延。

(2) 优化目标选择为优化网络时延的启发式算法(SP算法)。

由于这里只考虑网络的传输时延，不考虑节点的排队时延，因此最小化网络时延的逻辑拓扑启发式算法中的路由算法采用最短路径算法(Shortest Path Algorithms)，算法的权重矩阵采用时延矩阵，具体步骤与MH算法类似。

### 2. 基于权重均衡的逻辑拓扑设计启发式算法

1) 算法思想

上面给出了两种典型的启发式算法，这两种算法都是优化单一目标的算法。从算法仿真结果来看，这两种算法都是在某一优化目标上取得了较理想的结果(如MH得到了较低的拥塞下限和拥塞概率，而SP得到了较低的时延)，但是另一项网络性能指标较差(MH的平均时延大，SP的拥塞下限和拥塞概率高)。因此通过6.6.1节定义的两种新的网络权重，将两个优化目标同时进行优化。即：读入业务量矩阵 $\lambda$ 和时延矩阵 $D$，通过计算网络权重，确定连接请求的源－目的节点对之间的光通道的优化目标。

2) 算法步骤

第一种权重定义方式的算法步骤如下：

步骤1：初始化程序变量，输入源节点、目的节点及每条链路的可用波长数 $W$，从文件读入业务量矩阵和时延矩阵。

步骤2：按照选定的权重定义方式，比较连接请求需要建立的光通道的业务量和时延，并给归一化业务量和归一化时延分配相应的权值。

步骤3：根据权重权值的大小选择路由算法，如果 $\alpha>\beta$，转向步骤4，否则转向步骤5。

步骤4：路由算法选择最小跳数算法，并按照光通道的优先级给该光通道选择一条跳数最小的路由，并保存该路由，同时分配可用波长集中的一个波长，如果可用波长数耗尽，则记录拥塞一次。转向步骤6。

步骤5：路由算法选择最短路径算法，并按照光通道的优先级给该光通道选择一条时延最小的路由，并保存该路由，同时分配可用波长集中的一个波长，如果可用波长数耗尽，则记录拥塞一次。转向步骤6。

步骤6：根据邻接矩阵，将路由表转换为链路表，计算各条链路上的业务量、时延以及负载均衡度。如果该链路的负载超过了负载门限，则在链路表中禁用该链路，并改变邻接矩阵相应节点的取值。

步骤7：输出链路表中的业务量最大值、源－目的节点时延最大值、拥塞概率和负载均衡度。

### 6.6.3 算法仿真结果及其分析

本节中逻辑拓扑设计示例所涉及到的启发式算法全部都是用C++语言编程实现的，业务量矩阵和时延矩阵从文件读入。

**1. 仿真网络模型**

仿真网络采用具有14节点21条链路的NSFNET骨干网(见图6-6)，这是一个物理拓扑不规则的实际网络。业务量矩阵随机产生，即任意源－目的节点的业务量满足(0，100)的均分分布。时延矩阵通过NSFNET实际物理传输距离计算得出，其中最大时延限定为25 ms，并且不考虑节点的排队时延。

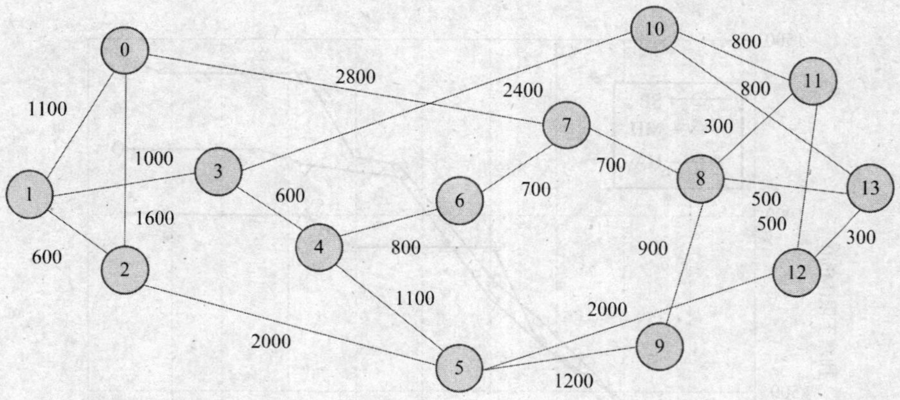


图6-6　14节点的NSFNET网络结构图

**2. 算法仿真结果**

在算法仿真过程中，限定每个物理链路包含的波长数为10，并且光节点具有全波长转换功能。因此，如果某条光通道中的任意一条物理连接的可用波长数耗尽，就会产生拥塞。本书给出的启发式算法主要从拥塞下限、拥塞概率、时延和负载均衡度四个指标与SP算法、MH算法进行比较。HA_D表示启发式算法偏重优化时延的权值取值方式，HA_T表示启发式算法偏重优化拥塞下限的取值方式。

1）三种算法的拥塞下限比较

图 6-7 和图 6-8 所示仿真结果表明：HA_D 算法（图中为 $HA_D$）和 HA_T（图中为 $HA_T$）算法虽然在拥塞下限方面劣于 MH 算法，但是都优于 SP 算法，其中 HA_D 算法相对于 SP 算法拥塞下限下降了7.2%，HA_T 算法相对于 SP 算法拥塞下限下降了 12.34%。

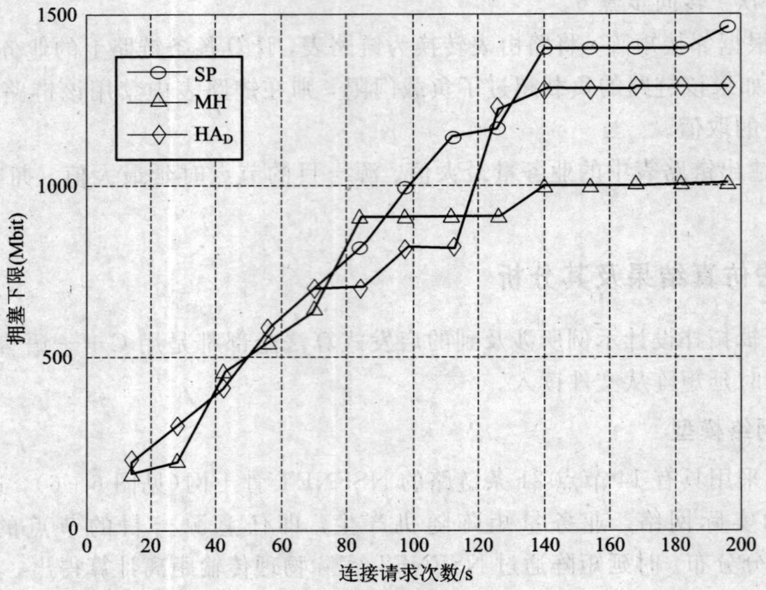


图 6-7　SP 算法、MH 算法、HA_D 算法拥塞下限比较

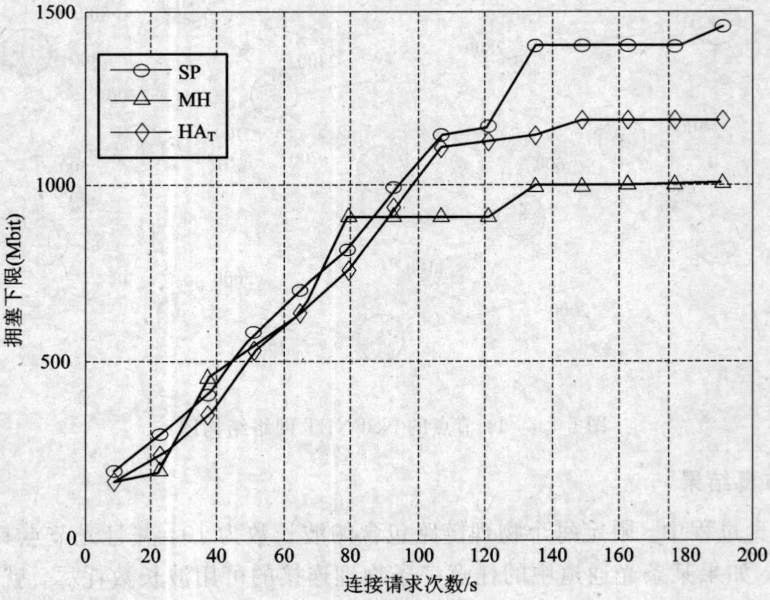


图 6-8　SP 算法、MH 算法、HA_T 算法拥塞下限比较

2）三种算法的拥塞概率比较

图 6-9 和图 6-10 所示仿真结果表明：HA_D 算法和 HA_T 算法虽然在拥塞概率方

面劣于 MH 算法，但是都优于 SP 算法，其中 HA_D 算法相对于 SP 算法拥塞概率下降了 7.31%，HA_T 算法相对于 SP 算法拥塞概率下降了 18.81%。

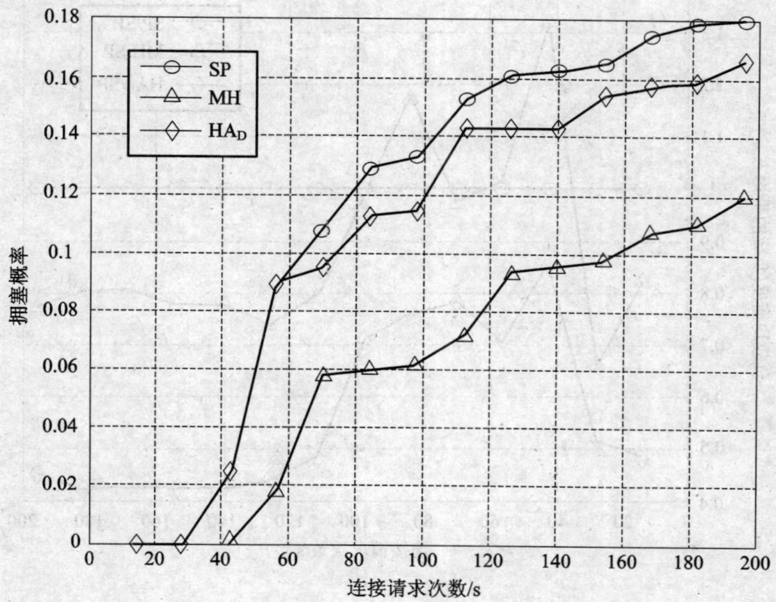


图 6-9　SP 算法、MH 算法、HA_D 算法拥塞概率比较

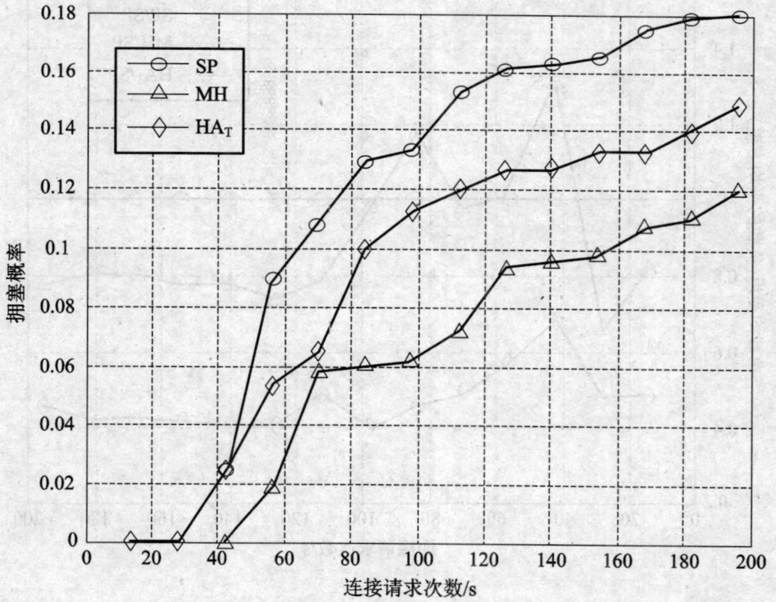


图 6-10　SP 算法、MH 算法、HA_T 算法拥塞概率比较

3）三种算法的负载均衡度比较

图 6-11 和图 6-12 所示仿真结果表明：HA_D 算法和 HA_T 算法在负载均衡度方面性能优于 SP 算法和 MH 算法，其中 HA_D 算法相对于 SP 算法负载均衡度优化了

43.67%，HA_T 算法相对于 SP 算法负载均衡度优化了 53.15%。

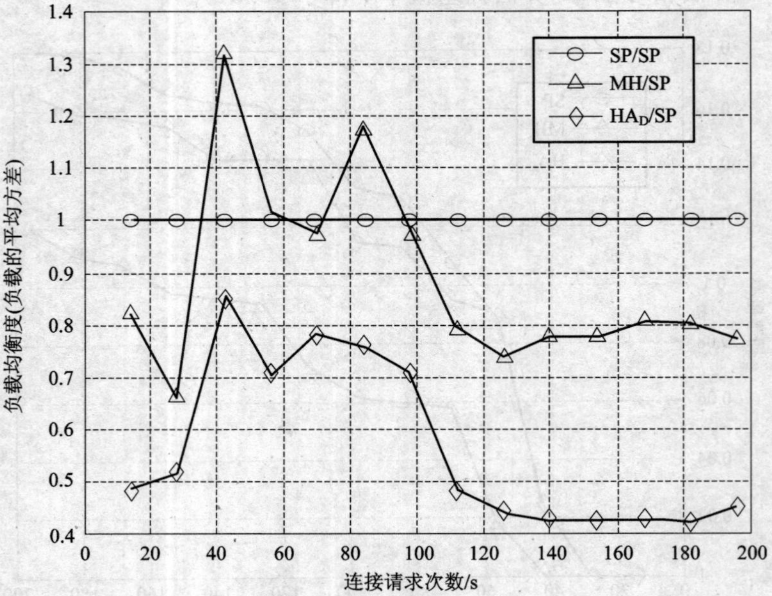


图 6-11 SP 算法、MH 算法、HA_D 算法负载均衡度比较

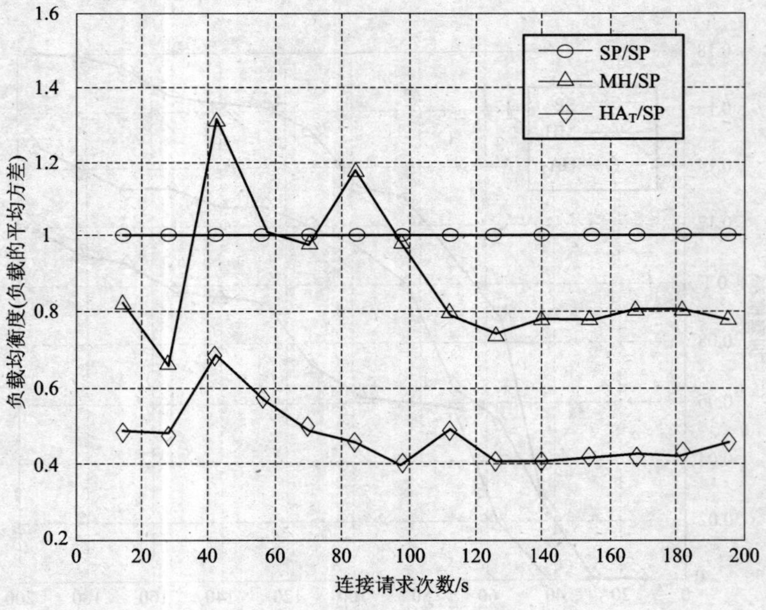


图 6-12 SP 算法、MH 算法、HA_T 算法负载均衡度比较

4）三种算法的最大时延比较

表 6-7 所示仿真结果表明：HA_T 算法和 HA_D 算法虽然在优化时延性能方面劣于 SP 算法，但是优于 MH 算法。

**表 6-7　MH 算法、SP 算法、HA_T 算法、HA_D 算法最大时延比较(时延单位：ms)**

| 连接请求次数 | MH | SP | HA_T | HA_D |
|---|---|---|---|---|
| 14 | 18.67 | 15 | 18.67 | 15 |
| 28 | 18.67 | 15 | 18.67 | 15 |
| 42 | 18.67 | 15 | 18.67 | 15 |
| 56 | 18.67 | 15 | 18.67 | 15 |
| 70 | 18.67 | 15 | 18.67 | 15 |
| 84 | 21.33 | 15 | 18.67 | 15 |
| 98 | 21.33 | 15 | 18.67 | 15 |
| 112 | 21.33 | 15 | 18.67 | 15 |
| 126 | 21.33 | 15 | 18.67 | 15 |
| 140 | 21.33 | 15 | 18.67 | 15 |
| 154 | 21.33 | 15 | 18.67 | 15 |
| 168 | 21.33 | 15 | 18.67 | 15.33 |
| 182 | 21.33 | 15 | 18.67 | 15.33 |
| 196 | 21.33 | 15 | 18.67 | 15.33 |

### 3. 算法结果分析

前面从四个性能指标比较了 MH、SP 和 HA(包括 HA_D 算法和 HA_T 算法)三种算法，其中负载均衡度指标因为引入了负载门限，所以 HA 相对于 MH 和 SP 得到了较大程度的优化。MH 算法在优化拥塞下限、拥塞概率方面性能较好，但是网络的时延较大；SP 算法则在优化网络时延方面性能较好，但是拥塞下限和拥塞概率较高；这两种算法实际起到的是为时延、拥塞等性能指标提供理论边界的作用。HA_D 算法偏重优化了时延，在时延方面虽略劣于 SP，但是相对于 MH 已经得到了较好的优化；HA_T 算法偏重优化拥塞下限，在拥塞下限和拥塞概率方面劣于 MH，但是相对于 SP 也得到了较好的优化。

### 4. 算法计算时间复杂度比较

HA 算法由于要计算新的链路权重，因此在调用路由算法之前需要进行 $2\cdot(|V|-1)$ 次迭代，从而查验每条链路的权重并计算。而路由算法与 MH、SP 基本一致，其执行时间是 $|V|\times|E|$ 的量级。表 6-8 给出了三种算法的时间复杂度比较。

**表 6-8　MH、SP、HA 三种算法时间复杂度比较**

| 算法 | MH | SP | HA |
|---|---|---|---|
| 时间复杂度 | $\lvert V\rvert\times\lvert V\rvert$ | $\lvert V\rvert\times\lvert E\rvert$ | $\lvert V\rvert\times\lvert E\rvert+2\times(\lvert V\rvert-1)$ |

# 第7章 波长路由光网络中的路由与波长分配

## 7.1 引　　言

波长路由光网络(Wavelength-Routed Optical Network，WRON)是实现未来高速、大容量光网络的一种富有前景的技术。它的一大优点在于支持波长选路，因此运营商可以通过在节点对之间建立端到端的光通道来实现通信。所谓光通道，就是网络节点对之间的全光通信信道，可以跨越多条物理链路(光纤链路)。例如，一个波长上的信号，从甲地出发，经过波分复用(WDM)传输系统传到一个配置有光分插复用器(OADM)或光交叉互联器(OXC)的节点，经过OADM或OXC交叉连接，转发到连向目的地的输出端口，中间还可以经过其他的OADM或OXC，最后到达乙地。这样，甲、乙两地之间就构成了一条光通道。

如果节点处配置的OADM或OXC不具备波长转换功能，那么在这条光通道上只能使用一个不变的波长，称为波长连续性限制。如果节点处配置的OADM或OXC具备波长转换功能，那么这条光通道可以在不同的链路段使用不同的波长。根据光通道建立的请求，为其选择物理路由并分配相应的波长，称为选路与波长分配(RWA)。

光通道建立的请求有静态和动态两种，因此，RWA问题可以分为静态RWA(SRWA)和动态RWA(DRWA)两种类型。静态RWA问题是预先给出多条光通道建立的请求，计算路由和分配波长，计算可以是离线的，即不需要实时计算。而对于动态RWA，光通道建立的请求是随机到达的，一条已建立的光通道在持续一段时间后又被拆除，因此要为每一条光通道做实时的RWA运算。

RWA算法涉及优化问题，很多优化方法的复杂性随网络规模的增大而急剧增加。因此，实际求解过程中常将RWA问题分为路由子问题和波长分配子问题，分两步进行求解。

在本章中，首先介绍波长路由光网络的概念和结构，然后介绍静态RWA和动态RWA算法，接着介绍RWA问题的理论边界和与RWA有关的一些问题，最后给出一个RWA问题的求解实例。

## 7.2 波长路由光网络的概念和结构

### 7.2.1 波长路由光网络中的关键网元器件

光分插复用器(OADM)和光交叉互联器(OXC)是波长路由光网络中的核心器件，其主要的功能包括：

(1) 以波长为基础的连接功能；

(2) 光通道的波长分插功能；

(3) 对波长通道进行疏导以实现对光纤基础设施的最大利用率；

(4) 实现在波长、波长组和光纤级上的保护和恢复。

OADM 和 OXC 所完成的功能基本相同，其区别在于 OXC 的端口数目比 OADM 大得多，高达几千个端口，主要用于核心网中。而 OADM 一般拥有几个到几十个端口，主要用于城域网、城域边缘网和接入网中。本书第 4 章已经对 OADM 和 OXC 的工作原理、器件结构和研究现状进行了详尽的介绍，这里不再赘述。

波长转换器(Wavelength Converter，WC)是波长路由光网络中另一个关键器件。网络节点处是否配置了波长转换器，即是否具有波长转换功能，不仅决定了波长路由光网络的类型，也决定了 RWA 算法的具体实现方式。这一点在本书后续的内容中会有详细的讨论。波长转换器是一个简单的输入、输出器件。它的功能就是将输入端口输入的承载光信号的波长转换为一个不同的波长，并在输出端口输出，但是要求承载的光信号不能改变。比如，一个没有配备波长转换器的 OXC，在端口 $p_i$ 输入一个波长为 $\lambda$ 的光信号，这个光信号可以被交换到任意一个输出端口 $P_j$，但是输出时光载波的波长必须同样是 $\lambda$。而如果在该 OXC 配置了一个波长转换器，那么在任意一个输出端口，光载波的波长可以是其他波长 $\lambda'$。

按照转换能力的不同，WC 在波长路由光网络中应用可以分为三类：固定波长转换器、受限波长转换器和全波长转换器(如图 7-1 所示)。

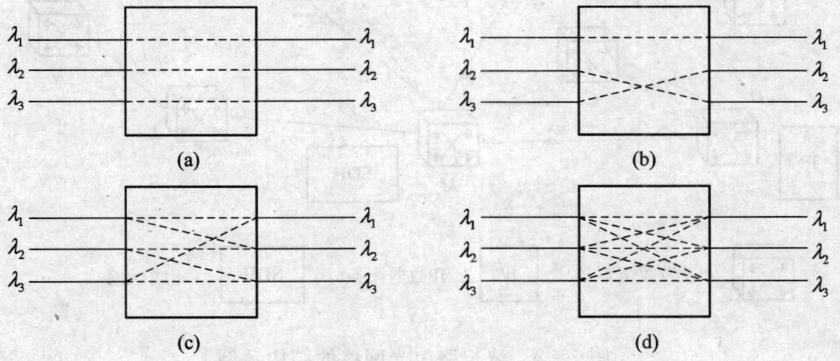


图 7-1　波长转换器的三种类型

(a) 无波长转换；(b) 固定波长转换；(c) 受限波长转换；(d) 全波长转换

固定波长转换器只能将一种输入波长转换为另一种固定的波长，如图 7-1(b)所示，输入波长 $\lambda_2$ 只能转换为 $\lambda_3$，而输入波长 $\lambda_3$ 只能转换为 $\lambda_2$。对于输入波长 $\lambda_1$ 来说，不能进行转换。受限波长转换器能将输入波长转换为其他波长输出，但是并不能进行所有波长之间的相互转换。如图 7-1(c)所示，输入波长 $\lambda_1$ 在输出端口能转换为 $\lambda_1$ 和 $\lambda_2$，但是不能转换为 $\lambda_3$。而全波长转换器则能将输入端的波长在输出端转换为其他任意一种波长，如图 7-1(d)所示。

## 7.2.2　波长路由光网络的体系结构

波长路由光网络是由 OADM 或 OXC 与光纤链路组成的任意的拓扑结构，它通过波长进行端到端之间的选路，即建立源节点到目的节点之间的光通道(Lightpath)。所谓的光通道就是网络节点之间的全光通信信道，可以跨越多个光纤链路。根据网络节点处的OADM或OXC是否配置有波长转换器(WC)，波长路由光网络又可以分为波长转换网络(Wavelength-convertible Network)和波长连续网络(Wavelength-continuous Network)。在波长转换网络中，一条光通道可以使用不同的波长。而在波长连续网络中，一条光通道必须使用同一个波长。如图7-2所示，节点$D$与节点$O$之间的光通道负责传输IP业务，光通道的路由为$D \to C \to A \to F \to O$，由于节点$C$、$A$、$F$处的OXC配置有波长转换器，因此这条光通道可以使用不同的波长$\lambda_1$、$\lambda_2$和$\lambda_3$。但是由于节点$E$处的OXC没有配置波长转换器，因此节点$M$与节点$O$之间的光通道(负责传输SDH业务，路由为$M \to E \to F \to O$)只能使用同一个波长$\lambda_1$。

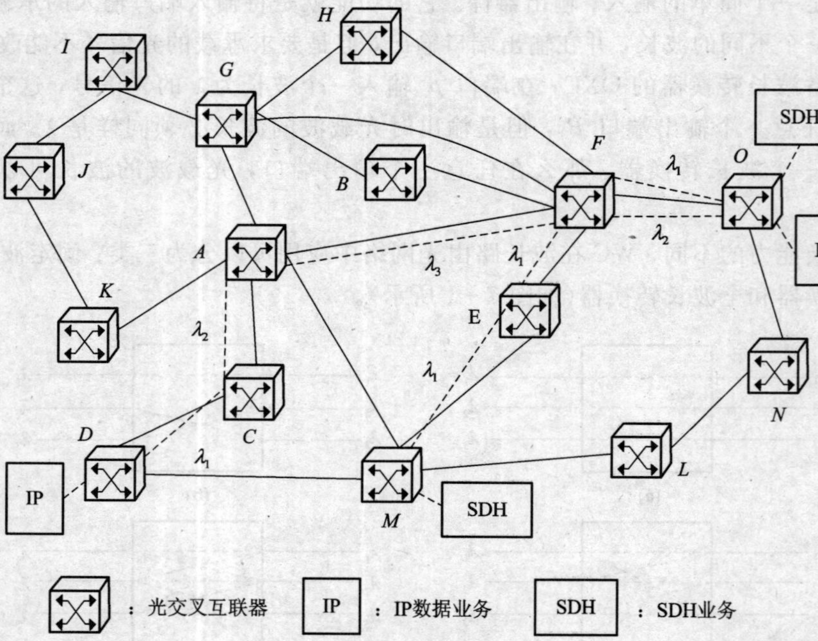


图7-2 波长路由光网络的结构示例

### 7.2.3 波长路由光网络中的两个限制条件

与电域中的传输网络相比，波长路由光网络必须遵循两个限制条件：

(1) 波长连续性限制条件(Wavelength Continuity Constraint)：连接源节点到目的节点的光通道必须使用相同的波长。

(2) 不同波长限制条件(Distinct Wavelength Constraint)：所有使用同一条光纤链路的光通道都必须被分配不同的波长。

由7.2.1节的介绍可知，如果网络节点处配置了波长转换器(WC)的话，那么光通道就可以放松波长连续性限制条件。如果该WC具有全波长转换功能，那么波长连续性限制条件可以被消除。这样就可以提高波长利用率，建立更多的光通道连接，但是WC的使用也同时增加了网络成本。因此一种稀疏波长转换(Spare Conversion)的概念被提出，即为某些网络节点处，而不是全部节点处的 OXC 配置 WC，这种方式被看做是权衡网络性能与网络成本的一种折中方案。关于如何在稀疏波长转换方案中最优化地配置 WC，目前已有很多的研究结果在文献中报道，本书由于内容所限，不进行深入讨论。

## 7.3　静态 RWA 问题

本节将介绍 RWA 问题中的静态选路与波长分配(Static Routing and Wavelength Assignment，SRWA)部分。对于 SRWA 问题，假设网络的业务类型是静态的，即所有节点对之间的连接请求是预先给定且不随时间变化的，而且当所有连接建立好之后，连接将保持不变。此时网络不会建立新的连接，也不会拆除已建好的连接。对于网络本身来说，这样的连接可以是单纤连接也可以是多纤连接。SRWA 问题的研究适合广域网(或骨干网)，因为对于广域网来说，其业务流量基本是确定的。SRWA 的输出结果是所有的源－目的节点对之间的光通道的路由以及给这些光通道集合所跨越的光纤链路分配的波长。

### 7.3.1　静态 RWA 问题描述

很多文献都给出了关于 SRWA 问题的描述，这里只介绍其中一种类型的描述。假设给定以下两种条件：

(1) 物理拓扑结构 $G=(V, E)$，其中 $V$ 表示网络节点集合，$E$ 表示链路集合。并且对于任意一条链路 $e\in E$，都对应一定数目的双向(或者单向)光纤。

(2) 光通道建立请求集合 $L$。

那么，SRWA 问题就是在给定的物理拓扑的基础上，如何为光通道进行路由选择和波长分配，以求使用最少的波长数目(或波长通道数目)来满足集合 $L$ 的需求。

### 7.3.2　静态 RWA 的数学模型

SRWA 问题可以表述为一个整数线性规划(ILP)问题。为了简化问题表述，假设光通道建立请求都是单向的，光节点处的 OADM 或 OXC 不具备波长转换功能。而且为了缩小搜索空间，在此引入光通道限制条件，即固定节点对之间的最大跳数。

**1. 模型中的符号说明**

- $b_{ij}$ 表示节点 $i$ 到节点 $j$ 之间建立的光通道数目；
- $p_{lm}$ 表示节点 $l$ 到节点 $m$ 之间的光纤数目；
- $h_{ij}$ 表示节点 $i$ 到节点 $j$ 之间光通道的最大跳数；
- $c_{ij}^{(k)}$ 表示节点 $i$ 到节点 $j$ 之间占用波长 $k$ 的光通道数目；
- $c_{ij}^{(k)}(l, m)$ 表示节点 $i$ 到节点 $j$ 之间占用从 $l$ 到 $m$ 链路上的波长 $k$ 的光通道数目。

**2. ILP 数学模型**

优化目标：最小化所需波长数目，即

$$\text{最小化所需波长数} = \text{Min } W \tag{7-1}$$

约束条件：

(1) 波长通道分配约束条件：

$$\sum_{k=1}^{W} c_{ij}^{(k)} = b_{ij}, \ \forall i, j \tag{7-2}$$

（2）波长连续性约束条件：

$$c_{ij}^{(k)}(l, m) \leqslant c_{ij}^{(k)}, \ \forall i, j, l, m, k \tag{7-3}$$

（3）同纤不同波长约束条件：

$$\sum_{(i, j)} c_{ij}^{(k)}(l, m) \leqslant p_{lm}, \ \forall l, m, k \tag{7-4}$$

（4）光通道连续性约束条件：

$$\sum_{k=1}^{W}\sum_{m}(c_{ij}^{(k)}(l, m) - c_{ij}^{(k)}(m, l)) = \begin{cases} b_{ij}, \text{如果 } l = i \\ -b_{ij}, \text{如果 } l = j, \ \forall i, j, l \\ 0, \text{否则} \end{cases} \tag{7-5}$$

（5）光通道跳数约束条件：

$$\sum_{(l, m)} c_{ij}^{(k)}(l, m) \leqslant h_{ij}, \ \forall i, j, k \tag{7-6}$$

（6）变量取值范围：

$$c_{ij}^{(k)} \in \{0, 1\}, \ \forall i, j, k \tag{7-7}$$

$$c_{ij}^{(k)}(l, m) \in (0, 1), \ \forall i, j, l, m, k \tag{7-8}$$

### 7.3.3 静态 RWA 的类型及求解思路

根据静态业务类型的不同，SRWA 又可以进一步分为两类：支持电路交换业务的 SRWA 算法和支持分组交换业务的 SRWA 算法。前者的业务需求矩阵给出了每个节点对之间需要支持的光通道数目，而后者的业务需求矩阵中存放的是节点对之间归一化的平均分组业务强度。

**1. 支持电路交换业务的 SRWA**

对于支持电路交换的 SRWA，由于同时实现业务需求的路由选择和波长分配计算时间较长，不适合应用于大型的网络，因此，在研究的过程中常常将其分为路由选择和波长分配两个子问题。对于路由选择子问题，又可以分为路由搜索和路由选择两个步骤。前者为业务需求计算可达路由，后者则按照一定的顺序为各业务需求选择一条合适的路由。对于波长分配子问题，也可以分为搜索和选择两步，前者在业务路由上搜索可用波长，后者则根据一定的规则在其中选择一个波长，在其上建立一个光通道，本章讨论的 SRWA 问题即属于支持电路交换业务的 SRWA 问题。

**2. 支持分组交换业务的 SRWA**

如果光网络用于传送分组业务，由于分组业务和电路业务有着本质的区别，因此在光层网络的优化目标和优化策略方面存在明显的不同。这时的主要研究对象是在纯粹的光网络上还另外叠加有电交换层的重叠多层网络结构，对应的算法设计核心是解决最优化网络虚拓扑的问题。下面简单介绍对支持分组交换的 SRWA 算法设计的影响因素。

（1）成本因素：对于分组交换业务，可以看做业务需求是来源于电层而不是光层，此时业务需求不再是以单一波长信道的容量为单位，其容量的差别很大且变化频繁。因此，对于支持分组业务的光网络不可能在所有的业务节点之间都建立波长通道。如何在满足业务需求的情况下建立相对少的光通道，从而减少收发器等器件的使用数量并进而降低网络成本，是必须考虑的一个重要因素。

(2) 拥塞因素：由于分组交换业务具有突发性，对于平均分组业务强度较大的节点对，更容易出现拥塞的情况，因此在虚拓扑设计时，应该尽量用虚链路连接分组业务强度较大的节点对，从而提高网络的吞吐量，改善业务非均匀分布时的网络性能。

(3) 时延因素：虽然无论是针对电路交换业务还是分组交换业务，SRWA 算法最终得到的结果都是一个虚拓扑，但是由于前者的业务需求都是以单一波长信道的容量为单位的，因此所有的业务需求对应于逻辑拓扑上的光通道都是单跳通路(即在整个光通道只有一个光发射机和一个光接收机，光/电/光(O/E/O)转换只有一次，因此在电域上只有一跳)。而对于后者，由于业务容量变化很大，因此许多业务需求对应于逻辑拓扑上的光通道为多跳通路(即一个节点对之间的分组可能需要经过一条或多条逻辑链路。中间节点配置的 ATM 交换机或者 IP 路由器负责将分组由一条逻辑链路转发到另一条逻辑链路上，在电域上为多跳)。而在电域上每增加一跳，就会增加分组的传输时延。为避免分组的时延超过用户所能容忍的极限，在设计算法时必须考虑到路由跳数的限制。为解决此问题，可以在目标函数中引入路由代价，使之倾向于使用最短路由。该方法不仅能降低光通道的平均长度，还能降低分组的传输时延。

(4) 映射因素：这个因素主要是考虑如何实现逻辑拓扑对物理拓扑的映射问题。这个问题和前面提到的电路交换业务的 SRWA 问题在本质上是一致的，一般设定的优化目标是使所用的波长数目最少，同时考虑资源利用的均衡性。

### 7.3.4　静态 RWA 中的路由选择子问题

前面已经介绍，静态 RWA 问题既可以将路由与波长分配问题作为一个整体，利用分层图的方法进行求解。也可以将它分成路由选择子问题与波长分配子问题分别进行求解。在此，采用第二种思路对静态 RWA 问题进行研究。

对于求解 SRWA 问题的路由选择子问题，可以采用下面两类算法：

(1) 求解 ILP 方程组，得到光通道的路由。这种方法与求解静态逻辑拓扑设计(LTD)问题的方法相同，这里不作重点介绍；

(2) 采用启发式算法进行求解。对于 SRWA 路由选择子问题，常用的启发式算法分为固定路由算法(Fixed routing)和固定备选路由算法(Fixed-alternate routing)两类。

#### 1. 固定路由算法

固定路由算法是最简单的一种路由算法，网络总是为同一节点对提供固定不变的路由。算法的步骤简单，即读入网络的物理拓扑信息后，结合事先给定的权重矩阵，采用最短路径算法(比如经典的 Dijkstra 算法和 Bellman-ford 算法)，为源－目的节点对计算一条权重值(或代价值)最小的路由。如图 7－3 所示，在一个 6 节点网络上使用固定路由进行选路，在物理拓扑结构和权重矩阵不变的情况下，节点 0 到节点 2 的路由总是 0→1→2，同样，节点 0 到节点 3 的路由总是 0→1→2→3，节点 0 到节点 5 的路由总是 0→1→5。但是可以看到，固定路由算法虽然步骤简单，容易实现，但是它需要耗费较多的网络资源(比如波长数目、收发器数目等)，如上所述的三条路由都占用了链路 0→1。当网络的连接请求增多时，链路 0→1 很可能会出现波长数耗尽的情况，这样将导致网络的拥塞概率迅速增加。

而且，固定路由算法只为一个节点对选择了一条可用路由，没有备用路由，因此这将使得网络不具备故障恢复能力。

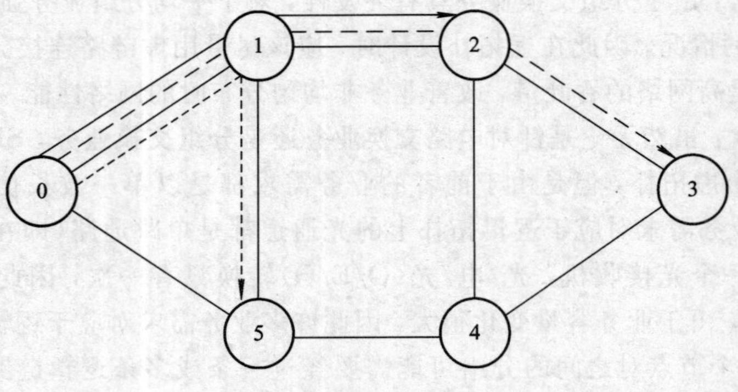


图 7-3 固定路由算法选路示例

### 2. 固定备选路由算法

固定备选路由算法是对固定路由算法的改进。固定备选路由算法除了能计算给定源一目的节点对之间的最短路由(作为工作路由)之外，还能为最短路径提供 1 条以上的备选路由(作为保护路由)，而且这些备选路由与最短路由在物理拓扑上具有最大程度分离的特点。如图 7-4 所示，节点 0 与节点 2 之间除了具有 0→1→2 的最短路由外，还具有 0→5→4→2 的备选路由(或次最短路由)。实现固定备选路由算法的一种可选算法是 $k$-最短路径算法，这种算法以 Dijkstra 算法或 Bellman-ford 算法为基础，能计算出给定源一目的节点对之间的 $k$ 条物理拓扑上最大程度分离的路由。与固定路由算法相比，固定备选路由能使得网络具有一定程度的故障恢复功能，而且当最短路由(工作路由)发生拥塞时，可以选择备选路由作为工作路径。因此，与固定路由相比，固定备选路由降低了网络的拥塞概率。但是，固定备选路由还是建立在静态网络状态下的路由算法，当网络的物理拓扑或者权重矩阵发生改变时，这种算法就失效了。

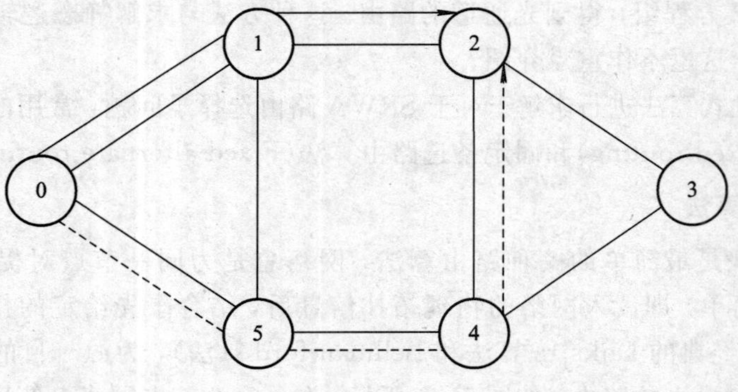


图 7-4 固定备选路由算法选路示例

### 3. SRWA 路由算法实例——最大概率算法

下面介绍一种 SRWA 路由启发式算法——最大概率算法。该算法的优化目标是使各链路上通过的最大光通道数目最少(或链路最大负载最小)，具体步骤如下：

步骤 1：采用 Dijkstra 算法在固定权重链路的网络中为各业务需求寻找一条可达路由。

步骤 2：将链路权重转化为资源剩余率权重。设链路 $i$ 的权重为 $P_i$，链路上能容纳的最大通道数目(或最大波长数目)为 $U_{max}$，当前链路 $i$ 上存在的通道数目为 $U_i$，则有：

$$P_i = \frac{U_{max} - U_i}{U_{max}} \tag{7-9}$$

步骤 3：对最繁忙链路上的一条光通道重新进行路由选择，即为该光通道寻找一条最大概率路由。这里应该注意的是：如果网络中某一路由经过的各链路权值之积最大，则表示该路由上资源剩余最丰富，该路由应该以最大的概率被选中，即为最大概率路径。求最大概率路径的问题实际上可以看做是 Dijkstra 算法的一个变形。在 Dijkstra 算法中，将组成路由的各段链路的权重相加，找出权重之和最小的一条路径。而求最大概率路径实际上是求一条链路权值之积最大的路由。由于 $P_i$ 的值都在[0, 1]之间，积也在[0, 1]之间，所以 $\prod_i P_i$ 的值与 $\sum_i(-\ln(P_i))$ 的值成反比，所以将链路权重转化为 $-\ln(P_i)$ 之后，就可以采用 Dijkstra 算法得到最大概率路径。

步骤 4：检查进行重新路由选择之后，网络中最繁忙的链路上的通道数目是否下降，如果下降，则返回步骤 3；否则，进行重新路由的光通道仍采用原路由，算法结束。

## 7.3.5　静态 RWA 中的波长分配子问题

### 1. 着色图算法

当采用路由算法为一个连接请求选定了一条路由之后，必须在满足波长连续性限制条件和不同波长限制条件的情况下，为光通道选择一个合适的波长。对于一个 SRWA 问题来说，希望能够最小化所需的波长数目，于是 SRWA 波长分配子问题就演化为一个着色图问题(Graph-coloring problem)。着色图算法首先对原网络拓扑图建立辅助图 $G'(V', E')$，在辅助图中每条光通道用一个顶点 $V'$ 表示。当不同的光通道经过相同的链路时，辅助图中代表该两个光通道的顶点用边来相连。然后在辅助图中为顶点 $V'$ 着色，保证相邻的顶点不着相同的颜色。这样就把波长分配问题转化成光通道着色问题。辅助图中的颜色总数就是网络的波长数目需求。图 7-5(b)就是图 7-5(a)的着色图的辅助图。

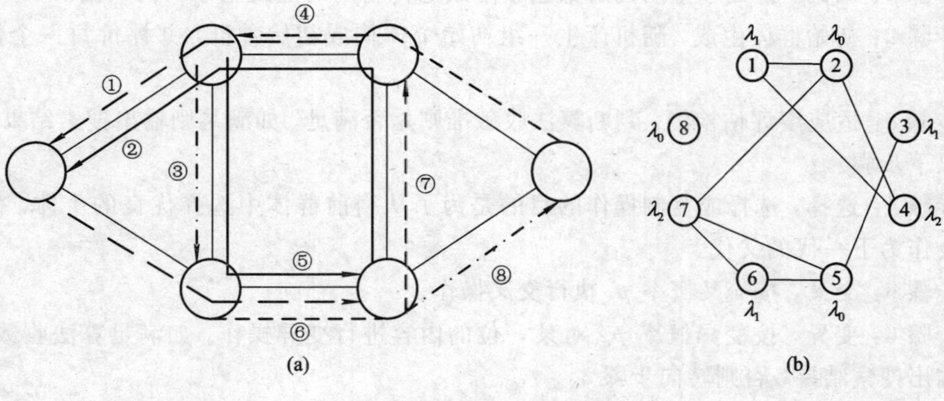


图 7-5　着色图算法示例

着色图算法的具体执行步骤如下：

步骤 1：设链路数为 $n$，建立 $n$ 个光通道集合，其中每个集合包含了通过该链路的光通道。在集合内部，由于每个光通道均共享该链路，所以每个集合内部均为一个全连接图，节点的着色具有互斥性。

步骤 2：找出包含节点最多的一个集合，将其中的每个节点着不同的颜色。结果反映在辅助图 $G'(V', E')$中，将这些节点标注为 $X$。

步骤 3：挑出一种颜色 $C_1$ 以及该颜色代表的顶点，对与其连接的未标注 $X$ 的节点标注 $Y$。

步骤 4：在所有未加标注的节点中，如果某一节点周围的节点(即相关联的节点)中有标注的节点总数最少，则将该节点分配颜色 $C_1$，同时标注 $X$。

步骤 5：在该节点周围的节点标注 $Y$。

步骤 6：重复执行步骤 4 和步骤 5，直到步骤 4 输出的结果所有的节点均已加标注。

步骤 7：撤销所有 $Y$ 标注，选择下一种颜色 $C_2$，重复步骤 3 到步骤 6 的执行过程。

步骤 8：将辅助图中所有颜色均用完之后，如果还存在未着色的节点，则将未着色的节点构成的子图剥离出来，引入新的颜色加以处理。

在 SRWA 波长分配子问题中，为了减小搜索空间，常将一些启发式算法与着色图算法结合使用。常见的启发式算法有遗传算法、模拟退火法和禁忌搜索算法。下面简要介绍这些启发式算法的基本思路。

**2. 遗传算法(Genetic algorithm)**

遗传算法是 J. Holland 于 1975 年受生物进化论的启发而提出的。它是基于“适者生存”的一种高度并行、随机和自适应的优化算法。它将问题的求解表示成“染色体”的适者生存过程。通过“染色体”群的一代代不断进化，包括复制、交叉和变异等操作，最终收敛到“最适应环境”的个体，从而求得问题的最优解或满意解。遗传算法是一种通用的优化算法，其编码技术和遗传操作比较简单，优化不受限制型条件的约束，其两个最显著的特性是隐含并行性与全局解空间搜索。遗传算法作为对于非常困难的混合优化问题的一种标准的处理技术，在全球范围内被广泛用于专门处理混合优化问题。

标准遗传算法主要包括如下 6 个步骤：

步骤 1：编码，将处理空间的解数据表示成遗传空间的基因型串结构数据。

步骤 2：初始群体生成，随机产生一组初始个体构成初始种群，并评价每一个体的适配值。

步骤 3：适应度评估检测，判断算法收敛准则是否满足。如满足则输出搜索结果，否则执行以下步骤。

步骤 4：选择，选择或复制操作的目的是为了从当前群体中选择优良的个体，使它们有机会作为下一代的父代。

步骤 5：交叉，按交叉概率 $p_c$ 执行交叉操作。

步骤 6：变异，按变异概率 $p_m$ 对某一位的内容进行变异操作。如满足算法收敛规则，那么输出搜索结果，否则转向步骤 3。

**3. 模拟退火法(Stimulated annealing)**

1982 年，Kirk Patrick 将退火思想引入组合优化领域，提出一种大规模组合优化问题的求解算法，对 NP 完全组合优化问题尤其有效。这种算法源于固体的退火过程，即先将温度加到很高，再缓慢降温(即退火)，使其达到能量最低点。如果急速降温(即为淬火)则不能达到最低点。就函数最小值问题来说，模拟退火的主要思想是：在搜索区间(二维平面中)随机游走(即随机选择点)，再以 Metropolis 抽样准则，使随机游走逐渐收敛于局部最优解。

模拟退火法的计算过程是一系列的“产生新解－判断－接收/舍弃”的迭代过程，它包括两个循环，如图 7－6 所示。

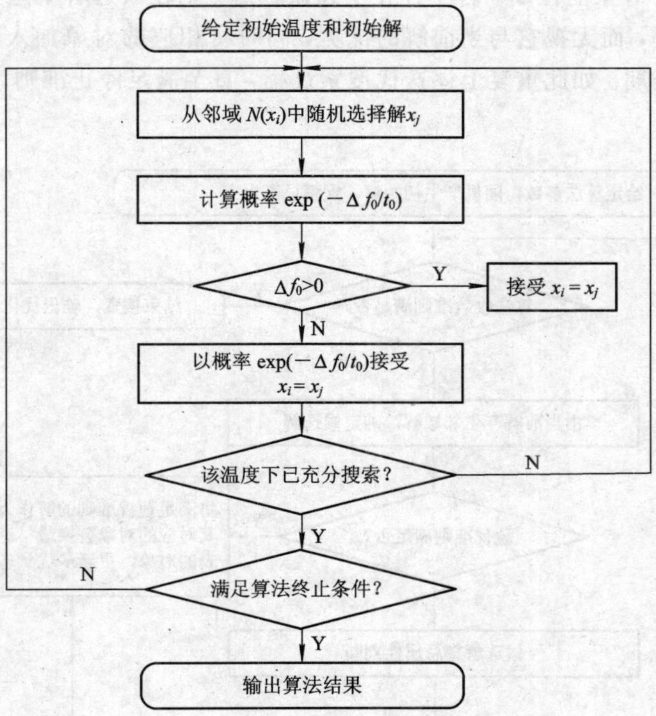


图 7－6　模拟退火法算法流程图

内循环表示在同一个温度 $t$ 时，在一些状态随机搜索，采用了基于概率的双向随机搜索技术。当邻域的一次操作使当前解的质量提高时，接收这个改进解作为新的当前解。反之，以一定的概率接受相对质量比较差的解作为新的当前解。外循环表示温度下降时，系统状态的变化主要包括温度下降变化 $t_{k+1}=d(t_k)$和算法终止条件的确定。模拟退火法的效率主要由邻域的定义决定。此外，冷却进度表有时也很重要。如果温度降低过快，找到较好解的可能性会大大减小，另一方面，温度降低的越慢，算法的执行时间就会越长。

尽管模拟退火法无法避免产生局部最小值，但从总体上说，该算法还是能够给出较优解的。在优化过程中，容易在低开销区域中产生解，模拟退火法实现简单，在组合优化问题中比较受欢迎。该算法的缺点是计算复杂度较大，而且对一个已存在的较优解来说，很难实现进一步的改善。

**4. 禁忌搜索(TABU search)**

禁忌搜索算法首先创建一个初始化的方案，然后基于初始化的方案，将算法“移动”到一个相邻的方案。一般来说，许多“移动”是连续的过程，方案的质量逐渐被提高。一个禁忌清单被用于指导搜索，当一个特殊的中断条件达到时，算法就结束(比如当运行时间已经达到时)。与遗传算法不同的是，禁忌搜索是确定性搜寻算法，试图找到一个组合优化问题的最佳方案。但是，它的算法也还是包括随机取样的方法。

简单的禁忌搜索法的基本思想是：给定一个当前解(初始解)和一种邻域，然后在当前解的邻域中确定若干候选解。当最佳候选解对应的目标值优于“best so far”状态时，则忽视其禁忌特性，用其代替当前解和“best so far”状态，并将其相应的对象加入禁忌列表，同时修改禁忌列表中各对象的任期。若不存在上述候选解，则在候选解中选择非禁忌的最佳状态作为新的当前解，而无视它与当前解的优劣，同时将相应的对象加入禁忌表，并修改禁忌表中各对象的任期。如此重复上述迭代搜索过程，直至满足停止准则。算法流程如图 7-7 所示。

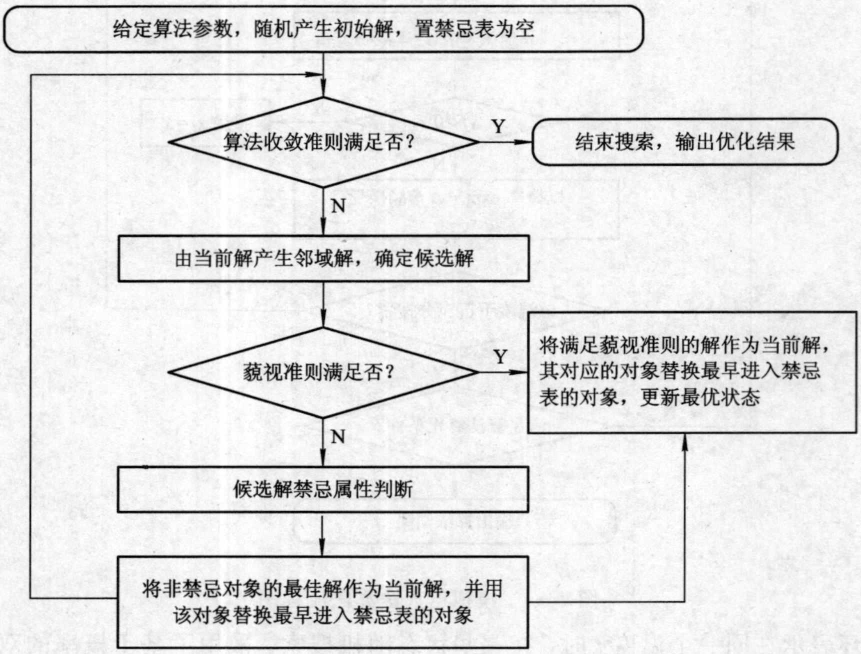


图 7-7 禁忌搜索算法流程图

## 7.4 动态 RWA 问题

本节将介绍 RWA 问题中的动态 RWA(Dynamic Routing and Wavelength Assignment, DRWA)问题。对于 DRWA 问题，业务量不再是静态的，光通道建立的请求按照某种分布规律随机地达到。当请求达到时，或者拒绝该请求，或者接受该请求并为它选择一条合适的路由，分配可用的波长(进行 RWA 运算)。

对于 DRWA 问题，对光通道建立请求的处理(即接受建立请求后)通常有两种策略：可重构型策略与不可重构型策略。所谓可重构型策略，就是当网络拥塞发生的时候，光网络的逻辑拓扑可以进行重构，以消除拥塞情况。但是这样的操作可能会中断很多现有的连接，而且需要对网络节点之间的光通道进行大量的调整(光通道的拆除或者重新建立)，因此不适合大规模的网络。而不可重构型策略，则在拥塞发生的时候不能重构光通道，当拥塞发生的时候(即不能为该请求建立路由以及分配波长时)，只能拒绝该请求。下面将介绍的 DRWA 的请求处理策略选择不可重构型策略，同时假设光网络节点处的 OADM 或 OXC 不具备波长转换功能。

### 7.4.1　动态 RWA 的问题描述

对于 DRWA 问题，将优化目标选定为最大化网络受益或者最小化网络损失。因为对于不同的光通道建立请求，可能对应不同的网络受益，也要求光网络提供不同的服务质量(QoS)保证。同样，如果拒绝光通道建立请求，将会给网络受益带来一定的损失。如果不考虑连接请求的不同，那么 DRWA 问题的优化目标可以简化为最大化网络的连接数或者最小化网络的拥塞率。因此，DRWA 问题可描述为：

(1) 物理拓扑结构 $G=(V, E)$，其中 $V$ 表示网络节点集合，$E$ 表示链路集合。并且对于任意一条链路 $e \in E$，都对应一定数目的双向(或者单向)光纤；

(2) 光通道建立请求类型(即是单向请求连接还是双向请求连接)；

(3) 建立连接带来的网络受益(或者拒绝连接带来的网络损失)。

那么，DRWA 问题的求解就是在现有网络资源限制下，为目前的网络请求选择合理的路由，并分配合适的波长使得网络受益最大(或网络损失最小)。

### 7.4.2　动态 RWA 问题的求解思路

由于连接请求为动态随机地达到，因此对 DRWA 问题的求解，不能采用整数线性规划(ILP)或者着色图等处理静态问题的方法。一般来说，应采用启发式算法来解决 DRWA 问题。同样，由于 DRWA 问题是一个 NP 完全(NP-complete)问题，因此可将其分为路由选择子问题与波长分配子问题两个部分分别进行求解。与 SRWA 问题不同，对于 DRWA 问题的路由选择子问题，不仅可以采用固定路由算法和固定备选路由算法，还可以采用算法性能更好的自适应路由算法(Adaptive routing algorithm)。而对于 DRWA 问题的波长分配子问题，可分为基于局部信息的波长分配算法、基于全局资源信息的波长分配算法和基于全局光通道信息的波长分配算法三类动态波长分配算法来进行求解。

动态的路由算法(自适应路由)和动态的波长分配算法(如 RCL 算法等)都具有较高的计算复杂度，因此，大多数研究人员在研究 DRWA 问题时都会偏重研究其中一个子问题，而将另一个问题简化。比如，当偏重研究自适应路由算法时，通常将波长分配算法选为简单有效的 First-Fit(FF)算法。而当偏重研究动态波长分配算法时，通常选择固定路由算法。类似这样的取舍方法有效地减少了整个 DRWA 算法的计算复杂度。

### 7.4.3　动态 RWA 中的路由选择子问题

DRWA 路由选择子问题采用的算法可以分为三种：固定路由算法、固定备选路由算法和自适应路由算法。前两种算法在介绍 SRWA 路由选择子问题时已经给予了介绍，这一节主要介绍解决 DRWA 路由选择子问题的自适应路由算法。

自适应路由算法根据网络状态选择源－目的节点对之间的路由，所谓的网络状态就是目前网络进程中所有连接的集合。自适应路由算法与固定路由算法、固定备选路由算法相比，在拥塞概率性能方面得到了明显的改善，当然其计算复杂度也会增加，而且更加需要来自控制和管理协议的支持，以便随时更新节点的路由表。下面介绍三种典型的自适应路由算法。

**1. 自适应最短代价路由算法(Adaptive Shortest-Cost-Path Routing，ASCPR)**

首先每条未被占用的链路的代价标记为1，已被占用的链路的代价标记为∞，具有波长转换功能的链路的代价标记为 $c$，没有波长转换时令 $c=\infty$，如图7-8所示。当网络收到连接请求时，为源－目的节点对之间建立代价最小的路由。如果具有相同最小代价的路由有多条，那么随机选择其中的一条。这种算法适用于具有波长转换功能的网络，通过合适地选择参数 $c$，当波长冲突发生时(拥塞发生时)，可以采用波长转换技术来解决，这时光通道不必满足波长连续性限制条件。比如对于0节点到2节点的连接请求，当采用这种算法后，得出的路由为0→5→4→3→2。

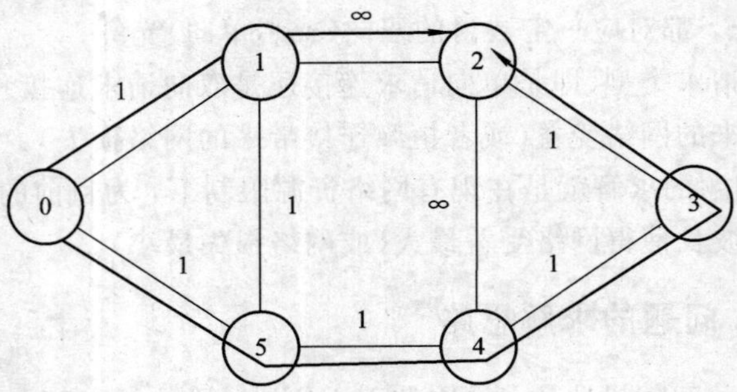


图7-8 自适应最短代价路由算法示例

**2. 自适应最小拥塞路由算法(Adaptive Least-Congested-Path，ALCP)**

ALCP算法与固定备选路由相似，首先对每一个节点对都事先计算出一组可选路由。当网络接收到连接请求后，在这组可选路由中具有最小拥塞的路由先被选中。链路的拥塞定义为该链路上的可用波长数目。可用波长数目越小，那么该链路的拥塞就越大。对于一条光通道来说，光通道的拥塞就是该光通道所跨越的一条或几条链路中拥塞的最大值，即这些链路中具有最小可用波长数目的那个链路的拥塞。如果算法出现了僵局，那么将采用最短路径算法打破这种僵局。一般来说，LCP算法是建立在固定备选路由算法的基础上，用来打破固定备选路由算法僵局的算法。LCP算法的缺点是计算复杂度高，从算法的执行过程中可以看到，每次选择路由都需要先遍历所有的固定备选路由，然后再做出选择。一种改进的算法是只遍历前 $k$ 条备选路由，这样可以降低计算复杂度。

**3. 基于蚁群算法的自适应路由算法(Adaptive Routing Based on Ant-Algorithm，ARBAA)**

蚁群算法是20世纪90年代初由意大利学者M. Dorigo等提出的一种新型的模拟进化算法，该算法首先用于求解旅行商问题(Traveling Salesman Problem，TSP)。研究表明：蚂蚁具有找到蚁穴与食物源之间最短路径的能力，这种能力是靠其在所经过的路径上留下一种挥发性信息素(Pheromone)来实现的。对于一条路径，选择它的蚂蚁越多，则在该路径上蚂蚁所留下的信息素浓度越大，而强度大的信息素浓度会吸引更多的蚂蚁，从而形成一种正反馈。通过这种正反馈机制，蚂蚁最终可以发现最短路径。假设路径 $(i, j)$ 在 $t$ 时刻的信息素轨迹强度为 $\tau_{ij}$，蚂蚁 $k$ 在路径$(i, j)$上留下的单位长度轨迹信息素数量为 $\Delta\tau_{ij}^k$，轨迹的持久性为 $\rho(0\leqslant\rho<1)$，则信息素轨迹强度的更新方程为

$$\tau_{ij}(t+1)=\rho\tau_{ij}(t)+\sum_k \Delta\tau_{ij}^k(t) \tag{7-10}$$

设 $Z_k$ 为第 $k$ 只蚂蚁在本次循环中所走的路径长度，则

$$\Delta\tau_{ij}^k=\frac{Q}{Z_k}$$

其中，$Q$ 是一个常数。

为了利用蚂蚁的这一特性进行路由选择，网络中每个节点的路由表用信息素表(Pheromone table)来代替。表中的信息素浓度以概率值的形式表示，这有助于更好地理解蚂蚁寻路的原理，这样的选择路由的方式与蚂蚁根据信息素多少选择路径具有本质上的一致性。蚂蚁在一条路径上前进时沿途释放信息素，在此相当于对信息素表中的相应条目进行更新。以信息素表为基础，蚁群自适应路由算法以一定概率选择最短路径。假设 $\eta_{ij}$ 为路径$(i, j)$的可见度，一般取为 $1/d_{ij}$，$d_{ij}$ 为路径$(i, j)$的长度，路径轨迹的相对重要性为 $\alpha(\alpha\geqslant 0)$，路径可见度的相对重要性为 $\beta(\beta\geqslant 0)$。$U$ 为可行顶点集，蚂蚁 $k$ 在 $t$ 时刻的转移概率为 $P_{ij}^k(t)$，其定义为

$$P_{ij}^k(t)=\begin{cases}\dfrac{[\tau_{ij}(t)]^\alpha[\eta_{ij}]^\beta}{\sum_{l\in U}[\tau_{il}(t)]^\alpha[\eta_{il}]^\beta}, & j\in U\\ 0, & \text{其他}\end{cases} \tag{7-11}$$

对基于蚁群算法的自适应路由算法的仿真研究显示，蚂蚁算法具有较强的鲁棒性和搜索性，但同时也存在一些缺点，比如收敛速度慢、易出现停滞现象等。针对算法的不足，一些研究者又提出了新的蚁群算法，比如蚁群系统(Ant Colony System, ACS)、最大一最小蚂蚁系统(Max-Min Ant System, MMAS)等。这些算法很大程度地消除了搜索中的停滞现象，改善了算法的性能，更适合求解高维 NP-complete 问题。

### 7.4.4　动态 RWA 中的波长分配子问题

目前，DRWA 波长分配算法主要可分为三类：基于局部信息的波长分配算法、基于全局资源信息的波长分配算法和基于全局光通道信息的波长分配算法。下面首先介绍在这些波长分配算法中所用到符号及其含义。

假设每条链路支持的光纤数目为 $F$，每根光纤支持的波长数目为 $W$，$L(P)$表示光通道 $P$ 的链路集合。$L_c(l, \lambda)$表示链路 $l$ 上波长 $\lambda$ 剩余的可用信道数。$P_c(P, \lambda)$表示光通道 $P$ 上波长为 $\lambda$ 的最小可用信道数，称为光通道 $P$ 上波长 $\lambda$ 的瓶颈数。$P^*$ 表示新到达的连接请求所对应的光通道。$A(P^*)$表示 $P^*$ 上对应的可用波长集。$G(P^*)$代表与 $P^*$ 具有公共链路的固定路由集合，称光通道 $P(P\in G(P^*))$为光通道 $P^*$ 的相邻光通道。

#### 1. 基于局部信息的波长分配算法

基于局部信息的波长分配算法仅考虑待分配连接请求路由上的波长使用信息，不需要考虑全网的波长使用情况，是最简单的一类算法。此类算法中常见的算法有：

- 随机分配(Random Assignment, RA)算法：首先搜索所有波长的集合，找出可用波长集，再从中随机选择波长分配给光通道。

• 首次命中(First-Fit，FF)算法：将波长在可用波长集 $A(P^*)$ 中按固定顺序排列(比如按波长由小到大的顺序排列)，对新到达的连接请求要建立的光通道 $P^*$，每次选择波长时均从 $A(P^*)$ 按固定顺序选择可用波长，并将选到的可用波长分配给 $P^*$。

**2. 基于全局资源信息的波长分配算法**

基于全局资源信息的波长分配算法首先对全网所有波长资源的使用情况进行分析，根据分析的结果选取最适合全网状况的一个可用波长。常见的算法有：

• 最大使用(Most-Used/PACK，MU)算法：首先统计全网中所有波长的使用率，然后优先选择使用率最大的可用波长。这种算法有利于将流量集中在少数波长上，这样可以减少网络的波长需求。

• 最小使用(Least-Used/SPREAD，LU)算法：首先统计全网中的所有波长的使用率，然后选择使用率最小的可用波长。这种算法的出发点是使得网络流量均匀分摊到各个波长上。

**3. 基于全局光通道信息的波长分配算法**

基于全局光通道信息的波长分配算法在为新的连接请求分配波长时，必须考虑原有的波长通道的建立情况，并根据对原有的波长通道的影响来选择一个可用波长。常见的算法有：

• 最小乘积(Min-Product，MP)算法：首先对所有的波长编号，然后计算 $\prod_{l\in\pi(P)} D_{lj}$，其中 $D_{lj}$ 指链路 $l$ 上占用波长 $j$ 的光纤总数，$\pi(P)$ 指光通道 $P$ 所跨越的所有链路。算法优先选择能使乘积项最小且编号较低的波长。当每条链路的光纤数目为 1 时，MP 算法就蜕化为 FF 算法。

• 最轻承载(Least-Loade，LL)算法：首先对所有的波长编号，然后计算 $\max\limits_{j\in A(P^*)} \min\limits_{j\in\pi(P^*)} (W-D_{lj})$ 值。算法优先选择满足上述公式且编号较小的波长。LL 算法的出发点是将最空闲的波长分配给最繁忙的链路段。

• 最大总和(Max-Sum，MS)算法：算法选择波长的原则是选择该波长后，全网的其他通道的剩余可用波长数目总和最大，其优化目标函数为

$$\max_{\lambda\in A(P^*)} \left( \sum_{P\in G(P^*)} P_c(P, \lambda) \right)$$

• 最小影响(Least Influence，LI)算法：该算法选择波长的原则是选择该波长后，对全网其他通道的影响(相关通道造成的瓶颈总和)最小。其优化目标函数为

$$\sum_{P\in G(P^*),} \sum_{l\in L(P)\cap L(P^*)} D(L_c(l, \lambda), P_c(P, \lambda)) \tag{7-12}$$

其中

$$D(L_c(l, \lambda), P_c(P, \lambda)) = \begin{cases} 1, & L_c(l, \lambda) = P_c(p, \lambda) \\ 0, & L_c(l, \lambda) = P_c(p, \lambda) \end{cases} \tag{7-13}$$

• 相对容量损失(Relative Capacity Loss，RCL)算法：类似于 MS 算法，RCL 算法也是针对提升网络其他链路的空闲容量的。只是 MS 算法致力于将网络其他链路的绝对空闲容量最大化，而 RCL 算法则致力于将网络其他链路的相对空闲容量最大化。算法的优化目标为

$$\min_{\lambda \in A(P^*)} \left\{ \sum_{P \in G(P^*)} \frac{U\left( \sum_{l \in L(P) \cap L(P^*)} D(L_c(l, \lambda), P_c(P, \lambda)) \right)}{\sum_{\lambda} P_c(P, \lambda)} \right\} \tag{7-14}$$

其中，$U(A)$为单位阶跃函数，当$A>1$时，值为1，否则取值为0。

**4. 波长分配算法计算复杂度比较**

表7-1给出了上述各种波长分配算法的计算复杂度的比较。表中$L$表示链路数目，$N$表示节点数目，$W$表示可用波长数目。

**表7-1　上述各种波长分配算法的计算复杂度比较**

| 波长分配算法 | 计算复杂度 |
| --- | --- |
| 随机分配算法(R) | $O(W)$ |
| 首次命中(FF) | $O(W)$ |
| 最大使用(MU) | $O(NW)$ |
| 最小使用(LU) | $O(LW)$ |
| 最小乘积(MP) | $O(NW)$ |
| 最轻承载(LL) | $O(LW)$ |
| 最大总和(MS) | $O(N^3W)$ |
| 最小影响(LI) | $O(N^3W)$ |
| 相对容量损失(RCL) | $O(N^3W)$ |

# 7.5　RWA问题的理论边界

这一节主要介绍静态RWA问题中的波长需求下限和上限，这两类理论边界值对于大致确定网络优化的方案有一定的帮助。

## 7.5.1　静态RWA中波长需求的下限

在给定的网络拓扑下，有两类波长需求的下限，即由距离决定的下限和由割集决定的下限，下面分别介绍这两种波长需求的下限。

**1. 由距离决定的下限**

这种波长需求的下限的计算思路是：通过考虑为满足建立光通道的请求所需要的最少连接通道数来估计波长需求下限。假设$d_{sd}$表示从节点$s$到节点$d$的光通道的最短距离(或者最小跳数)，那么满足所有的连接需求所需要的连接通道数目为$\sum_{(s,d)} d_{sd}$。在这种情况下，由距离决定的下限可表示为

$$W_{DB} \geqslant \left[ \frac{\sum_{(s,d)} d_{sd}}{2 \cdot LF} \right] \tag{7-15}$$

其中，$[x]$表示大于或者等于$x$的最小整数(对$x$取整后加1所获得的数值)，$L$表示光纤

链路的总数(公式(7-15)中所示的 $L$ 是指双向链路)，$F$ 是在每个链路上的光纤数目。求解 $d_{sd}$ 可以用一些经典的路由算法，比如最小跳数算法(Minimum Hop Algorithm，MHA)。对于图 7-2 给出的波长路由网络，假设其链路数为 21，每条链路的光纤数目为 2，总的连接通道数为 128，那么计算得出的波长数下限为 $W_{DB} \geqslant 4$。

**2. 由割集决定的下限**

另一种求解波长数目需求下限的方法是将网络分割成两部分。假设 C 表示将物理拓扑分割成两部分的一种切割(Cut)方式，$Z_C$ 表示以 C 方式切割的两部分之间的连接数，那么以 C 方式切割的两部分之间的连接数与以 C 方式切割的两部分之间的光纤链路数目($F_C$)的比值，就是对应于每条光纤链路上的平均连接数(波长数)。这同时也是为了避免在这些光纤链路上出现波长冲突情况的波长数目下限。将网络进行 $m$ 次分割，计算每次 $Z_C/F_C$ 的比值，然后取其中的最大值，这就称为由割集决定的下限，表示为

$$W_{PB} \geqslant \max_{C}\left[\frac{Z_C}{F_C}\right] \tag{7-16}$$

### 7.5.2 静态 RWA 中波长需求的上限

对于有 $N$ 个节点的任意网络，假设网络中任意两个节点集合之间应该至少有两条链路。首先假设 $N$ 为偶数，考虑最坏的情况，即两个节点集合各有 $N/2$ 个节点，它们之间只有两条链路相连，那么相应的波长需求上限为 $W_{LB}=W_{PB}=[N^2/8]$。这样的割集使链路上的波长数目大于任何割集方法中的波长数目，因此任意链路的波长数目不会大于$[N^2/8]$。当 $N$ 为奇数时，最坏的情况是：一个节点集合有$(N-1)/2$ 个节点，另一个节点集合有$(N+1)/2$ 个节点，它们之间只有两条链路相连，那么相应的波长数上限为 $W_{LB}=[(N^2-1)/8]$。同理，这样的割集使链路上的波长数目大于任何割集方法中的波长数目，因此任意链路的波长数目不会大于$[(N^2-1)/8]$。根据这样的推理，可定义任意连接的 $N$ 个节点网络中波长数目需求上限为

$$W_{UB}=\begin{cases}[N^2/8], & N\text{ 为偶数时}\\ [(N^2-1)/8], & N\text{ 为奇数时}\end{cases} \tag{7-17}$$

最后需要指出的是，如果在预计波长需求上、下限时加入了额外的约束条件，那么所得到的上、下限值将比公式(7-17)计算出的值要大。

## 7.6 RWA 中的其他问题

除了在 7.3 节介绍的静态 RWA 问题和 7.4 节介绍的动态 RWA 问题之外，涉及 RWA 的研究还有其他一些问题需要考虑，尤其是当具体算法在实际工程应用中实施的时候，还有很多因素需要加以考虑。在这一节将简单介绍三个方面的问题：业务量疏导的 RWA 问题、多播 RWA(MultiCast-RWA，MC-RWA)问题和抗毁网络的 RWA 问题。

### 7.6.1 业务量疏导的 RWA 问题

由 WDM 光纤链路和 OXC(或者 OADM)网元设备构成的光网络可以提供光通道。一个光网络中的光通道(以波长为载体)上传输的通信速率通常情况下比较高，比如 2.5 Gb/s、

10 Gb/s 或者 40 Gb/s。因此，WDM 光网络的光层提供的速率或者带宽是粗粒度的，即以波长数为单位。在实际应用中，每个业务的通信速率与一个波长上的可通信速率相比较常常是很低的，若为每个业务提供一个专用波长显然不经济。为了能够提供细粒度的速率或带宽需求，方法之一是用电时分复用技术将多个低速的业务流复用起来在一个波长上传输。网络中除了有 OXC、OADM 等网元设备之外，还有与其相连的电域中使用的数字交叉互联器(DXC)、分插复用器(ADM)等设备。这种将低速业务流通过 DXC、ADM 汇聚并输入某些波长的过程，称为业务量疏导。

除了采用同步数字体系(SDH)设备(如 ADM、DXC)来提供细粒度带宽外，也可以不用 SDH 设备，而采用多协议标记交换(MPLS)路由器，即采用分组(包)复用将多个低速的业务流合起来在一个波长上传输。近年来提出的通用多协议标记交换(GMPLS)可将 MPLS 扩展到光层(或 SDH 层)。采用 GMPLS 的优点在于可以实现 IP Over WDM 的对等模型，即采用统一的控制平面。这样，可以用 MPLS 路由器和 OADM 或 OXC 来共同构成智能光网络，利用标记交换路径(LSP)提供细粒度带宽的通路。这里所涉及的也是业务量疏导问题。

光网络的业务量疏导问题可以描述为：给定一个网络配置，包括物理链路、每个网络节点的光收发器数目、每根光纤的波长数目以及波长容量，业务量疏导就是为一组具有各种低速率带宽粒度的业务连接请求建立光通道，同时优化网络的性能和成本。低速业务流可以通过一条光通道到达目的地(单跳)，也可以通过多跳光通道，即依靠中间节点的电学设备转接到达目的地。

业务量疏导可分为静态和动态两类。静态业务量疏导是预先给出所有低速率业务连接需求，计算光通道的路由并分配波长，并进行低速率业务流的选路。与 7.3 节介绍 RWA 问题的不同之处在于增加了低速率业务流的选路，通常称为静态 G-RWA(Grooming RWA)。静态业务量疏导也是一个特殊的虚拓扑(逻辑拓扑)设计问题，即为已知的低速率业务流建立合理的光通道集合。

通常把静态业务量疏导分为三个子问题加以解决：

(1) 虚拓扑子问题，确定物理拓扑上需要建立的一组光通道需求。

(2) 光通道选路与波长分配子问题，针对虚拓扑子问题中的光通道，求解相应的 RWA 问题。

(3) 低速率业务流选路子问题(疏导子问题)，在虚拓扑上实现。

在动态业务量疏导中，低速率业务连接请求随机到达网络，要求进行实时 G-RWA 计算，一个连接维持一段有限的时间后又被拆除。动态业务量疏导目标一般都是有效地选择疏导路由和合理分配网络资源，使业务连接的阻塞率最低。

### 7.6.2　多播 RWA 问题

前面几节所介绍的光通道是从一个源节点到一个目的节点之间构成的一条光的通道，中间可以经过多个 OADM 或 OXC 设备，属于单播。在光层实现多播，也就是一个源节点送出的光信号要同时到达多个目的节点，需要建立一个光树。在光树的分叉点若要实现全光，可采用分光器。为了补偿分光过程所引入的损耗，需增设光放大器。具有分光和传送模块的 OXC 设备称为支持多播的 OXC(MultiCast-OXC，MC-OXC)设备。

在配置了 MC-OXC 设备的光网络中，根据光树的需求，要为光树选路和分配波长，称为多播 RWA(MC-RWA)问题。相关的算法比单播 RWA 问题更为复杂。在实际应用中，为了节省成本，不宜为每一个光节点都配置 MC-OXC 设备，也就是存在分光器稀疏配置的约束。此外，还有波长转换器配置约束、传输损伤约束等。

在光层中解决 MC-RWA 问题，同时再考虑电学设备的运用以提供细粒度带宽，这成为多播业务量疏导问题。

### 7.6.3 抗毁网络的 RWA 问题

光网络的抗毁能力需考虑两方面内容。一种是考虑其上的应用层是 IP 层，而 IP 层本身具有一定程度的抗毁能力。这种依靠 IP 层抗毁的优点是节省光网络资源，但故障恢复时间较长。另一种是应考虑如何使光网络本身具有一定程度的抗毁能力。这两方面内容都涉及 RWA 问题。关于光网络的抗毁已有较多研究，其中比较新的研究有抗毁虚拓扑设计、区分可靠性和网状网的快速恢复等。

**1. 抗毁选路——抗毁虚拓扑设计**

为了增强网络的生存性，希望在有一条逻辑链路受损时，能够通过其他的逻辑链路迂回多跳连接，使得信息传输不受影响。如果虚拓扑设计不好，有可能在一根光纤断裂时发生可通的链路同时断开的情况。因此，在进行虚拓扑设计时要额外考虑抗毁需求所引入的约束条件，有的文献称之为保护设计或者抗毁选路。

**2. 区分可靠性**

实际应用中，各种业务对抗毁性能要求不同，不同用户为此所支付的费用也不同，设计时可对不同业务采用不同的抗毁措施，以便能更好地利用网络资源。

**3. 网状网的快速恢复**

抗毁环状网较易实现快速恢复，常被称为自愈环。而抗毁网状网虽然节省资源，但在快速恢复方面还需要进一步加强。目前有一种方法是在网状网中构造虚拟自愈环，对于网状网的故障快速恢复方面，还需要更深入的研究。

**4. 多故障下的网络抗毁**

目前已见于报道的研究结果大多限于单故障下的抗毁能力的提高。对安全性要求很高的网络，近年来展开了多故障下的抗毁机制的研究。

## 7.7 求解 RWA 问题实例分析

本节将介绍一个求解 RWA 问题的实例——基于动态门限的波长分配算法，主要侧重介绍动态波长分配部分。

在前面几节中，已经介绍了很多种波长分配算法，比如 First-Fit、Most-Used、Most-Sum、RCL 和 RLI 等。根据算法对波长资源的分配方式的差异，可将现有的波长分配算法分成两大类：完全共享策略(Complete Sharing Policy，CS)和完全分割策略(Complete Partitioning Policy，CP)。属于 CS 策略的波长分配算法不支持业务区分(Service differentiation)，也就是说对于每一个连接请求，CS 类型的波长分配算法都是同样对待的。而属于 CP 类型的波长分配算法则根据划分的等级，为不同等级的连接请求划分了对应的专用波长子集，因此能够从可用波长数量上对业务区分进行支持。

目前，大多数波长分配算法都属于 CS 策略，比如 Most-Used、Most-Sum、RCL 和 RLI 等。当一个连接请求到达时，这些算法必须收集网络所有链路的信息，然后在全部可用波长集中搜索一个合适的波长(满足波长连续性限制条件)。这样的算法的优势在于能够找到使网络性能最优的那些波长，比如最大的相对波长余量或者减少瓶颈链路个数。但是由于波长搜索需要穷尽所有的可用波长集(目前每条光纤链路最大能够支持 300 个波长通道，实验室水平能够达到 1000 个波长通道)，难免会增加请求建立时间，降低网络的效率。尤其是面对具有突发性特点的 IP 业务时，要求短时间内建立大量的连接，这个时候某些 CS 策略的算法可能会失效。

对于 CP 策略的波长分配算法，由于为每个等级的连接请求都划分了各自的波长子集，一方面支持了业务区分，能够提供 QoS 保证，另一方面波长子集的划分又降低了波长的搜索范围，提高了网络效率。但是 CP 策略同样存在一个明显的局限性，即由于每个连接请求都对应了它的专用波长子集，也就是一个连接请求只能使用它自己的专用波长子集的波长，而不能使用其他波长子集的波长，因此当一个请求到达时，虽然其他波长子集仍有空闲波长，但是由于其自己波长子集的波长数已经耗尽，这个请求仍然要被拒绝。这样的请求处理方式显然增加了网络整体的拥塞概率。

在这一节中，引入动态门限的方法来解决 CP 策略波长分配算法的局限性。动态门限能够灵活地控制各个波长子集的划分。当一些波长子集耗尽时，如果网络状况能够满足对应于这些波长子集的动态门限的限制条件，那么连接请求能够被允许使用其他波长子集的空闲波长。这样可以从一定程度上降低 CP 策略波长分配算法的拥塞概率，同时给出了一种基于动态门限的波长分配算法。

### 7.7.1　网络模型的建立

**1. 物理拓扑**

给定一个波长路由光网络(WRON)的物理拓扑 $G(V, E)$，其中 $V$ 表示节点集合，$E$ 表示链路集合。每个节点都配置了 OXC 设备，而且有足够多的收发器来满足建立连接的要求，也就是说，网络的拥塞不会源于节点收发器数目的限制。同时，光节点所配置的 OXC 不具备波长转换功能，因此在这样的波长路由网络中建立的光通道必须满足波长连续性限制条件。

**2. 波长集的划分**

假设每根光纤都是双向连接的，并且承载相同的可用波长数目$\{\lambda_1, \lambda_2, \cdots, \lambda_W\}$。为了满足业务区分的要求，将连接请求分为 $m$ 个等级，分别对应 $m$ 个优先级$\{P_1, P_2, \cdots, P_m\}$，并且从 $P_1$ 到 $P_m$ 优先级依次降低，即 $P_1$ 优先级最高，$P_m$ 优先级最低。

同时假设 $m$ 个等级的连接请求都满足同样的函数分布(比如泊松分布)，那么可以将可用波长数目$\{\lambda_1, \lambda_2, \cdots, \lambda_W\}$分成 $m$ 个波长子集，这 $m$ 个波长子集分别用$\{WP_1, WP_2, \cdots, WP_m\}$表示。对于这些可用波长子集，它们必须满足下面两个约束条件。

条件 1：

$$WP_i \cap WP_j = \Phi(\forall i, j, 1 \leqslant i, j \leqslant m, i \neq j), \sum_{i=1}^{m} WP_i = W \tag{7-18}$$

条件 2：

$$|WP_1| > |WP_2| > \cdots > |WP_i| > |WP_j| > \cdots > |WP_m| (\forall i, j, 1 \leqslant i, j \leqslant m, i \neq j) \tag{7-19}$$

其中$|WP_i|$表示波长子集$WP_i$的可用波长数。条件 1 保证了每个波长只属于一个波长子集，不能被其他波长子集所共用；条件 2 保证了优先级高的请求占用的波长数目多于优先级低的请求所占用的波长数目。这样可以通过对波长数目的不等额分配，保证优先级高的连接请求具有较低的拥塞概率。

## 7.7.2 动态门限的定义和表述

**1. 动态门限定义中用到的符号及其含义**

• $u_l(i, j)$：波长子集$WP_i$在链路$l$上的波长利用率，指在时刻$t_j$时，链路$l$上$WP_i$集合中已经分配的波长数目与$|WP_i|$的比值。

• $\text{mean}(i, j)$：波长子集$WP_i$的平均波长利用率，指在时刻$t_j$时，全网所有链路上$u_l(i, j)$的平均值。用$|L|$表示全网总的链路数，则有：

$$\text{mean}(i, j) = \frac{\sum_{i=1}^{|L|} u_l(i, j)}{|L|} \tag{7-20}$$

• $\max(i, j)$：波长子集$WP_i$的最大波长利用率，指在时刻$t_j$时，全网所有链路上$u_l(i, j)$的最大值。

• $\max_p(i, j)$：波长子集$WP_i$在光通道$p$上的最大波长利用率，指在时刻$t_j$时，构成光通道$p$的所有链路上$u_l(i, j)$的最大值。

**2. 动态门限的定义**

动态门限$T(i, j)$定义为波长子集$WP_i$在时刻$t_j$所对应的门限值，它根据时刻$t_j$的波长使用情况来动态计算：

$$T(i, j) = \max(i, j) - \frac{\max(i, j) - \text{mean}(i, j)}{\mu} \tag{7-21}$$

其中，$\mu$是大于 1 的常数。使用基于遗传算法的神经网络预测器可求解出$\mu$的可用值及其对应的动态门限值。

## 7.7.3 动态门限的求解

**1. 神经网络预测器的设计**

首先给出神经网络预测器的优化目标和适应度函数，即

$$s = \sum_{p=1}^{k} \sum_{q=1}^{n} (y_{pq} - o_{pq})^2 \tag{7-22}$$

其中，$o_{pq}$表示训练数据从$p$输入端口输入，而在$q$输出端口输出的实际值的大小，$y_{pq}$则是期望的输出值。然后设计出一个神经元矩阵为[12, 8, 4, 1]的三层前向神经网络，以便预

测下一次网络连接请求的数目，如图 7－9 所示。优化目标和适应度函数中 $k$ 的值为 12，$n$ 的值为 1。

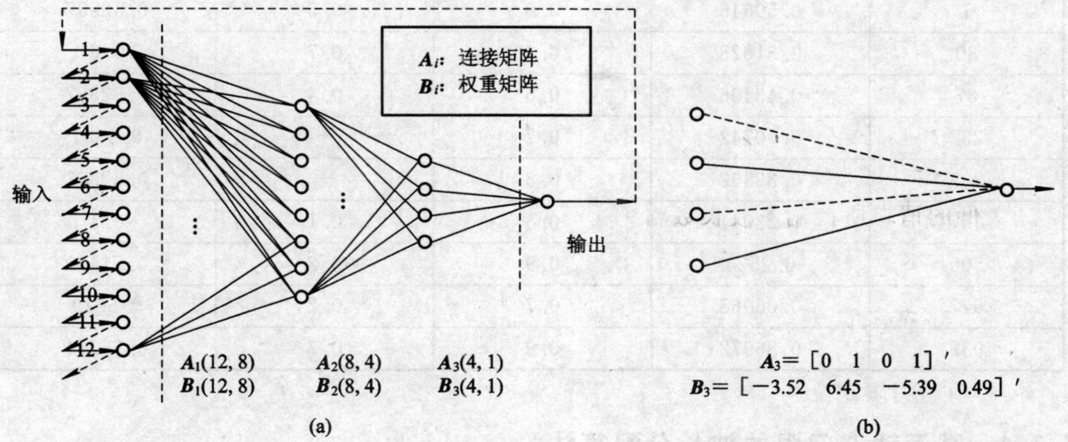


图 7－9　神经网络预测器的结构

由图 7－9(a)可以看到，连接矩阵和权重矩阵共同决定了神经网络预测器的结构。如果在连接矩阵中的一些元素值为 0，那么对应于网络中的相应节点将不存在连接。只有在连接矩阵元素值为 1 时，对应位置的权重矩阵元素值才能反映神经网络的实际连接情况。如图 7－9(b)所示，$\boldsymbol{A}_3$＝[0 1 0 1]，$\boldsymbol{B}_3$＝[－3.52 6.54 －5.39 0.49]，因此在第二层的第一个节点与第三层之间，以及第三个节点与输出节点之间都没有实际连接。只有 6.45 和 0.49 对应的连接值有效。

**2. 基于遗传算法的神经网络预测器的算法实现**

步骤 1：输入神经网络的层数、每层的神经元数、种群数 $N$、遗传算法的最大代数 Max*gen*、交叉率 $P_c$ 和突变率 $P_m$。在这里令 $N=30$，Max*gen*$=30$，$P_c=0.7$，$P_m=0.0039$。

步骤 2：随机产生一组种群数 $p=\{x_1, x_2, \cdots, x_N\}$，对于任意 $x_i \in p$，$x_i$ 都是遗传算法的一个个体，并且该个体由权重基因向量和连接基因向量组成。

步骤 3：保留下能够使得优化目标 $s$ 得到最小值的个体。

步骤 4：对适应度函数($f=s$)采用 Baker's rank-based 适应度分配方法。个体得到的适应度越高，它所对应的等级序号(rank-order)越小。

步骤 5：比较从步骤 3 和步骤 4 中得到的 $s$ 值的大小，并保留使得 $s$ 值最小的个体。

步骤 6：采用轮盘赌选择法(Roulette Wheel Selection)选择具有高的适应度的某些个体，在这里设定的选择率为 0.9。

步骤 7：进行个体的交叉过程。

步骤 8：进行个体的突变过程。

步骤 9：重复执行步骤 4 到步骤 8，直到达到最大代数。

**3. 算法执行结果**

上述的基于遗传算法的神经网络预测器的算法执行结果如表 7－2 所示。

**表 7-2　基于遗传算法的神经网络预测器的算法执行结果**

| 连接次数 | $T(i, j)$ | 最大门限值 | $\max_p(i, j)$ | mean$(i, j)$ |
|---|---|---|---|---|
| 1 | 0.50646 | 0.8 | 0.5 | 0.52857 |
| 30 | 0.81628 | 0.9 | 0.7 | 0.6 |
| 67 | 0.43406 | 0.6 | 0.4 | 0.52857 |
| 232 | 0.70742 | 0.7 | — | 0.6381 |
| 303 | 0.33302 | 0.3 | — | 0.62857 |
| 457 | 0.23041 | 0.5 | 0.1 | 0.5 |
| 500 | 0.2524 | 0.9 | 0.2 | 0.51429 |
| 677 | 0.06068 | 0.7 | 0.2 | 0.5619 |
| 932 | 0.86972 | 0.9 | 0.7 | 0.55714 |

### 7.7.4　基于动态门限的波长分配算法

下面给出基于动态门限的波长分配算法的算法流程：

步骤 1：根据优先级数目 $m$ 和每条链路的可用波长数目 $W$，划分波长子集 $WP_i$。

步骤 2：根据连接请求的优先级 $p$ 在对应的波长子集中搜索可用波长。如果对应的波长子集中有可用波长，那么转向步骤 3，否则转向步骤 4。

步骤 3：采用 FF 算法为连接请求分配一个空闲波长。

步骤 4：在比 $p$ 低一级的优先级对应的波长子集中继续搜索可用波长，如果存在可用波长，转向步骤 3，否则转向步骤 5。

步骤 5：计算比 $p$ 高一级的优先级的动态门限值，如果此时 $p$ 建立的光通道的平均波长利用率低于该动态门限值，那么转向步骤 3，否则拒绝这次请求，记录拥塞一次。

步骤 6：当光通道建立时间结束时，释放所占用的波长并更新网络的波长使用表。

### 7.7.5　算法仿真及结果分析

**1. 仿真网络**

分别选择 NSFNET(如图 7-10 所示)网络和一个 16 节点的网状网络(如图 7-11 所示)作为仿真网络。其中 NSFNET 是一个具有 14 个节点 21 条链接的拓扑不规则网络，而 16 节点的网状网络则具有规则的网络拓扑结构。

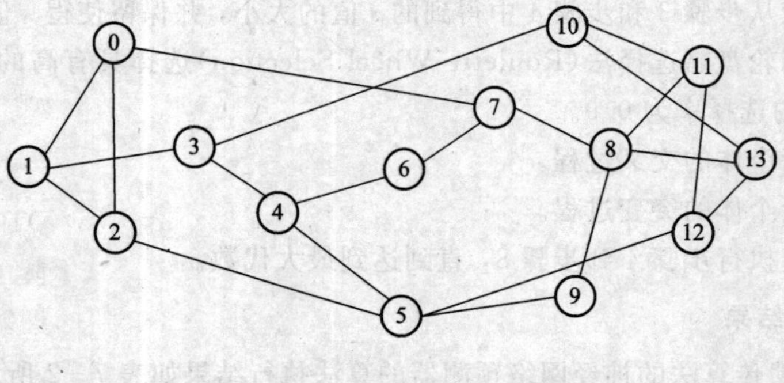


图 7-10　NSFNET 网络拓扑结构

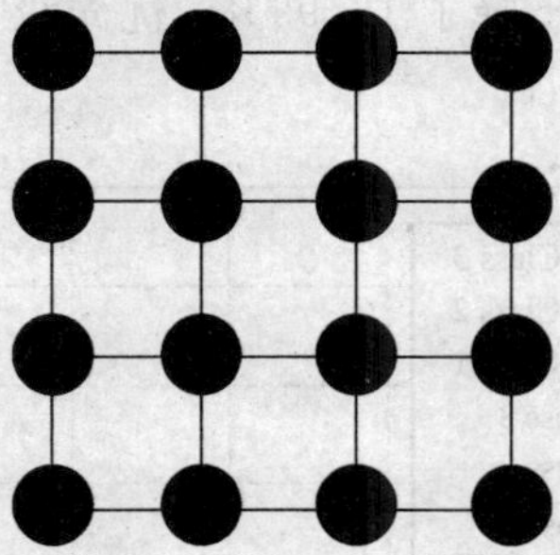

图 7－11 一个 16 节点网状网拓扑结构

**2. 业务量模型**

将到达每个节点的连接请求分为 3 个优先级，并且这 3 个优先级的连接请求具有相同的泊松分布达到率。$\lambda_{ij}^{(r)}$ 表示从节点 $i$ 到节点 $j$ 的优先级为 $r$ 的泊松分布到达率，其中 $1 \leqslant r \leqslant 3$。从节点 $i$ 到节点 $j$ 的优先级为 $r$ 的连接请求的服务时间服从均值为 $\mu$ 的指数分布，用 $\mu_{ij}^{(r)}$ 表示。因此从节点 $i$ 到节点 $j$ 的业务量可以表示为

$$\rho_{ij}^{(r)} = \frac{\lambda_{ij}^{(r)}}{\mu_{ij}^{(r)}}$$

**3. 算法性能评价指标**

采用拥塞概率(Blocking probability)和公平性(Fairness)作为算法性能评价的两个主要指标。对于一个优先级为 $r$ 的连接请求建立的光通道，拥塞概率为

$$B_r = \frac{1}{G_k(W)}\left(\prod_{\{(i,\ j)\mid 1\leqslant i\leqslant j\leqslant N\}} \prod_{r=1}^{m} \frac{(\rho_{ij}^{(r)})^{n_{ij}^{(r)}}}{n_{ij}^{(r)}\,!}\right) \tag{7-23}$$

其中，$G_k(W)$是对一个承载着 $W$ 个波长的 $k$ 跳的光通道进行归一化后的常数，$n_{ij}^{(r)}$ 表示从节点 $i$ 到节点 $j$ 的优先级为 $r$ 的连接请求的数目。

网络公平性计算公式为

$$f = \frac{B_i}{B_j} \tag{7-24}$$

其中，$B_i$ 和 $B_j$ 分别表示网络中最高和最低的拥塞概率。$f_r$ 越接近 1，说明网络的公平性越好。

**4. 仿真结果分析**

以最短路径算法为路由子算法，FF 为波长分配子算法作为基础 RWA 算法。然后在上文所设定的网络环境和业务量条件下，采用前文提出的基于动态门限的 RWA 算法(用 DT 表示)和没有采用动态门限的 RWA 算法(用 N－DT 表示)，分别对拥塞概率和公平性两个指标进行仿真，并对仿真结果进行比较和分析。

1) 拥塞概率分析

图 7－12 和图 7－13 所示的仿真结果表明：与 N－DT 算法相比，DT 算法改进了网络的拥塞概率。在 NSFNET 网络中，优先级为 3 的光通道的拥塞概率下降了 15.89%，优先级为 2 的光通道的拥塞概率下降了 13.49%，优先级为 1 的光通道的拥塞概率略有上升，上升了 1.59%。在 16 节点网状网络中，优先级为 3 的光通道的拥塞概率下降了 20.27%，

优先级为 2 的光通道的拥塞概率下降了 16.99%，优先级为 1 的光通道的拥塞概率略有上升，上升了 2.45%。

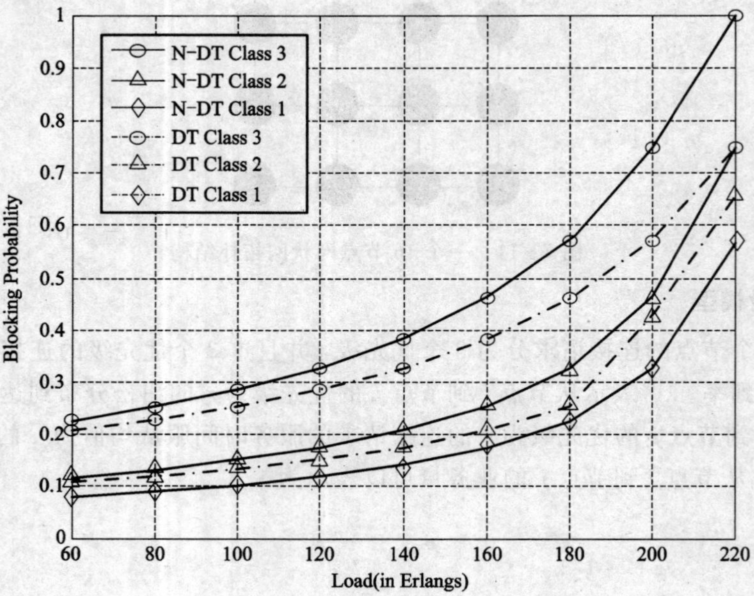


图 7－12　NSFNET 中 DT 算法与 N－DT 算法的拥塞概率比较

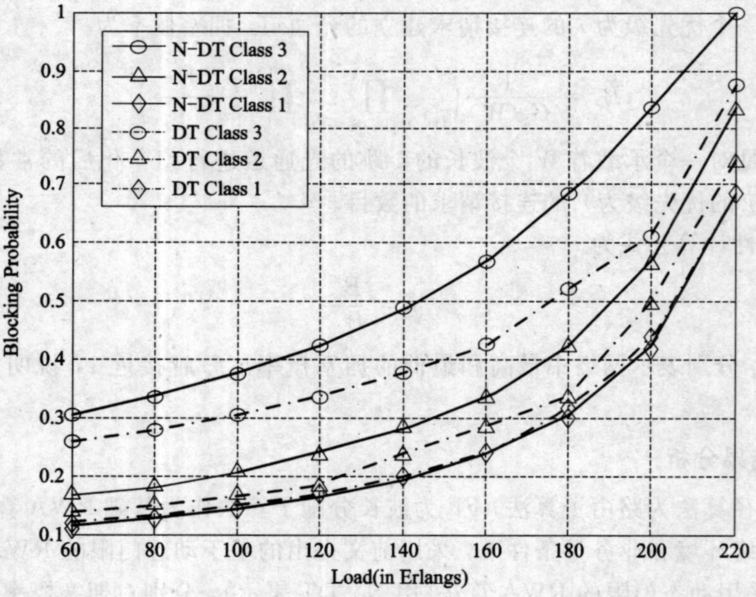


图 7－13　16 节点网状网络中 DT 算法与 N－DT 算法的拥塞概率比较

在 DT 算法中，动态门限的使用扩大了能够被低优先级连接请求利用的波长数目。因此，对于低优先级的连接请求建立的光通道，拥塞概率得到了较明显的改善。但是一些本属于高优先级的波长由于在服务时间内被低优先级的波长占用，导致了高优先级的连接请求建立的光通道的拥塞概率有小幅度的上升。从网络整体性能上看，拥塞概率得到了改善。

2）公平性分析

图 7－14 和图 7－15 所示的仿真结果表明：与 N－DT 算法相比，DT 算法改进了网络公平性。在 NSFNET 网络中，$f_r$ 下降了 15.9%；在 16 节点的网状网络中，$f_r$ 下降了 22.26%。由于网络的低优先级的连接请求建立的光通道的拥塞概率得到了较明显的改善，而高优先级的连接请求建立的光通道的拥塞概率变化幅度很小，因此网络各个优先级的拥塞概率的差距减小，网络的公平性得到了改善。

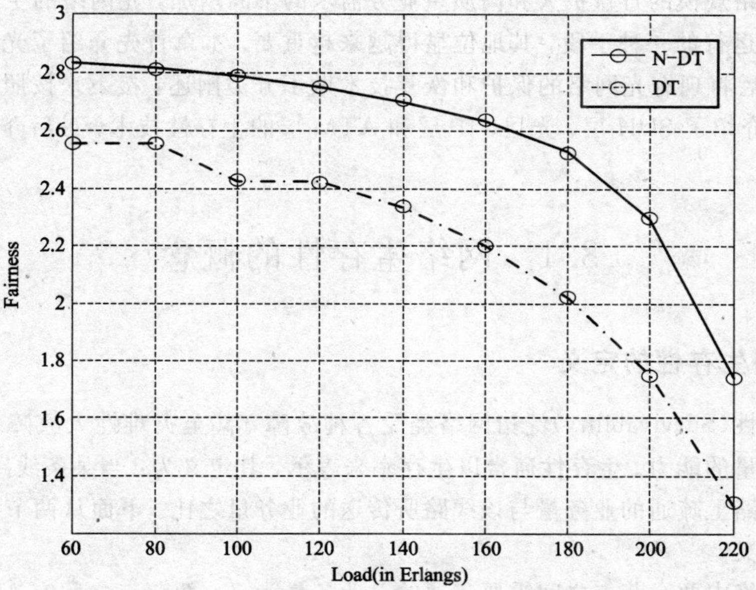


图 7－14　NSFNET 网络中 DT 算法与 N－DT 算法的网络公平性比较

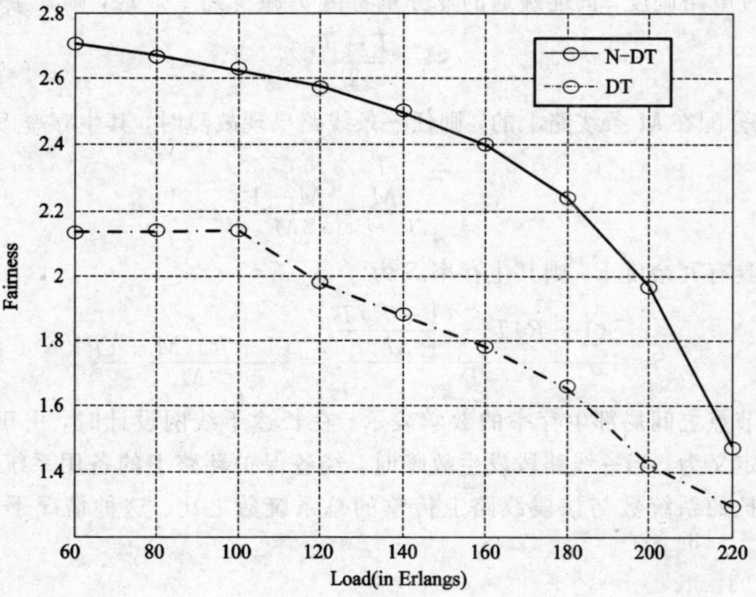


图 7－15　16 节点网状网络中 DT 算法与 N－DT 算法的网络公平性比较

# 第 8 章　光网络的生存性

随着光网络规模的日益扩大和高质量业务需求的不断增加，光网络的生存性技术作为保证网络正常运行的一种手段，其地位显得越来越重要。本章首先介绍了光网络生存性的基本概念，然后将现有光网络的保护和恢复技术做了分类阐述，接下来按照电信网典型的 4 层结构分别介绍了 SDH 层、光层、IP 层和 ATM 层的生存性技术，最后介绍了网络的多层生存性问题。

## 8.1　网络生存性的概念

### 8.1.1　网络生存性的定义

网络生存性(Survivability)泛指网络经受各种故障，甚至灾难性大故障后仍能维持可接受的业务质量的能力。生存性通常以生存率来表示，其定义为：当某条线路出现故障时，可以从其他线路上疏通的业务量与该线路所传送的业务量之比。下面从两节点之间的局部生存性给出定义。

设通信网络中两个节点之间需要疏通的总业务量为 $T$，两节点之间有 $M$ 条线路连通，如将 $T$ 分配到 $M$ 条线路的业务量分别为 $T_1$，$T_2$，…，$T_M$，一旦其中第 $k$ 条线路出现中断故障，则不经过电路调度，尚能疏通的业务量将由 $T$ 减少到 $T-T_k$，则其生存率 $S$ 为

$$S=\frac{T-T_k}{T} \tag{8-1}$$

若 $T$ 是均匀地分配在 $M$ 条线路上的，则任一条线路出现故障时，其生存率 $S$ 为

$$S=\frac{T-\dfrac{T}{M}}{T}=\frac{M-1}{M} \tag{8-2}$$

若每条线路均具有冗余度 $R$，则其生存率 $S$ 为

$$S=\frac{(1+R)T-\dfrac{(1+R)T}{M}}{T}=\frac{(1+R)(M-1)}{M} \tag{8-3}$$

以上是两节点之间局部生存率的数学表示。在长途干线网设计时，由于业务量较大，其系统生存性定义为：当一线路段发生故障时，经各保护环路上的备用系统保护后，该段线路可受到保护的系统数与该段线路上传输的总系统数之比。这种情况下，全网的生存率为

$$S=\frac{\sum_{i=1}^{M}S_iX_i}{X} \tag{8-4}$$

公式(8-4)中，$S$ 表示全网总生存率，$S_i$ 表示第 $i$ 段的生存率，$X$ 表示全网总系统数，$X_i$ 表示第 $i$ 段的系统数，$M$ 表示总线路段数。

### 8.1.2　网络生存性的设计内容

影响网络生存性的因素通常有以下三个方面：

(1) 大量的业务集中于大型的传输、交换设备中，由于采用更高的速率、较少的传输光纤数目和集中的控制信令，使得一个元件失效将波及更大的范围。

(2) 软件在带来智能并提供系统灵活性的同时，也给系统埋下了整体崩溃的可能性。大型软件测试条件的不可遍历性，使得上述情况无法避免，但是出现概率相对较少。

(3) 占据大比例的是可能存在的危险因素，包括地震、火灾等自然因素和盗窃、挖掘等人为破坏行为。

为保证业务连续性，将网络中断带来的影响减小到最小程度，网络生存性的设计内容可以分为如下五个阶段：

(1) 防护：从网络的规划、安装、路由选择开始，就注意尽可能地避免不安全因素。

(2) 迅速检测：故障发生后如何快速发现并定位。

(3) 鲁棒性的自愈设计：包括拓扑结构、自愈算法、协议确定、执行逻辑等。

(4) 人工修复：更换硬件、接续光纤光缆等。

(5) 复原能力：故障排除后，将资源返还原系统。

其中，鲁棒性的自愈设计和复原能力两项是生存性引入的新概念。网络的鲁棒性是指系统参数和结构变化时系统能否在一定误差范围内维持原有功能。复原能力是指修复完成后，系统恢复原状的能力。

### 8.1.3　网络生存性的部署方法

网络有大有小，又有不同的层面，为了满足不同网络配置对生存性的要求，有三种典型的生存性部署方法，如图 8-1 所示。

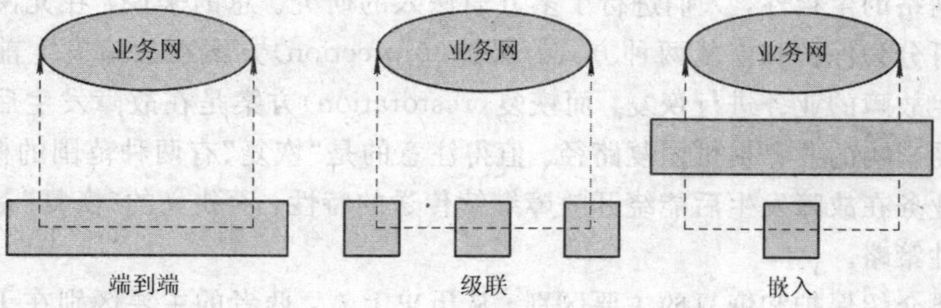


图 8-1　网络生存性的部署方法

(1) 端到端的生存性：利用单一的保护恢复机制来支持传送网的生存性；

(2) 级联的生存性：以链形方式支持传送网的生存性，此时在网络的每一个子区域内分别支持一种特定的生存性机制，仅仅对发生在该子区域的故障起保护作用；

(3) 嵌入的生存性：在同一个子区域内采用多种生存性机制，而每一种生存性机制所对应的故障范围不同。通常，嵌入的生存性受限于两种机制，即一级防卫和二级防卫。例如，当网络采用级联的生存性来支持多种业务，而网络的可用性又不足以支持某种特殊类型的业务时，可以部署附加的端到端生存性机制作为二级防卫，从而增加网络的可用性，满足所要求的业务质量。

### 8.1.4 网络生存性的评价指标

评估一种网络生存性技术的优劣目前主要从恢复时间、冗余资源、恢复率和鲁棒性四个指标来考虑。恢复时间是指从网络故障发生到网络传输的业务恢复正常传输所需的时间。这是一项最为直接，最能体现生存性技术效果的衡量指标。因为对于网络用户来说，他们所关心的就是网络提供的业务质量，而恢复时间的长短将直接影响业务的服务质量和网络的稳定性。比如，当网络的恢复时间小于 50 ms 时，大部分网络业务感受不到网络故障的发生，比如话音业务。但当恢复时间大于 2 s 时，大部分网络业务都将受到影响，除了一些对时延根本没有要求的业务。因此，2 s 是业界公认的一个实时恢复的时间上限。网络的冗余资源是指为了实施网络生存性技术在网络中必须提前预留的备用资源，以便保护发生故障的链路和节点。冗余资源虽然对于用户是不可见的，但它直接影响运营商建设网络和运营网络的成本，在市场竞争日益激烈的今天，降低成本是所有企业生存的根本，所以减少冗余资源是网络优化的一个重要目标。恢复率是指网络发生故障时所能恢复的业务占所有受损业务的比例，它反映的是生存性技术的效率。鲁棒性是指经历过一次网络故障后，网络再次承受故障的能力，它主要是衡量生存性技术的可持续性。其中，恢复时间和冗余资源是两个最常用到的评价指标，几乎在所有讨论网络生存性技术的文章中都可以看到这两个参量。

## 8.2 光网络的保护和恢复

### 8.2.1 保护和恢复的概念

针对光网络的生存性，人们进行了多方面深入的研究。总的来说，在光网络中的生存性方案主要可分为保护和恢复两种方式。保护(protection)方案在故障发生前预留资源用于对可能发生故障的业务进行恢复，而恢复(restoration)方案是在故障发生后根据网络状态实时地为受影响的业务提供恢复路径。值得注意的是“恢复”有两种范围的概念，广义的“恢复”表示业务在故障发生后能绕开故障继续传送的特性，而狭义的“恢复”是指如上所说的一种生存性策略。

首先简要介绍保护和恢复的主要区别。从历史上看，两者的主要区别在于适用的网络拓扑、业务的恢复速度以及保护容量的确定性等因素。通常，保护是一种能够提供快速恢复的适用特定拓扑的技术，它是在网元内以分布形式实施的保护机制，无需外部网管系统介入。保护机制通常以物理层的故障做触发，可以快速检测到故障，并采用故障发生前就在节点之间预先配置的专用保护容量，无须外部网管系统干预，因此业务恢复速度很快。保护的缺点是需要较大的备用容量且备用资源无法在网络范围内共享。此外，保护机制通常不能应对节点失效和网络范围的多节点失效故障。

恢复原则上可适用于任意技术和任意拓扑，但最适合于网状拓扑。恢复能最佳地利用网络容量资源，可以利用节点之间可用的任何容量，包括预留的专用空闲备用容量、网络专用的容量乃至低优先级的额外容量，此外还需要准确知道故障点的位置。恢复的实质是在网络中寻找失效路由的替代路由，因而恢复算法与网络选路算法相同。使用恢复方法时，传送网必须预先保留一部分专用空闲备用容量，供重选路由的业务量使用，通常占全网主用容量的30%～60%，由网络拓扑结构和所要求的恢复速度和恢复比率而定，备用容量不足会导致路由计算时间过长甚至搜寻失败。网络恢复主要靠网元产生的告警信息触发，往往需要网管系统介入(这是针对集中恢复而言的，分布恢复则不需要网管系统介入)，时间较长。考虑到恢复时间和恢复控制过程的复杂性都至少是随网络规模的扩大而线性增加的，因而对于大型电信网络采用分割和分域恢复是一种现实的解决方案。此外，由于IP业务的突发性和不确定性，还要求网络具备各种业务带宽颗粒的调度能力，以便快速提供业务和优化网络资源。

恢复机制有两类，传统PDH和SDH网一般采用集中式控制方式，而波长路由光网络和OTN通常采用分布式控制方式。在集中式控制方式下需要外部网管系统介入并进行全网路由计算，所用时间较长，恢复响应不确定。根据网络具体情况不同，业务恢复时间可能长达数秒或者数分钟，这是集中式恢复机制的主要缺点。在分布式控制方式下，不需要外部网管系统的介入和全网的信息，而是利用链路状态选路协议将可用的网络资源和节点间的信令协议公告给恢复业务的新建通道上的所有受影响的网元。分布式控制方式的最大优点是可以实现动态资源配置，最适合IP业务层的动态变化特点。此外，这种方式网络恢复时间较短，典型的传送网仅需要数百毫秒。其管理成本较低，不需要维护一个庞大的中央数据库。分布式控制方式的缺点是全网控制系统较复杂，有某种不可预测性，互操作性难以实现，标准化程度要求很高。

在现代电信网中，就保护和恢复而言，保护是更重要和更基本的防护措施，通常作为第一道防线，对付诸如光缆切断之类的公共失效故障。随后可以再用恢复机制作为第二道防线来应对网络范围的故障和失效。随着技术的发展，传统的保护和恢复的界限正日益模糊。例如在SDH中已经广泛应用的共享保护概念就是用于与物理媒质无关的层面上(如光通路层)，使其不仅能应用于环，也能应用于网状拓扑环境。另一方面，传统的网状网恢复机制也在发展，通过分布式预计算替代路由的方法，用缺陷作触发也可以在较短的时间内实施业务恢复。目前已开发的一种介于两者之间的保护恢复方法，其基本思路就是利用恢复方式计算备用通路，而利用保护方式实施业务倒换。这样既可以充分利用恢复的抗多点失效的能力，又可以充分利用保护的快速业务倒换能力，实现两者的优势互补。

### 8.2.2 保护和恢复分类

目前，针对光网络中的保护和恢复技术已经有多种分类方法。比如，根据现代电信网结构，按照协议层划分的角度，将保护和恢复分为IP层、ATM层、SDH层和光层(也称OTN层)4种不同的技术。按照网络功能划分的角度，可以将恢复技术分为业务恢复和设备恢复两种技术。按照控制协议划分的角度，可以将网络恢复控制方法分为集中式控制方法和分布式控制方法。按照网络拓扑结构划分的角度，可以分为线性保护切换(Protection Switching)、双归法(Dual-homing)、自愈环(Self-healing Ring)、自愈网(Self-healing Networks)。按照恢复容量划分的角度，可以将恢复技术分为基于链路的恢复技术和基于通道的恢复技术。按照业务倒换位置划分的角度，可以分为路径保护策略、链路保护策略和段保护策略。

本书侧重于按照协议层划分，介绍不同的保护和恢复技术。目前的电信主干光网络已经形成了一个典型的 4 层结构，具体分层结构如图 8－2 所示。

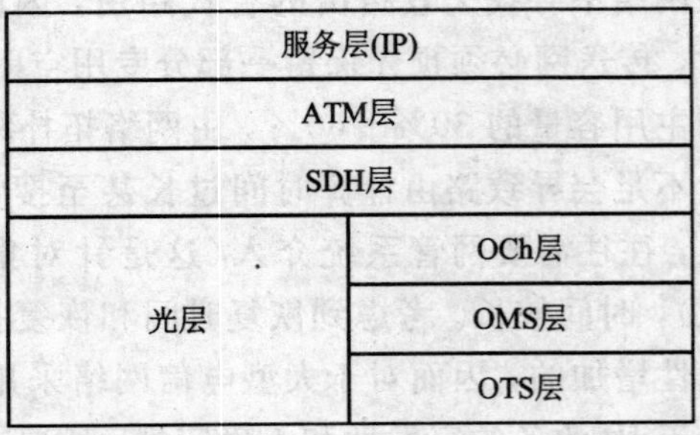

图 8－2　电信主干光网络的 4 层结构

从图 8－2 我们可以看出，光层将 IP 层、ATM 层和 SDH 层作为其用户层，为其提供一个透明的公共传送平台。光层又细分为光信道层(OCh)、光复用段层(OMS)和光传输段层(OTS)。相邻层之间形成客户/服务者(Client/Server)关系，每一层网络为相邻上一层网络提供传送服务，又使用下一层网络所提供的传送服务。表 8－1 总结了上述 4 层结构的主要保护恢复机制。

**表 8－1　保护和恢复方法分类**

| 技术 | 类别 | 机制 | 用途 |
|---|---|---|---|
| SDH | 专用线形保护 | MSP | 复用段保护 |
| | | SNCP | 子网连接保护 |
| | 共享环形保护 | MS-SPRing | 复用段共享保护环 |
| | 恢复 | 集中式 | 实际应用 |
| | | 分布式 | 仅理论研究 |
| 光层 | 专用线性保护 | OMSP | 光复用段保护 |
| | | OCh-SNCP | 光通道子网连接保护 |
| | 专用环形保护 | OMS-DPRing | 光复用段专用保护环 |
| | | OCh-DPRing | 光通道专用保护环 |
| | 共享环形保护 | OMS-SPRing | 光复用段共享保护环 |
| | | OCh-SPRing | 光通道共享保护环 |
| | 恢复 | 集中式 | |
| | | 分布式 | 主流应用 |
| ATM | 专用线性保护 | 专用 VC、VP、VCG 和 VPG 保护 | 虚通路(VC)、虚通道(VP)、虚通路群(VCG)和虚通道群(VPG)保护 |
| | 恢复 | 分布式：PNNI | 专用网络－网络接口 |
| IP | 保护 | 二层 APS | 基于 1∶1 或者 1+1 自动保护倒换 |
| | | 双向转发检测 BFD | 基于 BFD 故障检测包的通信检测机制 |
| | | 链路捆绑 | 多个二层链路集合成单个三层链路 |
| | | 快速重选路由 FRR | 基于流量工程，靠为每个节点预置备用于迂回通道实现快速保护 |
| | 恢复 | 分布式：传统的 IP 重叠路由 | 重选路由算法：OSPF、IS-IS、RIP 和 BGP 等 |
| | | 分布式：IP 快速收敛 | 通过优化的参数设置加快收敛速度 |

### 8.2.3　故障类别及恢复原则

实际网络中的故障千差万别，但可以大致归纳为下面几类。

(1) 物理媒质的故障，比如光缆切断、管道塌陷等。

(2) 硬件故障，包括节点故障、光学元器件故障和任何可能引起连接障碍的故障。

(3) 性能劣化，可能是一串呈突发分布的或者泊松分布的误码。

(4) 指配差错，包括连接的断开、选路出错以及错误的信号特征信息等。

通常无法确定什么故障应由什么特定生存性机制来应对，但是原则上物理媒质故障、节点故障和某些硬件故障等可能影响所有网络层中的所有业务，属于灾难性的大故障，因而必须尽快恢复。而某些硬件故障、指配错误和性能劣化只影响少量业务或者不会同时影响所有业务，业务恢复的时间没有那么急，允许采用恢复机制来应付。另外，某些实时性很强的业务也需要快速保护机制来应付。

## 8.3　SDH 层的保护和恢复技术

实现 SDH 自愈保护有网络保护和网络恢复两种技术。网络保护通常是利用预留容量为失效通道提供备用通道，使受影响的业务从备用通道到达目的地。因为这种方式能对各种故障中受影响的业务都提供默认的备用传输通道，所以在故障发生后能直接按预定方案操作，快速恢复受到影响的业务，是一种静态的保护方式，不需网管干预。采用这种技术的网络结构有线形和环形两种，其中 SDH 环网因为具有较完善的保护功能和较灵活的组网方式，是 SDH 网络结构中应用较广泛的一种，称自愈环。组成自愈环的节点设备是分插复用设备(ADM)。而网络恢复通常是利用网络的冗余容量，依据特定的算法，为受故障影响的业务重新分配到达目的地的通道。这种为受影响的业务寻找新路由的过程，是一种动态的过程，必须网管干预，主要用在数字交叉互联(DXC)设备上。自愈环利用多路由的网络拓扑方式，不仅提高了网络的生存能力，而且降低了倒换所需备用路由的成本，在网络规划中起到重要的作用。所以 SDH 自愈环不仅在中继网和接入网中得到了广泛应用，而且在长途网中也普遍应用。

### 8.3.1　点到点链路保护技术

点到点链路的保护倒换可以分为 1+1 保护倒换、1∶1 保护倒换和 $M:N$ 保护倒换。

**1. 1+1 保护倒换**

1+1 保护倒换方案只能对链路故障中的业务进行保护。这种方法是利用光滤波器来桥接光信号，在发送端采用并发的方式，把同样的两路信号分别送入方向相反的工作光纤和保护光纤的通道中。在接收端，节点通过性能监测模块对工作通道和保护通道的光信号进行检测，并通过保护倒换开关(Protection SWitch，PSW)选择性能较好的一路接收。当网络发生故障导致工作通道传输中断或者性能恶化到一定程度时，保护倒换开关(PSW)自动接通保护通道，从而实现对网络通信的保护。因此，1+1 保护倒换属于单端倒换方式(Single End Switching)，在保护倒换过程中不需要自动保护倒换(Automatic Protection Switching，APS)协议的控制。由于在整个过程中没有电层的复制和操作，因此除了当发射机和接收机发生故障时会丢失业务外，一切链路故障都可以进行恢复。

1+1 保护倒换的原理如图 8-3(a)所示，从节点 *B* 发出的信号，通过 1×2 耦合器分束后分别沿不同的光纤路由到达节点 *A*，节点 *A* 选择其中的一条光纤(工作通道)接收，而另一条光纤作为保护通道。当工作通道中的信号性能恶化到一定程度，或者发生故障时，如图 8-3(b)所示，节点 *A* 根据监测的结果改变 PSW 的状态，自动切换到保护通道，实现线路保护倒换。

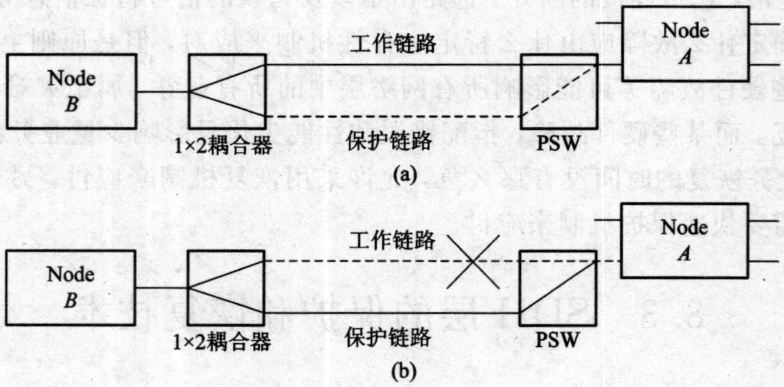


图 8-3 1+1 保护倒换的原理

**2. 1∶1 保护倒换**

为了实现 1+1 保护倒换方案，在网络中需要使用两个通道同时传送同一个网络业务。此外，在接收端还需要两套终端设备分别从工作通道与保护通道中接收该网络业务，因此浪费了网络的传输容量和节点设备，增加了网络的运行成本。

1∶1 的保护倒换方案与 1+1 的保护倒换方案很类似，都是利用相反方向的路由链路来避免链路故障对业务的影响。但业务量并不是被永远地桥接到工作和保护光纤上，在正常情况下，保护通道用于传送低优先级业务。当工作通道发生故障时，保护通道中的低优先级业务被终止，空闲出的带宽用来实现对工作通道中高优先级网络业务的保护。因此，为了实现 1∶1 保护倒换，发送端不再采用通过 1×2 耦合器实现的并发方式，而是使用保护倒换开关来选择高优先级业务或低优先级业务。当工作通道发生故障时，发送端和接收端都要进行保护倒换。因此，1∶1 保护倒换属于双端倒换方式(Dual-end Switching)，为了协调双端的保护倒换开关，需要使用自动保护倒换(APS)协议。

1∶1 保护倒换的原理如图 8-4 所示。与 1+1 保护倒换相比，在 1∶1 保护倒换系统中，正常情况下发送端和接收端的 2×2 保护倒换开关 PSW1 和 PSW2 处于直通状态，因此工作通道传送节点 *B* 到节点 *A* 的高优先级业务，而保护通道传送低优先级业务。当工作通道发生故障后，PSW1 和 PSW2 在 APS 协议的协调下，同时改变为交叉状态。此时，低优先级的网络业务被中断，节点 *B* 到节点 *A* 的高优先级业务沿空闲出来的保护通道传送。

**3. *M*∶*N* 保护倒换**

为了提高效率，可以采用工作通道的 *M*∶*N* 保护方式，即为了实现对 *N* 个工作通道的保护，配置 *M* 个保护通道，正常情况下保护通道用来传送低优先级业务。当某一个工作通道发生故障时，保护通道中优先级最低的业务被中止，空闲出来的保护通道用来对发生故障的工作通道进行保护。

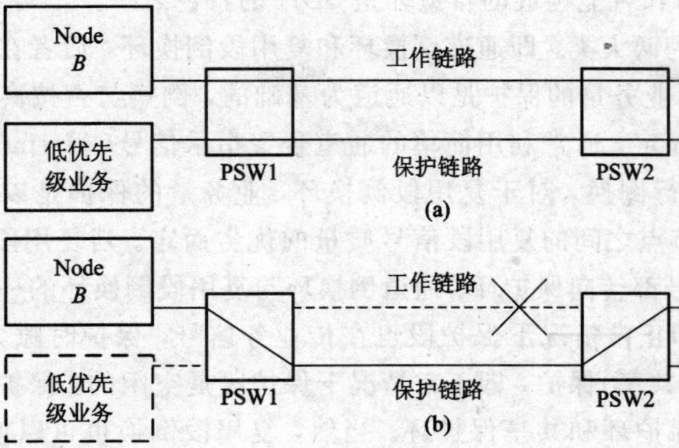


图 8-4　1∶1 保护倒换的原理

$M$∶$N$ 保护倒换系统如图 8-5 所示，该系统由发送终端、接收终端和连接它们的 1∶1 传输系统构成。系统可以传送 $N$ 个高优先级业务，分别为 T-1、T-2、…、T-$N$；同时还传输 $M$ 个低优先级的业务 LT-1、LT-2、…、LT-$M$。当 $N$ 个高优先级业务中的一个或几个发生故障时，保护通道会自动中止正在传送的低优先级业务，而实施对高优先级业务的保护。该系统还有一个特点，就是当某一个保护通道发生故障时，还可以中止一个正在传送的高优先级业务，利用空闲出来的工作通道传送低优先级业务。

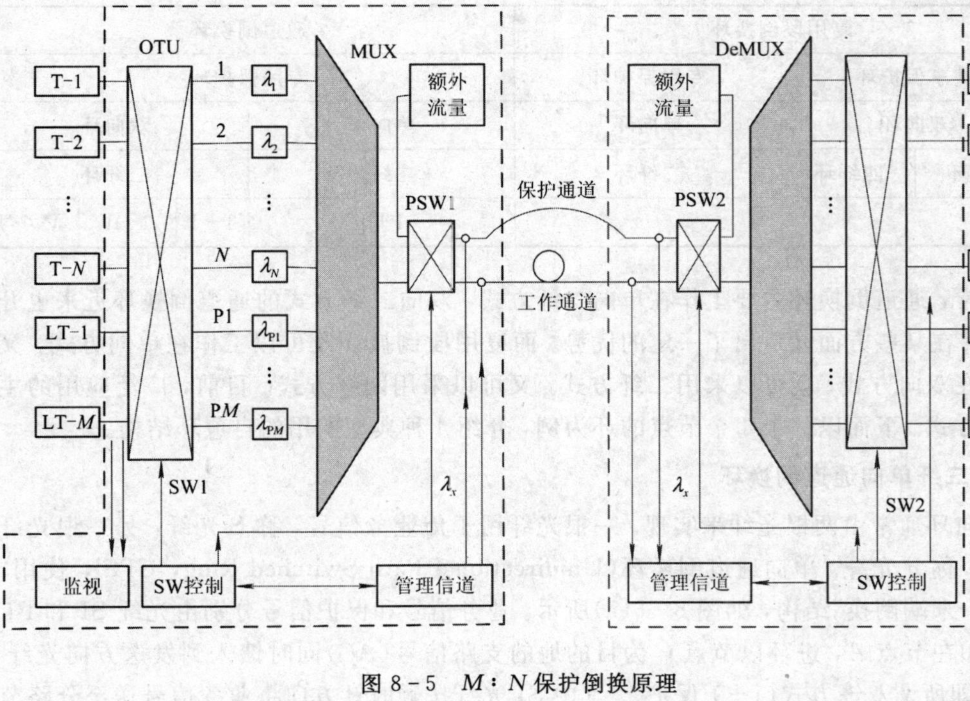


图 8-5　$M$∶$N$ 保护倒换原理

## 8.3.2　环网保护技术

将网络节点连成一个环形，可以进一步改善网络的生存性和成本。网络节点可以是 DXC，也可以是 ADM，但通常采用 ADM，某些 DXC 设备则已经能够直接将 ADM 集成在内。利用 ADM 的分插能力和智能构成的自愈环是 SDH 的特色之一。

自愈环结构可以划分为两大类，即通道倒换环和复用段倒换环，后者在北美称为线路倒换环。对于通道倒换环，业务量的保护是以通道为基础的，倒换与否按离开环的每一个个别通道信号质量的优劣而定，通常利用简单的通道告警指示信号(Alarm Indication Signal，AIS)来决定是否应进行倒换。对于复用段倒换环，业务量的保护是以复用段为基础的，倒换与否根据每一对节点之间的复用段信号质量的优劣而定。当复用段出问题时，整个节点间的复用段业务信号都转向保护环。通道倒换环与复用段倒换环的一个重要区别是前者往往使用专用保护，即正常情况下保护段也在传业务信号，保护时隙为整个环专用。而后者往往使用公用(或称共享)保护，即正常情况下保护段是空闲的，保护时隙由每对节点共享。据此又分为专用保护环和共享保护环。当然，复用段倒换也可以使用专用保护，但较通道倒换无明显优点，实际应用很少。

如果按照进入环的支路信号与该支路信号分路节点返回的支路信号方向是否相同来区分，又可以将自愈环分为单向环和双向环。正常情况下，单向环中所有业务信号按同一方向在环中传输(例如顺时针或逆时针)。而双向环中，进入环的支路信号按一个方向传输，由该支路信号分路节点返回的支路信号按相反的方向传输。如果按照一对节点间所用光纤的最小数量来区分，还可以划分为二纤环和四纤环。

按照上述各种不同的分类方法可以区分出多种不同的自愈环结构，如表 8-2 所示。

**表 8-2　SDH 自愈环结构分类**

<table>
<tr><td colspan="3">复用段倒换环</td><td colspan="4">通道倒换环</td></tr>
<tr><td colspan="2">共享保护环</td><td>专用保护环</td><td colspan="4">专用保护环</td></tr>
<tr><td colspan="2">双向环</td><td>单向环</td><td>单向环</td><td colspan="3">双向环</td></tr>
<tr><td>二纤环</td><td>四纤环</td><td>二纤环</td><td>二纤环</td><td colspan="3">二纤环</td></tr>
<tr><td></td><td></td><td></td><td>1+1</td><td>1+1</td><td>1∶1</td><td>M∶N</td></tr>
</table>

通常，通道倒换环主要工作在单向二纤方式，双向二纤方式的通道倒换环近来也开始应用，并在某些方面显示出了一定的优势。而复用段倒换环既可以工作在单向方式，又可以工作在双向方式，既可以采用二纤方式，又可以采用四纤方式。目前，广泛应用的主要是双向方式。下面以一个 4 个节点的环为例，介绍 4 种典型实用的自愈环结构。

**1. 二纤单向通道倒换环**

单向环通常由两根光纤来实现。一根光纤用于传业务信号，称 S 光纤，另一根光纤用于保护，称 P 光纤。单向通道倒换环(Unidirectional Path Switched Ring，UPSR)使用“首端桥接，末端倒换”结构，如图 8-6(a)所示。业务信号和保护信号分别由光纤 S1 和 P1 携带。例如在节点 *A*，进环以节点 *C* 为目的地的支路信号(*AC*)同时馈入到发送方向光纤 S1 和 P1，即所谓双馈方式(1+1 保护)。其中 S1 光纤按顺时针方向将业务信号送至分路节点 *C*，P1 光纤按逆时针方向将同样的支路信号送至分路节点 *C*。接收端分路节点 *C* 同时收到两个方向来的支路信号，按照分路通道信号的优劣决定选哪一路作为分路信号。正常情况下，以 S1 光纤送来的信号为主信号。同理，从 *C* 点插入环以节点 *A* 为目的地的支路信号(*CA*)按上述同样的方法送至节点 *A*，即 S1 光纤所携带的 *CA* 信号(旋转方向与 *AC* 信号一样)为主信号，在节点 $A$ 分路。

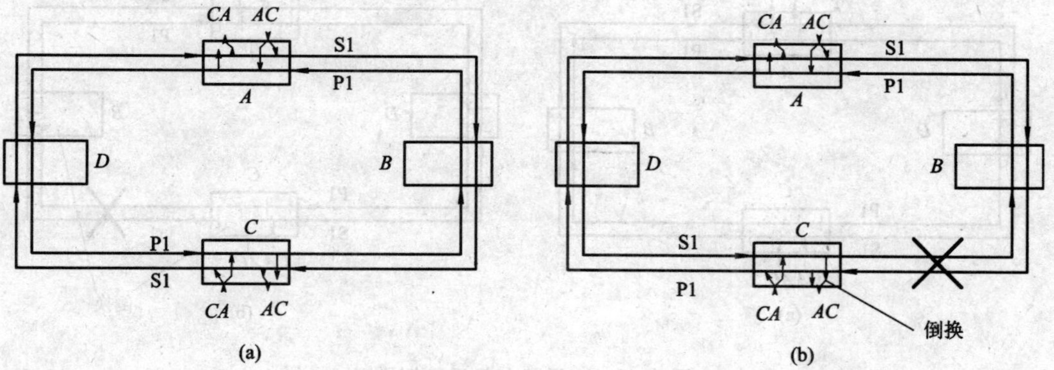


图 8-6　二纤单向通道倒换环

当 $BC$ 节点间光缆被切断时，主备用光纤同时被切断，如图 8-6(b)所示。在节点 $C$，由于从 $A$ 经 S1 光纤来的 $AC$ 信号丢失，按通道选优准则，倒换开关将由 S1 光纤转向 P1 光纤，接收由 $A$ 点经 P1 光纤而来的 $AC$ 信号，从而使 $AC$ 间业务信号得以维持，不会丢失。故障排除后，开关返回原来位置。

二纤双向通道环已开始应用，其中 1+1 方式与单向通道倒换环工作原理基本相同，只是返回信号沿相反方向而已。其主要优点是在无保护环或线性应用场合下具有通道复用功能，从而使总的分插业务量增加。1∶1 方式需要使用自动保护倒换(APS)协议，备用通道负责传送额外业务量，可选较短路由，易于查找故障。最主要的是由 1∶1 方式可以进一步演变发展成 $M$∶$N$ 双向通道保护环，由用户决定只对某些重要业务实施保护，无需保护的通道可以在节点间重新再用，从而大大提高了可用业务容量。其缺点是需要由网管系统进行管理，保护恢复时间大大增加。

**2. 二纤单向复用段倒换环**

二纤单向复用段倒换环中的节点在支路信号分插功能前的每一高速线路上都有一个保护倒换开关，如图 8-7(a)所示。在正常情况下，低速支路信号仅仅从 S1 光纤进行分插，而保护光纤 P1 是空闲的。

当 $BC$ 节点间光缆被切断时，主用和备用光纤同时被切断。与光缆切断点相邻的两个节点 $B$ 和 $C$ 的保护倒换开关将利用 APS 协议执行环回功能，如图 8-7(b)所示。在 $B$ 节点，S1 光纤上的高速线路信号($AC$)经倒换开关从 P1 光纤返回，沿逆时针方向经 $A$ 节点和 $D$ 节点仍然可以到达 $C$ 节点，并经 $C$ 节点倒换开关环回到 S1 光纤并落地分路。其他节点(指 $A$ 和 $D$)的作用是确保 P1 光纤上传的业务信号在本节点完成正常的桥接功能，畅通无阻地传向分路节点。这种环回倒换功能可以保证维持环的连续性，使低速支路上的业务信号不会中断。故障排除后，倒换开关返回其原来位置。

**3. 四纤双向复用段倒换环**

双向环通常工作在复用段倒换方式，但既可以有四纤方式，又可以有二纤方式。四纤双向环很像线性的分插链路自我折叠而成(一主一备)，它有两根业务光纤(一发一收)和两根保护光纤(一发一收)。其中，业务光纤 S1 形成一顺时针业务信号环，业务光纤 S2 形成

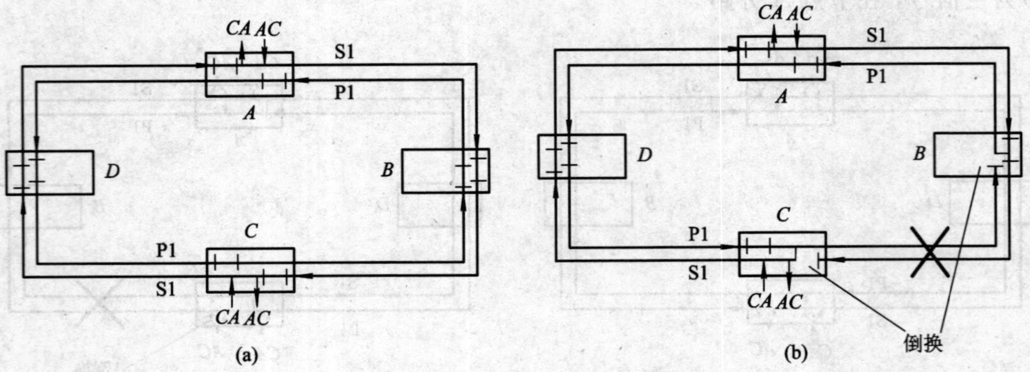


图 8-7　二纤单向复用段倒换环

一逆时针业务信号环，而保护光纤 P1 和 P2 分别形成与 S1 和 S2 反方向的两个保护信号环，在每根光纤上都有一个倒换开关作保护倒换用，如图 8-8(a)所示。

正常情况下，从 *A* 节点进入环，以 *C* 节点为目的地的低速支路信号顺时针沿 S1 光纤传输，而由 *C* 节点进环，以 *A* 节点为目的地的返回低速支路信号则逆时针沿 S2 光纤传回 *A* 节点，保护光纤 P1 和 P2 是空闲的。

当 *BC* 节点间四根光纤全部被切断时，利用 APS 协议，*B* 和 *C* 节点中各有两个倒换开关执行环回功能，从而得以维持环的连续性，如图 8-8(b)所示。在 *B* 节点，光纤 S1 将和 P1 沟通，光纤 S2 将和 P2 沟通，*C* 节点也完成类似功能。其他节点确保光纤 P1 和 P2 上传的业务信号在本节点完成正常的桥接功能，其原理与前述二纤单向复用段倒换环类似。故障排除后，倒换开关返回原来位置。在四纤环中，仅在节点失效或光缆切断时，才需要利用环回方式进行保护。在设备板或单纤失效等单向故障时可以利用传统的复用段保护倒换方式，又称跨段(Span)保护方式。这种附加的保护能力使四纤环可以抗多点失效，从而使通道可用性大大增加。另外，这种跨段保护方式还有利于实现定期性维护测试工作。

**4. 二纤双向复用段倒换环**

如图 8-8 所示，在光纤 S1 上的高速业务信号与光纤 P2 上的保护信号的传输方向完全相同。如果利用时隙交换(Time Slot Interchange，TSI)技术，可以使光纤 S1 和光纤 P2 上的信号都置于一根光纤(称 S1/P2 光纤)上。此时，S1/P2 光纤的一半时隙(例如时隙 1～*M*)用于传业务信号，另一半时隙(时隙 *M*+1～*N*，其中 *M*≤*N*/2)留给保护信号。同样，S2 光纤和 P1 光纤上的信号也可以利用时隙交换技术置于一根光纤(称 S2/P1 光纤)上。这样，在给定光纤上的保护时隙可用来保护另一根光纤上的反向业务信号，即 S1/P2 光纤上的保护信号时隙可保护 S2/P1 光纤上的业务信号，S2/P1 光纤亦然。于是，四纤环可以简化为二纤环，如图 8-9 所示。

当 *BC* 节点间光缆被切断时，与切断点相邻的 *B* 和 *C* 节点中的倒换开关将 S1/P2 与 S2/P1 光纤沟通。利用时隙交换技术，可以将 S1/P2 和 S2/P1 光纤上的业务信号时隙移到另一根光纤上的保护信号时隙，从而完成保护倒换。例如，S1/P2 光纤的业务信号时隙 1～*M* 可以转移到 S2/P1 光纤上的保护信号时隙 *M*+1～*N*。当故障排除后，倒换开关将返回其原来位置。由于一根光纤同时支持业务信号和保护信号，因此二纤环无法进行传统的复用段倒换保护。

各种自愈环各具特点，可适应不同的网络应用。对于接入网部分，由于处于网络的边界，业务容量要求低，而且大部分业务量汇集在一个节点(端局)上，因此针对这种业务量需求，比较简单经济的通道倒换环十分适合。对于局间通信部分，由于各个节点间均有较大业务量，而且节点需要较大的业务分插能力，此时具有较大业务容量的双向环非常适合。当业务量集中在某个节点(例如枢纽局)时，通道倒换环也是可用的。至于究竟采用二纤方式还是四纤方式，则取决于容量要求和经济考虑的综合比较。通常，业务量不太大时，二纤复用段倒换环比较经济。业务量大时，四纤复用段倒换环更经济。此外，四纤环可以抗多点失效，适合大业务量应用场合。若为了降低网络成本，只对重要业务(例如信令和租用线)实施保护，则双向通道倒换环(1∶1)，特别是 $M:N$ 保护方式有一定优势。当然，上述只是一些基本原则，实际应用还要具体分析，不能一概而论。

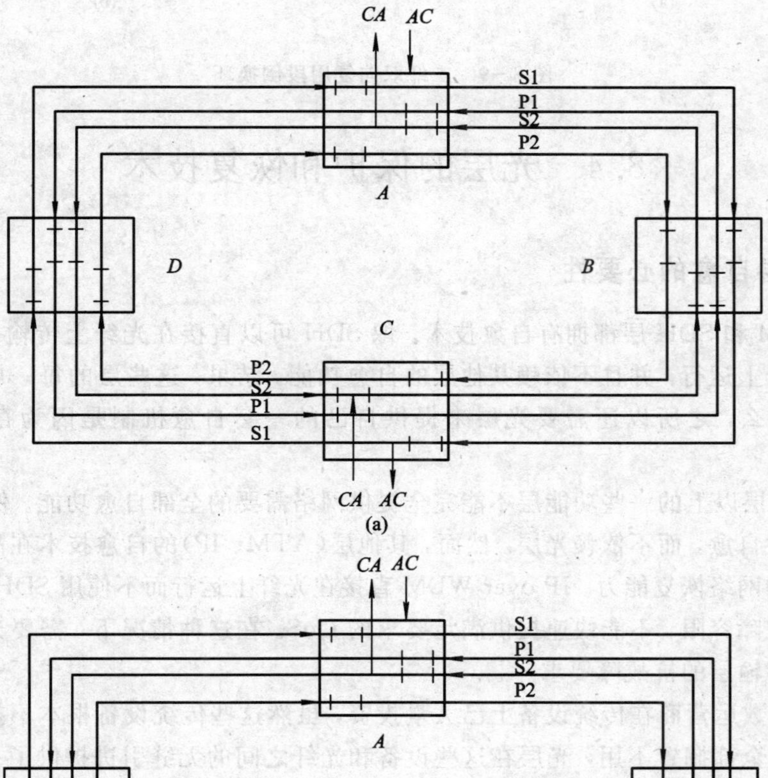


(a)

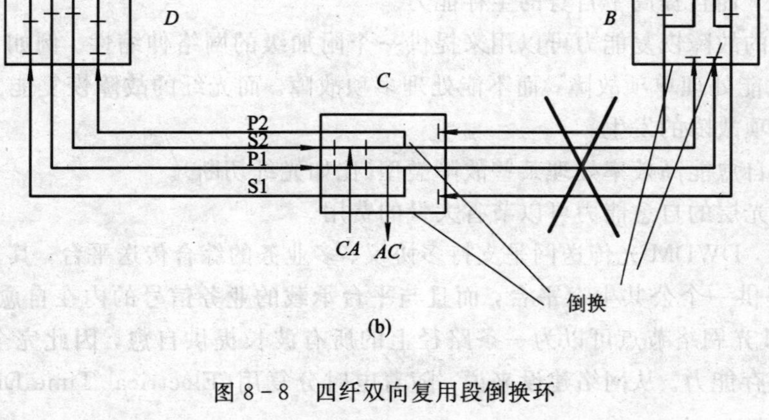


(b)

图 8-8　四纤双向复用段倒换环

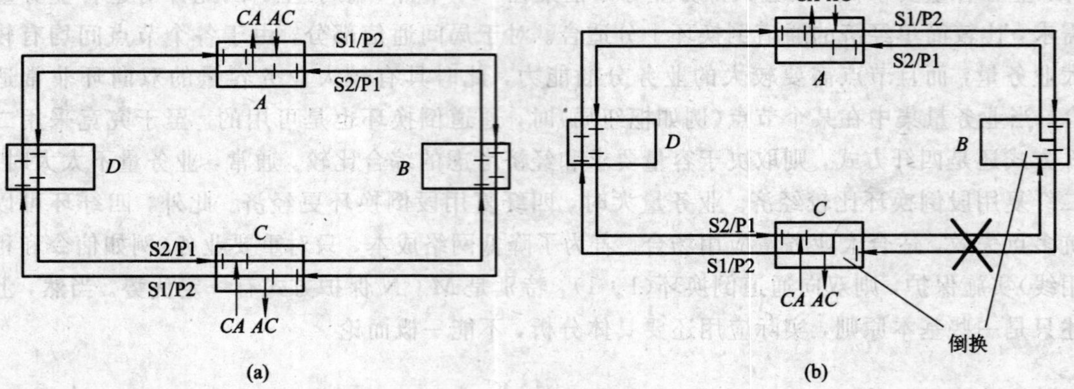


图 8－9 二纤双向复用段倒换环

# 8.4 光层的保护和恢复技术

## 8.4.1 光层自愈的必要性

IP、ATM 和 SDH 层都拥有自愈技术。像 SDH 可以直接在光纤上传输一样，其他的层也能在光纤上运行，并且不依赖其他层的自愈功能。结果，这些层的每一层都有自己的自愈功能。那么，之所以还需要光层来提供自己的一套自愈机制是因为存在以下一些因素。

(1) 在光层以上的一些功能层不能完全提供网络需要的全部自愈功能。例如，SDH 层可提供综合性自愈，而不依赖光层。然而，其他层(ATM、IP)的自愈技术在故障情况下不能提供足够的网络恢复能力。IP over WDM 直接在光纤上运行而不使用 SDH 层，而 IP 在路由器级有故障容限，不能快速提供满足要求的 QoS。在这种情况下，需要光层提供快速保护以满足传输层的抗故障要求。

(2) 大多数运营商在传统设备上已大量投资，虽然这些传统设备根本不提供任何自愈机制，却不能全部搁置不用，光层在这些设备和光纤之间的无缝引进提供了一个低费用光纤链路的升级，而且提高了自身的生存能力。

(3) 光纤的故障恢复能力可以用来提供一个附加级的网络伸缩性。例如，许多传送网络一般一次只能处理单项故障，而不能处理多项故障。而光纤的故障恢复能力可提供伸缩性，以防止多项故障的发生。

(4) 光层自愈能高效率处理某些故障类型(比如光纤切断)。

(5) 利用光层的自愈能力可以节省大量的费用。

另一方面，DWDM 光传送网是支持多协议、多业务的综合传送平台，其光层自愈能够为各种信号提供一个公共生存平台，而且与平台承载的业务信号的内在自愈能力不相关。此外，DWDM 光网络节点可以为一条路径上的所有波长提供自愈，因此完全可以在光层上提供网络生存能力。从网络建设来说，随着电时分复用(Electrical Time Division Multiplexing，ETDM)、密集波分复用(DWDM)技术的进步，不仅光传输系统的波长通道速率越来越高，复用波长数量越来越多，应用也从单纯的点对点发展到引入光分插复用器(OADM)组成可分插波长的环状网或网状网，这使得光层环网自愈成为可能。关于不同传送网络结构的光层自愈技术正在探讨开发之中。光交叉互联器(OXC)是网状网络的关键网元，其技术发展迅速，已经进入现场试验阶段，距商品化越来越近。基于光层 OXC 自愈的光传送网也有望在不久的将来变成现实。

### 8.4.2　光层的结构

光层分为光信道层(OCh)、光复用段层(OMS)和光传输段层(OTS)。

光信道层负责为电复用段层的客户信息选择路由和分配波长，为各种业务信号提供光信道上端到端的透明传送。其主要功能包括：为网络路由提供灵活的光信道层连接重排；确保光信道层适配信息的完整性以及光信道开销的处理能力；确保网络运营与管理功能得以实现的光信道层监测能力。根据 G.709 的建议，光信道层的特征信息是一个光传送单元(OTU)。光信道层网络的边界是光信道层的路径终端功能，它要执行连续完整性的合法性确认、传输质量的评估以及传输缺陷检测和指示等功能。在光传送网中，传输信号的处理、交叉连接和分插复用都在光域上进行，对信号的质量难以直接测量和评估其传输质量。这是制约光传送网发展的重要因素，有必要进行深入的研究和探讨。

光复用段层是把许多不同波长的光波复用到一起的光复用层，它为多波长光信号提供了联网功能。其主要功能包括：确保多波长光复用段适配信息的完整性以及光复用段开销的处理能力；为保证段层操作与管理能力而提供的光复用段监测功能。一个光复用段层网络的特征信息由两个分离的逻辑信号组成，即由光复用段路径终端开销构成的数据流以及由光信道层适配信息组成的数据流。

光传输段层为光信号在不同类型的光传输媒质上(如 G.652、G.653、G.655 光纤等)提供传输功能、传输段开销处理功能以及实现对光放大器或中继器的检测和控制功能。$N$ 阶光传输段支持相同阶的一个光复用段数据单元(含有 $N$ 个光信道)。OTS 的特征信息包含两个独立的逻辑信息，即 OMS 层的适配信息和 OTS 路径终端专用的管理、维护开销。物理上它由一个 $N$ 阶的复用光信号和光监控信道构成。

### 8.4.3　光层中的线路保护倒换

随着 WDM 系统的广泛使用，在光层上实现点到点系统的保护倒换就成为一个非常重要的课题。对于点对点的线路系统，光层的保护结构与 SDH 层相似，经常采用 1+1、1：1 和 $M$：$N$ 的线路保护倒换方案。线路保护倒换属于线性保护倒换的一种，既可以在 OMS 层上实施，又可以在 OCh 层上实施。显然，倒换大量的单个波长通路要比倒换少量复用的波长通路组信号所需的设备多、成本高，因此基于光复用段的线性保护倒换更经济实用。

线路保护倒换的工作原理是工作链路传输中断或性能劣化到一定程度后，系统倒换设备将主信号自动转至备用光纤系统来传输，从而使接收端仍能接收到正常的信号而感觉不到网络已出现了故障。该保护方法只能保护传输链路，无法提供网络节点的失效保护，因此主要用于点到点应用的保护。对这方面的保护本章不进行深入的讨论。

### 8.4.4 光层中的环保护

实际的光环网保护方式大致可以分成以下几类，实际应用中还可以有若干变种。

**1. 光通路专用保护环(OCh-DPRing)**

在 OCh-DPRing 保护方式下，当工作通路的连接建立后，穿越环的另一半的保护通路也同时建立。在源节点，信号分成两个完全一样的部分，一部分沿工作通路走，另一部分沿保护通路走。当工作通路失效后，接收节点检测到信号丢失并倒换到保护通路。这种保护方式无需信令，实施比较简单；主要缺点是保护通路的容量不能利用。

**2. 光通路共享保护环(OCh Shared Protection Ring，OCh-SPRing)**

OCh-SPRing 的原理与 SDH 的四纤保护环类似，但其工作在 OCh 层，而不是对应的 OMS 层。按照 ITU-T 建议 G.841/G.842 的规定，光通路共享保护环有 3 种倒换原理。

(1) 近端侧倒换的端到端通路倒换。这种情况下，当工作通路处于信号失效(Signal Failure，SF)状态后，工作通路将在环的同一侧实施端到端倒换至保护通路。

(2) 远端侧倒换的端到端通路倒换(无环回)。这种情况下，当工作通路处于 SF 状态后，工作通路将在环的另一侧实施端到端倒换至保护通路。这种保护方式不会引起任何环回，因此与环回方式相比可以减少光功率损失。上述保护方式又称以源节点为基础的光通路保护倒换。

(3) 近端侧倒换的中间通路倒换(仅适用于四纤环)。这种情况下，当工作通路处于 SF 状态后，工作通路实施跨段倒换至保护通路，此时失效通路上仅仅受影响的部分跨段倒换至保护跨段，其他部分不动。因此这种方式能够增加保护通路的利用率。

**3. 光复用段专用保护环(OMS Shared Protection Ring，OMS-DPRing)**

光复用段专用保护环类似于 SDH 的单向通道倒换环(UPSR)，但是工作在 OMS 层上，而不是对应的 OCh 层。其工作原理也采用“首端桥接，末端倒换”方式。在首端，光信号通过无源耦合器进入环，每个节点在环的两个方向上送信号，每个节点有两对放大器。正常工作时，有一个节点的一对放大器关闭，其他所有放大器都工作，环功能如同总线。当链路出现故障时，紧靠失效链路的一对放大器关闭，原来关闭的一对放大器开启工作，恢复业务流，实施保护。

**4. 光复用段共享保护环(OMS Shared Protection Ring，OMS-SPRing)**

OMS-SPRing 的原理也类似于 SDH 的四纤保护环，但有些变化。OMS-SPRing 通常工作在四根光纤配置，但如果将每根光纤的一半波长用作保护目的，也可转换为二纤 OMS-SPRing，但是必须确保一根光纤上的保护波长对应另一根光纤上的工作波长，以便实施保护倒换时不需要波长转换。OMS-SPRing 也有 3 种倒换原理。

(1) 光纤跨段倒换(仅适用四纤环)。在这种情况下，当上游节点收到跨段倒换的要求后，仅仅受影响的光纤跨段倒换至保护跨段，其他部分不动，因此保护光纤的利用率较高。这种方式与跨段通路倒换类似，但区别在于受影响的光纤上的所有信号都将倒换至保护光纤，因此保护效率不如通路倒换效率高。

(2) 以倒换节点为基础的光纤环倒换(有环回选路)。在这种情况下，当上游节点检测到光纤失效故障后，上游工作光纤倒换至保护光纤，下游工作光纤也倒换至保护光纤。这种保护方式的缺点是在最坏情况下，信号有可能环绕两圈，对于光纤环会引起过大的光功率损耗，对大环应用很不利。

(3) 源节点为基础的光纤环倒换(无环回选路)。如前所述，以倒换节点为基础的光纤环倒换有环回路由，对于纯光纤环会引起过度的光功率损耗。为此，可以采用一种新的无环回路由的环倒换方式，即源节点为基础的光纤环倒换。此时，倒换动作发生在业务量进入环的源节点处。这与远端侧倒换的通路倒换环类似，区别在于这里是基于光纤级的，而非光通路级。

## 8.4.5　光层中的网状网恢复

在光层中，恢复结构可以按光纤的失效状态、链路上的多波长通路的条件以及路由器、交换机或OXC上的端口条件来分类。

**1. 光纤恢复(OTS层)**

图8-10所示为通过完全的双WDM链路互联的具有多个OXC的光网络，其中一根光纤是工作光纤，另一根光纤是保护光纤。两台OXC间的工作光纤和保护光纤是路由分集的，类似于SDH复用段中的1∶1或1+1保护。例如，OXC B和OXC C之间的工作光纤被切断后，由于保护光纤是路由分集的，不受影响，全部业务量转向保护光纤。

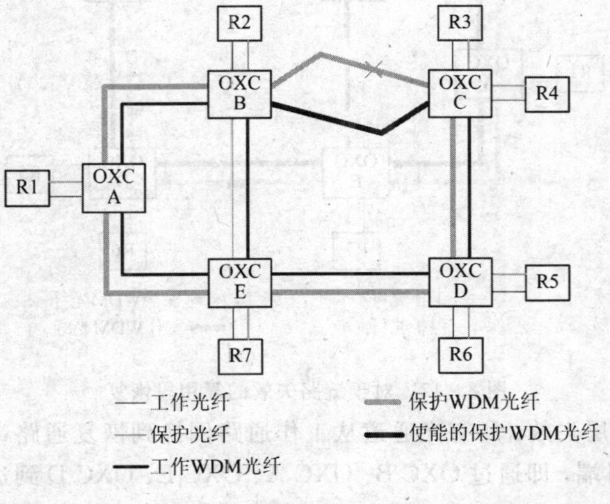


图8-10　对于路由分集光纤上的链路失效的光纤恢复

图8-11所示为通过双WDM链路互联的具有多个OXC的光网络。由于工作光纤和保护光纤是同路由的，两者往往同时被切断。例如，OXC B和OXC C之间的工作光纤和保护光纤切断后，全部业务量通过迂回路由上的OXC疏通，即通过OXC B、OXC A、OXC E和OXC D到达OXC C。由于可能通过中间的OXC旁路失效的链路或节点的方式建立迂回路由，虚线表示的链路也是一种可选的方案，此时，业务量通过OXC B、OXC E、OXC D到达OXC C。

**2. 复用段恢复(OMS层)**

图8-12所示为通过单个WDM链路互联的具有多个OXC的光网络。链路中的通路分成工作通路组和预留的恢复通路组两组，工作通路组中的光通路等于恢复通路组的光通路。

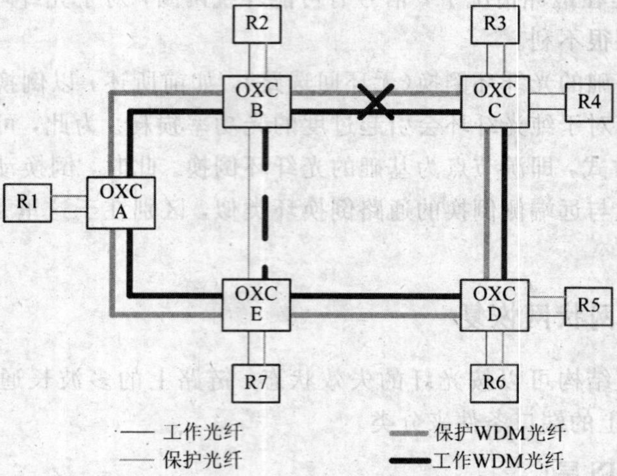


图 8－11　对于相同路由光纤上的链路失效的光纤恢复

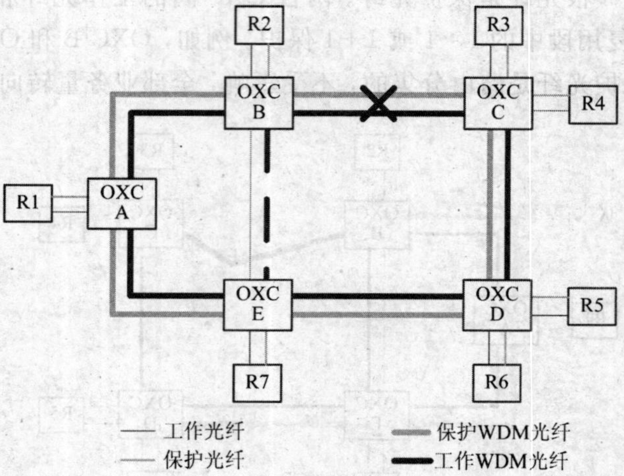


图 8－12　对于链路失效的复用段恢复

一旦出现 OMS 层失效，所有光通道从工作通路倒换到恢复通路，业务量经由迂回路由的恢复通路到达对端，即通过 OXC B、OXC A、OXC E、OXC D 到达 OXC C，业务不受损失。同样，虚线表示的通路也是一种可选的路由方案。

**3. 光通路恢复(OCh 层)**

如果光网络中波长路由资源是有限的，则通过光通道的重选来实现光通道恢复是一种有效的恢复方法。然而，当预留的波长通路数不够多时，链路失效就不能完全恢复。另外，由于恢复过程需要额外涉及网元间的协调，恢复速度比光纤恢复和复用段恢复要慢。光通路恢复既可以是本地恢复方式(链路恢复)，也可以是端到端通道恢复方式。实施本地恢复方式时必须首先隔离失效，并绕过失效点建立迂回路由。

链路恢复是一种利用逐跳失效旁路程序的恢复方法，可以将失效设施上携带的所有受影响的波长一起恢复，图 8－13 显示了链路恢复方法。由于链路恢复过程只涉及网络的局部，不必进行端到端恢复，因此恢复时间很短，只涉及少量网元设备，网络管理调度比较简单。然而，由于恢复过程路由的源节点和目的节点是故障段两端的网元，因此恢复过程有可能存在路由重复现象。最后，由于发生故障的链路无法区分好坏通道，只能一齐倒换，使恢复的容量效率较低，所需空闲备用容量比通道恢复方式大。

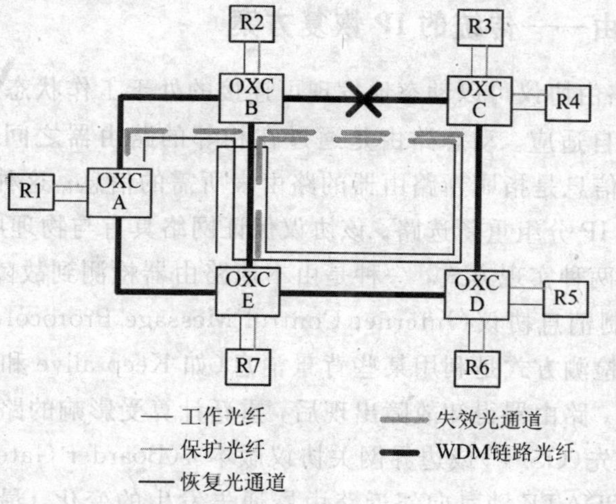


图 8－13　对于链路失效的链路恢复

通道恢复对经过正常工作网元和 OCh 的端到端路由进行重新计算，可以恢复经过失效设施或者网元的端到端光通道。图 8－14 给出了通道恢复的示例。这种恢复方式针对性强，只有受影响的通道才倒换，不受影响的通道不动，使网络恢复的容量效率较高。然而，由于链路故障所影响的通道可能很多，涉及重配置的网元设备数量可能也很多，影响面大，导致恢复时间较长。

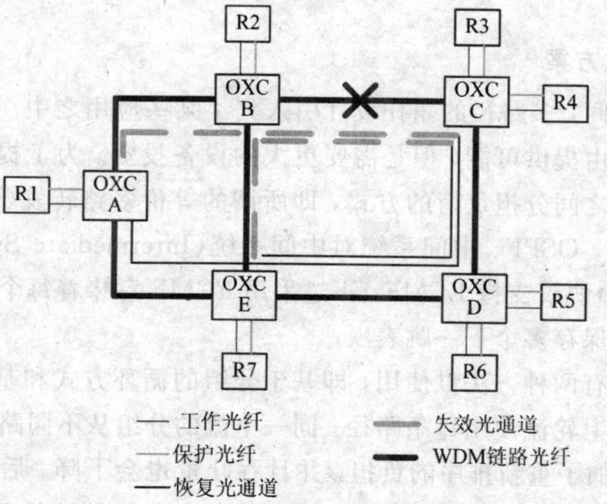


图 8－14　对于链路失效的通道恢复

# 8.5　IP 层的保护和恢复技术

目前，在 IP 层中用于提高生存性采用的两种主要策略是：IP 动态路由（包括改进后的

IP 路由方案)和基于多协议标签交换(MPLS)的生存性策略，另外互联网工程工作小组(IETF)新开发的双向转发检测(Bidirectional Forwarding Detection，BFD)机制对于实现 IP 层快速恢复也十分重要。

### 8.5.1 IP 动态路由——传统的 IP 恢复方案

采用 IP 的动态路由协议可以动态地发现可连接的处于工作状态的路由器，使得 IP 路由可以对网络的故障自适应。动态路由是通过在相邻的路由器之间交换控制信息来实现的，这里所说的控制信息是指刷新路由器的路由表所需的信息。这种路由方式可以保证在链路或节点故障时对 IP 分组重新选路。该协议保证网络具有与物理层无关的可生存性。

故障检测一般有两种实现方式，一种是由本地路由器检测到故障后，利用路由控制消息协议比(如网际控制消息协议(Internet Control Message Protocol，ICMP))通知邻近的路由器。另一种故障检测方式是利用某些背景消息(如 Keep alive 和 Hello)的计时器的超时来通告故障的出现。路由器得知故障出现后，重新计算受影响的路由，刷新它的路由表，利用开放最短路径优先(OSPF)或边界网关协议版本 4(Boarder Gateway Protocol Version 4，BGP-4)协议的 UPDATE 消息向邻近路由器通告发生的变化，最终各路由器收敛到统一的路由之上。

动态路由协议可以有效地利用网络的空闲资源，灵活地对拓扑变化做出反应。但是所需的恢复时间长，一般为几十秒至几分钟，行为不可预测。在此，恢复时间由故障检测时间(Failure Detection Time)和重路由(重路由信息处理、更新路由表)时间(Reconfiguration Convergence Time)决定。

### 8.5.2 改进的 IP 恢复方案

#### 1. 等价多路转发方案

为了缩短恢复时间，多路径的拓扑设计引入到了某些应用之中。冗余路径的设计为故障出现时重选其他路由提供可能，但是需要更大的设备投资。为了提高设备利用率，也可以采用在主备用路径之间分担负荷的方式，即所谓的等价多路转发(Equal Cost Multipath Forwarding，ECMF)。OSPF、中间系统对中间系统(Intermediate System-to-Intermediate System，IS-IS)等路由协议支持 ECMF，不过采用 ECMF 意味着每个路由器都需要在转发表中为同一目标地址保存多个下一跳表项。

对于路径的选择有两种方法供使用，即基于分组的循环方式和基于流的方式。前一种方式是在分组的基础上轮流使用每条路径，同一个流的分组从不同路径传送所经历的时延不同，致使接收方增加了重新排序的负担，并且吞吐量也会下降。后一种方法根据分组头中的源、目的地址计算散列(Hash)，找到一个特定的通往目的地的下一跳。每一特定流中的全部分组都经由同一路径，从而使网络具有更好的稳定性。

ECMF 方法不仅对于负荷均衡有利，而且一定程度上有利于业务保护与恢复。当一条路径上出现节点/链路故障时，至少还有一部分数据包可沿其他路径继续传送至目的地。这些保持正常状态的工作路径可以继续使用，直到 IP 路由收敛过程完成，路由器中生成新的路由表。

**2. 分级网络组织结构**

为了缩短路由收敛时间，OSPF、IS-IS 等分级链路状态路由协议将网络分成多个区域网络结构，将路径计算和路由更新信息扩散的范围限制在受影响的区域内，使网络具有较好的可扩展性。

**3. 减少隐式故障检测时间**

在链路状态路由协议中减小“Hello”消息计时器的时限，可更加频繁地发送 Hello 消息，从而更加迅速地发现故障，其代价是控制消息的开销增大。与缩短“Hello”消息的超时相类似的另一种方案是采用通过 ICMP ECHO 请求消息所实现的快速速率探测(Pinging)，其代价也是增加控制消息负荷。

### 8.5.3 基于 MPLS 的生存性策略

这种保护方式可以克服动态路由时延长的缺陷。通过在分组头上追加一个标签栈，可以建立一系列标记交换路径(LSP)，利用 LSP 作为保护路径，可以实现业务的保护或恢复。

保护路径的选择方式主要包括静态的预先建立和动态的故障后搜索两种。预先建立方式因保护路径是在故障出现之前预先建立好的，因而故障发生后的业务恢复速度很快，这种方式也称为快速再选路方式。预先建立的保护路径应与工作路径上的节点和链路分离，保护路径上的网络资源可以预留，也可在工作路径正常时动态地分配给低优先权业务使用。工作路径一旦发生故障，则让位给原来由工作路径承载的业务。动态搜索方式则是上游标记交换路由器(LSR)在得到故障通知后，再利用 QoS 路由协议和信令协议选择保护路径和预留资源，这种方式的故障恢复速度相对前一方式较慢，但上游 LSR 可以计算出一条优化的路径，对于网络资源的利用和业务量均衡更具优势，因此也称优化再选路方式。快速再选路虽能保证无间断的业务恢复，但却难以保证所选的保护路径是最优路径，所用信令可以是针对 MPLS 扩展的资源预留协议(Resource-ReSerVation Protocol- Multi-Protocol Label Switching，RSVP-MPLS)，也可以是标记分配协议(Label Distribution Protocol，LDP)或基于约束的 LDP(ConstRaint-based Label Distribution Protocol，CR-LDP)。为保证快速再选路的成功，可定期重新计算保护路径，以便达到最优。

MPLS 的再选路层次分为链路级和路径级。如图 8-15 所示，链路级再选路是在故障链路两端的两个 LSR 之间寻找一条保护路径；路径级再选路是在入口 LSR 与出口 LSR 之间寻找一条保护路径，也称为边到边再选路，该路径与故障路径完全无关。这两种方式也各有特点，链路级再选路的优点是简单、快速，但对节点故障、多链路故障

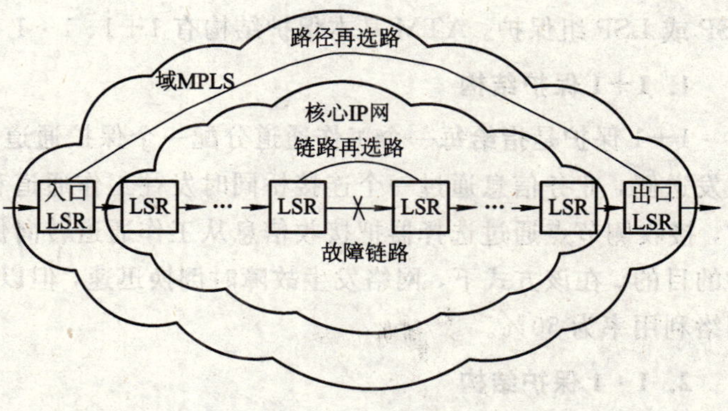


图 8-15　MPLS 再选路与故障恢复

的处理较困难；路径再选路则相对复杂，但对节点故障、多链路故障的处理能力较前者更强。在两个层次上保护路径选择的两种方法均可使用。若希望保证快速故障恢复的可靠性，可沿预先建立的保护路径预留资源，这对于网络资源的利用率当然会有影响，但若不预留资源则不能保证在将业务流再选路至保护路径时提供所需的 QoS。

### 8.5.4 双向转发检测

BFD 协议通过两个节点间定期快速发送 BFD 故障检测数据包。数据包可以是任意层面上的，最常用的是 UDP 包，也可以是 MPLS 包或 MAC(Media Access Control)包等其他层面的数据包，在接收端如果有连续 3 个约定周期没有收到 BFD 包就判定为链路故障。目前，BFD 缺省检测间隔是 10 ms，连续 3 次，也就是 30 ms 就可以检测和判断故障。这种检测方式不但可以检测和判断传输链路、光接口和设备端口的中断故障，还可以检测和判断传输层、链路层、IP 层乃至应用层存在的误码、丢包等软故障。其次，BFD 技术不依赖于其他协议或者应用，其可以运行在任何层面，采用硬件实现，不影响设备性能。采用 BFD 机制后，再结合其他技术，大型网络路由收敛时间有望小于 1 s，快速重选路由(Fast ReRoute，FRR)时间可以小于 50 ms。最后，BFD 协议不需要接收端回传响应，因而网络的绝对时延大小不会影响 BFD 的故障检测速度。BFD 的不足之处是对网络抖动比较敏感，其检测周期必须大于检测段的抖动。

## 8.6 ATM 层的保护和恢复技术

### 8.6.1 ATM 层的保护技术

ATM 层采用自动保护倒换(APS)技术，这是一种利用分布式控制的链路恢复机制，它由一组工作通道(信道、路径、段等)和保护通道组成。正常工作时网络利用工组通道传输业务信息，当网络的工组通道有故障时，通过保护倒换信息的处理将业务信息传输自动切换到保护通道。在 ATM 网络中，可以将一个 VP、VC 当作保护对象，也可将一组 VP 或 VC 捆绑组成一个 VPG 或 VCG 作为一个保护对象。此外，也可将一个区域内的多个节点的 VP、VC、VPG、VCG 串联起来进行保护，即子网连接保护。例如 ATM/MPLS 的 LSP 或 LSP 组保护。ATM 基本保护结构有 1+1、1：1 和 $M:N$。

**1. 1+1 保护结构**

1+1 保护是指给每一个工作通道分配一个保护通道，由两条通道并行传递业务信息。在发送侧，业务信息通过一个连接桥同时发往工作通道和保护通道。当工作通道出现故障时，接收侧节点通过选择器把接收信息从工作通道转向保护通道，达到了信息通道故障保护的目的。在该方式下，网络发生故障时倒换迅速，但以牺牲保护通道的带宽资源为代价，网络利用率为 50%。

**2. 1：1 保护结构**

1：1 保护是指给每一个工作通道分配一个保护通道，正常工作时由工作通道传输业务信息，保护通道可以传输额外的业务信息，发送侧和接收侧分别通过选择器进行业务选择，当工作通道发生故障时，通过APS信令发现并将保护业务在发送和接收侧切换到保护通道传输。该方式与1+1方式的不同之处在于正常工作时保护通道可以传输其他额外业务，由于ATM网络具有交换优先级功能，因此可将保护通道传输的额外业务信息的优先级设置得较低，保护业务的优先级设置为高。正常传输时，保护通道没有高优先级业务传输，不影响低优先级额外业务的传输。该方式带宽利用率较高，但需要较多的VPI/VCI资源。

**3. *M*∶*N* 保护结构**

*M*∶*N* 保护结构是1∶1保护倒换方式的扩展，即 *N* 条工作通道共享 *M* 条保护通道，当任何一个工作通道有故障时，将在 *M* 条保护通道中选择一条来传输故障工作通道的业务信息。在正常工作时，*M* 条保护通道可以传输不被保护的额外业务信息。同样，根据ATM网络的优先级特性，保护通道需要预留工作业务信息的VPI/VCI资源。

**4. ATM网络保护域的扩展**

ATM网络通常由多个网络节点组成，有时会跨越多个管理域，因此，根据网络保护的基本结构和保护节点在网络中所处的位置(如段节点、端节点等)可以区分为路径保护和子网连接保护。路径保护是在ATM网络的端节点间对单个VP、VC或VPG、VCG进行保护。子网连接保护是在网络的某一个中间区域内对端到端的VP、VC、VPG和VCG进行保护。

(1) 1+1或1∶1端到端路径或路径组保护。端到端路径保护针对单个VP或VC进行保护，保护业务跨越多个ATM网络节点，在两端ATM节点间进行保护，这种方式采用保护路径自身的端到端操作、管理和维护(Operation，Administration，and Maintenance，OAM)信元与APS信元来控制保护倒换。端到端路径组保护针对VPG和VCG进行保护，该方式需要在端到端的保护通道中插入传输APS信元的监控通道，如图8-16中的虚线所示。

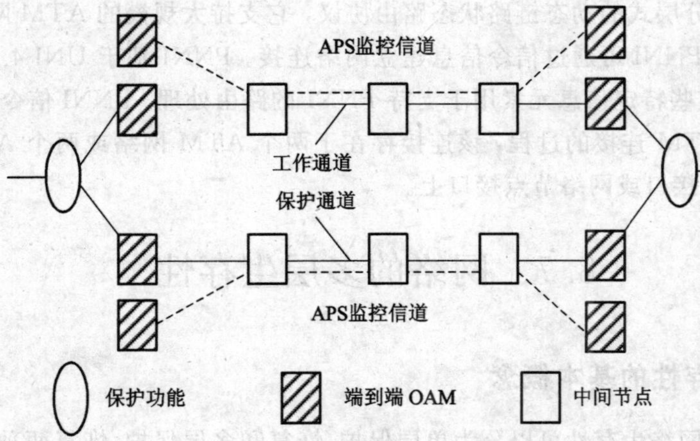


图8-16　ATM 1+1或1∶1端到端路径保护结构示意

(2) 1+1或1∶1路径或路径组子网连接保护。该方式适用于路径或路径组所跨越的中间ATM网络节点间的保护，因此APS信令协议信元的传输通过段OAM信元(针对单路径保护)或插入APS监控信元通道(针对路径组保护)实现，如图8-17所示。

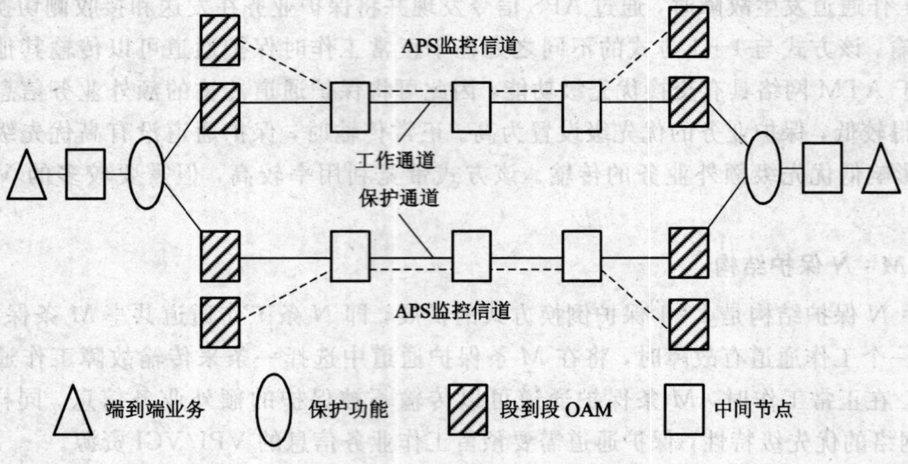


图 8-17 ATM 1+1 或 1∶1 子网连接保护结构示意

**5. ATM 网络自愈环**

自愈环是环形拓扑网络的高速保护恢复体制，环形拓扑结构可以简化工作路由与备份路由之间关系以及恢复算法本身，因此，可以获得高速保护恢复的性能。该技术在 SDH、OTN 网络中得到了普遍、成功的应用，该技术同样也可以应用于 ATM 网络，通过 ATM 环网组成 VP 自愈环。ATM 层自愈环的优点是无碰撞交换功能，但是在组网中，ATM 网络经常要与位于物理层的 SDH、OTN 一起组网，因此，一般都利用 SDH、OTN 网络的自愈环功能为高层提供保护，ATM 层不再启用自愈环。

### 8.6.2 ATM 恢复技术

ATM 采用专用网间接口(Private Network-Node Interface，PNNI)协议作为恢复机制。PNNI 是一种分层式的动态链路状态路由协议，它支持大规模的 ATM 网络。此外，在多个网络情况下，PNNI 可通过信令信息建立网络连接。PNNI 基于 UNI 4.0 和 Q.2931，UNI 4.0 中加入某些特定信息元素用于支持 PNNI 的路由处理。PNNI 信令包含了动态建立、维护和清除 ATM 连接的过程，该连接存在于两个 ATM 网络或两个 ATM 网络节点间的专用网到网络接口或网络节点接口上。

## 8.7 网络的多层生存性

### 8.7.1 多层生存性的基本概念

从总体上看，网络生存性可以分为单层保护/恢复和多层保护/恢复两种。单层恢复在同一个网络层内采用单个端到端或级联的生存性策略，而多层恢复则采用两个或者更多个嵌入的生存性机制。图 8-18 所示为典型的 4 层网络结构中可以嵌入生存性的方式。

在多层网络结构中，理想的生存性策略应能充分利用不同技术层面及其相应生存性方案的长处，提供比单层生存性机制更经济、更好的办法来实现所要求的 QoS。多层生存性策略的主要准则是：

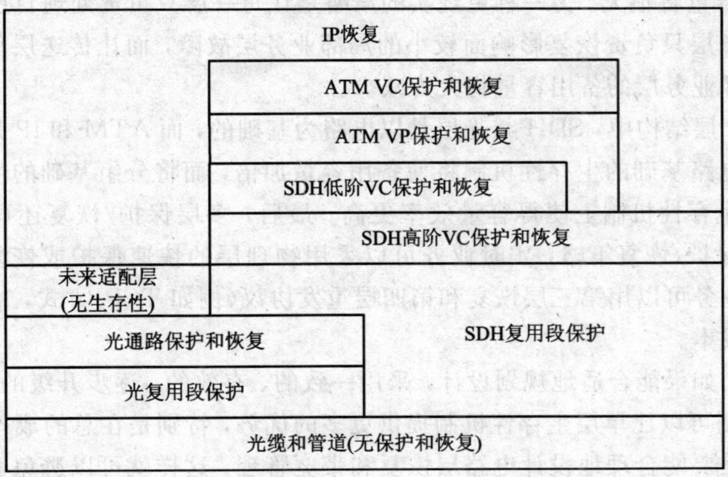


图 8－18　生存性机制的概貌

• 性能：具有足够快的恢复时间来支持所要求的 QoS，特别是一些实时性业务(例如电话和电视)；

• 效率：用于保护恢复的网络总的空闲备用容量应该最小；

• 可维护性：生存性策略应该支持网络维护操作；

• 演进性：新的网络层和新的生存性机制的引入不应受限于生存性的考虑，也不应对现有业务和现有生存性方案有不利的影响；

• 灵活性：生存性策略应该能提供一整套生存性解决方案来适应具体网络运营者的需要；

• 成本：生存性策略应该在设备和运营成本间取得最佳平衡。

在单层保护/恢复情况下，保护恢复功能可以在传送层完成，也可以在业务层完成，这取决于特定应用。以传统 IP 业务为例，SDH 层或者光层就是传送层。此时，发生物理层大故障时，传送层的恢复通常可以在 IP 业务层，恢复方法更有效、更确定、更稳定。另外，采用光层的传送层恢复还具有线路卡成本低，可以用单个恢复机制支持多业务客户层信号，减少了分离恢复机制所带来的附加容量要求和运行支撑成本等特点。此外，光层还可以支持较大的业务带宽捆绑恢复，这意味着只需要较少的恢复路由，从而减少恢复时间。

多层保护/恢复可以有效地结合传送层保护/恢复和业务层恢复的优点，改进全网的恢复效率，同时兼顾不同层面的不同需要。然而，如果没有合理有效的生存性策略和协调机制，单个故障可能触发多个层面的多种保护/恢复机制，从而相互影响乃至发生冲突。例如，物理媒质层光缆被切断有可能导致业务层发生许多不必要的重选路由行动。又如，每一层都配置自己的空闲备用资源应付故障，则有可能导致大量的带宽浪费。在理论上，多层恢复应该能有效地利用备用带宽资源。实际上有很多因素会影响备用带宽的选择，例如，为了支持业务层生存性，不仅需要在业务层配置备用容量，而且还必须在传送层也配置相应的备用容量。此时，上述传送层备用容量不是用作传送层恢复用的，而是为业务层恢复提供替代路由的。这种情况下的总成本与各层面所用备用容量有关。事实上，业务层备用容量的大小与规划的故障覆盖范围有关，如果需要应对物理层大故障，那么业务层和传送层的备用容量将很大。另一种更现实的策略是让每一层只负责处理自己最适合的失效故障，例如业务层只负责恢复影响面较小的局部业务层故障，而让传送层负责恢复物理层的大故障，这样业务层的备用容量将大为减少。

此外，在4层结构中，SDH与光层是以电路为基础的，而ATM和IP是以分组为基础的。嵌入两种电路基础的生存性机制将使备用容量加倍，而将分组基础的生存性机制嵌入在电路基础的生存性机制上使得容量效率更高。最后，多层保护/恢复还可以提供分类业务网络的特定保护/恢复策略，实时业务可以采用物理层的快速保护或恢复，保证服务质量，而非实时业务可以用第三层恢复和第四层重发协议(例如TCP)方式，减轻备用容量要求，降低网络成本。

总的来看，如果能合适地规划设计，采用一致的、有效的、逐步升级的保护恢复策略，多层生存性机制可以比单层生存性机制提供更多的优势，特别是在总的成本节约方面优势更明显。关键是要能合理地设计电路层恢复和带宽管理，这样就可以避免业务层上的大量备用带宽浪费，使网络的总成本最佳。除了上述主要优点以外，多层生存性机制还有其他一系列优点，诸如恢复的可靠性、确定性和恢复效率，特别是对于一些严重的和大范围的物理层故障和业务层的局部范围故障，恢复速度可以很快。此外，对于某些传送层生存性机制没有覆盖的业务层故障也同样能恢复。还有，保护传送实体数减小可以简化维护管理工作。最后，在多层网中，各种生存性策略可以共存，从而支持各种应用和提供分类业务的特定保护/恢复策略。多层生存性的主要缺点是使网络的规划设计和维护管理工作复杂，需要较高的网络运营管理水平。另外，如果规划设计不当可能造成不必要的麻烦和冲突。

### 8.7.2 多层生存性的规划原则

当采用单层保护/恢复方案不能满足业务可靠性要求时，应考虑采用多层保护/恢复方案。理想的多层保护/恢复机制原则上应该是技术和协议独立的，可以在不同层面上统一实施。一般情况下，出于经济和复杂性考虑，两种生存性机制基本满足要求，通常一种在传送层，一种在业务层。

图8-19所示为目前可能的嵌入生存性机制的层次关系及其恢复时间，实际层次结构可能会随技术的演进而变化。由图8-19所示的结果可知，传统的IP动态选路和ATM恢复的速度太慢，难以应付来自物理媒质和传送层故障的恢复。采用基于分布式网状恢复的光层和SDH层恢复速度比传统的集中式网状恢复速度要快很多。ATM保护的速度足以应付物理媒质和传送层的任意故障。光层和SDH保护的速度最快，可以使业务恢复时间降至50 ms以内。一般情况下，保护恢复层面越低，越靠近物理媒质层，则在相同机制下故障通告和倒换时间往往更快，受影响层面的备用容量以及涉及的传送实体数也最小，保护恢复效率最高。其主要缺点是带宽颗粒最粗。

采用多层生存性机制时，为了避免层间交互的负面影响，可以采用“避免、不动作、等待和协调”的总体策略。当能够避免互通问题，同时又能在现有维护操作策略框架内支持运营者的业务时，应尽量采取“避免”策略，特别要避免那种由于同一故障源激活多种保护/恢复方案的保护/恢复行动。对于特定嵌入保护/恢复机制，当故障检测时间或业务转移时间没有冲突时，则应尽量让每一层继续独立地负责起自己的保护/恢复，即所谓“不动作”策略。如果无法实现“避免”和“不动作”，且各层的保护/恢复时间有冲突，则采用“等

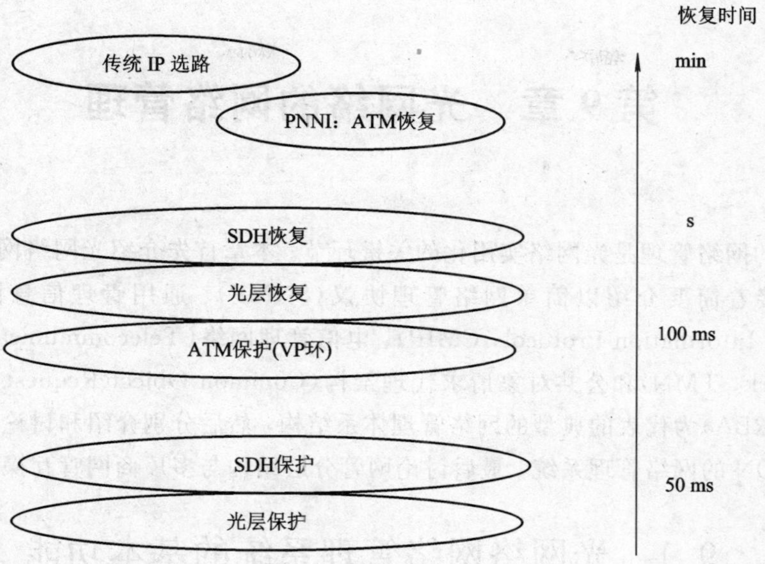


图 8－19　嵌入生存性机制的层次及其恢复时间

待”策略，即设法使业务层的保护/恢复启动适当推迟一段规定的时间，以确保传送层保护/恢复过程的完成。“等待”策略的缺点是使网络维护管理工作复杂化，而且要求设备具备可编程的“等待”时间。作为最后的不得已的策略是采用“协调”策略，即适度借助层间信令来避免不同层保护/恢复方案间可能发生的冲突。由于有很多潜在的嵌入结合方式，而每一种方式都要求独自的解决方案，因此，这些都将影响现有的标准和大量已安装的设备，使“协调”策略在实际的多厂家网络环境中实践起来非常复杂和困难。

总的来看，实施多层生存性的好处是明显的，关键是必须保证各层的保护机制能及时收敛。对于典型的两层保护恢复结构，必须满足以下三个条件：

• 每一层必须有可用的保护通道；

• 低层不必须依赖上层来检测出失效故障并请求实施保护倒换功能；

• 上层保护必须是可重复的，即如果现有通道(无论是工作通道还是备用通道)发生故障，能够重复地试图倒换至其他通道。

只要满足上述条件，网络总是能收敛的，再进一步实施“避免、不动作、等待和协调”的总体策略，就能基本保证网络的总体生存性。需要注意的是在 IP 层引入 MPLS FRR 机制后，MPLS 也能实施 50 ms 的保护时间，与物理层几乎相当。在这种情况下，MPLS FRR 主要用来快速处理 IP/MPLS 层自己的故障，对于影响面更广泛的物理层大故障依然需要靠物理层自己的保护机制更为有效。

# 第 9 章 光网络的网络管理

光网络的网络管理是光网络实用化的关键环节。本章首先介绍光网络网络管理系统的基本功能，接着简要介绍以简单网络管理协议(SNMP)、通用管理信息协议(Common Management Information Protocol，CMIP)、电信管理网络(Telecommunications Management Network，TMN)和公共对象请求代理架构(Common Object Request Broker Architecture，CORBA)为代表的典型的网络管理体系结构，然后分别介绍和讨论 SDH、WDM、OTN 和 ASON 的网络管理系统，最后讨论网管分层结构与多厂商网管互操作性问题。

## 9.1 光网络网络管理系统的基本功能

参考电信管理网络(TMN)的体系结构，光网络的网络管理系统采用分层管理方式，从上到下可以分为服务管理系统(Service Management System，SMS)层、综合网络管理系统(Integrated Network Management System，INMS)层、网络管理系统(Network Management System，NMS)层、网元管理系统(Element Management System，EMS)层和网元(Network Element，NE)层，如图 9-1 所示。下面简要介绍各层的功能特点。

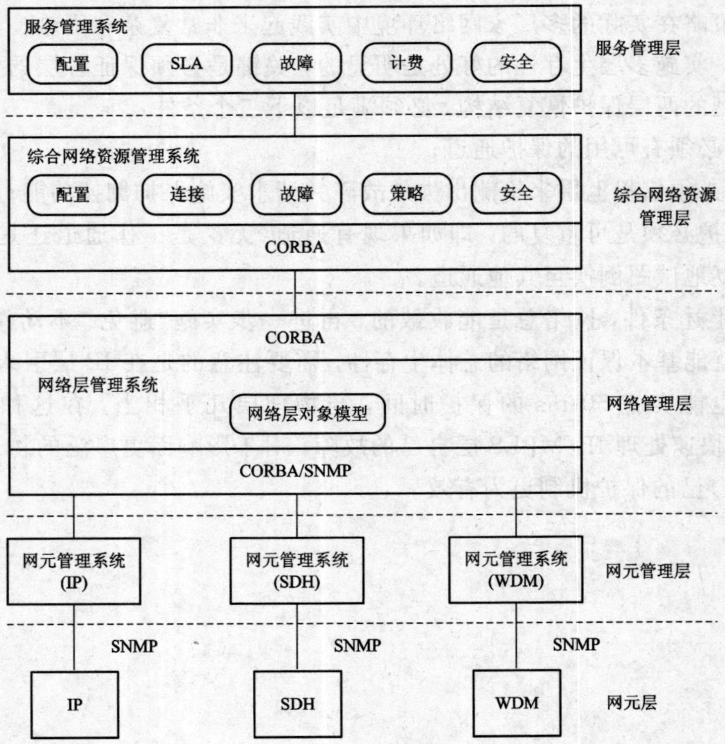


图 9-1 光网络网络管理系统的体系结构

## 9.1.1　服务管理系统层

服务管理系统层的主要功能包括：服务配置、管理功能、允许动态的业务创建和调整操作；能够建立灵活的服务等级协商(Service-Level Agreement，SLA)机制，允许服务质量(QoS)和服务类别(Class of Service，CoS)参数协商；对实时的服务状态和性能进行监测；计费管理和安全管理等内容。服务管理系统层包括以下子系统，结构如图 9－2 所示。

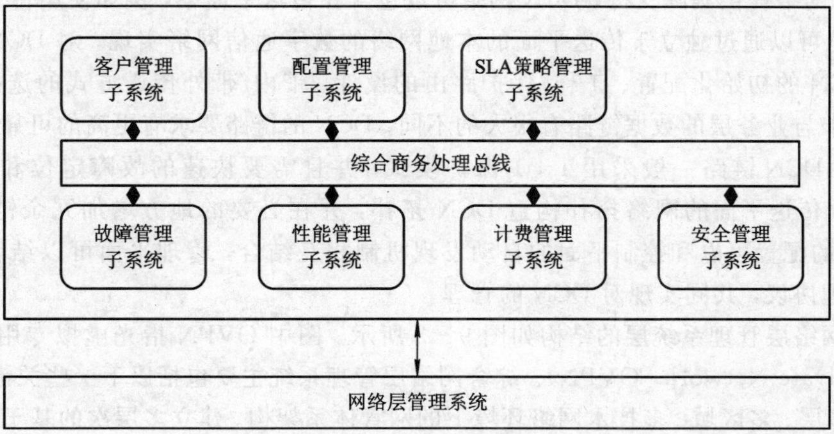


图 9－2　服务管理系统层结构

(1) 客户管理子系统。客户管理子系统为客户提供了允许客户对网络资源进行一定程度的控制接口，通过 Web 技术接入，客户能够直接地规划、请求和调整光网络服务。此外客户管理子系统允许客户同服务提供商进行 SLA 协商，并通过一定的服务接口为客户接入策略以及接入安全和授权认证管理。在服务连接建立以后，客户还可以通过客户管理子系统对所建服务的 QoS 等状态进行监测，定位故障并进行计费处理等。

(2) 配置管理子系统。配置管理子系统提供网络服务资源和目录管理功能，通过配置管理子系统，可以实现对光网络服务的激活。

(3) 性能管理子系统。性能管理子系统对服务连接性能进行监测管理。

(4) SLA 管理子系统。SLA 管理子系统为所接入的服务定制一定的 SLA，并提供一定的策略管理功能。针对不同的策略，可以建立不同的服务等级。

(5) 故障管理子系统。故障管理子系统对服务连接的故障时间进行监测，并且与光网络的底层保护恢复策略相互结合。

(6) 计费管理子系统。计费管理子系统能够对网络中的一些动态事件(比如连接建立、拆除)进行监测，以维护计费数据库。

(7) 安全管理子系统。安全管理子系统主要对用户网络接口(UNI)的接入安全机制进行管理，并与上述策略管理相协调。

## 9.1.2　综合网络管理系统层

综合网络管理系统层(INMS)位于网络管理系统(NMS)层之上，它的主要功能是完成跨区域连接的建立，并进行多区域网络的协调管理。INMS 通过基于公共对象请求代理架构(CORBA)的分布式网络平台，形成开放的网络管理平台，很好地解决了传统光网络中不同NMS之间的互联互通问题。网络管理者可以通过INMS的图形用户接口(Graphical User Interface，GUI)建立跨管理区域的连接，进行多区域网络的协调管理。

INMS的另一功能是对数据通信网络(Data Communication Network，DCN)进行有效管理。DCN网络的作用是为管理平面和控制平面提供通信通道。管理平面内部的管理数据和指令等信息的传递，用户网络接口(UNI)、网络节点接口(NNI)之间的信令信息传递都通过DCN网络提供实际支持。DCN网络可以包含在传送平面中，例如使用传送平面的开销字节，也可以通过独立于传送平面的本地网络的数字通信网络实现。对DCN的管理主要包括DCN的初始化配置、工作/保护路由的设计、带内/带外传送方式的选择等。DCN的管理需求与业务层的数据链路有很大的不同，DCN的链路要求有更高的可靠性。在保护恢复方面，DCN链路一般采用1+1保护模式，并且需要快速的故障定位和通知机制。INMS基于传送平面的网络拓扑构造DCN拓扑，并在必要的地方增加冗余链路。另外，DCN通路的配置可以和控制平面的自动发现机制相互结合，管理平面可以结合控制平面的链路管理协议，共同实现对DCN的管理。

综合网络层管理系统层的结构如图9-3所示。图中OVPN指光虚拟专用网(Optical Virtual Private Network，OVPN)。综合网络层管理系统主要包括以下一些关键问题：

(1) 多层、多区域、多技术网络环境下的网管体系架构。建立多层次的基于TMN的管理架构，提供统一的网络层管理接口。管理系统要容纳多种管理技术，重点要设计UNI/NNI接口的管理机制。

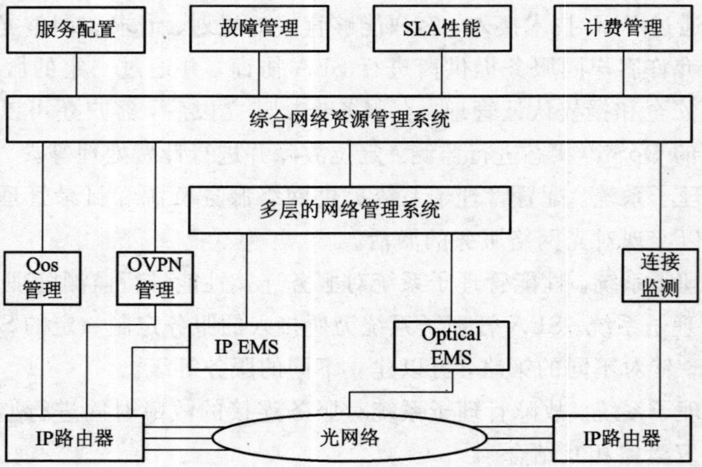


图9-3 综合网络层管理系统层结构

(2) 多层、多区域、多技术网络环境下网络层管理信息模型的确立。包括建立多区域、多技术网络环境的网络层的管理对象模型，网络层管理对象模型要支持端到端的连接管理。网络管理对象模型要同服务层管理对象模型相互结合，建立业务功能模型向光层资源模型的映射方式，实现业务模型在资源模型上的灵活配置。

(3) 基于CORBA的分布式网络平台。首先在网络层管理系统之上开放统一的接口，在此基础上开发基于CORBA的分布式网络平台，形成开放的网络管理平台，支持与其他厂商网管系统的互联互通。

(4) 数据通信网络(DCN)的管理问题。DCN的管理与传送平面的管理有所区别，这是因为管理控制通道与数据通道的监测手段、可靠性要求以及保护恢复方式都有所不同。管理系统可以结合控制模块的链路管理协议(LMP)协同完成对DCN的管理。

### 9.1.3 网络管理系统层

网络管理系统(NMS)通过分布的EMS实现对特定网管区域的管理。NMS负责在本管理区域内实现连接的自动建立以及对控制平面和传送平面的管理。

**1. 端到端连接的管理**

光网络的传送、控制和管理三大层面之间相互连接，存在三种各具特色的连接方式：永久连接(Permanent Connection，PC)、交换连接(Switched Connection，SC)和软永久连接(Soft Permanent Connection，SPC)。这三种连接方式很好地满足了当前复杂异构的网络条件下端到端连接的需求。连接管理主要包括连接路由计算、连接指配、连接维护等几个方面的内容。

(1) 永久连接(PC)的管理：永久连接(PC)与传统光网络中连接建立的方式相同，没有控制平面参与，网络管理系统完成连接路由的计算和传送平面网络资源的配置，对PC进行建立、调整、查询、重路由、拆除等操作。

(2) 交换连接(SC)的管理：交换连接(SC)是通过用户请求发起，由控制平面单独完成建立过程的一种连接方式，网络管理系统主要完成对SC的资源管理，确定SC的发起者是否符合认证等工作。此外，网络管理系统有权发起SC的拆除操作。

(3) 软永久连接(SPC)的管理：软永久连接(SPC)的建立是通过管理和控制平面共同完成的，它是前面两种连接方式的综合形式。它由两端的PC和中间的SC构成，其中SC的建立由控制平面完成，网络管理系统主要提供PC部分的建立、路由计算、查询、拆除等功能。

**2. 控制平面的管理**

控制平面在光网络中处于核心地位，是动态连接建立、修改和拆除操作的实施者。因此，对它的管理是光网络管理系统的重要内容。网络管理系统主要对控制平面进行以下管理工作。控制平面的初始化配置包括配置网络节点必需的参数、配置网络资源、配置信令和路由协议参数等，这些操作要在激活网络控制平面功能之前进行。

(1) 性能管理：网络管理系统可以收集控制平面上报的性能数据，如呼叫次数、流量、拥塞情况、连接占用时间、有效连接次数等，并对这些性能数据进行管理。

(2) 故障管理：网络管理系统可以及时得到控制平面的故障信息，并采取相应的措施进行故障处理。

(3) 连接管理：针对与控制平面相关的交换连接和软永久连接，网络管理系统能够协助控制平面完成连接的建立和拆除过程。

(4) 网络资源管理：网络管理系统可以为控制平面提供网络资源的标识和属性定义，如共享风险链路组(Share Risk Link Group，SRLG)以及保护恢复等级等。另外，借助控制平面的邻居自动发现机制，在管理平面内部可以实现动态的拓扑资源更新和网络资源发现。

**3. 传送平面的管理**

网络管理系统对传送平面的管理继承了传统光网络的管理模式，提供故障、性能、配置、安全管理功能，主要包括：提供基本的传送平面网络资源的配置、拓扑连接的配置以及适配管理配置；进行永久连接建立过程中传送平面和管理平面之间的交互；完成日常维护过程中的网络性能监测和故障管理。

### 9.1.4 网元管理系统层

在光网络中的光交叉互联器(OXC)中集成了网元管理系统、分布式的控制模块和由交叉连接矩阵构成的传送模块。网元管理系统(EMS)的主要功能就是实现对 OXC 中的控制模块和传送模块进行管理。

## 9.2 现有的几种典型网络管理体系结构

当前随着网络规模化、复杂化及异构性的发展，不同的网络管理技术应运而生。比如基于 Internet/SNMP 的网络管理技术、基于 OSI/CMIP 的网络管理技术和基于 TMN 的网络管理技术已经得到了广泛的应用，而一些标准机构、学术论坛或组织提出了各种可能的管理体系结构和规范，其中以开放分布式处理(Open Distributed Processing，ODP)、CORBA、电信信息组网体系结构(Telecommunication Information Networking Architecture，TINA)为代表的开放分布式管理技术可能代表了未来网络管理技术的发展趋势，这些管理体系结构和规范已经得到了普遍的重视。本节主要介绍 4 种典型的网络管理体系结构，即 SNMP、CMIP、TMN 和 CORBA。

### 9.2.1 SNMP 体系结构

**1. SNMP 概述**

SNMP 是由 Internet 体系结构委员会制定的一种基于 TCP/IP 协议的各种互联网的管理标准。SNMP 诞生于 1988 年，当时只想把它作为一个短期的网络管理框架，临时用于管理连接到 Internet 上的设备。但随着 SNMP 的发展和大量应用，其适用范围已大为扩展，超出了 Internet 的范围。SNMP 逐渐作为一种标准的协议在网络管理领域得到了普遍的接受和业界的支持，成为了事实上的国际性标准。

SNMP 采用管理进程/代理进程模型来监视和控制各种可管理网络设备。其核心思想是：每个网络节点上存在一个管理信息库(Management Information Base，MIB)，由节点上的代理负责维护，管理站通过应用层协议对这些信息库进行管理。

**2. SNMP 的主要组成部分**

SNMP 的主要组成成分包括管理信息结构(Structure of Management Information，SMI)、管理信息库(MIB)和 SNMP 管理协议。SMI 包含了定义 SNMP 的基本规则，它描述了管理对象以及在网络管理进程和代理之间传送的管理信息是如何定义的。SMI 中最关键的原则是管理对象的形式化定义要用抽象语法 1(Abstract Syntax Notation 1，ASN. 1)来描述。MIB 定义了可以通过网络管理协议进行访问的管理对象的集合。管理对象是用对象标识符(Object ID，OID)来命名的。在 MIB 中，所有对象的对象标识符组成了一个层次结构，被称作命名树。对象标识符是唯一的和预分配的，因此每个 MIB 对象在命名树中都有唯一的位置。命名树的这种结构允许在加入新对象时不断向下延伸到任意深度。任何一个分支的最后一个节点都称为叶子节点，只有这些叶子节点才能包含网络管理站可访问的对象。SNMP 协议是为网络管理服务而定义的应用协议，是网络管理信息互换的规则。

**3. SNMP 体系结构**

SNMP 的体系结构是围绕着下述目标来设计的：

(1) 尽可能地降低管理代理的软件成本；

(2) 最大程度地增加远程管理的支持能力，充分利用互联网的网络资源；

(3) 体系结构具备可扩充性；

(4) 保持管理的独立性，不依赖于具体的计算机、网关和网络传输协议。

图 9-4 所示为 SNMP 网络管理框架的一般体系结构，它由以下四个主要部分构成：

1) 通信网络

在 SNMP 体系结构中，通信网络是采用相同协议，通过网关相连的一个和多个网络的集合。如果所实现的全局编址方案正确，采用了标准化的协议，而且采用的路由选择方案能保证报文的及时可靠传送，则任意的两端之间都可以互相通信。

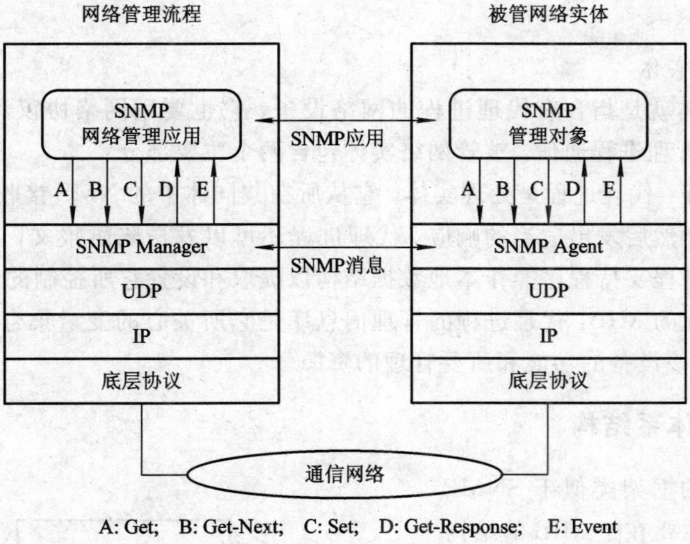


图 9-4　SNMP 体系结构

2) 网络协议

网络协议就是使通信网络能够实现通信的规则。对于采用 TCP/IP 通信的网络，各种协议分别在组成 TCP/IP 协议集的 4 层协议中运行。这种协议集通常称为“协议栈”。协议栈中的底层协议是最靠近硬件的部分，在 TCP/IP 协议集中，这一层称为网络接入层，其主要功能是提供主机与网络间的可靠数据交换。IP 层负责主机和目的主机之间的通信。IP 的特性包括有指定服务类型、Internet 层编址、分片和重组、检验和初步的安全性等。由于 SNMP 倾向于使用无连接的服务，因此在 IP 层之上的传输层中，通常采用的是 UDP 协议。使用UDP协议使得SNMP执行的开销得到了降低，并且十分简单，但它并不能保证端到端的可靠传输。协议栈中的高层网络协议是应用层协议，这一层直接为端用户和应用程序提供服务。SNMP正是为网络管理服务而定义的应用协议，它通过交换SNMP协议报文来互通管理信息。每个报文都是完整和独立的，用UDP传输服务的单个数据报传送。

3）网络管理进程

网络管理进程也是网络设备，它通过网络协议和SNMP协议与通信网中被管理的网络实体通信。网络管理进程有4个主要部件：

(1) 网络管理站(NMS)：网络管理站是监视和控制代理进程的处理实体，网络管理站及其代理进程形成一个共同体(Community)。网络管理站可以对每个代理的MIB中的特定对象进行读/写操作，即管理相应的网络设备。

(2) 网络管理站MIB：网络管理站的MIB中含有本共同体所有代理MIB的主清单。如果网络管理站要控制每个代理的MIB变量，那么它必须知道或能够发现该变量的存在。通常，网络管理站会在其本地数据库中存有自己的MIB和额外的管理信息。

(3) 网络管理应用程序：网络管理应用程序将SNMP数据转换成网络管理用户可用的信息。它包括一组程序用于轮询代理，进行Set和Get操作，以及处理接收到的陷阱报文。

(4) 网络管理用户界面：端用户是通过用户界面来使用网络管理进程设备的。大多数网络管理进程提供图形用户界面(GUI)来表达性能统计数据、故障报告、创建查询表格、拓扑图等。

4）被管网络实体

被管网络实体就是指含有代理进程的网络设备，它也要用网络协议和SNMP协议在通信网上与网络管理进程通信。被管网络实体包含两个主要部分：

(1) 代理进程：代理进程是处理实体，它从所在共同体中的NMS接收请求，如果请求合法就进行处理，然后发出适当的响应。代理进程还可以发送陷阱报文，以报告预定义的异常事件。代理进程支持程序操作本地数据结构以提取和设置它所控制的各个MIB对象。

(2) 代理进程的MIB：代理进程的管理信息库是它所关心的变量集合。构成特定代理的MIB组取决于该设备的功能和所要管理的资源。

### 9.2.2 CMIP体系结构

CMIP模型的框架类似于SNMP模型，不同之处主要在于MIB的结构和管理协议。每个Agent负责维护各自指定网络资源，Manager查询网络资源状态只能去Agent查询，而不能直接去被管对象那里查询。Agent的信息交互基于CMIP协议。其结构如图9-5所示。

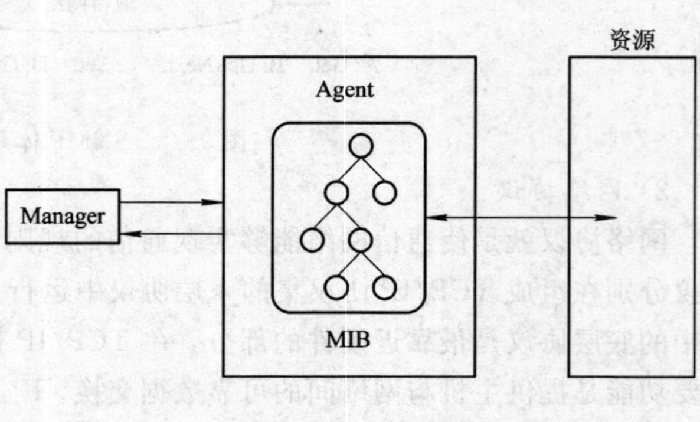


图9-5 CMIP体系结构

CMIP模型的通信模型是7层结构，应用层包括以下的应用服务单元(Application Service Element，ASE)：公共管理信息业务单元(Common Management

Information Service Entity，CMISE）、联合控制业务单元（Association Control Service Element，ACSE）和远端操作业务单元（Remote Operations Service Element，ROSE）。CMISE 提供公共管理信息服务，CMIP 是实现服务的协议。CMIP 包括下面几种服务：

- M-Event-Report：向管理者报告事件的发生；
- M-Create：请求创建被管对象，同时为其赋值，并通过响应返回结果；
- M-Delete：请求删除被管对象，并通过响应返回结果；
- M-Get：请求检索被管对象的属性值，并通过响应返回结果；
- M-Set：请求修改被管对象的属性值；
- M-Action：请求被管对象完成一动作；
- M-Cancel-Get：请求取消以前的 M-Get，并通过响应返回取消结果。

在 CMIP 操作中，通过 Agent 进行选域（Scoping）和过滤（Filtering），仅将需要的信息传至 Manager，所以与 SNMP 相比大大减少了网络流量。

### 9.2.3　TMN 体系结构

TMN 是实现电信管理网管理的一个支撑网。TMN 在概念上是一个独立于被管理对象的网络，它具有包括一系列标准接口（协议和消息规定等）的统一的体系结构，使得各种不同类型的操作系统能够与电信设备互联，从而实现电信网的自动化和标准化的运行、维护和管理。TMN 提供大量的各种管理功能，可以提高电信网的运行效率和可靠性，降低运行、维护和管理成本，促进网络及业务的发展。TMN 采用 OSI 系统的管理概念和工具，所以，TMN 可以看做是应用 OSI 概念来进行电信服务和电信网管理的网络。为了对 TMN 的体系结构有完整的了解，下面将分别从 TMN 的功能结构、信息结构和主要功能三方面对 TMN 进行描述。

**1. TMN 的功能结构**

TMN 的功能结构主要描述 TMN 内的功能分布，其基础是 TMN 功能块。在功能结构中，把一个管理网络所能实现的功能分解为不同的功能块，每个功能块还可以进一步分解为若干功能元件。功能块之间利用数据通信功能（Data Communication Function，DCF）传递信息，并由参考点隔开，TMN 功能块与参考点的关系如图 9－6 所示。

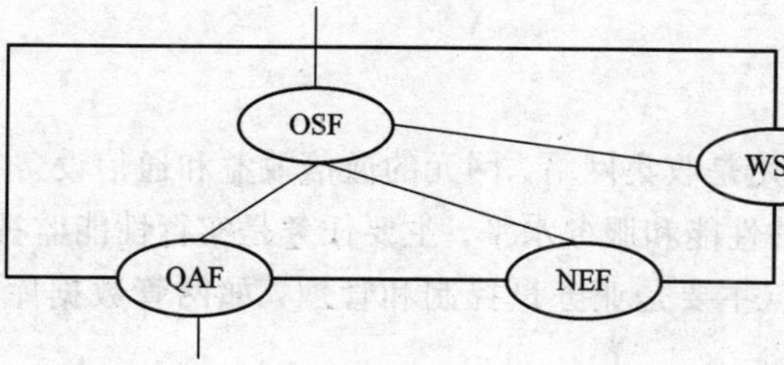


图 9－6　TMN 功能块

从图中可以看出，TMN 的基本功能块有操作系统功能（Operation System Function，OSF）、网络单元功能（Network Element Function，NEF）、Q 适配功能（Q Adapter Function，QAF）和工作站功能（Work Station Function，WSF），它们的功能如下：

（1）OSF 负责处理与电信管理有关的信息，以便监视/协调和控制各种电信管理功能的实现；

(2) NEF 能够与 TMN 进行通信，以便接受其监视和控制，它主要提供电信管理所需的通信和支持功能；

(3) QAF 用于将那些不具备标准 TMN 接口的 NEF 和 OSF 连接至 TMN，负责 TMN 的参考点和非 TMN 参考点之间的信息转换；

(4) WSF 为管理信息的用户提供一种解释 TMN 信息的手段，负责在 TMN 与非 TMN 的参考点之间转换信息。

为了对复杂的电信网进行管理，TMN 将管理功能划分为不同的逻辑层次结构，从上到下依次为事务管理层、服务管理层、网络管理层、网元管理层和网络单元层。在网管系统中，主要涉及网络单元层以上的四个管理层次。其中，网元管理层直接行使对个别网元的管理职能；网络管理层对所辖区域内的所有网元行使管理职能；服务管理层主要处理服务的合同事项，诸如用户与网络运营者之间的接口、与服务提供者的交互以及与事务管理层的交互等；事务管理层是最高的逻辑功能层，负责总的服务和网络方面的事务，不同网络运营者之间的协议也在这一层达成。

**2. TMN 的信息结构**

TMN 信息结构主要用来描述功能块之间交换的不同类型管理信息的特征，在信息结构的描述中，TMN 采用了 OSI 的管理技术，引入了面向对象以及管理者/代理的概念。面向对象的管理是 TMN 的核心。TMN 信息结构的主要特点就反映在面向对象的信息建模上，它的基本思路就是通过对网络资源和管理方法的抽象，采用面向对象的技术，按照 OSI 的管理方法实现对网络实体的管理。电信网络和它的业务分布构成的是一种典型的分布式环境，与之相对应，网络管理系统本身也应该是一个分布式的应用。在 TMN 中，管理目标的实现是按照管理者/代理的模型来组织的。管理者和代理都是管理应用进程的一部分，因而也是 TMN 的一部分。管理者发出管理命令及接收代理回送的通知，借此实现各种管理功能。代理响应管理者发来的命令，对相关的管理对象实施具体的管理操作，并回送反映对象行为的通知给管理者。管理者和代理之间的关系并非一一对应的，一个管理者可以有多个代理，一个代理也可以为多个管理者服务。管理者与代理的角色是相对的，一个系统通常既是某些对象的管理者，同时又是另一个高级管理者的代理。

**3. TMN 的主要功能**

TMN 的主要功能如下：

• 性能管理：主要作用是收集网络、网元的通信效益和通信设备状况的各种数据，进行监视和控制，分析、评估性能和服务水平。主要任务是实行性能监视(包括业务量状态监视和性能监视)、性能控制(主要是业务量控制和管理，如网管数据库的建立与更新等)和性能分析。

• 故障(或维护)管理：包括对电信网运行状态及环境条件进行的告警监视、故障定位、故障恢复、测试等一系列的维护管理功能。

• 配置管理：主要实施对网元的控制、识别和数据交换，实现传送网增加或撤销网元、通道、链路等调度功能。实际是对网元的状态进行监视和控制，对网元进行配置、管理、检查和测试等。

• 记账管理：主要收集网络服务的账目记录和设立计费参数，实现计费与资费功能。

• 安全管理：任何用户只允许管理属于自己的范围。一切未经授权的用户不得越权管理，否则将出示安全告警。

### 9.2.4　CORBA 体系结构

#### 1. CORBA 的特点

CORRA 规范充分利用了现今软件技术发展的最新成果，在基于网络的分布式应用环境下实现应用软件的集成，使得面向对象的软件在分布、异构环境下实现可重用、可移植和互操作。其特点可以总结为如下几个方面：

(1) 引入中间件(Middleware)作为事务代理，完成客户机(Client)向服务对象方(Server)提出的业务请求(引入中间件概念后分布计算模式如图 9-7 所示)。

(2) 实现客户与服务对象的完全分离，客户不再需要了解服务对象的实现过程以及具体位置。

图 9-7　引入中间件后客户机与服务器之间的关系

(3) 提供软总线机制，使得在任何环境下，采用任何语言开发的软件，只要符合接口规范的定义，均能够集成到分布式系统中。

(4) COBRA 规范软件系统采用面向对象的软件实现方法开发应用系统，实现对象内部细节的完整封装，保留对象方法的对外接口定义。

在以上特点中，最突出的是中间件的引入，在 COBRA 系统中称为对象请求代理(Object Request Broker，ORB)和采用面向对象的开发模式。对象模型是应用开发人员对客观事物属性和功能的具体抽象。由于 CORBA 使用了对象模型，将 CORBA 系统中所有的应用看成是对象及相关操作的集合，因此，通过对象请求代理(ORB)使 CORBA 系统中分布在网络中应用对象的获取只取决于网络的畅通性和服务对象特征获取的准确程度，而与对象的位置以及对象所处的设备环境无关。

#### 2. CORBA 的体系结构

CORBA 体系的主要内容包括以下几部分，如图 9-8 所示。

(1) 对象请求代理(ORB)：负责对象在分布环境中透明地收发请求和响应，它是构建分布对象应用和在异构或同构环境下实现应用间互操作的基础。

(2) 对象服务(Object Services)：为使用和实现对象而提供的基本对象集合，这些服务应独立于应用领域。主要的 CORBA 服务有名录服务(Naming Service)、事件服务(Event Service)、生命周期服务(Life Cycle Service)、关系服务(Relationship Service)、事务服务(Transaction Service)等。这些服务几乎包括分布系统和面向对象系统的各个方面，每个组成部分都非常复杂。

(3) 公共设施(Common Facilities)：向终端用户提供一组共享服务接口，例如系统管理、组合文档和电子邮件等。

(4) 应用接口(Application Interfaces)：由销售商提供的可控制其接口的产品，相应于传统的应用层表示，处于参考模型的最高层。

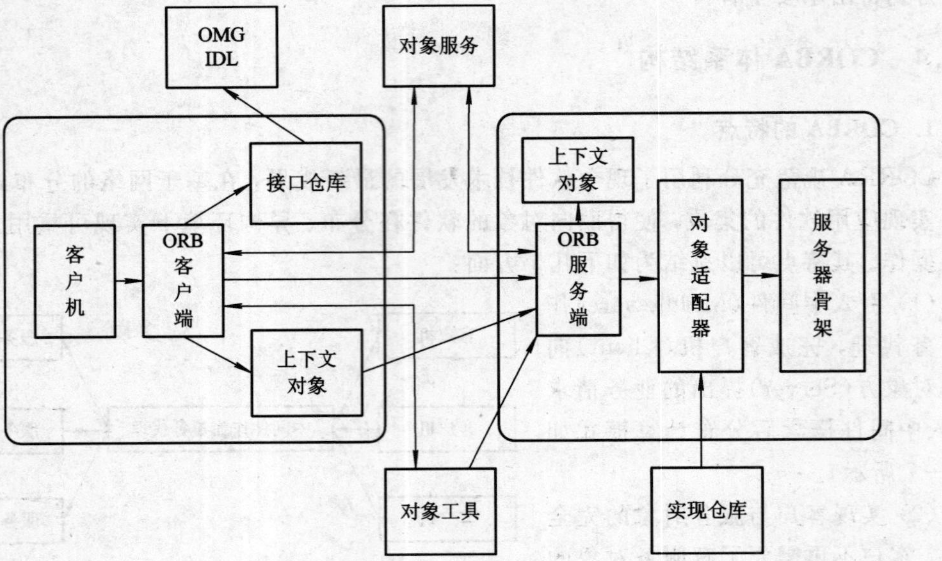


图 9-8 CORBA 的体系结构

(5) 领域接口(Domain Interfaces)：为应用领域服务而提供的接口。如 OMG 组织为 PDM(Product Data Management)系统制定的规范。

# 9.3 SDH 的网络管理系统

SDH 管理网(SDH Management Network，SMN)是 SDH 传输网的支撑网，专门负责管理 SDH 网络。SDH 的网管遵守 TMN 原则即 SMN 是一个在概念上与 SDH 独立的网，它与 SDH 连接以便从中接收信息和控制其操作。这种增强的操作、管理、维护和提供能力使 SDH 朝着真正由软件控制的方向发展。

## 9.3.1 SDH 管理网的管理层次

SDH 网络管理可以划分为 5 层，从下至上分别为网元层(Network Element Layer，NEL)、网元管理层(Element Management Layer，EML)、网络管理层(Network Management Layer，NML)、业务管理层(Service Management Layer，SML)和商务管理层(Business Management Layer，BML)。每一层完成特定的管理功能，如图 9-9 所示。其中，OSF 指操作系统功能(Operating System Function)，MF 指协调功能(Mediation Function)，NEF 指网元功能(Network Element Function)，NE 指网元(Network Element)。

(1) 事务管理层。事务管理层是网管系统的高级管理层，对整个网络的经济问题、目标、协议执行以及总体事务进行管理。

(2) 业务管理层。业务管理层负责管理向客户提供业务的合同方面的事宜，它的一些主要功能包括业务订单处理、服务处理等。

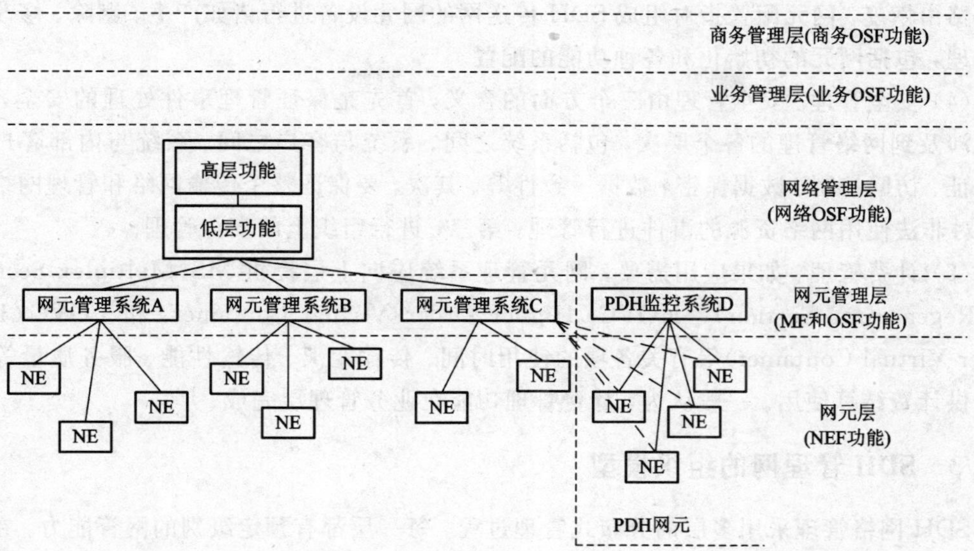


图 9－9　SDH 管理网的分层结构

(3) 网络管理层。网络管理层负责对所辖网络进行集中式或分布式的协调、控制及配置，同时负责与业务管理层进行信息交换。网络管理层提供对整个网络的完整可见性，完成对若干个网元管理系统或子网级管理系统的管理和集中监控。它应该能同来自一定范围的不同厂商的网元管理系统进行通信。

(4) 网元管理层。网元管理层负责管理每个网元，支持对网元层所提供的功能进行抽象，并向网络管理层提供不依赖于厂商的管理信息。它直接控制设备，其管理控制功能由网络管理层分配，诸如保护规划、告警过滤、协议转换等，主要目标是减少直接流进网络管理系统的信息流量，防止过载，减少响应时间。

(5) 网元层。网元层由代表物理资源或逻辑资源的单元对象组成，其基本功能应包括单个网元的配置、故障、性能等管理功能。网元层是物理设备的代理，一方面负责与上层管理者交互，接收上层管理者发来的管理命令，另一方面同网络资源交互，传送管理命令。

## 9.3.2　SDH 管理网的管理功能

SMN 的管理功能可依据 ITU－T M.3400 建议的五大功能进行描述，即故障管理、性能管理、配置管理、安全管理和计费管理。

(1) 故障管理。故障管理是对 SDH 传送设备以及传送通道的异常运行情况进行实时监视、完成对告警信号的监视、报告、存储以及故障的诊断、定位和处理等任务，并给出告警显示，使用户能在尽可能短的时间内做出反应和决定，并采取相应的措施，对故障进行隔离和校正，恢复由故障而影响的业务。

(2) 性能管理。性能管理负责对网络设备的状态以及网络单元的有效性进行评估和报考，提供性能数据的收集、性能数据的历史察看、性能数据的门限设置等功能，为管理人员提供评价、分析、预测传输性能的手段。

(3) 配置管理。配置管理负责监控网络以及网元设备的配置信息。网络配置涉及网络的物理安排，负责建立、修改或删除通道，当网络出现故障时，进行通道和设备的重新配置和路由恢复。网元配置指对组成 SDH 传送网的网元设备进行诸如产生、删除、修改动作的管理，包括网元的初始化和各种功能的配置。

(4) 安全管理。安全管理由三个方面的含义，首先是保证管理事件处理的安全，这些功能涉及到网络管理的各个层次，包括系统之间、系统与客户之间、系统与内部客户之间的认证、访问控制、数据保密、数据一致性等。其次，要保证整个传输网络和管理网络的安全，对非法使用网络资源的事件进行管理。第三，进行组织上的安全管理。

(5) 计费管理。如果应用需要，网元管理系统应向上层提供 MS(Multiplex Section)，RS(Regenerator Section)，HOVC(Higher Order Virtual Container)和 LOVC(Lower Order Virtual Container)等有关各项的使用时间、传输距离、传输性能、服务质量等基础数据供计费结算使用。一般认为，计费管理功能在业务管理层完成。

### 9.3.3 SDH 管理网的组织模型

SDH 网络管理采用多层的分布式管理过程。每一层都有预定级别的网管能力。在组织模型的较低层中(如图 9－10 所示，其中 ECC 指嵌入控制通路(Embedded Control Channel))包括有提供传送服务的 SDH 网元(NE)。NE 中的管理应用功能(Management Application Function，MAF)能与对等的 NE 和协调设备(Mediation Device，MD)/操作系统(Operating System，OS)通信，并能向它们提供管理支持。在每个实体中的消息通信功能(Message Communication Function，MCF)提供通信过程。

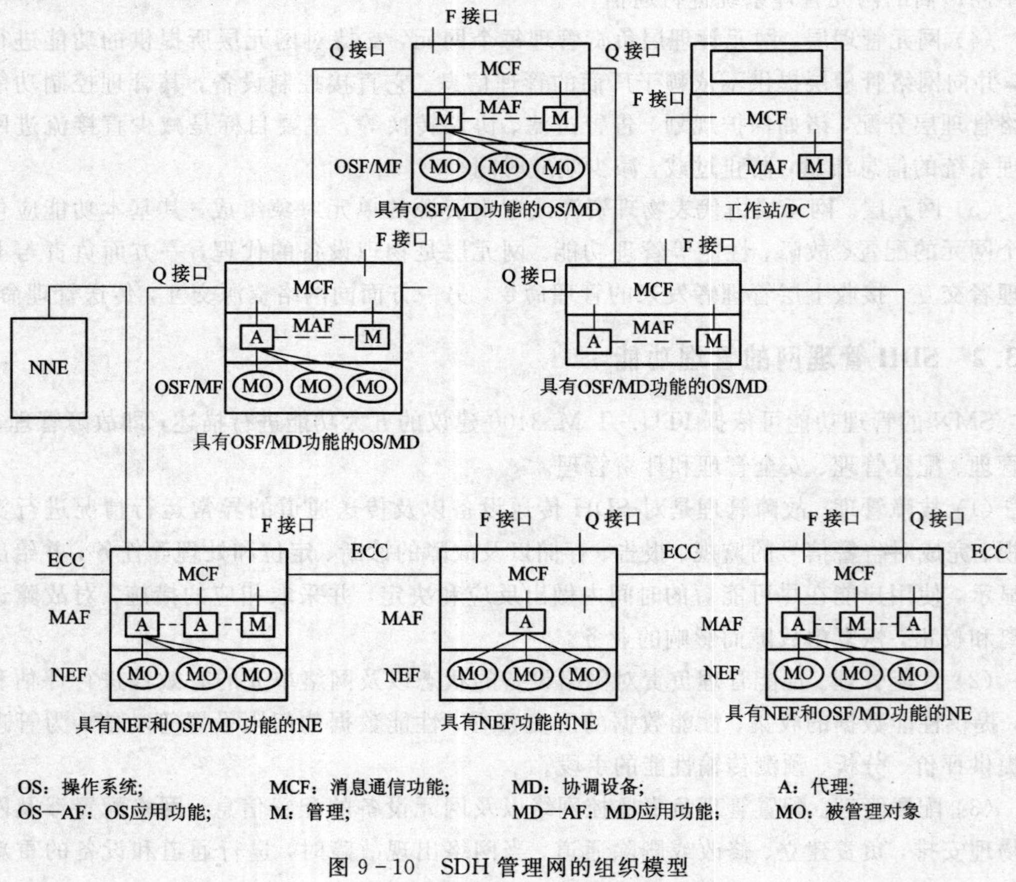


图 9－10 SDH 管理网的组织模型

每个实体的 MAF 可以只包括代理或只包括管理者，或者代理和管理者都包括。包含管理者的实体可以管理其他的实体。多层组织模型中的每一层可以提供附加管理功能。SDH NE 中的管理者可抑制它管辖的 NE 中的一个或数个由于共同故障产生的告警，并用一个新的告警消息取代之，直接发给 OS/MD，以便找出故障源。新的告警消息格式应与其他告警消息一致。管理消息的格式并不随其传送等级提高而改变，即 SDH NE 至 SDH NE 的消息在结构上与 SDH NE 至 MD 的消息和 SDH MD 至 OS 的消息相同。

### 9.3.4 SMN、SMS 和 TMN 之间的关系

SMN、SMS 和 TMN 之间的内部关系如图 9-11 所示，TMN 是最一般的电信管理网范畴，而 SMN 是它的子集，负责管理 SDH NE，它与 SDH 紧密联系在一起，SMN 由若干个 SMS 所组成。

图 9-11　SMN、SMS 和 TMN 之间的关系

## 9.4 WDM 的网络管理系统

在传送网体系中，SDH 和 WDM 分属不同的逻辑层，它们之间是客户层与服务层的关系。WDM 系统管理的传输资源是波长光通道，SDH 系统管理的传输资源是 VC 通道。从 WDM 技术角度看，SDH 和其他业务网一样只是它的客户信号，所以 SDH 和其他业务网的网管系统都独立于其承载层——WDM 网管系统。

### 9.4.1 WDM 网管分层结构

WDM 系统的网络管理也采用分层管理模式。从逻辑功能上划分，主要分为 3 层：网元层、网元管理层和网络管理层。各层之间是客户与服务者的关系，WDM 系统网络管理的分层结构如图 9-12 所示。

网元层主要是针对 WDM 物理网元设备而言的，WDM 网元本身应具有一定的管理功能。本地维护终端(Local Craft Terminal，LCT)属于网元层，一种简化网元管理系统，主要用于对单个传输系统设备的安装初始化。LCT 作为辅助管理设备，也可以对传输设备进行日常维护管理。通过 LCT 接入单个 WDM 网元设备，对其进行简单的管理操作。

网元管理层主要面向 WDM 网元，直接管理控制 WDM 设备，提供基于 WDM 网元的故障管理、性能管理、配置管理和安全管理功能。WDM 网元管理系统位于网元管理层，它的管理对象是 WDM 传输设备，直接负责对传送网络中的 WDM 网元进行各种操作和管理。

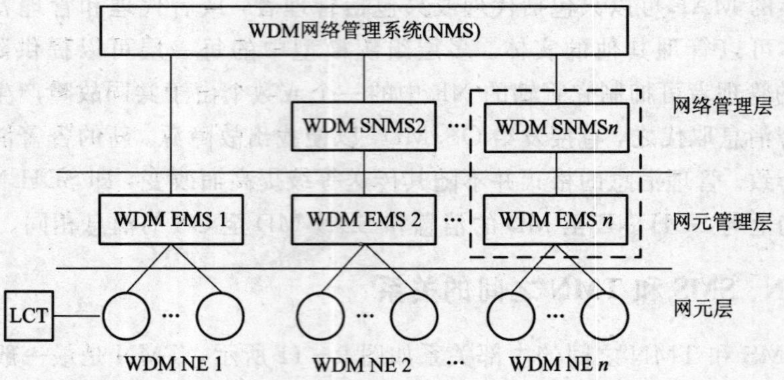


图 9-12 WDM 系统网络管理的分层模型示意图

网络管理层主要面向 WDM 网络，负责对所辖管理区域内的 WDM 网络进行监控管理，强调端到端的波长管理能力。子网管理系统(Sub-Network Management System，SNMS)位于网络管理层，可以子网的方式对来自同一个厂商的 WDM 传输设备所构成的子网进行管理。SNMS 可以与 EMS 统一在同一个物理平台上，也可以是独立的系统(见图 9-12)。各厂商的 SNMS 或 EMS 可以接入更高层次的 WDM 网络管理系统，实现全程全网的端到端管理。

WDM 系统网元管理包括网元管理系统和本地维护终端。其中，EMS 通过 Q 接口与 WDM 网元相连，网元与网元之间可采用光监控信道(OSC)中的 DCC(Data Communication Channel)通道传递监控信息，也可以采用其他方式实现。

## 9.4.2 WDM 系统网元划分

WDM 系统主要由光终端复用器(Optical Terminal Multiplexer，OTM)、光放大器(Optical Amplifier，OA)和光分插复用器(OADM)组成。其中，OTM 设备主要包括光波长转换器(Optical Wavelength Converter，OWC)和光复用/解复用器(Optical Multiplexer/Demultiplexer，OM/D)。OA 设备包括 EDFA 和喇曼放大器(RAMAN)。WDM 系统有两种基本结构，即点到点链形结构(图 9-13)和 WDM 环形结构(图 9-14)。图 9-13 和图 9-14 所示为 WDM 系统网元划分的逻辑示意图，一个虚框单元可以看做 WDM 系统的一个物理网元。根据 WDM 系统网元的划分，WDM 网元主要分为两种类型：WDM 终端网元(即 OTM 设备)和线路网元(即 OA 和 OADM 设备等)。WDM 网元管理系统支持对所有 WDM 网元的监控管理。

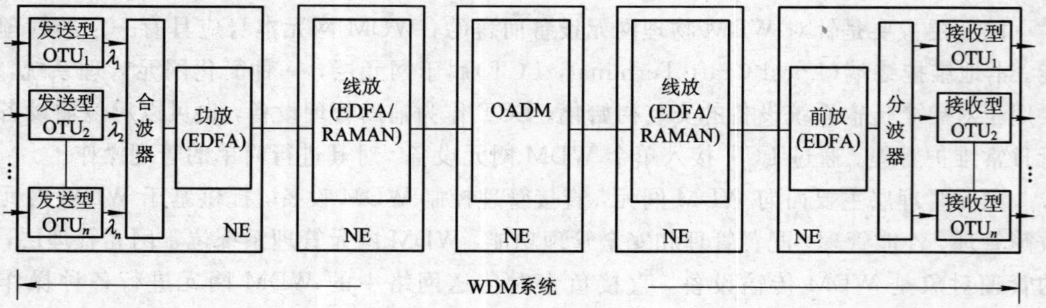


图 9-13 WDM 系统网元划分的逻辑示意图(点到点链形结构)

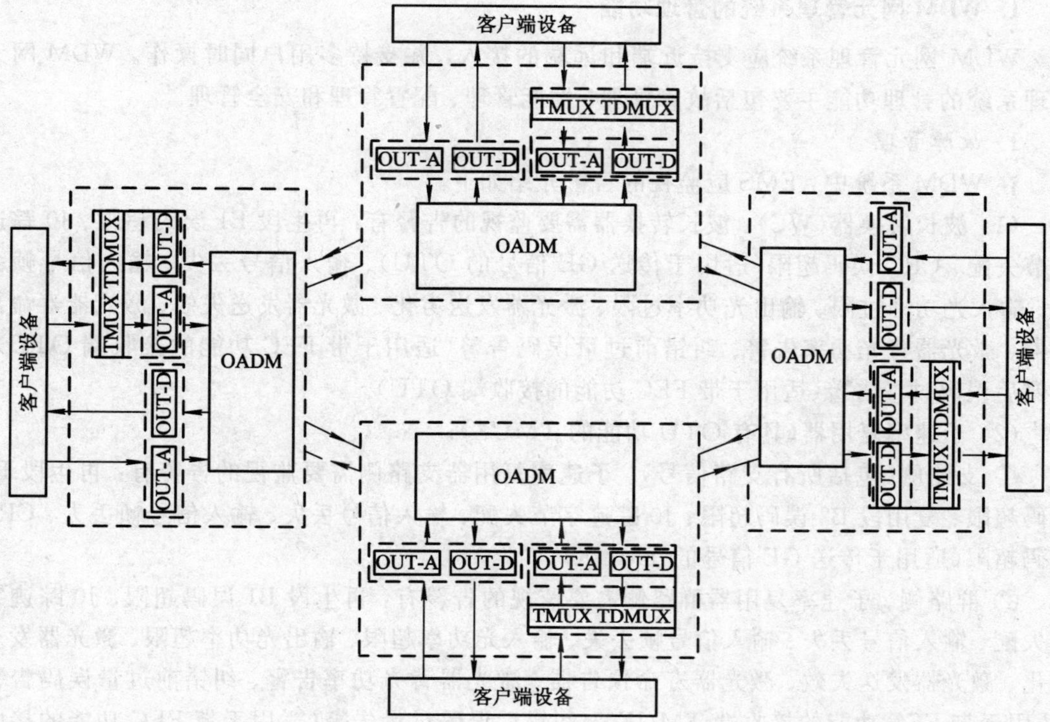


图 9-14　WDM 系统网元划分的逻辑示意图(环形结构)

图 9-14 中，TMUX 指子速率复用器(Trans-Multiplexer)，TDMUX 指子速率解复用器(Trans-Demultiplexer)。

## 9.4.3　WDM 网元管理系统要求

WDM 网元管理系统要求包括：一般要求、管理功能、系统性能、系统保护和网管接口，如图 9-15 所示。

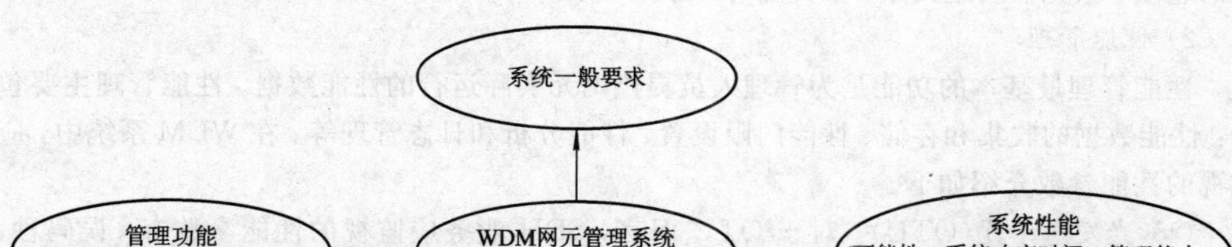


图 9-15　WDM 网元管理系统要求

**1. WDM 网元管理系统的管理功能**

WDM 网元管理系统应支持近端和远端的接入，并支持多用户同时操作。WDM 网元管理系统的管理功能主要包括故障管理、性能管理、配置管理和安全管理。

1）故障管理

在 WDM 系统中，EMS 应监视的告警介绍如下。

（1）波长转换器（WC）。波长转换器需要监视的告警有：再生段 B1 误码超限、J0 踪迹字节失配、CRC 误码超限（适用于传送 GE 信号的 OTU）、输入信号丢失、输入信号帧丢失、输入光功率过限、输出光功率过限、激光器发送劣化、激光器发送失效、激光器寿命预告器、激光器背光功率告警、纠错前过量误码告警（适用于带 FEC 功能的接收端 OTU）、纠错后误码过量告警（适用于带 FEC 功能的接收端 OTU）。

（2）子速率复用器（具有 OTU 功能的 TMUX）。

① 支路侧（包括所有支路信号）。子速率复用器支路侧需要监视的告警有：再生段 B1 误码超限、复用段 B2 误码超限、J0 踪迹字节失配、输入信号丢失、输入信号帧丢失、CRC 误码超限（适用于传送 GE 信号的 TMUX）。

② 群路侧。子速率复用器群路侧需要监视的告警有：再生段 B1 误码超限、J0 踪迹字节失配、输入信号丢失、输入信号帧丢失、输入光功率超限、输出光功率超限、激光器发送劣化、激光器发送失效、激光器寿命预告器、激光器背光功率告警、纠错前过量误码告警（适用于带 FEC 功能的接收端 TMUX）、纠错后误码过量告警（适用于带 FEC 功能的接收端 TMUX）。

（3）光复用/解复用器（用于合波/分波）。光复用/解复用器需要监视的告警有：输入/输出合路信号丢失和输入/输出合路光功率过低。

（4）光分插复用器（OADM）。光分插复用器需要监视的告警有输入合路信号丢失。

（5）光放大器（包括 EDFA 和 RAMAN）。光放大器需要监视的告警有：输入信号丢失、输入光功率超限、输出光功率超限、泵浦激光器偏流超限、泵浦激光器温度超限。

（6）光监控信道。光监控信道需要监视的告警有：信号丢失、信号帧丢失、信号劣化、误码超限、激光器发送失效、激光器寿命预告警。

2）性能管理

性能管理最基本的功能是为管理人员提供网元实际运行的性能数据。性能管理主要包括：性能数据的收集和存储、性能门限设置、性能分析和日志管理等。在 WDM 系统中，应监视的性能参数介绍如下。

（1）光发送单元（OTU）。对于 OTU 而言，SDH 业务应监视的性能参数有：误码秒、严重误码秒、帧失步秒、不可用秒、背景块误码、连续严重误码秒。GE 业务应监视的性能参数有：接收总数据包数、接收总字节数、接收 CRC 错包数、发送总数据包数、发送总字节数。光层应监视的性能参数有：输入光功率、输出光功率、激光器偏置电流、纠错前 FEC 误码率（支持带 FEC 的 OTU）、纠错后 FEC 误码率（支持带 FEC 的 OTU）。

（2）子速率复用器（具有 OTU 功能的 TMUX）。子速率复用器支路侧 SDH 业务应监视的性能参数有：误码秒、严重误码秒、帧失步秒、不可用秒、背景块误码、连续严重误码秒（可选）。而 GE 业务应监视的性能参数有：接收总数据包数、接收总字节数、接收 CRC 错包数、发送总数据包数、发送总字节数。

子速率复用器群路侧应监视的性能参数有：误码秒、严重误码秒、帧失步秒、不可用秒、背景块误码、连续严重误码秒、输出光功率、激光器偏置电流、纠错前 FEC 误码率(支持 FEC 的 TMUX)、纠错后 FEC 误码率(支持 FEC 的 TMUX)。

(3) 合波/分波器。合波/分波器应监视的参数有：总输入光功率、总输出光功率、单板温度(适应于有源器件)。

(4) 光分插复用器。光分插复用器应监视的性能参数有：总输入光功率、总输出光功率、单板温度(适应于有源器件)。

(5) 光放大器。光放大器应监视的参数有：输入光功率、输出光功率、泵浦激光器偏置电流、泵浦激光器温度、制冷电流。

(6) 光监控信道。光监控信道应监视的性能参数有：误码秒、严重误码秒、不可用秒、激光器输出功率、激光器偏置电流、激光器工作温度、激光器制冷电流。

(7) 光谱分析功能(可选)。当系统配备光谱分析模块时，光谱应能通过该模块，实时监测 WDM 系统各节点中每波长的输入/输出光功率、光信噪比、中心波长值等性能数据，并提供图形化的光谱分析功能，实时反映配置波长的工作状态。

(8) 性能趋势分析(可选)。EMS 应能通过分析告警记录和性能测量数据给出引发性能检测参数劣化的大致原因，并能通过对当前和历史性能测量数据的分析，预测性能监测参数今后的变化趋势。

3) 配置管理

(1) 查询/修改网元。网管应能提供直观的机架配置图和子架正面板配置图，分别以图形方式显示机架中子架中槽道和单元盘的布局信息，用户可通过对图形界面的操作完成网元硬件配置参数的查询和修改功能。

(2) OADM 配置管理。OADM 包括固定和可重配置两种类型，这两种类型均应提供对波长通路名称、承载的业务类型、速率等的配置功能。此外，还应能对 OADM 波长配置和使用情况进行查询。对于可重配置的 OADM，EMS 还应能够支持 OADM 交叉连接的配置以及通过 EMS 在 OADM 上进行远端/近端、支路口/群路口的环回配置(可选)。

(3) TMUX 配置管理。EMS 应支持 TMUX 支路侧业务类型(STM-N、GE 等)、业务速率和复用方式的配置，通过 EMS 应能在 TMUX 上进行远端/近端、支路口/群路口的环回配置(可选)。EMS 还应允许用户对 TMUX 的同步定时源的自动倒换模式、选择外时钟输入/输出类型、设置定时源恢复等待时间(Wait To Restore，WTR)、查询时钟源状态(跟踪、自由振荡、保持等)、设置和查询时钟源失效条件等。

4) 保护管理功能

(1) 创建保护。EMS 应支持以下保护方式：光通道的 1+1/1∶N 保护、1+1 OMS 保护、ULSR/UPSR/BLSR/BPSR/OSNCP 保护、设备冗余保护。

(2) 删除保护。用户可以删除当前网元上已存在的各种保护。

(3) 查询/修改保护组信息。用户可通过 EMS 查询/修改管理域内的所有符合条件的保护组信息，可查询修改的保护组属性包括：保护组标示符或保护组名称、保护组类型、返回方式、恢复等待时间、保护使能标识、额外业务标识(可选)、本保护组对应的业务配置(可选)等。

(4) 光通道保护和光线路保护(1+1)倒换设置。用户可以通过 EMS 设置以下保护倒换信息：恢复模式、恢复等待时间、设置自动保护倒换参数。EMS 还应允许用户选择保护倒换类型，支持的保护倒换类型包括：保护锁定、强制倒换、人工倒换、清除倒换类型设置、自动倒换。

(5) WDM 环网保护倒换。EMS 应能设置以下保护倒换信息：保护方式/保护倒换准则、恢复等待时间、设置自动保护倒换参数。EMS 还应允许用户选择以下保护倒换类型：保护锁定、强制转换、人工倒换、清除倒换类型设置、自动倒换。

(6) 设备冗余保护倒换。EMS 应能为 WDM 设备中的保护组提供保护倒换执行/释放功能。在执行保护倒换时，EMS 应允许选择保护倒换类型，支持的保护倒换类型有：保护锁定、强制倒换、人工倒换、清除倒换类型设置。

5) J0 字节管理

为了管理 WDM 承载的 SDH 业务信号的传输质量，SDH OTU 应具有对路径跟踪字节(J0)的非介入监视与管理功能。J0 字节管理主要包括以下功能：设置 J0 字节的期望值、查看接收的 J0 字节内容、当 J0 踪迹字节失配时产生相应告警。

6) FEC 功能管理

EMS 应能对具有 FEC 功能的设备进行 FEC 工作状态的设置，可选的工作状态包括无 FEC 模式和 FEC 编译码模式。

7) APR 功能

为了防止强光泄露到光纤外，对人体(特别是人的眼睛)造成伤害，当主光信道光功率信号丢失时，系统应能及时降低光放大器的输出功率。当信号恢复正常时，系统又能恢复光放大器的正常工作，即具备自动功率减小(Automatic optical Power Reduction，APR)功能。APR 应支持以下参数：自动重启和人工重启的选择、打开持续时间、关断持续时间、测试时间、安全控制开关等。

8) 光线路功率自动控制

当线路上出现异常衰减时，设备可以在网管的配合下，使输出的功率保持稳定，以保证下游节点的功率不会因此波动过大。当系统需进行光线路功率自动控制时，网管 EMS 可以提供相应的初始配置、状态显示、人工设置相关参数以及启动/停止调节操作等功能。

9) 光通道自动功率均衡

当接收端光通道功率平坦度异常时，设备可以通过 EMS 自动或者半自动地调节各个通道的功率来保证收端的质量。当系统需进行光通道自动功率均衡时，EMS 可以提供相应的初始配置、状态显示、各波长功率的显示以及启动/停止操作等功能。

**2. 网管系统接口要求**

EMS 应提供与上层网管系统之间的接口功能，通过该接口与上层网管系统相连。EMS 的北向接口应符合 CORBA 或 CMISE 的规范、接口协议栈、信息模型以及接口功能。EMS 应提供与被管理网元间的接口功能，通过该接口 EMS 对网元实施管理。该接口为厂商网管系统的内部接口。

按照 EMS 与网元接口方式的不同，网元可以分为网关网元(Gateway Network Element，GNE)和远端网元(Remote Network Element，RNE)，EMS 只和 GNE 有物理上的连接关系，RNE 与 GNE 之间存在 OSC 通道，RNE 和 EMS 之间的通信则通过 GNE 进行。

**3. 网络层管理功能**

对于 WDM 系统网络层管理，通常认为应支持光波路径的端到端配置和调度管理，支持光波长路径端到端性能监视，另外还应支持波长的图形显示和配置、报表统计和动态保护恢复。其主要功能包括：

(1) 支持 OTS、OMS、OCh 三个层次的路径。

(2) 支持 OTS、OMS、OCh 路径路由的图形显示，即用户可以看到路径经过的每一个节点以及相应的资源信息。

(3) 支持路径的资源统计和报表功能，即支持光网元内的波长资源统计和报表，支持光网络间的路径资源统计和报表。

(4) 支持路径的过滤，过滤的条件有：路径名称、路径级别(OTS、OMS、OCh)、路径承载的业务类型、业务速率、路径源、路径宿、路径经过的中心节点、路径的客户。

(5) 支持 OCh 的维护管理，包括环回、踪迹字节管理等。

(6) 支持路径的告警管理，包括告警查询、属性设置等。

(7) 支持路径的性能管理，包括性能查询、属性设置等。

从技术本身来看，OTN 与 SDH 较相似，是一种基于光—电—光交换的数字通信技术，定义有丰富的开销字节，具备强大的网管功能。而 WDM 系统主要是线路技术，具备模拟传输特征和有限的网管功能，目前 OADM、OXC 节点还没有大规模应用。由于缺少交叉连接的智能节点 OXC，点到点 WDM 线路系统网管信息较少，主要是故障管理与性能管理信息，基本没有配置管理信息，总体信息量比 SDH 网络要少得多，(即使是性能数据也少得多，一个 WDM 系统只有几十个波长，而 SDH 系统一个 VC-4 就有 63 个 VC-12)，因此 WDM 网络层管理系统开发相对比较容易。当前，WDM 网路层管理系统只有监视功能，没有控制功能。随着 OADM 系统和光交叉互联节点 OXC 在网络中使用，WDM 网络的智能程度将会明显提高，大规模端到端波长通道会成为重要的业务组织形式，WDM 网络层管理也会越来越重要。

从使用的网络管理协议、信息模型、接口协议来看，WDM 系统基本沿袭了 SDH 系统的做法，ECC 功能、接口协议将继续采用 ITU-T 建议的 G.784、Q.812 或 TCP/IP 协议标准，也就是采用与 SDH 网络相同的形式。

## 9.5　OTN 的网络管理系统

### 9.5.1　OTN 管理结构

光传送网的管理按照与 SDH/WDM 相近的分层方法，可以分为网元层、网元管理层、OTN 子网管理层和 OTN 管理层 4 层结构，如图 9-16 所示。

**1. 网络管理结构**

光网络的管理与客户层网络的管理无关，因而采用的管理手段可以不考虑客户信号的方式。图 9-17 描述了网元管理层的组织结构，其中网元的管理应用功能(MAF)可以为对等的网元或者高一级操作系统提供管理支持。图 9-17 中 COMMS OH 指通信开销(Communications Overhead)、GCC 指通用通信通路(General Communications Channel，GCC)。

在每一个实体中，MAF 可能包括代理、管理者或同时包括两者。具体管理者的实体能够管理其他实体。一个 ONE 发出由同一故障引起的多条告警，并产生一条新告警以替换掉这些告警，然后把新告警发给 OS，指出故障源位置。新告警消息格式与其他告警消息格式是完全一样的，当告警被一级一级向上传递以确定问题的来源时，消息格式将始终保持不变。

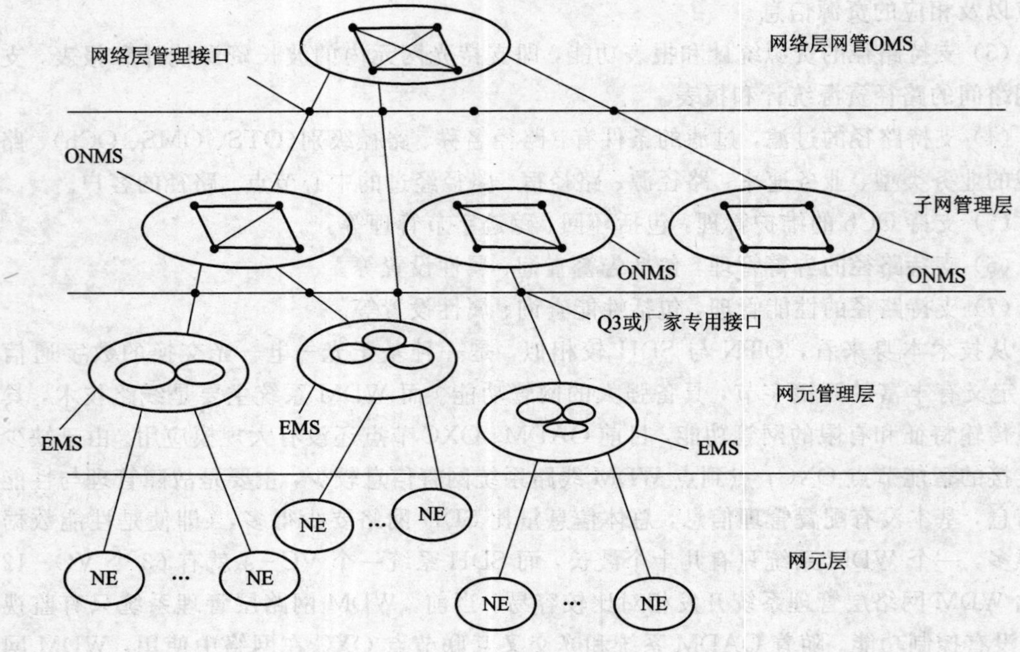


图 9-16 光传送网 OTN 分层结构

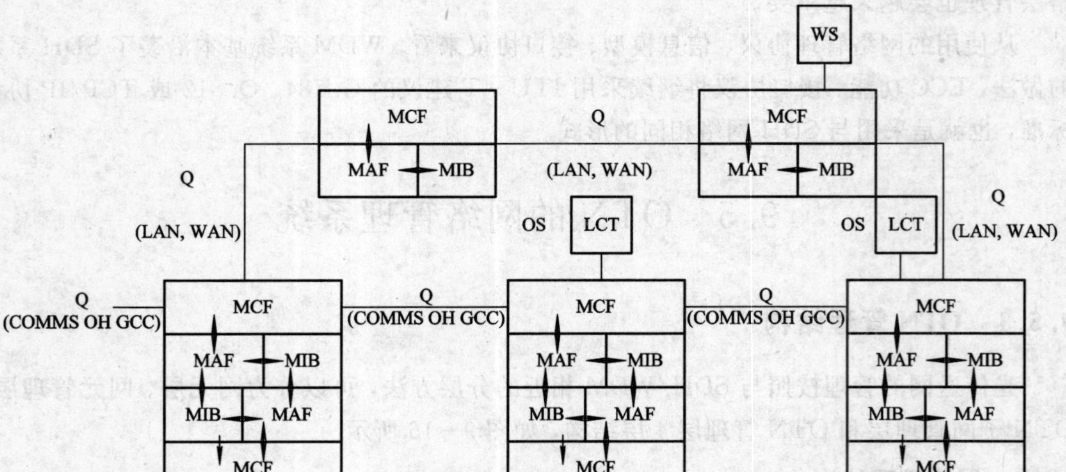


图 9-17 OTN 管理组织模型

1) OMN、OMSN 与 TMN 之间的关系

通常，光管理网络(Optical Management Network，OMN)可以分割为若干个光管理子网(Optical Management Sub-Network，OMSN)，OMSN 是 OMN 的子集，也是 TMN 子集的一部分。图 9－18 所示为 OMN、OMSN、TMN 之间的连接及其包含关系示例。

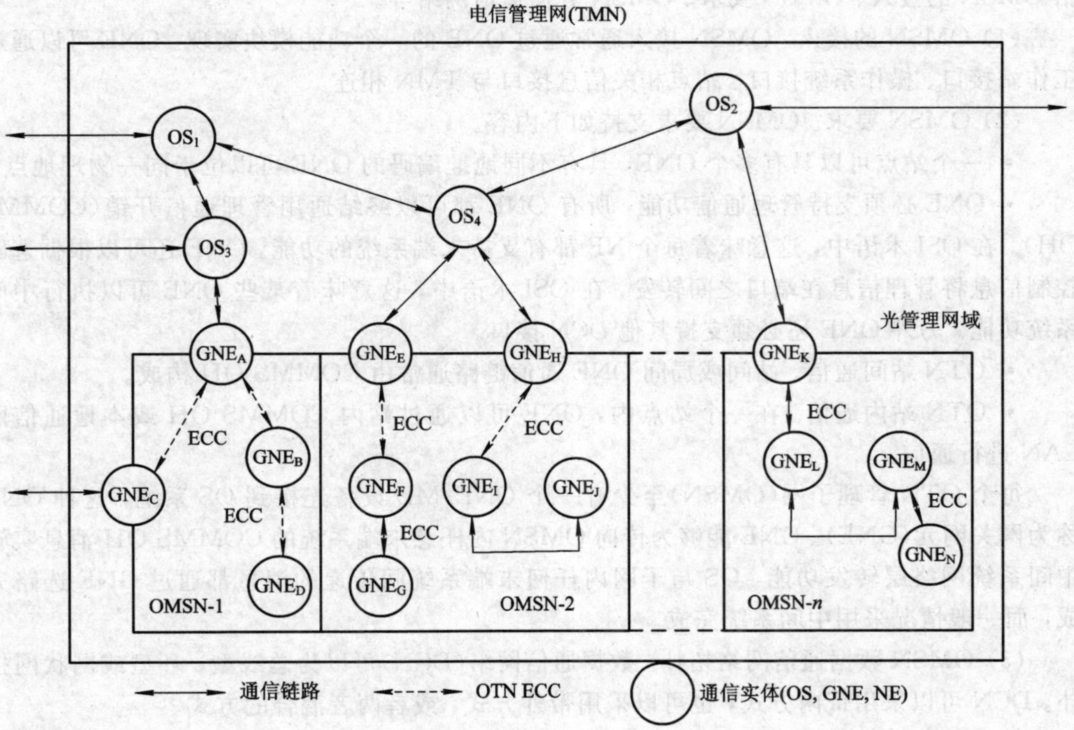


图 9－18　TMN、OMN 与 OMSN 的配置关系示例

2) 技术域间的关系

在 OTN 中，需要承载多种客户信号，因此存在着许多管理子网，比如客户管理子网(Customer Management Sub-Network，CMSN)与光管理子网(OMSN)。即便在同一个网元中，其应用的技术也可能不止一种，有些网元同时包含 OTN 层网络实体和客户层网络实体。客户层网络包含在网元的非 OTN 部分中，这些部分可以作为 CMSN OSF 管理的实体，亦可以作为 OMSN OSF 管理的实体，亦可以双方都不管理，只作为独立的设备被管理。

在 OTN 中，尤其是 OTN 发展初期，一个传输网元既具有 ONE 网元功能，也包含其他传输网元功能，例如 SDH 网元功能。包含 ONE 功能可以作为 OMSN 管理的一部分，而客户管理子网(CMSN)(例如 SDH 管理)就不是 OMSN 管理的一部分。即使所有网元都具有 ONE 功能，还是存在两个管理域。OMSN 负责管理所有光层网络实体，CMSN 负责管理客户层网络实体。在这样一个网络中，有可能多个代理采用各自的协议来进行其 OSF 之间的通信。对于每一个管理域，每个 CMSN 和 OMSN 都有各自的分离的 OSF，这些 OSF 可能处在同一物理操作系统中，也可能不是。

3) OMSN 相关技术要求

OTN 管理子网是十分重要的一层管理系统，尤其在网络建设中间，当采用 OTN 孤岛方式向全网 OTN 演进时，很容易形成一个个分离的 OTN 孤岛，而在 OTN 孤岛中，大量采用的是 OTN 光子网，需要采用 OMSN 系统进行管理。下面讨论 OMSN 的具体要求，包括 OMSN 的接入、OMSN 要求、OMSN 数据通信网络等。

(1) OMSN 的接入。OMSN 接入通常通过 ONE 的一个功能模块实现。ONE 可以通过工作站接口、操作系统接口、站点相关信息接口与 TMN 相连。

(2) OMSN 要求。OMSN 要求支持如下内容。

• 一个站点可以具有多个 ONE，具有不同地址编码的 ONE 可以位于同一物理地点。

• ONE 必须支持管理通信功能，所有 ONE 都可以终结通用管理通信开销(COMMS OH)。在 OSI 术语中，这意味着每个 NE 都有支持末端系统的功能。ONE 还可以根据选路控制信息将管理信息在端口之间转发，在 OSI 术语中，这意味着某些 ONE 可以执行中间系统功能。另外 ONE 还必须支持其他 DCN 接口。

• OTN 站间通信。站间或局间 ONE 通信链路通常由 COMMS OH 构成。

• OTN 站内通信。在一个站点内，ONE 可以通过站内 COMMS OH 或本地通信网 LAN 进行通信。

每个 OTN 管理子网(OMSN)至少有一个 ONE/MD 设备连接到 OS 系统，这种 ONE 称为网关网元(GNE)。GNE 能够为传向 OMSN 内任意末端系统的 COMMS OH 消息实施中间系统网络层转发功能，OS 与子网内任何末端系统间传递的消息都通过 GNE 选路完成，而一般情况采用中间系统完成。

(3) OMSN 数据通信网络拓扑。数据通信网络(DCN)可以为总线型、环型或网状网拓扑。DCN 可以采用带内方式，也可以采用带外方式，或者两者混合的方式。

(4) 物理与数据链路层协议。OTN 带内支持 3 种通用通信通路(GCC)，分别为 GCC0、GCC1、GCC2。具体物理路由由两个运营商谈判而定。

GCC0 的速率与 OTUk 的级别有关系，对于 OTU1，速率为 326.723 b/s，而 OTU2 则工作在 1312.405 kb/s，OTU3 工作在 5271.864 kb/s。GCC1、GCC2 的速率与 GCC0 各等级相同，只是开销的位置不同。

4) DCN 管理要求

ONE 之间的通信是通过 DCN 完成的，为了保证系统正常工作，DCN 应该满足以下条件：

• 网络参数能够查询修改以确保兼容，包括分组大小、时隙、QoS 和窗口大小等；
• 在 DCN 节点之间建立消息路由；
• 管理网络地址；
• 在给定节点可以查询 DCN 运行状态；
• 有使能、止能接入 DCN 网络的能力。

**2. 设备管理功能**

下面介绍为了支持实现不同设备供应商 ONE 互操作管理所需要的最小功能，包括在 OTN 管理子网(OMSN)进行单端维护，或者跨越网络接口的对等 ONE 之间通信所需的管理功能。

光设备管理功能(Optical Equipment Management Function，OEMF)提供了内部或者外部的管理者管理光网元功能(NEF)的方法，图 9-19 所示为光设备管理功能 OEMF 的组成。

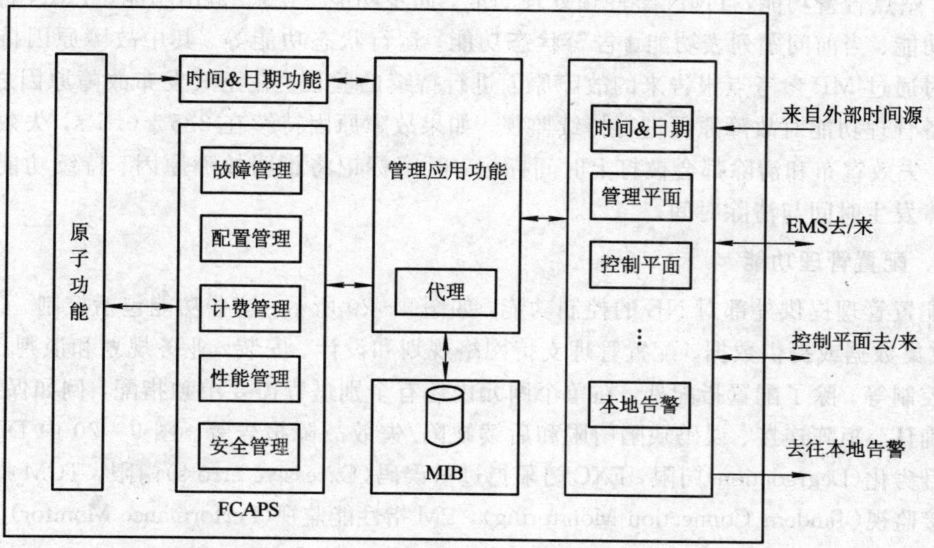


图 9-19　光设备管理功能

其中，FCAPS 是五种网络基本功能的缩写，即 Fault-management，Configuration，Accounting，Performance，and Security。

OEMF 与其他原子功能(Atom Function)(参见 ITU-T 建议 G.98)通过 MP 参考点交换信息。OEMF 包括一些能对经过 MP 参考点接收的信息提供数据过滤的过滤器，从而减少数据量。过滤功能提供在 MP 参考点上的故障原因和性能监视原语信息的数据简化机制。过滤器输出的数据通过 NE 资源和管理应用功能(MAF)传递给代理，这些数据也作为管理目标的信息。

NE 资源提供事件处理和存储。MAF 处理向 NE 资源提供的信息和由 NE 资源送出的信息。代理把这些信息转换为管理消息，并通过对管理对象执行相应操作，来对管理者发出的管理消息做出反应。

通过 MP 的信息流是功能信息流。这些信息流根据 NE 所提供的功能及其选项存在于设备中。由于异常和缺陷而产生的通过 MP 参考点的信息流是相对独立的，设备原子功能可以检测到。这些信息流及其相关功能对于客户端和监控信道来说是平等的。

## 9.5.2　OTN 管理功能

**1. 故障管理功能**

故障管理是一系列功能，可以对电信管理网及其环境进行检测、隔离和非正常状态的纠正。故障管理的质量保证测试包括对可用性、可靠性和生存性的测试。

(1) 监视进程。为了给维护人员提供适当的性能指示并使维护人员能够检测故障状态，监视进程描述了对干扰或者故障发生的分析方法。与设备相关的监视有五类，即传输监视、信号质量监视、进程监视、设备监视和环境监视。

(2) 故障管理功能。故障管理功能包括：故障原因持续功能、严重性分配功能、告警上报控制功能(Alarm Reporting Control，ARC)、可报告失效功能、单元告警功能、网络告警功能、站点告警功能、TMN 事件预处理功能、同步功能、登录/退出功能、TMN 告警事件通知功能、当前问题列表功能、告警状态功能、运行状态功能等。其中故障原因持续功能提供对通过 MP 参考点报告来的故障原因进行持续的验证。在正式发布故障原因之前，网元设备管理功能对故障原因进行持续监视。如果故障原因持续在 2.5±0.5 s，失效将会被清除。失效宣布和清除都会被打上时间标记，时间标记将指明故障原因、持续功能输入口的故障发生时间与清除时间。

**2. 配置管理功能**

配置管理提供外部对 NE 的控制功能，如图 9-20 所示。这些功能包括控制、验证、从 NE 收集数据或提供数据。配置管理支持网络规划和设计、安装、业务规划和谈判、指配和状态控制等。除了配置指配外，在单个网元内还有个别进程需要单独指配，例如保护倒换、踪迹确认、矩阵连接、误码缺陷门限和后续缺陷/失效故障报告等。图 9-20 中 DEG 门限指信号劣化(Degradation)门限，EXC 门限指过量误码(Excessive errors)门限，TCM 指多级串联连接监视(Tandem Connection Monitoring)，PM 指性能监视(Performance Monitor)。

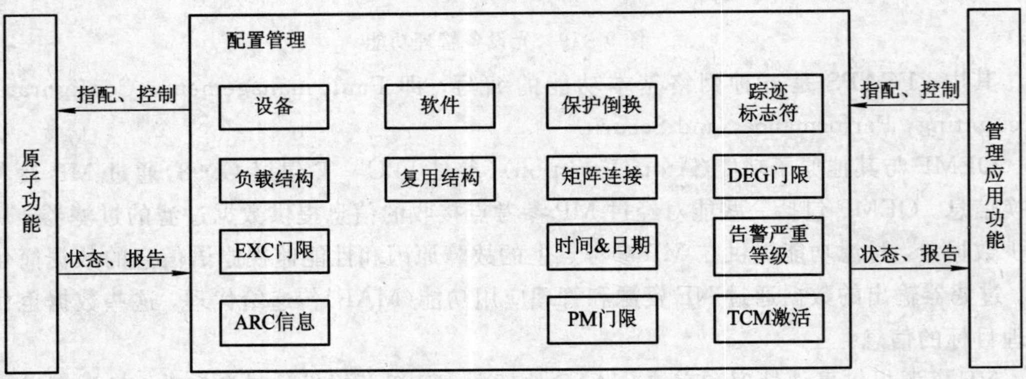


图 9-20　EMF 配置管理功能

主要配置管理功能包括：

(1) 软件功能。ONE 应支持在线的软件升级，至少应是两个相邻版本的软件升级。在控制软件升级倒换中，一些管理服务可能受到影响，另外在这段时间内，不能再生成新的业务。

(2) 保护倒换。网元可以支持一种或多种保护类型。每一种保护类型都可以用保护结构、倒换类型、操作类型、自动保护倒换通道(指配、使用、编码)、保护倒换请求、保护倒换性能、保护倒换状态机等特征组合来表示。OTN 网元的保护倒换策略可以由网元根据其组成和操作模式自动建立，也可以通过外部指配来完成。

(3) 踪迹识别功能。OTS 层的路径踪迹识别符(Trail Trace Identifier，TTI)对于保证网元之间正确的光纤连接十分重要，特别是对网状网的拓扑结构，光交叉互联设备可能有许多输入/输出端口和光纤。收到的 TTI 被用来检测光纤错连，如果收到的 TTI 与期望的不一致，将产生 OTS 失配信息。

TTI 也是 OS 系统在 OTS 层面推论网络拓扑的重要手段。如果 OS 系统得到了所有网元源和宿的 TTI 的列表，可以比较宿端的 TTI 的期望值与源端目标发出的 TTI 值，根据 TTI 的源宿自动生成 OTS 层的路径。如果两点之间只有一个 OMS 连接和 OMS-TTP (Trail Termination Point)，则可以得出 OMS 层拓扑，同样的方法也可以得到 OCh 层拓扑。

(4) 矩阵连接。连接功能是通过连接点(Connection Point，CP)和终端连接点(Termination Connection Point，TCP)界定的。每个 TCP 通过与路径终端功能相关的接入点标志符(Access Point Identifier，API)来标识。每个 CP 通过与适配功能相关的 API 来标识。对于一个 OCh CP，可以采用一个通道号码(Channel Number，CN)对 API 进行扩展。

可重配置网元在 OCh 层提供连接能力。上路端口与线路输出端口之间，线路输出端口与下路端口之间，或线路输入与输出端口之间(矩阵连接直通)可以根据需要配置交叉连接。上路端口与下路端口之间的交叉连接，从网络指配的观点来看是没有意义的，因为它不通过光核心网络传送信号，但它对于环回测试是有用的。配置管理还包括设备管理功能、负载结构、复用结构、降质门限、越限门限、严重告警、告警上报控制、PM 门限、TCM 激活等功能。

**3. 性能管理功能**

性能管理提供电信设备、网络和网元运行情况的评估和报告，其主要角色是收集和分析统计数据，以检测和校正网络的状况，使网络运行更加有效。ITU－T 建议的 M.3400 定义有 4 种基本性能管理应用，即性能质量保证、性能检测、性能管理控制和性能分析。

由于 ODUk 和 OTUk 之间、ODUkp 和 ODUkt 之间的帧同步映射有可能在源端产生，这样的帧滑动将导致即便路径上没有误码，也能在路径终端上检测到误码。为了抑制这种误码，OTN 网络应支持输入对齐误码(Incoming Alignment Error，IAE)和后向输入对齐误码(Backward Incoming Alignment Error，BIAE)信号。如果检测到帧滑动，就产生 IAE 信号并传送到路径宿端来抑制误码。BIAE 是反向的信令信号，以抑制反向误码指示。

性能管理功能还包括近端事件性能监视功能、远端事件性能监视功能、时延功能、单向可靠性过滤功能、双向可靠性过滤功能、连续严重误码秒功能、不可用时间事件的产生、不可用时间事件结束功能、当前 15 min 计数寄存器功能、当前 15 min 实时寄存器读取功能，当前 24 h 计数寄存器功能、当前 24 h 实时寄存器读取功能、瞬态阈值门限功能、固定阈值门限功能、溢出范围检测功能等等(有兴趣的读者可以参阅 ITU－T 的相关文献)。

以上讨论了故障管理、配置管理、性能管理功能，对于这 3 部分的定义基本延续了 SDH 网管系统的思路，只是还没有具体的性能和故障管理要求，这与 OTN 没有大规模使用有一定的关系。对于其他两项管理，即安全和计费管理还没有详细规定，这两部分相对比较简单，而且对于 SDH 和 OTN 影响不大。

至于信息模型，ITU－T 建议的 G.8741 从网元的观点定义了 OTN 中与协议无关的管理信息模型，包括管理实体和相关特性。这些特性用来描述 ITU－T M.3010 建议的 TMN 结构定义中的、接口之间的信息交换过程和技术支持环境，但是并没有决定采用哪种信息模型，比如是 CMISE、CORBA，还是 SNMP。这几种选项都有可能采用，但采用 CMISE 可以与现在的 SDH 网络兼容一致。

# 9.6 ASON的网络管理系统

## 9.6.1 ASON管理架构

ASON管理面主要负责控制面、传送面和整个系统的管理和维护，还要完成各平面之间的协调与配合。除此之外，发送面还要对传送管理信息和信令消息的数据通信网(DCN)进行管理。

ASON网络管理仍然符合TMN体系结构，采用分层管理方式，即网元层、网元管理层、网络管理层和服务层。相应的ASON网管系统是由网元管理系统(EMS)、网络管理系统(NMS)和服务管理系统(SMS)组成的。网元(NE)设备自身也具有一定的管理功能。ASON网管系统组成如图9-21所示。

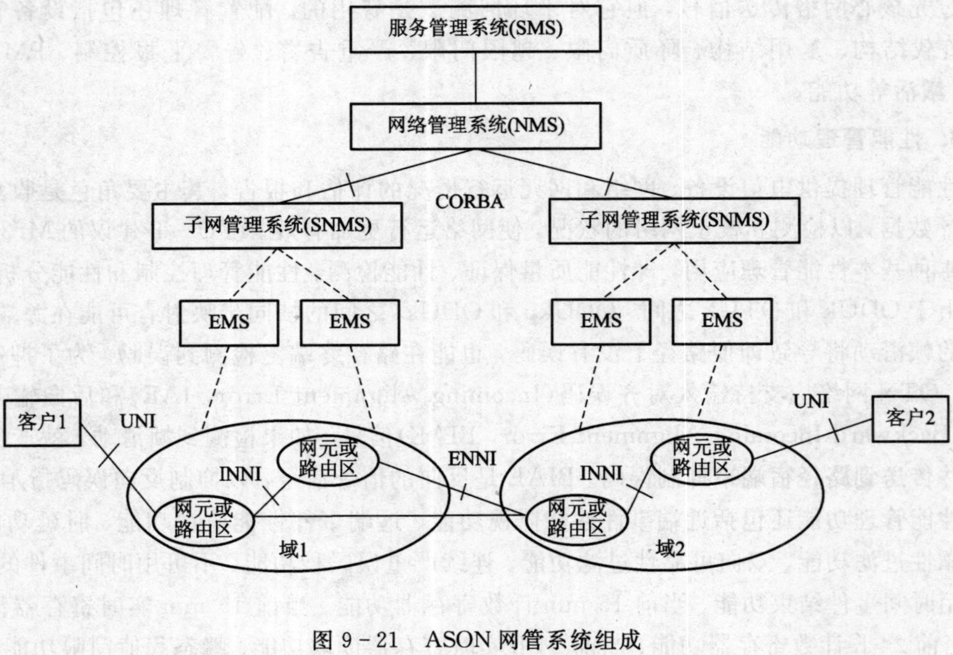


图9-21 ASON网管系统组成

网络管理层是面对网络进行管理的层次，既包括物理网络也包括逻辑网络。该层主要对网元实体之间的关系、拓扑互联以及端到端连接的建立和维护等内容进行管理。网络管理系统(NMS)要完成对控制平面、传送平面及DCN资源的管理，并提供一个完整的网络视图，以使管理人员能从宏观上掌握所管辖网络的整体运行情况。NMS可以给网络运营商一个全局的网络概念，网络操作者从NMS可以管理区域的端到端网络连接。

子网管理系统(SNMS)位于网络管理层，完成对其管理区域内部底层网络资源的管理。各区域的SNMS可以接入到更高层的网络管理系统，完成对整个网络的资源管理。子网管理系统实现同一子网内的端到端管理与维护，并向上提供标准的管理接口。子网可以根据不同厂商的设备划分，也可以根据不同管理区域进行划分。

网元管理系统(EMS)面向ASON的不同网元，提供基于网元的故障、性能、配置操作与管理，EMS 对上层 NMS 提供管理接口。

服务管理层主要为网络中各种服务提供管理，为了满足管理要求需要网络和所有相关用户的信息。服务管理系统(SMS)属于此层，支持 ASON 新的服务管理功能，完成对按需带宽(Bandwidth on Demand，BoD)业务、光虚拟专网(OVPN)等业务的管理。

### 9.6.2　ASON 网络各个平面间的管理关系

管理面通过传送面网络管理接口(Network Management Interface for the Transport network，NMI-T)与传送面交换管理信息。与传统网络管理基本相同，管理面实现对光传送网资源的配置管理、故障管理以及性能管理功能。

管理面和控制面之间通过控制面网络管理接口(NMI-A)交换信息，并对控制面实施管理。控制面的引入淡化了管理面的控制功能，主要控制功能转由控制面来承担，从而实现了控制与管理的分离。ASON 管理面仅是从控制面得到相关的控制信息，完成一些辅助性配合工作，管理任务大大减轻。

管理面拥有比控制面更高的权限，管理面可以划分管理面和控制面各自使用的网络资源。在某些情况下，管理面可以强制拆除控制面建立的连接。管理面还要对传送管理信息和信令消息的数据通信网(DCN)进行管理。

### 9.6.3　管理面与控制面

在 ASON 网络中，许多控制功能可以由控制面直接独立完成，而不需要网管系统介入，但是控制面仍然是网络的一个可管理的实体，与其他被管理实体一样需要满足相应管理需求。两者间的主要关系与原则如下所述。

(1) 管理面负责管理控制面和传送面，管理面对传送面资源的控制具有更高的优先级。控制面应响应管理面建立 SPC 连接的请求。管理面应能根据需要强制拆除由控制面建立的连接。

(2) 控制面在执行与策略相关的各种操作时，应向管理面查询相关的策略。管理面应能通过配置路由、信令和发现等参数来影响控制面的行为。

(3) 由连接创建和保护恢复等事件导致的拓扑信息、连接信息和资源配置的变化必须通知管理面，实时上报各种网络信息；控制面还应为管理面提供必要的用户信息和统计数据。管理面也可以主动向控制面查询需要的信息。

(4) 当网络发生故障时，管理面和控制面在获得故障信息方面具有相同的优先级。控制面应向管理面报告控制面的详细故障信息。

(5) 控制面应向管理面通告呼叫/连接建立和释放的结果以及失败的原因。

(6) 当控制面出现长时间故障或要求网管干预时，管理面应能承担起对传送面的控制功能。

(7) 管理面的故障不能影响控制面的正常工作，控制面故障不能影响管理面对传送面的操作。

### 9.6.4　ASON 管理面要求

ASON 的管理面需要执行对传送面、控制面和系统整体的管理功能，负责网元、网络、网络资源和业务的多项管理工作，并与控制面和传送面相关联，协调它们的功能实施。从宏观功能结构上，ASON 管理面应提供的基本功能包括：

- 提供不同的逻辑层网络和连接的整体视图；
- 提供跨越不同管理域、控制域的端到端整体视图；
- 提供传统的管理功能，如对传送面的管理以及永久连接的管理功能；
- 配置和监控控制平面，管理软永久连接和交换连接；
- 配置和监控管理信息及控制信令的传送通道；
- 对 ASON 智能化新业务的管理，包括 OVPN、BoD 等业务。

ASON 管理面功能主要分为四部分，即传送面管理、控制面管理、信令通信网(SCN)管理和业务管理。

1) 传送面管理

传送面管理功能应满足传统的管理功能要求，支持故障、性能、配置、安全四大管理功能。传送面的管理包括以下内容：

- 基本传送面网络资源配置，包括基本网络资源和拓扑连接配置等；
- 永久连接建立过程中传送平面和管理平面的交互；
- 对传送面光网络(SDH、OTN)的性能和故障管理；
- 多层、多区域、多技术条件下的性能监测；
- 用户安全管理。

2) 控制面管理

控制面管理主要包括：ASON 初始化配置、资源管理、发现管理、呼叫和连接管理、策略管理、保护与恢复管理、控制平面故障和性能管理以及计费管理等。

(1) 初始化配置。为了能够在 ASON 节点上应用控制面功能，管理面应支持对 ASON 节点的初始化配置。在节点上配置和管理的主要参数包括：节点标识与名称、节点的管理标识、控制面接口模式(UNI-C、UNI-N、I-NNI 、E-NNI)、协议控制器的协议类型与参数(信令协议、路由协议和发现协议(可选))、控制面相关地址、控制面的使能。

(2) 资源管理。资源管理主要提供资源配置和再分配功能，管理面应支持以下资源管理功能：

- 负责 ASON 网络资源标识，为连接终点(Connection Termination Point，CTP)分配标识(SNP(Sub-network Point)和 SNP 绑定)；
- 管理面应能为链路资源分配共享风险链路组(SRLG)；
- 管理面应能为 UNI 参考点分配传送网地址(Transport Network Assigned Address，TNA)和逻辑端口标识符；
- 链路资源的识别和同步，即支持链路资源在传送面和控制面之间的映射和同步；
- 管理面应支持资源控制功能，管理面应能分配控制面所使用的网络资源；
- 管理面可通过控制面获得资源利用率信息(包括链路、端口等)，并可查询每一客户设备或连接在网络中的资源占用情况。

(3) 控制域管理。管理面应支持的控制域管理功能有：为控制域分配控制面元件、支持为控制域内的路由区分配控制元件、支持多种控制域类型的划分、支持控制域的划分和聚合、支持控制面的分层管理。

(4) 发现管理。发现管理的功能包括拓扑发现管理和业务发现管理。管理面应支持以下发现管理功能。

① 拓扑发现。管理面应配合控制面的邻居发现功能，对控制面的管理面上报的拓扑信息实施管理。管理面应能有效管理拓扑信息，包括域内和域间拓扑信息。当控制面不具备自动发现功能时，网管应能进行人工配置节点所需要的邻接信息。

② 业务发现。管理面必须能接受来自控制面的通知，以指示业务发现过程是否出现故障。如果出现故障，应指明故障原因；否则在成功完成业务发现过程后，控制面应通知管理面业务发现的结果，主要包括 UNI-C 和 UNI-N 端口的业务属性。当控制面不支持业务的发现功能时，管理面应能够支持 UNI 端口业务信息的人工配置，可配置的属性包括：信令协议类型、UNI 版本、TNA 地址、邻居 UNI 端口信息、邻居物理端口的属性信息、路由差异性等。

③ 管理面应能收集并处理控制面上报的相关发现信息。

④ 管理面应能禁止或者使能控制面的自动发现功能。

⑤ 管理面应支持由控制面发现的网络拓扑的实时监视功能。

(5) 呼叫和连接控制功能。

① 连接管理。管理面应支持对三种连接的分类管理，即永久连接、软永久连接和交换连接。

② 呼叫管理(可选)。呼叫管理功能主要包括：对于每一个呼叫，管理面应支持连接的增加，删除和修改功能；应能配置呼叫的属性信息，如呼叫标识等；应能查询所有呼叫的当前状态；应能记录并统计所有呼叫的保持时间，包括开始时间和结束时间。

(6) 策略管理。管理面应具有为连接提供策略管理的能力，能为不同用户定制满足服务需求的 SLA，主要策略管理包括：

① 应能配置 SLA 参数，例如带宽参数、连接类型、保护与恢复策略、QoS 等；

② 应支持控制面对服务策略的访问，控制面通过与管理面交互策略信息，确定 SC 发起者是否有权建立连接。在连接请求被接受后，根据设置的策略参数建立满足要求的连接服务。

(7) 保护与恢复管理。对于保护和恢复管理，管理面应配合控制面的保护恢复机制，主要完成以下管理功能：

- 应支持在连接建立时选择保护策略；
- 应能指定连接的保护和恢复路由的约束条件；
- 应支持下发软重选路由和保护恢复操作命令；
- 应支持保护与恢复的状态监视，收集和查询与控制面保护和恢复相关的信息；
- 保护恢复属性的在线修改功能(可选)。

(8) 故障管理。作为故障管理的一部分，管理面应提供针对控制面的故障管理功能。对控制面的异常运行情况进行实时监视、报告和存储，完成故障诊断、故障定位等功能。与控制面相关的告警类型包括：控制面节点或元件失效告警、控制信道失效告警、控制面失效所影响的呼叫和连接告警等。

(9) 性能管理。作为性能管理的一部分，管理面应提供针对控制面的性能管理功能。性能管理最基本的功能是完成对控制面的性能监视、收集性能数据和提供控制没有实际运行的当前性能。与控制面相关的性能参数主要包括：连接数目统计、连接运行时间、节点上连接建立失败计数、节点上发生回溯(Crank Back)计数、发生的连接保护倒换或重路由次数等。

(10) 事件管理。当控制面发生状态改变或发生异常事件时，控制面应将其上报给管理面。控制面上报的事件和通知类型包括：控制节点状态更新事件、控制信道状态更新事件、连接建立/删除成功/失败通知、连接保护恢复功能/失败通知、光纤错连事件通知。

(11) 计费管理。管理面应支持连接计费功能，用户可查询有关连接的计费信息。管理面主要提供的基础计费数据包括：连接类型、连接建立时间和结束时间、连接方向、业务量参数(信号类型，带宽和透明性等)、根据保护恢复方式划分的业务等级、源/宿节点或TNA地址、源/宿逻辑端口标识符、连接标识符号、多样性等。

3) 信令通信网(SCN)管理

管理面应支持对信令通信网(Signaling Communications Network，SCN)和管理通信网(Management Communications Network，MCN)的管理。SCN与MCN一般是共路传输的，两者的管理要求也应该一样，主要有：

(1) 管理面能够为信令通信网配置信令通道和信令地址，并选择使用的SCN传送方式；

(2) 当控制通道出现故障时，管理面应能正确接收控制通道的故障通知。故障通知应指示出故障发生时间、故障原因、故障根源和严重等级；

(3) 管理面必须能够向控制面查询指定控制通道的状态；

(4) 管理面应支持配置控制信道的冗余保护和恢复；

(5) 管理面应支持信令通信网拓扑信息的显示和查询。

4) 业务管理

ASON可以提供丰富的业务类型，ASON网管系统可以提供基本的业务管理功能，特别是实现对光层虚拟专用网(OVPN)、按需带宽(BoD)等新业务的配置和管理。

(1) OVPN业务。对OVPN业务的主要管理功能要求如下：

• 能够区别多个OVPN域；

• 能够为用户分配网络容量创建OVPN域，并设定OVPN的相关属性；

• 可以规定OVPN域中两个节点之间能够建立的最大通道数；

• 可以监视和记录每个OVPN客户端的操作行为；

• 可以定义不同的OVPN域的客户终端和操作者，相关信息应包括用户名、密码、终端PC的IP地址、客户所属OVPN域等；

• 在OVPN客户端系统为客户提供自己的OVPN视图和用于自己OVPN的控制管理功能。

(2) BoD业务。对BoD业务的主要管理功能要求如下：

• 时间帧(起始时间和结束时间)，将网络按时间段分配不同带宽；

• 带宽(平均带宽，峰值带宽)，在某一特定时间段内的带宽属性设置；

• 业务质量类别(CoS)，按策略管理划分不同的业务质量类别；

• 计费标准查询，根据用户需求设定的相应BoD计费标准。

# 9.7　网管分层结构与多厂商网管互操作性

## 9.7.1　网管系统的升级

OTN 和 ASON 的管理系统基本都延续了 TMN 的分层方法。OTN 管理也基于多层分布式管理系统，按照与 SDH/WDM 相近的分层方法，可以分为网元层、网元管理层、OTN 子网管理层、OTN 管理层 4 层结构，再向上是服务管理层。由于 OTN 刚出现，还没有更多涉及业务的管理和提供。

从逻辑功能上划分，ASON 网络管理主要分为网元层、网元管理层、网络管理层和服务管理层。ASON 网管系统由网元管理系统(EMS)、网络管理系统(NMS)和服务管理系统(SMS)组成。除此之外，网元设备自身也具有一定的管理功能。ASON 网络强调对控制面的管理以及 ASON 网络新增加的功能和服务的管理(如交换连接、软永久连接和 OVPN 等)。

## 9.7.2　OTN 网络下的网管互通

网管系统多厂商互操作性一直是一个难题，SDH 系统发展十几年来最大的不足也在于无法实现网管系统的统一。OTN 网络目前只是规定了网络管理系统框架要求和网元观点的、协议无关的 OTN 管理信息模型。对于具体的信息模型，如 CMISE、CORBA 或者 SNMP，并没有详细规定，也同样很难实现 OTN 对网元层面的统一管理。

至于网元层面以上的互通，由于 EMS 的具体功能还没有最后确定，网络层以上接口与功能也没有规范。目前即使采用 COBRA 接口也很难实现上层网管的统一管理。

## 9.7.3　ASON 网络下的网管互通

ASON 网管系统分为对传送面和控制面的管理。在传送面的管理上，继续沿用 ITU-T 关于 SDH 和 OTN 的管理规范。但是目前基于 SDH 网络的多厂商设备的传送面管理很难互通，基于 OTN 传送网络网管互通也很困难，因此实现对传送面管理互操作非常困难。

对控制面的管理类似于对 IP 数据网的管理。在 ASON 网络大规模使用之前，多厂商设备的控制层面互通将可能首先实现，也就是控制实体、控制信令、路由信息等实现互连互通。但是控制层实现互通并不等于网管平面对控制面管理的互通，就像 SDH 网络在传送面可以互通，而网管平面无法互通一样。要实现对控制面的统一管理，关键是网管接口协议与信息模型，另外还必须考虑信令通信网(SCN)与 ECC 通道。而网管接口协议的重点则是放在网元设备与网元管理系统之间，也就是控制面网络管理接口，实现管理系统对控制网元级别管理的互操作性。类似于 SDH 网络中 EMS 对 NE 的管理，越是下层的互通则实际意义越大。下面具体讨论控制平面管理涉及的几个方面。

(1) 信令通信网(SCN)。在 OSI 的基础上，增加了 ECC 协议栈，其底层采用基于 TCP/IP 的协议。目前，ASON 网络主要采用以 IP 为主的 DCN，然而采用 IP ECC 很容易实现下三层的互连互通。

(2) 网管平面与控制实体之间的 NNI-A 网管接口协议。ASON 控制面中主要使用

GMPLS 协议，IETF 组织提出了相应的管理信息库草案，用来实现与控制面的管理接口 NMI-A，其中 SNMP 最为重要。SNMP 协议简单，容易实现互通，缺点是很难适用于复杂的大型网络。由于 ASON 网管主要是业务层与控制层的管理，可以采用 SNMP 作为 ASON 控制面的管理接口协议，作为管理面与控制实体之间的下层网管接口协议。

如果上述选项选择一致，则有可能实现 ASON 网管对控制层面的统一管理，其中可以参照 IP 网统一管理的经验。网管对控制面的统一管理可以更好地配置网络，充分发挥分布式控制的优点。至于上层网管协议接口，CORBA 技术已经在光传送网上得到一定的应用。在 ASON 网络管理层和网元管理层之间或者与服务层之间，可以继续应用 CORBA 技术实现多厂商设备的互操作性。

总的来看，ASON 网络系统是兼有 IP 网管系统与 SDH 网管系统特点的一个复杂系统。ASON 网络既包括传统 SDH 网络下的智能控制，也包括传送面为 OTN 的智能控制。ASON 的网管要求与 OTN 网管要求是分离的，没有关联关系和对立关系。ASON 网管要求适用于传送面为 SDH 或 OTN 的两种情况，而 OTN 管理则更多地关注基于 ITU-T G.709 接口的传送面。

# 第 10 章　光网络应用实例

光网络能真正用于人们的生活，即实用化，是光网络研究工作的最终目标。本章首先以中国高速信息示范网(China Advanced Info-Optical Network，CAINONET)和高性能宽带信息网(3TNet)为例，介绍国内光网络试验网的建设情况，以及国内电信运营商在光网络应用中的举措。然后介绍国外光网络试验网的应用现状。最后通过两个个案——长距离光网络个案研究和城域环网的个案研究，介绍光网络在实际应用中的规划思路和相关的影响因素。

## 10.1　国内光网络应用概况

在国家 863 计划和其他科技计划及科技部门的大力支持下，经过我国科技人员长期不懈的艰苦努力，我国光通信技术的研究近年来已取得了很大的进展，实现了从无到有、从小到大、从弱到强的历史性跨越，综合实力显著增强。目前已陆续完成了155 Mb/s、622 Mb/s、2.5 Gb/s、10 Gb/s SDH 系统，8×2.5 Gb/s、16×10 Gb/s、32×10 Gb/s、160×10 Gb/s WDM 系统，10 Gb/s、40 Gb/s OTDM 试验系统；宽带接入系统及全光通信试验网、自动交换光网络试验平台等一系列项目。自行研制成功的 WDM 光传输系统已在多省市提供运行和服务，各种光纤局域网/城域网/广域网已得到了广泛应用。我国已成为世界上为数不多的几个掌握了全套 SDH 和 WDM 光通信系统系列产品技术的国家之一，在世界光通信系统和光网络领域已经占据了一席之地。

### 10.1.1　国内光网络试验网

#### 1. 中国高速信息示范网(CAINONET)

1) CAINONET 简介

中国高速信息示范网(CAINONET)作为国家 863 重大项目于 2001 年 9 月 22 日正式投入应用，在北京通过了科技部组织的国家级验收。CAINONET 利用国内自行研制成功的光交叉互联设备(OXC)、光分插复用器(OADM)、核心路由器(Core Router，CR)和网络管理系统(NMS)等核心设备构建了先进的示范网络，实现了跨越式发展，为以光因特网技术为代表的先进网络技术的研究、开发、测试提供了优良的试验平台，同时研制开发出了一批高水平、标志性、具有自主知识产权的 863 计划研究成果，并促进了这些成果的产业化与推广应用。

CAINONET 是一个利用三个 OADM 节点构成的完整的环网，具有开放的接口，可以和核心环路中的 OXC 互连互通，如图 10 - 1 所示。

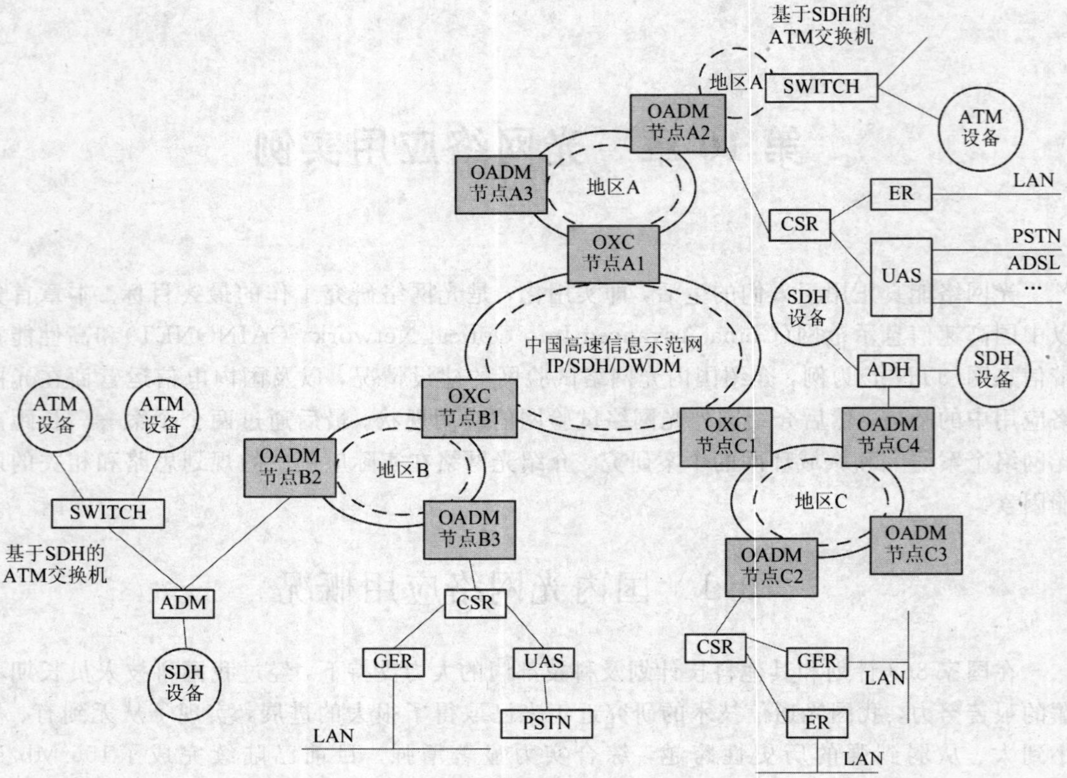


图 10-1 中国高速信息示范网总体结构图

在图 10-1 中，CSR 指核心交换路由器(Core Switch Router)，ER 指边缘路由器(Edge Router)，GER 指通用高性能路由器(General Excellent Router)，UAS 指用户代理服务器(User Agent Server)，PSTN 指公共交换电话网络(Public Switched Telephone Network)。

CAINONET 的结构可以分为服务层(Service layer)和光传送层(Transport layer)。其中光传送层又可以分为 SDH 层、ATM 层和光层。光层由光分插复用器(OADM)和光交叉互联器(OXC)组成。在光传送层，通过迂回路由波长(Rerouting wavelength)，在网络中形成大带宽的重新分配。在光缆断开时，光层起网络恢复(Restoration)作用。在远端，光纤环中 OADM 插入/分下所确定的波长通道并连接到 ATM 复用器，而 OXC 则连接两个光 WDM 环路至 ATM 交换机。利用波分复用技术的全光网可以采用三级体系。

(1) 0 级(最低级)是众多单位各自拥有的局域网(LAN)，它们各自连接若干用户的光终端(OT)。每个 0 级网的内部使用一套波长，但多个 0 级网也可以重复使用同一套波长。

(2) 1 级可以看做许多城域网(MAN)，它们各自设置波长路由器连接若干个 0 级网。

(3) 2 级可以看做全国或国际的骨干网，它们利用波长转换器或交换机连接所有的 1 级网。

2) CAINONET 网络管理分层结构

在 ITU-T 建议的 M.3010 中定义的电信管理网(TMN)是一个可伸缩的层次化的分布式管理模型。该管理层模型将 TMN 分为 5 个层次，从上到下依次为：事务管理层

(BML)、服务管理层(SML)、网络管理层(NML)、网元管理层(EML)和网络单元层(网元层)(EL)。CAINONET 网管只涉及到 NML、EML 和 EL，其分层结构示意图如图 10-2 所示。

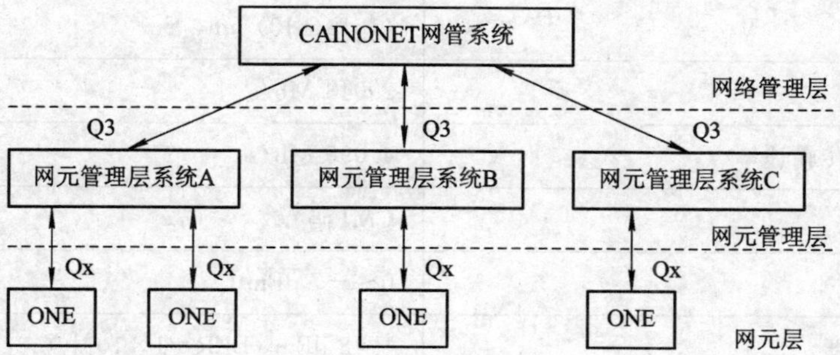


图 10-2　CAINONET 管理网分层结构图

网络单元(NE)是指构成网络的各种具体设备(如 OADM、OXC 等)，它接受 EML 的管理，但其自身也有一定的管理功能。在单元内的配置管理、故障管理和性能管理等都由 NE 直接完成。使用这种管理方式可以使网络对发生的各种事件加快反应。在 NE 层中，管理功能分为若干个级别。其中最低一级的管理控制功能由分布在各功能单元电路板上的控制器组成，它负责对所在电路板或功能单元的数据采集与监视，并将数据送给上级管理控制器，同时负责执行上级管理控制器的命令。较高一级的管理控制功能由网元上的控制电路板完成，负责对收集到的数据进行分析处理，发送相应的告警与指示，根据更高级控制器的指令控制网元的正常运行。网元层的最高级管理器是设在网元内部或外接的操作控制终端，可以完成单个网元的故障、性能、配置及安全管理。

EML 管理少量的网元，完成 Q 接口适配功能。它可以直接对网络单元进行控制管理，其控制功能由 NML 分配，提供诸如配置管理、故障管理、性能管理、安全管理和计费管理等功能。CAINONET 的 EML 既可以对某一独立的网元功能模块里的一系列子网元进行管理和协调，也可以对一组网元功能模块里的一系列子网元进行管理和协调，并在其控制范围内维护网元的统计数据、运行记录和其他数据。

NML 是 CAINONET 管理网中最高一层，负责对管理网络范围内所有的网元进行集中式管理控制，如光通路安排、网络监视和统计分析等，它具备 TMN 要求的主要管理功能。在 CAINONET 网络系统中，由 CAINONET 网管系统完成 NML 的主要功能。

3) CAINONET 网络管理信息的传送方式

在传送网中，不同的网元之间交换信息以及与管理系统的连接都需要信令信息。对光传送网而言，为保持客户信号传送的透明性，无法像 SDH/ATM 一样，在传输数据中包含了专门用于管理功能的开销字节，直接传送相关的信令信息。目前全光网络自身的管理信息传输方式主要有 3 种，即光监控信道(OSC)技术、副载波调制技术和数字包封技术。其中 OSC 技术最为成熟，适用于集中式网络管理，后面两种还处在研究阶段。

CAINONET 采用 OSC 传送其网络管理信息，其 OSC 不限制光放大器的泵浦波长，也不限制光放大器之间的距离和未来在 1310 nm 波长的业务。OSC 在光放大器失效时仍然可用并且其传输是分段处理的，并具有 3R 功能和双向传输功能，在某些区段光纤被切断后，网络节点仍然可以接受上级网管系统的管理和控制。OSC 在测试时间不小于 24 h

的条件下，平均误码率不劣于 $1\times10^{-11}$，其光接口参数如表 10－1 所示。

**表 10－1 OSC 光接口参数**

| 参　　数 | 指　　标 |
| --- | --- |
| OSC 波长 | (1510±10) nm |
| OSC 速率 | 2.048 Mb/s |
| OSC 光线路码传输速率 | 4.096 Mb/s |
| 光线路码型 | CMI 码 |
| 发送光功率 | 0～－7 dBm |
| 最小接收灵敏度 | －48 dBm (BER=$1\times10^{-11}$) |

CAINONET OSC 的帧结构采用 ITU－T G.704 建议的帧结构，帧频为 8 kHz，1 帧的帧长为 32 时隙，每时隙占 8 bit，共计 32×8＝256 bit，编号为 0～255，标称比特率为 2048 kb/s，容差为±50 ppm。帧定位信号为 0011011，安置在偶数帧的 TS0 的 2～8 位置。各通路的时隙分配如表 10－2 所示(每个时隙包含一个字节)。

**表 10－2 光监控信道帧结构的开销字节定义**

| 用　　途 | 时隙分配 | 传输速率/(kb/s) |
| --- | --- | --- |
| 公务通道通路 1(OW1) | TS1 | 64 |
| 公务通道通路 2(OW2) | TS9 | 64 |
| 再生段网元管理信息通路(DCCr) | TS2、TS6、TS10、TS14、TS18、TS22、TS26、TS30 | 512 |
| 复用段网元管理信息通路(DCCm) | TS3、TS7、TS11、TS15、TS19、TS23、TS27、TS31 | 512 |
| 光复用段自动保护倒换协议字节(K1，K2) | TS12、TS13 | 128 |
| 使用者通路(F1) | TS17 | 64 |

注：备用字节为 TS4、TS5、TS8、TS20、TS21、TS24、TS25、TS28、TS29、TS0、TS16。

4) CAINONET 网络管理协议

CAINONET 采用 SNMP V2 网络管理协议实现网络管理互联。其接口协议规范如下：物理层，ISO 8802.3 协议；链路层，ISO 8802.2 协议；网络层，RFC791 IP 协议；传输层，RFC 768 UDP 协议；端口号为 161 和 162；管理应用层，SNMP V2 协议。CAINONET 制定了管理信息库规范，其管理信息库基于全光网分层结构模型，并借鉴 IETF RFC 1595 定义 SDH MIB 框架，使用 MIB－Ⅱ 的 ifTable 扩展，描述各层的路径终端点。

**2. 高性能宽带信息网(3TNet)**

1) 3TNet 简介

3TNet 是国家 863 计划的重大专项，它集成了 Tb/s 级高速光传输、Tb 级智能光网络(Intelligent Optical Networks，ION)、Tb/s 级网际协议(IP)路由器和 Tb/s 级应用支撑环境。基于密集波分复用(DWDM)技术的两段(4 端)高速光传输系统，传输容量最大可分别达到 160×10 Gb/s 和 80×40 Gb/s，敷设于省际和省内干线，由 4 台 Tb/s 级智能光交叉互联设备构成的新一代 ION 作为上海城域网的公共传送平台。在波分复用(WDM)和 ION 平台之上，设置 4 个 Tb/s 级路由矩阵，构成高速信息示范网的 Tb/s 级应用支撑平台。

高性能宽带信息网的实施目标如下：

(1) 技术目标：突破关键技术屏障，自主研制 Tb/s 级光传输系统、Tb/s 级自动交换传送网络、Tb/s 级双协议栈路由器等核心节点设备，研究开发相应的网络应用支撑环境。

(2) 网络目标：用上述 Tb/s 级节点设备、相应的网络支撑环境技术和相关的业务资源，促进地方政府和运营公司建立实用化的广域高性能宽带信息网。

(3) 应用目标：从 Internet TV 和多媒体交互(Video On Demand，VOD)业务入手，重点研究面向数字电视/高清晰电视(DTV/ HDTV)宽带流媒体等业务的应用。

从高速光传输技术的发展水平来看，863 计划 3TNet 专项所提出的开发并试验容量达到 160×10 Gb/s 和 80×40 Gb/s 的宽带信息示范网试验平台，具有国际先进水平，在国内更是首次。关键技术包括骨干网络采用的支持组播的智能光网络(Multicast-ASON，M-ASON)、支持突发业务的智能光网络(Burst-ASON，B-ASON)。接入网络采用了受控组播、边缘流化等技术，这些技术保障了从核心到边缘、整体划一的业务支撑技术体系。

2) 3TNet 网络拓扑及业务内容

3TNet 是一个能适应 Internet TV 等媒体流实时传输的高性能、广域(城域)高性能宽带信息示范网。宽带流媒体应用是 3TNet 重点研究的内容之一，也是体现 3TNet 高性能宽带信息示范网的网络和应用能力的最好手段。

3TNet 宽带信息网运营示范系统包含三个层次的功能：

(1) 业务提供：业务提供面向用户，通过业务的应用功能的实现和整合向用户提供应用业务。例如对于远程教育应用，业务提供是指将信息业务的教学资源组织成有计划、有步骤的教学课程系列提供给用户。

(2) 业务支撑：业务支撑包括业务相关的管理功能，如用户管理、内容管理、认证、授权、记账、计费等。

(3) 媒体内容传送：在承载网上有效地传送流式媒体内容是业务提供的基础。3TNet 示范系统的网络拓扑如图 10-3 所示。

图 10-3 中各缩略语意义介绍如下：

MPTS 指多路节目传输流(Multiple Program Transport Stream)；

DVB-IP 指数字视频广播—因特网协议(Digital Video Broadcasting)；

DVB-Sl 指基于卫星的数字视频广播(Digital Video Broadcasting via Satellite)；

IP-TS 指 IP 传送(IP TranSmission)；

IP-CAS 指基于 IP 的条件接收系统(Conditional Access System)；

BUNI-A 指突发用户网络接口代理(Burst UNI Agency)；

CDP 指持续数据保护服务器(Continuous Data Protection)；

MCP 指主控进程(Main Control Processing)；

GR 指网关路由器(Gateway Router)；

SR 指子网路由器(Sub-network Router)；

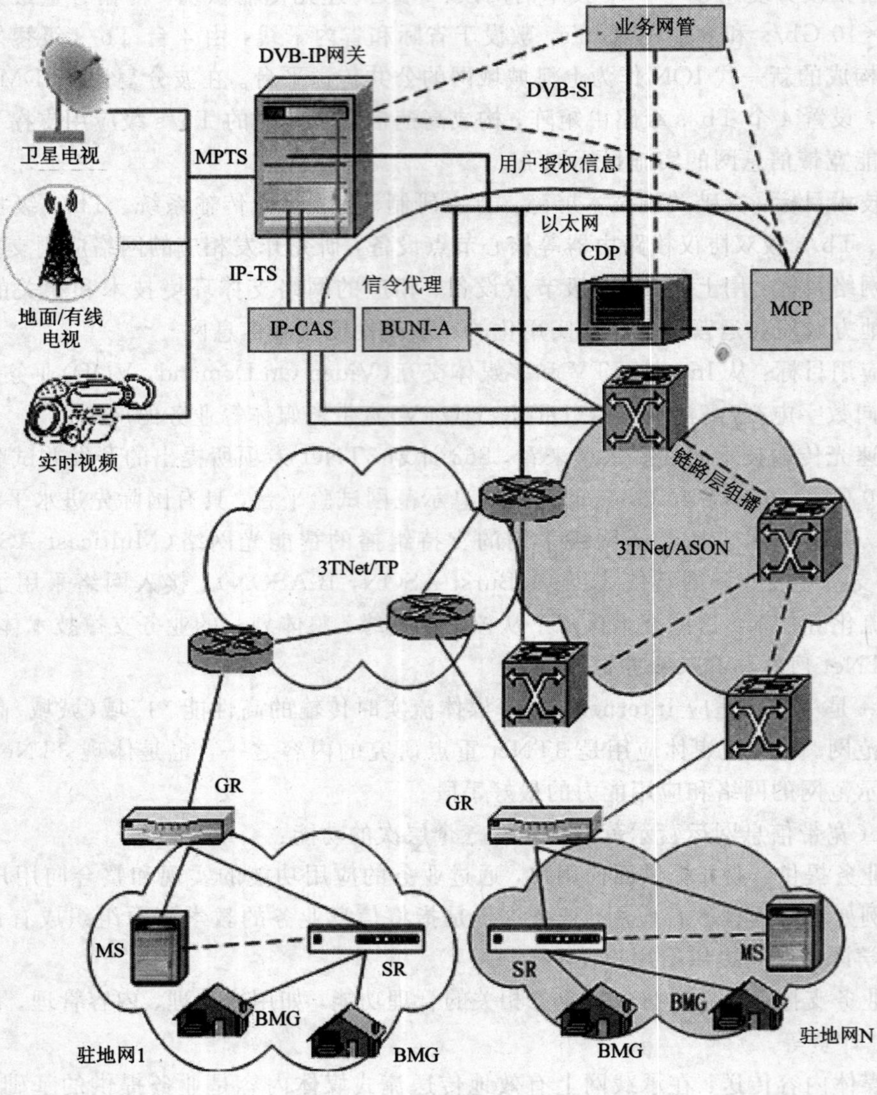


图 10-3 3TNet 示范系统的网络拓扑

MS 指媒体服务器(Media Server)；

BMG 指宽带多媒体网关(Broadband Multimedia Gateway)。

应用示范系统研制中注重以下两个方面：

(1) 对高性能宽带流媒体应用的支持。宽带流媒体应用系统作为 3T 高速网络的宽带流媒体应用环境支撑平台，需要支持高性能的宽带流媒体应用。主要包括：

① 视频流传输及网络电视功能。直接从 IP 网上观看电视节目，实现网络电视的功能，解决我国广电系统分而制之格局下观众收看异地电视节目的困难。在重点骨干地区将本地电视节目以 IP 方式传送至跨区域的 3TNet 骨干网，并在与 3TNet 骨干网相连的城域网内进行电视、实时视频等节目的网络播放。既可集中各地的优秀节目，同时结合因特网的特点，参考目前电视业务模式，通过一定的业务模式实现媒体内容的网络传送及运营。

② 点播服务。为各方节目制作和内容提供商提供点播服务支持，建立基于3TNet的统一平台，由系统提供的高可靠性连接确保用户所获得服务的QoS。

③ 远程教育等。通过网络进行异地的教育、培训、医疗等各种服务。远程教育发展迅猛，也是大范围提高国民素质的一个重要手段，将广播电视实时地海量传递视听信息的特点与Internet交互双向传播的特点相结合，利用这种技术传播交互性多媒体课件，形成一种崭新的远距离教学方式。充分进行地域间教育资源和教育内容的共享，为提高全区域内的教育质量提供平台。

④ 网络游戏、视频会议、网上会议电视等。这些应用在对单个流的带宽、带宽容量、访问并发量、媒体传输服务质量等方面有很高的要求。结合3TNet提供的底层网络传输能力，宽带流媒体应用系统要能够为这些应用提供很好的支撑。特别是宽带流媒体应用系统的传送平台需要提供可靠的基于内容分发的流传输能力。

(2) 研究建立高性能、高可靠性的可运营系统。3TNet不仅是一个示范网，还是一个可运营的商业网。宽带流媒体应用系统作为支撑环境，最终的目标是成为一个在3TNet中可运营的商业业务平台。因此，宽带流媒体应用系统必须满足一个商业可运营系统的功能和性能要求。功能要求包括强大的业务管理能力，如用户管理能力，以及对计费、记账、认证等AAA系统的支持；性能要求包括整个应用系统的安全性、稳定性、可靠性、可用性等要求。

3) 3TNet网络管理结构

基于中间件技术的3TNet综合网络管理系统体系结构如图10-4所示。

图10-4中各缩略语意义介绍如下：App Server指应用服务器(Application Server)；

DB指数据库(DataBase)；

ORD指操作需求文件(Operational Requirements Document)；

Proxy指代理服务器；

NE/OS指网元操作系统(Network Element/Operation System)。

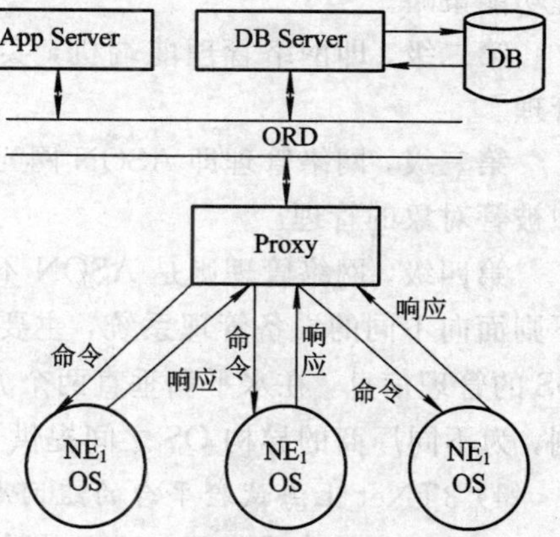


图10-4　3TNet网络管理体系结构

图10-4中，Proxy的功能是对本地网络中属于同一同质网元设备和属于实现同一功能的网元设备分别进行集结和逻辑关联。主要实现以下几方面功能：

(1) 接收网络管理应用系统APP Server发来的网管命令(操作原语)，并据此对网元设备中的某一参数进行设置；

(2) 接收网络管理信息数据库应用系统DB Server发来的网管命令，采集所需的实现网管应用系统功能的信息(计费、端口速率)等，并送往DB Server；

(3) 实现对不同管理域之间信息格式的转换和命令语义的解释；

(4) 实现高层业务管理功能所需的信息采集。

图10-5给出了3TNet网络管理系统的功能结构，共分四级。

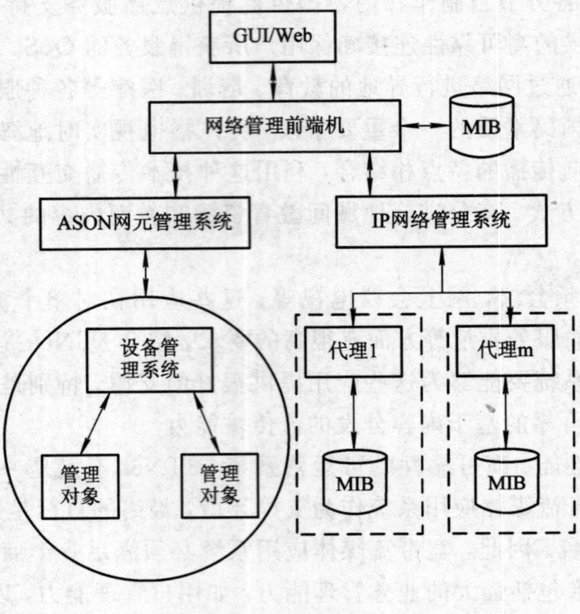


图 10-5　前端机接口结构

第一级，网络管理即面向管理用户的交互操作界面，授权用户通过 GUI 实施所需的管理功能策略。

第二级，即网络管理前端机，实现对 ASON 网管系统和 IP 网络管理系统的一体化管理。

第三级，网络管理即 ASON 网元管理系统、IP 网络管理系统，分别实现对各自管理域中被管对象的管理。

第四级，网络管理则是 ASON 不同设备的管理。其中，前端机向上面向 Manager，向下则面向不同的设备管理系统，主要是在 ASON 管理域中的网元管理层 OS 和网络层的 OS 的管理信息，在水平和垂直两个方向上提供管理信息的传输机制和管理操作的分发机制，为不同厂商的异构 OS 之间提供互操作。

4）3TNet 上海试验平台的组网思路

随着网络技术的发展，用户对网络带宽的需求越来越大，而高品质的流媒体业务对网络带宽消耗很大，例如，高清晰度电视业务对于用户的网络带宽的要求是，必须保证每个用户至少能够获得 25～30 Mb/s 带宽。因此，上海示范网将在一些新建的小区内部署高带宽的接入网络，同时也将选取一些已经建成宽带接入网的小区进行接入网的升级改造，以便使每个用户的带宽能够达到业务所必需的水平。

为了实现 3TNet 网络可运营、可管理、可盈利的良性闭环生态链目标，经分析 IP 网业务运营的缺陷，借鉴电信网络业务的成功经验，采用了宽带信息网运营支撑系统（Broadband Operations Support Systems，BOSS），该系统具备业务和设备管理紧密结合的突出网络管理特点，从技术实现方案设计上，解决了价值链上的各生态个体（内容提供商、网络运营商、设备提供商、广告商和终端用户）的利益分配、健康增长的难题。

5）3TNet 上海试验平台的规划

为了突出 3TNet 的技术特色，在 3TNet 上海试验平台的骨干网上采用了基于光链路突发批量(Burst)的传输方式，以实现视频点播等业务的可靠传输。也采用了基于光链路动态组播(Multicast)的传输方式，以实现 Internet TV 直播视频流的可靠传输。在 3TNet 上海试验平台的接入网上，采用了网络电视业务流的受控组播、VOD 业务流的边缘流化技术以实现大规模流媒体业务服务等。还采用尽力服务和拒绝服务相结合的方式提供服务等级协定(Service Level Agreement，SLA)的视频点播业务。3TNet 可以按照骨干网(包括城域网和广域网)和接入网来划分，如图 10-6 所示。其中，ASTN 指自动交换传输网(Automatic Switched Transport Network)。

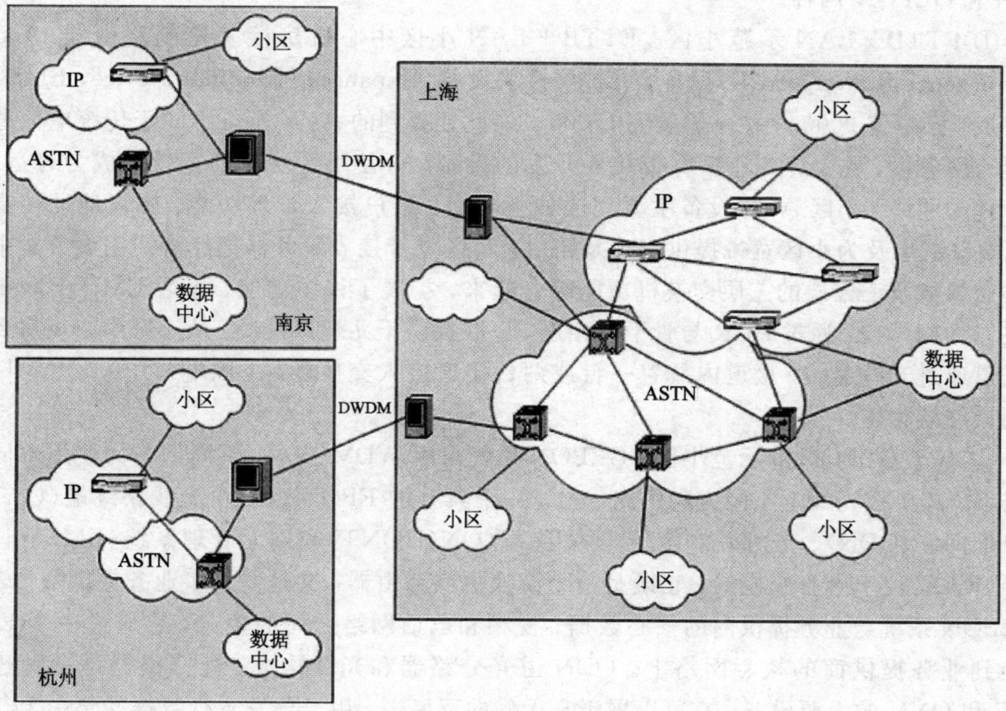


图 10-6　3TNet 结构示意图

骨干网部分包括上海城域网的四个骨干节点和广域网的两个节点，广域网的两个节点是指南京的一个骨干节点和杭州的一个骨干节点。接入网部分在上海选取两个社区(不少于两个)，主要采用两种宽带接入方式，即千兆以太无源光网络(Gigabit Ethernet Passive Optical Network，GEPON)、光纤到大楼(FTTB)＋局域网(LAN)。

(1) 3TNet 上海试验平台骨干网的设计。上海城域骨干节点要求具有 Tb/s VC-4 无阻塞交叉能力，支持单向、双向、组播和环回等多种交叉连接方式，支持 VC-4 连续级联交叉，接口支持 SDH 接口(STM-1、STM-4、STM-16 和 STM-64)和以太网接口(GbE、10GbE)。

城域骨干节点采用 320 Tb/s 光交叉机，交叉能力、交叉方式和接口同上。其中 SDH 要求具有彩色光接口。城域汇聚节点采用 20～160 Tb/s 光交叉机，交叉能力、交叉方式和接口同上。所有节点要求运行通用多协议标记交换(GMPLS)控制协议，支持 ASON 功能。

网络结构采用层叠模型组网，IP 路由器作为 ASON 的客户设备。ASON 采用永久或软永久连接方式，从管理平面发起，为 IP 网络提供动态传输链路。业务网络设备如 DVB－IP、CDP 和 MS 等也是 ASON 的客户设备。但是，这些客户设备通过 UNI 向 ASON 动态申请链路带宽，ASON 采用交换连接方式，并且要考虑到业务网络的快速和组播连接要求。

(2) 3TNet 上海试验平台接入示范网的设计。目前，在国内广泛使用的宽带接入网络主要有非对称数字用户线(ADSL)、混合光纤/同轴电缆(HFC)系统、FTTB ＋ LAN 和以太网无源光网络(EPON)等几种。3TNet 上海试验平台的接入示范网主要采用了 FTTB ＋ LAN 和 GEPON 两种。

① FTTB＋LAN 示范小区。FTTB＋LAN 小区中心机房接入控制路由器(Access Convergence Router，ACR)设备，有扩展模块设备(Expanding Modular Device，EMD)用于扩展，已覆盖 9000 户并可扩展到 15000 户。此处提到的 ACR 设备不同于传统电信的宽带接入服务器，它是专为小区宽带接入开发的设备，可使小区所建的宽带网成为可运营、可管理的网络。小区 ACR 设备主要完成如下功能：用户接入管理功能、协议地址转换功能、端口汇聚及为小区宽带提供出口及路由。小区宽带接入服务器把经济实用型方案中的中心交换机及汇聚层的三层交换机功能综合起来，扩展了许多功能。小区 EMD 上联提供千兆以太网端口，通过 ACR 与骨干网相连，下联提供千兆端口模块。从小区中心机房到每个楼道通过光纤连接，楼道内放置一台或两台楼道接入交换机，下联端口(10/100 Mb/s)与用户终端相连。

② 基于 GEPON 的示范小区。GEPON 系统采用 WDM 技术，不同的方向使用不同的波长，分离单根光纤上不同方向的光信号。一个典型的 EPON 系统由光线路终端(OLT)、光分配网络(ODN)、光网络单元/光网络终端(ONU/ONT)和网元管理系统(EMS)组成。其中，OLT 位于中心交换局，它既是一个交换机或路由器，又是一个多业务提供平台，提供 EPON 系统与业务提供商的核心数据、视频和电话网络之间的接口，它通过一个 EMS 连接到业务提供商的核心网络上。ODN 由光分路器和光纤构成。光分路器是一种连接 OLT 和 ONU 的无源设备，它可以置于全天候的环境中，用于分发下行数据并集中上行数据。一般一个无源光分路器(Passive Optical Splitter，POS)的分线率为 4、8、16 和 32，并可以多级连接。ONU/ONT 位于用户端，放在住户、企业或商务楼处。ONU 与 ONT 的区别在于 ONT 直接位于用户端，而 ONU 与用户间可能还有其他的网络，比如以太网等。ONU 放在网络接口单元(Network Interface Unit，NIU)附近或与其合为一体。EMS 管理 PON 中的各个组成单元，并向业务提供商的核心网提供标准网络管理接口。它的管理职责包括故障、配置、计费、性能和安全等所有的管理功能。EMS 可以通过一个图形用户接口(GUI)管理几十个装备完全的 PON 系统。

### 10.1.2 国内电信运营商的光网络应用情况

国内电信运营商在光网络应用方面主要采用了自动交换光网络技术，以满足数据业务迅猛发展的需要。自动交换光网络(ASON)是以 SDH 和光传送网(OTN)为基础的自动交换传送网。它符合 G.8080 框架要求，是通过控制平面来完成自动交换和连接控制的光传送网。ASON 是以光纤为物理传输媒质，由 SDH 和 OTN 等光传输系统构成的具有智能的光传送网。

从2004年开始，中国电信、中国网通、中国移动、中国联通和中国铁通几大运营商逐步在省内干线网和城域网层面引入了ASON技术，陆续开展ASON应用测试、试验和小规模探索。如Ciena在吉林铁通，Lucent在江苏电信，Alcatel在北京通信的城域传送网核心层采用了ASON技术等。总体来看，这些省内干线网和城域网以采用网状网的拓扑为主，同时与环网结合，保护恢复等级还主要以1+1等保护恢复时间比较快的类型为主。主要的应用案例如下：

(1) 海南电信采用华为公司OSN9500和OSN3500 ASON设备，将专线业务、话音业务和宽带接入业务分别设置为钻石级(永久1+1)、金级(虚拟环+MESH)、银级(重路由)等不同业务模式。

(2) 吉林铁通采用Ciena的CoreDirector及CI设备组成了10个节点的省内骨干传送网。

(3) 北京通信采用上海贝尔阿尔卡特的1678MCC，在城域传送网的核心层面8个节点构建了ASON网状网，利用软永久连接(SPC)灵活建立通道，使用了保护与恢复相接合(Protection Restoration Combined, PRC)、子网连接保护(Sub-Network Connection Protection, SNCP)、单节点实现MS-SPRing和分布式恢复功能，通过统一网管实现端到端的从多业务传送平台(MSTP)节点，跨越ASON网络的业务调度。

(4) 北京电信采用Alcatel 1678设备在城域核心网组建网状网，提供构建智能光网络解决方案，初期规模为7台1678 MCC设备。

(5) 江苏电信开通省级骨干智能光网络，采用了26套LambdaUnite MSS覆盖全省13个地市节点，利用Navis OMS光网络管理系统同时实现传统组网方式和分布式智能组网的混合管理。

## 10.2 国外光网络应用概况

光网络已成为国际和国内在光纤通信领域内的研究重点和应用热点，以美国、欧洲、日本为代表的许多发达国家和地区对此投入了大量的人力、物力，现已取得了很大的进展。在高速光传输方面，目前已实现了10.96 Tb/s(274波×40 Gb/s)的实验系统；在超长距离传输方面，已达到了4000 km无电中继的技术水平；在光网络方面，“美国光网络技术协会试验网(Optical Network Technology Consortium, ONTC)”、“多波长网络(Multi-wavelength Optical NETworking, MONET)”、“国家透明光网络(National Transparent Optical Network, NTON)”、“泛欧光子传送网(Pan-European phOtonic Transport Overlay Network, PHOTON)”、“泛欧光网(OPEN, Optical Pan-European Network)”、“光通信网管理(MOON)”、“光城域通信网(MTON)”、“波长捷变传送接入网(WOTAN)”和“社团光纤骨干网(COBNET)”等一系列光网络研究项目的相继启动、实施与完成，为下一代宽带信息网络，尤其是为承载未来IP业务的下一代光通信网络奠定了良好基础。

### 10.2.1 国外光网络试验网示例

#### 1. 美国全光试验网(AON)

AON是由美国全光网络联盟(成立于1993年)组织进行的，获得DARPA资助，建立在波士顿地区，参加单位有AT&T、贝尔实验室、MIT和DEC等。参加单位在各自所在地建立一个网络节点，将其联网，并分别进行电路交换业务和分组交换业务的实验。网络有3个节点、20个信道、每信道速率在10 Mb/s～10 Gb/s之间不等。网络所传输的数据不经过任何电—光—电的转换，是真正的全光网，其网络拓扑如图10-7所示。

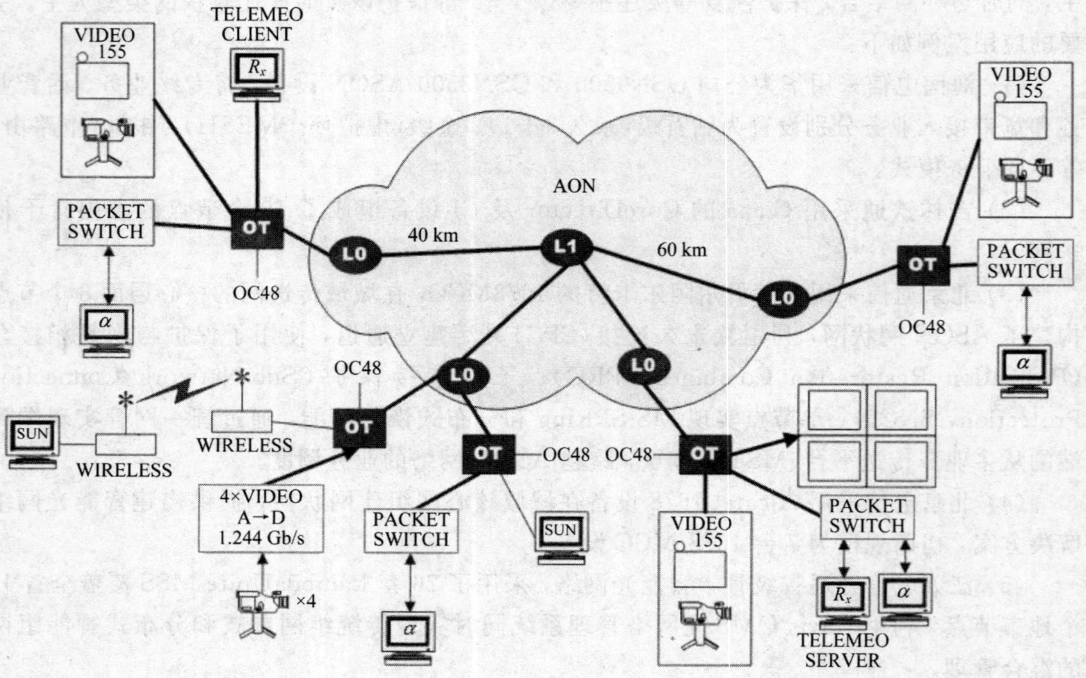


图10-7 AON的网络拓扑

网络分为三层结构：0层(局域网)、1层(城域网)、2层(广域网)，如图10-8所示。光节点由基于星型耦合器和波导光栅路由器构成。11个光终端连接到6个0层节点，再连接到3个1层节点。20个波长中，一半分配给局域网，另一半分配给城域网和广域网共享。

**2. 美国多波长光网络(MONET)**

MONET(多波长光网络)试验网是由美国工商业联合会发起研制的，参加成员有AT&T、Bellcore、Lucent科技、亚特兰大Bell、Bellsouth、SBC、国家安全部、海军研究实验室及国防部DARPA等。

1) MONET概述

MONET试验在新泽西州(New Jersey)和华盛顿特区(Washington DC)两个地区进行，集中于本地交换网和长距离网络，力图通过试验在整个国家范围内实现多波长光网络的关键技术和系统演示，以形成一个工业化的建议给商业界和政府参考。

MONET场地试验包括MONET New Jersey网、Washington DC网，以及连接两个本地网的多波长的长距离光纤网3个部分，如图10-9所示。

MONET场地试验进行如下演示：在局域和广域范围内运行透明的WDM光联网；利用光交叉互联，实现网络重构、网络管理和控制、网络在客户和国防服务方面的应用。

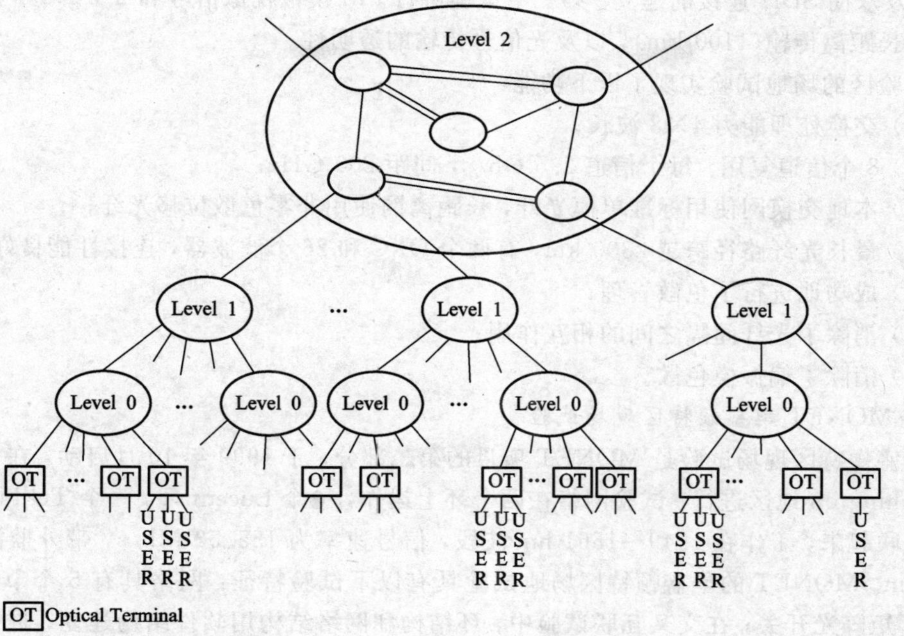


图 10-8　AON 的网络分层结构

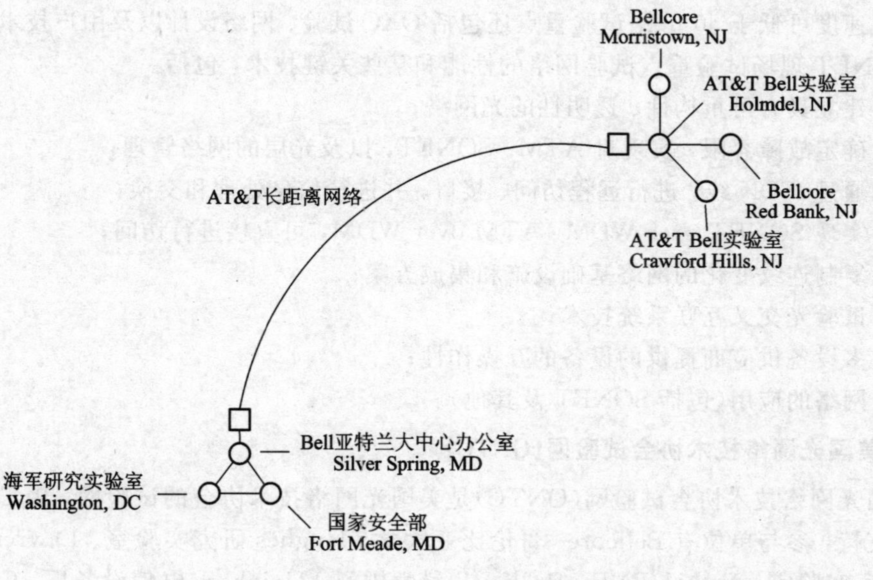


图 10-9　MONET 场地试验

2) MONET 新泽西场地试验

MONET 新泽西场地试验的重点是网络的可扩展性、透明性、可重构性和互操作性，目标是在一个国家规模的网络基础上去分析网络的性能特点。

开发研究工作在 3 个试验区进行，并相互连接起来。即 Bellcore 的本地交换试验区；Lucent 的波长可选择的 OXC 试验区；Lucent/AT&T 长距离试验区。第一个试验是进行试验区之间的连接，1997 年 2 月启动。第二个试验进行连接的建立、管理软件的互操作性，以及双向 SDH 连接的建立。第三个试验进行 FM 模拟视像信号和 2.5 Gb/s 数据信号的共网长距离传输(1100 km)，以及光信号传输的透明性。

试验区的场地试验实现了以下功能：

(1) 交换处理能力 4×8 波长；

(2) 8 个信道复用，每个信道 2.5 Gb/s，间距 200 GHz；

(3) 本地交换网使用标准单模光纤，长距离网使用非零色散位移光纤；

(4) 最长光纤路径跨越 2300 km，有两个 OXC 和 26 个滤波器，连接性能良好；

(5) 成功地进行了色散管理；

(6) 消除了光纤间隔之间的相互作用；

(7) 消除了偏振模色散。

3) MONET 华盛顿特区现场试验

华盛顿特区现场试验是 MONET 项目的第二部分，于 1999 年 10 月启动，在华盛顿特区 Washington 地区进行。试验网络在两个环上运作，一个 Lucent 环，一个 Tellium 环，将两者互联起来，工作在 1549～1561 nm 波段，信号速率为 155.52 Mb/s，带外监测信道为 1510 nm。MONET 的华盛顿特区场地试验具有以下试验特征：网络具有 5 个节点；采用 16×16 矩阵光开关；在交叉互联试验中，环结构和网络结构用软件结构建立；进行两种网络结构试验，即内部连接环结构和网络结构；网络具有低的比特误码率；对波长透明，对速率透明；信道隔离大于 50 dB，重构时间低于 15 ms。预计光开关的规模每年可以翻一番，恢复速度可低于 50 ms。试验重点还包括 OXC 试验、网络设计以及用户技术规范等。

MONET 现场试验重点试验网络的性能和某些关键技术，包括：

(1) 建立具有可重构性、透明性的光网络；

(2) 确定故障容限，实现对 ATM、SONET，以及光层的网络管理；

(3) 通过 ISDN 线，进行远程访问、接口，并进行信息处理和交换；

(4) 实现 SONET over WDM，ATM over WDM，可直接进行访问；

(5) 复制连续变化的网络基础设施和集成方案；

(6) 试验光交叉互联系统技术；

(7) 多设备供应商提供的设备的互操作性；

(8) 网络的应用(包括 SONET 及其他)。

**3. 美国光网络技术协会试验网(ONTC)**

美国光网络技术协会试验网(ONTC)是美国光网络技术协会的试验网，由 DARPA 给予资金支持，参与单位有 Bellcore、哥伦比亚大学、Hughes 研究实验室、Lawrence Livermore 国家实验室、Nortel/BNR、Rockwell 科学中心、Uniphase 电信设备厂、Case Western Reserve 大学以及联合技术研究中心。

ONTC 结构如图 10-10 所示，由两个单模光纤环构成，两个环之间采用 2×2 波长路由开关组成的 OXC。每个环都有两个 OADM，每个 OADM 都和 1 个接入节点相连。光纤链路中使用了 EDFA，共有 6 个 EDFA。

试验分两期进行，第一期实现 4 个波长复用，每信道传输速率为 155 Mb/s；第二期实现 8 个波长复用，每信道传输速率为 2.5 Gb/s。

第一期工程，节点通过多波长开关与光网络连接，两个光纤环之间由波长路由开关连

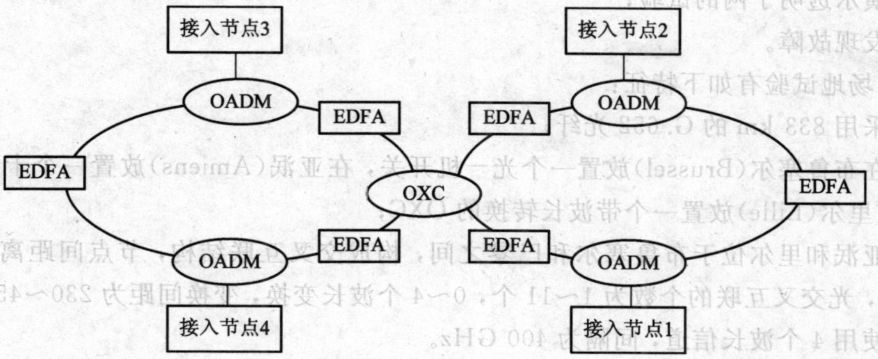


图 10-10　ONTC 网络结构

接，使网络具有动态重构功能。网络试验具有以下特征：

(1) 网络工作于 1544～1560 nm 波长，有 4 个波长信道，波长间隔为 4 nm；

(2) 每个波长信道传输 SONET/ATM 信道，速率为 155 Mb/s；

(3) 波长路由交换通过 2×2 的波长路由开关实现；

(4) 4 个信道的光源采用集成激光器阵列；

(5) 4 个信道的接收采用光电集成接收器阵列；

(6) 采用 EDFA 和 WDM 交换机(即 OXC)级联；

(7) 演示副载波调制的模拟视频信道传输；

(8) 具有完整的网络管理和控制软件。

第二期 WDM 全光网工程实现 8 个波长，每波长信道速率为 2.5 Gb/s，并提升至 10 Gb/s，突出实用化和工程化，其试验特征为：

(1) 网络工作于 1544～1560 nm 波长；

(2) 波长数目为 4 波长、8 波长；

(3) 波长间隔为 2 nm、4 nm；

(4) 每信道速率为 2.5 Gb/s；

(5) 用声光可调谐滤波器(AOTF)实现波长选择和波长路由，完成光分插复用功能；

(6) 使用 2×2 光学机械开关，实现波长选择的 OXC 的交换功能；

(7) 使用多波长发射模块；

(8) 利用副载波复用；

(9) 完善、实用的网络管理和控制软件。

ONTC 在网络设计、业务集成、新型器件等方面的试验，特别是多波长激光器阵列、集成的多信道接收机、OXC、OADM、掺铒光纤放大器(EDFA)、ATM 交换机、SONET 终端及多业务运行和网络的可重构性等方面，都取得了较成功的经验。

**4. 泛欧光网(OPEN)**

泛欧光网(OPEN)试验网是一个全欧洲的高速光纤网络，场地试验构建在挪威和丹麦之间及在法国和比利时之间的光纤链路上。

(1) 场地试验目标：

① 在 G.652 光纤上传输速率 2.5 Gb/s 的数据流；

② 演示透明子网的试验；

③ 发现故障。

(2) 场地试验有如下特征：

① 采用 833 km 的 G. 652 光纤；

② 在布鲁塞尔(Brussel)放置一个光－机开关，在亚泯(Amiens)放置一个十字形光纤开关，在里尔(Lille)放置一个带波长转换的 OXC；

③ 亚泯和里尔位于布鲁塞尔和巴黎之间，构成交叉互联结构，节点间距离为 262～1713 km，光交叉互联的个数为 1～11 个，0～4 个波长变换，变换间距为 230～456 km；

④ 使用 4 个波长信道，间隔为 400 GHz。

(3) OPEN 的性能评价：

① 对最长的光纤路径(1700 km)且具有 4 个波长变换的系统试验，观察到的误码率为 $10^{-12}$；

② 完成了网络恢复试验，恢复时间取决于交换的方向，为 25～50 ms；

③ 实现操作和管理包括自动网络重构、性能管理、故障管理，并进一步拓宽管理范围。

(4) 场地试验的主要结论如下：

① 成功地演示了长距离传输和 OXC 级联性能；

② OXC 节点可以实现虚波长通道路由方案；

③ 实现了全波长变换；

④ OXC 具有好的可靠性和稳定性；

⑤ 物理层能有效地支持网络运行；

⑥ OPEN 场地试验为全光网络的实现铺平道路。

**5. 法国的 Alcatel 全光网**

法国的 Alcatel 全光网是具有代表性的 WDM 全光网络，网络由 3 个节点组成，每个节点具有光分插复用功能，并且可以进行波分光交换，所采用的节点结构使得网络具有动态重构的功能。网络的结构示意图如图 10－11 所示。

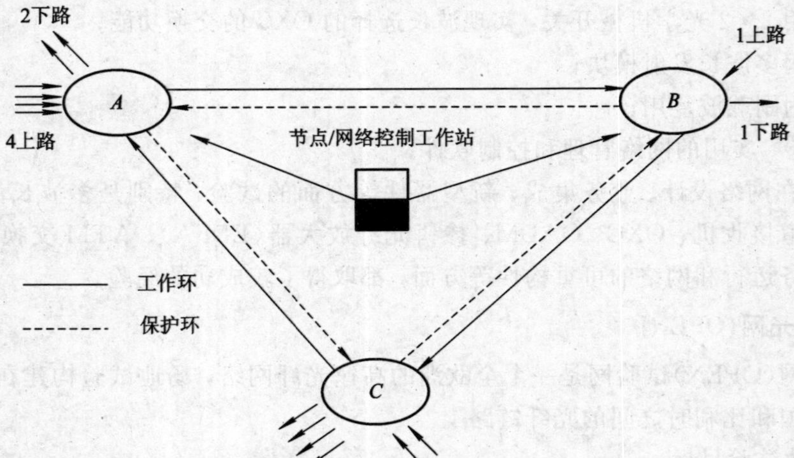


图 10－11　Alcatel 全光网网络结构

(1) 法国的 Alcatel 全光网的主要特点和技术指标如下：

① 具有单向传输的自愈环，节点间由一对单向传输的光纤组成，传输方向相反；

② 具有 3 个节点，每个节点功能齐全，可以实现路数不同的分插复用；

③ 具有 4 个波长信道，间隔为 200 GHz(1.6 nm)，波长范围为 1551.0～1555.8 nm；

④ 系统速率为 2.48832 Gb/s；

⑤ 节点距离为 90 km；

⑥ 光纤类型为 G.652。

(2) 法国的 Alcatel 全光网演示的功能如下：

① 3 个节点之间的传输、光分插复用功能；

② 节点处的波长计划功能；

③ 光纤连接中断时网络的自愈功能；

④ 103 种不同的流量状态下的网络结构和一种回路结构。

该网络最突出的特点是体现了 WDM 全光网的动态重构性，即可以根据网络的流量不同，动态地改变网络的结构，从而适应不同情况下的业务需求，以充分利用网络资源。在节点 *A* 处可以上 4 个波长、下 2 个波长，节点 *B* 处可以各上/下 1 个波长，节点 *C* 处可以上 2 个波长、下 4 个波长。各节点上/下波长数的不同决定了网络的可重构状态的数目。通过网络的控制管理系统，改变实际的上/下路的数目，即可实现网络的动态重构功能，充分体现了 WDM 全光网的灵活性。

该网络节点的最大优点是能使网络的管理和控制比较灵活，适应复杂的网络状态的需要，容易实现网络的重构性；最大的缺点是损耗比较大，需要 EDFA 补偿损耗。但是从现阶段的器件条件和实际通信网的条件来看，它是一种能很快实用化的网络节点结构。

由于网络的业务变化比较复杂，网络的管理和控制也比较复杂。法国的 Alcatel 全光网演示的网络管理和控制是通过计算机实现的，通过图形界面进行交互式地构建网络的结构，以及演示网络的可重构性。

法国的 Alcatel 全光网是一个功能比较齐全、结构比较灵活的网络，但它仅是一个环型网，不具备与外环耦合的功能，即没有 OXC 节点，因而有一定的局限性。

### 10.2.2　国外电信运营商的光网络应用情况

随着 ASON 技术的逐步发展，国内外的运营商开始在其网络中逐步部署 ASON 网络或者构建实验网。国外的应用主要是集中在省际骨干网络中，有些宣称在城域或地区网络的骨干层投入了使用。从公开报道的资料来看，网络拓扑以网状网为主，承载的业务还是语音和数据或两者兼而有之，保护恢复的方式初期以 1+1 为主和少量恢复，逐步过渡到以动态恢复为主。从实际应用来看，主要还是解决了网络的生存性和安全性的问题，同时提高了网络资源利用率。主要应用案例如下：

(1) 最早由 AT&T 采用 Ciena CoreDirector 的 ASON 设备在美国部署了 150 多个节点，覆盖了核心骨干和地区骨干网络，组成 ASON 网络，承载语音和数据业务，初期采用 1+1 和动态恢复等业务等级，据称目前已经全部采用了动态恢复业务。

(2) 日本 NTT 骨干网络部署了 40 个节点 Sycamore 设备组成的 ASON 网络，以承载语音和数据业务。

(3) 欧洲 Vodafone 部署了 79 个物理节点的 Sycamore SN16000 ASON 网络。主要承载 2G 语音和数据、3G 业务及信令，采用了 1+1 和动态恢复的业务等级，据称现在已经全部应用了动态恢复业务。

(4) 360Networks 的北美洲最大的网状网之一，共 39 个节点，采用了 Lucent 的 LambdaUnite，跨越 5300 km，覆盖 60 多个美国和加拿大的城市，提供语音业务，IP 业务和透明以太网业务，70%业务采用 1+1 保护，其余业务采用网状网恢复或无保护。

(5) Telemar 是拉美第一大固网运营商，为解决网络安全性问题而引入 ASON。一期采用华为 OSN9500 覆盖巴西的 7 个大城市，组成灵活的 MESH 网，主要提供数据专线业务和少量语音业务，采用永久 1+1，虚拟环+MESH，重路由功能，二期增加了其他厂家的 4 个节点，三期增加了 12 个节点，分布在 8 个城市。

## 10.3 长距离光网络个案研究

本节将考察一个北美长距离骨干网络设计实例，其使用图 10-12 所示的网络拓扑结构。主要考察使用长距离(LH)系统和超长距离(ULH)系统的情况，也考察了不同类型的保护结构的优势。

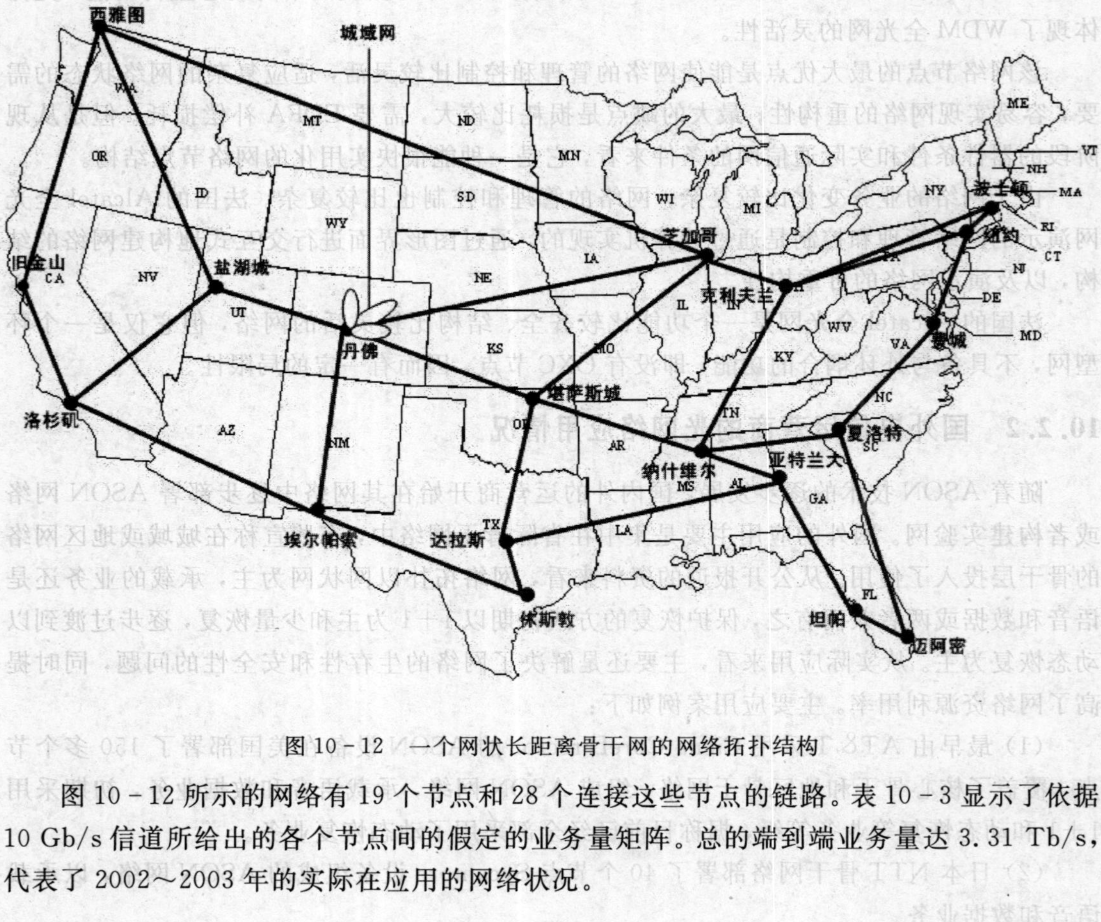


图 10-12 一个网状长距离骨干网的网络拓扑结构

图 10-12 所示的网络有 19 个节点和 28 个连接这些节点的链路。表 10-3 显示了依据 10 Gb/s 信道所给出的各个节点间的假定的业务量矩阵。总的端到端业务量达 3.31 Tb/s，代表了 2002～2003 年的实际在应用的网络状况。

**表 10－3　长距离网状网络个案研究中的业务量矩阵**

| 节点数目 | 节点名称 | 目的节点数目 | | | | | | | | | | | | | | | | | | | 总业务量 |
|---|---|---|---|---|---|---|---|---|---|---|---|---|---|---|---|---|---|---|---|---|---|
| | | 1 | 2 | 3 | 4 | 5 | 6 | 7 | 8 | 9 | 10 | 11 | 12 | 13 | 14 | 15 | 16 | 17 | 18 | 19 | |
| 1 | 西雅图 | 0 | 2 | 2 | 2 | 2 | 1 | 2 | 3 | 3 | 1 | 3 | 3 | 2 | 1 | 3 | 3 | 2 | 3 | 3 | 41 |
| 2 | 旧金山 | 0 | 0 | 3 | 2 | 3 | 3 | 3 | 3 | 2 | 1 | 1 | 1 | 1 | 1 | 1 | 2 | 3 | 2 | 1 | 35 |
| 3 | 洛杉矶 | 0 | 0 | 0 | 1 | 1 | 2 | 3 | 1 | 1 | 3 | 1 | 2 | 1 | 3 | 1 | 1 | 3 | 1 | 3 | 33 |
| 4 | 盐湖城 | 0 | 0 | 0 | 0 | 2 | 1 | 1 | 3 | 2 | 1 | 2 | 3 | 1 | 2 | 1 | 2 | 2 | 3 | 1 | 32 |
| 5 | 埃尔帕索 | 0 | 0 | 0 | 0 | 0 | 1 | 2 | 3 | 2 | 2 | 3 | 2 | 1 | 1 | 3 | 2 | 1 | 2 | 1 | 34 |
| 6 | 丹佛 | 0 | 0 | 0 | 0 | 0 | 0 | 2 | 2 | 3 | 2 | 1 | 3 | 2 | 2 | 3 | 1 | 1 | 2 | 2 | 34 |
| 7 | 休斯敦 | 0 | 0 | 0 | 0 | 0 | 0 | 0 | 1 | 2 | 3 | 2 | 3 | 3 | 3 | 3 | 2 | 3 | 2 | 1 | 41 |
| 8 | 达拉斯 | 0 | 0 | 0 | 0 | 0 | 0 | 0 | 0 | 1 | 2 | 1 | 3 | 1 | 2 | 1 | 3 | 1 | 1 | 1 | 33 |
| 9 | 堪萨斯城 | 0 | 0 | 0 | 0 | 0 | 0 | 0 | 0 | 0 | 1 | 2 | 3 | 3 | 1 | 1 | 2 | 3 | 1 | 1 | 35 |
| 10 | 芝加哥 | 0 | 0 | 0 | 0 | 0 | 0 | 0 | 0 | 0 | 0 | 1 | 3 | 2 | 2 | 3 | 3 | 3 | 3 | 1 | 36 |
| 11 | 纳什维尔 | 0 | 0 | 0 | 0 | 0 | 0 | 0 | 0 | 0 | 0 | 0 | 2 | 3 | 3 | 1 | 2 | 2 | 3 | 1 | 34 |
| 12 | 亚特兰大 | 0 | 0 | 0 | 0 | 0 | 0 | 0 | 0 | 0 | 0 | 0 | 0 | 2 | 1 | 2 | 3 | 1 | 1 | 2 | 40 |
| 13 | 坦帕 | 0 | 0 | 0 | 0 | 0 | 0 | 0 | 0 | 0 | 0 | 0 | 0 | 0 | 3 | 2 | 1 | 2 | 2 | 3 | 35 |
| 14 | 迈阿密 | 0 | 0 | 0 | 0 | 0 | 0 | 0 | 0 | 0 | 0 | 0 | 0 | 0 | 0 | 2 | 1 | 2 | 2 | 1 | 33 |
| 15 | 夏洛特 | 0 | 0 | 0 | 0 | 0 | 0 | 0 | 0 | 0 | 0 | 0 | 0 | 0 | 0 | 0 | 1 | 1 | 1 | 2 | 32 |
| 16 | 费城 | 0 | 0 | 0 | 0 | 0 | 0 | 0 | 0 | 0 | 0 | 0 | 0 | 0 | 0 | 0 | 0 | 2 | 1 | 1 | 33 |
| 17 | 纽约 | 0 | 0 | 0 | 0 | 0 | 0 | 0 | 0 | 0 | 0 | 0 | 0 | 0 | 0 | 0 | 0 | 0 | 2 | 3 | 37 |
| 18 | 波士顿 | 0 | 0 | 0 | 0 | 0 | 0 | 0 | 0 | 0 | 0 | 0 | 0 | 0 | 0 | 0 | 0 | 0 | 0 | 2 | 34 |
| 19 | 克利夫兰 | 0 | 0 | 0 | 0 | 0 | 0 | 0 | 0 | 0 | 0 | 0 | 0 | 0 | 0 | 0 | 0 | 0 | 0 | 0 | 40 |

注：表中所显示的业务量依据在这个业务量矩阵的右上方三角中的、节点对之间 10 Gb/s 的波长数目来确定。

设计过程的第一步是对端到端的业务量进行路由选择，并且决定工作容量和保护容量的需求量。实际设计中，需利用特定的、功能强大的算法来完成此步骤，但是在这个个案研究中仅使用一种相当简单的算法。对于1+1保护方法而言，计算一对工作路径和保护路径，其中节点是不相交的，也就是说并没有任何的中间节点(以及链路)被共用。这就确保了在沿着工作路径的一个节点或者链路失效时，保护路径是可用的。通常将工作路径选择为端节点之间的最短长度的路径。为了针对一对给定的端节点来计算保护路径，删除了在工作路径上位于这两个节点之间的中间节点，并且计算由此导致的拓扑结构下的最短路径。

为了共享网状的保护，在这种1+1保护的情况下，使用了相同的工作和保护路径。然而，并不需要为每一个路径单独分配保护容量，相反，仅仅提供在一个单个的链路失效影响下对工作路径进行重新路由选择所需要的保护容量。为了实现这一目的，针对每一个可能的链路失效，计算了链路上所需要的保护容量，并且选择其中的最大值。

根据上面讨论的路由选择和容量分配的结果，表 10－4 给出了假定的链路距离，以及在每一个链路上所需的 10 Gb/s 的波长数。尽管在任何一对节点之间所通过的端到端的业务量需求不超过 30 Gb/s(即 3 个 10 Gb/s 的波长)，还是有几个链路承载超过了 100 个波长(或者等效于超过 1 Tb/s 容量)。例如，丹佛与堪萨斯城之间的链路承载 77 个工作波长和 78 个保护波长(在 1＋1 保护的情况下)，或者 41 个保护波长(在共享的网状保护情况下)。在这些链路中，最终将使用多个并行的 WDM 系统来满足容量的要求。

**表 10－4　在图 10－12 所示的拓扑结构情况下的链路距离、工作容量和保护容量**

| 链　　路 | 长度/km | 工作容量 | 保护容量/1＋1 | 保护容量/共享网状 |
|---|---|---|---|---|
| 西雅图－旧金山 | 1235 | 4 | 43 | 33 |
| 旧金山－洛杉矶 | 616 | 35 | 12 | 10 |
| 西雅图－盐湖城 | 1251 | 25 | 35 | 16 |
| 洛杉矶－盐湖城 | 1073 | 44 | 37 | 22 |
| 西雅图－芝加哥 | 3146 | 12 | 39 | 39 |
| 盐湖城－丹佛 | 693 | 91 | 28 | 14 |
| 洛杉矶－埃尔帕索 | 1294 | 14 | 54 | 52 |
| 埃尔帕索－丹佛 | 1011 | 21 | 77 | 37 |
| 丹佛－芝加哥 | 1657 | 45 | 27 | 18 |
| 丹佛－堪萨斯城 | 999 | 77 | 78 | 41 |
| 埃尔帕索－休斯敦 | 1213 | 19 | 71 | 35 |
| 休斯敦－达拉斯 | 409 | 44 | 46 | 30 |
| 达拉斯－堪萨斯城 | 805 | 42 | 50 | 15 |
| 达拉斯－亚特兰大 | 1305 | 19 | 43 | 26 |
| 堪萨斯城－纳什维尔 | 873 | 68 | 102 | 80 |
| 堪萨斯城－芝加哥 | 750 | 26 | 61 | 29 |
| 纳什维尔－亚特兰大 | 388 | 63 | 47 | 14 |
| 亚特兰大－坦帕 | 742 | 48 | 30 | 14 |
| 坦帕－迈阿密 | 370 | 33 | 45 | 25 |
| 迈阿密－夏洛特 | 1183 | 14 | 64 | 48 |
| 纳什维尔－夏洛特 | 598 | 30 | 108 | 47 |
| 夏洛特－费城 | 814 | 18 | 74 | 47 |
| 纳什维尔－克利夫兰 | 816 | 27 | 87 | 35 |
| 波士顿－克利夫兰 | 1020 | 26 | 11 | 8 |
| 纽约－克利夫兰 | 751 | 50 | 59 | 22 |
| 费城－纽约 | 165 | 35 | 57 | 25 |
| 纽约－波士顿 | 343 | 8 | 29 | 25 |
| 芝加哥－克利夫兰 | 546 | 89 | 51 | 46 |

假定19个节点中的每一个节点拥有一个或者多个电交叉互联器。交叉互联器在此节点终止所有的业务量，包括在这个节点处直通的业务量，也包括在这个节点处被插入/分下的业务量。表10-5给出了1+1保护和共享网状保护情况下，所需要的交叉互联器的端口数目。每一个节点需要几百个这样的端口。对于1+1保护，最大的节点是纳什维尔，拥有566个端口，处理5.66 Tb/s的业务量。对于共享的网状保护，最大的节点是堪萨斯城，拥有413个端口，处理4.13 Tb/s的业务量。

**表10-5　在1+1保护和共享网状保护情况下，在19个节点中每一个节点处所需的交叉互联器的端口数目**

| | | 1+1保护 | | 共享网状保护 | |
|---|---|---|---|---|---|
| 节点 | 插入/分下λ | 直通λ | 总端口 | 直通λ | 总端口 |
| 西雅图 | 41 | 76 | 199 | 88 | 170 |
| 旧金山 | 35 | 24 | 129 | 47 | 117 |
| 洛杉矶 | 33 | 130 | 229 | 144 | 210 |
| 盐湖城 | 32 | 196 | 292 | 180 | 244 |
| 埃尔帕索 | 34 | 188 | 290 | 144 | 212 |
| 丹佛 | 34 | 376 | 478 | 310 | 378 |
| 休斯敦 | 41 | 98 | 221 | 87 | 169 |
| 达拉斯 | 33 | 178 | 277 | 143 | 209 |
| 堪萨斯城 | 35 | 434 | 539 | 343 | 413 |
| 芝加哥 | 36 | 278 | 386 | 264 | 336 |
| 纳什维尔 | 34 | 464 | 566 | 330 | 398 |
| 亚特兰大 | 40 | 170 | 290 | 144 | 224 |
| 坦帕 | 35 | 86 | 191 | 85 | 155 |
| 迈阿密 | 33 | 90 | 189 | 87 | 153 |
| 夏洛特 | 32 | 244 | 340 | 172 | 236 |
| 费城 | 33 | 118 | 217 | 92 | 158 |
| 纽约 | 37 | 164 | 275 | 129 | 203 |
| 波士顿 | 34 | 6 | 108 | 34 | 102 |
| 克利夫兰 | 30 | 340 | 430 | 269 | 329 |

注：在1+1保护中，每一个插入/分下波长占用三个交叉互联器端口，一个为本地插入/分下所用，一个在工作路径上，一个在保护路径上，直通业务量并不在本地节点终止。在共享网状保护中，每一个插入/分下的波长占用一个端口，用于本地插入/分下，占用一个附加端口，用于工作路径。直通端口包括承载所有通过这个节点的工作业务量的那些端口，也包括所有留作共享保护的端口。

设计过程中的第二步是对网络进行成本上的预算，预算是基于在所有场地配备的设备类型和数量。表10-6给出了在此研究个案中所设定的长距离(LH)和超长距离(ULH)系统，及其所使用的交叉互联器的容量和成本。

**表 10－6 用于骨干网研究的设备的特性**

| | |
|---|---|
| LH 系统 | |
| 每个系统的波长数目 | 80 |
| 中继器之间的跨距 | 6×80 km(总共 640 km) |
| 终端公用设备费用 | ＄200 |
| 10 Gb/s 转发器的费用 | ＄60 |
| 中继器公用设备费用 | ＄200 |
| 10 Gb/s 中继器费用 | ＄100 |
| 放大器费用 | ＄200 |
| ULH 系统 | |
| 每个系统的波长数目 | 60 |
| 中继器之间的跨距 | 25×80 km(总共 2000 km) |
| 终端公用设备费用 | ＄200 |
| 10 Gb/s 的转发器的费用 | ＄75 |
| 中继器公用设备费用 | ＄200 |
| 10 Gb/s 中继器费用 | ＄125 |
| 放大器费用 | ＄240 |
| 交叉互联器 | |
| 10 Gb/s 的端口的数目 | 128 |
| 公用设备费用 | ＄300 |
| 每一个 10 Gb/s 的端口的费用 | ＄40 |

注：表中所有费用以千美元为单位。ULH 放大器和转发器的价格要比 LH 放大器和转发器的价格高，且 ULH 系统比 LH 系统使用的波长少。对于终端(包括转发器)、中继器以及交叉互联器，都有公用设备费用，此外还包括装备每个端口的费用。例如，一个装备 10 个转发器的 LH 终端费用为＄800，000，而一个装备两个端口的交叉互联器的费用则为＄380，000。

表 10－7 给出为了支持如表 10－4 所示的链路距离和容量，所需要的不同类型的 LH 和 ULH 设备以及交叉互联器的数量。图 10－13 以图表的形式显示了相应的网络费用，并且说明了网络费用是怎样随着不同的选择而变化的，也包括在各种元器件之间的费用分解。可以观察到 ULH 和网状保护费用节省，另外较之于转发器/中继器和交叉互联器，放大器费用相当低。

表 10－7　LH 系统和 ULH 系统所需要的各类设备的数目

| 器　　件 | 数　　量 | | | |
|---|---|---|---|---|
| | 1＋1 保护 | | 共享网状保护 | |
| | LH | ULH | LH | ULH |
| 放大器 | 364 | 487 | 275 | 413 |
| 转发器 | 4984 | 4984 | 3754 | 3754 |
| 终端公用设备 | 75 | 96 | 59 | 77 |
| 中继器 | 1866 | 51 | 1432 | 51 |
| 中继器公用设备 | 33 | 1 | 24 | 1 |
| 交叉互联器端口 | 5646 | 5646 | 4416 | 4416 |
| 交叉互联器公用设备 | 55 | 55 | 43 | 43 |

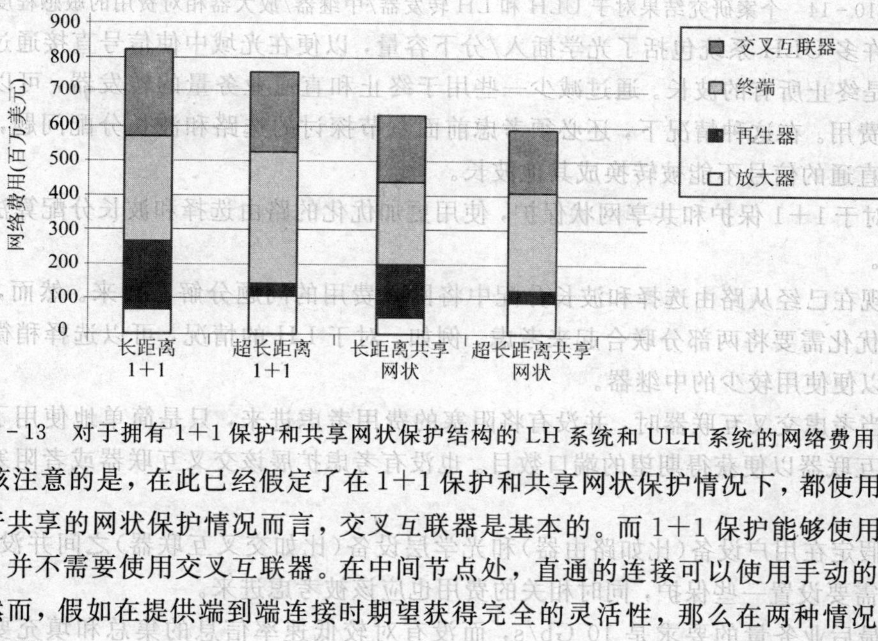


图 10－13　对于拥有 1＋1 保护和共享网状保护结构的 LH 系统和 ULH 系统的网络费用的分解

应该注意的是，在此已经假定了在 1＋1 保护和共享网状保护情况下，都使用交叉互联器。对于共享的网状保护情况而言，交叉互联器是基本的。而 1＋1 保护能够使用转发器直接执行，并不需要使用交叉互联器。在中间节点处，直通的连接可以使用手动的接线板来接合。然而，假如在提供端到端连接时期望获得完全的灵活性，那么在两种情况下都需要交叉互联器。

上述个案研究的结果严格地取决于不同类型的设备的相关费用和容量，也取决于所使用的路由选择算法。例如，在此假定较之于 LH 放大器和转发器而言，ULH 放大器和转发器与 LH 相比有较低的附加费用，而且波长数目也有少量降低。但是如果 LH 和 ULH 的相对费用发生了变化，这个个案研究的结论也可能有非常大的变化。图 10－14 所示为 LH 和 ULH 方案的相对费用曲线。

这里仅涉及到了影响网络设计的一些问题。当设计一个更加实际的网络时，大量的附加因素也必须考虑，包括：

(1) 可以通过在较短的链路上使用 LH 系统，而在较长的链路上使用 ULH 系统来进一步对费用进行优化。

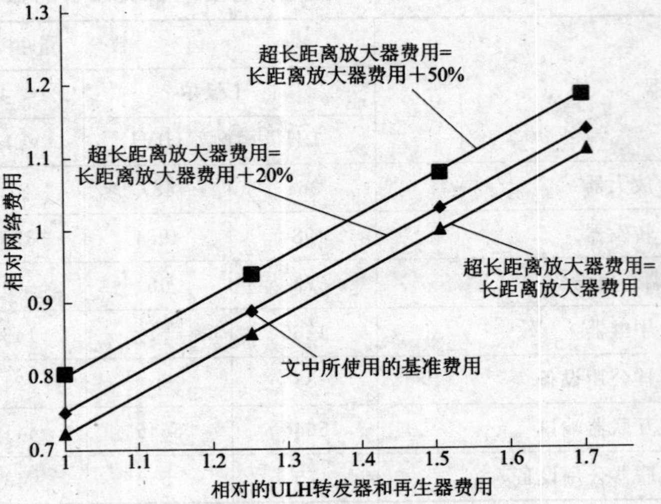


图 10-14　个案研究结果对于 ULH 和 LH 转发器/中继器/放大器相对费用的敏感程度

(2) 许多 ULH 系统包括了光学插入/分下容量，以便在光域中使信号直接通过中间节点，而不是终止所有的波长。通过减少一些用于终止和直通业务量的转发器，可以降低相关节点的费用。在这种情况下，还必须考虑前面章节探讨的选路和波长分配问题，因为以光学方式直通的信号不能被转换成其他波长。

(3) 对于 1+1 保护和共享网状保护，使用更加优化的路由选择和波长分配算法将会使费用降低。

(4) 现在已经从路由选择和波长分配中将网络费用的问题分解了出来。然而，更进一步的费用优化需要将两部分联合起来考虑。例如，对于 LH 的情况，可以选择稍微长一些的路径，以便使用较少的中继器。

(5) 当考虑交叉互联器时，并没有将阻塞的费用考虑进来，只是简单地使用了所需数量的交叉互联器以便获得期望的端口数目。也没有考虑扩展该交叉互联器或者阻塞引起的费用。

(6) 假定在用户设备(比如路由器)和光学层设备(比如交叉互联器)之间并没有保护。实际上却需要设置一些保护，同时相关的费用也应该被考虑进来。

(7) 最后业务量的要求是 10 Gb/s，而没有对较低速率信息的集总和填充要求进行处理。

## 10.4　城域环网的个案研究

城域网可以被分为城域接入网和城域局间网两个部分。城域接入网从运营商的中心(交换)局扩展到该运营商的用户位置，用于将用户的信息收集到该运营商的网络之中。城域局间网络则位于运营商和中心(交换)局之间。今天的接入网一般由直径为几千米到几十千米的环组成，业务量主要通过(网络)集线器的方式进入中心(交换)局。而局间网络趋向于在场地之间具有几千米到几十千米的距离，业务量则趋向于是更加分布式的。

虽然由于涉及的传输跨度短，在城域网中 WDM 链路的优势有所下降。然而一些并非纯粹的容量增长方面的原因，驱动了 WDM 在城域网络中的应用。城域网运营商需要为其用户提供各种不同类型的连接。服务组合包括专线服务、统计复用类型的服务(帧中继、ATM、IP)、千兆位以太网、企业串行连接(ESCON)以及光纤信道。在很多情况下，这种服务组合通过使用一组重叠的网络来支持，其中每一个网络支持一种不同的服务类型。这些重叠的网络理想地通过使用一个单个的低层结构来实现。由于其透明性的本质，WDM 网络成为了实现这个目的的一种更好的低层结构。

另一方面，较之于长距离网络，在城域网中的业务量分布的变化更快。这就导致了能够快速地重新安排网络容量的需求，并且要求这种重新安排的效率要比较高。可重新配置的 WDM 网络允许根据需要，以一种有效的方式来提供容量。

在城域网中应用 WDM 技术的一个主要动机是满足大企业互联它们的数据中心的需要。这些数据中心通常距离几千米到几十千米，所有的业务在两个场地都会反映出来。这就允许当一个数据中心发生失效事件时，该企业可以迅速地从失效事件中恢复。对此也可能有其他的原因，比如在一个位置的房产成本要比另一个位置更低。外围的设备，比如大容量磁盘可以被放置在一个房产较便宜的场地，这样的应用对带宽的需求是很高的。在这些数据中心的大型主机需要被几百条信道互联，每一个信道的速率都高达 1 Gb/s。此外，它们还使用不同类型的协议和比特率，这两个因素使得 WDM 对于这些类型的网络而言是非常有吸引力的。

鉴于业务量的本质特征，以及在这些网络中拥有大量直通的业务量的特点，使用拥有光分插复用器的 WDM 环网来代替 TDM 环网是一种主要的情况。

下面来详尽地考察升级一个现有城域环网的实际例子。考虑一个四个节点的接入环，它的三个远程节点位于一个(网络)集线器节点中。为了简化起见，假定所有的业务量都位于(网络)集线器节点和远程节点之间，而在远程节点之间并没有业务量存在。假设起初拥有一个工作于 OC－3(155 Mb/s)容量的 SONET 环。假定在这个环中的容量已经被用尽，沿着这个环再没有可用的空闲光纤。有几种不同的方案来升级这个环网。第一个选择是将该环升级到更高的速率，即 OC－12(622 Mb/s)。这需要在所有的节点处代替或者升级 SONET 分插复用器(ADM)。

这是一种 TDM 升级方案。另一种替换的方案是引入 WDM，并且在相同的光纤对上的不同的波长处构建多个“虚拟”环。可以以递增的方式来进行这个过程，即一次只增加一个附加环。例如，可以从增加另一个不同波长的环来连接一个远程节点(需要更多容量的节点，比如说节点 1)和(网络)集线器节点开始，如图 10－15 所示。为了达到这个目的，需要在每一个节点处引入光分插复用器(OADM)，以便分下合适的波长。这些可能是“粗波分”的 OADM，因为原来的环非常有可能工作在 1310 nm，所以将增加的新的环工作于 1550 nm 窗口。假如节点 1 要求有另一个 OC－3 的容量进入(网络)集线器，则需要在节点 1 以及在(网络)集线器处增加附加的分插复用器(ADM)，比如说工作在 OC－3 速率的 SONET 分插复用器(ADM)。需要注意的是，在这种情况下，仅需要增加两个 SONET OC－3 的 ADM。可以通过增加附加的环来继续这个升级的过程，如图 10－16 所示。当增加附加环的时候，需要在节点处配备附加的“密波分”的 OADM，以便分离出用于 1550 nm 波长窗口内的不同波长。

在 WDM 情况下的一个需要注意的关键点是，较之于 TDM 情况，已经存在的 SONET

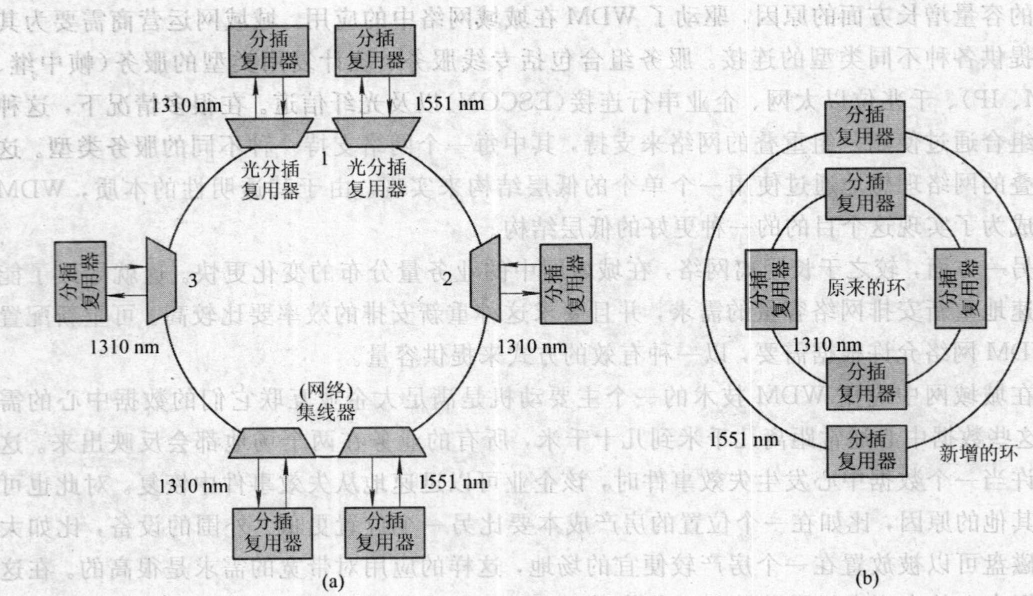


图 10-15 使用 WDM 升级一个四个节点的接入网的示意图

(a) 显示 SONET 分插复用器(ADM)之间连接的物理拓扑结构；

(b) 显示 SONET 分插复用器(ADM)之间连接的光学通道拓扑结构

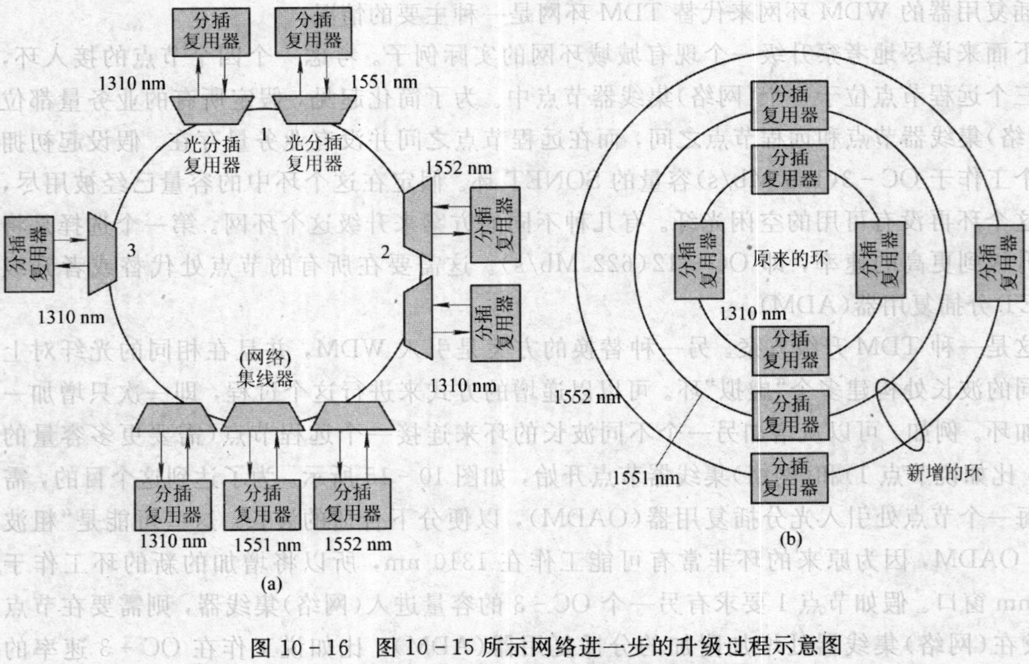


图 10-16 图 10-15 所示网络进一步的升级过程示意图

(a) 显示 SONET 分插复用器(ADM)之间连接的物理拓扑结构；

(b) 显示 SONET 分插复用器(ADM)之间连接的光学通道拓扑结构

设备被保留，而附加的(SONET)硬件仅被加在需要附加容量的那些节点处，需要较少的潜在的先期资本支出。

应该注意的是，相似的升级过程可以被用来将一个 OC-12 的环升级到一个 OC-48

的环，或者将一个 OC－48 的环升级到一个 OC－192 的环。此外，WDM 方法允许灵活地处理在不同波长处的非 SONET 协议，并且能够为将来的发展提供可量测性。例如，一旦一个 OC－3 的环被升级到一个使用 TDM 的 OC－12 环，假如该 OC－12 环用尽了它的容量，其硬件则将不得不被 OC－48 硬件所代替。相反，通过使用 WDM 升级过程，更高比特率的附加波长能够被加入（比如说保持两个已经存在的 OC－12 环，并加入 OC－48 或者 OC－192 环）。因此，较之于 TDM 方法，WDM 方法更适合将来的应用发展。

还有一个关键问题是，从经济方面来看这两种方法哪个更好。这在很大程度上取决于 OADM 相对于 SONET 分插复用器（ADM）的费用。图 10－17 给出了在这个例子中所描述的网络升级的费用（水平线表明了 TDM 的升级过程，倾斜线表明了 WDM 的升级过程），假定设备的费用如表 10－8 所示。三组线路分别相应于从一个 OC－3 环升级到一个 OC－12 环、从一个 OC－12 环升级到一个 OC－48 环，以及从一个 OC－48 环升级到一个 OC－192 环。针对已经假定的费用情况，显示的结果是，在低比特率（OC－3 到 OC－12），进行 TDM 升级更加经济，而在高比特率（OC－48 到 OC－192），进行 WDM 升级可能更加廉价。这些费用很显然将会随着时间的变化，根据 OADM 相对于 SONET 分插复用器（ADM）的费用而发生变化，但是图 10－17 所显示的趋势还将是相同的。

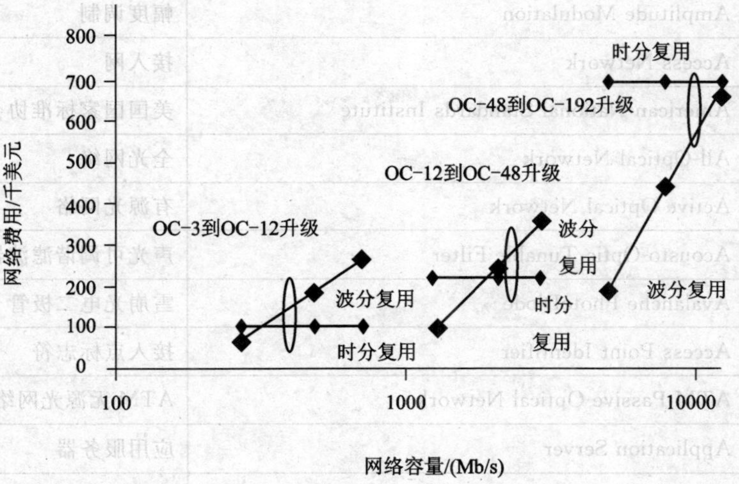


图 10－17　对于 TDM 升级和 WDM 升级相对的网络费用

**表 10－8　针对图 10－17 所假定的设备的费用**

| 设　备 | 无 WDM 接口时的费用（U. S. $） | 有 WDM 接口时的费用（U. S. $） |
|---|---|---|
| OC－3 ADM | | 15,000 |
| OC－12 ADM | 25,000 | 35,000 |
| OC－48 ADM | 60,000 | 80,000 |
| OC－192 ADM | 175,000 | |
| 粗波分 OADM | | 10,000 |
| 密波分 OADM | | 20,000 |

注：由于技术改善，这里列出的所有设备的价格都已经下降，这些数字为 1999/2000 时的价格。

# 附录 缩略语对照表

| | | |
|---|---|---|
| 1 - mWM | 1 - Minimal Weight Matching | 1 -权重最小值匹配 |
| AAL | ATM Adaptation Layer | ATM 适配层 |
| ACR | Access Convergence Router | 接入控制路由器 |
| ACS | Ant Colony System | 蚁群系统 |
| ACSE | Association Control Service Element | 联合控制业务单元 |
| ADM | Add-Drop Multiplexer | 分插复用器 |
| AIS | Alarm Indication Signal | 告警指示信号 |
| ALCP | Adaptive Least-Congested-Path | 自适应最小拥塞路由算法 |
| AM | Amplitude Modulation | 幅度调制 |
| AN | Access Network | 接入网 |
| ANSI | American National Standards Institute | 美国国家标准协会 |
| AON | All-Optical Network | 全光网络 |
| AON | Active Optical Network | 有源光网络 |
| AOTF | Acousto-Optic Tunable Filter | 声光可调谐滤波器 |
| APD | Avalanche PhotoDiode | 雪崩光电二极管 |
| API | Access Point Identifier | 接入点标志符 |
| APON | ATM Passive Optical Network | ATM 无源光网络 |
| App Server | Application Server | 应用服务器 |
| APR | Automatic optical Power Reduction | 自动功率减小 |
| APS | Automatic Protection Switching | 自动保护倒换 |
| ARBAA | Adaptive Routing Based on Ant-Algorithm | 基于蚁群算法的自适应路由算法 |
| ARP | Address Resolution Protocol | 地址解析协议 |
| AS | Autonomous System | 自主系统 |
| ASCPR | Adaptive Shortest-Cost-Path Routing | 自适应最短代价路由算法 |
| ASE | Amplified Spontaneous Emission | 放大的自发辐射 |
| ASE | Application Service Element | 应用服务单元 |
| ASK | Amplitude-Shift Keying | 幅移键控 |
| ASN. 1 | Abstract Syntax Notation 1 | 抽象语法 1 |

续表

| | | |
|---|---|---|
| ASON | Automatic Switched Optical Network | 自动交换光网络 |
| ASTN | Automatic Switched Transport Network | 自动交换传送网 |
| ATM | Asynchronous Transfer Mode | 异步传输模式 |
| AU | Administrative Unit | 管理单元 |
| AU PTR | Administration Unit Pointer | 管理单元指针 |
| AUG | Administrative Unit Group | 管理单元组 |
| AWG | Array Waveguide Grating | 阵列波导光栅 |
| B-ASON | Burst-ASON | 支持突发业务的智能光网络 |
| B-DLC | Broadband-DLC | 宽带数字环路载波 |
| BFD | Bidirectional Forwarding Detection | 双向转发检测 |
| BGP | Border Gateway Protocol | 边界网关协议 |
| BGP-4 | Boarder Gateway Protocol Version 4 | 边界网关协议版本 4 |
| BIAE | Backward Incoming Alignment Error | 后向输入对齐误码 |
| B-ISDN | Broadband-ISDN | 宽带 ISDN |
| BLSR | Bidirectional Line Switched Ring | 双向线路倒换环 |
| BMG | Broadband Multimedia Gateway | 宽带多媒体网关 |
| BML | Business Management Layer | 商务管理层 |
| BoD | Bandwidth on Demand | 按需带宽 |
| BOSS | Broadband Operations Support Systems | 宽带信息网运营支撑系统 |
| BUNI-A | Burst UNI Agency | 突发用户网络接口代理 |
| CAINONET | China Advanced Info-Optical Network | 中国高速信息示范网 |
| CAS | Conditional Access System | 条件接收系统 |
| CBR | Constant Bit Rate | 固定比特率 |
| CCI | Connection Control Interface | 连接控制接口 |
| CCITT | Consultative Committee of International Telegraph and Telephone | 国际电报电话咨询委员会 |
| CDM | Code Division Multiplexing | 码分复用 |
| CDMA | Code Division Multiple Access | 码分多址 |
| CDP | Continuous Data Protection | 持续数据保护服务器 |
| CGM | Cross-Gain Modulation | 交叉增益调制 |
| CMIP | Common Management Information Protocol | 通用管理信息协议 |
| CMISE | Common Management Information Service Entity | 公共管理信息业务单元 |

续表

| | | |
|---|---|---|
| CMSN | Customer Management Sub-Network | 客户管理子网 |
| CN | Channel Number | 通道号码 |
| COMMS OH | Communications Overhead | 通信开销 |
| CORBA | Common Object Request Broker Architecture | 公共对象请求代理架构 |
| CoS | Class of Service | 服务类别 |
| CP | Complete Partitioning Policy | 完全分割策略 |
| CP | Connection Point | 连接点 |
| CPM | Cross-Phase Modulation | 交叉相位调制 |
| CPN | Customer Premises Network | 用户驻地网 |
| CR | Core Router | 核心路由器 |
| CR-LDP | Constraint-based Label Distribution Protocol | 基于约束的 LDP |
| CS | Complete Sharing Policy | 完全共享策略 |
| CSMA/CD | Carrier-Sense Multiple Access with Collision Detect | 载波侦听多路访问/冲突检测 |
| CSR | Core Switch Router | 核心交换路由器 |
| CTP | Connection Termination Point | 连接终点 |
| DB | DataBase | 数据库 |
| DBR | Distributed Bragg Reflector | 分布式布拉格反射 |
| DCF | Dispersion Compensating Fiber | 色散补偿光纤 |
| DCF | Data Communication Function | 数据通信功能 |
| DCN | Data Communication Network | 数据通信网络 |
| DCS | Digital Crossconnect | 数字交叉互联器 |
| DEG | Degradation | 信号劣化 |
| DFB | Distributed-Feedback | 分布反馈式 |
| DGD | Differential Group Delay | 差分群时延 |
| DLC | Digital Loop Carrier | 数字环路载波系统 |
| DRWA | Dynamic Routing and Wavelength Assignment | 动态选路与波长分配 |
| DS | Differentiated Services | 区分服务 |
| DSL | Digital Subscriber Line | 数字用户线路 |
| DVB | Digital Video Broadcasting | 数字视频广播 |
| DVB-S1 | Digital Video Broadcasting via Satellite | 基于卫星的数字视频广播 |
| DWDM | Dense WDM | 密集波分复用 |
| DXC | Digital Cross Connection | 数字交叉连接设备 |

续表

| | | |
|---|---|---|
| ECC | Embedded Control Channel | 嵌入控制通路 |
| ECMF | Equal Cost Multipath Forwarding | 等价多路转发 |
| EDFA | Erbium-Doped Fiber Amplifier | 掺铒光纤放大器 |
| EDFFA | Er-Doped Fluoride Fiber Amplifier | 掺铒氟光纤放大器 |
| EF | Expedited Forwarding | 加速转发 |
| EMD | Expanding Modular Device | 扩展模块设备 |
| EML | Element Management Layer | 网元管理层 |
| EMS | Element Management System | 网元管理系统 |
| EPON | Ethernet Passive Optical Network | 以太网无源光网络 |
| ER | Edge Router | 边缘路由器 |
| ESCON | Enterprise System CONnection | 企业系统互联 |
| ETDM | Electrical Time Division Multiplexing | 电时分复用 |
| EXC | Excessive Errors | 过量误码 |
| FBG | Fiber Bragg Grating | Bragg 光纤光栅 |
| FDDI | Fiber Distributed Data Interface | 光纤数据分布式接口 |
| FDL | Fiber Delay Line | 光纤延时线 |
| FEC | Forward Error Correction | 前向纠错 |
| FF | First-Fit | 首次命中 |
| FM | Frequency Modulation | 频率调制 |
| FRR | Fast ReRoute | 快速重选路由 |
| FSAN | Full Service Access Network | 全业务接入网络 |
| FSK | Frequency-Shift Keying | 频移键控 |
| FSR | Free Spectral Range | 自由光谱范围 |
| FTP | File Transfer Protocol | 文件传输协议 |
| FTTB | Fiber To The Building | 光纤到大楼 |
| FTTC | Fiber To The Curb | 光纤到路边 |
| FTTD | Fiber To The Desk | 光纤到桌面 |
| FTTH | Fiber To The Home | 光纤到用户 |
| FTTO | Fiber To The Office | 光纤到办公室 |
| FTTZ | Fiber To The Zone | 光纤到小区 |
| FWHM | Full-Width Half-Maximum | 半高全宽 |
| FWM | Four-Wave Mixing | 四波混频 |

续表

| | | |
|---|---|---|
| GCC | General Communications Channel | 通用通信通路 |
| GEPON | Gigabit Ethernet Passive Optical Network | 千兆以太无源光网络 |
| GER | General Excellent Router | 通用高性能路由器 |
| GFP | Generic Framing Procedure | 通用成帧协议 |
| GI | Graded Index | 渐变(梯度)型 |
| GLTDA | Greedy Logical Topology Design Algorithm | 逻辑拓扑设计贪婪算法 |
| GMPLS | Generalized Multi-Protocol Label Switching | 通用多协议标记交换 |
| GNE | Gateway Network Element | 网关网元 |
| GPON | Gigabit Passive Optical Network | 千兆无源光网络 |
| GR | Gateway Router | 网关路由器 |
| GUI | Graphical User Interface | 图形用户接口 |
| GVD | Group Velocity Dispersion | 群速度色散 |
| HDLC | High-level Data Link Control | 高级数据链路控制协议 |
| HFC | Hybric of Fiber and Coax | 光纤同轴电缆混合网 |
| HIPPI | HIgh Performance Parallel Interface | 高性能并行接口 |
| IAE | Incoming Alignment Error | 输入对齐误码 |
| ICMP | Internet Control Message Protocol | 网际控制信息协议 |
| IDLC | Integrated Digital Loop Carrier | 综合的数字环路载波 |
| IETF | Internet Engineering Task Force | 互联网工程工作组 |
| ILP | Integer Linear Programming | 整数线性规划 |
| INMS | Integrated Network Management System | 综合网络管理系统 |
| ION | Intelligence Optical Network | 智能光网络 |
| IP | Internet Protocol | 网际协议 |
| IP-TS | IP Transmission | IP 传送 |
| IRP | Intradomain Routing Protocol | 域内路由选择协议 |
| ISDN | Integrated Services Digital Network | 综合业务数字网 |
| IS-IS | Intermediate System-to-Intermediate System | 中间系统对中间系统 |
| ISO | International Organization for Standardization | 国际标准化组织 |
| ISP | Internet Service Provider | 因特网服务供应商 |
| ITU－T | International Telecommunication Union Telecommunication Standardization Sector | 国际电信联盟远程通信标准化组 |
| LAN | Local Area Network | 局域网 |

续表

| | | |
|---|---|---|
| LCAS | Link Capacity Adjustment Scheme | 链路容量调整机制 |
| LCT | Local Craft Terminal | 本地维护终端 |
| LDP | Label Distribution Protocol | 标签分配协议 |
| LED | Light Emitting Diode | 发光二极管 |
| LER | Label Edge Router | 标记边缘交换路由器 |
| LI | Least Influence | 最小影响 |
| LL | Least-Loaded | 最轻承载 |
| LMP | Link Management Protocol | 链路管理协议 |
| LSP | Label Switched Path | 标记交换路径 |
| LSR | Label Switching Router | 标记交换路由器 |
| LTD | Logical Topology Design | 逻辑拓扑设计 |
| LTE | Line Terminating Equipment | 线路终端设备 |
| LU | Least-Used/SPREAD | 最小使用 |
| MAC | Medium Access Control | 介质存取控制 |
| MAF | Management Application Function | 管理应用功能 |
| MAN | Metropolitan Area Network | 城域网 |
| M-ASON | Multicast-ASON | 支持组播的智能光网络 |
| MCF | Message Communication Function | 消息通信功能 |
| MCN | Management Communications Network | 管理通信网 |
| MC-OXC | MultiCast-OXC | 多播的 OXC |
| MCP | Main Control Processing | 主控进程 |
| MC-RWA | MultiCast-RWA | 多播 RWA |
| MD | Mediation Device | 协调设备 |
| MEMS | Micro Electromechanical System | 微电机系统 |
| MF | Mediation Function | 协调功能 |
| MFT | the Minimum Flow Tree | 最小流树 |
| MFTB | Minimum Flow Tree Bound | 最小流量树下限 |
| MH | Minimum Hops Algorithms | 最小跳数算法 |
| MH | Minimum Hop Algorithm | 最小跳数算法 |
| MIB | Management Information Base | 管理信息库 |
| MILP | Mixed Integer Linear Program | 混合整数线性规划 |
| MLM | Multi-Longitudinal Mode | 多纵模 |

续表

| | | |
|---|---|---|
| MMAS | Max-Min Ant System | 最大-最小蚂蚁系统 |
| MMF | Multi-Mode Fiber | 多模光纤 |
| MOEMS | Micro-Opto-Electro-Mechanical System, | 微光电机系统 |
| MONET | Multiwavelength Optical Networking | 美国多波长光网络 |
| MP | Min-Product | 最小乘积 |
| MPLS | Multi-Protocol Label Switching | 多协议标记交换 |
| MPTS | Multiple Program Transport Stream | 多路节目传输流 |
| MS | Max-Sum | 最大总和 |
| MS | Media Server | 媒体服务器 |
| MSOH | Multiplex Section Overhead | 复用段开销 |
| MSTP | Multi Service Transport Platform | 多业务传送平台 |
| MU | Most-Used/PACK | 最大使用 |
| MZI | Mach-Zehnder Interferometer | 马赫一曾德尔干涉仪 |
| NE | Network Element | 网元 |
| NE/OS | Network Element/Operation System | 网元操作系统 |
| NEF | Network Element Function | 网络单元功能 |
| NEF | Network Element Function | 网元功能 |
| NEL | Network Element Layer | 网元层 |
| NIC | Nonlinear Index Cofficient | 非线性折射率系数 |
| N-ISDN | Narrowband -ISDN | 窄带 ISDN |
| NIU | Network Interface Unit | 网络接口单元 |
| NMI-A | Network Management Interface-A | 网络管理接口 A |
| NMI-T | Network Management Interface for the Transport Network | 传送面网络管理接口 |
| NML | Network Management Layer | 网络管理层 |
| NMS | Network Management System | 网络管理系统 |
| NNI | Network -to-Network Interface | 网络节点接口 |
| NRZ | Non-return to Zero | 不归零 |
| NTON | National Transparent Optical Network | 国家透明光网络 |
| OA | Optical Amplifier | 光放大器 |
| OADM | Optical Add-Drop Multiplexer | 光分插复用器 |
| OAM | Operation, Administration, and Maintenance | 操作、管理和维护 |

续表

| | | |
|---|---|---|
| OAM&P | Operation, Administration, Maintenance and Provisioning | 运行、管理、维护和指配 |
| OAN | Optical Access Network | 光纤接入网 |
| OC | Optica Carrier | 光载波 |
| OCC | Optical Channel Carrier | 光通道载波 |
| OCDM | Optical Code Division Multiplexing | 光码分复用 |
| OCDMA | Optical Code Division Multiple Access | 光码分多址 |
| OCG | Optical Carrier Group | 光载波组 |
| OCh | Optical Channel Layer | 光信道层 |
| OCh-DPRing | Optical Channel-Dedicated Protection Ring | 光通路专用保护环 |
| OCh-SPRing | OCh Shared Protection Ring | 光通路共享保护环 |
| ODN | Optical Distribution Network | 无源光分配网 |
| ODP | Open Distributed Processing | 开放分布式处理 |
| ODU | Channel Data Unit | 光学信道数据单元 |
| OEMF | Optical Equipment Management Function | 光设备管理功能 |
| OID | Object ID | 对象标识符 |
| OIF | Optical Internet working Forum | 光互联网论坛 |
| OLS | Optical Label Switch | 光标记交换 |
| OLT | Optical Line Terminal | 光线路终端 |
| OM/D | Optical Multiplexer/ Demultiplexer | 光复用/解复用器 |
| OMG IDL | Object Management Group's Interface Definition Language | 对象管理组织的接口定义语言 |
| OMN | Optical Management Network | 光管理网络 |
| OMS | Optical Multiplexer Section layer | 光复用段层 |
| OMS-DPRing | OMS Shared Protection Ring | 光复用段专用保护环 |
| OMSN | Optical Management Sub-Network | 光管理子网 |
| OMS-SPRing | OMS Shared Protection RING | 光复用段共享保护环 |
| ONTC | Optical Network Technology Consortium | 美国光网络技术协会试验网 |
| ONU | Optical Network Unit | 光网络单元 |
| OOK | On-Off Keying | 通断键控 |
| OPEN | Optical Pan-European Network | 泛欧光网 |
| OPS | Optical Packet Switch | 光分组交换 |
| OPU | Optical Channel Payload Unit | 光学信道净荷单元 |

**续表**

| | | |
|---|---|---|
| ORB | Object Request Broker | 对象请求代理 |
| ORD | Operational Requirements Document | 操作需求文件 |
| OS | Operating System | 操作系统 |
| OSC | Optical Supervisory Channel | 光监控信道 |
| OSF | Operating System Function | 操作系统功能 |
| OSI | Open System Interconnection | 开放系统互联 |
| OSPF | Open Shortest Path First | 开放最短路径优先 |
| OT | Optical Terminal | 光终端 |
| OTDM | Optical Time Division Multiplexing | 光时分复用 |
| OTM | Optical Terminal Multiplexer | 光终端复用器 |
| OTN | Optical Transport Network | 光传送网 |
| OTS | Optical Transmission Section layer | 光传送段层 |
| OTU | Optical Channel Transport Unit | 光学信道传输单元 |
| OVPN | Optical Virtual Private Network | 光虚拟专用网 |
| OWC | Optical Wavelength Converter | 光波长转换器 |
| OXC | Optical Cross Connector | 光交叉互联器 |
| PC | Permanent Connection | 永久连接 |
| PDH | Plesiochronous Digital Hierarchy | 准同步数字体系 |
| PDL | Polarization-Dependent Loss | 偏振相关损耗 |
| PHOTON | Pan-European Photonic Transport Overlay Network ,PHOTON | 泛欧光子传送网 |
| PM | Physical Medium | 物理媒体子层 |
| PM | Phase Modulation | 相位调制 |
| PM | Performance Monitor | 性能监视 |
| PMD | Polarization-Mode Dispersion | 偏振模色散 |
| PNNI | Private Network-Node Interface | 专用网间接口 |
| POH | Path Overhead | 通道开销 |
| PON | Passive Optical Network | 无源光网络 |
| POS | Packet Over SDH | SDH 上的分组 |
| POS | Passive Optical Splitter | 无源光分路器 |
| POTS | Plain Old Telephone Service | 普通老式电话业务 |
| PPP | Point-to-Point Protocol | 点到点协议 |

续表

| | | |
|---|---|---|
| PRC | Protection Restoration Combined | 保护与恢复相接合 |
| PSK | Phase-Shift Keying | 相移键控 |
| PSP | Principal States of Polarization | 主偏振态 |
| PSTN | Public Switched Telephone Network | 公共交换电话网络 |
| PSW | Protection SWitch | 保护倒换开关 |
| PXC | Photonic Crossconnection | 全光交换 |
| QAF | Q Adapter Function | Q适配功能 |
| QoS | Quality of Service | 服务质量 |
| RA | Random Assignment | 随机分配 |
| RAM | Random-Access Memory | 随机存取存储器 |
| RCL | Relative Capacity Loss | 相对容量损失 |
| RNE | Remote Network Element | 远端网元 |
| ROSE | Remote Operations Service Element | 远端操作业务单元 |
| RPR | Resilient Packet Ring | 弹性分组环 |
| RSOH | Regenerator Section Overhead | 再生段开销 |
| RSVP-MPLS | Resource-Reservation Protocol- Multi-Protocol Label Switching | 针对 MPLS 扩展的资源预留协议 |
| RWA | Routing and Wavelength Assignment | 选路与波长分配 |
| RZ | Return-to-Zero | 归零码 |
| SAN | Storage-Area Network | 存储区域网络 |
| SBS | Stimulated Brillouin Scattering | 受激布里渊散射 |
| SC | Swithched Connection | 交换连接 |
| SCM | SubCarrier Modulation | 副载波复用 |
| SCN | Signaling Communications Network | 信令通信网 |
| SC-OADM | Single Channel OADM | 单信道光分插复用器 |
| SDH | Synchronous Digital Hierarchy | 同步数字体系 |
| SDL | Simple DataLink | 简单数据链路 |
| SDPS | Space-Division Phontonic Switching | 空分光交换 |
| SF | Signal Failure | 信号失效 |
| SI | Step Index | 突变(阶越)型 |
| SLA | Service-Level Agreement | 服务等级协商 |
| SLM | Single-Longitudinal Mode | 单纵模 |

续表

| | | |
|---|---|---|
| SMF | Single-Mode Fiber | 单模光纤 |
| SMI | Structure of Management Information | 管理信息结构 |
| SML | Service Management Layer | 业务管理层 |
| SMLTDA | Single-hop Maximization Logical Topology Design Algorithm | 最大化单跳业务流量法 |
| SMN | SDH Management Network | SDH 管理网 |
| SMS | Service Management System | 服务管理系统 |
| SN | Service Node | 业务节点 |
| SNCP | Sub-Network Connection Protection | 子网连接保护 |
| SNI | Service Node Interface | 业务节点接口 |
| SNMP | Simple Network Management Protocol | 简单网络管理协议 |
| SNMS | Sub-network Management System | 子网管理系统 |
| SOA | Semiconductor Optical Amplifiers | 半导体光放大器 |
| SOH | Section Overhead | 段开销 |
| SONET | Synchronous Optical Network | 同步光网络 |
| SOP | State Of Polarization | 偏振态 |
| SPC | Soft Permanent Connection | 软永久连接 |
| SPM | Self-Phase Modulation | 自相位调制 |
| SR | Sub-network Router | 子网路由器 |
| SRLG | Share Risk Link Group | 共享风险链路组 |
| SRS | Stimulated Raman Scattering | 受激喇曼散射 |
| SRWA | Static Routing and Wavelength Assignment | 静态选路与波长分配 |
| STM-1 | Synchronous Transport Module-1 | 同步传送模块 1 |
| STS | Synchronous Transport Signal | 同步传送信号 |
| SWP | Spatial Walk-off Polarizer | 空间离散偏振器 |
| TC | Transmission Convergence | 传输会聚子层 |
| TCM | Time Compression Multiplexer | 时间压缩复用 |
| TCM | Tandem Connection Monitoring | 多级串联连接监视 |
| TCP | Transmission Control Protocol | 传输控制协议 |
| TCP | Termination Connection Point | 终端连接点 |
| TDM | Time Division Multiplex | 时分复用 |
| TDMA | Time Division Multiple Access | 时分多址接入 |

续表

| | | |
|---|---|---|
| TDMUX | Trans-Demultiplexer | 子速率解复用器 |
| TFMF | Thin-Film Multicavity Filter | 薄膜共振多腔滤波器 |
| TINA | Telecommunication Information Networking Architecture | 电信信息组网体系结构 |
| TM | Terminal Multiplexer | 终端复用器 |
| TMN | Telecommunications Management Network | 电信管理网络 |
| TMUX | Trans-Multiplexer | 子速率复用器 |
| TNA | Transport Network Assigned Address | 传送网地址 |
| TSI | Time Slot Interchange | 时隙交换 |
| TSP | Traveling Salesman Problem | 旅行商问题 |
| TTI | Trail Trace Identifier | 路径踪迹识别符 |
| TU | Tributary Unit | 支路单元 |
| TUG | Tributary Unit Group | 支路单元组 |
| UAS | User Agent Server | 用户代理服务器 |
| UDP | User Datagram Protocol | 用户数据报协议 |
| UNI | User-to-Network Interface | 用户网络接口 |
| UPSR | Unidirectional Path Switched Ring | 单向通道倒换环 |
| UTOPIA | Universal Test and Operation Physical Interface for ATM | 通用测试和运行物理接口 |
| VBR | Variable Bit Rate | 可变比特率 |
| VC | Virtual Container | 虚容器 |
| VC | Virtual Channel | 虚通路 |
| VCC | VC Connection | VC 连接 |
| VCI | VC Identifier | 虚通路识别符 |
| VCSEL | Vertical-Cavity Surface Emitting Laser | 垂直腔体表面发射激光器 |
| VOA | Variable Optical Attenuator | 光可变衰减器 |
| VOD | Video On Demand | 多媒体交互 |
| VoIP | Voice over IP | 基于 IP 的语音传输 |
| VP | Virtual Path | 虚通道 |
| VPC | VP Connection | 虚通道连接 |
| WC | Wavelength Converter | 波长转换器 |
| WDM | Wavelength Division Multiplexing | 波分复用 |

续表

| | | |
|---|---|---|
| WP | Wavelength Path | 波长通道 |
| WRON | Wavelength-routed Optical Network | 波长路由光网络 |
| WSF | Work Station Function | 工作站功能 |
| WTR | Wait to Restore | 恢复等待时间 |
| XC | CrossConnector | 交叉连接设备 |
| XGM | Cross Gain Modulation | 交叉增益调制 |
| XPM | Cross Phase Mmdulation | 交叉相位调制 |
| δ-MWM | δ-Maximum Weight Matching | δ-最大权重值匹配 |

# 参考文献

[1] [美]Black U. 光网络：第三代传送系统. 黄照祥，等译. 北京：机械工业出版社，2003

[2] 董海峰，杨淑雯. OCDMA通信系统编解/码器技术. 光纤与电缆及其应用技术，2003(10)：10-14

[3] 顾畹仪，张杰. 全光通信网(修订版). 北京：北京邮电大学出版社，2001

[4] 顾畹仪. 光传送网. 北京：机械工业出版社，2003

[5] 李文海. 现代通信网络技术. 北京：人民邮电出版社，2005

[6] 杨淑雯. 全光光纤通信网. 北京：科学出版社，2004

[7] 原荣. 光纤通信网络. 北京：电子工业出版社，1999

[8] [美]Yariv A. 现代通信光电子学. 5版. 陈鹤鸣，等译. 北京：电子工业出版社，2004

[9] Ramaswami R，N. Sivarajan K. 光网络(上、下卷). 乐孜纯，译. 北京：机械工业出版社，2004

[10] 龚倩，徐荣，张民，等. 光网络的组网与优化设计. 北京：北京邮电大学出版社，2002

[11] 顾畹仪，李国瑞. 光纤通信系统. 北京：北京邮电大学出版社，1999

[12] 周炯磐. 通信网理论基础. 北京：人民邮电出版社，1991

[13] 韦乐平. 光网络的发展与展望. 现代电信科技，2005(9)：2-7

[14] 王强民，戎蒙恬. WDM光网络的规划方法. 通信技术，2003(4)：14-16

[15] 齐志刚，王梅春，孙月新. 光网络组网技术对比分析. 通信世界，2005(14)：49-50

[16] 付明磊，华剑浩，乐孜纯. 浅析城域光传输网络的规划和设计. 光通信技术，2005(4)：51-53

[17] 何磊. 环网设计中光缆路由和业务承载问题的分析. 邮电设计技术，2003(5)：24-28

[18] 倪斌. 网格状网络的设计探讨. 邮电设计技术，2005(9)：28-31

[19] 饶敏. WDM光网络传输性能综合评估模型及应用：[学位论文]. 南京：东南大学，2003

[20] Ramaswami R，Sivarajan KN. Design of Logical Topologies for Wavelength-Routed Optical Networks. IEEE Journal on selected areas in communications，1996，14(5)：840-851

[21] 熊毅之，曾庆济. 基于最小化平均分组跳的波长路由环网逻辑拓扑设计. 通信学报，2000(12)：69-74

[22] Ramaswamy R，Sivarajan KN. Optical Networks. Morgan Kaufmann Pub. Inc.，San Francisco，2nd Edition，2002

[23] S. Banerjee，J. Yoo，C. Chen. Design of wavelength-Routed Optical Networks for Packet Switched Traffic. Journal of lightwave Technology，1997，15(9)：1636-

1646

[24] R. Dutta, G. N. Rouskas. A Survey of Virtual Topology Design Algorithms for Wavelength Routed. Optical Networks, 2000, 1(1): 73-89

[25] B. Mukherjee, S. Ramamurthy, D. Banerjee, A. Mukherjee. Some Principles for Designing a Wide-area Optical Network. Proc. IEEE INFOCOM'94, 1994: 110-119

[26] Rudra Dutta, George N. Rouskas. Optical WDM Networks: Principles and Practice. (Krishna Sivalingam and Suresh Subramanian, Editors), Kluwer, Norwell, Massachusetts, 2000: 79-102

[27] E. Leonardi, M. Mellia, M. Ajmone Marsan. Algorithms for the Logical Topology Design in WDM All-optical Networks. Optical Networks Magazine, 2000(1): 35-46

[28] J. A. Bannister, L. Fratta, M. Berla. Topological Design of the Wavelength-division Optical Network. in Proc. IEEE INFOCOM'90, 1990: 1005-1013

[29] J. F. P. Labourdette, A. S. Acampora. Logically Rearrangeable Multihop Lightwave Networks. IEEE Truns. Commun. , 1991(8): 1223-1230

[30] Rajesh M. Krishnaswamy, Kumar N. Sivarajan. Design of Logical Topologies: A Linear Formulation for Wavelength-Routed Optical Networks with No Wavelength Changers. IEEE/ACM transactions on networking, 2001, 9(2): 186-198

[31] George N. Rouskas. Routing and Wavelength Assignment in Optical WDM Networks. Wiley Encyclopedia of Telecommunications, (John Proakis, Editor), John Wiley & Sons, 2001

[32] Baruch Awerbuch. Approximate Distributed Bellman-Ford Algorithms. IEEE transaction on communications, 1994, 42(8): 2515-2519

[33] Xiong Yizhi. Design of Packet Switched Multihop Optical Networks Based on Minimizing Average Packet Hops. ACTA PHOTONICA SINICA, 1999, 28(2): 146-150

[34] M. Garnot, M. Sotom, F. Masetti. Routing Strategies for Optical Paths in WDM Networks. IEEE International Conference on Communications, 1997: 422-446

[35] Tomonori Aoyama. The Advent of High Definition Digital Entertainment over Photonic Networks. APOC2005 Plenary Session 1-B, Nov. 2005

[36] Stefano Baroni. Routing and Wavelength Allocation in WDM Optical Networks. PhD thesis, University College London, May 1998.

[37] Thomas E. Stern, Krishna Bala. Multiwavelength Optical Networks: a Layered Approach. Addison Wesley, 1999

[38] Esa Hyytia. Dynamic control of all-optical WDM networks. Licentiate thesis, Networking Laboratory, HUT. Feb. 2001.

[39] Zhensheng Zhang, Anthony S. Acampora. A Heuristic Wavelength Assignment Algorithm for Multihop WDM Networks with Wavelength Routing And Wave-

length Re-use. IEEE/ACM Trans. Networking，1995，3 (3) 281 - 288

[40] H. Zang，J. P. Jue，B. Mukherjee. A Review of Routing and Wavelength Assignment Approaches for Wavelength-Routed Optical WDM Networks. Optical Networks，2000，1(1)：47 - 60

[41] 吕勇，赵光宙，苏凡军. 基于蚁群算法的自适应动态路由算法. 浙江大学学报，2005 (10)：1537 - 1540

[42] 丁建立，陈增强，袁著祉. 基于自适应蚂蚁算法的动态最优路由选择. 控制与决策，2003，(12)：751 - 753

[43] 金文研. WDM 光网络路由和波长分配技术研究：[学位论文]. 北京：北京邮电大学，2004

[44] Cerutti，I. ，Sudhakar，Pitchumani，Fumagalli. A. A Threshold - based Blocking Differentiation Mechanism for Networks with Wavelength Continuity Constraint. Proceedings of 2005 7th International Conference on Transparent Optical Networks，2005(1)：179 - 182

[45] Jiangxing Wu. China High-Performance Broadband Information Network (3TNET). APOC2005 Plenary Session 1 - A，Nov. 2005

[46] Yuhong Zhu，George N. Rouskas，Harry G. Perros. A Comparison of Allocation Policies in Wavelength Routing Networks. Photonic Network Communications，2000(2)：267 - 295

[47] Zhang Xijun，Qiao Chunming. Wavelength Assignment for Dynamic Traffic in Multi-Fiber WDM Networks. IEEE IC3N'98，1998：479 - 485

[48] Xu Shizhong，Li Lemin，Wang Sheng. Wavelength Assignment for Dynamic Traffic in WDM Networks. IEEE ICDN2000，2000：375 - 379

[49] Mosharaf K.，Talim J.，Lambadaris I.，etal. A Multi-Threshold Wavelength Allocation Scheme for Fairness Management in WDM Ring Networks. The 2nd International Conference on Broadband Networks，2005：326 - 328

[50] Alyatama，A. Dynamic Routing and Wavelength Assignment Using Learning Automata Technique. Global Telecommunications Conference 2004，2004 (3)：1912 - 1917

[51] 何荣希，李乐民，徐世中. WDM 光传送网中支持优先级的波长分配算法. 通信学报，2001(4)：27 - 32

[52] Sridhar Ramesh，George N. Rouskas，Harry G. Perros. Computing Blocking Probabilities in Multi - Class Wavelength Routing Networks. ACM Transactions on Modelling and Computer Simulation，2000(10)：87 - 103

[53] Rajiv Ramaswami，Kumar N. Sivarajan. Routing and Wavelength Assignment in All-Optical Networks. IEEE/ACM Transactions on networking，1995，3(5)：489 - 500

[54] George N. Rouskas，Harry G. Perros. A Tutorial on Optical Networks. Networking 2002 Tutorials，Lecture Notes in Computer Science，2002，2497：155 - 193

[55] 李乐民. 光网络选路和波长分配研究. 中兴通讯技术，2004(12)：1-3
[56] 熊毅之. 波长路由光网中路由和分配技术的研究：[学位论文]. 上海：上海交通大学，2000
[57] Esa Hyytia. Resource Allocation and Performance Analysis Problems in Optical Networks. Dissertation for degree of Doctor of Science in Technology，Helsinki University of Technology (Espoo，Finland)，Dec. 2004
[58] 韦乐平，张成良. 光网络—系统、器件与联网技术. 北京：人民邮电出版社，2006
[59] 文乃豪，朱燕平. 光网络生存性技术的研究. 计算机与数字工程，2005(9)：63-66
[60] 丁焰，桂烜，顾畹仪. 光网络组播的生存性. 数据通信，2005(8)：8-14.
[61] 罗启彬，邱昆，张宏斌. 基于 WDM 技术光传送网的生存性分析. 电子科技大学学报，2001(8)：335-339
[62] 龚晓允，敖发良. ASON 的生存性技术研究. 桂林电子工业学院学报，2005(2)：28-30
[63] 刘亚民，刘增辉，曹振利. ATM 网络抗毁和自恢复技术研究. 无线电工程，2006(8)：8-10
[64] 张元茂. ATM 网络自动保护倒换协议的研究与实现：[学位论文]. 成都：电子科技大学，2004
[65] 侯立民. IP 网络的保护与快速恢复. 中国数据通信，2003(4)：35-40
[66] 高峰. IP/WDM 网络生存性相关问题研究：[学位论文]. 北京：北京邮电大学，2004
[67] 吴彦文，郑大力，仲肇伟. 光网络的生存性技术. 北京：北京邮电大学出版社，2002
[68] 祝国龙. 波分复用光网络中生存性策略的研究：[学位论文]. 上海：上海交通大学，2005
[69] 邱凯. SDH 自愈环的研究与设计：[学位论文]. 武汉：华中科技大学，2005
[70] 郭同文. WDM 光网络生存性的研究：[学位论文]. 北京：北京邮电大学，2004
[71] 邓秋红，虞红芳，王晟. WDM 光网络生存性策略及仿真. 电子科技大学学报，2004(12)：746-750
[72] 刘媛，张沛，顾畹仪. WDM 网络恢复算法性能的比较. 光通信研究，2006(10)：11-13
[73] 崔应留，龙瑞平，薛俊民. WDM 网状网的生存性问题研究. 世界电信，2003(10)：56-59
[74] 徐云斌，张杰，顾畹仪. 综合智能光网络管理系统结构分析. 光通信技术，2003(10)：11-13
[75] 徐军. 基于 CORBA 的光传输网络管理模型研究：[学位论文]. 哈尔滨：哈尔滨工业大学，2005
[76] 韦乐平. 光同步数字传输网. 北京：人民邮电出版社，1998
[77] 李兴明. SDH 网络管理及其应用. 北京：人民邮电出版社，1999
[78] 白泽刚. SDH/ WDM 传送网网管系统发展趋势和问题. 光通信研究，2006(2)：19-22

[79] 许斐. SDH综合网管的研究：[学位论文]. 北京：北方交通大学，2000
[80] 龚涌涛. WDM光网络管理研究：[学位论文]. 南京：南京邮电大学，2001
[81] 翁益晖，何健明. CAINONET网络管理技术. 光通信研究，2003(12)：23-26
[82] 张金祥，杨家海. 3TNet综合网络管理系统的设计及实现. 中国教育网络，2007(2)：15-16
[83] 王晓平，王孝明. 3TNet上海试验平台的设计与业务实现. 光通信研究，2006(2)：1-4
[84] 倪宏. 宽带信息网3TNet应用系统及其示范. 微计算机应用，2005(9)：513-515